E. Dennert

Botanischer Bilderatlas

Salzwasser

E. Dennert

Botanischer Bilderatlas

1. Auflage | ISBN: 978-3-84609-788-5

Erscheinungsort: Paderborn, Deutschland

Erscheinungsjahr: 2014

Salzwasser Verlag GmbH, Paderborn.

Nachdruck des Originals von 1911.

E. Dennert

Botanischer Bilderatlas

Salzwasser

HOFFMANN-DENNERT

BOTANISCHER BILDERATLAS

NACH DEM NATÜRLICHEN PFLANZENSYSTEM

ZUGLEICH EINE FLORA ZUR BESTIMMUNG
SÄMTLICHER IN DEUTSCHLAND VORKOMMENDEN PFLANZEN

DRITTE, VOLLSTÄNDIG VERÄNDERTE AUFLAGE

NACH DEM GEGENWÄRTIGEN STANDE DER BOTANISCHEN WISSEN-
SCHAFT UNTER BESONDERER BERÜCKSICHTIGUNG DER BIOLOGIE

GÄNZLICH NEU BEARBEITET VON

PROFESSOR DR. E. DENNERT

GODESBERG AM RHEIN

MIT ETWA 500 FARBIGEN ABBILDUNGEN AUF 86 TAFELN SOWIE 959 TEXTFIGUREN

STUTTGART 1911
E. SCHWEIZERBART'SCHE VERLAGSBUCH-
HANDLUNG NÄGELE & DR. SPROESSER

Erklärung der Abkürzungen.

Die lateinischen Abkürzungen hinter den lateinischen Namen (z. B. L Willd., D. C. usw.) bezeichnen die Botaniker, welche die Pflanze lateinisch benannten (aus Seite 34—37 zu ersehen).

Die Bezeichnungen wie $\frac{1}{2}$ m oder 7—15 cm usw. bei den einzelnen Arten geben die Höhe derselben an.

Bei den Angaben des Vorkommens (N.-Europa, W.-Deutschland usw.) bedeutet N Norden, S Süden, W Westen, O Osten, M Mittel.

⊙ = einjährig.

⊚ = zweijährig.

♃ = ausdauernde Staude.

ƕ = Strauch.

Andere Abkürzungen ergeben sich von selbst.

Inhaltsverzeichnis.

Vorwort.

Dem ehrenvollen Ruf des Verlages dieses Buches, es neu herauszugeben, bin ich gern gefolgt, zumal ich dadurch in den Stand gesetzt wurde, Gedanken in die Tat umzusetzen, die mich schon lange beschäftigten.

Freilich machte gerade der letztere Umstand es nötig, das Buch derartig von Grund aus umzugestalten, dass von den früheren Auflagen nur die Tafeln übrig blieben. Ich möchte an dieser Stelle den Herrn Verlegern aber doch meinen Dank dafür aussprechen, dass sie so bereitwillig auf meine Gedanken und Wünsche eingingen. Diese hatten vor allem zwei Richtungen.

Der Botanische Bilderatlas war von Haus aus als ein Familienbuch gedacht, und in der Tat hat er als solches ganz gewiss seine guten Dienste geleistet. Der Verfasser wollte dem Laien das beschwerliche Bestimmen der Pflanzen nicht zumuten, daher dachte er sich dessen Arbeit mit dem Atlas etwa so, dass er eine vorliegende Pflanze mit den vielen auf den bunten Tafeln dargestellten Arten verglich, und wenn er sie dort gefunden hatte, den zugehörigen Text durchlas. Einige nicht auf den Tafeln dargestellte Arten waren als Textbilder vorhanden.

Allein diese Methode hatte, so sehr sie ja dem Laien die Sache zu erleichtern scheint, doch zwei sie ausserordentlich erschwerende Schattenseiten, ganz abgesehen von ihrer Unwissenschaftlichkeit. Einmal musste der Betreffende, wenn er nicht sehr gut in dem Buch Bescheid wusste, den ganzen Atlas planlos durchblättern, bis er die betr. Pflanzen auf den Tafeln fand, sodann fand er sie oft überhaupt nicht, weil nämlich nicht alle abgebildet sind. Obendrein kann auch eine Abbildung noch immer irreführen.

Hier kann nur eines helfen: eine regelrechte Diagnose, welche mit Sicherheit zu der betreffenden Pflanze führt, und die Abbildung wird dabei dann eine wesentliche Stütze sein. Aus diesem Grunde

ist die neue Auflage mit durchgeführten Diagnosen versehen. Und es lag dann auch in der Natur der Sache, dass die deutschen Arten sämtlich oder doch fast alle aufgenommen werden mussten, wenn die seltensten auch nur kurz aufgezählt.

Man könnte einwenden, dass es sich dann also in dem vorliegenden Buch lediglich um eine Flora handelt. Das ist jedoch nicht der Fall; denn es bringt, wie wir gleich sehen werden, viel mehr als eine „Flora". Wohl aber e r s e t z t sie eine „Flora". Wenn man dann aber sagen sollte, eine „Flora" muss Taschen- und nicht Atlasformat haben, so ist dies ein Vorurteil. Eine solche Taschenflora nimmt erfahrungsgemäss zumeist nur der bereits wohlunterrichtete Botaniker mit auf den Spaziergang, um sich nötigenfalls schnell über eine ihm auffallende Pflanze zu orientieren. Der Laie hingegen sammelt die Pflanzen und setzt sich dann zu Hause hin, um sie hier in aller Ruhe zu bestimmen. Dafür aber ist dann gar keine T a s c h e n flora nötig. Nun kommt noch hinzu, dass für den Laien gerade gut genug ist; dieses aber einer T a s c h e n flora beizugeben, ist ganz unmöglich. Auf bunte Tafeln muss man dabei jedenfalls ganz verzichten.

Wir brechen also in dem vorliegenden Werk bewusstermassen mit der alten Gepflogenheit, dass Diagnosen gemeiniglich T a s c h e n floren beigegeben sind und machen die Diagnosen zu einer Hauptsache in der neuen Auflage dieses Werkes. Dabei haben wir uns bemüht, die Diagnose so einfach und anschaulich wie möglich zu halten. Nun aber hat uns dabei die Atlasform instand gesetzt, die Diagnosen mit einem ausserordentlich reichen Bildermaterial zu versehen. Zunächst ist bei den F a m i lien diagnosen kaum ein die Darstellung benötigendes Merkmal nicht dargestellt, bei den Artdiagnosen hingegen begnügten wir uns mit der Beigabe von kleinen Bildern, die neben dem Habitus auch noch Einzelheiten darstellen, aus denen sich das in den Diagnosen Gesagte vielfach ergibt. Man vergleiche also bei den Bestimmungen auch stets diese beigegebene Bilder.

Nun bietet der Atlas als Familienbuch aber wesentlich mehr als bisher, wir können wohl sagen, er bietet alles das, was der Laie von der Pflanzenwelt wissen sollte. Aus diesem Grunde ist also z. B. bei der Neubearbeitung des allgemeinen Teils die Anatomie und Physiologie weit eingehender behandelt als früher.

Dann aber kommt nun noch etwas hinzu und das ist die zweite der oben angedeuteten Richtungen: dem berechtigten Zug der Gegenwart folgend, ist in dem speziellen Teil neben den Diagnosen das Biologische in den Vordergrund gerückt. Wer diese Auflage mit der früheren vergleicht, wird sofort sehen, dass die Beschreibung in den Dienst der Biologie gestellt ist. Was ist denn an einem Lebewesen das Interessanteste, wenn nicht eben sein Leben! Was für einen Wert hat es, eine Pflanze zu beschreiben, wenn nicht die Frage aufgeworfen und beantwortet wird: wozu dies alles? Das ist ja eben das neue Interesse unserer Zeit — und dadurch ist sie so ganz anders geartet als die frühere: sie be-

Godesberg.

ruhigt sich nicht bei dem Wie? sie schreitet vielmehr fort zu dem Wodurch? und Wozu?

Dem Laien diese viel tiefere Betrachtungs- und Beobachtungsweise der Natur nahe zu legen, das war mein Zweck, wenn ich die kurzen Pflanzenbeschreibungen dieses Buches von der Biologie beherrscht sein liess. Und ich hoffe, ja ich weiss es bestimmt, dass mir der Laie dafür Dank wissen wird. Möge ihn das Gesagte zur eignen biologischen Beobachtung immer weiter anregen. Jedenfalls sind die Beschreibungen überreich an eingestreuten biologischen und andern Notizen. Wer übrigens ein Büchlein für den Gebrauch auf Spaziergängen haben will, den möchte ich auf meine „Biologischen Notizen" (2. Aufl. Naturw. Verlag, Godesberg) hinweisen.

Die bunten Tafeln sind um 6 neue vermehrt worden, und zwar betrifft dies ausschliesslich die bisher ziemlich vernachlässigten Sporenpflanzen, deren Bilder überhaupt gründlich revidiert worden sind.

Und nun möge das Buch in seiner neuen Gestalt hinausziehen und sich zu seinen vielen alten Freunden manche neue gewinnen.

Prof. Dr. Dennert.

Die Pflanzenwelt.

Wohin wir auf der Erde blicken, überall sehen wir, wie ihre toten Felsen und ihr Boden vom Kleid der Pflanzenwelt bedeckt ist. Freilich nicht überall gleichmässig: Wandern wir zum hohen Norden oder auf die Schneegipfel des Hochgebirges, so wird jenes Kleid dünner und dünner, und wo uns die Welt des ewigen Eises umgibt, ist alles Pflanzenleben verschwunden, ebenso wie in den Steinwüsten der Tropengegenden. Aber von diesen Extremen abgesehen, treffen wir auf der Erde die Kinder der Pflanzenwelt auf Schritt und Tritt, weit mehr als die Tiere, und vor allem in viel grösserer Zahl.

Wenn die Pflanzenwelt schon deshalb unser Interesse in besonderem Masse verdient, so kommt noch hinzu, dass sie in hohem Grade in die Bedürfnisse unseres täglichen Lebens eingreift. Gibt es doch kaum eine Seite desselben, für welche die Pflanzenwelt nicht sorgt: sie beschert uns Nahrungs- und Genussmittel, sie bekleidet uns mit mancherlei Stoffen, sie gewährt uns das Material für unsere Häuser und versorgt uns mit Arzneimitteln gegen Krankheiten. So treffen wir überall in unserm Leben auf Pflanzen, Grund genug der Teilnahme für diese Kinder und Bürger der Erde. Aber kennst du sie auch schon so, wie diese Teilnahme es verlangt? Gingst du nicht vielleicht doch bisher achtlos an ihnen, denen du so viel verdankst, vorüber? Und wenn du nicht einmal ihre äussere Gestalt genauer kennst, wie mag es dann erst mit deiner Kenntnis ihres inneren Baus und ihres Lebens stehen?

Du möchtest dir ein Bild machen vom Werden und Treiben der Welt und vor allem der Erde? Auch die Pflanze gehört mit dazu. Nun wohl, so mache mit mir eine Wanderung durch ihr Reich. — Da wollen wir uns aber von vornherein klar machen, dass wir die Pflanzen von verschiedenen Seiten und Gesichtspunkten erforschen können. Handelt es sich dabei um die äussere Gestalt, so nennt man diesen Teil der Botanik Morphologie, wohingegen die Anatomie die Pflanze nach ihrem inneren Bau

erforscht; Physiologie ist die Lehre vom Leben der Pflanze. Diejenigen Lebenserscheinungen, welche in Beziehung zu anderen Pflanzen und zu Tieren, sowie auch zu ihrer sonstigen Umgebung stehen, behandelt die Biologie[1]). Die Systematik erforscht die verwandtschaftlichen Verhältnisse des Pflanzenreichs und dessen Einteilung in verschiedene Gruppen. Die Pflanzengeographie lehrt Anordnung und Verteilung der Pflanzen auf der Erde; die Pflanzenpathologie behandelt die Krankheiten der Pflanzen und die Pflanzenpaläontologie ihre untergegangenen (fossilen = versteinerten) Vertreter früherer Erdzeiten. Die zuletzt genannten Teile werden uns hier nicht beschäftigen.

Ehe wir daran gehen, die Pflanze nach den verschiedenen Gesichtspunkten zu besprechen, fordert die Frage erst eine Antwort: Was ist eine Pflanze? Die Pflanzen sind Lebewesen. Aber: Was ist Leben? — Ja, wenn wir diese Fragen beantworten könnten! Noch ist es der Naturforschung nicht möglich, und ob es ihr je möglich sein wird, — wir wissen es nicht. Aber wir sehen doch so viel, dass sich die Lebewesen sehr wesentlich von den toten Naturkörpern unterscheiden, und zwar in folgenden Punkten:

1) Sie wachsen und entwickeln sich aus einfachen Anfängen zu grösserer Mannigfaltigkeit. 2) Sie verarbeiten die ihnen von aussen dargebotenen Stoffe in eigenartiger Weise. 3) Sie erzeugen von sich aus neue Wesen derselben Art. 4) Sie regeln alle ihre Daseinsäusserungen triebmässig und unbewusst zweckmässig. 5) Sie „sterben" nach einer gewissen Zeit.

Unter den Lebewesen kommt nun den Pflanzen eine bestimmte Stellung zu. Wenn wir z. B. eine Eiche mit einem Pferd vergleichen, wird es leicht

---

[1]) Der Begriff der Biologie ist noch nicht ganz geklärt, andere erklären ihn anders, manche machen zwischen Biologie und Physiologie kaum einen Unterschied.

sein, ganz exakte Unterschiede zwischen Tier und Pflanze anzugeben, allein wenn wir niedere Stufen von beiden zum Vergleich nehmen, z. B. manche Algen oder Pilze und andererseits Infusorien, so wird dies schwerer. Bei einigen Formen kann man zweifelhaft sein, worin der Unterschied besteht. Man hat daher ein Zwischenreich („Protisten") aufgestellt, deren Glieder weder Tiere noch Pflanzen sind; doch ist dies von der Wissenschaft abgelehnt worden. Heute haben sich Zoologen und Botaniker fast durchgehends über die Zugehörigkeit der Naturformen geeinigt, auch da, wo sie heute noch schwer zu entscheiden ist. Trotzdem werden wir aber eine für alle Tiere und Pflanzen passende Erklärung nur schwer geben können. Wir wollen sagen: Pflanzen sind Lebewesen, deren Zellen eine besondere Wand aus sog. Zellulose besitzen. Sie haben nie einen Verdauungskanal, aber mit Ausnahme der echten Schmarotzer einen grünen Farbstoff (Blattgrün). Mit Ausnahme der niedrigsten Algen und Pilze besitzen sie keine freie Ortsbewegung.

Dagegen sind die Tiere Lebewesen, deren Zellen keine Zellulosewand haben. Sie besitzen kein Blattgrün, aber, ausser den allereinfachsten, einen Verdauungskanal und ernähren sich von Pflanzen und Tieren; fast alle zeigen freie Ortsbewegung.

Danach werden wir einigermassen beurteilen können, ob wir eine Pflanze oder ein Tier vor uns haben.

I. Die Gestalt der Pflanzen
(Morphologie).

Was wir zunächst an den Pflanzen sehen, ist nur ihre äussere Gestalt, sind ihre äusserlich bemerkbaren Teile. Alle diese Teile aber sind Werkzeuge, die den verschiedenen Verrichtungen des Lebens dienen. Solche Lebenswerkzeuge nennt man Organe, weshalb man auch die Lebewesen als Organismen bezeichnet.

Bei der Pflanze ist nun die Zahl der Organe nicht sehr gross. Eine aufmerksame Betrachtung derselben zeigt, dass sie sich auf zwei Grundformen zurückführen lassen: Wurzel und Spross, am letzteren unterscheidet man Achse (Stengel) und Blatt, und dieses erfährt in der Blüte eine besondere Umwandlung. In der Blüte entsteht Frucht und Samen. Neben den normalen oder typischen Formen der Organe gibt es auch umgewandelte oder metamorphosierte, sowie reduzierte, die durch Rückgang der Lebenserscheinungen entstehen (z. B. bei Schmarotzern).

1. Die Wurzel. Die Wurzel ist das unterirdische Organ der Pflanze, mit dem sie sich im Boden festhält und aus ihm die Nahrung (wässerige Lösung von allerhand Salzen) aufnimmt. Sie hat als Seitenorgane Nebenwurzeln (Fig. 1), aber keine Blätter und Knospen, an der fortwachsenden Spitze trägt sie zum Schutz eine Kappe, die sog. Wurzelhaube. Schon der Keimling im Samen hat eine kleine Wurzel. Bildet diese sich später weiter aus, wie z. B. bei der Bohne, so entsteht eine senkrecht

Fig. 1. Hauptwurzel mit Nebenwurzeln.   Fig. 2. Faserwurzeln eines Grases.

in die Erde wachsende Haupt- und Pfahlwurzel, an der die schwächeren Seitenwurzeln sitzen (Fig. 1); es können aber auch an Stelle der Hauptwurzel zahlreiche Nebenwurzeln entstehen (Faserwurzeln), so ist es z. B. bei den Gräsern (Fig. 2). Nachträglich entstehende Wurzeln heissen Adventivwurzeln. Nahe an der Spitze mit ihrer Wurzelhaube entstehen aus Oberhautzellen lange schlauchförmige Wurzelhaare, die zum Aufsaugen des Wassers aus dem Boden dienen; sie vergehen schnell, und hinter ihnen entstehen fortwährend neue. Die Hauptwurzel wächst senkrecht nach unten, die Nebenwurzeln seitlich nach verschiedenen Richtungen, um die Erde allseitig auszunützen und auszusaugen. Die Wurzelhaare verwachsen dabei geradezu mit den Erdkörnchen, um die Salzlösungen der Erde aufnehmen zu können.

Unter Umständen verrichten die Wurzeln aber auch andere Arbeit und werden dann, wie der Botaniker sagt, „metamorphosiert", so werden sie z. B. als Reservespeicher rüben- (Mohrrübe, Fig. 3) oder

Fig. 3. Rübenförmige Pfahlwurzel.   Fig. 4. Knollige Wurzeln der Feigwurz.

knollenförmig (Feigwurz, Fig. 4), im Wasser können sie zu Schwimmwurzeln werden. Auf Bäumen wachsende Pflanzen, die sog. Epiphyten, haben Luftwurzeln, mit denen sie sich am Wirt festhalten, so ist es auch z. B. beim Efeu. Bei den sich nicht selbständig ernährenden Schmarotzern werden die Wurzeln „reduziert", d. h. zurückgebildet: sie bilden sich dann zu Saugwarzen (Haustorien) um, durch welche die Nahrung aus dem Wirt gesogen wird.

2. Der Spross und die Sprossachse. Der Spross besteht aus einer Achse, welche im Innern die Leitungsbahnen für Luft, Wasser und Baustoffe enthält und Blätter und Blüten trägt. (Letzteres tut die Wurzel nie.) Die Achse kann sehr kurz sein und dann eine Rosette von Blättern und eine blattlose, nur die Blüten tragende Achse (Schaft) besitzen (Gänseblümchen). Kurz ist die Achse auch bei dem jungen Spross, dem sog. Keimling. Hier trägt sie ein oder zwei Blätter (Keimblätter oder Kotyledonen), wie dies jeder aus der Samenschale geschälte Erbsenkeimling deutlich zeigt (besonders an aufgeweichten Samen). Auch bei dem die neue Vegetationsperiode einleitenden jungen Spross, der Knospe, ist die Achse kurz. Als Schuppen ausgebildete sog. Niederblätter (s. unten) umhüllen die letztere zum Schutz gegen winterliche Kälte; ebenfalls zum Schutz (gegen Tierfrass) sind diese Hüllen auch oft haarig oder klebrig (Rosskastanie). In der Knospe liegen die jungen Blätter der Raumersparnis halber zusammengefaltet und bei verschiedenen Pflanzen in verschie-

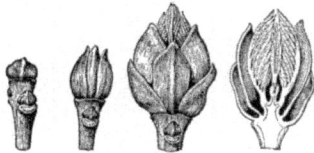

Fig. 5. Entwicklung der Endknospe eines Zweiges der Esche. Unter den Seitenknospen sind die Narben der Blätter sichtbar, in deren Achsen sie sich entwickelt haben.

dener Lage (Fig. 5 zeigt die Entwicklung einer solchen Knospe).

Wie die Sprossachse zum Zweck der Leitung im Innern gebaut ist, werden wir noch sehen. Sie trägt also Blätter an verdickten Stellen, die man Knoten nennt, das Stengelstück zwischen zwei Knoten heisst Internodium. So ist es oft an den schwächeren, meist einjährigen und krautigen Stengeln, bei den holzigen Stengeln verschwinden dagegen die Internodien. Die Verzweigung der Sprossachsen ist sehr verschieden, abgesehen von

Einzelheiten nennt man einen vom Boden an verzweigten holzigen Spross Strauch, während beim Baum die Verzweigung erst in gewisser Höhe über dem Boden beginnt. Verlängert sich beim Weiterwachsen die Hauptachse unter Bildung seitlicher Zweige, so nennt man dies ein Monopodium, bei der Dichotomie gabelt sich die Hauptachse, beim Sympodium entwickelt sich der eine Gabelast stärker und macht den Eindruck einer Hauptachse; liegt hierbei der stärkere Gabelast stets nach derselben Seite, so entsteht ein

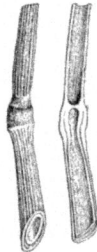

Fig. 6. Knotenstück vom Halme des Roggens.

Fig. 7. Ausläufer der Erdbeere.

Schraubel, wenn abwechselnd ein Wickel. Bei stärkerer Ausbildung der Hauptachse ist das Monopodium razemös (ährenartig), bei stärkerer Ausbildung der Nebenachse cymös (trugdoldig). Die Sprossachse der Gräser führt den besonderen Namen Halm (Fig. 6). An der Erde kriechende Sprossachsen heissen Ausläufer (Erdbeere,

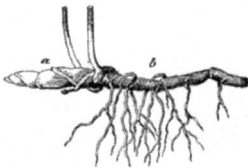

Fig. 8. Wurzelstock des Windröschens a. Endknospe, b. Stock.

Fig. 9. Wurzelstock der Schlüsselblume.

Fig. 7), unter der Erde kriechende Wurzelstöcke oder Rhizome (Windröschen, Fig. 8, Schlüsselblume, Fig. 9), letztere sind nicht grün, besitzen Schuppen (Niederblätter) und dienen zur Ueberwinterung der Pflanze, wie auch als Reservestoffbehälter.

Mit den letzten Formen sind wir schon zu umgewandelten oder metamorphosierten Sprossachsen übergegangen. Noch deutlicher ist diese Umwandlung bei Knollen, d. h. stark angeschwollenen Achsen, die in ihrem Gewebe Wasser oder Stärke aufspeichern und die daher Reserveorgane sind (Kartoffel, Fig. 10), an den kleinen schuppigen Blättern

Fig. 10. Knollenbildung der Kartoffel; *s* Wurzelstock, *w* Nebenwurzeln, *n* kleine Blätter, *k* Anschwellungen der Ausläufer, aus denen die Kartoffeln sich bilden.

erkennt man dann noch ihre Sprossnatur. Wasserspeicher bilden die angeschwollenen Sprosse der trockene Tropengegenden bewohnenden Kakteen (Mammillaria). Bei kletternden Pflanzen ist die Sprossachse zu schwach, um sich selbst aufrecht zu halten, daher legen sie sich dann entweder schraubenförmig um eine Stütze (windende Stengel, Bohne, Hopfen, Fig. 11) oder einige Sprossachsen werden zu besonderen Organen, den Ranken, d. h. zu reizbaren Fäden, die sich nun schraubig um eine Stütze winden (Zaunrübe, Wein, Taf. 41, Fig. 5), auch in Haftscheiben kann sich der Spross zu gleichem Zweck verwandeln (Weinarten). Sehr wunderbar ist, dass die Achsen von Pflanzen mit verkümmerten Blättern selbst blattartig werden können (sog. Kladodien, z. B. beim Mäusedorn). Eine dem Schutz gegen Tierangriffe dienende Sprossart ist der Dorn, d. h. ein spitzer stechender Spross. Endlich ist hierhin auch die Umwandlung zur Zwiebel (Fig. 12) zu rechnen, hier ist die Achse selbst kurz und kuchenförmig, und auf ihr sitzen breite, fleischige, sich deckende Blätter. Auch die Zwiebel ist ein Reserve- und Ueberwinterungsorgan.

3. Das Blatt. Das Blatt sitzt an der Sprossachse, es besteht aus der Blattfläche oder Spreite und dem Stiel, mit dem es an der Achse befestigt ist. An

Fig. 11. Rechtswindender Stengel des Hopfens.

Fig. 12. Zwiebel der weissen Lilie.

der Pflanze treten verschiedene Formen (Metamorphosenstufen) des Blattes auf, von unten nach oben: Keim-, Nieder-, Laub-, Hoch- und Blütenblätter. Die Keimblätter sind die ersten Blätter des Keimlings im Samen, sie strecken sich bei der Keimung und werden den anderen Blättern ähnlich, oder aber sie sind dick und fleischig und sind dann Nahrungsbehälter mit Stärkemehl für das junge Pflänzchen (z. B. Erbse). Nach der Zahl der Keimblätter heissen zwei grosse Abteilungen des Pflanzenreichs Monokotylen (Einkeimblättler) und Dikotylen (Zweikeimblättler). — Niederblätter sind die schon genannten kleinen Schuppen an Wurzelstöcken, ferner die grossen Blätter der Zwiebeln und die Schuppen der Knospen. Es sind in der Entwicklung gehemmte Laubblätter. — Das Laubblatt hat die oben genannten Teile, Spreite und Stiel, zu denen dann noch der Blattgrund kommt, letzterer ist z. B. bei Gräsern (Fig. 13) und Doldengewächsen (Fig. 14) scheiden-

Fig. 13. Blattscheide eines Grases mit Blatthäutchen.

Fig. 14. Blatt vom Bärenklau mit bauchiger Blattscheide.

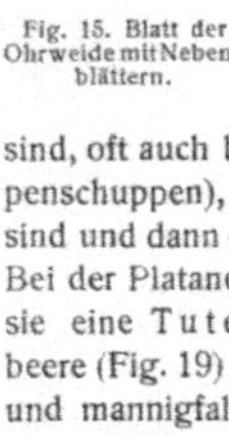

artig, oft bildet er Nebenblätter (Fig. 15 u. 16), die gewöhnlich klein

Fig. 15. Blatt der Ohrweide mit Nebenblättern.

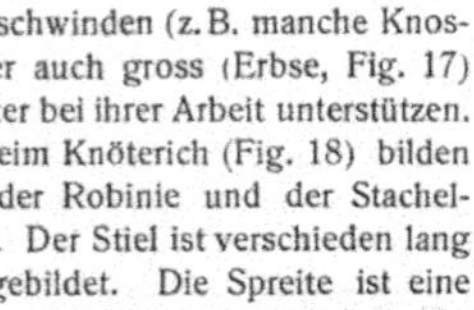

Fig. 16. *n* Nebenblätter des Hopfens.

sind, oft auch bald verschwinden (z. B. manche Knospenschuppen), oft aber auch gross (Erbse, Fig. 17) sind und dann die Blätter bei ihrer Arbeit unterstützen. Bei der Platane und beim Knöterich (Fig. 18) bilden sie eine Tute, bei der Robinie und der Stachelbeere (Fig. 19) Dornen. Der Stiel ist verschieden lang und mannigfaltig ausgebildet. Die Spreite ist eine dünne Fläche, die von Adern (Leitbündeln) durchzogen ist. Ihre Gestalt ist pfeilförmig (Fig. 20), spiess- (Fig. 21), herz- (Fig. 22), nieren- (Fig. 23),

Fig. 17. *n* Nebenblätter der Erbse. Am Ende des Blattes Ranken.

Fig. 18. *t* Nebenblattute des Knöterichs.

Fig. 19. *s* In Dornen umgewandelte Nebenblätter der Stachelbeere.

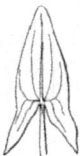

Fig. 20.

Fig. 21.

Fig. 22.

Fig. 23.

Fig. 24.

Fig. 25.

Fig. 26.

Fig. 27.

Fig. 28.

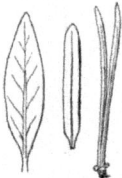

Fig 29. Fig. 30. Fig. 31.

Fig. 32.

Fig. 33.

spatel- (Fig. 24), schildförmig (Fig. 25), kreisrund (Fig. 26), elliptisch (Fig. 27), eiförmig oder oval

(Fig. 28), lanzettlich (Fig. 29), linealisch (Fig. 30) oder nadelförmig (Fig. 31). Der Blattrand ist entweder glatt (Fig. 32) oder gesägt (Fig. 33), doppelt gesägt (Fig. 34), gekerbt (Fig. 35) oder gezähnt (Fig. 36). Ebenso leicht erklären sich Ausdrücke wie: sitzend, gestielt, stengelumfassend, durchwachsen (Fig. 37, 38). Gehen die Einschnitte tiefer, aber nicht bis

Fig. 34.

Fig. 35.

Fig. 36.

Fig. 37. Stengelumfassendes Blatt des Kreuzkrautes.

Fig. 38. Durchwachsenes Blatt des Hasenohrs.

Fig. 39.

Fig. 40.

Fig. 41.

Fig. 42.

Fig. 43. Fig. 44.

Fig. 45.

zur Mitte, so heisst das Blatt gelappt (Fig. 39, 40), buchtig (Fig. 41), fiederteilig (Fig 42), leierförmig (Fig. 43), schrotsägeförmig (Fig. 44) oder handförmig gespalten (Fig. 45). Oft ist die Spreite aus mehreren kleineren Blättchen zusammengesetzt; man spricht dann von zwei- oder dreiteiligen und gefingerten Blättern, wenn die Blättchen an einer Stelle befestigt sind, von gefiederten, wenn sie beiderseits an einem gemeinsamen Stiel sitzen: paarig (Fig. 46), unpaarig (Fig. 47), unterbrochen (Fig. 48) und zweifach gefiedert. Ein Blick in das Blattgewirr einer Wiese oder Hecke zeigt Beispiele für alles dies. —

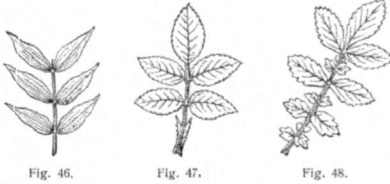

teilt und nehmen wie die Wurzeln Wasser auf, die andern breiten, flächenförmigen schwimmen auf dem Wasser.

Auch die Blüte (Fig. 51) ist ein Spross, aber seine Blätter haben dem Zweck der Fortpflanzung entsprechend sehr eigenartige Umwandlungen erfahren. Oft

Fig. 46.   Fig. 47.   Fig. 48.

Die Blattadern sollen die Blattfläche aussteifen und die Nahrung überallhin in dieselbe leiten, man hat nach ihrem Verlauf verschiedene Typen von Blattnervatur unterschieden.

Die Anordnung der Blätter an den Sprossachsen verfolgt den Zweck, sie möglichst dem Licht entgegen zu schieben. Auch sie ist ganz gesetzmässig. Meist ist sie spiralig mit

Fig. 49. Kreuzständige Blattstellung des Flieders.

Fig. 50. Quirlförmige Blattstellung eines Labkrautes.

Fig. 51. Aufriss einer vollständigen Blüte mit den 4 auseinander gerückten Blattkreisen.

Fig. 52. Blütenscheide des gefleckten Arons.

Fig. 53. Deckblatt der Linde.

bestimmter Anzahl der Umläufe und der auf einem Umgang verteilten Blätter. Man unterscheidet gegen- (z. B. Taf. 43), kreuz- (Fig. 49), quirl- (Fig. 50) und wechselständige (z. B. Taf. 29, 2) Anordnung.

Bei der ersteren stehen sich zwei oder mehr Blätter gegenüber. Bei wechselständiger Anordnung stehen sie einzeln.

Die Blätter können ebenso wie Wurzel und Achse eine Metamorphose erfahren. Aehnlich der Sprossachse können sie bei Kletterpflanzen zu Ranken werden (Erbse, Fig. 17) oder zu schützenden Stacheln (Kakteen). Eigenartige Gebilde stellen sie bei manchen insektenfressenden Pflanzen dar, so wird bei Nepenthes wenigstens ein Teil des Blattes zu der bekannten Kanne, in der sich Ameisen fangen. Merkwürdig sind auch die Humusblätter mancher tropischen Farne: breit flächenförmige, aufeinanderliegende Blätter, die zu unterst liegenden bilden vermodernd Humus, solche Farne haben dann aber auch noch eine zweite Art von Blättern von Geweihform, welche in die Luft ragen und die Ernährung besorgen. Wasserpflanzen zeigen oft zwei verschiedene Formen von Blättern. Die untergetauchten sind fein zer-

stehen die Blüten einzeln, oft aber auch zu mehreren in einem Blütenstand, der von einem oder mehreren Deckblättern umgeben ist (Fig. 52—54) und die oben schon genannten Arten der Verzweigung zeigt. Monopodiale und razemöse Blütenstände im obigen Sinn sind: Aehre (Fig. 55, 56), verlängerte, dünne Hauptachse mit sitzenden Blüten (locker bei Gräsern, dicht im Kätzchen der Weide,

Fig. 54. Mehrblätterige Hülle der Mohrrübe.

Fig. 55. Aehrenförmiger Blütenstand des Eisenkrauts.

Fig. 56. Aehre der Quecke.

Fig. 57. Traube der Johannisbeere.

Taf. **24**); K o l b e n , fleischigverdickte Hauptachse (Kalla); T r a u b e (Fig. 57), verlängerte Hauptachse mit gestielten Blüten (Raps); D o l d e n t r a u b e , ebenso, doch mit verlängerten Seitenästen, Blüten in einer Ebene (Ahorn); K ö p f c h e n , kurze Hauptachse mit sitzenden Blüten (Klee); K ö r b c h e n (Fig. 58),

Fig. 58. Körbchen der Vereinsblütler (Gänsedistel).

Fig. 59. Doldenförmiger Blütenstand des Reiherschnabels.

ebenso, Hauptachse verbreitert (Gänseblümchen); D o l d e (Fig. 54 u. 59), kurze Hauptachse mit langgestielten Seitenachsen, Blüten in einer Ebene (Kümmel), die Dolde kann auch zusammengesetzt sein, d. h. die Seitenachsen tragen kleine Dolden (Fig. 54); R i s p e (Taf. 41, 5), lange Hauptachse mit verzweigten Seitenachsen (Wein). Zu den cymösen Monopodien gehört: S p i r r e (Taf. 18, 2), die unteren Seitenäste überragen jedesmal die oberen (Binse); T r u g d o l d e , zwei oder mehr Seitenäste sind stark ausgebildet, die Hauptachse ist kürzer, so dass der Eindruck der Gabelung entsteht (Hornkraut, Fig. 60). Zu den Sympodien gehört: W i c k e l , wie oben beschrieben (Sonnentau); S c h r a u b e l (Fig. 61),

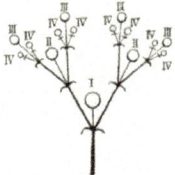

Fig. 60. Trugdolde.

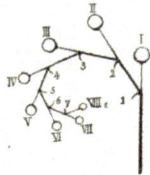

Fig. 61. Schraubel.

s. oben (Hartheu). — Die kleinen Blättchen innerhalb der Blütenstände und nahe der Blüte heissen H o c h b l ä t t e r , dahin gehörten auch z. B. die grosse, weisse Hülle der Kalla, sowie die Hüllblätter an den Körbchen der Korbblütler (Gänseblümchen).

Die vollständige Blüte enthält folgende Organe: K e l c h - und B l u m e n b l ä t t e r , S t a u b g e f ä s s e und S t e m p e l (Fig. 51), alle sind umgewandelte Blätter. Die beiden ersteren fehlen bei sog. nackten Blüten. Kommen Staubgefässe und Stempel in derselben Blüte vor, so ist sie z w i t t e r i g , wenn ge-

Hoffmann-Dennert, Botan. Bilder-Atlas. 3. Aufl.

trennt in verschiedenen Blüten derselben Pflanze e i n g e s c h l e c h t i g und zwar e i n h ä u s i g (m o n ö z i s c h , Hasel), wenn auf verschiedenen Pflanzen z w e i h ä u s i g (d i ö z i s c h , Weide). Jene Organe stehen in bestimmter Zahl in Kreisen auf der Achse der Blüte, dem Blütenboden.

Stehen Blumen- oder Kelchblätter unter den Stempeln, so sind sie u n t e r s t ä n d i g (Hahnenfuss), stehen sie dagegen auf dem Stempel, so sind sie o b e r s t ä n d i g (Kümmel); wenn der Blütenboden mehr oder weniger becherförmig ist und am Rand die Kelch- und Blumenblätter stehen (in der Mitte die Stempel), so heissen diese u m s t ä n d i g (Kirsche). Eine drüsenartige Wucherung des Blütenbodens heisst D i s k u s (z. B. Taubnessel), derselbe sondert dann oft Honig ab.

Die Blütenhülle besteht aus K e l c h und K r o n e , sie soll die wichtigeren Organe (Staubgefässe und Stempel) schützen und, soweit sie bunt sind, die Insekten anlocken; im ersteren Fall ist sie oft hinfällig, d. h. sie fällt bald ab (Kelch beim Mohn). Eine gleichartige grüne oder bunte Hülle (Lilie) heisst P e r i g o n. — Die Blätter des K e l c h s sind klein, grün, röhrig oder frei, regelmässig (Fig. 62: Bilsenkraut, Fig. 63: Taubenkropf) oder unregelmässig (Fig. 64: Salbei, Fig. 65: Gelber Klee), manchmal mit Nebenblättern, einem sog. A u s s e n k e l c h , versehen (Fig. 66: Fünffingerkraut). Bei

Fig. 62. Fig. 63. Fig. 64. Fig. 65. Fig. 66.

der Linde enthält der Kelch Honig, bei vielen Korbblütlern wächst er später zu einem feinen federförmigen Flugorgan der Frucht, dem P a p p u s , aus (Fig. 67: Distel). — Die Blumenkrone ist sehr verschiedenartig, zart, bunt, frei- oder verwachsenblätte-

Fig. 67. Fig. 68. Fig. 69. Fig. 70.

rig; sind die Blätter gestielt, so heissen sie genagelt (Nelke). Regelmässige Formen sind die trichter-, glockenförmige, röhrige (Fig. 68: Wiesenenzian), teller- (Fig. 69: Primel), radförmige (Fig. 70: Vergissmeinnicht), unregelmässige: die Lippenblüte (Fig. 71), Rachenblüte (Fig. 72), Zungenblüte (Fig. 73:

2

Massliebchen), Schmetterlingsblüte (Fig. 74). Sie hat gewöhnlich noch kürzere Lebensdauer als der Kelch. Die Staubgefässe (Staubblatt, Fig. 75, zeigt verschiedene Formen) haben einen Stiel, den

Fig. 71.   Fig. 72.   Fig. 73.

Staubfaden, und einen keulenförmigen Teil, die Anthere mit zwei Staubbeuteln (Fig. 76 zeigt verschiedene Formen), in deren Fächern sich der Blütenstaub oder Pollen bildet. Ihre Anheftung

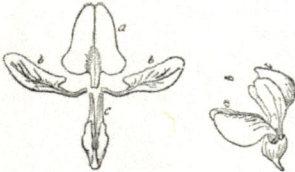

Fig. 74. Schmetterlingsblüte von der Seite und zerlegt.
a Fahne, b Flügel, c Schiffchen.

in der Blüte ist sehr verschieden, ebenso Zahl und sonstige Ausbildung; ihre Fäden können verwachsen (Erbse), ebenso die Antheren (Korbblütler, z. B. Kornblume). Sie öffnen sich gewöhnlich in Spalten und

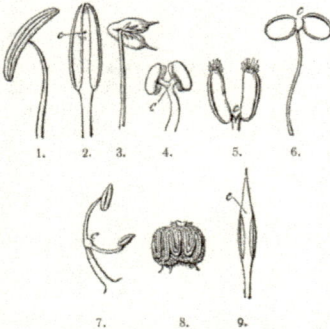

Fig. 75. Verschiedene Formen der Staubgefässe, insbesondere des Zwischenbandes (c), d. h. des Teiles zwischen den Staubbeuteln. 1. Weisse Lilie, 2. Hahnenfuss, 3. Zahntrost, 4. Linde, 5. Weissbuche, 6. Bingelkraut, 7. Salbei, 8. Melone, 9. Einbeere.

entlassen dann den Pollen, jedes Körnchen desselben ist eine Zelle mit mannigfach gebauter Wand. — Der Stempel (Fruchtblatt, Pistill, Fig. 77) besteht aus Fruchtknoten, dem unteren verdickten

Teil, Griffel, dem oberen dünneren Teil, und Narbe, dem obersten Teil (Fig. 78, zeigt verschiedene Formen); mehrfächerige Fruchtknoten können aus mehreren Blättern entstanden sein, die dann ver-

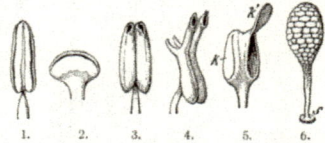

Fig. 76. Verschiedene Formen des Staubbeutels. 1. Tulpe, 2. Braunwurz, 3. Nachtschatten, 4. Heidelbeere, 5. Sauerdorn, 6. Knabenkraut, k Klappen, s Klebdrüse.

wachsen sind. An bestimmter Stelle im Fruchtknoten, der Plazenta, stehen die Samenknospen. Diese besitzen einen meist kurzen Stiel (Nabelstrang), zwei Hüllen oder Integumente, welche den inneren Teil (Knospenkern) umhüllen, oben aber eine Oeffnung, die Mikropyle, frei lassen. Die Samenknospen können gerade oder gekrümmt sein. Im Knospenkern befindet sich der Embryosack und in ihm, an der Mikropyle, das Eichen (alles dies zeigt Fig. 79).

Fig. 77. Stempel der Kirsche. a Samenknospe, b Griffel, c Narbe.

Ueber das Leben der Blüte werden wir unten Genaueres hören. Hier sei nur gesagt, dass ihr Ziel die Fruchtbildung ist. Der Weg dazu ist die Befruchtung (Fig. 79), die darin besteht, dass der

Fig. 78. Formen der Narbe. 1. Taubnessel, 2. Mohn, 3. Eibisch, 4. Schwertlilie.

Pollen auf die Narbe des Stempels gelangt, und dass sein Inhalt mit dem des Eichens verschmilzt, wodurch eine mächtige Wanderung der Baustoffe zu diesem hin angeregt wird. Das Ergebnis dieses Vorgangs ist, dass sich die Samenknospe zum Samen und der Fruchtknoten zur Frucht entwickelt.

Die Frucht ist die Schutzhülle des Samens. Man spricht von echter Frucht, wenn sie nur aus dem Fruchtknoten entsteht, gewöhnlich hat sie dann eine trockne Wand. Von solchen echten Trockenfrüchten gibt es folgende Arten: Schliessfrüchte (Fig. 80), die geschlossen abfallen, so die Grasfrucht, deren Fruchthülle mit ihrem einzigen Samen verwächst, die Nuss mit dicker harter Hülle (Haselnuss), die geflügelte Flügelfrucht (Fig. 81) der Ulme, die in mehrere Teile zerfallende Spaltfrucht (Fig. 82) des Kümmels; andere Trockenfrüchte springen irgend wie auf, die Balgfrucht (Fig. 83) längs der Bauchnaht (Rittersporn), die Kapsel (Fig. 84) mit Spalten oder Zähnen (Fig. 84: Lichtnelke), die

Fig. 79. Befruchtungsvorgang. *n* Narbe, *p* Pollenkörner. *ps* Pollenschläuche, *e* Embryosack.

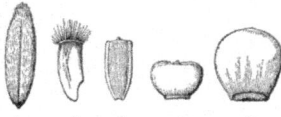

Fig. 80. Trockene Schliessfrüchte. 1. Hafer, 2. Kornblume, 3. Schafgarbe, 4. Erdrauch. 5. Haselnuss.

Büchse mit Deckel (Fig. 85: Bilsenkraut, Fig. 86: Gauchheil), die Porenkapsel mit Löchern (Fig. 87:

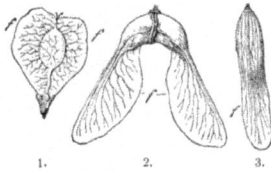

Fig. 81. Flügelfrüchte. 1. Ulme, 2. Ahorn, 3. Esche, *f* Flügel.

Mohn, Glockenblume). Eine mit zwei Längsspalten aufspringende Frucht heisst Hülse (Fig. 88), wenn

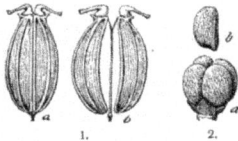

Fig. 82. Spaltfrüchte. 1. Kümmel, *a* vor und *b* nach der Spaltung, 2. Günsel, *a* vor der Spaltung, *b* Spaltfrüchtchen.

Fig. 83. Balgkapseln. 1. der Dotterblume, 2. des Rittersporns.

sie einfächerig und ohne Scheidewand ist (Fig. 88, 1: Akazie); dagegen Schote (Fig. 88 2 u. 3), wenn sie durch eine Scheidewand zweifächerig ist (Acker-

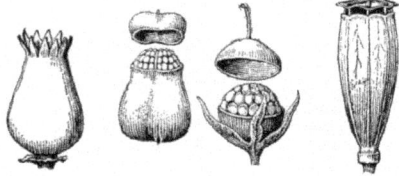

Fig. 84. Kapsel der Lichtnelke. Fig. 85. Kapsel desBilsenkrautes. Fig. 86. Kapsel des Gauchheils. Fig. 87. Kapsel des Mohns.

senf). Die Wand der echten Früchte kann aber auch fleischig werden, man nennt sie dann Saftfrüchte

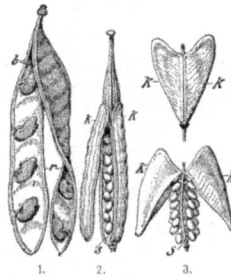

Fig. 88. Hülse und Schoten. 1. Hülse der Akazie, 2. Schote des Ackersenfs, 3. Schötchen des Hirtentäschels, *b* Bauchnaht, *r* Rückennaht, *k* Klappen, *s* Scheidewand.

(Fig. 89), so die Steinfrucht (Fig. 90), die einsamig ist und eine sehr harte innere Fruchtwand besitzt (Pflaume); die Apfelfrucht ist mehrsamig mit lederiger Innenwand und die Beere (Fig. 91) mehrsamig ohne trockne Innenwand (Wein); manche Früchte springen mit Gewalt explosionsartig auf (Kürbisarten). Früchte, die aus mehreren verwachsenden Früchten bestehen, heissen Sammelfrüchte (Himbeere). Endlich nennt man Scheinfrüchte (Fig. 92) solche, die auch aus ausserhalb des Fruchtknotens gelegenen Blütenteilen entstehen,

Fig. 89. Gurke, durchschnitten.

Fig. 90. Pflaume, ganz und durchschnitten. Fig. 91. Beere des Nachtschattens. Fig. 92. Scheinfrucht der Erdbeere.

so bei der Rose, Erdbeere (Fig. 92) und Feige. — Im übrigen zeigen die Früchte manche Eigentümlichkeiten, die wir aber lieber im biologischen Teil besprechen wollen.

Aus der Samenknospe entsteht also der Samen. Dabei werden die Integumente zur Samenschale, das Eichen zum Keimling, der Embryosack erzeugt meist ein Gewebe mit Reservestoffen für die junge Pflanze, man bezeichnet es als Sameneiweiss oder Endosperm, es enthält Stärke, Oel oder Eiweissstoffe. Der Keimling ist als junges Pflänzchen der wichtigste Teil des Samens, er besteht aus einem Knöspchen und besitzt schon ein Würzelchen, jenes lässt schon die ersten Blätter, die oben besprochenen Keimblätter, erkennen.

II. Der innere Bau der Pflanzen
(Anatomie).

Mit dem blossen Auge erscheint das Innere der Pflanze zumeist ganz gleichartig. Immerhin gibt es doch Beispiele, die jedem das Gegenteil zeigen: aus dem Blattstiel vom Wegerich lassen sich leicht feste Stränge ziehen, die Stiele von Wasserpflanzen (Seerose) erscheinen schwammig, und im Querschnitt des spanischen Rohrs erkennt schon das unbewaffnete Auge Poren. Weitere Aufklärung bietet aber erst die Lupe oder die noch stärkere Vergrösserung des Mikroskops. Bei der genaueren Untersuchung mit einem solchen bemerkt man, dass die Organe der Pflanze aus sog. Geweben und diese aus Zellen bestehen. Das hat man natürlich erst mit der Erfindung des Mikroskops 1670 (Malpighi und Grew) angefangen zu erkennen, und erst seit 70 Jahren (Schleiden) weiss man, dass alles an der Pflanze aus Zellen besteht oder wenigstens entsteht.

1. Die Zelle (Fig. 93). Legt man auf den Objektträger etwas vom Fleisch einer halbreifen Johannisbeere und drückt ein dünnes Deckgläschen darauf, so erkennt man zahlreiche „Zellen". Eine solche Zelle ist ein kleiner geschlossener Raum, ein bläschenartiges Gebilde. Es hat einen bestimmten Inhalt und eine feste Wand.

a) Die Zellwand (Membran) erscheint an jungen Zellen nur als feine Begrenzungslinie, sie be-

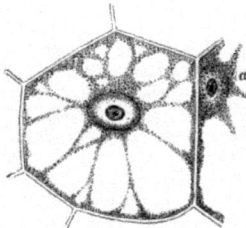

Fig. 93. Junge Zelle aus der Endknospe des Fichtenspargels; a Stück einer benachbarten Zelle. Man sieht den Zellkern und die Protoplasmastränge.

steht aus einem sog. Kohlenhydrat, der Zellulose; mit der Zeit wächst sie und erfährt dann eigenartige Veränderungen. Zunächst wächst die Fläche der Wand, dabei vergrössert sich die ganze Zelle und nimmt ihre endgültige Gestalt an (viereckig, mehreckig, rundlich, quadratisch, langgestreckt, sternförmig). Sodann beginnt das Dickenwachstum der Zellwand (Fig. 94), die nun oft geschichtet erscheint; dabei bleiben aber manche Stellen unverdickt, so dass hier Kanäle entstehen, die bei benachbarten Zellen aufeinander stossen, sie sind nur durch die zuerst entstandene, zarte Zellwandschicht getrennt und vermitteln den Verkehr von Zelle zu Zelle; von der Fläche aus gesehen, erscheinen diese Porenkanäle wie runde Löcher oder Spalten.

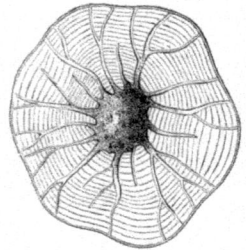

Fig. 94. Querschnitt durch eine Zelle aus der Schale der Walnuss; zeigt die Verdickungen der Zellhaut; dazwischen verzweigte Kanäle.

Neben diesen Gestaltsveränderungen kann die Zellwand auch Aenderungen ihrer chemischen Zusammensetzung erfahren. Wie gesagt, besteht sie für gewöhnlich aus dem Kohlehydrat Zellulose. Durch Einlagerung von gewissen Stoffen kann Verholzung oder Verkorkung eintreten. Die verholzte Membran (im Holz) hat eine ziemlich bedeutende Festigkeit, in ihr kann sich das Wasser leicht bewegen, die verkorkte Membran (im Kork) ist dagegen elastisch und für Wasser undurchlässig, worauf die Benutzung des Flaschenkorks beruht. Manchmal kann auch Verschleimung der Zellwand eintreten, z. B. beim Leinsamen. — Eine mehr krankhafte Veränderung der Membran findet man bei Gummibildung (z. B. an Kirschbäumen) statt, andererseits lagert sich z. B. bei Gräsern und Schachtelhalmen stets Kieselsäure in der Zellwand ab und macht sie hart und scharf.

b) Der Zellinhalt ist zunächst, besonders in jungen Zellen, eine zähe Schleimmasse, Protoplasma oder Plasma genannt. Sachs nennt sie Energide und so werden auch wir sie nennen. Es besitzt einen dichteren Kern (dieser oft noch ein Kernkörperchen). Das Plasma besteht aus einer gleichartigen Grundmasse mit feinen Körnchen und kleinen Körperchen, die man Chromatophoren nennt. Ueber den feineren Bau des Plasmas ist man sich jedoch noch nicht einig. Aehnlich ist es mit dem Kern, doch nimmt man an, dass er aus einem feinen Fadengerüst besteht, in dem kleine Kugeln liegen. Nach der Zellwand zu ist das Plasma etwas fester (sog. Hautschicht). Chemisch besteht das Plasma aus sog. Eiweissstoffen verschiedener Art, diejenigen des Kerns nennt man Nukleïne. Die Verschiedenartigkeit dieser Stoffe, auch der Zellwand u.s.w., zeigt sich besonders darin, dass sie sich durch verschiedene Farbstoffe verschieden färben lassen. Uebrigens nimmt meist nur das tote Plasma diese auf.

Sehr bemerkenswert ist, dass die Energiden benachbarter Zellen miteinander durch die Porenkanäle der Zellwände in Verbindung stehen, so bilden also die Protoplasmamassen aller Pflanzenzellen ein durch feine, die dünnen Wände durchbohrende Plasmafäden verknüpftes Netz. Dies dient wahrscheinlich der Fortleitung von Reizen und dem Stoffaustausch.

Die Energide erzeugt verschiedene Zellprodukte. Wenn die Zelle wächst, so hält die Energide damit nicht Schritt, es entstehen in ihr Blasen (sog. Vakuolen), die sich mit einer wässerigen Flüssigkeit, dem Zellsaft, füllen. Mit der Zeit können dieselben zahlreicher werden und das gesamte Plasma mit Kern an die Wand drängen. Im Zellsaft sind u. a. enthalten: Säuren, Zucker und Gerbstoff. — Auch die Farbstoffe sind Erzeugnisse der Energide; z. T. sind sie im Zellsaft gelöst, so die roten und die blauen der Blüten, z. T. sie an geformte Teile der Energide gebunden, sie entstehen dann aus den oben genannten Chromatophoren als Chloroplasten, Chromoplasten und Leukoplasten. Die erstgenannten sind die grünen Chlorophyll- oder Blattgrünkörner, die für die Ernährung der Pflanze von grosser Bedeutung sind; sie enthalten einen grünen Farbstoff (eisenhaltig?) und sind meist rundliche, sich durch Teilung vermehrende Körnchen. Sie entstehen nur am Licht. Die Chromoplasten sind gelb oder rot.

Die Leukoplasten haben eine besondere Bedeutung, sie sind farblos, und in ihnen (wie auch in den Chloroplasten) entsteht einer der wichtigsten Bau- und Reservestoffe, die Stärke; diese bildet im Wasser unlösliche Körnchen von verschiedener Gestalt bei verschiedenen Pflanzen, sie sind mehr oder weniger deutlich geschichtet, der innerste Kern liegt oft nicht genau in der Mitte (Fig. 95—98). Man erkennt die Stärke vor allem daran, dass Jodlösung sie blau färbt. Sie wird in der Pflanze im Verlauf des Stoffwechsels in Zucker umgewandelt, der im Zellsaft löslich ist und von Zelle zu Zelle wandern kann.

Ausser den genannten Produkten der Energide sind noch folgende zu merken: Eiweisskörner, sog. Proteinkörner von rundlicher Gestalt, oft mit kristallartigen Bildungen, Schleim (z. B. bei Zwiebeln), der offenbar als Wasserspeicher dient, Oele,

vor allem die ätherischen der Blumenblätter und Früchte, sie sind wohl meist Exkrete, d. h. Aussonderungen beim Stoffwechsel, die aber doch ihre Nebenbedeutung haben (s. unten); ähnlich ist es mit Kristallen

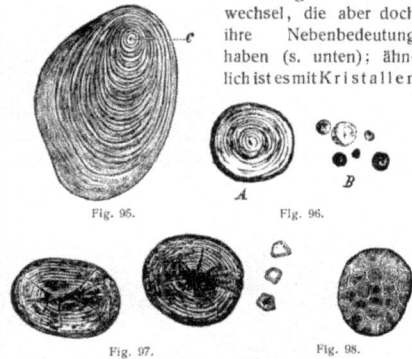

Fig. 95.   Fig. 96.

Fig. 97.   Fig. 98.
Fig. 95—98. Stärkekörner. 540mal vergrössert.
95 von der Kartoffel, *e* der exzentrisch gelegene Kern; 96 vom Weizen, *A* ein grosses Korn, *B* kleine Körner; 97 von der Bohne; 98 vom Hafer (zusammengesetztes Korn).

von Mineralsalzen, besonders von oxalsaurem Kalk, der seiner Giftigkeit wegen als Schutzmittel gegen Tierfrass dient.

c) Das Leben der Zelle ist an die Energide, das Plasma, gebunden, sie ist der unumgänglich nötige Träger des Lebens. Die oben schon angeführten Lebensäusserungen zeigen sich auch an ihr, so vor allem Ernährung und Wachstum. Zufolge des noch genauer zu besprechenden Ernährungsvorganges wächst die Energide und mit ihr die Zelle, dabei bewirkt sie auch alles, was wir schon gesagt haben, also das Wachstum ihrer Zellwand in die Länge und Dicke und die Erzeugung jener Zellsafteinlagerungen.

Sodann zeigt sich das Leben der Energide in ihrer Bewegung, die man an der Ortsveränderung der Körnchen in ihr und auch des Zellkerns erkennt. In totem Plasma beobachtet man sie nicht, wir dürfen daher wohl annehmen, dass sie sich nicht durch mechanische Ursachen erklären lässt, sondern dass sie eben ein Zeichen der Lebenstätigkeit ist.

Ein weiteres Zeichen des Lebens der Energide ist ihre Vermehrung, auf welcher Wachstum und Entwicklung der ganzen Pflanze beruht. Auch die Energide entwickelt sich, und auf der Höhe ihres Lebens kann sie sich durch Teilung vermehren. Dies geht vom Kern aus. Es ist dies ein recht komplizierter Vorgang, den wir im einzelnen hier nicht besprechen können, genug, dass sich erst der Kern teilt, und dass dann erst die Teilung der ganzen Zelle erfolgt, indem sich zwischen den Tochterkernen in dem Plasma eine feine Querwand bildet.

Endlich zeigt sich das Leben der Energide auch darin, dass sie zuletzt den T o d erleidet. Das kann gewaltsam geschehen, z. B. durch Wasserentziehung oder Gifte. Sie kann aber auch eines natürlichen Todes sterben, bei allen Zellen einjähriger Pflanzen findet dies normalerweise am Ende jeder Vegetationsperiode statt, bei den ausdauernden Pflanzen zieht sich das Plasma in bestimmte Zellen zurück, um dort zu überwintern. Aber es gibt auch viele Zellen der Pflanze, die im natürlichen Verlauf der Entwicklung absterben, um dann andere Aufgaben zu erfüllen. Es ist wohl anzunehmen, dass die Energiden solcher Zellen nicht einfach sterben, sondern

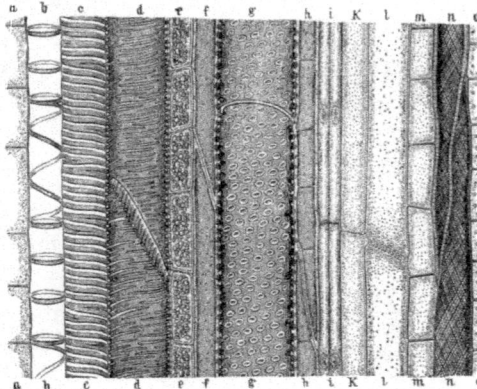

Fig. 99. Radialer Schnitt durch ein dikotyles Gefässbündel. a Zellen des Markparenchyms, b innerstes Gefäss, ringförmig und spiralig verdickt, c Spiralgefäss, d netzartig verdicktes Gefäss, e Holzparenchym, f Holzprosenchym, g getüpfeltes Gefäss, h Holzparenchym, i Kambium, k Kambiform, l Siebröhre (Röhre mit durchbrochenen Querwänden), m Bastparenchym, n Bastprosenchym, o Rindenparenchym. b—h Holzteil, k—o Bastteil des Gefässbündels.

sich in andere Zellen zurückziehen, denn solch wertvolles Material wird in der Natur nicht ohne Not vergeudet. Hierbei werden wohl die oben erwähnten Plasmaverbindungen ihre Rolle spielen.

2. D i e Z e l l a r t e n. Wir sahen schon, dass sich die Gestalt der Zelle beim Wachstum ändert. Die durch Teilung von anderen Zellen in dichtem Verband entstandenen Zellen sind mehr oder weniger würfelförmig. Weiterhin aber erhalten sie eine andere Gestalt: sie werden tafelförmig, sternförmig und kugelig, wobei sich oft zwischen den Zellen kleine Spalten bilden, sog. I n t e r z e l l u l a r r ä u m e, die sich auch vergrössern können und Luft oder abgesonderte Stoffe führen. — Vor allem kann die Zelle auch faserförmig werden, so die Holz- und Bastfasern, wenn sie dabei besondere Porenkanäle, sog. behöfte Tüpfel haben, so heissen sie T r a c h e - i d e n. Stark verdickte und oft verholzte Zellen heissen S t e i n - oder S k l e r e n c h y m z e l l e n. Eigen-

artig sind die oft verzweigten M i l c h s a f t z e l l e n, dieselben werden sehr lang, sie führen, wie der Name sagt, Milchsaft (z. B. bei Wolfsmilch).

Nun kann es ferner vorkommen, dass in übereinanderliegenden Zellen die Querwände aufgelöst werden. Dadurch entstehen lange Röhren: Gefässe, Siebröhren und Milchsaftröhren.

Die G e f ä s s e oder T r a c h e e n, welche wie die Tracheiden Wasser leiten, haben stets eigenartige Wandverdickungen, durch die sie ausgesteift werden: einfache Tüpfel, Ringe, Spiralen, Netze, treppenförmige Leisten, wonach man sie dann benennt (Fig. 99 zeigt diese Formen nebeneinander). Die Wände sind verholzt, die Energiden haben sich aus den Gefässen zurückgezogen. Sie bilden von den Wurzeln bis in die Blätter ein mehr oder weniger zusammenhängendes Röhrensystem in der Pflanze. Zwischen ihnen und den Tracheiden und Fasern gibt es Uebergänge. — Bei den S i e b r ö h r e n sind die Querwände nur siebartig durchbohrt und die Wände sind nicht verholzt, sie enthalten noch Energiden und führen einen eiweissartigen Schleim, dessen Leitung sie besorgen. — Die M i l c h s a f t r ö h r e n unterscheiden sich von den genannten Milchsaftzellen nur dadurch, dass sie aus mehreren Zellen entstanden sind (z. B. beim Mohn).

3. D i e G e w e b e. Nur wenige Pflanzen bestehen aus e i n e r Zelle, bei den meisten bleiben die sich teilenden Zellen im Zusammenhang und bilden so Zellverbände, die man Gewebe nennt. Teilt sich die Zelle immer in ein und derselben Richtung, so entsteht ein Z e l l f a d e n (Fig. 100), wenn in zwei Richtungen, eine Z e l l f l ä c h e, wenn in drei Richtungen, ein Z e l l - k ö r p e r. Dies sind die Elementargewebe, aus denen, als den höheren anatomischen Einheiten, die Organe der Pflanze bestehen.

Die verschiedenen Gewebe leisten besondere Arbeiten, und ihr Bau ist von diesen abhängig. Gewebe aus noch teilungsfähigen Zellen heissen M e r i s t e m e, solche,

Fig. 100.
Verzweigter Zellfaden einer Alge, vergrössert.

deren Zellen schon in den Ruhezustand übergingen, D a u e r g e w e b e. Die Meristeme bestehen aus zarten, eng zusammenschliessenden Zellen mit kräftigen Energiden und Kernen, weshalb sie sich noch lebhaft teilen. Jedes Organ der Pflanze geht aus solchen Meristemen hervor, z. B. in den zarten Organen des Samens und der Knospen, sowie im Vegetationskegel, d. h. am fortwachsenden Scheitel der Pflanze. Es gibt aber auch noch Meristeme, welche, wie wir sehen werden, eine nachträgliche Entstehung von Gewebe, d. h. das Dickenwachstum, bewirken.

In einiger Entfernung von dem Vegetationskegel erhalten die Gewebe ihre endgültige Ausbildung, d. h. sie werden zu Dauergeweben. Am jungen Blatt oder Stengel kann man von solchen leicht drei unterscheiden; vom Wegerichblatt z. B. lässt sich eine weisse Haut ablösen, aus den Adern lassen sich weisse elastische Stränge herausziehen, und es bleibt dann eine grüne Grundmasse übrig. Man erhält so die drei Hauptgewebearten der Pflanze: Hautgewebe, Stranggewebe, Grundgewebe.

Das Hautgewebe (Oberhaut, Epidermis) überzieht eine Zelle dick die Blätter und krautigen Stengel. Seine tafelförmigen Zellen schliessen lückenlos zusammen, die Seitenwände verlaufen wellig oder gerade; die Aussenwand ist meist stark verdickt und verkorkt, wodurch, wie auch durch zarte Wachsüberzüge (bereiftes Blatt der Erbse) und Kieseleinlagerungen (Gräser), verhindert wird, dass das von der Pflanze aufgenommene Wasser überall verdunstet, im übrigen sind diese Zellen selbst reich an Zell-

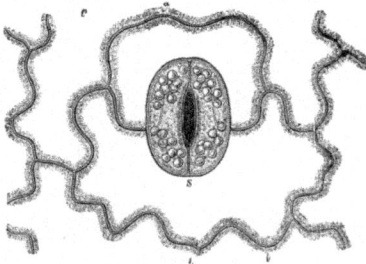

Fig. 101. Eine Spaltöffnung *s* des Quendels. Man sieht die beiden halbmondförmigen Schliesszellen, dazwischen den Spalt. *a b c* Oberhautzellen.

saft, d. h. also an Wasser. Um dem Wasser aber doch, wenn nötig, Auswege zu verschaffen, hat die Oberhaut zwischen ihren gewöhnlichen Zellen Spaltöffnungen, diese werden aus je 2 nierenförmigen Zellen gebildet, die zwischen sich eine Lücke lassen (Fig. 101). Im Gegensatz zu den anderen Oberhautzellen enthalten sie Chlorophyllkörner. Diese Zellen haben eine höchst sinnreiche Einrichtung, der zufolge der Spalt sich bei Wasserreichtum der Pflanze erweitert, dem Wasser also freie Bahn gibt, bei Wasserarmut

aber schliesst, das Wasser also zurückhält. Diese Spaltöffnungen befinden sich besonders auf der Blattunterseite und zwar in grosser Zahl, man zählte 300—1000 auf 1 □mm.

Zu den Geweben der Oberhaut gehören auch die Haare und Emergenzen. Erstere entstehen durch Ausstülpung von Oberhautzellen, letztere auch noch aus anderen, darunter gelegenen Zellen. Jene sind einfache oder verästelte Zellfäden, oder sternförmig u. s. w. Die Brennhaare der Brennessel haben einen brennenden Inhalt, der sich aus der spröden und daher leicht abbrechenden Spitze in die Wunde ergiesst. Die Haare dienen als Schutz gegen Tierfrass und zu starke Wasserverdunstung.

Unter dem Hautgewebe liegt zunächst das Grundgewebe. Wenn es aus gleichartigen, prismatischen Zellen besteht, so heisst es Parenchym, wenn aus Faserzellen Prosenchym. In jenem zeigen sich oft die oben genannten Interzellularräume, die mehr oder weniger zusammenhängen und ein Durchlüftungssystem darstellen, wenn sie nicht gerade Aussonderungen (Harz, Gummi) enthalten. Das Parenchym des Blattes ist das Ernährungsgewebe: unter den Spaltöffnungen findet sich ein Raum, die Atemhöhle, und diese steht in Verbindung mit den Interzellularräumen, durch welche die Zellen oft geradezu sternförmig werden (Schwammparenchym).

Das Grundgewebe des Stengels wird durch die Gefässbündel (s. unten) in einen äusseren Teil, die Rinde, und einen inneren, das Mark, geteilt. In beiden werden auch die Baustoffe, vor allem die Stärke, aufgespeichert, in ihnen findet man auch die oben genannten Auswurfstoffe (Gerbstoff, Harze, Oele, Kristalle). Das Grundgewebe kann auch durch Umbildung seiner Zellen in Steinzellen zur mechanischen Stärkung des betreffenden Organs dienen.

Das Stranggewebe liegt im Grundgewebe eingebettet, es besteht aus einzelnen, die Pflanze durchziehenden Bündeln (Fibrovasalstränge, Gefässbündel, Leitbündel), im Blatt sind es die Adern. Sie liegen bei den einsamenlappigen Pflanzen zerstreut (Fig. 102), bei den zweisamenlappigen Pflanzen im Kreise (Fig. 103). Das ein-

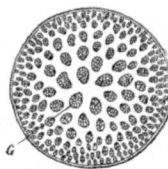

Fig. 102. Monokotyler   Fig. 103. Dikotyler
Stengel, quer.   Stengel, quer.
G Gefässbündel. *Mh* Markhöhle.

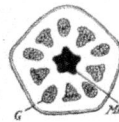

zelne Leitbündel (Fig. 104) besteht aus drei verschiedenen Geweben: Siebröhrenteil (nach aussen), Kambium (in der Mitte) und Gefässteil (nach innen). Der Siebröhrenteil besteht aus Siebröhren und kleineren sog. Geleitzellen, er dient zur Leitung von Eiweissstoffen. Der Gefässteil wird aus Gefässen, Tracheiden, Parenchym und Faserzellen gebildet und leitet das Wasser. Die Gefässe erkennt man an dem weiteren Lumen (Innenraum), sie werden von innen

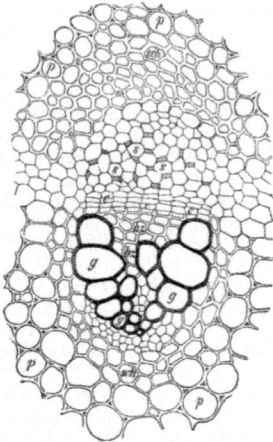

Fig. 104. Ranunculus repens; Gefässbündel. Sehr stark vergrössert. *c* Kambium. *g* Gefässe, *n* Siebröhren, *hz* Holzzellen, *sch* Gefässbündelscheiben, *p* Parenchym.

nach aussen weiter, die engsten sind Netz-, Ring- und Schraubengefässe, die weitesten nach aussen sind Tüpfelgefässe (Fig. 99). Beide Teile haben an ihren Aussenseiten Scheiden von mehrfaserigen, verdickten Zellen. Zwischen beiden liegt das Kambium, ein Meristem, also aus zarten Zellen bestehend. Durch Teilung derselben entstehen nach aussen neue Zellen des Siebröhrenteils, nach innen Zellen des Gefässteils.

Beim Dickenwachstum des Stengels, sowie bei der Bildung des holzigen Stengels finden weitgehende Veränderungen statt. Bei manchen Pflanzen (den meisten einsamenlappigen, d. h. Monokotylen) bleibt es freilich so wie eben beschrieben, (geschlossene Gefässbündel), bei anderen dagegen schliessen sich die Kambiumteile der im Kreise liegenden („offenen") Leitbündel zu einem geschlossenen Ring zusammen und bilden dann auch durch ihre Teilungen nach innen einen geschlossenen Ring von Gefässteilen, nach aussen einen weniger geschlossenen Ring von Siebröhrenteilen, jenen nennt

man nun Holz, diesen Bast. Die ursprünglichen Leitbündel sind auch später mehr oder weniger sichtbar, indem sich zwischen ihnen schmale Platten von würfeligen Parenchymzellen bilden, sog. Markstrahlen, welche Rinde und Mark verbinden. Im Holz entstehen auch später wohl solche Parenchymplatten (Markstrahlen), die dann aber das Mark nicht erreichen. Wie schon gesagt, wird das Holz bald eine zusammenhängende Masse, während der Bast mehr einzelne Kappen bildet, beide erhalten durch Faserzellen (Holz- bezw. Bastfasern) eine grosse Festigkeit (vergl. hierfür Fig. 105).

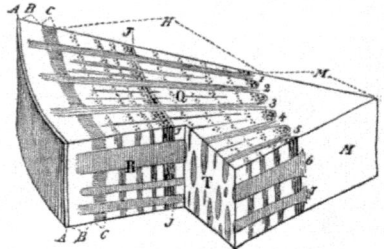

Fig. 105. Ein dikotyler Stamm in 3 verschiedenen Richtungen durchschnitten: *Q* Querschnitt, *R* Radialschnitt, *T* Tangentialschnitt, *A* Oberhaut, *B* Bast, *C* Kambium. *H* Holz mit Jahresringen, *J* Jahresgrenze, *M* Mark. 1, 2, 3, 4, 5, 6, 7 Markstrahlen.

Das Holz besteht im wesentlichen aus Holzfasern, Gefässen, Tracheiden und Parenchym, wobei die Gefässe auch wieder besonders durch ihren weiteren Innenraum kenntlich sind. Wenn das Holz in besagter Weise vom Kambium aus mehrere Jahre weiter gewachsen ist, so zeigt es eine auffallende Eigentümlichkeit: es besteht dann, oft schon für das blosse Auge, aus konzentrischen Ringen, den sog. Jahresringen (Fig. 106). Das Mikroskop zeigt, dass innerhalb derselben die inneren Bauelemente weiter und dünnwandiger und die Gefässe zahlreicher sind, weiter nach aussen werden die Zellen enger und dickwandiger und die Gefässe geringer an Zahl; nach innen ist das Holz jedes Ringes also lockerer, nach aussen dichter, daher ist seine Grenze gut sichtbar, und

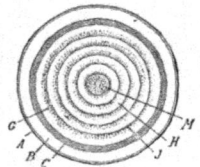

Fig. 106. Jahresringe. *A* Oberhaut, *B* Bast, *C* Kambiumring, *G* Gefässe, *H* Holz, *J* Jahresring, *M* Mark.

es tritt so die Erscheinung von konzentrischen Ringen ein. Jeder Ring stellt den Jahreszuwachs an Holz dar: im Frühjahr entsteht durch energisches schnelles Wachstum also lockeres, im Herbst dichtes Holz. Nur wo eine Unterbrechung der Vegetationsperiode durch Kälte- oder Trockenzeit eintritt, gibt es Bäume mit Jahresringen.

Das innerste Holz erstirbt allgemach, es lagern sich Gerbstoffe ein, und Gummi bildet sich, es sieht dann braun aus, ist härter und heisst K e r n , während die äussere Region heller und weicher ist und S p l i n t genannt wird.

Der B a s t bildet nicht so zusammenhängende Massen und Ringe, er besteht aus Siebröhren, Geleitzellen, Parenchym und Fasern, letztere bilden manchmal elastische Schichten, die isoliert und für sich verwendet werden (Linde, Bast der Gärtner).

Die Oberhaut, welche, wie gesagt, die Wasserabgabe regelt, wird beim Dickenwachstum bald zu eng, ehe sie platzt, muss unbedingt ein Ersatz für sie geschaffen sein. Dies geschieht durch ein aus den Rindenzellen neu entstehendes Meristem, dessen Zellen sich fortwährend teilen und nach aussen neue würfelförmige Zellen bilden, die zwar dünnwandig, aber verkorkt sind, weshalb sie elastisch und undurchlässig für Wasser sind. Nach aussen sterben diese Zellen zu braunen Massen ab, man nennt sie K o r k. Derselbe ist also ein Ersatz der Oberhaut, in dem Maasse, wie der Stamm nach innen wächst, erweitert sich auch dieser elastische Korkmantel. Indem die Korkschichten aber auch in tiefer liegenden Regionen der Rinde entstehen, schneiden sie Gewebe von der Wasserzufuhr ab und bringen sie zum Absterben, solche Rindenmassen heissen B o r k e. Wenn die Korkschichten geschlossene Ringe sind, spricht man von Ringelborke (Kirsche); wenn sie aber schräg in die Rinde hineingehen, so schneiden sie Schuppenborke ab (Platane). Nicht immer lösen sich die Borkenmassen ab; oft bleiben sie im festen Zusammenhang mit der Rinde (Eiche); oft ist die Rinde auch glatt, ohne eigentliche Borkenbildung (Buche).

4. B a u d e r O r g a n e. Aus den genannten Geweben bestehen mehr oder weniger alle Organe der Pflanze, als deren wichtigste wir Wurzel, Sprossachse, Blatt und Blüte kennen lernten. Die Wurzel hat gewöhnlich keine ausgeprägte Oberhaut, vor allem keine Spaltöffnungen, dagegen ist das Grundgewebe meist stark entwickelt, besonders bei fleischigen Wurzeln, dasselbe umgibt als Ring einen inneren aus den Leitbündeln gebildeten Zylinder. Daher fehlt den echten Wurzeln das Mark, die Gefässteile stossen im Zentrum zusammen, zwischen ihnen liegen die Siebröhrenteile. Die älteren Wurzeln zeigen auch ein Dickenwachstum. Später ist das Aussehen von holziger Wurzel und Stamm ziemlich gleichartig, doch ist erstere lockerer und die Jahresringe sind undeutlich. Auch Kork kann sich an der Wurzel bilden.

Die Sprossachse ist normal so gebaut wie oben

beschrieben, im einzelnen zeigen sich bei verschiedenen Pflanzen bemerkenswerte Verschiedenheiten hinsichtlich Leitbündelverlauf und Bau derselben. Manche Leitbündel bleiben in ihrem ganzen Verlauf im Stamm, andere treten als Blattspurbündel in die Blätter. — Die Anordnung der Bündel auf dem Querschnitt erfolgt nach mechanischen Gesetzen; denn sie sollen durch ihre Fasern u. s. w. den Stamm biegungsfest machen.

Der Bau des Blattes ist oben schon genugsam erörtert: es hat eine ausgeprägte Oberhaut, auf der Unterseite ein Blattes zahlreiche Spaltöffnungen hat, zwischen beiden liegt ein Grundgewebe, das auf der Unterfläche mehr schwammig ist durch zahlreiche Atemhöhlen und Lufträume, während die Zellen an der Oberseite dichter zusammenschliessen.

Der innere Bau der Blütenorgane entspricht der mit ihnen vor sich gegangenen Metamorphose (s. oben), die Kelchblätter sind den Laubblättern noch ähnlich, die Blütenblätter sind zarter gebaut und haben besonders eine eigenartige Oberhaut. Das innere Gewebe ist gleichartig gebaut und reich an verschiedenen Farbstoffen. Die Staubgefässe haben im Stiel ein nur schwaches Gefässbündel. Jeder der beiden Staubbeutel besteht aus zwei Kammern. Unter der Oberhaut liegt eine Schicht von Faserzellen mit besonderem Bau, wodurch das Aufspringen der Fächer bewirkt wird. Die Stempel haben eine Wand mit zarten Gefässbündeln, der Griffel besteht aus lockerem Gewebe.

III. Das Leben der Pflanzen.
(Physiologie.)

Physiologie ist die Lehre vom L e b e n der Pflanze. Das Leben äussert sich in einer zielstrebigen Arbeit, zu derselben sind Werkzeuge nötig, die man O r g a n e nennt. Ziel dieser Arbeit ist die Erhaltung des betreffenden Wesens und seiner Art in jener äussert sich durch die ganze Schöpfung hindurch Selbstsucht, in dieser Selbstlosigkeit, denn sie ist oft genug mit dem Untergang des einzelnen Wesens verbunden. Danach zeigt das Leben vier Hauptarbeiten; drei sind der Erhaltung des eigenen Lebens gewidmet: Ernährung, Wachstum, Bewegung; eine der Erhaltung der Art: Fortpflanzung. Die Pflanze hat die Fähigkeit zu diesen Arbeitsleistungen, allein sie kann dieselben nicht ausführen ohne gewisse ausser ihr liegende L e b e n s b e d i n g u n g e n die Aussenwelt muss ihr die Nahrungsstoffe liefern, die äusseren Kräfte greifen in ihr Leben ein. Dabei zeigt sich, dass die Pflanze diesen Bedingungen als Reize nur in gewissen Grenzen antwortet, die untere nennt man Minimum, die obere Maximum, dazwischen liegt das Optimum (d. h. der Punkt

3

der für die Pflanze am günstigsten ist), die drei Kardinalpunkte. So kann sich z. B. das Leben nur zwischen gewissen Temperaturen äussern, die niedrigste, bei der es noch möglich ist, heisst Minimum, die höchste Maximum, die beste Optimum. Jenseits jener beiden Grenzen erfolgt der Tod.

1. Die Ernährung. Die Arbeit des Lebens ist mit andauerndem Stoffverbrauch verbunden. Der verbrauchte Stoff muss also ersetzt werden; da das Leben aber auch in Wachstum und Entwicklung einen gewissen Fortschritt zeigt, muss noch mehr Stoff erarbeitet werden, als verbraucht wurde. Jene Stoffe bietet die Aussenwelt der Pflanze dar, aber in ganz anderer Form, als ihre Baustoffe selbst sind; also muss die Pflanze sie zunächst ergreifen und aufnehmen, dann aber verarbeiten. Beides zusammen bildet den Ernährungsvorgang.

a) Die Nahrungsstoffe und ihre Aufnahme. Die Hauptbaustoffe der Pflanze sind: Wasser, Kohlenhydrate, Eiweissstoffe und Mineralsalze. Wasser besteht aus Wasserstoff und Sauerstoff, Kohlenhydrate ausserdem aus Kohlenstoff; Eiweissstoffe enthalten ausser diesen drei Elementen Stickstoff, Phosphor und Schwefel; die Zahl der in den Mineralsalzen ausserdem noch enthaltenen Elemente ist sehr gross. Wir wollen sie nicht aufzählen, sondern nur noch bemerken, dass neben den genannten sechs Elementen für die Pflanzen unbedingt nötig sind: die Metalle Kalium, Kalzium, Magnesium und Eisen. Alle diese Elemente muss die Pflanze also in sich aufnehmen.

Das Wasser erhält sie aus dem Erdboden, den Kohlenstoff liefert ihr die Kohlensäure der Luft, den Stickstoff nicht etwa die aus ihm und Sauerstoff bestehende Luft, sondern salpetersaure Salze des Bodens (auch wohl Ammoniaksalze), andere im Erdboden enthaltene Salze bieten die anderen Elemente, den Schwefel z. B. die schwefelsauren Salze, den Phosphor die phosphorsauren Salze. — Danach liefern also Wasser, Kohlensäure und Mineralsalze die Nährstoffe der Pflanze, und zwar stammt die Kohlensäure aus der Luft, alles andere aus der Erde.

Die Kohlensäure wird von den Blättern aufgenommen und zwar durch die Spaltöffnungen, durch die sie in die Atemhöhle und dann weiter in die Zellen gelangt.

Die Wurzelhaare nehmen, wie oben schon gesagt, das Wasser samt darin gelösten Salzen aus der Erde auf, zufolge der vom Physiker als Diosmose bezeichneten Erscheinung. Diese Salzlösungen wandern nun von Zelle zu Zelle bis zu den Verbrauchsstätten in den Blättern. Es ist übrigens mit Bestimmtheit zu sagen, dass sich dies nicht rein physikalisch erklären lässt, vielmehr wissen wir, dass die Pflanze eine gewisse Wahlfreiheit besitzt, die nur darauf

beruhen kann, dass ihr Lebensträger, also das Plasma, eine Auswahl trifft und nur die Stoffe in sich aufnimmt, die es gebrauchen kann. Wahrscheinlich geschieht diese Auswahl schon in den Wurzelhaaren.

b) Die Pflanze und das Wasser. Dass das Wasser für die Pflanze eine ganz besondere Rolle spielt, zeigt ja jedes Verwelken, also die tägliche Erfahrung; krautige Pflanzen enthalten bis 80%, Wasserpflanzen 95%, frischwachsende Zweige 90% Wasser. Teilweise baut dieses die Pflanze mit auf, z. T. dient es als Nährwasser, z. T. ist es Leitwasser zum Transport der Nährsalze. Indem die Wurzeln weiter wachsen und immer neue Wurzelhaare entstehen, wird nach und nach der ganze Boden um die Pflanze herum ausgenutzt. Es ist schon oben gesagt, dass die Wurzelhaare mit den Erdkörnchen geradezu verwachsen, dadurch wird die Aufsaugungsfähigkeit noch erhöht. Letztere ist aber natürlich auch von der Kraft abhängig, mit welcher der Boden das Wasser zurückhält, bekanntlich ist diese bei verschiedenen Bodenarten ganz verschieden.

Innerhalb der Pflanze bewegt sich das Wasser in den Gefässbündeln weiter, und zwar sind es besonders die verholzten Zellen und die Gefässwände, welche es leiten, die verkorkte Aussenwand der Oberhaut und die Korkzellen bilden dabei eine undurchlässige Hülle. Dieser aufsteigende Wasserstrom wird durch das sog. Tränen des Weinstocks bewiesen. Schneidet man denselben im Frühjahr über dem Boden ab, so entfliessen der Schnittfläche grosse Mengen von Wasser. Das Wasser wird offenbar emporgedrückt, man nennt das Wurzeldruck, der wohl so zu erklären ist, dass das von den Wurzeln aufgenommene Wasser die Zellen prall anfüllt (turgeszieren lässt, sagt man). Der Gedanke, dass dieser Wurzeldruck das Wasser auch bis zu den Blättern emporhebt, hat sich als irrig erwiesen; welches die hierbei wirkende Kraft ist, weiss man noch nicht genau. Vielleicht spielt die Kapillarität eine Rolle, d. h. das Emporsteigen von Wasser in haarförmigen Röhren, und dies sind ja die Gefässe; wahrscheinlich steigt das Wasser auch nur in lebenden Zellen so hoch; dann haben wir es also hierbei mit einer Lebenserscheinung zu tun. Endlich ist auch zu beachten, dass an den Blättern das Wasser verdunstet, und dass dadurch wohl neues Wasser infolge des gestörten Gleichgewichts emporgesogen werden wird. Nach Sachs bewegt sich dabei das Wasser nur in den verholzten Zellwänden, nicht aber in den Hohlräumen der Zellen, wie andere behaupten.

Nach dem zuletzt Gesagten hängt also die Wanderung des Wassers in der Pflanze eng zusammen mit der Wasserabgabe oder Transpiration (in Form von dampfförmigem Wasser), die für das Leben der Pflanze von grösster Wichtigkeit ist. Wie die Wasserabgabe der Pflanze sich selbst regelt, das haben wir oben schon kurz gesagt: es geschieht durch die Spaltöffnungen, deren Schliesszellen sich bei Wasserreichtum voneinander entfernen, so dass sie den Spalt erweitern, bei Wasserarmut dagegen zusammenneigen, so dass sich der Spalt verengert; demnach kann im ersteren Fall mehr Wasserdampf durch die Spaltöffnungen verdunsten als im zweiten. Die verdunstete Wassermenge kann sehr gross sein: man hat berechnet, dass grosse Bäume täglich über 100 l abgeben können. Natürlich ist diese Menge von vielen Umständen abhängig (Boden, Klima, Besonnung, Temperatur der Luft); jedenfalls versorgt die Pflanze, besonders also der Wald, die Luft mit grossen Mengen von Wasser.

Neben dem dampfförmig abgegebenen Wasser kann die Pflanze auch flüssiges verlieren. Wenn sich die Luft abends und nachts abgekühlt hat, die Pflanze aber noch weiter aus dem wärmeren Boden Wasser aufnimmt, so kann dieses (wohl durch Wurzeldruck) an bestimmten Stellen der Blätter (oft sind es besondere „Wasserspalten") herausquellen, so entstehen viele der als Tau bezeichneten Wasserperlen. Auch das sog. Bluten ist eine Abgabe flüssigen Wassers: Glatt abgeschnittene Pflanzenzweige sondern aus der Schnittfläche Wasser ab, wenn man sie aus der kühlen Luft ins warme Zimmer bringt, dies erklärt sich dadurch, dass die Luft sich im Innern des Zweiges ausdehnt und das Wasser in demselben herausdrängt.

Die Versorgung mit Wasser hängt ganz von den Verhältnissen des Bodens und Klimas ab. Sind diese gleichmässig, so ist es auch die Wasseraufnahme und -abgabe. Wenn dagegen die betreffende Gegend zeitweise trocken ist, so muss die Pflanze selbst dafür sorgen, dass sie stets genug Wasser hat. Dies kann sie dadurch erreichen, dass sie die Transpiration verringert. Oft genügt aber die Verengerung der Spaltöffnungen nicht, dann wird dieses Ziel erreicht durch einen dichten Haarfilz auf den Blättern (Edelweiss), bei Steppenpflanzen auch wohl durch Kalk- und Salzkrusten. Bei anderen sind die Blätter der Unterlage dicht angedrückt. Bei den sog. Kompasspflanzen der nordamerikanischen Prärien stellen sich die Blattflächen in Süd-Nord-Richtung, so dass sie nur von der weniger warmen Morgen- und Abendsonne getroffen werden; andere Pflanzen falten ihre Blätter mittags zusammen (Gräser); noch andere Pflanzen trockener Gegenden bilden überhaupt wenig oder gar keine Blätter, so die Kakteen, deren Blätter ja, wie wir schon sahen, in Dornen verwandelt sind. Aehnlich verhalten sich die sog. Rutengewächse, zu denen z. B. auch unser

sehr kleinblättriger Besenstrauch gehört. Hierbei besorgt dann der grüne Stengel mehr oder weniger die Rolle als Ernährungsorgan.

Nun gibt es aber auch Pflanzen, welche das Wasser geradezu als Reservestoff aufspeichern, das sind die Sukkulenten, welche verdickte Stengel (Kakteen) oder Blätter (Mauerpfeffer) haben. Die Verdickung erfolgt durch reichliche Vermehrung des Parenchyms, und dieses ist dann mit Wasser angefüllt.

Die Wasseraufnahme und -leitung hat einen sehr wichtigen Nebenzweck, nämlich den Transport der Nährsalze. Das aus dem Boden aufgenommene Wasser enthält ja die letzteren, vermöge der sog. Diosmose können sie mit durch die Zellwände wandern. Der Boden hält nun aber die Salze mehr oder weniger fest, ein einfaches Auslaugen des Bodens durch Wasser genügt daher meistens nicht; dabei wirkt dann offenbar der Umstand mit, dass die Wurzelhaare mit den Erdkörnchen verwachsen; zudem sondern sie eine Säure (Kohlensäure) ab, welche jene Salze leichter auflöst. Trotzdem sind diese Salzlösungen sehr schwach, um die Pflanze also mit den nötigen Mengen von Salz zu versorgen, müssen sehr grosse Mengen der Lösung in sie aufgenommen werden. Dazu dient der Transpirationsstrom: das übermässig aufgenommene Wasser bringt die Salze in die Blätter und damit in ihre Verbrauchsstätten, und es verdunstet dann, während die Salze zurückbleiben.

c) Der Ernährungsvorgang. Ausser den eben genannten Stoffen hat die Pflanze noch zweierlei zu ihrem Ernährungsvorgang nötig: Sonnenlicht und die oben schon besprochenen Chlorophyll- oder Blattgrünkörner; denn Pflanzen, die im Dunkeln vegetieren, wachsen nicht normal, und Pflanzen ohne Blattgrün (z. B. Pilze) können sich nicht selbständig ernähren. — In den grünen Blättern spielt sich der Ernährungsvorgang ab, in ihren Zellen treffen Wasser und Kohlensäure mit dem Protoplasma der Chlorophyllkörner zusammen, und nun tritt eine chemische Umsetzung ein, deren Ergebnis Stärke ist, die in den Blattgrünkörnern wie auch in den Leukoplasten auftritt, gleichzeitig wird Sauerstoff in einer der aufgenommenen Kohlensäure entsprechenden Menge abgeschieden und durch die Spaltöffnungen nach aussen gestossen. Sehr viel mehr wissen wir von diesem eigentümlichen Vorgang nicht, durch den also aus unorganischem Stoff (Wasser und Kohlensäure) organischer (Stärke) gebildet wird, man nennt ihn Assimilation. Dass es ein chemischer Vorgang ist, ist natürlich selbstverständlich, allein, da er nur in den lebenden Zellen, die Blattgrün haben, stattfindet, so muss er eine Funktion des Lebens sein und lässt sich nicht einfach chemischphysikalisch erklären. Ob die Zukunft mehr Licht in ihn bringt, ob z. B. bei ihm der Gärung ähnliche Vorgänge stattfinden u. s. w., bleibt abzuwarten. Alles, was man in dieser Hinsicht bisher versucht hat zur Erklärung, hat nicht stichgehalten.

Ausser dem eisenhaltigen Blattgrün ist für die Assimilation also auch das Sonnenlicht nötig, es sind besonders die rot-orangefarbigen und gelb-grünen Strahlen des Sonnenlichts, die auf sie günstig einwirken. Wie und was diese Strahlen bei der Assimilation bewirken, weiss man nicht. Man glaubt, dass sie die Quelle der chemischen Energie sind, ohne dass man sich davon ein klares Bild machen kann. Ebenso kennt man noch nicht die Wirkung des grünen Farbstoffs.

Die übrigen Kohlenhydrate werden durch Umwandlung der Stärke gebildet, vor allem der Zucker, und indirekt auch wohl die Zellulose. Ebenso möchte es auch zweifellos sein, dass die Fette aus Stärke und Zucker gebildet werden. Dagegen ist die Bildung der Eiweissstoffe weniger einfach, weil diese ausser Kohlenstoff, Wasserstoff und Sauerstoff auch noch Stickstoff und Schwefel enthalten. Tatsächlich sind darüber die Ansichten auch noch geteilt, man weiss nicht, ob sie auch bei der Assimilation entstehen oder nicht. Sachs hält die Siebröhren für ihren Enstehungsort. Jedenfalls spielen dabei noch die Kalium- und Magnesium - Salze der Salpeter-, Schwefel- und Phosphorsäure eine Rolle.

d) Stoffwechsel, Stoffwanderung, Stoffspeicherung. Aus dem eben Gesagten geht schon hervor, dass sich die Stoffe in der Pflanze nicht in starrer Ruhe befinden, sie wandern und wechseln vielmehr fortwährend. Die Bildung der Nahrungsstoffe bezweckt deren Verwendung an den Orten kräftigen Wachstums, vor allem in den Vegetationskegeln und in den werdenden Früchten; da nun aber die drei wichtigsten Baustoffe: Stärke, Eiweissstoff und auch Fett nicht leicht transportabel sind und nicht durch die Zellwände wandern können, so müssen sie in lösliche und leicht wandernde Stoffe umgewandelt werden. Der Verbrauch von Stoff ist dabei die treibende Kraft; denn durch ihn wird das chemische Gleichgewicht zerstört, und um es herzustellen, strömen die neuen Baustoffe von ihren Bildungsstätten, den Blättern, herzu. Zucker wandert unmittelbar (im Wasser gelöst), ebenso ein Kohlenhydrat, das Inulin heisst, sowie das Asparagin, ein Eiweissstoff. Die anderen Stoffe dagegen, welche nicht durch die geschlossene Zellwand hindurchgehen können, Stärke, Fette und Eiweissstoffe, werden durch sog. Enzyme in einen Zustand gebracht, in dem sie dies können. Enzyme sind Stoffe, welche auf ihre Umgebung chemisch verändernd einwirken, ohne dass sie sich selbst ändern. Das die Stärke

auflösende Enzym heisst Diastase, sie bildet aus der Stärke Zucker, und dieser kann durch Diosmose die Zellwand durchwandern; von den Eiweissstoffen kennt man diese Vorgänge weniger genau, noch weniger von den Fetten.

Die hier besprochene Stoffwanderung findet in dem Parenchym statt, für die Eiweissstoffe in den Siebröhren, deren Querwände ja durchlöchert sind, weshalb jene Stoffe sich in ihnen leichter bewegen können.

Hinsichtlich anderer Stoffe ist der Stoffwechsel noch wenig aufgeklärt, dahin gehören die Säuren der Früchte, die ihrem Zucker vorangehen und die unreifen Früchte vor Tierfrass schützen, ferner der auch als Schutzmittel zu betrachtenden Alkaloide und Bitterstoffe, die dem Lockapparat der Blüte dienenden Farbstoffe und ätherischen Oele, endlich auch die Gerbstoffe, Harze und Gummiharze.

Manche sind gewiss Abfallstoffe, die im Haushalt der Pflanze noch eine Nebenrolle spielen, andere sind auch sicherlich durch Desorganisation (Entartung) anderer Stoffe entstanden, so die letztgenannten wohl oft aus Zellulose.

Die Pflanze arbeitet instinktiv sehr vorsorglich: sie verarbeitet mehr organischen Stoff, als sie gerade zur Erhaltung und zum Wachstum ihres Körpers nötig hat, damit sie ihn in Zeiten der Not gebrauchen kann. Sie speichert ihn in besonderen Organen auf, so in fleischigen Wurzeln, Wurzelstöcken, Knollen und Zwiebeln, in den Markstrahlen, im Mark und im Parenchym des Holzes. Hier lagern sich im Herbst die Reservestoffe ab, als solche sind anzusehen: Stärke (Kartoffelknolle), Rohrzucker (Runkelrübe), auch Eiweissstoffe und Fette.

Auch in Früchten und besonders in Samen sammeln sich solche Stoffe zur Reserve an, wir haben ja schon von dem sog. Sameneiweiss (meist aus Stärke bestehend, z. B. bei den Getreidegräsern) gesprochen und auch gesehen, dass die Samenlappen solche Speicher sein können (z. B. bei den Hülsenfrüchtlern).

Mit Beginn der neuen Wachstumsperiode werden dann jene aufgespeicherten Reservestoffe durch die Enzyme wiederum gelöst und wandern nun zu den Knospen bezw. zum wachsenden Keimling, um dort das neue Leben einzuleiten.

e) Die Atmung. Der Assimilationsvorgang ist, wie oben beschrieben, mit einem lebhaften Gasaustausch verbunden: die Pflanze nimmt Kohlensäure auf und gibt dann eben so viel Sauerstoff wieder ab. Daneben aber findet in ihr auch der umgekehrte Vorgang statt, der durchaus der tierischen Atmung entspricht, d. h. sie nimmt Sauerstoff auf und gibt Kohlensäure ab.

Man beobachtet diesen Vorgang leicht an den

nicht grünen, daher also auch nicht assimilierenden Teilen der Pflanze (z. B. an keimenden Samen); auch die grünen Blätter atmen, aber die Assimilation überwiegt bei ihnen. Wenn ihnen jedoch das Sonnenlicht fehlt, so wird die letztere mehr oder weniger eingestellt, und nun kann man auch an ihnen die Atmung beobachten, also besonders bei Nacht.

Die Atmung ist das Ergebnis eines Verbrennungsvorgangs: der aufgenommene Sauerstoff erwirkt in den Organen sog. Oxydationen, deren Ergebnis Kohlensäure ist, welche die Pflanze nun aushaucht. Dabei muss dann also ein Gewichtsverlust, d. h. ein Verlust an Stoff stattfinden, der besonders die Kohlenhydrate betrifft. Dies aber ist sehr wichtig für das Leben der Pflanze. Denn dadurch wir das chemische Gleichgewicht in ihr gestört; dieser Umstand aber wird zur Haupttriebfeder der gesamten Lebensbewegung, die durch sie immer wieder von neuem angeregt wird. Jedenfalls ist die Atmung daher auch eine Lebensfunktion des Protoplasmas.

Wie bei den Tieren, so zeigt sich auch bei den Pflanzen als äusseres Zeichen der Atmung die Wärmebildung, an keimenden Samen und aufspringenden Blütenknospen lässt sich dies direkt nachweisen. Auch das Leuchten mancher Pilze möchte vielleicht auf energische Atmung zurückzuführen sein.

2. Wachstum und Entwicklung. Die auffallendste Lebensäusserung der Pflanze ist ihr Sprossen und Wachsen. In bestimmten Zeitabschnitten bringt eine mehrjährige Pflanze an bestimmten Stellen immer wieder neue Organe hervor und nimmt dadurch an Umfang zu. Allein dieses Wachstum ist noch mit etwas anderem verbunden, nämlich mit einer Ausgestaltung aus einfacheren Anfängen zu einer vollkommeneren Mannigfaltigkeit. Das ist es, was man Entwicklung nennt.

a) Das Wachstum ist eine bleibende Vergrösserung von innen heraus, oft ist sie mit Gestaltveränderung verbunden. Im Grunde genommen beruht jedes Wachstum auf Vermehrung von Zellen, und diese wieder auf Teilung der vorhandenen Zellen. Wir haben schon gesehen, dass jede an sich freilich mikroskopisch kleine Zelle im Laufe ihres Lebens an Grösse zunimmt, und dass sie sich dann in zwei Tochterzellen teilen kann, die ihrerseits auch wieder wachsen. Dies ist die Grundlage allen Wachstums an der Pflanze.

Man untersuche die Knospe eines Baumes, ihre schützenden Schuppen umschliessen schon kleine unausgebildete Blättchen, diese aber wiederum ein zartes Gewebe, den sog. Vegetationskegel. Ist die Knospe aufgebrochen, so streckt sich das Innere zu einem mit Blättern besetzten Stengel, dem jungen

Trieb. Nachdem dieser sich dem Licht erschlossen hat, erstarkt er und wächst innerlich aus. Diese drei Wachstumsstufen lassen sich immer wieder verfolgen. Also: 1. Die Stufe des Vegetationskegels, er besteht aus zarten Zellen mit kräftigen Energiden, welche hier andauernde Zellteilungen bewirken, sowie auch die Anlage der jungen Blätter. Sind diese schon deutlich ausgebildet, so erfolgt: 2. die Stufe der Streckung, d. h. des eigentlichen Wachstums. Der junge Stengel verlängert sich stark, und die Blätter schieben sich auseinander. Dies geschieht dadurch, dass sich die einzelnen Zellen strecken und ihre endgültige Gestalt annehmen, wobei sich auch die Gewebe, wie oben besprochen, in Haut-, Grund- und Stranggewebe sondern. Hierauf folgt dann die 3. Stufe der inneren und äusseren Erstarkung. Die Zellen erhalten ihre endgültige Gestalt, Dicke und Zeichnung der Zellwand, sowie deren chemische Veränderung (Verholzung und Verkorkung). Hiermit hängen dann auch äussere Umbildungen zusammen, wie die Erstarkung des Stengels und der Blätter.

Nun wird wohl jedem Denkenden die Frage aufsteigen: weshalb wächst die Pflanze und zwar in allen ihren Teilen in gesetzmässiger Weise, und wiederum jede Pflanze in ihrer Weise? Wir haben das Wachstum auf die Tätigkeit der Energiden zurückgeführt und müssen nunmehr sagen, dass in den Energiden eine auf ein bestimmtes Ziel hinarbeitende Kraft wirkt. Ohne diese kann kein Wachstum stattfinden, aber diese Tätigkeit der Energide wird durch äussere Bedingungen oder Reize ausgelöst und geregelt. Von diesen in der Energide selbst liegenden Kräften des Wachstums wissen wir noch sehr wenig. Sie werden daher oft leider vernachlässigt oder gar geleugnet. Dass sie aber wirklich vorhanden sind, geht daraus hervor, dass die äusseren Bedingungen für sich allein kein Wachstum erzeugen können, sondern dass dazu in erster Linie eben die Energide oder das Protoplasma nötig ist.

Die äusseren Wachstumsbedingungen sind Nährstoffe, Wasser, Schwerkraft, Licht, Temperatur und Medium. Die schon oben genannten Nährstoffe sind natürlich auch zum Wachstum nötig, es sind dieselben Stoffe, aus denen alle Organe der Pflanze entstehen. Aber die uns so gleichartig erscheinenden Produkte der Assimilation bilden doch so verschiedenartige Organe, dass sie vielleicht doch einen inneren Unterschied aufweisen, man spricht daher von Wurzel, Spross, Blatt und Blüte bildenden Stoffen.

Eine besondere Bedeutung hat das Wasser für das Wachstum. Die Zellen des Vegetationskegels sind ganz mit Protoplasma gefüllt. Bei der Streckung der Zellen nehmen sie viel Wasser auf, wodurch die Zellwand in den Zustand der Anspannung („Turgor") versetzt wird. Hierauf beruht zum Teil das Längenwachstum bei der Stufe der Streckung.

Die Richtung der wachsenden Pflanzenteile wird durch Schwerkraft und Licht beeinflusst. Die Schwerkraft bewirkt, dass die Wurzel nach unten und der Stengel nach oben wächst, man nennt dies positiven bezw. negativen Geotropismus. Erklären kann man diese Erscheinung noch nicht.

Wichtig ist auch der Reiz, den das Licht auf die wachsenden Organe ausübt. An der nicht belichteten Seite besteht die Neigung Wurzeln zu bilden, während an der belichteten Blattorgane entstehen. Im Dunkeln wachsende Pflanzen (z. B. Kartoffeln im Keller) zeigen die Erscheinungen des Etiolements, d. h. sie wachsen stark in die Länge und wenig in die Dicke, die Triebe werden dünn und kleinblätterig, dabei blass und gelb.

Wichtig ist ferner auch die Temperatur für das Wachstum. Es gibt für dasselbe eine untere und obere Temperaturgrenze. Dazwischen liegt eine Temperatur, bei der das Wachstum am stärksten ist; so ist z. B. die untere Temperaturgrenze für Weizen 5° C., die obere $42^{1}/_{2}$° C., am kräftigsten wächst er bei $28^{1}/_{2}$° C. Hiermit hängt natürlich die Verbreitung auf der Erde zusammen. Es gibt übrigens auch Pflanzen (Christrose, Schneeglöckchen), die in der kalten Jahreszeit kräftig wachsen.

Wichtig ist endlich auch das Medium für das Wachstum. Man versteht darunter die direkte Umgebung, wie Luft und Wasser und die Erde für die unterirdischen Teile. Es lässt sich denken, dass auch dies für das Wachstum von Bedeutung sein muss.

Endlich sei noch darauf hingewiesen, dass abnorme Wachstumsreize auch abnorme Bildungen erzeugen: so entstehen durch den Stich mancher Insekten (Gallwespen, Blattläuse, Gallmücken und Milben) auf Pflanzenteilen Wucherungen, die man als Gallen bezeichnet; dahin gehört auch der durch Pilze erzeugte Hexenbesen der Tanne.

b) Die Entwicklung ist die Ausgestaltung einer grösseren Mannigfaltigkeit aus einfacherer Anfangstufe. Diese Anfangsstufe ist für die Pflanze die Eizelle, nach ihrer Befruchtung (s. S. 24) entwickelt sie sich in verschiedener Weise. Beschränken wir uns hier auf die höheren (bedecktsamigen) Pflanzen, so ist folgendes zu sagen: die befruchtete Eizelle verwandelt sich durch Teilungen in einen Zellkörper, den Keimling (Embryo). An einem Ende bilden sich als Höcker die beiden Samenlappen und zwischen ihnen der Vegetationskegel, am anderen Ende entsteht die erste Wurzel. Bei einkeimblättrigen Pflanzen (z. B. den Gräsern) entsteht nur ein Samenlappen. Während der Embryo sich so entwickelt, bilden sich

auch seine schützenden Hüllen: die Samenschale aus den Hüllen der Samenknospe und die Fruchtschale aus dem Fruchtknoten. (Vgl. dies mit S. 24).

Der so gebildete Same macht eine Ruhezeit durch, befindet er sich nach derselben in günstigen Feuchtigkeits- und Temperaturverhältnissen, so wirken diese als Reize, welche die schlummernden Kräfte des Samens auslösen. Nun beginnt eine neue Entwicklung, die jedermann leicht an keimenden Erbsen oder Bohnen beobachten kann. Der Keimling dehnt sich aus und verlässt die aufspringenden Hüllen, die junge Wurzel dringt in die Erde, der Vegetationskegel wächst empor und bildet bald am Licht die ersten Blättchen. Die Samenlappen treten dabei entweder mit hervor, oder sie bleiben in der Erde stecken. Die erste Nahrung saugt das junge Pflänzchen aus seinen dickfleischigen Samenlappen oder aus seinem Sameneiweiss auf (s. S. 12). Bald aber sind die jungen Wurzeln und ersten Blätter zur eigenen Ernährungsarbeit kräftig genug: das Säuglingsalter des Pflänzchens ist zu Ende.

Nun beginnt die Zeit der kräftigsten Entwicklung, die Wurzel wächst immer weiter in die Erde hinein, wobei sich fortwährend die oben geschilderten Wachstumsstufen wiederholen: lebhafte Teilung im Vegetationskegel, Streckung und innere Ausbildung. Hinter der Streckungszone entstehen die langen Wurzelhaare, welche das Wasser aufsaugen und hinter ihnen die Nebenwurzeln, die sich nun ebenso verhalten wie die Hauptwurzeln. Währenddessen entwickelt sich im Licht der junge Keimspross zum kräftigen gegliederten Stengel. Der emporstrebende Vegetationskegel bildet immer neue Stengelglieder, an denen sich wiederum stetig jene drei Wachstumsstufen wiederholen. Dabei entstehen am Vegetationskegel selbst die jungen Blätter als Höcker, sog. Primordialblatt, mit Blattgrund und Oberblatt. So verschieden die Blätter auch sind, sie gehen aus solchen äusserlich gleichen Anlagen hervor.

Während sich der Spross so immer weiter entwickelt, entstehen in den Blattachseln aus kleinen Höckern neue Vegetationskegel, die entweder sofort oder später ihre Tätigkeit in derselben Weise wie der Vegetationskegel am Hauptspross beginnen und dann Seitenäste bilden.

Die hier geschilderte Entwicklung setzt sich bis zum Eintritt derjenigen Stufe fort, die man als Höhe des Lebens bezeichnen muss, bis zur Blütezeit. Bei den sogenannten einjährigen Pflanzen tritt diese schon im Lauf des Sommers ein, bei den zweijährigen, die dann durch Dauerorgane überwintern müssen, erst im zweiten Jahre. Es gibt aber auch vieljährige Pflanzen, welche in jedem Jahr eine neue Blütezeit durchmachen und dann also immer wieder durch Dauerorgane (Wurzelstöcke, Knollen, Zwiebeln oder oberirdische holzige Stämme, wie die Bäume) überwintern.

Zur Zeit der höchsten Kraftentfallung bildet die Pflanze am Gipfel oder auch seitlich Sprosse von besonderer Art, die Blütensprosse. Der Vegetationskegel derselben ist nur begrenzt tätig und wird oft aufgebraucht. Auch an ihm entstehen Blätter aus kleinen Höckern, in der Reihenfolge wie S. 8 ff. beschrieben, also zu äusserst Kelchblätter, dann Blumenblätter, ferner Staub- und Fruchtblätter. Hat die Blüte später nicht getrennte Blätter, sondern eine Kelch- oder Blumenkronen r ö h r e, so entsteht diese indem sich die gemeinsame Basis der kleinen Höcker ringförmig erhebt. Die Entwicklung der Staub- und Fruchtblätter ist sehr mannigfaltig, der Höcker des Fruchtblattes wölbt sich kapuzenförmig und verwächst an den Rändern. In der so entstandenen Höhlung entstehen die Samenknospen, wiederum aus kleinen Zellhöckern.

Wie die Knospe, so entfaltet sich auch der reife Blütenspross, um den Höhepunkt des Pflanzenlebens, die Befruchtung zu erwarten (über diese s. S. 24). Ist sie erfolgt, so beginnt der letzte Entwicklungsabschnitt, die Fruchtbildung: Sprosse und Blätter bilden sich nun nicht mehr, sondern alle in den vorhandenen Blättern erarbeiteten Bildungsstoffe strömen in die Fruchtknoten, um hier einem neuen, der Pflanze selbst ganz gleichgültigen Zweck zu dienen, nämlich der Bildung von Keimen neuer Pflanzen.

Ist auch dieser Zweck erfüllt, so ist das Leben der Pflanze vollendet: sie selbst stirbt an Entkräftigung, lebt aber in ihren Nachkommen fort. Bei mehrjährigen Pflanzen wiederholt sich, wie schon gesagt, dieser Vorgang, aber auch sie und selbst die kräftigsten Bäume wirken sich endlich aus, sei es auch manchmal erst nach Jahrhunderten.

3. Bewegungserscheinungen. Dem Laien erscheint die Bewegung als das wichtigste Lebenszeichen. Wenn die Pflanze sich nun auch nicht von der Stelle bewegt, so kann sie doch vielfach ihre einzelnen Organe bewegen. Diese Erscheinungen beruhen auf der Reizbarkeit des Protoplasmas, die ihrerseits durch äussere Reize ausgelöst wird. Jene Reizbarkeit des Protoplasmas offenbart sich schon in seiner eigenen Bewegung, wie sie das Mikroskop erkennen lässt. — Namentlich wachsende Organe zeigen Bewegung. Nutationsbewegungen nennt man sie, wenn äussere Reize nicht erkennbar sind, z. B. die Krümmung der Knospenschuppen, Entfaltung und Streckung der Laubblätter, Oeffnung der Blütenhüllen. Hierbei wächst immer eine Seite des betreffenden Organs stärker als die andere. Bei den Reizbewegungen müssen zwar auch innere Vorgänge stattfinden, allein daneben sind auch auslösende Reize erkennbar; solche können sein Schwerkraft, Licht, Wasser, Berührung, Wärme und chemische Stoffe. Dass auf die Schwerkraft der G e o t r o p i s m u s antwortet, haben wir schon gesehen, wenn nun zwar diesem zufolge die Wurzel nach unten, der Stengel nach oben wächst, so gibt es doch auch Pflanzenteile, welche anders wachsen; so wachsen die Seitenwurzeln schief in die Erde und die Erdbeerausläufer wagerecht über die Erde hin. Jene geotropischen Bewegungen zeigen sich nur an wachsenden Organen, eine Ausnahme bilden die sog. Knoten mancher Pflanzen, z. B. an Nelken und Gräsern. Wenn solche Pflanzen, etwa durch Hagelschlag niedergestreckt sind, so können sie sich durch Emporkrümmung der Knoten wieder erheben. Die Sprossenden von Schlingpflanzen (Winden) beschreiben Schraubenlinien, suchen damit eine Stütze und legen sich schraubenförmig um dieselbe herum. Auch dies ist durch stärkeres Wachstum der Aussenseite des sich streckenden Sprosses zu erklären. Dieses Winden folgt nur in senkrechter Richtung nach oben. Also w rd auch hier die Schwerkraft als Reiz wirken, nicht aber etwa nur die Berührung mit der Stütze; denn ohne eine solche wächst der Stengel auch in der Luft gewunden weiter. Die Richtung ist bei derselben Art stets dieselbe, meist links herum.

Auch das Licht kann Krümmungsbewegungen veranlassen, man nennt dies Heliotropismus. Jeder weiss von seinem Blumentisch her, dass sich der Spross mit seinen Blättern dem Licht zuwendet, während die Wurzel von ihm abkehrt. Die Blätter stellen sich dabei senkrecht zu den Lichtstrahlen. An manchen Pflanzen kann man im Lauf des Tages beobachten, wie die Blätter ihre Stellung der Sonne folgen. Eigentümlich sind die sogenannten K o m p a s s p f l a n z e n (besonders in tropischen Gegenden). Bei ihnen stehen die Blätter, wie schon gesagt, senkrecht in Süd-Nord-Richtung. Dadurch wird erreicht, dass die heissen Mittagsstrahlen die Blätter nicht zu stark treffen. Die Blütenstiele stehen aufrecht, aber nach der Befruchtung krümmen sie sich oft vom Lichte weg oder schieben die reifende Frucht gar in dunkle Felsspalten hinein. Also wirken auch hier nicht nur äussere Lichtreize, sondern wieder innere Kräfte.

Von den Schlingpflanzen sind andere Kletterpflanzen zu trennen, die sich durch Ranken, d. h. lange dünne Fäden festhalten. Auch diese suchen eine Stütze. Wenn sie eine solche gefunden haben, so wirkt die Berührung als Reiz, und die Ranke legt sich korkzieherartig herum, die Richtung der Stütze hat hierauf keinen Einfluss.

Auch die Wärme kann als Reiz dienen, das zeigt sich besonders an den Blüten, deren Hüllen sich bei Wärme und Licht öffnen und bei Kälte und Dunkelheit schliessen, z. B. bei der Tulpe. Aehnlich wirkt das Wasser des Regens, z. B. beim Gänseblümchen.

Endlich glaubt man auch, dass chemische Stoffe Bewegungsreize auslösen können, z. B. an Wurzeln und Pollenschläuchen.

Auch völlig ausgewachsene Teile können Bewegungen ausführen, das sind zunächst die Variationsbewegungen. Wir sahen, dass bei der Streckung wachsender Organe der Turgor, d. h. die Ausdehnung der Zellwände durch aufgenommenes Wasser, mit eine Ursache ist. Auch bei den Variationsbewegungen spielt er eine Rolle, dieselben erfolgen an Blättern mit einem Gewebepolster, dessen Zellwände sehr elastisch sind und daher durch Turgor vorgewölbt werden können. Dabei senkt oder hebt sich dann das betreffende Blatt. Die den Turgor hervorrufende Wasserströmung wird durch äussere Reize (Licht, Wärme, Berührung) hervorgerufen. Zu diesen Bewegungen gehört die Schlafbewegung. Bei manchen Pflanzen, Kleearten, Mimosen, Sauerklee, senken sich die Blätter im Dunkeln und heben sich im Hellen, wobei jene Wasserströmungen und Turgor die Ursachen sind. Bei der Mimose tritt dieselbe Erscheinung ein, wenn die Blättchen berührt oder die Pflanzen erschüttert werden. Auch manche Staubfäden zeigen auf Berührung hin solche Variationsbewegungen.

4. Die Fortpflanzung. Wir haben schon gesehen, dass die Pflanze auf der Höhe ihres Lebens eine von jedem Egoismus losgelöste Arbeit vollführt: die Bildung von Nachkommen im Schoss der Blüte. Diese Lebensäusserung, durch welche ein Individuum entsteht, heisst Fortpflanzung. Sie kann vegetativ oder geschlechtlich sein.

a. Bei der vegetativen Vermehrung lösen sich gewisse Teile der Pflanze ab und wachsen zu neuen Pflanzen heran. Als Beispiel gedenken wir der Ausläufer der Erdbeere, welche weit von der Mutterpflanze fortkriechen und sich dort schliesslich bewurzeln und neue Sprosse bilden. Auch Teile des Wurzelstocks, Zwiebeln und Knollen können eine ähnliche Bedeutnng haben. Der Zweck dieser Art von Vermehrung ist offenbar Ersatz der geschlechtlichen Fortpflanzung, findet letztere doch bei manchen dieser Pflanzen (Erdbeere, Feigwurz) überhaupt nicht mehr oder sehr gering statt.

b. Die geschlechtliche Fortpflanzung. Diese besteht darin, dass die Energiden zweier verschiedenartiger Zellen miteinander verschmelzen. Man nennt dies die Befruchtung, die in Verschmelzung der weiblichen Eizelle mit dem Inhalt des männlichen Pollenkorns besteht. Die inneren Vorgänge sind uns noch sehr unklar. Sicher ist wohl,

dass der Kern der männlichen Zelle bei der Befruchtung eine grosse Rolle spielt.

Im einzelnen zeigt die Befruchtung verschiedene Formen. Wir können hier nur diejenige besprechen, die für die höchsten Pflanzen (Samenpflanzen) kennzeichnend ist. Hier ist die männliche Zelle, das Pollenkorn, nicht frei beweglich, sondern wird durch fremde Kräfte zur weiblichen Eizelle, die im Embryosack liegt, gebracht, nämlich auf die Narbe des Stempels; es treibt einen durch den Griffel hindurch bis zur Mikropyle der Samenknospe herabwachsenden Schlauch. In diesem Pollenschlauch entstehen einige sog. Spermakerne, von denen einer mit der Eizelle verschmilzt (Fig. 79).

Wir haben gesagt, dass das Pollenkorn durch fremde Kraft auf die Narbe getragen wird, man nennt diesen Vorgang Bestäubung. Wir werden auf ihn zurückkommen.

Da die Pflanze die geschlechtliche Fortpflanzung nach Möglichkeit erstrebt, so muss sie gegenüber der vegetativen Vermehrung ihre besondere Bedeutung haben. Beide Zellen sind innerlich gewiss ganz verschieden. Durch ihre Verschmelzung werden die Eigenschaften beider Eltern auf den Abkömmling übertragen. Derselbe kann also im Gegensatz zu dem durch vegetative Vermehrung entstandenen vielseitiger werden und mehr oder weniger abändern, was zur Bildung von sog. Abarten oder Varietäten führt. Ausserdem ist zu beachten, dass die geschlechtliche Fortpflanzung gegen Nässe und Kälte widerstandsfähigere Gebilde erzeugt, als die vegetative Vermehrung; denn die hartschaligen Samen sind vielfach als Dauerorgane besser geschützt als Zwiebeln, Knollen und Wurzelstöcke.

IV. Die Pflanze in ihrem Verhältnis zur Tierwelt.
(Biologie im engeren Sinne.)

Wir haben schon immer auf die Beziehungen hingewiesen, welche die Pflanze nach Gestalt, Bau und Leben mit ihrer Umgebung verknüpfen. Hier wollen wir noch besonders ihrer Beziehungen zu anderen Lebewesen gedenken.

1. Die Bestäubung. Wie schon gesagt, versteht man darunter die Uebertragung des Pollens auf die Narbe. Geschieht dies in ein und derselben (zwitterigen) Blüte, so spricht man von Selbstbestäubung, im anderen Falle von Fremdbestäubung. Da die letztere vielfach kräftigere Nachkommen liefert, so wird sie von der Pflanze in erster Linie erstrebt. Der Pollen kann nun durch Wind oder durch Tiere übertragen werden, die sog. windblütigen Pflanzen, z. B. Haselstrauch, haben zahlreiche kleine und unscheinbare Blüten, ohne

leuchtende Farben, Duft und Honig, z. B. Taf. 25, dagegen mit sehr viel trocknem Blütenstaub. Wenn dieser reif ist, so wirbelt ihn der leichteste Windstoss in die Luft und trägt ihn auf die Narben der anderen Blüten.

Ganz anders ist es, wenn Tiere jenen Botendienst leisten. Tiere, die hierbei in Betracht kommen, liefert vor allem das muntere Volk der Insekten, aber auch einige Vögel (Kolibris) leisten Botendienste. Wer einmal an einem sonnigen Tag das emsige Treiben von Bienen, Schmetterlingen, Fliegen u. s. w. auf einer Wiese beobachtet hat, mag wohl schon einen Einblick gewonnen haben in die Wunder der Natur, die sich uns in diesem Ausschnitt ihres Lebens eröffnen. Keines ihrer Gebiete ist so geeignet zu selbständiger Naturbetrachtung als dieses, und keines wird den Naturfreund mehr befriedigen. Wir können daher unsere Leser auch nur bitten, durch eigene Beobachtung in der freien Natur selbst einen Blick in diese höchst mannigfaltige Wunderwelt zu tun. Fast jede Pflanze zeigt hierbei ihre Eigenart und was wir hier bieten können, sind nur einzelne zur Anregung dienende Beispiele.

Die Natur zeigt ein wunderbares Gemisch von Selbstsucht und Selbstlosigkeit: wenn sich also die Pflanzen bei der Bestäubung von Tieren helfen lassen, so ist es nur möglich, indem sie den an sich selbstsüchtigen Tieren dafür irgend etwas bieten. Dies ist nun entweder eine Wiege der Brut oder ein Unterschlupf für die Tiere selbst oder vor allem Nahrung. Für den ersten Fall bietet das nickende Leimkraut ein gutes Beispiel. Dasselbe blüht mehrere Nächte hindurch, während die Blumenblätter bei Tage nach innen eingerollt und unscheinbar aussehen. Die offene Blüte sieht blendend weiss aus und lockt daher Eulen (Nachtschmetterlinge) an, welche den Honig suchen. Die Weibchen legen in den Fruchtknoten ihre Eier. In den ersten beiden Nächten ragen die reifen Staubgefässe aus der Blüte, in der dritten an ihrer Stelle die offene Narbe. Indem die Schmetterlinge von Blume zu Blume fliegen, bestäuben sie sich mit Pollen und bringen ihn auf die Narbe eines anderen Exemplars. Dadurch sorgen sie für die Bildung der Samenanlagen im Fruchtknoten, also für die Erhaltung der Pflanzenart, aber auch zu gleicher Zeit für die Erhaltung ihrer eigenen Art: denn aus ihren Eiern entwickeln sich im Fruchtknoten die kleinen Räupchen, welche sich von den Samenanlagen ernähren. Da das Leimkraut eine grosse Fülle der letzteren erzeugt, so bleiben immer noch genug übrig, die zur Reife gelangen.

Vielfach finden die Insekten selbst Unterschlupf in den Blüten, wobei noch besonders der Umstand wichtig ist, dass die Temperatur in den Blüten höher ist, als in der Umgebung. Oft wird

man z. B. Käferchen und andere Insekten in den hängenden Blüten der Glockenblume und des Fingerhuts finden. Bei manchen Aronsgewächsen gestaltet sich die Blüte geradezu als Gefängnis kleiner Fliegen. Aehnlich ist's auch bei dem bekannten Osterluzei (Taf. 29, 2). Die Kronenröhre dieser Pflanze erweitert sich am Grunde zu einem Kessel, in dem Staubgefässe und Stempel liegen. Die Narbe wird vor den Staubgefässen reif, in der Blumenkronenröhre befinden sich nach innen gerichtete Borstenhaare, welche gleich einer Mausefalle wohl den Eingang, nicht aber den Ausgang gestatten. Die frisch geöffneten Blüten mit reifer Narbe stehen aufrecht und locken mit ihrer gelben Farbe kleine Fliegen an, die hineinkriechen und in dem Kessel einen behaglichen Aufenthalt finden. Das saftige Gewebe der Wände, vor allem aber die bald sich öffnenden Staubgefässe bieten ihnen reichlich Nahrung. Wenn der Blütenstaub reif ist. sind die Narben zusammengeschrumpft, so dass Selbstbestäubung nicht möglich ist. Währenddessen hat sich aber auch die Blüte gesenkt, die Haare in der Röhre sind verschwunden, und mit Blütenstaub bepudert suchen die Fliegen das Freie. Kriechen sie dann wieder in eine junge Blüte, so bewirken sie auf der frischen Narbe die Fremdbestäubung.

In den meisten Fällen suchen die Insekten in den Blüten Nahrung und zwar vor allem Honig. Dieser wird in grösseren oder kleineren Mengen an bestimmten Stellen der Blüte abgesondert, jedes Organ der Blüte kann solche sog. Nektarien (Honigdrüsen) tragen oder bilden: bei manchen Enzianarten der Fruchtknoten, bei Heidelbeeren die Staubblätter, bei Lilien und Schneeglöckchen die Blumenblätter; oft bildet die Blumenkrone für den Honig einen Sporn (Balsamine und Akelei). Auch besondere Honigblätter kommen vor, so die Tüten bei der Christrose. Bei manchen Pflanzen liegt der Honig ganz offen und kann dann von Insekten mit kurzem Rüssel genascht werden. Vielfach aber ist er an solchen Stellen zu finden, wo ihn nur bestimmte Insekten mit Rüssel von bestimmter Länge und Beschaffenheit erhalten können. — Auch der Blütenstaub bildet ein gesuchtes Nahrungsmittel für Insekten. Es lässt sich beobachten, dass Pflanzen mit zahlreichen Staubgefässen, also auch mit vielem Blütenstaub keinen Honig enthalten, denn der Blütenstaub ist schon Anziehungspunkt genug, so beim Mohn und bei den Rosen. Auf solchen Pflanzen treiben sich viele Käfer, Fliegen und Blasenfüsse herum, tun sich an den Pollen gütlich und verschleppen ihn dabei von Blüte zu Blüte. Hummeln und Bienen aber sammeln ihn direkt ein als Nahrung für ihre Brut.

Wie finden denn nun aber die Insekten den

Weg zu den Blüten? Vor allem werden sie durch leuchtende Farben angelockt, welche windblütige Pflanzen (Hasel, Gräser) ganz entbehren. Vor allem sind es die Blumenblätter, die gross und bunt sind. Oft stehen auch viele kleine Blüten in einem weithin sichtbaren Blütenstand zusammen (Doldenpflanzen, Klee); aber auch andere Blütenteile können anlockend wirken, so sind bei der Wiesenraute die Staubblätter gross, gelb und lang hervorragend, und bei der Schwertlilie sind die Narben gross und bunt. Besonders interessant ist, dass innerhalb eines Blütenstands eine Arbeitsteilung der Blüten eintreten kann, indem einzelne, meist am Rand stehende unfruchtbare Blüten den Lockapparat darstellen. Bei vielen Korbblütlern kann man dies beobachten, mit am schönsten bei der Kornblume, deren am Rande stehende blauviolette Trichter lediglich Lockapparate sind. Die Farben selbst zeigen eine schier unendliche Mannigfaltigkeit, man betrachte nur einmal eine Wiese zur Sommerszeit. Besonders verdient es noch hervorgehoben zu werden, dass die im Dunkel der Nacht sich öffnenden Blüten nicht bunt, sondern weiss oder fast weiss und leuchtend sind. Nur so sind sie für die nächtlichen Insekten (besonders Schmetterlinge) weithin sichtbar.

Ein zweites Mittel, um die Insekten anzulocken, ist der Duft der Blüten. Auch hierin zeigt sich wieder eine ausserordentliche Mannigfaltigkeit. Man kann wohl annehmen, dass sich der Duft jedesmal gerade dem Geschmack des Insektes anpasst, auf dessen Besuch die betr. Pflanze angewiesen ist. Dass die Insekten, von deren Geruchsorgan man merkwürdigerweise nur wenig weiss, dabei denselben Geschmack entwickeln wie wir, kann man nicht immer behaupten, denn es möchte wohl nicht gerade einen Menschen geben, welcher den Geschmack gewisser Fliegen und Käfer teilt, welche Blüten mit durchdringendem Aasgeruch besuchen. Andererseits scheint es Düfte zu geben, welche wir nicht wahrnehmen können, wohl aber die Insekten. So werden die Bienen von dem wilden Wein trotz seiner unscheinbaren und für uns duftlosen Blüten auf mehrere 100 m angelockt.

Während nun so die Pflanze die ihr nützlichen Gäste mit allen möglichen Mitteln heranlockt, weiss sie sich auch gegen unberufene Eindringlinge, die ihr bei der Bestäubung nicht nützen können, zu schützen: aus der langen Röhre des Geisblattes können nur langrüsselige Schmetterlinge den Honig holen. Von unten her ankriechende Insekten, z. B. Ameisen, werden bei der Pechnelke durch einen klebrigen Ring am Stengel, bei der Stachelbeere durch Drüsenhaare am Fruchtknoten abgehalten. Vielfach ist der Zugang zum Honig durch Klappen oder Haare verwehrt. Auch kommt es vor, dass

die Pflanze die honiglüsternen Ameisen durch Honigdrüsen, die ausserhalb der Blüte liegen, von dieser ablenkt.

Der Bestäubungsakt selbst zerfällt in zwei Szenen: 1. Die Aufladung des Blütenstaubs in der einen Blüte auf das Insekt; 2. die Abladung desselben in der anderen Blüte auf die Narbe. Um diesen Vorgang und damit die Fremdbestäubung zu sichern, sind die bewundernswertesten Einrichtungen getroffen. Am einfachsten ist es, wenn Staubgefässe und Narben zu verschiedenen Zeiten reif werden, und die einen verschrumpfen, wenn die anderen reif sind; damit ist ja natürlich Selbstbestäubung ausgeschlossen, so bei dem oben erörterten Fall von Osterluzei u. v. a. Sodann stehen Staubgefässe und Narben derartig, dass sie nacheinander ganz bestimmte Organe und Teile der Insekten berühren, und obendrein sind sie für bestimmte Insektenarten, und nur für sie, eingerichtet. Die Zahl der Fälle ist ausserordentlich gross. Wir werden im speziellen Teile viele kennen lernen.

Wir haben zwar gesagt, dass die Pflanze meistens Fremdbestäubung anstrebt, allein hierbei zeigt sich so recht überzeugend, dass sie keine blindwirkende Maschine ist; denn es hat sich herausgestellt, dass viele auf Fremdbestäubung eingerichtete Arten, dann, wenn diese aus irgendwelchen Gründen nicht eingetreten ist, imstande sind, Selbstbestäubung eintreten zu lassen. Auch hierfür gibt es eine erstaunliche Mannigfaltigkeit der Einrichtungen, die wir im speziellen Teil kennen zu lernen Gelegenheit haben werden.

2. Das Schmarotzertum. Während es sich in den eben besprochenen Verhältnissen um einen Freundschaftsbund handelt, bei dem jedes Wesen zu seinem Recht kommt, wollen wir jetzt unser Augenmerk auf jene andere Beziehung zwischen Pflanze und Tier und auch Pflanze und Pflanze lenken, bei der es sich um Feindschaft handelt, weil eines der beiden Wesen dabei Schaden erleidet. Man versteht unter Schmarotzern und Parasiten Wesen, welche sich auf Kosten eines anderen ernähren. Im Grunde sind wir Menschen ebenso wie die Tiere als Schmarotzer des Pflanzenreichs aufzufassen, weil wir auf die von diesem erzeugten organischen Stoffe als Nahrung angewiesen sind. Nun gibt es aber auch Pflanzen, welche den Spiess umdrehen und sich von Tieren oder anderen Pflanzen ernähren. Pflanzliche Schmarotzer auf Tieren sind freilich selten, doch gehört dahin fast das ganze Reich solcher Bakterien, welche Krankheiten erzeugen und verbreiten. Viel grösser ist dagegen die Zahl von Pflanzen, die auf ihresgleichen leben.

Wenn wir bedenken, dass es sich hierbei um eine völlig veränderte Ernährungsweise handelt, so ist von vornherein anzunehmen, dass hierbei die

Ernährungsorgane eine Umgestaltung erleiden müssen, und so ist es in der Tat: die Blätter mit ihrem Blattgrün verschwinden, und die Wurzeln verlieren die Möglichkeit, Wasser nebst Nährsalzen aus dem Boden aufzusaugen, statt dessen sind sie zu Organen geworden, mit denen sich der Schmarotzer an und auf seinem „Wirt" festhält und ihm die Nahrung entzieht. Nicht immer geht diese Umwandlung so weit. Es gibt eine ganze Reihe von Pflanzen, denen man diese hinterlistige Lebensweise gar nicht ansieht, die Blätter sind noch vorhanden und auch normale Wurzeln nebst Wurzelhaaren, allein daneben haben sie Haftscheiben u. s. w., mit denen sie sich auf den Wurzeln anderer Pflanzen in ihrer Umgebung festhalten, so ist es z. B. beim Klappertopf, Augentrost, Läusekraut u. s. w. Man nennt diese Pflanzen W u r z e l s c h m a r o t z e r. Ein echter Schmarotzer dieser Art ist der Fichtenspargel, dessen oberirdische Organe ganz bleich sind, also nicht mehr assimilieren, die H a f t s c h e i b e n oder H a u s t o r i e n der Wurzeln sitzen den Wurzeln von Laubbäumen auf. Die Orobanche lässt ihre Wurzel mit denen der Nährpflanze (z. B. Klee) zu dicklichen Gebilden verwachsen. — Blattlos und nicht grün ist auch die Flachsseide, welche in der Erde überhaupt keine Wurzel mehr hat, sie windet sich um ihre Nährpflanze (Flachs, Brennessel) herum und sendet in sie Saugwarzen hinein.

Harmloser als diese Pflanzen sind die sog. E p i p h y t e n, welche besonders in den Tropen auf Baumstämmen leben, namentlich Knabenkräuter (so die Vanille) und Farne; zumeist schaden sie dem Baum weniger, sie leben vielmehr von Humus, der sich auf ihm gebildet hat. Ein Epiphyt unserer Flora ist die Mistel, die sich zwar mit ihren grünen Blättern noch selbst ernähren kann, die aber doch ihre kurzen „Senker" (Wurzeln) in den Stamm der Bäume sendet, nicht nur um sich festzuhalten, sondern um zu schmarotzen.

Jene harmloseren Epiphyten führen zu einer ganz anderen Gruppe von Wesen über, die man im weiteren Sinne auch noch Schmarotzer, im engeren dagegen F ä u l n i s b e w o h n e r oder S a p r o p h y t e n nennt. Der Name sagt es schon, dass diese Pflanzen nicht von lebenden Wesen, sondern von totem organischem Stoff, vor allem auch schon zersetztem, also von Humus leben. Dahin gehören nur wenige höhere Pflanzen, wie z. B. die Orchidee Nestwurz, dagegen ist die ganze grosse Abteilung der Hutpilze zu diesen Fäulnisbewohnern zu rechnen.

3. I n s e k t e n f r e s s e n d e P f l a n z e n. Es gibt Pflanzen, welche ihre Eigenart verleugnen und lebende Tiere aufzehren. Zwar besitzen sie noch grüne Blätter und ernähren sich also mit diesen ebenso wie andere redliche Pflanzen, allein daneben

haben sie noch Mordinstrumente, und zwar haben sie gerade die Blätter dazu umgewandelt. Um die Tiere, es handelt sich dabei besonders um kleine Insekten, verdauen zu können, müssen die Pflanzen einen auflösenden Saft besitzen, den sie aus Drüsen absondern.

Das einfachste Beispiel bietet ein Pflänzchen unserer Flora, der Sonnentau (Taf. 32, 3): auf seinen rundlichen Blättern stehen zahlreiche gestielte rote Drüsen, die eine glänzende Flüssigkeit absondern. Kleine Fliegen lassen sich täuschen, halten die Flüssigkeit offenbar für Honig und fliegen herbei, kaum lassen sie sich auf das Blatt nieder, so klammern sich die Haare um das Opfer herum, und die klebrige Flüssigkeit hält es fest und erstickt es, um es dann zu verflüssigen. Alles Aufgelöste wird von dem Blatt aufgesogen und die übrig bleibenden Reste der Körperbedeckung (Chitin) abgestossen. Wenn man nun bedenkt, dass der Moorboden, auf dem der Sonnentau wächst, arm an Stickstoff ist, so leuchtet ein, dass der Insektenfang für die Pflanze tatsächlich von Bedeutung ist.

Besonders eigenartig sind noch die Kannenpflanzen. Es sind dies Pflanzen der Sumpfvegetation des Urwaldes. Als Beispiel mag Nepenthes dienen. Bei dieser ist ein Teil des Blattes in eine mit Deckel versehene Kanne verwandelt. Dieselbe ist oft bunt gefärbt und sondert am Rand eine süsse Flüssigkeit ab; durch beides werden Insekten angelockt, die sich dort gütlich tun wollen. Da nun aber der Innenrand der Kanne glatt und abschüssig ist, so fallen viele Tiere rettungslos in das Innere der Kanne. Hier selbst hat sich Regenwasser angesammelt, in welchem jene ertrinken. Die verwesenden Stoffe werden sodann von der Pflanze aufgesogen.

4. S c h u t z - u n d T r u t z b ü n d n i s s e. Es ist wunderbar, dass manche Pflanzen mit Tieren, die anderen Pflanzen lästig werden, geradezu ein Bündnis schliessen, es sind das die Ameisen. Wir haben schon gesehen, dass die Pflanzen oft die nach Honig lüsternen Ameisen von den Blüten ablenken, indem sie ihnen ausserhalb Honig bieten. Nun gibt es aber auch Pflanzen, welche Ameisen zum Schutz ihrer Blüten herbeilocken, nämlich einige Korbblütler in Südost-Europa scheiden auf den Hüllblättern ihrer Blütenköpfchen so reichlich Honig ab, dass oft der Zucker auskristallisiert. Auf ihnen finden sich daher zahlreiche Ameisen ein, welche diese grossen Posten durch drohende Haltung der Beine und Kiefern, wie auch durch Ausspritzen von Ameisensäure gegen andere Insekten erfolgreich verteidigen. Zu diesen gehört besonders ein grosser Käfer (dem Goldkäfer nahe verwandt), der die unbewachten Blütenköpfchen erbarmungslos zerfrisst.

Man spricht sogar von Ameisenpflanzen. Dieselben bieten gewissen Ameisen in Höhlungen des Stengels, ja sogar von sicheren Stacheln oder in Anschwellungen der Zweige angenehme Wohnung, obendrein auch noch in der Nähe derselben in Honig oder Fett- und Eiweissstoffen Nahrung dar. Was soll dies nun? Jene Pflanzen sind den Angriffen anderer Tiere ausgesetzt, manche tropische Bäume z. B. denen der Blattschneider-Ameisen, die einen Baum in kurzer Zeit entlauben können. Die Mieter des Baumes nun jagen diese Angreifer fort und dienen so dem gastlichen Baum als Schutzgarde.

5. **Ernährungsgenossenschaften.** Inmitten dieser Welt, in der sich ein Leben auf das andere aufbaut und durch seine Vernichtung erhält, gibt es auch gar wunderbare Erscheinungen gegenseitiger Hilfeleistungen, sog. Lebensgemeinschaften, Genossenschaften von Wesen, die sich zu gegenseitiger Aushilfe bei der Ernährung vereinigen. Im Grunde genommen bildet schon die gesamte Lebewelt eine derartige Ernährungsgenossenschaft, weil die Pflanzen von der Kohlensäure leben, welche Tiere und Menschen ausatmen, und diese wieder von dem Sauerstoff, der bei der Assimilation der Pflanzen entweicht.

Eine sonderbare Genossenschaft hat man bei Heide- und Humuspflanzen entdeckt: die Wurzelspitzen der Heidekräuter, Alpenrosen, Eichen u. s. w. besitzen keine Wurzelhaare wie gewöhnlich, sondern sind mit einem Filz von Pilzfäden umgeben. Diese Pilzwurzeln oder Mykorrhizzen werden die Pflanze wahrscheinlich mit Wasser aus dem Boden versorgen, während die Pflanze den Pilzen selbst einen Teil ihrer Nahrungsstoffe zukommen lässt. Noch bemerkenswerter ist eine Genossenschaft zwischen den Leguminosen (Erbse, Bohne, Klee, Lupine) und Bakterien. An den Wurzeln der genannten Pflanzen befinden sich kleine Knöllchen und in deren Gewebe zahllose Bakterien. Während die höheren Pflanzen, wie wir früher gesehen haben, nicht imstande sind, den Stickstoff der Luft für sich zu verwenden, können dies jene Bakterien mit Leichtigkeit. Daher versorgen die Bakterien die Pflanze mit stickstoffhaltiger Nahrung (Eiweiss) und die Pflanze jene Bakterien mit Kohlehydraten. Dies erklärt die schon lange bekannte Tatsache, dass jene Leguminosen auch auf schlechtem, sandigem Boden gut gedeihen. Aber diese Genossenschaft hat noch eine weitergehende Bedeutung für den Haushalt der Natur. Jene Bakterien führen in den Knollen ein üppiges Leben, schwellen merkwürdig an und gehen zu Grunde, ihre Eiweissstoffe aber gehen in den Boden über und bereichern diesen mit Stickstoffnahrung. Dies erklärt wiederum eine dem Landwirt schon lange bekannte Tatsache, dass nämlich auf einem vorher unfruchtbaren Boden später wieder stickstoffbedürftige Pflanzen gedeihen können, wenn eine jener Leguminosen als Zwischenfrucht gewählt wurde.

Eine andere merkwürdige Genossenschaft bilden die Pilzgärten. Die schon genannten Blattschneider-Ameisen sammeln nämlich Blätter und züchten auf ihnen einen Pilz, der hierbei reichlich Nahrung findet und an Nährstoffen reiche Auswüchse bildet, welche jene Ameisen als Nahrung benutzen. — Es gibt niedere Tiere, wie z. B. der Süsswasserpolyp, deren grüne Farbe durch kleine in ihnen wohnende Algen veranlasst wird. Offenbar handelt es sich auch hier um einen Austausch der Nahrung. Die wichtigste und grossartigste Ernährungsgenossenschaft aber bilden die Flechten, die keine einheitlichen Wesen sind, sondern aus Pilzen und Algen bestehen. Das Nähere über sie werden wir unten sagen.

Die Verbreitung der Pflanzen auf der Erde.

Die verschiedenen Pflanzen stellen nicht die gleichen Ansprüche an ihre Umgebung, an Nahrung, Boden, Klima u. s. w. Daraus ergibt sich die verschiedene Anordnung der Pflanzen auf der Erde, wobei sie den Landschaftscharakter vielfach bestimmen. Eine sehr bemerkenswerte Aenderung der äusseren Verhältnisse bemerken wir einmal beim Emporsteigen in Hochgebirgen und dann bei der Wanderung vom Aequator zum Pol, und zwar entsprechen sich dabei die Vegetationsverhältnisse in grossen Zügen, weil ja auch in beiden Fällen die Temperatur abnimmt.

In den Alpen (in anderen Gebirgen ist es selbstredend anders) kann man unterscheiden: 1. Region des Weinbaus bis 810 m, 2. Region des Laubwalds bis 1300 m, noch mit Getreide und Obst, 3. Region des Nadelwalds bis 1650 m, 4. Region der Alpensträucher bis 2300 m mit Krummholz, Alpenrosen, Heide u. s. w, 5. Region der Alpenkräuter bis 2600 m, wo der ewige Schnee beginnt, besonders Steinbrech und Enzian, zuletzt nur noch Moose und Flechten.

Die Erde zeigt im grossen auch Florengebiete, die sich also nach dem Klima richten, von scharfen Grenzen zwischen ihnen kann natürlich keine Rede sein. Eine der besten Uebersichten lieferte Griesebach. Von seinen 24 Gebieten seien hier die wichtigsten genannt: 1. Arktische Flora: Nord-Asien und -Amerika, Nordost- Europa, arktische Inseln, sie geht verschieden weit nach Süden: in Taimyr (Sibirien) bis $71^{1}/_{2}^{0}$, in Hudsonien bis 55^{0}, vielfach nur Tundren, d. h. Moos- und Flechtensteppen, in geschützten Flusstälern Graswiesen mit Heidelbeere und Brommbeerarten. — 2. Waldgebiet des Ostkontinents: Mittel- und Nordeuropa, Nordasien, überall mit Kiefer, Eberesche und Traubenkirsche; sonst ist es nach den Waldbäumen in mehrere Provinzen eingeteilt, neben Kamschatka und Amurgebiet vor allem das Gebiet sibirischer Nadelhölzer (Fichte, Tanne, Lärche), das auch Nordost-Russland umfasst und das Gebiet der Stieleiche in Süd-Skandinavien und Mittelrussland, das Gebiet der Buche in Westeuropa. — 3. Das Mittelmeergebiet mit Cistusarten, Strandkiefer, immergrünen Eichen u. s. w. Wirtschaftlich bedeutsam sind Weinstock, Olive, Agrumen (d. h. Zitrone, Limone, Apfelsine u. s. w.), auch Feigenkaktus, Feige und Artischocke. — 4. Das Regengebiet: Südwest- und Mittelasien, Südrussland, ungarisches Tiefland, vielfach mit Salzboden. Statt der Bäume finden sich Dornsträucher, ferner Rhabarber u. a. m.

Von aussereuropäischen Gebieten mögen noch folgende Erwähnung finden: 5. Chinesisch-japanisches Gebiet, in dem der Wald auch vielfach der Steppe Platz macht, hier ist die Heimat mancher Zierpflanzen (Kamelie, Aukuba, Evonymus japonicus). — 6. Indisches Monsungebiet in Südostasien. — 7. Sudan im tropischen Afrika. — 8. Kapflora in Südafrika. — 9. Australien. — 10. Mexikanisches Gebiet. — 11. Westindien. — 12. Brasilianisches Gebiet. — 13. Tropische Anden Südamerikas. — 14. Pampasgebiet Argentiniens u. a. m.

* * *

Von grösserem Interesse sind für uns die einzelnen Landschaftsgebiete der deutschen Heimat, die ebenfalls oft eine recht kennzeichnende Flora besitzen. Da unterscheiden wir z. B.: 1. Meeres- und Salinenflora, im Meer selbst natürlich zumeist Algen, auf den Inseln vielfach eigenartige Salzpflanzen; 2. Flussufer; 3. Moor, welches den Torf erzeugt; 4. Wiese mit zahlreichen Futterpflanzen; 5. trockene Hügel; 6. Sandflächen; 7. Heide; 8. Wald; 9. Felsen. Wir werden das Vorkommen der Pflanzen besonders nach diesen Landschaftsgebieten kennzeichnen.

Pflanzensammlungen — Herbarien.

Es gehört dazu wenig Rüst- und Handwerkszeug: eine grössere Anzahl Bogen schwach geleimten Papieres, eine grössere Mappe, ein gutes Messer, einen Pflanzenstecher, ein Hakenstock und etwa noch eine Pinzette und eine mässig vergrössernde Lupe. Sehr praktisch sind die jetzt vielfach gebräuchlichen Drahtgitterpressen, in welche eine grössere Anzahl von Papierbogen gelegt wird und welche bequem auf Ausflügen mitgenommen werden können und es ermöglichen, an Ort und Stelle einzulegen; für grössere Wanderungen sind sie unentbehrlich [1]).

Das Verfahren selbst ist sehr einfach. Die in kräftigster Blüte stehende Pflanze wird vorsichtig, womöglich mit unverletzter Wurzel, aus dem Boden gehoben, gereinigt, sorgfältig auf einem Papierbogen ausgebreitet, mit einem zweiten Bogen bedeckt und so in die Mappe gelegt; ebenso wird mit den weiteren Pflanzen verfahren. — Papier ganz ohne Leim, sog. Fliesspapier (Schrenzpapier) ist nicht zweckmässig, da es zwar die Pflanzen schneller trocknet, aber auch häufig die Blumenfarben ganz oder zum Teil durch Aufsaugung zerstört. Am einfachsten ist Zeitungspapier.

Hierbei ist noch zu sagen, dass von 2 häusigen Pflanzen männliche und weibliche Exemplare eingelegt werden müssen die meistens an demselben Standort nebeneinander zu finden sind. Von Pflanzen, die für einen Bogen zu gross sind, um ganz eingelegt werden zu können, müssen die wichtigsten Teile getrennt eingelegt werden — Blüte — Stengelblatt — grundständiges Blatt — Stengelabschnitt etc. Manchmal hilft auch ein mehrmaliges Umbiegen der Pflanze.

Auch zum Einlegen der Pflanzen, welches zu Hause vorgenommen wird, ist dasselbe schwach (halb-) geleimte Papier brauchbar, noch besser aber dient ein weiches, nicht leimhartes Postpapier. Das Einlegen selbst bietet, wenn es nur sorgfältig geschieht, keine Schwierigkeit. Man bedarf dazu 6—10 dünner glattgehobelter Brettchen von der Grösse der Papierbogen; diese werden, je 8—12 Bogen mit den inliegenden Pflanzen zwischen 2 Brettern aufeinandergelegt und das Ganze zum Pressen mit schweren Steinen oder mit Metallstücken belegt.

Hat man eine einfache Schraubenpresse oder steht eine sogenannte Buchbinderpresse zu Gebot, so sind diese um so besser, da mit denselben die Pflanzen kräftiger gepresst und dadurch schneller getrocknet werden. Doch darf das Pressen nicht so stark sein, dass die Pflanzenteile, insbesondere die

[1]) Alle nötigen Utensilien liefert z. B. der Naturwissenschaftl. Verlag in Godesberg.

Blüten, gequetscht werden. Alle 2 bis 3 Tage werden nun die Pflanzen umgelegt, d. h. aus dem mehr oder minder feucht gewordenen Papier vorsichtig herausgenommen, in neue Bogen eingelegt und von neuem in die Presse getan. Ist eine Pflanze vollständig trocken, bezw. dürr, so wird sie herausgenommen; das feuchte Papier kann, sobald es getrocknet ist, recht gut wieder von neuem verwendet werden. Für die sogenannten Fettpflanzen, die in der Presse meist noch weiter wachsen, sei bemerkt, dass dieselben vorher in siedendem Wasser schnell abgebrüht werden müssen, da erst dann eine rasche Verdunstung des Pflanzensaftes stattfindet.

Die getrockneten Pflanzen werden zwischen Schreibpapier (Konzeptpapier) gelegt — das Aufkleben mit Gummi ist nicht praktisch — und bilden zusammen das Herbarium, welches nach Pflanzenklassen oder -familien geordnet in besonderen Mappen aufbewahrt wird.

Bis dahin ist die Sache immer noch eine, wenn auch in mancherlei Beziehungen sehr nützliche Liebhaberei; wer aber auch nur diese bezweckt, wer seine Sammlung nur zum Vergnügen anlegt, dem empfehlen wir doch aus naheliegenden Gründen, jeder einzelnen Pflanze auf dem betreffenden Bogen oder auf besonderem Zettel folgende Bemerkungen beizufügen:

1. den Namen, womöglich den deutschen und lateinischen, der Pflanze und den des Autors, von welchem sie benannt worden ist;
2. die Gegend, wo sie, sowie
3. den Tag, an welchem sie gefunden wurde;
4. den eigentlichen Standort (im Walde, am Wege, auf der Wiese, im Sumpf u. s. w.).

Wer sich dann ferner die geringe Mühe gibt, diesen Bemerkungen immer — einem Tagebuche gleich — kurze Notizen über die weiteren Verhältnisse und Vorkommnisse des betreffenden Tages beizufügen, der wird aus seinem Herbarium in späteren und spätesten Zeiten grossen Genuss schöpfen.

So weit über das Botanisieren zum Vergnügen, aus Liebhaberei. Soll aber diese Beschäftigung ernster und in streng wissenschaftlicher Weise betrieben werden, so gehört hierzu (wenn auch hier, wie bei jeder Arbeit, nur der Anfang schwer ist) Fleiss und Beharrlichkeit. Es muss dann eine systematisch betriebene Arbeit werden! Eine ausführlichere Anleitung hierzu erlauben unser Raum und Zweck nicht, und wir müssen auf dazu geeignete, speziellere Werke verweisen (z. B. Mylius, das Anlegen von Herbarien. Verlag für Naturkunde, Sproesser & Nägele, Stuttgart).

Blütenkalender.

Manchem jüngeren Pflanzenfreunde wird nachstehende, für Deutschland ziemlich vollständige Angabe der Blütezeit unserer wildwachsenden Gewächse willkommen sein. Wir reihen die Pflanzen dabei je dem Monat ein, in welchem sie zuerst blühen.

Die Zahl hinter jedem Pflanzennamen bezeichnet die Farbe ihrer Blüte; so die Zahl 1: rot bis rötlich; 2: gelb bis gelblich; 3: weiss bis weisslich; 4: braun bis bräunlich; 5: blau bis bläulich; 6. schwarz bis schwärzlich; 7. grün bis grünlich. — Die Zahl ist weggelassen bei den sehr verschiedenfarbig oder mit schmutziger, unbestimmter (etwa grünlich-grauer, rötlich-brauner u. s. w.) Farbe blühenden Pflanzen.

Die wenigen Gewächse, welche schon vor dem März oder nach dem September blühen, finden sich im März oder im August und im September angeführt.

Im März blühen:

Adoxa moschatellina, Moschuskraut 7.
Alnus, Erle.
Anemone hepatica, Leberblümchen 5.

Asarum europ., Haselwurz 5.
Bellis perennis, Gänseblümchen 3.
Buxus sempervirens, Buchsbaum.
Carex, Riedgras, verschiedene Arten.
Cerastium, Hornkraut 3.
Chrysosplenium alternifol, Milzkraut 2.
Cornus mas., Kornelkirsche 2.
Corylus, Haselstrauch.
Crocus vernus, Safran.
Daphne Mezereum, Seidelbast 1.
Draba verna, Hungerblümchen 3.
Erodium cicutarium, Reiherschnabel 1.
Galanthus nivalis, Schneeglöckchen 3.
Glechoma hederacea, Gundelrebe 5.
Gramineae, verschiedene Grasarten.
Helleborus viridis, grüne Niesswurz 7.
     ,,   *niger*, schwarze Niesswurz 3, blüht vom
        November bis März.
Holosteum umbellatum, Spurre 3.
Lamium purpur., rote Taubnessel 1.
Leucojum vernum, Knotenblume 3.
Petasites officinalis, Pestwurz 1.
Populus alba, nigra, tremula, Pappeln.
Potentilla verna, Fingerkraut 2.
Primula, Schlüsselblume, mehrere Arten 2.
Prunus spinosa, Schlehe 3.
Pulmonaria offic., Lungenkraut 1 u. 5.
Pulsatilla vulg., Küchenschelle 5.
Rosmarinus offic., Rosmarin 1.
Salix, Weide, mehrere Arten.
Scilla bifolia, Meerzwiebel 5.

Senecio vulg., Kreuzkraut 2.
Stellaria media, Vogelmiere 3.
Taxus baccata, Eibe.
Tussilago farfara, Huflattich 2.
Ulmus, Ulme.
Veronica agrestis, hederaefolia, arvensis, Ehrenpreis 5.
Viola odorata u. canina, Veilchen 5.
Viscum, Mistel 2 (blüht schon im Februar).

Im April blühen, ausser mehreren im März angegebenen:

Actaea spicata, Christophskraut 3.
Ajuga reptans, Günsel 5.
Alliaria offic., Lauchhederich 3.
Anemone memorosa, Anemone 1.
Betula alba, Birke.
Caltha pal., Dotterblume 2.
Cardamine pratensis, Schaumkraut 1.
Chaerophyllum silv., Körbel 3.
Corydalis, Lerchensporn, mehrere Arten, 1.
Cyclamen europaeum, Saubrot 1.
Draba aizoides, Hungerblümchen 2.
Euphorbia Cyparissias, Wolfsmilch 2.
Fraxinus excelsior, Esche.
Galeobdolon luteum, Goldnessel 2.
Gentiana verna, Enzian 5.
Geum rivale, Nelkenwurz 1.
Gramineae, viele Grasarten.
Hippophaë, Sanddorn 2.
Iris germanica, Schwertlilie 5.
Juniperus comm., Wachholder.
Lamium album, Taubnessel 3.
Lathyrus vernus, Frühlings-Platterbse 1. 5.
Lathraea squamaria, Schuppenwurz 1.
Leontodon Taraxacum, Löwenzahn 2.
Menyanthes trifoliata, Fieberklee 1.
Muscari, Traubenhyazinthe 5.
Ornithogalum umbellatum, Vogelmilch 3.
Oxalis Acetosella, Sauerklee 3.
Pirus communis, Holzbirne 3.
„ Malus, Holzapfel 3.
Primula, Schlüsselblume, verschiedene Arten, 2.
Prunus avium, Vogelkirsche 3.
Ranunculus, Hahnenfuss, mehrere Arten, 2.
Salix, Weide, die meisten Arten.
Veronica, Ehrenpreis, mehrere Arten, 5.
Vinca minor, Sinngrün 5.
Viola tricolor 5, 2 u. 3, hirta 5, canina 5, Veilchen.

Im Mai blühen, ausser mehreren im April benannten:

Acer, Ahorn.
Aesculus Hippocastanum, Rosskastanie.
Alchemilla vulg., Sinau 2.
Alyssum calycinum, Steinkresse 2.
Andromeda polifolia, Andromede 1.
Anthericum Liliago, Graslilie 3.
Anthriscus Cerefolium, Kerbel 3.
Anthyllis vulneraria, Wundklee 2.
Aquilegia vulg., Akelei 5.
Arctostaphylos Uva ursi, Bärentraube 3.
Arenaria verna, Sandkraut 3.
Aristolochia Clematitis, Osterluzei 2.
Arum maculatum, Aronswurz 1.
Aperula odorata, Waldmeister 3.
Barbaraea vulg., Winterkresse 2.
Berberis vulg., Sauerdorn 2.
Biscutella laevigata, Brillenschote 2.
Camelina sativa, Leindotter 2.
Carpinus Betulus, Hainbuche.
Carum Carvi, Kümmel 3.
Chelidonium majus, Schöllkraut 2.
Cochlearia offic., Löffelkraut.
Colutea arborescens, Blasenstrauch 2.
Convallaria majalis, Maiblume 3.

Crataegus Oxyacantha, Weissdorn 3.
Cynanchum Vincetoxicum, Schwalbenwurz 3.
Cynoglossum offic., Hundszunge 1.
Cypripedium Calceolus, Frauenschuh 2, auch 1.
Cytisus Laburnum, Bohnenbaum 2.
Dianthus caesius, Federnelke 1.
Dictamnus, Diptam 3 u. 1.
Doronicum Pardalianches, Gemswurz 2.
Dryas octopetala, Silberwurz 3.
Erica carnea, Heide 1.
Euphorbia Esula, Wolfsmilch 2.
Evonymus europ., Spillbaum 2.
Fagus silvatica, Buche.
Fragaria vesca, Erdbeere 3.
Fumaria offic., Erdrauch 1.
Galium cruciatum, Mollugo, Labkraut 3.
Genista tinctoria, germanica, Ginster 2.
Geranium, Storchschnabel, mehrere Arten, 1.
Gladiolus comm., Siegwurz 1.
Globularia vulg., Kugelblume 5.
Gramineae, viele Grasarten.
Hieracium Pilosella, Habichtskraut 2.
Ilex Aquifolium, Stechpalme 3.
Iris florentina u. pumila, Schwertel 5, 3 u. 2.
Lathyrus pratensis, Platterbse 2.
Ledum pal., Sumpfporst 3.
Lepidium campestre, Feldkresse 3.
Lithospermum offic., Steinsame 3.
Lonicera Caprifolium u. Xylosteum, Geissblatt 3.
Lotus corniculatus, Schotenklee 2.
Lunaria rediviva, Mondveilchen 5.
Lychnis Flos cuculi, Kuckucksblume 1.
„ Viscaria, Pechnelke 1.
Majanthemum bifolium, Schattenblume 3.
Matricaria Chamomilla, echte Kamille 3.
Melittis grandiflora, Immenblatt 3.
Menyanthes trifoliata, Fieberklee 3.
Mespilus germanica, Mispel 3.
Morus alba, Maulbeerbaum 7.
Myosotis, Vergissmeinnicht, verschiedene Arten, 5.
Nasturtium offic., Brunnenkresse 3.
Neslia, Neslie 2.
Onobrychis sativa, Esparsette 1.
Ophrys aranifera, Frauenträne 7.
Orchis, Knabenkraut, mehrere Arten, 1.
Paeonia offic., Pfingstrose 1.
Paris quadrifolia, Einbeere 7.
Pedicularis palustris, Läusekraut 1.
Pimpinella Saxifraga, Pimpinelle 3.
Pinguicula vulg., Fettkraut 5.
Pinus, Fichte, Tanne, Föhre, Lärche 1. 2. 7.
Pisum sativum, Erbse 3.
Plantago lanceolata u. media, Wegerich 3.
Platanus occident., Platane.
Polygala amara 5, u. vulg. 1, Kreuzblümchen.
Prunus padus, Traubenkirsche 3.
Quercus Robur u. pedunculata, Eiche 7.
Ranunculus, Hahnenfuss, mehrere Arten, 2.
Rhamnus cathartica, Kreuzdorn 2.
„ Frangula, Faulbaum 3.
Rhinanthus villosus, Hahnenkamm 1.
Ribes rubrum, nigrum, Johannisbeere 7.
„ Grossularia, Stachelbeere 7.
Rubia tinctorum, Krapp 2.
Rubus Idaeus, Himbeere 3.
Rumex crispus u. Acetosella, Ampfer.
Salvia pratensis, Salbei 3.
Sanguisorba minor, Wiesenknopf 1. 7.
Sanicula europ., Sanikel 3.
Sarothamnus scoparius, Besenstrauch 2.
Saxifraga granulata, Steinbrech 3.
Sinapis arvensis, Ackersenf 2.
Soldanella alpina, Drottelblume 5.
Sonchus oleraceus, Gänsedistel 2.
Sorbus Aucuparia, Vogelbeere 3.

Sorbus Aria, Mehlbeere 3.
„ *torminalis*, Elsbeere 3.
Staphylea pinnata, Pimpernuss 3.
Syringa vulg., Syringe 5.
Thalictrum aquilegifolium, Wiesenraute 3.
Thlaspi arvense, Täschelkraut 3.
Tragopogon pratensis, Bocksbart 2.
Trifolium, Klee, verschiedene Arten.
Trollius europ., Trollblume 2.
Tulipa silvestris, Waldtulpe 2.
Ulex europaeus, Hecksamenstrauch 2.
Vaccinium Myrtillus, *vitis Idaea*, *uliginosum*, Heidel-, Preisel-, Sumpfbeere 1.
Veronica, Ehrenpreis, mehrere Arten, 5. 1.
Viburnum Opulus, Schneeball 3.
Vicia sativa, Futterwicke.
„ *sepium*, Zaunwicke.
Viola tricolor, Ackerveilchen 2.
„ *palustris*, Sumpfveilchen 5.

Im Juni blühen, ausser vielen im Mai genannten:

Aconitum Napellus, gem. Eisenhut 5.
„ *Lycoctonum*, Wolfs-Eisenhut 2.
Acorus Calamus, Kalmus 7.
Actaea spicata, Christophskraut 3.
Adonis aestivalis, Blutströpfchen 1.
Aegopodium Podagraria, Geissfuss 3.
Agrimonia Eupatoria, Odermennig 2.
Alchemilla vulgaris, Sinau 7.
Althaea offic., Eibisch 1.
Anagallis arvensis, Gauchheil 1.
Anchusa offic, Ochsenzunge 5.
Anethum graveolens, Dill. 2.
Anthemis nobilis, Hundskamille 3.
Anthericum ramosum, Graslilie 3.
Arabis hirsuta, Gänsekraut 3.
Armeria vulg., Grasnelke 1.
Arnica montana, Wohlverleih 2.
Asperula cynanchica, Bräunewurz 1.
Asperugo procumbens, Rauhkraut 5.
Astragalus glycyphyllos, Süssholz 2.
Atropa Belladonna, Tollkirsche 1.
Ballota nigra, Schwarznessel 7.
Borago offic., Boretsch 5.
Bryonia alba 3 u. *dioica* 7, Zaunrübe.
Bupleurum rotundifolium, Hasenohr 2.
Butomus umbellatus, Blumenbinse 1.
Calendula arvensis, Ringelblume 2.
Calla palustris, Schlangenwurz 3.
Campanula glomerata, *patula*, *rotundifolia*, Glockenblume 5.
Cannabis sativa, Hanf 7.
Caucalis daucoides, Haftdolde 3.
Centaurea Cyanus, Kornblume 5.
„ *nigra*, *Jacea*, *Scabiosa*, Flockenblume 1.
Centunculus minimus, Wiesenkleinling 3.
Cerinthe minor, Wachsblume 2.
Chenopodium album, Gänsefuss 7.
Chrysanthemum Leucanthemum, Wucherblume 3.
Cochlearia Armoracia, Meerrettig 3.
Convolvulus arvensis, Winde 1.
Cornus sanguinea, Hartriegel 3.
Coronilla varia, Kronwicke 3, 1.
Crambe maritima, Seekohl 3.
Delphinium Consolida, Rittersporn 5.
Dianthus caesius, Federnelke 1.
„ *Carthusianorum*, Karthäusernelke 1.
Digitalis purpurea 1, *lutea* 2, Fingerhut.
Echium vulg., Natterkopf 5, auch 1. 3.
Epilobium hirsutum, Weidenröschen 1.
Erigeron acris, Berufskraut 1.
Ervum hirsutum, *tetraspermum*, Erve 5.
Erysimum cheiranthoides, Schotendotter 2.
Galium Aparine, Labkraut 3.

Geranium sanguineum 1, *pratense* 5, Storchschnabel.
Geum urbanum, Nelkenwurz 2.
Gladiolus palustris, Siegwurz 1.
Glycyrrhiza glabra, Süssholz 3.
Gramineae, viele Grasarten.
Gratiola offic., Gnadenkraut 3.
Helianthemum vulg., Sonnenröschen 2.
Heracleum Sphondylium, Bärenklau 3.
Hieracium, Habichtskraut, viele Arten, 2.
Hippuris vulg., Tannenwedel 7.
Hottonia palustris, Wasserfeder 1.
Hyoscyamus niger, Bilsenkraut.
Hypericum perforatum, Johanniskraut 2.
Hypochoeris maculata u. *radicata*, Ferkelkraut 2.
Iris sibirica 5, *Pseud-Acorus* 2, Schwertlilie.
Lactuca muralis, Mauerlattich 2.
Lampsana comm., Hasenlattich 2.
Lappula, Igelsame 5.
Lathyrus niger, Platterbse 1.
Lemna minor, Wasserlinse 7.
Leonurus Cardiaca, Löwenschweif 1.
Ligustrum vulg., Rainweide 3.
Lilium bulbiferum u. *Martagon*, Lilie 1.
Linum, Lein 1.
Liriodendron tulipifera, Tulpenbaum.
Lolium temulentum, Taumelloich 3.
Lonicera Periclymenum, Geissblatt 1 u. 3.
Lychnis Githago, Kornrade 1.
Lysimachia vulgaris, *nemorum* u. *Nummularia*, Pfennigkraut 2.
Malva silv. u. *rotundifolia*, Malve, Käsepappel 1.
Medicago sativa, Luzerne 5.
Melampyrum arv. 1, *prat.* 2, *silv.* 2, Wachtelweizen.
Melilotus arv. u. *offic.*, Steinklee 2.
Muscari racemosum u. *comosum*, Muskathyazinthe 5.
Myrrhis odorata, Aniskerbel 3.
Nigella arv., Schwarzkümmel 5.
Nuphar luteum, Sumpfrose 2.
Nymphaea alba. Seerose 3.
Oenanthe fistulosa, Rebendolde 3.
Ononis arvensis, Hauhechel 1.
Ophrys apifera, *arachnitis*, *fuciflora*, Frauenträne.
Orchis maculata, Knabenkraut 1.
„ *bifolia*, Kuckucksblume 3.
Orobanche ramosa, *rubens*, Sommerwurz.
Papaver Rhoeas, Mohn 1.
Parietaria offic., Glaskraut 7.
Parnassia pal., Herzblatt 3.
Pedicularis pal., Läusekraut 1.
Physalis Alkekengi, Judenkirsche 3.
Pisum sativum, Erbse 3.
Polemonium coeruleum, Sperrkraut 5.
Polygonum viviparum u. *Bistorta*, Knöterich 1.
Potentilla reptans, Fingerkraut 2.
Prunella vulg., Brunelle 5. 1. 3.
Prunus padus, Traubenkirsche 3.
Pyrola, Wintergrün, verschiedene Arten, 3.
Ranunculus, Hahnenfuss, mehrere Arten, 2.
Rapistrum perenne, Rapsdotter 2.
Reseda lutea, gelbe Resede 2.
Rhodiola rosea, Rosenwurz 1.
Robinia Pseud-Acacia, Akazie 3.
Rosa, Rose, viele wildwachsende Arten, 1.
Rubus caesius, *Idaeus*, Himbeere 3.
„ *fruticosus*, Brombeere 3.
Sagittaria sagittaefolia, Pfeilkraut 3.
Salvia offic., Salbei 5.
Sambucus nigra, Holunder 3.
„ *Ebulus*, Attich 3.
Sanicula europ., Sanikel 3.
Saponaria offic., Seifenkraut 1.
Scabiosa arvensis, Ackerskabiose 5. 1. 3.
Scheuchzeria palustris, Scheuchzerie 7.
Scilla maritima, Meerzwiebel 3.
Scirpus lacustris, Simse, Binse 1.

Scleranthus annuus, Knauel 7.
Scrofularia nodosa, Braunwurz 4 u. 7.
Sedum album 3, *reflexum* u. *acre* 2, Fetthenne.
Senecio Jacobaea, Kreuzkraut 2.
Silene inflata u. *nutans*, Leimkraut 3.
Sinapis alba, arvensis, Senf 2.
Solanum Dulcamara, Bittersüss 5.
Sonchus arv. u. *oleraceus*, Gänsedistel 2.
Spergula arvensis, Spark 3.
Spiraea ulmaria, filipendula u. *Aruncus*, Spierstrauch 3.
Stachys german. u. *silvatica* 1, *palustris* 5, Ziest.
Symphytum offic., Beinwell 3.
Tamarix germ., Tamariske 1.
Thalictrum flavum, Wiesenraute 2.
Thymus, Thymian 1.
Tilia grandiflora, Sommerlinde.
Trientalis europ., Siebenstern 3.
Trifolium, Klee, die meisten Arten, 1 oder 2 oder 3.
Typha latifolia, Rohrkolben 4.
Vaccinium Oxycoccos, Moosbeere 1.
Valeriana offic., Baldrian 1.
Veronica offic., Ehrenpreis 5.
Vicia Cracca, Wicke 5.
Viola tricolor, Veilchen 2. 3. 5.

Im Juli blühen, ausser sehr vielen im Juni angegebenen:

Achillea Millefolium u. *nobilis*, Schafgarbe 3.
Aethusa Cynapium, Hundspetersilie 3.
Alisma Plantago, Froschlöffel 3.
Allium Cepa, sativum, oleraceum, Zwiebel, Lauch, Knoblauch.
Angelica silvatica u. *Archangelica*, Engelwurz 3. 2. 7.
Antirrhinum majus, Löwenmaul.
Arctium Lappa, Klette 1.
Artemisia vulg., Beifuss 2.
„ *Absinthium*, Wermut 2.
Atriplex patula, Melde 7.
Beta vulgaris, Mangold 7.
„ *vulgaris rubra*, rote Rübe 7.
Betonica officinalis, Betonie 1.
Blitum capitatum u. *virgatum*, Erdbeerspinat 1.
Cacalia alpina, Alpendost 1.
Calamintha Acinos 1 } Kalaminthe.
„ *offic.* 5
Campanula, Glockenblume, mehrere Arten, 5.
Carduus benedictus, crispus, nutans und andere Arten, Distel 1.
Carlina vulg., Eberwurz 3.
Carthamus tinctorius, Saflor 2.
Caucalis daucoides, Haftdolde 3.
Chenopodium, Gänsefuss, viele Arten, 7.
Chondrilla juncea, Knorpelsalat 2.
Cichorium Intybus, Wegwarte 5.
Cicuta virosa, Wasserschierling 3. 2.
Circaea lutetiana, Hexenkraut 3.
Clematis Vitalba, Waldrebe 3.
Clinopodium vulg., Wirbeldost 1.
Conium maculatum, Schierling 3. 2.
Convolvulus arvensis u. *sepium*, Winde 3.
Coriandrum sat., Koriander 3.
Crepis biennis, Pippau 2.
Cuscuta, Flachsseide, mehrere Arten, 1.
Datura Stramonium, Stechapfel 3.
Dianthus Armeria, Nelke 1.
Dipsacus, Rauhkarde, einige Arten, 1.
Drosera rotundifolia, Sonnentau 3.
Elatine hexandra, Tännel 1.
Epilobium, Weidenröschen, viele Arten, 1.
Eryngium camp., Männertreu 3.
Erythraea Centaurium, Tausendguldenkraut 1.
Euphrasia offic. 3, *lutea* 2, Augentrost.
Foeniculum offic., Fenchel 2.
Galeopsis, Hohlzahn, mehrere Arten, 1.

Galium verum 2, *Aparine* 3, *silvaticum* 8, Labkraut.
Gentiana lutea 2, *cruciata* 5, Enzian.
Geranium prat., Storchschnabel 5.
Gnaphalium arenarium u. andere Arten, Ruhrkraut 2.
Gypsophila muralis, Gipskraut 1.
Helianthus annuus, Sonnenrose 2.
Herniaria, Bruchkraut, mehrere Arten.
Humulus Lupulus, Hopfen 7.
Hydrocharis Morsus ranae, Froschbiss 3. 7.
Hypericum, Johanniskraut, viele Arten, 2.
Hypochoeris, Ferkelkraut 2.
Hyssopus offic., Ysop 5.
Jasione montana, Jasonsblume 5.
Iberis amara, Schleifenblume 3.
Impatiens noli tangere, Balsamine 2.
Illecebrum verticillatum, Knorpelkraut 3.
Inula Helenium, Alant 2.
Juncus effusus, Simse 1.
Lactuca virosa, Giftlattich 2.
Lavandula Spica, Lavendel 5.
Laserpitium, Laserkraut, mehrere Arten, 5.
Levisticum offic., Liebstöckel 2.
Linaria vulg. 2, *minor* 5, Lein.
Linum usitatissimum, Flachs 5.
Lycopus, Wolfsfuss 3.
Lythrum salicaria, Weiderich 1.
Malva silvestris, Wilde Malve 3.
Marrubium vulg., Andorn 3.
Matricaria Chamomilla, echte Kamille 3.
Medicago falcata, Schneckenklee 2.
Melilotus alba, Steinklee 3.
Melissa offic., Melisse 1.
Mentha arvensis, aquat., silv., Minze 1.
„ *piperita* u. *crispa*, Minze 1.
Mercurialis annua, Bingelkraut 7.
Meum athamanticum, Bärwurz 3.
Myriophyllum verticillatum u. *spicatum*, Tausendblatt 7.
Narthecium ossifragum, Beinheil 2.
Nepeta Cataria, Katzenminze 3.
Oenanthe fistulosa, Rebendolde 3.
Onopordon Acanthium, Eselsdistel 1.
Orchis pyramidalis, Knabenkraut 1.
Origanum vulg., Gem. Dost 1.
„ *Majorana*, Majoran 3.
Oxalis corniculata, Sauerklee 2.
Oxytropis pilosa, Fahnenwicke 2.
Petroselinum sat., Petersilie 2.
Peucedanum offic., Haarstrang 2.
Phellandrium aquaticum, Wasserfenchel 3.
Picris hieracioides, Bitterkraut 2.
Pimpinella Saxifraga, Pimpinelle 3.
„ *Anisum*, Anis 3.
Plantago major, Wegerich 3.
Polygonum, Knöterich, viele Arten, 1. 3. 7.
Portulaca oleracea, Portulak 2.
Potamogeton, Laichkraut, verschiedene Arten, 1.
Prenanthes purpurea, Hasensalat 1.
Reseda lutea, Wau 2.
Rhinanthus Crista galli, Klappertopf 2.
Rumex, Ampfer, viele Arten, 7.
Ruta graveolens, Raute 2.
Salsola Kali, Salzkraut.
Sanguisorba offic., Wiesenknopf 1.
Saponaria offic., Seifenkraut 1.
Satureja hort., Pfefferkraut 5.
Saxifraga Aizoon, Steinbrech 2.
Scabiosa columbaria u. *succisa*, Skabiose 5.
Scirpus pal., Schlammbinse.
Scleranthus annuus, Knauel 7.
Scutellaria galericulata, Schildkraut 1.
Sempervivum, Hauswurz, mehrere Arten, 1 u. 3.
Senecio, Kreuzkraut, mehrere Arten, 2.
Serratula tinctoria, Färberscharte 1.
Sherardia arv., Sherardie 1.
Solanum nigrum, Nachtschatten 3.

Solanum tuberosum, Kartoffel.
Solidago Virgaurea, Goldrute 2.
Sparganium, Igelkolben, mehrere Arten, 7.
Stachys germanica, Ziest.
Stratiotes aloides, Wassersäge 3.
Tanacetum vulg., Rainfarn 2.
Teucrium Chamaedrys u. Scordium, Gamander 1.
Thalictrum flavum, Raute 2.
Thymus Serpyllum, Thymian 1.
Tilia parvifolia, Winterlinde.
Trapa natans, Wassernuss 3.
Trifolium, Klee, mehrere Arten, 2 u. 3.
Typha, Rohrkolben 4.
Urtica urens u. dioica, Brennessel 7. 2.
Utricularia vulg., Wasserschlauch 2.
Valerianella olitoria, Ackersalat 5.
Veratrum album, Germer 3.
Verbascum Thapsus, Wollblume 2.
Verbena offic., Eisenkraut 1. 5.
Vicia Faba, Ackerbohne 3.
Zannichellia pal., Seidengras 7.
Zea, Mais 2.

Im August blühen, ausser sehr vielen im Juli
bezeichneten:

Aconitum Lycoctonum, Eisenhut 2.
Apium graveolens, Sellerie 3.

Aster Amellus, Sternblume 5.
Astrantia major, Sterndolde 7.
Bidens tripartita, Zweizahn 2.
Callitriche autumnalis, Wasserstern 7.
Carlina acaulis u. vulg., Eberwurz 3.
Dianthus superbus, Nelke 1.
Erica vulg., Heide 1.
Gentiana acaulis, Enzian 5.
Gnaphalium arenarium u. silvaticum, Immerschön 2.
Hedera Helix, Efeu 3.
Herniaria glabra u. hirsuta, Bruchkraut 2 u. 7.
Linaria, Leinkraut, mehrere Arten, 5.
Lycopus europ., Wolfsfuss 3.
Parnassia pal., Herzblatt 3.
Peucedanum offic., Haarstrang 2.
Phragmites, Schilfrohr 4.
Salicornia herbacea, Glasschmalz 7.
Scrofularia aquat., Braunwurz 1. 2.
Spiranthes autumnalis, Wendelorche 3.

Im September blühen, ausser den meisten im
im August angegebenen:

Colchicum autumnale, Herbstzeitlose 1.
Crocus sativus, Safran 5.
Gentiana camp., ciliata u. germanica, Enzian 5.

Autorenregister.

Verzeichnis einiger in botanischen Werken zitierter Gelehrter, die einzelne Pflanzen benannt haben;
nebst den gebräuchlichen Abkürzungen.

Ach. = Acharius, 1757—1819. Prof. in Stockholm.
Ad. oder Adns. = Adanson, 1727—1806, geb. zu Aix, † in Paris.
Afz. = Afzelius, 1750—1837, geb. zu Larf, † in Upsala.
Ag. oder Agd. = Agardh, 1785—1859. Prof. in Lund.
Agass. = Agassiz, geb. 1807 in Orbe, † 1873 in Cambridge, Prof. der Naturgeschichte.
Ait. = Aiton, 1731—1793. Gartenaufseher in Kew.
Alb. = Albertini, 1769—1831. Bischof in Herrnhut.
Alfld. = Alefeld, 1732—1774. Prof. in Giessen.
Andr. = Andrews, geb. 1813 in Belfast, Prof. d. Chemie das.
Ard. = Arduino, 1728—1805. Prof. der Landwirtschaft in Padua; Werke: 1764 u. ff.
Audouin = Audouin, 1797—1841. Naturf. in Paris.
Bab. = Babington, 1757—1833. Arzt in London.
Balb. = Balbis, 1765—1831. Prof. in Lyon.
Bald. = Baldinger, 1738—1804. Prof. in Marburg.
Bart. = Barton, 1766—1815. Prof. in Philadelphia.
Bartl. = Bartling, 1798—1875. Prof. in Göttingen.
Batsch = Batsch, 1761—1802. Prof. in Jena.
Bauh. = Bauhin, 1560—1624. Prof. in Basel.
Baumg. = Baumgarten, 1765—1843. Arzt in Schässburg.
Beauv. (Bv.) = Beauvais, 1752—1820. Advokat in Arras, † in Paris.
Benth. = Bentham, 1800—1884, englischer Botaniker; Werke: 1826 u. ff.
Bertol. = Bertoloni, 1775—1869. Prof. in Bologna; Werke: 1803 u. ff.
Besl. = Besler, 1561—1629. Apotheker in Nürnberg.
Bl. = Bluff, 1805—1837. Arzt in Aachen.
Boengh. = Bönninghausen, 1785—1864. Vorstand des botanischen Gartens in Münster; Werke: 1824 u. ff.

Boerh. = Boerhave, 1668—1738. Prof. in Leyden.
Boiss. = Boissier de Sauvages, 1706—1767. Prof. in Montpellier.
Bolt. = Bolton, engl. Botaniker; Werke: 1785 u. ff.
Bonpl. = Bonpland, 1773—1858. Prof., geb. in Rochelle, † in Paraguay.
Borkh. = Borkhausen, 1760—1806. Assessor des Oberforstkollegiums in Darmstadt.
Brandt = Brandt, geb. 1793 in Berlin, Prof. in Petersburg.
Brign. = Brignoli. Prof. in Verona; Werke: 1810 u. ff.
Brnh. = Bernhardi, 1774—1850. Prof. in Erfurt.
Brogn. = Brongniart, geb. 1801. Prof. in Paris; † 1876.
Brot. = Brotera, Gartendirektor in Lissabon, † 1829.
Buchan. = Buchanan. Engländer, Reisender in Ostindien.
Bung. = A. v. Bunge, geb. 1803 in Kiew, Prof. in Dorpat.
Burm. = Burmeister, geb. 1807 in Stralsund, Prof. in Halle, dann in Buenos Aires, † dort 1892.
Camb. = Cambessèdes, Franzose; Werke von 1828 u. ff.
Cass. = Cassini, 1781—1832. Pair von Frankreich.
Cav. = Cavanilles, 1781—1831. Dichter und Naturf. in Berlin.
Corda = Corda, 1809—1849. Bot. in Prag.
Crntz. = Crantz, 1722—1799. Arzt in Judenburg.
Cunngb. = Cunningham, 1793—1835. Bot. in Sidney.
Curt. = Curtis, 1746—1799. Bot. in London.
Cuss. = Cusson, 1727—1785. Prof. in Montpellier.
D. C. und De Cand. = De Candolle, 1778—1841. Prof. in Genf.
Desf. = Desfontaines, 1750—1833. Prof. der Botanik in Paris.
Desv. = Desvaux, 1784—1856. Franz. Botaniker. Werke: 1808—1827.

Dierb. = Dierbach, 1788—1845. Prof. in Heidelberg.

Dietr. = Dietrich, geb. 1800 in Ziegenhain, Universitätsgärtner in Jena.

Dill. = Dillenius, geb 1687 in Darmstadt, starb 1747 als Gartendirektor in Oxford.

Dod. = Dodonaeus, 1518—1586. Prof. in Leyden.

D. Don. = David Don, 1800—1841 in London.

Dougl. — Douglas, 1799—1834, Schotte, reiste von 1823 an in Amerika.

Drumm. = Drummond. Bereiste Amerika als Naturforscher, † 1835 auf Kuba.

Duby = Duby, geb. 1798. Franz. Botaniker, Pfarrer in Genf.

Dub. = Duhamel, 1700—1781. Franz. Marineinspektor.

Dum. = Dumortier, geb. 1797 in Tournay, Staatsmann in den Niederlanden.

Ehrbg. = Ehrenberg, 1795—1876. Prof. in Berlin.

Ehrh. = Ehrhart, 1742—1795. Garteninspektor in Herrenhausen bei Hannover.

Endl. = Endlicher, 1804—1849. Prof. in Wien.

Eschsch. = Eschscholtz, 1793—1831. Prof. in Dorpat.

Esp. = Esper, 1742—1810. Prof. in Erlangen.

Fenz. oder Fnz. = Fenzl, 1808—1879 in Wien.

Feruss. = Ferussac, 1786—1836. Franz. Naturf.

Fing. = Fingerhuth. Deutscher Botaniker. Werke: 1822 u. ff.

Flk. = Flörke, 1764—1835. Direktor des botanischen Gartens in Rostock.

Forsk. = Forskal, 1736—1763. Prof. in Kopenhagen.

Forst. = Forster, 1754—1794. † in Paris.

Fr. = Fries, 1794—1878. Prof. in Upsala.

Fres. = Fresenius, 1808—1866. Direktor der Senkenbergschen Stiftungen in Frankfurt; Werke: 1832 bis 1853.

Freyc. = Freycinet, 1779—1842. Franz. Naturf.

Froel. = Froelich, 1766—1841. Medizinalrat in Ellwangen.

Fror. = Froriep, 1779—1847. Naturf. in Weimar.

Gaert. oder Gaertn. = Gaertner, 1732—1791. Geb. zu Calw, Prof. in Petersburg, † in Calw.

Grck. = Garcke, 1819—1904. Prof. der Botanik in Berlin.

Gaud. = Gaudin, 1766—1833. Prediger in Nyon (Kanton Waadt).

Gesn. = Gesner, 1516—1565. Schweizer Naturforscher.

Gilib. = Gilibert, 1741—1814. Prof. in Lyon.

Gm. oder Gmel. = Gmelin, 1748—1804. Prof., geb. in Tübingen, † in Göttingen.

Gochn. = Gochnat. Franz. Botaniker. Werke: 1808.

Goepp. = Goeppert. 1800—1884. Prof. in Breslau. Werke: 1827 u. ff.

Grab. = Grabowski, 1792—1842. Apotheker in Oppeln.

Graum. = Graumüller, 1770—1825. Prof. in Jena.

Gray = Gray, geb. 1810, amerik. Botaniker; Werke: 1836 u. ff.

Griess = Griesselich, 1809—1848. Arzt in Karlsruhe.

Grisb. = Grisebach, 1814—1879. Prof. in Göttingen.

Haenk. = Haenke, 1761—1817, in Bolivia.

Hall. = Haller, 1708—1777. Prof. der Botanik. Grosser Dichter und Staatsmann in Bern.

Hamilt. = Hamilton. Bot. in England; Werke: 1825.

Hartm. = Hartmann, 1790—1849. Arzt in Stockholm.

Hayn. = Hayne, 1763—1832. Prof. in Berlin.

Hchst. = Hochstetter, 1787—1860. Stadtpfarrer in Esslingen.

Heg. oder Hedw. = Hedwig. 1730—1799, geb. in Kronstadt, † als Prof. in Leipzig.

Hegetsch. = Hegetschweiler, 1789—1839. Prof. der Bot. und Regierungsrat in Zürich.

Heist. = Heister, 1683—1758. Prof. in Helmstedt.

l'Herit. = l'Heritier, 1746—1800. Paris. Werke: 1784 1790.

St. Hil. = St. Hilaire, 1799—1853. Naturforscher in Orleans.

Hoffm. = Hoffmann, 1761—1826. Prof. in Göttingen, † 1826 in Moskau.

Hoffmsg. = Hoffmannsegg, 1766—1849. Naturforscher in Dresden.

Hook. = James Hooker, geb. in Exeter 1785, Gartendirektor in Kew, † 1865.

Hornem. = Hornemann, 1770—1841. Prof. der Bot. in Kopenhagen.

Hpp. = Hoppe, 1760—1846. Prof. der Bot. in Regensburg.

Hst. = Host, 1761—1834. K. K. Leibarzt in Wien.

Huds. = Hudson, 1730—1793. Apotheker in London.

Hüg. = Hügel, geb. 1796 in Regensburg, Reisender und Botaniker; Werke: 1837—1852.

Humb. = Humboldt, 1769—1859, einer von Deutschlands grössten Naturforschern.

H. B. K. = Humboldt, Bonpland et Kunth.

Jacks. = Jackson, 1767—1845. Präsident der Vereinigten Staaten von Nordamerika.

Jacq. = Jacquin, 1727—1817. Gartendirektor, † in Wien.

Juss. = Jussieu, 1748—1836, geb. in Lyon, † in Paris.

K. oder Kch. = Koch, 1768—1839. Maler in Rom.

Karw. = Karwinsky. In München, bereiste Mexiko.

Kielm. = Kielmeyer, 1765—1844. Prof. in Tübingen.

Kit. = Kitaibel, 1757—1817. Prof. der Bot. in Budapest.

Kitl. = Kittel, 1798—1885. Prof. in Aschaffenburg.

Kl. = Klotzsch, 1805—1860. Kustos in Berlin.

Knz. = Kunze, 1793—1851. Prof. der Bot. in Leipzig.

Koch = Koch, 1771—1849. Prof. in Erlangen.

Koel. = Koeler, Prof. in Mainz; Werke: 1802 u. ff.

Koelr. = Koelreuter, 1784—1806. Prof. in Karlsruhe.

Koert. = Koerte, 1782—1845. Prof. in Möglin.

Krombh. = von Krombholz, 1782—1843. Prof. in Prag.

Kth. = Kunth, 1788—1850. Prof., geb. in Leipzig, † in Berlin.

Kütz. = Kützing, 1807—1893. Prof. in Nordhausen.

L. oder Linn. = Linné, 1707—1778. Berühmtester Botaniker.

Lamk. = Lamarck, 1744—1829. Prof. in Paris.

Langsd. = von Langsdorff, 1794—1852. Berühmter Reisender und Naturforscher, † in Freiburg i. Br.

Lap. = Lapeyrouse, 1744—1818. Prof. in Toulouse.

Lede.b = Ledebour, 1785—1851. Prof. der Bot. in Dorpat, † in München.

Lehm. = Lehmann, 1792—1860. Direktor des botanischen Gartens in Hamburg; Werke: 1817—1844.

Less. = Lessing, geb. 1810. Botaniker, bereiste 1832 bis 1837 Russland, Norwegen u. s. w.

Lestib. = Lestiboudois. (Vater, Sohn und Enkel), Bot. in Lille. Werke: 1800 u. ff.

Lghtf. = Lightfoot, 1735—1788, Pfarrer zu Gotham.

Lichtst. = Lichtenstein, 1780—1857. Prof. in Berlin.

Lindl. = Lindley, 1799—1865. Prof. in London.

Lk. oder Lnk. = Link, 1767—1850. Prof. in Berlin.

Lmk. = Lamarck, 1744—1829. Prof. in Paris.

Loud. = Loudon, 1788—1843. Botaniker in London.

Lz. = Lenz, 1799—1870. Prof. in Schnepfenthal.

M. et K. = Mertens et Koch. Mertens, † 1831 als Direktor der Handelsschule in Bremen.

Mart. = Martens, geb. in Venedig 1788, † in Stuttgart 1872.

Marts. = Martius, 1794—1868. Prof. in München.

M. B. = Marschall von Bieberstein, 1768—1826.

Med. = Medicus, 1771—1850. Prof. in München.

Meig. = Meigen. Lehrer in Stolberg bei Aachen. Werke: 1804—1842.

E. Mey. = G. F. W. Meyer, 1782—1856. Prof. der Botanik in Göttingen.

Michx. = Michaux, 1746—1802. Madagaskar.

Mik. = Mikan, 1769—1844. Prof. der Bot. in Prag.

Mill. = Miller, 1691—1771. Gartendirektor in Chelsea.

Mnch. = Moench, 1744—1805. Prof. in Marburg.

Moehr. = Moehring. Arzt aus Danzig, † 1702 in Jever.

v. M. = H. von Mohl, 1805—1872. Prof. in Tübingen.

Mol. = Molina, geb. 1777 in Guatemala, Arzt und Prof.

Murr. = Murray, 1740—1791. Direktor des botanischen Gartens in Göttingen.

N. oder N. v. E. = Nees von Esenbeck. Zwei Brüder, beide berühmte Botaniker. Der ältere 1776—1858 in Breslau, der jüngere 1787—1837, Prof. in Bonn.

Naeg. = Naegeli. 1817—1891, Prof. in München.

Neck. = Necker, 1729—1793. Bot. in Mannheim.

Nestl. = Nestler. Prof., Gartendirektor in Strassburg.

Neuw. = Neuwied. Geb. 1782. Werke: 1815 u. ff.

Nlt. = Nolte. Prof. in Kiel. Werke: 1826 u. ff.

Nocca = Nocca. Im 14. Jahrh. Gartendirektor in Pisa. Werke: 1818 u. ff.

Nutt. = Nuttal, 1885—1859. Prof. in Philadelphia.

Pall. = Pallas, 1741—1811. Lebte in Russland, † in Berlin.

Panz. = Panzer, 1755—1829. Arzt in Herbruck.

P. Br. = Patrik Browne, 1720—1790. Arzt und Bot. in Irland.

Pers. = Persoon, 1755—1837. Arzt in Paris.

Peterm. = Petermann, 1806—1855. Geograph in Gotha.

Pfr. = Pfeiffer, geb. 1805 in Kassel, Arzt und Bot.

Phoeb. = Phoebus, 1804—1300. Prof. in Giessen.

P. M. E. = Patze, Meyer et Elkan.

Poepp. = Poeppig, 1798—1868. Prof. in Leipzig.

Pohl = Pohl, 1770—1850. Prof. in Leipzig.

Poir. = Poiret, 1755—1634. Franz. Geistlicher. Werke: 1789 u. ff.

Poll. = Pollich, 1740—1780. Arzt in Kaiserslautern.

Presl = Presl, 1794—1852. Bot. in Prag. Werke: 1826 bis 1844.

Pursh = Pursh, 1794—1820. Bereiste 1799—1811 Nordamerika.

Raddi = Raddi, 1770—1829. Naturforscher in Florenz.

Rafin. = Rafinesque. Sizilianer. Werke: 1807—1830.

Ram. = Ramond, 1753—1827. Prof. der Naturgeschichte zu Tarbes.

Ratz. = Ratzeburg, 1801—1871. Prof. in Eberswalde.

R. Br. = Robert Brown. 1781—1858. Präsident der Linnéschen Ges. in London.

Rchb. = Reichenbach, 1793—1879. Prof. in Dresden.

Rchb. fil. = G. Reichenbach Sohn, geb. 1823, Prof. der Bot. in Leipzig.

Rchd. = Reichard, 1685—1775. Naturf. in Erfurt.

Red. = Redoute, 1759—1840. Maler und Prof. in Paris.

Regl. = Regel, geb. 1815, Direktor des botanischen Gartens in Petersburg.

Reinw. = Reinwardt, 1773—1854. Prof. in Leyden.

Retz. = Retzius, 1742—1821. Prof. in Lund.

Rey. = Reynier, 1762—1824. Postdirektor in Lausanne

Rich. = Richard, 1754—1821. Prof., † in Paris.

Riv. = Rivinus, 1652—1723. Prof. der Bot. in Leipzig.

Roehl. = Roehling, 1757—1813. Pfarrer in Messenheim.

Roem. = Roemer, 1763—1819. Arzt u. Prof. in Zürich.

Roess. = Roessig, 1752—1805. Prof. in Leipzig.

Rottb. = Rottboell, 1727—1797. Prof. in Kopenhagen.

Roxb. = Roxburgh, 1759—1815. Gartendirektor zu Madras.

Roz. = Rozier, 1734—1793, † in Lyon.

R. et Pav. = Ruiz (1754—1815) et Pavon. Spanier. Bot., Reisende in Südamerika. Werke: 1794 u. f. J.

R. et Schult. = Roemer et Schultes.

Rth. = Roth, 1757—1834. † als Arzt in Bremen.

Rumpf = Rumpf, 1627—1702. Kaufmann auf Amboina.

Sad. = Sadler. Prof. der Bot. in Budapest. Werke: 1825 u. f. J.

Sal. = Salisbury, 1761—1829. Englischer Botaniker.

Sav. = Savi, 1769—1844. Prof. in Pisa. Werke: 1798 u. ff.

Schaeff. = Schaeffer, 1718—1790. Superintendent in Regensburg.

Schbl. et Mart. = Schübler et Martens.

Schk. = Schkuhr, 1741—1811. † in Wittenberg als Univers.-Mechanikus.

Schldl. = Schlechtendal. 1794—1866. Prof. der Bot. in Halle.

Schleid. = Schleiden, 1804—1881. Prof. in Jena.

Schloth. = Schlotheim, 1764—1832. Oberhofmarschall in Gotha.

Schlz. = Schultz, 1765—1837. Arzt in Neubrandenburg.

Schmcb. od. Schum. = Schuhmacher, geb. in Holstein, † 1830 als Prof. der Anatomie in Kopenhagen.

Schmp. = Schimper, 1808—1880. Prof. u. Direktor des naturh. Museums in Strassburg.

Schomb. = Schomburgk, 1804—1865, brit. Konsul in Westindien.

Schouw = Schouw, 1789—1852. Prof. in Kopenhagen.

Schrd. = Schrader, 1767—1836. Prof. in Göttingen.

Schreb. oder Schb. = Schreber, 1739—1810. Naturforscher und Arzt in Erlangen.

Schrnk. oder Schk. = Schrank, 1747—1835. Gartendirektor in München.

Schtt. = Schott, 1794—1865. Garteninspektor in Schönbrunn. Werke: 1804—1836.

Schübl. = Schübler, 1787—1834. Prof. der Naturgeschichte in Tübingen. Werke: 1815 u. ff.

Schult. = Schultes, 1773—1831. Prof. in Wien, Krakau, Innsbruck, Landshut.

Schw. = Schweigger, 1779—1857. Prof. in Erlangen und Halle.

Schwein. = Schweinitz, 1780—1834. Botaniker in Bethlem (Amerika.). Werke: 1805 u. f. J.

Scop. = Scopoli, 1723—1788. Tiroler; Prof. in Pavia.

Seb. = Sebastiani. Ital. Bot. Werke: 1813—1818.

Sibth. = Sibthorp, 1758—1796. Botaniker in Oxford. Reiste in Griechenland.

Siebold = Siebold, 1796—1866. Oberst im niederländischen Generalstabe.

Sm. = James Smith, 1759—1828, † in London.

Soland. = Solander, 1736—1782. Naturf. in London.

Sonn. = Sonnerat, 1745—1814, geb. in Lyon, † in Paris.

Soy. Will. = Soyer Willemet, 1791—1867. Gartendirektor in Nancy.

Spenn. = Spenner, 1798—1841. Prof. in Freiburg im Breisgau.

Spr. = Sprengel, 1766—1833. Prof. in Halle.

St. = Sturm, 1771—1848. Naturforscher in Nürnberg.

St. Hil. = St. Hilaire, 1799—1853. Botaniker in Paris. Werke: 1824 u. ff.

St. oder Sternb. = Sternberg, 1761—1838. Geheimerat in Prag.

Stev. = Steven, 1781—1863. Russischer Staatsrat.

Suck. = Suckow, 1751—1813. Prof. in Heidelberg.

Sw. = Swartz, 1760—1819. Prof. in Stockholm.

Sweet = Sweet. Handelsgärtner in London. Werke: 1818 u. ff.

Tausch = Tausch, 1792—1840. Prof. in Prag. Werke: 1823 u. ff.

Thom. = Thomas. Zwei Brüder in Bex, welche Herbarien von Schweizerpflanzen herausgaben.

Thor. = Thore, 1762—1823. Französ. Botaniker.

Thbg. = Thunberg, 1743—1828. Prof. der Botanik in Upsala.

Torr. et Gray = Torrey et Gray. Torr. = Torrey, Prof. in New York. Werke: 1834 u. ff.

Tomm. = Tommasini, 1794—1880. Magistratspräsident in Triest.

Tourn. = Tournefort, 1656—1708, † in Paris.

Trev. = Treviranus, 1779—1864, Prof. der Botanik in Bonn.

Trin. = Trinius, 1778—1844. Staatsrat in Petersburg.

Trtt. = Trattinick, 1764—1849. Kustos der Naturaliensammlung in Wien.

Turr. = Turra, Prof. in Vicenza. Werke: 1780 u. ff.

Tuss. = Tussak. Französ. Bot. Werke: 1808 u. ff.

Unger = Unger, 1800—1870. Prof. in Graz.

d'Urv. = d'Urville, 1790—1842. Französ. Admiral.

Vaill. = Vaillant, 1669—1722. Prof. der Bot. in Paris.

Vent. = Ventenat, 1757—1805. Prof, † in Paris.

Vhl. = Vahl, 1749—1804. Prof der Bot. in Kopenhagen.

Viv. = Viviani, 1772—1840. Prof. der Bot. in Genua.

W. et Grab. = Wimmer et Grabowski. Beide Bot. in Breslau. Werke: 1827 u. ff.

W. und Wild. = Wildenow, 1765—1812. Prof. in Berlin.

Wahlnbg. = Wahlenberg, 1780—1851. Prof. in Upsala.

W. K. = Waldstein et Kitaibel. Waldstein 1759—1823, bereiste mit Kitaibel mehrere Jahre Ungarn.

W. et M. = White et Maton.

W. et N. = Weihe et Nees.

Wall. = Wallich, 1787—1854. Arzt und Naturforscher in Kopenhagen.

Wallr. = Wallroth, 1792—1857. Arzt in Nordhausen.

Walt. = Walther, 1759—1824. Prof. in Giessen.

Web. = Weber, 1781—1823. Etatsrat in Kiel.

Weig. = Weigel, 1748—1831. Prof. in Greifswald.

Weinm. = Weinmann, 1782—1858. Garteninspektor in Pawlowsk.

Wendl. = Wendland, 1755—1828. Kunstgärtner in Hannover. Werke: 1798 u. ff.

Wendr. = Wenderoth. Prof. in Marburg. Werke: 1821 u. ff.

Wickstr. = Wickstroem, 1789—1856. Bot. in Stockholm.

Wilbr. = Wilbrand, 1781—1846. Prof. in Giessen.

Wimm. = Wimmer, 1803—1868. Schulrat in Breslau.

Wirtg. = Wirtgen, 1806—1870. Lehrer in Coblenz.

Wulf. oder Wulff. = Wulfen oder Wulffen., 1728—1805. Abt zu Klagenfurt.

Zahlb. = Zahlbruckner, 1782—1853. Bot. in Grätz

Zenk. = Zenker, 1799—1837. Prof. in Jena.

Zeyh. = Zeyher, 1770—1843. Gartendirektor in Schwetzingen.

Zucc. = Zuccarini, 1797—1848. Prof. in München.

Das Pflanzenreich und die Pflanzensysteme.

Wir haben bisher die Pflanzen nach ihrem gemeinsamen Bau und ihren gemeinsamen Lebensäusserungen betrachtet. Allein wir können sie noch nach einem ganz anderem Gesichtspunkt erforschen, nämlich nach ihrer Zusammenordnung in Gruppen, in ein sog. System. Manche Pflanzen sind einander ähnlicher als anderen, man sagt, sie sind miteinander verwandt, wie man auch aus der Aehnlichkeit der Menschen auf deren Verwandtschaft schliesst; und wie man auch bei den Menschen engere und weitere Verwandtschaftskreise bilden kann, so auch bei Pflanzen und Tieren. Die einander ähnlichsten Formen bilden eine Art, die ähnlichsten Arten gehören zu einer Gattung, ähnliche Gattungen bilden Familien, diese wieder Ordnungen oder Reihen, wobei man wohl bei grosser Formenmannigfaltigkeit auch noch Unterfamilien und Unterordnungen unterscheidet. Die Ordnungen bilden Klassen, diese Kreise und diese endlich ein Reich; es ist also ähnlich wie die Anordnung der Häuser zu Ortschaften, diese zu Kreisen, diese zu Regierungsbezirken, diese zu Provinzen, diese zu Staaten. Nur die Arten sind als solche in der Natur vorhanden, die anderen genannten Begriffe sind nichts als begriffliche Zusammenfassungen nach der Aehnlichkeit. Die Arten hielt man früher für starr unveränderlich, heute weiss man, dass viele in gewissen Grenzen abändern und sog. Abarten oder Rassen bilden können, ohne dass sie aber etwa, wie manche behaupten, ohne Grenzen ineinander überfliessen könnten. Das ist nirgends beobachtet worden. Es scheint vielmehr so, als ob wir heute für die meisten Arten in eine Zeit des Stillstandes eingetreten sind, dass sie vielleicht aber eine Zeit regerer Abänderung durchgemacht haben, so dass sie von einer Gruppe einfacherer Formen ab-

stammen (Deszendenzlehre). Nunmehr soll uns also jene Anordnung der Pflanzen in ein System beschäftigen, wobei wir gleichzeitig die Hauptformen des Pflanzenreichs kennen lernen wollen.

Die Zahl der verschiedenen Pflanzen und Pflanzenarten ist ungemein gross. Schon Karl von Linné (geb. 13./24. Mai 1707 zu Rashult in Schweden, gest. 10. Januar 1778 in Upsala) kannte nnd klassifizierte über 10000 Arten. Unger berechnete 1851 über 90 000, und heute schätzt man die wahrscheinliche Zahl aller Pflanzen auf mehr als 100 000 Arten. Die Zahl der zu besonderen Zwecken kultivierten oder in den Handel gebrachten Pflanzenarten beträgt etwa 3000; davon sind gegen 2000 heilkräftig und über 700 Nahrungspflanzen. Unter letzteren zählt man 40—50 Kornfrüchte, über 200 Obst- und Fruchtarten, 100 Arten, dere Zwiebeln, Knollen und Wurzeln zur Nahrung dienen, 140 Gemüse-, 40 Oelpflanzen, 40 Zucker-, 16 Tee- und Kaffee-, 6 Wein-, 70 Gewürzpflanzen. Ueber 40 dienen zu Viehfutter, über 60 zur Bekleidung, zum Polstern, zu Papier u. s. w., gegen 100 zum Färben, über 300 zu andern technischen Zwecken.

Um diese grosse Menge genauer kennen zu lernen, wurden schon zu den verschiedensten Zeiten Einteilungen versucht; so zuerst im Jahre 1583 von Cäsalpin (gest. 1603), 1694 von J. P. Tournefort (gest. 1798), u. a. m., deren keine aber der wachsenden Erkenntnis auf die Dauer genügen konnte.

Das erste wertvolle System erschien im Jahre 1735, es war das Pflanzensystem von Linné. Es heisst Geschlechts- oder Sexualsystem, weil es wesentlich auf die Verhältnisse der Befruchtungsorgane gegründet ist, und künstliches System wird es genannt, weil es seine Einteilungsgründe eben nur von wenigen Hauptorganen ableitet, während sich die unendliche Mannigfaltigkeit der Natur nicht in ein so streng geregeltes Fachwerk einschliessen lässt. Linné teilte die Pflanzen nach der Ausbildung der Staubgefässe in 24 Klassen und diese nach der Zahl der Stempel in Ordnungen ein. Seine Ordnungen zerfallen in Gattungen und diese in Arten. Die ersten 23 Klassen umfassen die Blütenpflanzen (Phanerogamen), d. h. diejenigen Pflanzen, welche sichtbare Staubgefässe und Stempel (selten an Stelle der Stempel nur Samenknospen) besitzen. In die letzte, die XXIV. Klasse, verwies Linné die Kryptogamen, d. h. diejenigen Pflanzen, deren Befruchtungsorgane mit blossem Auge nicht wahrnehmbar sind. Innerhalb dieser Klasse unterschied er nach der natürlichen Verwandtschaft 4 Ordnungen: die Farne, Moose, Algen, Pilze.

Von denen, welche ein zweckentsprechendes natürliches System aufzustellen versuchten, war Anton Lorenz von Jussieu (geb. zu Lyon 1748, gest. in Paris 1836) der erste, welcher ein brauchbares, noch heute den Grund aller natürlichen Systeme bildendes natürliches System erfand und veröffentlichte. Auch dieses System wurde aber vielfach abgeändert und mit mehr oder weniger Glück verbessert; so namentlich von A. P. de Candolle (geb. zu Genf 1778, gest. daselbst 1841), ferner von Endlicher in Wien (1826), von H. G. Ludw. v. Reichenbach in Dresden (1828), sowie von mehreren anderen.

Das Fundament des Jussieu'schen Systems ist die Einordnung aller Pflanzen in drei Abteilungen: Pflanzen ohne Samenlappen, Akotyledones, solche mit einem, Monokotyledones, und solche mit zwei oder mehr Samenlappen, Dikotyledones.

Diese drei Abteilungen zeigen in ihrer gesamten Organisation eine so klare Grundverschiedenheit von einander, dass sie ohne Zweifel für wirklich in der Natur begründete Hauptgruppen anzusehen sind. De Candolle gründete die Hauptabteilungen seines natürlichen Systems auf den ganzen innern anatomischen Bau der Gewächse und erhielt dadurch die Einteilung in Zellpflanzen und Gefässpflanzen. Die Zellpflanzen unterschied er in blattlose und blattbildende, die Gefässpflanzen in Endogene (von innen wachsende) und Exogene (von aussen wachsende). Seine Zellpflanzen entsprechen (mit Ausnahme der Farne, von denen er fälschlich annimmt, dass sie mit einem Samenlappen keimen) den Akotyledonen Jussieus, seine Endogenen den Monokotyledonen, die Exogenen genau den Dikotyledonen Jussieus.

De Candolles System entspricht wie alle natürlichen Systeme in den grossen Abteilungen genau dem von Jussieu, nur sind die Dikotyledonen anstatt in 11, bloss in 4 Klassen eingeteilt, nämlich in Thalamifloren, Kalyzifloren, Korollifloren und Monochlamydeen.

Bedeutsam war dann weiterhin das System von Endlicher (1836—1841) nach morphologischen und anatomischen Prinzipien; ferner das von Braun und Hanstein (1864 und 1867), sowie endlich das von Eichler (1876), das zu dem von Engler führte. Nach letzterem haben wir uns im Folgenden, abgesehen von einigen Aenderungen, die zum Teil lediglich aus praktischen Gründen nötig waren, gerichtet. Wir geben zunächst eine Uebersicht über dieses System, wobei wir fast nur deutsche Familien berücksichtigen.

A. Sporenpflanzen (Kryptogamen).

I. Kreis: Schleimsporenpflanzen (Myxomycetes).
II. Kreis: Lagersporenpflanzen (Thallophyta).
    I. Klasse: Algen (Algae).
    II. Klasse: Pilze (Fungi).
    III. Klasse: Flechten (Lichenes).
III. Kreis: Blattsporenpflanzen.
    A. Moospflanzen.
        I. Klasse: Lebermoose (Hepaticae).
        II. Klasse: Laubmoose (Musci).
    B. Gefässsporenpflanzen.
  1. Fam. Farnkräuter (Filices).
  2. Fam. Wurzelfrüchtler (Rhizocarpeae).
  3. Fam. Bärlappgewächse (Lycopodiaceae).
  4. Fam. Selaginellen (Selaginellaceae).
  5. Fam. Schachtelhalme (Equisetaceae).
  6. Fam. Natternzungen (Ophioglossaceae).
  7. Fam. Brachsenkräuter (Isoëtaceae).

B. Samenpflanzen (Phanerogamen).

1. Gruppe: Nacktsamige (Gymnospermen).

I. Klasse: Nadelhölzer (Coniferae).

  8. Fam. Eibengewächse (Taxaceae).
  9. Fam. Kieferngewächse (Pinaceae).

2. Gruppe: Bedecktsamige (Angiospermen).

II. Klasse: Einsamenlappige (Monokotylen).

  I. Reihe: Kolbenblütige.
  10. Fam. Rohrkolbengewächse (Typhaceae).
  II. Reihe: Sumpflilienblütige.
  11. Fam. Laichkräuter (Potamogetonaceae).
  12. Fam. Nixenkräuter (Najadaceae).
  13. Fam. Blumenbinsen (Juncaginaceae).
  14. Fam. Froschlöffelgewächse (Alismaceae).
  15. Fam. Wasserlieschgewächse (Butomaceae).
  16. Fam. Froschbissgewächse (Hydrocharitaceae).
  III. Reihe: Aronsblütige.
  17. Fam. Aronsgewächse (Aroidaceae).
  18. Fam. Wasserlinsen (Lemnaceae).
  IV. Reihe: Grasblütige.
  19. Fam. Gräser (Gramineae).
  20. Fam. Seggen (Cyperaceae).

V. Reihe: Lilienblütige.
21. Fam. Binsengewächse (Juncaceae).
22. Fam. Liliengewächse (Liliaceae).
23. Fam. Amaryllisgewächse (Amaryllidaceae).
24. Fam. Schwertliliengewächse (Iridaceae).

VI. Reihe: Kleinsamige.
25. Fam. Knabenkrautgewächse (Orchidaceae).

III. Klasse: Zweisamenlappige (Dikotylen).

I. Unterklasse: Getrenntblätterige
(Choripetalae).

VII. Reihe: Weidenartige.
26. Fam. Weidengewächse (Salicaceae).
27. Fam. Gagelgewächse (Myricaceae).

VIII. Reihe: Walnussartige.
28. Fam. Walnussgewächse (Juglandaceae).

IX. Reihe: Buchenartige.
29. Fam. Buchengewächse (Fagaceae).
30. Fam. Birkengewächse (Betulaceae).

X. Reihe: Nesselartige.
31. Fam. Ulmengewächse (Ulmaceae).
32. Fam. Maulbeergewächse (Moraceae).
33. Fam. Hanfgewächse (Cannabaceae).
34. Fam. Brennesselgewächse (Urticaceae).

XI. Reihe: Wolfsmilchartige.
35. Fam. Wolfsmilchgewächse (Euphorbiaceae).
36. Fam. Buxbaumgewächse (Buxaceae).
37. Fam. Rauschbeerengewächse (Empetraceae).
38. Fam. Wassersterngewächse (Callitrichaceae).

XII. Reihe: Seidelbastartige.
39. Fam. Oleastergewächse (Elaeagnaceae).
40. Fam. Seidelbastgewächse (Thymelaeaceae).

XIII. Reihe: Santelartige.
41. Fam. Santelgewächse (Santalaceae).
42. Fam. Mistelgewächse (Loranthaceae).

XIV. Reihe: Osterluzeiartige.
43. Fam. Osterluzeigewächse (Aristolochiaceae).

XV. Reihe: Knöterichartige.
44. Fam. Knöterichgewächse (Polygonaceae).

XVI. Reihe: Mittelsamige.
45. Fam. Gänsefussgewächse (Chenopodiaceae).
46. Fam. Amarantgewächse (Amaranthaceae).
47. Fam. Portulakgewächse (Portulacaceae).
48. Fam. Nelkengewächse (Caryophyllaceae).

XVII. Reihe: Wandsamige.
49. Fam. Sonnentaugewächse (Droseraceae).
50. Fam. Veilchengewächse (Violaceae).
51. Fam. Sonnenrosengewächse (Cistaceae).
52. Fam. Resedagewächse (Resedaceae).
53. Fam. Hartheugewächse (Hypericaceae).
54. Fam. Tännelgewächse (Elatinaceae).

XVIII. Reihe: Mohnblütige.
55. Fam. Kreuzblütler (Cruciferae).
56. Fam. Erdrauchgewächse (Fumariaceae).
57. Fam. Mohngewächse (Papaveraceae).

XIX. Reihe: Hahnenfussblütige.
58. Fam. Seerosengewächse (Nymphaeaceae).
59. Fam. Hornblattgewächse (Ceratophyllaceae).
60. Fam. Hahnenfussgewächse (Ranunculaceae).
61. Fam. Sauerdorngewächse (Berberidaceae).

XX. Reihe: Malvenblütige.
62. Fam. Lindengewächse (Tiliaceae).
63. Fam. Malvengewächse (Malvaceae).

XXI. Reihe: Storchschnabelblütige.
64. Fam. Storchschnabelgewächse (Geraniaceae).
65. Fam. Leingewächse (Linaceae).
66. Fam. Bitterlinge (Polygalaceae).
67. Fam. Sauerkleegewächse (Oxalidaceae).
68. Fam. Rautengewächse (Rutaceae).
69. Fam. Orangengewächse (Citraceae.

XXII. Reihe: Seifenbaumartige.
70. Fam. Stechpalmengewächse (Aquifoliaceae).
71. Fam. Celastergewächse (Celastraceae).
72. Fam. Pimpernussgewächse (Staphyleaceae).
73. Fam. Balsaminengewächse (Balsaminaceae).
74. Fam. Ahorngewächse (Aceraceae).
75. Fam. Rosskastanien (Hippocastanaceae).

XXIII. Reihe: Kreuzdornartige.
76. Fam. Rebengewächse (Vitaceae).
77. Fam. Kreuzdorngewächse (Rhamnaceae).

XXIV. Reihe: Rosenblütige.
78. Fam. Hülsenfrüchtler (Papilionaceae).
79. Fam. Steinbrechgewächse (Saxifragaceae).
80. Fam. Dickblattgewächse (Crassulaceae).
81. Fam. Rosengewächse (Rosaceae).
82. Fam. Platanen (Platanaceae).

XXV. Reihe: Myrtenblütige.
83. Fam. Nachtkerzengewächse (Onagraceae).
84. Fam. Weiderichgewächse (Lythraceae).
85. Fam. Haloragisgewächse (Haloragaceae).

XXVI. Reihe: Doldenblütige.
86. Fam. Doldengewächse (Umbelliferae).
87. Fam. Hornstrauchgewächse (Cornaceae).
88. Fam. Efeugewächse (Hederaceae).

2. Unterklasse: Vereintblättrige (Sympetalae).

XXVII. Reihe: Heideartige.
89. Fam. Wintergrüngewächse (Pirolaceae).
90. Fam. Heidekrautgewächse (Ericaceae).

XXVIII. Reihe: Primelblütige.
91. Fam. Primelgewächse (Primulaceae).
92. Fam. Bleiwurzgewächse (Plumbaginaceae).

XXIX. Reihe: Wegerichartige.
93. Fam. Wegerichgewächse (Plantaginaceae).

XXX. Reihe: Röhrenblütige.
94. Fam. Verbenengewächse (Verbenaceae).
95. Fam. Lippenblütler (Labiatae).
96. Fam. Nachtschattengewächse. (Solanaceae).
97. Fam. Würgergewächse (Orobanchaceae).
98. Fam. Braunwurzgewächse (Scrophulariaceae).

Bestimmung der Pflanzenfamilien.

A. Pflanzen ohne Staubgefässe und Stempel mit Sporen (einzelne Zellen ohne Gliederung) in Kapseln (untersuche ein erwachsenes Exemplar): Sporenpflanzen (Kryptogamen).

I. Stengel gegliedert mit gezähnten Scheiden (Fig. 107): 5. **Schachtelhalme.**

II. Stengel nicht so gegliedert.

Wasserpflanzen

a) Mit zweierlei Blättern (breite Schwimm- und faserförmige Wasserblätter) und kugeligen Kapseln (Fig. 108): 2. **Wurzelfrüchtler.**

b) Mit einerlei Blättern.

   1. Lange, linealische, unten scheidige Blätter, am Grunde in der Scheide (sch.) die Sporenkapseln (Fig. 109): 7. **Brachsenkräuter.**

   2. Blätter lineal oder 4teilig mit besonderen Sporenkapseln (Fig. 110): 2. **Wurzelfrüchtler.**

Landpflanzen.

a) Stengel gestreckt mit kleinen Blättern dicht besetzt, in deren Achseln oder in Aehren die Sporenkapseln (Fig. 111).

   1. Alle Sporenkapseln nierenförmig mit Querspalte aufspringend, mit vielen kleinen Sporen (Fig. 112): 3. **Bärlappgew.**

   2. Die unteren Sporenkapseln vierknöpfig mit 4—6 Klappen aufspringend und mit 3—4 Sporen (Fig. 113): 4. **Selaginellen.**

b) Stengel mit langen, linealischen Blättern, in deren Scheiden die Sporenkapseln sitzen (Fig. 109): 7. **Brachsenkräuter.**

c) Stengel mit nur 2 (ganzen oder geteilten) Blättern, von denen eines die Sporenkapseln trägt (Fig. 114): 6. **Natternzungen.**

d) Stengel mit grossen, meist geteilten Blättern (Wedeln), die auf der Unterseite die Sporenkapseln tragen oder ein Blatt ist teilweise zum Träger der letzteren umgewandelt (Fig. 115): 1. **Farnkräuter.**

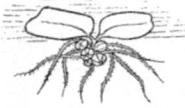

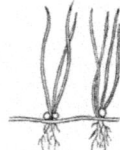

107.   108.   109.   110.

Erklärungen; Fig. 107. Equisetum, Schachtelhalm, Stengelstück. — 108. Salvinia, Stengelstück. — 109. Isoëtes, Habitus. — 110. Pilularia, Stengelstück.

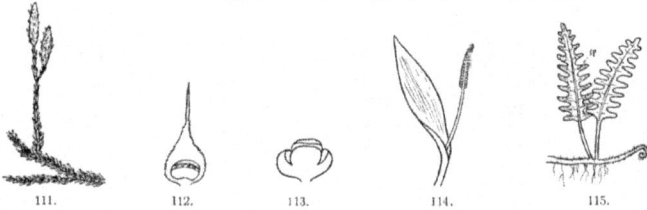

111.   112.   113.   114.   115.

B. Pflanzen mit Staubgefässen und Stempeln, sowie mit gegliederten Samen und Früchten: **Samenpflanzen** (**Phanerogamen**).

I. In allen Blüten **entweder** Staubgefässe **oder** Stempel (untersuche möglichst viele Blüten desselben Stockes).

α. Einhäusige Pflanzen (Staubgefäss- und Stempelblüten auf derselben Pflanze, untersuche alle Blüten desselben Exemplars).

a) Holzpflanzen (Bäume oder Sträuche mit braunen, harten, holzigen Zweigen).

1. Blüten geknäuelt achselständig: 36. **Buchsbaumgewächse.**

2. Blüten nicht so.	Beide Arten von Blüten in Kätzchen oder Köpfchen (Fig. 118—121).	Blätter nadelförmig (Fig. 116) oder schuppenförmig (Fig. 117)	a) Frucht fleischig. 8. **Eibengewächse.** b) Frucht trocken. 9. **Kieferngewächse.**
		Blätter breit und blattförmig.	1. Staubgefäss- und Stempelköpfchen kugelig (Fig. 118), einzelne Blüte ohne Hülle: 82. **Platanen.** 2. Beide Arten von Köpfchen kugelig (Fig. 119), einzelne Blüte aber mit 4 blättriger Hülle (Fig. 120): 32. **Maulbeergewächse.** 3. Beide Blütenstände in Kätzchen oder die Stempelblüten in knospenförmigen oder walzigen Blütenständen, mit schuppigen Deckblättern (Fig. 121): 30. **Birkengewächse.**
	Nur die Staubgefässblüten in Kätzchen oder Köpfchen, die Stempelblüten zu 2—3 oder einzeln.		1. Blätter gefiedert (Fig. 122) und aromatisch: 28. **Walnussgewächse.** 2. Blätter einfach oder gelappt, Frucht mit Becher (Fig. 123) oder krautiger Hülle (Fig. 124): 29. **Buchengewächse.**

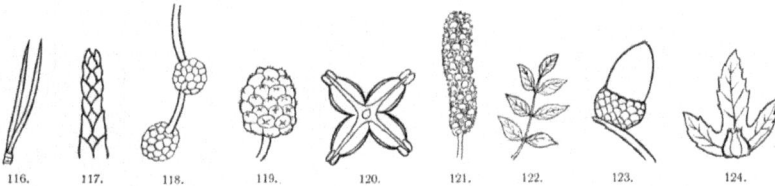

116.   117.   118.   119.   120.   121.   122.   123.   124.

b) Krautige Pflanzen (Stengel grün, meist weich, nicht holzig).

Untergetauchte Wasserpflanzen.	1. Blätter ungeteilt.	a) Blätter fadenförmig (Fig. 125): Zannichelia siehe 11. **Laichkräuter.** b) Blätter breit lineal (Fig. 126). 1. Fruchtknoten einfach (Fig. 127): 12. **Nixenkräuter.** 2. Fruchtknoten in 4 Teile zerfallend (Fig. 128): 38. **Wassersterngewächse.**
	2. Blätter gabelig geteilt (Fig. 129): 59. **Hornblattgewächse.**	
	3. Blätter kammartig gespalten (Fig. 130): 85. **Haloragisgewächse.**	

Erklärungen: Fig. 111. Lycopodium, Habitus mit Sporenkapseln. — 112. Lycopodium, Sporenblatt mit Kapsel. — 113. Selaginella, 4klappige Sporenkapsel. — 114. Ophioglossum, Habitus. — 115. Farnkraut, Polypodium vulgare Habitus sp. = Sporenkapseln. — 116. Pinus silvestris, nadelförmige Blätter. — 117. Thuja orientalis, schuppenförmige Blätter. — 118. Platanus, kugelige Blütenstände. — 119. Morus alba, Fruchtstand. — 120. Morus alba, Staubgefäss-Blüte. — 121. Betula alba, Kätzchen mit Staubgefäss-Blüten. — 122. Juglans regia, gefiedertes Blatt. — 123. Quercus, Becher mit Frucht. — 124. Carpinus, blattförmiger „Becher" mit Frucht.

125.   126.   127.   128.   129.   130.

Nicht untergetauchte Wasser- oder Landpflanzen mit schmalen grasartigen Blättern.

a) Staubgefässblüten in gipfelständiger Rispe, Stempelblüten seitlich in Kolben (Fig. 131): Mais, s. 19. **Gräser.**

b. Beide Blütenarten in gleichartigen Blütenständen.

   1. Die Blüten in Aehrchen mit Spelzen (d. h. grünen Deckblättern), die Aehrchen wieder in Blütenständen (Fig. 132): Carex, s. 20. **Seggen.**

   2. Die Blüten in Kolben (Fig. 133) oder kugeligen Köpfchen (Fig. 134): 10. **Rohrkolbengewächse.**

Land- oder Sumpfpflanzen, aber nicht grasartig.

Blätter gefiedert (Fig. 135): Poterium, s. 81. **Rosengewächse.**

Fruchtknoten gestielt, 3knöpfig (Fig. 136): 35. **Wolfsmilchgewächse.**

mit grosser tütenförmiger Scheide um den kolbenförmigen Blütenstand (Fig. 137): 17. **Aronsgewächse.**

Blätter ungeteilt.

Fruchtknoten ungestielt.

Blüten mit vollständigen Blüten (Kelch, Krone, Staubgefässe und Stempel).

   a) Mit Ranken (Fig. 138): 113. **Kürbisgewächse.**

b) Ohne Ranken.

   1. Blatt pfeilförmig (Fig. 139): Sagittaria, 46. **Froschlöffelgewächse**

   2. Blatt lineal: Litorella, 93. **Wegerichgewächse.**

Blüten ohne eine Scheide um den Blütenstand.

Mit unvollständigen Blüten (die Hülle fehlt oder ist einfach)

Blüten nicht in Köpfchen.

Blüten in Köpfchen: Xanthium und Ambrosia, s. 115. **Korbblütler.**

   1. Fruchtknoten mit einer pinselförmigen Narbe (Fig. 140): 24. **Brennnesselgewächse.**

   2. Fruchtknoten mit zwei Narben und krautiger Hülle (Fig 141): Melde, s. 45. **Gänsefussgewächse.**

   3. Fruchtknoten mit drei Narben und trockenhäutiger Hülle: 46. **Amaranthgewächse.**

Erklärungen: Fig. 125. Zannichellia, fruchttragender Zweig. — 126. Najas major, Blatt. — 127. Najas major, Fruchtknoten. — 128. Callitriche, Fruchtknoten. — 129. Ceratophyllum, Blatt. — 130. Myriophyllum, Blatt.

131.   132.   133.   134.

135.   136.   137.   138.   139.   140 u. 141.

β. **Zweihäusige Pflanzen (Staubgefäss- und Stempelblüten auf verschiedenen Pflanzen,** untersuche danach mehrere Exemplare).

Grüner Schmarotzer auf Bäumen mit gegabeltem Stengel (Fig. 142): 42. **Mistelgewächse.**

Nadelförmige oder schuppige Blätter Fig.116 u.117.
1. Blüte nackt, aber mit Schuppen (Fig. 143): Taxus, 8. **Eibengewächse**, und Juniperus, s. 9. **Kieferngewächse.**
2. Blüte mit Kelch und Krone (Fig. 144): 37. **Rauschbeerengewächse.**

Nicht Schmarotzer.

Blatt gefiedert (Fig. 145), Blüte nackt: Esche, s. 104. **Oelbaumgewächse.**

A. Holzpflanzen

Blatt breiter.

Blatt einfach (ungeteilt und nicht gelappt) (Fig. 146).

Zweige dornig (Fig. 146): Hippophaë, s. 39. **Oleastergewächse.**

Zweige ohne Dornen

Blüten in Kätzchen.
1. Alle Teile mit gelben Drüsen (aromatisch): 27. **Gagelgewächse.**
2. ohne Drüsen: 26. **Weidengewächse.**

Blüten nicht in Kätzchen: 77. **Kreuzdorngewächse.**

Blatt gelappt (Fig. 147).
1. Blätter gegenständig (d h. 2 einander gegenüber, wie in Fig. 49), Frucht eine Beere: 79. **Steinbrechgewächse.**
2. Blätter wechselständig (d. h. einzeln wie in Fig. 134), Frucht geflügelt (Fig. 148): 75. **Ahorngewächse.**

Erklärungen: Fig. 131. Zea mais, Habitus. St = Staubgefäss- u. Fr = Stempel-Blüten. — 132. Carex, Blütenstand, St.Ä = Staubgefäss-Aehren, Fr.-Ä = Frucht-Aehren. — 133. Typha, Kolben (K) -Blütenstand. — 134. Sparganium, kugelige Blütenstände. — 135. Poterium, Blatt. — 136. Euphorbia, gestielter Fruchtknoten. — 137. Aron, Blütenstand mit sch = Scheide, St.bl. = Staubgefässblüten, Fr.bl. = Fruchtknotenblüten. — 138. Bryonia, Stengelstück. — 139. Sagittaria, Blatt. — 140. Urtica, Fruchtknoten mit pinselförmiger Narbe. — 141. Atriplex, Frucht mit 2 Narben.

142.   143.   144.   145.   146.   147.   148.

B. Grasartige Sumpf- oder Landpflanzen, Blüten in Aehren, diese oft wieder in Aehren oder Spirren (wie in Fig. 132): 20. **Seggen.**

C. Wasserpflanzen, nicht grasartig.	Blüten mit Kelch und Krone: 16. **Froschbissgewächse.**			
	Blüten mit einfacher Hülle.	1. Ohne Blätter, die ganze Pflanze blattförmig (Fig. 149): 18. **Wasserlinsen.**		
		2. Blätter vorhanden, am Rand stachelig (Fig. 126): 12. **Nixenkräuter.**		

D. Kräuter auf dem Lande.	Blüte nackt oder mit einfacher Hülle.	Blätter gelappt (Fig. 150) oder geteilt (Fig. 151): 33. **Hanfgewächse.** Pflanze mit Brennhaaren: 34. **Brennesselgewächse.**			
		Blätter ungeteilt, einfach (Fig. 152 bis 154).	Pflanzen ohne Brennhaare.	Ohne Nebenblätter (Fig. 152): Spinacia, s. 45. **Gänsefussgewächse.**	
				Mit Nebenblättern (Fig. 153 u. 154).	1. Nebenblätter zu einer Scheide verwachsen (Fig. 153): Ampfer, s. 44. **Knöterichgewächse.**
					2. Nebenblätter nicht zur Scheide verwachsen (Fig. 154): Bingelkraut, s. 38. **Wolfsmilchgewächse.**
	Blüte mit Kelch und Krone.	a. Krone verwachsenblättrig.	1. Mit Ranken, Blätter wechselständig (Fig. 138): 113. **Kürbisgewächse.** 2. Ohne Ranken, Blätter gegenständig (Fig. 155): Baldrian, s. 111. **Baldriangewächse.**		
		b. Krone aus mehreren freien Blättern: 48. **Nelkengew.**			

149.   150.   151.   152.

153.   154.   155.

Erklärungen: Fig. 142. Viscum, Stengelstück. — 143. Taxus, Blüte mit Schuppen. — 144. Empetrum, Staubgefässblüte. — 145. Fraxinus, Blatt. — 146. Hippophaë, Stengelstück. — 147. Ahorn, Blatt. — 148. Ahorn, Frucht. — 149. Lemna, Habitus. — 150. Humulus, Blatt. — 151 Cannabis, Blatt. — 152. Spinacia, Blatt. — 153. Rumex, Blatt. — 154. Mercurialis, Blatt. — 155. Valeriana, Blatt.

II. Staubgefässe und Stempel in **derselben** Blüte (Zwitterblüten) (untersuche möglichst viele Blüten).

  A. Blüten in Körbchen von einer grünen Hülle umgeben (Fig. 156), Staubbeutel zu einer Röhre verwachsen (Fig. 157), (wie z. B. bei den bekannten Gänseblümchen): 115. **Korbblütler.**

  B. Blüten nicht in Körbchen.

    a. Blüten mit einfacher Hülle (jedenfalls nicht in grünen Kelch und bunte Krone geschieden) oder ohne jede Hülle.

Untergetauchte Wasserpflanzen mit 4 Staubgefässen (Fig. 159): 11. **Laichkräuter.**

Blätter schmal und parallelnervig (Fig.158), Blüte meist nach der Zahl 3 gebaut (Fig. 160—163, 171—174).	Mit grünen Blüten.	Land- oder Sumpfpflanzen mit 3 od. 6 Staubgefässen.
	Mit weissen oder bunten Blüten.	

Blüten mit 2 dreiblättrigen Hüllen (Fig. 160).

1. Blüte mit 1 Griffel und 3 Narben (Fig. 160): 21. **Binsengew.**
2. mit 3—6 Griffeln (Fig. 161): 13. **Blumenbinsen.**

Blüten ohne Hülle, nur mit kleinen Schuppen (Fig. 162) oder Borsten (Fig.163), in Aehrchen (Fig. 164) mit Deckblättern.

1. Stengel hohl, mit Knoten, Blattscheide gespalten (Fig.165): 19. **Gräser.**
2. Stengel nicht hohl, ohne Knoten, Blattscheide geschlossen (Fig. 166): 20. **Seggen.**

    α. Blüten symmetrisch (nur in zwei spiegelbildlich gleiche Teile teilbar, Fig. 167 u. 168), ein (od.2) Staubfaden, mit d. Griffel verwachsen (Fig.169): 25. **Knabenkräuter.**

    β. Blüte regelmässig, durch mehrere Schnitte in 2 gleiche Teile teilbar (Fig. 170), mit mehr als 2 Staubgefässen.

Mit 3 Staubgefässen (Fig. 171): 24. **Schwertlilien.**

Mit mehr als 3 Staubgefässen.

1. Fruchtknoten unterständig (Fig. 172): 23. **Amaryllisgew.**
2. Fruchtknoten oberständig (Fig. 173), (bei der Herbstzeitlose [Fig. 174] unter der Erde). 22. **Liliengewächse.**

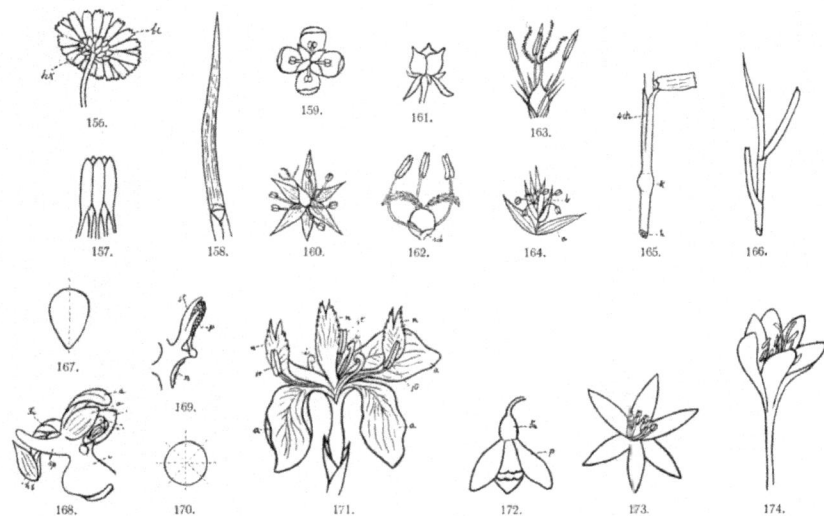

156.   159.   161.   163.

157.   158.   160.   162.   164.   165.   166.

167.   169.   168.   170.   171.   172.   173.   174.

Erklärungen: Fig. 156. Anthemis, Körbchen mit Hüllblättern (hk) und Blüten (bl). — 157. Bellis, verwachsene Staubbeutel. — 158. Grasblatt. — 159. Potamogeton natans, Blüte von oben. — 160. Juncus bufonius, Blüte. — 161. Scheuchzeria, Blüte. — 162. Triticum repens, Blüte, sch Schwellschüppchen. — 163. Scirpus lacustris, Blüte. — 164. Triticum repens, Aehrchen. — 165. Grashalm. — 166. Eriophorum, Stengelstück. — 167. Schema der symmetrischen Blüte. — 168. Orchis morio, Blüte, hb Hochblatt, Fr Fruchtknoten, a äussere, i innere Blütenhüllblätter, sp Sporn. — 169. Orchis morio, Griffelsäule mit Narbe n und Staubbeutel st, p Pollenkeule. — 170. Schema der regelmässigen Blüte. — 171. Iris, Blüte, a äussere, i innere Perigonblätter, n Narbe, st Staubgefässe. — 172. Galanthus nivalis, Blüte, Fr Fruchtknoten, p Perigon. — 173. Ornithogalum umbellatum, Blüte mit oberständigem Fruchtknoten. — 174. Colchicum, Blüte, Fruchtknoten in der Kronenröhre, oberständig.

Holzgewächse.

Kletternde Sträucher.
1. Mit 5 Staubgefässen (Fig. 175): 76. **Rebengew.**
2. Mit zahlreichen Staubgefässen (Fig. 176): Waldrebe, siehe 60. **Hahnenfussgew.**

Nicht kletternd.
a. Blüten vor den Blättern erscheinend.
  1. Hülle klein, grün, unscheinbar; 31. **Ulmen.**
  2. Hülle rot: 40. **Seidelbastgew.**
b. Blüten nach den Blättern erscheinend, dorniger Strauch (Fig. 171): 61. **Sauerdorngew.**

Blätter zumeist breit oder sonst doch netzadrig, und wenn schmal, dann ist die Blüte nicht nach der Zahl 3 gebaut.

Krautige Pflanzen.

a. Untergetauchte Wasserpflanzen: 85. **Haloragisgewächse.**

b. Sumpf- oder (meist) Landpflanzen.

Blätter gegenständig und ohne Nebenblätter (ähnlich wie in Fig. 178)

Staubfäden der Krone angewachsen (schneide diese auf), (Fig. 179 u. 180).
1. Hülle 5 teilig, 10 Staubgefässe, (Fig. 179 u. 180): Scleranthus, 48. **Nelkengew.**
2. Hülle 4 teilig, 8 Staubgefässe (Fig. 181): Chrysosplenium, s. 49. **Steinbrechgew.**

Staubfäden dem Blütenboden eingefügt (sie bleiben stehen beim Entfernen der Krone).
1. Hülle 4 teilig (Fig. 182): Sagina, s. 48. **Nelkengew.**
2. Hülle 5 teilig (Fig. 183): Glaux, s. 91. **Primelgew.**

Blätter wechselständig, oder wenn gegenständig, dann mit Nebenblättern.

Blätter mit Scheide (Fig. 153).
a) Fruchtknoten oberständig.
  1. Blüte gross, gelb, viele Staubgefässe (Fig. 184): Caltha, s. 60. **Hahnenfussgew.**
  2. Blüte klein, 5 bis 8 Staubgefässe (Fig. 185): 44. **Knöterichgew.**
b) Fruchtknoten unterständig: einige 84. **Doldengew.**

Blätter ohne Scheide.

Blätter ohne Nebenblätter.

Blätter geteilt.
a) Fruchtknoten oberständig.
  1. Zahlreiche Staubgefässe und Stempel: einige 58. **Hahnenfussgew.**
  2. Mit 4 Staubgefässen und 1 Stempel: einige 53. **Kreuzblütler.**
b) Fruchtknoten unterständig: einige 86. **Doldengew.**

Blätter ungeteilt, höchstens gelappt.

Hülle gross und symmetrisch (Fig. 186): 43. **Osterluzeigew.**

Hülle klein und unscheinbar.
α. Fruchtknoten unterständig (Fig. 187): 41. **Santelgew.**
β. Fruchtknoten oberständig.
  1. Mit 8 Staubgefässen (Fig. 188): Thymelaea, s. 50. **Seidelbastgewächse.**
  2. Mit 2 bis 5 Staubgefässen (Fig. 189): 41. **Gänsefussgew.**

Blätter mit Nebenblättern (die z. T. den Blättern so ähnlich sind, dass diese quirlig erscheinen), Fig. 190).

Blätter ungeteilt.
Blätter gefiedert (Fig. 135): Sanguisorba, s. 81. **Rosengew.**
Blätter wechselständig (Fig. 191): Parietaria, s. 34. **Brennesselgew.**

Blätter gegenständig
1. Fruchtknoten oberständig: 48. **Nelkengew.**
2. Fruchtknoten unterständig: einige 110. **Krappgew.**

175.   176.   177.   178.   179.   180.

181.   182.   183.   184.   185.

186.   187.   188.   189.   190.   191.

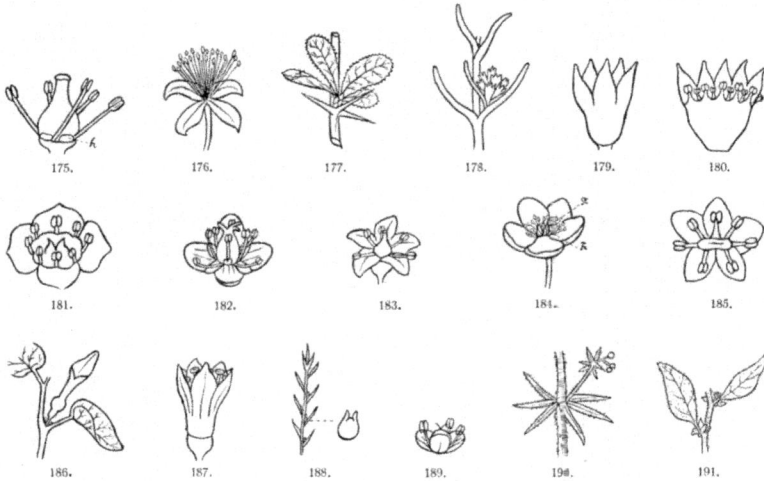

b) Blüten mit doppelter Hülle (grüner Kelch und mehr oder weniger bunte Krone).

α. Krone schmetterlingsförmig (wie bei der Erbse und Bohne, Fig. 192): 78. **Hülsenfrüchtler.**

β. Krone nicht schmetterlingsförmig.

1. Krone aus bis zum Grunde freien Blättern bestehend (sie lassen sich einzeln ausreissen, z. B. Fig. 193).

Blüten mit mehr als 12 Staubgefässen (z. B. Fig. 193, 201, 202).	Mit mehreren freien Fruchtknoten (Fig. 193).	Staubgefässe auf dem engen flachen Blütenboden (Fig. 193), (Blüte längs durchschneiden!)	1. Mit 3 Kelch- und 3 Kronenblättern (Fig. 194), (Sagittaria ähnlich, aber mit zahlreichen Staubgefässen): 14. **Froschlöffelgew.**
			2. Nicht in derselben Blüte 3 Kelch- und 3 Kronenblätter: 60. **Hahnenfussgew.**
		Staubgefässe am Rande des becherförmigen oder doch verbreiterten Blütenbodens (Fig. 195).	1. Blätter dick und fleischig: 78. **Dickblattgew.**
			2. Blätter dünn und krautig: 81. **Rosengew.**
	Nur ein Fruchtknoten oder mehrere zu einem verwachsen (Fig. 196).	Staubgefässe alle frei bis zum Grunde (man kann sie einzeln ausreissen).	a. Mit mehr als 16 Staubgefässen. → 1. Zahlreiche Kronenblätter (Fig. 196): 58. **Seerosengew.** 2. Mit 5 Kelch- und 5 Kronenblättern: 81. **Rosengew.**
			b) Mit weniger als 16 Staubgefässen. → Kelch 2 blättrig (weil er leicht abfällt, so beobachte die Knospe), (Fig. 197): 57. **Mohngew.** Kelch aus mehr als 2 Blättern. → 1. Sehr kleiner Strauch, Frucht eine Kapsel: 51. **Sonnenrosengew.** 2. Grosser Baum mit Schliessfrucht (Fig. 198): 63. **Linden.**
		Staubgefässe mehr oder weniger verwachsen (Fig. 201 u. 202).	a. Blumenblätter ungleich, z. T. zerschlitzt (Fig. 199): 52. **Resedagew.**
			b. Blumenblätter gleich, nicht zerschlitzt (Fig. 200 u. 201). → 1. Staubgefässe in ein Bündel verwachsen (Fig. 200): 63. **Malvengew.** 2. Staubgefässe in 3 Bündel verwachsen (Fig. 201): 53. **Hartheugew.**

Erklärungen: Fig. 175, Vitis, Blüte, h Honigdrüsen. — 176. Clematis, Blüte. — 177. Berberis, Stengelstück mit Dornen. — 178. Scleranthus, Stengel mit gegenständigen Blättern. — 179. Scleranthus, Blüte von aussen. — 180. Scleranthus, Blüte aufgeschnitten. — 181. Chrysosplenium, 4gliedrige Blüte. — 182. Sagina, 4gliedrige Blüte; — 183. Glaux, 5gliedrige Blüte. — 184. Caltha palustris, Blüte mit zahlreichen Staubgefässen st und Fruchtknoten Fr. — 185. Polygonum aviculare, Blüte. — 186. Aristolochia clematitis, Stengelstück mit Blüte. — 187. Thesium, Blüte mit unterständigem Fruchtknoten. — 188. Thymelaea, Stengelstück, daneben Frucht mit Blütenhülle. — 189. Chenopodium bonus Henricus, Blüte. — 190. Galium aparine, Stengelstück. — 191. Parietaria officinalis, Stengelstück.

Fig. 192.   193.   194.   195.   196.

197.   198.   199.   200.   201.   202.

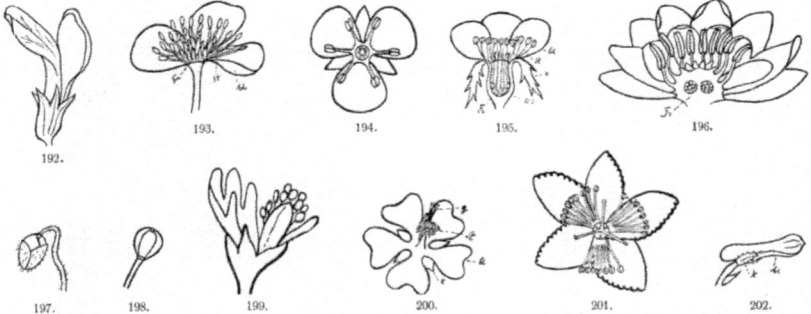

Blüten mit 12 oder weniger Staubgefässen.

Kronenblätter ungleich, Blüte symmetrisch (Fig. 167).

Blüte mit Sporn oder Höcker (Fig. 202—203).

1. Mit 2 Kelch- und 4 Kronenblättern (Fig. 202): 56. **Erdrauchgew.**
2. Mit 3 Kelch- u. 5 Kronenblättern (Fig. 203): 73. **Balsaminengew.**
3. Mit 5 Kelch- und 5 Kronenblättern (Fig. 204 u. 205); 50. **Veilchengewächse.**

Blüte ohne Sporn und Höcker (Fig. 207 u. 208).

a) Bäume mit gefingerten Blättern (Fig. 206): 75. **Rosskastanien.**

b) Kräuter:
1. Mit 6 Staubgefässen (Fig. 207): Teesdalia und Iberis, s. 55. **Kreuzblütler.**
2. Mit 8 Staubgefässen (Fig. 208 u. 209): 66. **Bitterlinge.**
3. Mit 12 oder mehr Staubgefässen (Fig. 199): 52. **Resedagew.**

Kronenblätter gleich, Blüte regelmässig (Fig. 170). (Anm. Fortsetzung S. 49).

A. Bäume oder Sträucher. (Anm. B siehe auf S. 49).

a) Mit 3 Staubgefässen, Kelch- und Kronenblättern (Fig. 144): 37. **Empetraceen.**

b) Mit 6 Staubgefässen, Kelch- und Kronenblättern (Fig. 210): Blatt einfach (Fig. 177): 61. **Sauerdorngew.**

  α. Rankende Sträucher: 76. **Rebengew.**

Fruchtknoten oberständig (Fig. 210, 213, 215).

c) Mit 4 oder 5 Staubgef. od. andere Zahl, dann aber das Blatt gelappt bis geteilt (Fig. 147).

β. Nicht rankende Sträucher od. Bäume.

Mit 4—5 Staubgefässen.
1. Frucht eine Beere (Fig. 211 u. 212), Staubgefässe vor den Kronenblättern (Fig. 213): 77. **Kreuzdorngewächse.**
2. Frucht eine Kapsel (Fig. 214), Staubgefässe mit den Kronenblättern abwechselnd (Fig. 215): Kelch u. Krone 4blättrig: 71. **Celastergew.** — Kelch und Krone 5blättrig: 72. **Pimpernussgew.**

Mit 8 Staubgefässen (Fig. 216), Frucht eine geflügelte Schliessfrucht (s. Fig. 148): 74. **Ahorngew.**

Mit 2—4 Staubgefässen (Fig. 217): 87. **Hornstrauchgew.**

Fruchtknoten unterständig (Fig. 217, 219).

Mit 5—10 Staubgefässen (Fig. 219).
1. Mit Luftwurzeln kletternd, Blüten in Dolden (Fig. 218): 88. **Efeugew.**
2. Nicht kletternd, Blüten einzeln (Fig. 219) oder in Trauben (Fig. 220): 79. **Steinbrechgew.**

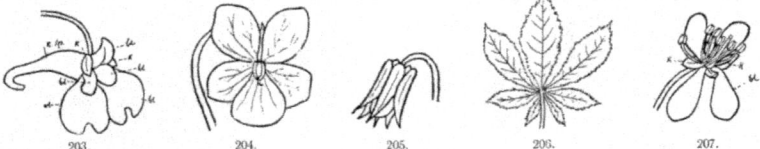

203.   204.   205.   206.   207.

Erklärungen: Fig. 192. Schmetterlingsblüte. — 193 Ranunculus, Blüte im Längsschnitt, bl Kronblatt, st Staubgefässe, Fr Fruchtknoten. — 194. Alisma, Blüte. — 195. Rosa, Blüte längsdurchschnitten, btb becherförmiger Blütenboden, k Kelch, bl Kronblätter, st Staubgefässe. — 196. Nymphaea, Blüte im Längsschnitt, mit zahlreichen Kronenblättern. — 197. Papaver, Blütenknospe mit abfallendem Kelch. — 198. Tilia, Schliessfrucht. — 199. Reseda luteola, Blüte mit zerschlitzten Kronblättern. — 200. Malva, Blüte, k Kelch, bl Kronblatt, st unten verwachsene Staubgefässe, g Griffel. — 201. Hypericum, Blüte, Staubgefässe in 3 Bündel verwachsen. — 202. Fumaria, symmetrische Blüte, k Kelch, bl Kronblatt mit Sporn. — 203. Impatiens, symmetrische Blüte, k Kelch, bl Kronblätter, sp Sporn. — 204. Viola, Blüte. — 205. Viola, Knospe mit Kelch. — 206. Aesculus, Blatt, gefingert. — 207. Iberis, Blüte, k Kelch, bl Kronblatt.

B. Kräuter.
a) Fruchtknoten **ober**ständig.

Ohne Griffel, Narbe also sitzend (Fig. 221).

1. Ohne Drüsen in den Blüten: einige 48. **Nelkengew.**

2. Mit gestielten Drüsen in den Blüten (Fig. 222): Parnassia, s. 79. **Steinbrechgew.**

Mit 1 Griffel (Fig. 224).

a) Schmarotzerpflanzen mit weissgelben Blättern: Monotropa s. 89. **Wintergrüngew.**

b) Pflanzen mit grünen Blättern.

1. Mit 6 oder weniger Staubgefässen auf den Blütenboden, 4 Kelch- und Kronenblättern (Fig. 223 und 224): 55 **Kreuzblütler.**

2. Mit 6 oder mehr Staubgefässen, wenn 6, dann dem Kelch eingefügt (Fig. 225).

α. Kelch 4—5 teilig (Fig. 225), aromatische Pflanzen: 68. **Rautengew.**

β. Kelch 12 zähnig (Fig. 226), nicht aromatisch: 84. **Weiderichgew.**

Mit 2 oder mehr Griffeln.

Blätter gelappt oder geteilt.

1. Blätter 3 zählig (Fig. 227), Fruchtknoten nicht geschnäbelt (Fig. 228): 67. **Sauerkleegew.**

2. Blätter gelappt bis gefiedert (Fig. 229), Fruchtknoten geschnäbelt (Fig. 230): 64. **Storchschnabelgew.**

Blätter nicht geteilt.

a) Blätter fast alle eine grundständige Rosette bildend, oft mit gestielten Drüsen (Fig. 231): 49. **Sonnentaugew.**

α. Mit 3 Kelch- und Kronenblättern und 9 Staubgefässen (Fig. 232): 15. **Wasserliesgew.**

β. Zahlenverhältnisse der Blüte anders.

b) Blätter auch stengelständig, meistens keine Rosette bildend.

Staubgefässe dem Kelch eingefügt (Fig. 233).

Mehrere getrennte Fruchtknoten (Fig. 234), dickfleischige Blätter ohne Nebenblätter: 80. **Dickblattgew.**

Nur ein Fruchtknoten.

Mit trockenhäutigen Nebenblättern, Stengel nicht gabelästig (Fig. 235): 48. **Nelkengew.**

Ohne Nebenblätter, Stengel gabelästig (Fig. 236).

1. Mit 2 Kelchblättern (Fig. 236): 47. **Portulakgew.**

2. Mit 4 bis 5 Kelchblättern (Fig. 237): 79. **Steinbrechgew.**

Staubgefässe dem Blütenboden eingefügt.

Staubgefässe am Grunde verwachsen (Fig. 238): 65. **Leingew.**

Staubgefässe frei.

a) Kapsel einfächerig (Fig. 239): 48. **Nelkengew.** (Kelch röhrig Fig. 240: Abteil. A; Kelch 5 teilig Fig. 241: Abteil. B).

b) Kapsel 3 bis 5 fächerig (Fig. 242): 54. **Tännelgew.**

b) Fruchtknoten **unter**ständig.
1. Blütenstand eine Dolde (Fig. 243): 86. **Doldengew.**

α. Mit 2—4 Staubgefässen (Fig. 244): Circaea und Trapa, siehe 83. **Nachtkerzengew.**

2. Blütenstand keine Dolde.

β. Mit 5—10 Staubgefässen.

Wasserpflanzen.

1. Mit kammförmig geteilten Blättern (Fig. 130): 85. **Haloragisgew.**

2. Mit einfachen Blättern (Fig. 236): 47. **Portulakgew.**

Keine Wasserpflanzen.

Mit 2 Griffeln (Fig. 245): 79. **Steinbrechgew.**

Mit 1 Griffel.

1. Kelch 12 zählig (Fig. 226), 6 oder 12 Staubgefässe: 84. **Weiderichgewächse.**

2. Kelch 2—4teilig, 8 Staubgefässe (Fig. 246): einige 83. **Nachtkerzengew.**

Blüten mit 12 oder weniger Staubgefässen.

Kronenblätter gleich, Blüte regelmässig (Fig. 170).

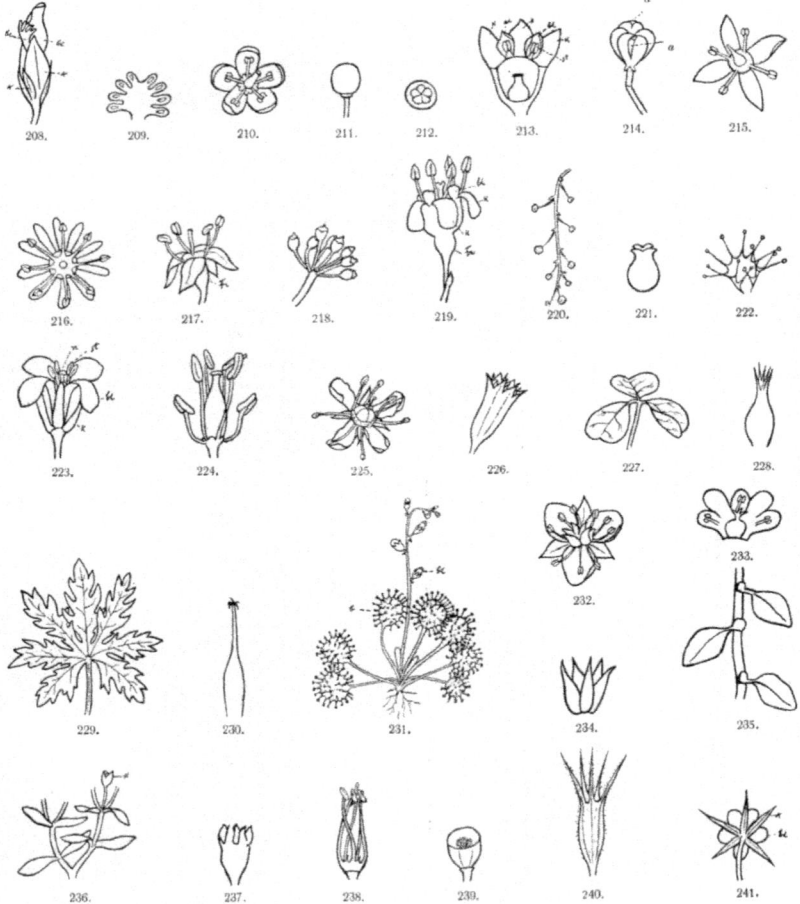

2. **Krone einblätterig, die Abschnitte sind wenigstens am Grunde verwachsen** (versuche die ganze Krone auszureissen, Fig. 249 u. ff).

a) Fruchtknoten **ober**ständig.

4 Fruchtknoten um 1 Griffel herum (Fig. 247).	1. Mit 2 oder 4 Staubgefässen (Fig. 248): 95. **Lippenblütler.**
	2. Mit 5 Staubgefässen (Fig. 249): 99. **Rauhblättler.**

Erklärungen: Fig. 208. Polygala, Blüte, k Kelch, bl Kronblatt. — 209. Polygala, Staubgefässe. — 210. Berberis, Blüte. — 211. Rhamnus frangula, Beere. — 212. Rhamnus frangula, Beere querdurchschnitten. — 213. Rhamnus frangula, Blüte, k Kelch, bl Kronblätter, st Staubgefässe. — 214. Evonymus, Frucht, bei a Samen. — 215. Evonymus, Blüte. — 216. Acer, Blüte. — 217. Cornus mas, Blüte mit unterständigem Fruchtknoten Fr. — 218. Hedera, Dolde. — 219. Ribes grossularia, Blüte, k Kelch, bl Kronblatt, Fr Fruchtknoten. — 220. Ribes rubrum, Traube. — 221. Parnassia, Fruchtknoten. — 222. Parnassia, Honigdrüse. — 223. Brassica napus, Blüte, k Kelch, bl Kronblatt, st Staubgefässe, n Narbe. — 224. Brassica napus, Blüte ohne Kelch und Krone. — 225. Ruta graveolens, Blüte. — 226. Lythrum salicaria, Kelch. — 227. Oxalis, Blatt. — 228. Oxalis, Fruchtknoten. — 229. Geranium pratense, Blatt. — 230. Geranium pratense, Fruchtknoten. — 231. Drosera rotundifolia, Habitus, b Blatt mit Drüse. — 232. Butomus, Blüte. — 233. Montia, Blüte. — 234. Sedum acre, Fruchtknoten. — 235. Herniaria glabra, Stengelstück mit Nebenblättern. — 236. Montia fontana, Stengelstück, k Kelch. — 237. Saxifraga granulata, Kelch. — 238. Linum usitatissimum, Staubfäden unten verwachsen. — 239. Lychnis, Kapsel, quer durchschnitten. — 240. Agrostemma, Kelch. — 241. Arenaria, Blüte von unten, k Kelch, bl Kronblätter.

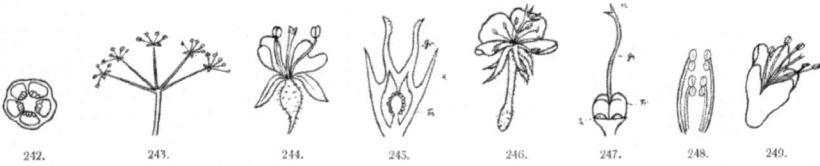

242.　　　243.　　　244.　　　245.　　　246.　　　247.　　　248.　　　249.

2 Fruchtknoten
(Fig. 250).

1. Kräuter, deren 5 Staubgefässen (mit Anhängseln) zu einem Kranz verwachsen sind (Fig. 251): 106. **Seidenpflanzengew.**
2. Kleine Sträucher mit 5 freien Staubgefässen (Fig. 252): 105. **Hundstodgew.**

1 Fruchtknoten.

2—4 Staubgefässe (z. B. Fig. 254 u 260).

a) Pflanzen ohne grüne Blätter.
1. Erd-Schmarotzer, nicht windend: 97. **Würgergew.**
2. Windende Schmarotzer (Fig. 253): Cuscuta, s. 114. **Glockenblumengew.**

b) Pflanzen mit grünen Blättern.

Zipfel der Krone ungleich (Fig. 254) b. 3 wenig (Fig. 255).
1. Fruchtknoten 1 fächerig (Fig. 256), Wasserpflanzen: 102. **Wasserschlauchgew.**; — Landpflanzen: 103. **Kugelblumengew.**
2. Fruchtknoten 2 fächerig (Fig. 257): 98. **Braunwurzgew.**
3. Fruchtknoten 4 fächerig (Fig. 258): 94. **Verbenengew.**

Zipfel der Krone gleich (Fig. 259).

Holzpflanzen.
1. Mit 2 Staubgefässen (Fig. 259): 97. **Oelbaumgew.**
2. Mit 4 Staubgefässen (Fig. 260): 70. **Stechpalmengew.**

Kräuter
1. Alle Blätter grundständig (Fig. 261): 93. **Wegerichgew.**
2. Blätter wechselständig (Fig. 262): Centunculus, s. 91. **Primelgew.**
3. Blätter gegenständig (Fig. 263): einige 104. **Enziangew.**

5—10 Staubgefässe.

a) Kleine Sträucher.
1. Mit 8—10 Staubgefässen: einige 90. **Heidekrautgewächse.**
2. Mit 5 Staubgefässen: einige 96. **Nachtschattengew.**

b) Bleiche (nicht grüne) schmarotzende Kräuter: Monotropa, 89. **Wintergrüngew.**

c) Grüne Kräuter (nicht schmarotzend).

Blätter wechselständig (oder fehlend).

α. Windende Pflanzen (Fig. 264), (z. T. ohne Blätter, Fig. 253): 100. **Windengew.**

β. nicht windend.
1. Staubfäden mit Wollhaaren (Fig. 265): Verbascum, s. 98. **Braunwurzgew.**
2. Staubfäden ohne Wollhaare, glatt: a) Frucht 2 fächerig: 96. **Nachtschattengew.**; b) Frucht 3-fächerig: 101. **Himmelsleitergew.**

Blätter nicht wechselständig.

α. mit 5 Griffeln (Fig. 266): 92. **Bleiwurzgew.**

β. mit 1 Griffel.
1. Fruchtknoten 1 fächerig (Fig. 267): 91. **Primelgew.**
2. Frucht 2 u. mehrfächerig (Fig. 267).
　α. 5 Staubgef.: 101. **Himmelsleitergew.**
　β. mehr als 5 Staubgefässen.
　　a) Mit 8 Staubgefässen, Blätter mehr oder weniger nadelförmig: einige 90. **Heidekrautgew.**
　　b) Mit 10 Staubgefässen, Blätter eirund: 89. **Wintergrüngew.**

Erklärungen: Fig. 242. Elatine, Kapsel im Querschnitt. — 243. Dolde. — 244. Circaea, Blüte. — 245. Saxifraga, Blüte im Längsschnitt, k Kelch, Fr Fruchtknoten, gr Griffel. — 246. Oenothera, Blüte. — 247. Lamium album, Stempel, k Honigdrüsen, Fr 4teiliger Fruchtknoten, gr Griffel, n Narbe. — 248. Lamium album, Staubgefässe. — 249. Echium vulgare, Blüte.

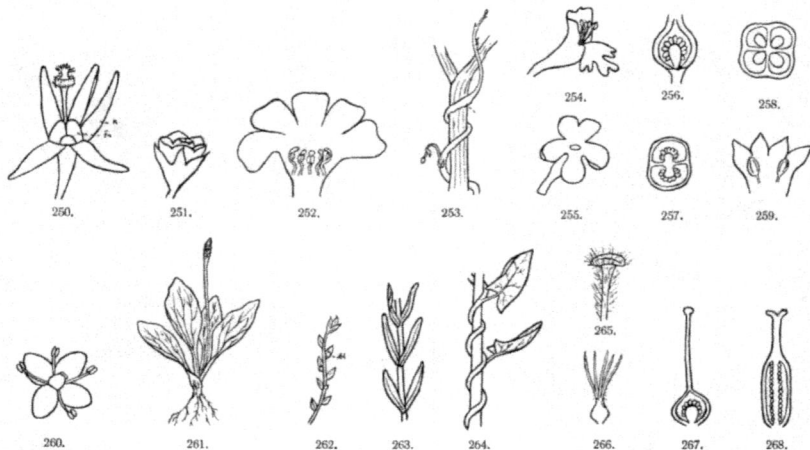

b) Fruchtknoten **unter**ständig.

1. Blüten in k o p f -
förmigen Blü-
tenständen mit ge-
meinsamer Hülle
(Fig. 156).

   α. Jede einzelne Blüte für sich gestielt (Fig. 269): Jasione, s. 114. **Glockenblumengew.**
   β. Jede ein-
   zelne Blüte
   ungestielt
   (Fig. 270).

a) Staubbeutel zu einer Röhre verwachsen (Fig. 157): 115. **Korbblütler.**

b) Staubbeutel nicht verwachsen.
   1. Blätter gegenständig (Fig. 271): 112. **Kardengew.**
   2. Blätter wechselständig (Fig. 272): Phyteuma, s. 114. **Glockenblumengew.**

2. Blütenstand **kopfförmig**, aber ohne gemeinsame Hülle (Fig. 273): 109. **Moschuskräuter.**

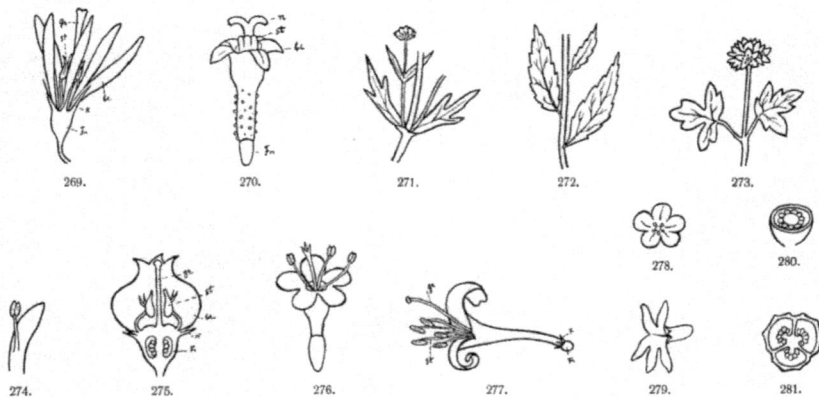

Erklärungen: Fig. 250. Vinca, Blüte ohne Krone, k Kelch, Fr Fruchtknoten. — 251. Cynanchum, Blüte mit zu einem Kranz verwachsenen Staubgefässen. — 252. Vinca, Blüte aufgeschnitten. — 253. Cuscuta, Habitus. — 254. Euphrasia officinalis. Blüte. — 255. Verbena, Blüte. — 256. Pinguicula, Fruchtknoten im Längsschnitt. — 257. Linaria, Fruchtknoten im Querschnitt. — 258. Verbena, Fruchtknoten im Querschnitt. — 259. Ligustrum, Krone aufgeschnitten. — 260. Ilex, Blüte. — 261. Plantago, Habitus. — 262. Centunculus. Stengelstück mit Blüten bl. — 263. Gentiana, Stengelstück. — 264. Convolvulus, Stengelstück. — 265. Verbascum, Staubfaden mit Wollhaaren. — 266. Statice armeria, Stengel mit 5 Griffeln. — 267. Primula, Stempel im Längsschnitt. — 268. Erythraea, Stempel im Längsschnitt. — 269. Jasione, Blüte, k Kelch, bl Kronblatt, Fr Fruchtknoten, g Griffel, st Staubgefäss. — 270. Achillea millefolium, Blüte, Fr Fruchtknoten, bl Kronblatt, st Staubgefässe, n Narbe. — 271. Knautia, Stengelstück. — 272. Phyteuma, Stengelstück. — 273. Adoxa, Stengelstück. — 274. Lonicera, abgerissenes Kronenstück mit Staubgefäss. — 275. Vaccinium, Blüte im Längsschnitt, k Kelch, bi Krone, st Staubgefäss. Fr Fruchtknoten, gr Griffel. — 276. Valerianella, Blüte. — 277. Lonicera, Blüte, k Kelch, Fr Fruchtknoten, gr Griffel, st Staubgefässe. — 278. Samolus, regelmässige Blüte. — 279. Lobelia dortmanniana, Blüte. — 280. Samolus, Fruchtknoten im Querschnitt. — 281. Campanula patula, Fruchtknoten im Querschnitt.

α. Holzige Pflanzen.
1. Mit 5 Staubgefässen, der Krone eingefügt (beim Herausreissen der letzteren bleiben die Staubgefässe an ihr sitzen) (Fig. 274): 108. **Geissblattgew.**
2. Mit 8—10 Staubgefässen, einer oberständigen Scheibe eingefügt (Fig. 275, die Krone lässt sich allein abreissen): 90. **Heidekrautgewächse.**

3. Blütenstand anders.

β. Krautige Pflanzen.

a) Stengel mit Ranken (s. Fig. 138): 113. **Kürbisgew.**

b) Stengel ohne Ranken.

1. Blätter quirlständig (s. Fig. 190): 110. **Krappgew.**

2. Blätter nicht quirlständig.

c. Blätter gegenständig.
1. Mit 3 Staubgefässen (Fig. 276): 111. **Baldriangew.**
2. Mit 5 Staubgefässen (Fig. 277): einige 108. **Geissblattgew.**

δ. Blätter nicht gegenständig (Krone regelmässig wie etwa Fig. 278, z. T. aber auch symmetrisch) (Fig. 279 (Lobelia).
1. Fruchtknoten 1 fächerig (Fig. 280): Samolus, s. 91. **Primelgew.**
2. Fruchtknoten 2—5 fächerig: 114. **Glockenblumengew.**

I. Kreis: Schleim-Sporenpflanzen.

Es sind dies wunderbare, früher zu den Pilzen gerechnete Wesen, nackte Protoplasmamassen ohne Zellhaut und ohne Blattgrün, sie kriechen mit fussartigen Fortsätzen (Pseudopódien), die sie beliebig einziehen können, umher und verschmelzen oft zu grösseren Massen (Plasmódien). Die Fortpflanzung ist ungeschlechtlich, sie erfolgt durch kleine Körperchen, die Sporen, die frei oder in besonderen Behältern entstehen. Die Sporen bilden oft erst kleine mit Geisseln versehene Schwärmer. Fig. 282 zeigt die Entwicklung dieser Wesen.

Sie leben auf faulenden Stoffen, Laub, Holz, Mist, Milch u. s. w. Es gibt gegen 450 Arten. Am bekanntesten ist die schwefelgelbe Lohblüte, die auf der Gerberlohe lebt. Ein anderes dahin gehöriges Wesen erzeugt die sog. Kohlhernie, d. h. knollige Auswüchse an Kohlpflanzen.

II. Kreis: Lager-Sporenpflanzen.

Diese Pflanzen bestehen entweder nur aus einer Zelle oder aus vielen Zellen, die eine Zellhaut besitzen, sie sind aber nicht in Stamm und Blatt gegliedert, diese Pflanzen besitzen daher nur Zellen, keine Gefässe. Auch hier kann die geschlechtliche Fortpflanzung fehlen, vielfach sind die Sporen oder deren Behälter aber doch das Ergebnis einer Befruchtung. Allein diese Pflanzen haben keine Blüten im eigentlichen Sinn. Wir teilen diesen Kreis in drei grosse Klassen ein: 1. Algen mit Blattgrün, 2. Pilze ohne Blattgrün. 3. Flechten als Vereinigung von beiden, von Algen und Pilzen. Diese Einteilung ist zwar heute von der Wissenschaft aufgegeben, allein sie ist für ein volkstümliches Buch nach wie vor am besten.

I. Klasse: Algen.

Diese Pflanzen sind fast sämtlich Wasserbewohner, zumeist leben sie im Meere, manche besitzen

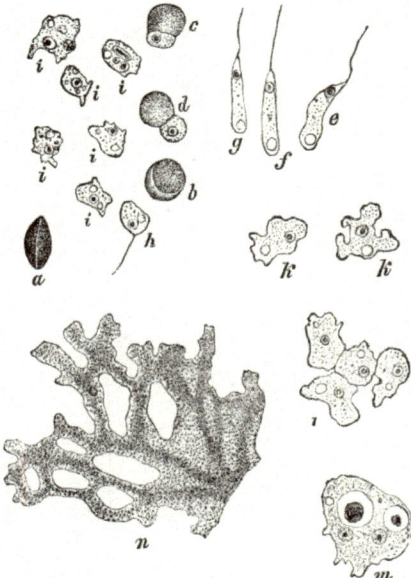

Fig. 282. Chondrioderma difformis. *n* 20mal vergr., *a—m* 540mal vergr. *a* eine trockene zusammengefaltete Spore, *b* eine geschwollene Spore, *c* und *d* Austritt des Inhalts aus der Spore, *e*, *f* und *g* Schwärmspore, *h* Uebergang des Schwärmers zur Myxamöbe, *i* jüngere, *k* ältere Myxamöben, *l* auseinanderliegende Myxamöben, kurz vor der Verschmelzung, *m* ein kleines Plasmodium, *n* Ast eines ausgewachsenen Plasmodiums.

Kalk- oder Kieselgerüste. Viele sind mikroskopisch klein. Einige werden gegessen, andere liefern Arznei und Dünger oder Jod. Man kann 7 Unterklassen mit einigen 1000 Arten unterscheiden.

1. S p a l t a l g e n, sie bestehen aus mikroskopisch kleinen Einzelzellen oder Zellfäden, oft sind sie innerhalb einer Schleimhülle zu Kolonien vereinigt. Sie haben einen blaugrünen Farbstoff, und manche bilden hartwandige Dauersporen, welche ungünstige Verhältnisse überdauern können. Sie leben auf feuchtem Standort, manche in Flechten. Der grüne Ueberzug an Mauern und Felsen besteht aus Spaltalgen. Am bekanntesten ist die F r o s c h r e g e n a l g e (Nostoc) aus perlschnurartig verbundenen Zellen, die nach Regen gallertartige, später wieder eintrocknende Massen (dem Froschlaich ähnlich) bilden.

2. J o c h s p o r e n a l g e n (Konjugaten). Hierhin gehören einzellige oder fadenförmige grüne Algen,

erdbildend (Tripel, Kieselguhr). Vergl. die in Fig. 283 dargestellten Formen.

4. G r ü n a l g e n, welche sich mit ungeschlechtlichen Schwärmsporen vermehren; ausserdem haben sie auch geschlechtliche Fortpflanzung, bei der sich den Schwärmsporen ähnliche Gebilde verschmelzen. Sie sind grün und leben an feuchten Orten und im Süsswasser, manche auch im Meer. Hierhin gehört z. B. die Alge, die den grünen Ueberzug an der Wetterseite der Bäume bildet, ferner die Alge des Blutschnees in den Alpen und auch manche höher organisierte Formen.

Hier führen wir auch den M e e r l a t t i c h oder M e e r s a l a t (Ulva lactúca L., Taf. 1, 2) an. Er bildet wellige, geteilte oder zerschlitzte blattartige Häute von lebhaft grüner bis olivengrüner Farbe und von 10—20 cm Länge. Diese Alge findet sich häufig in den europäischen Meeren und wird von den Küstenbewohnern wie Salat gegessen (z. B. auch in England).

5. B r a u n a l g e n oder T a n g e, sind zumeist grosse, im Meer festsitzende Algen von grosser Verschiedenheit, oft sind sie auch blattartig, vielfach haben sie Schwimmblasen. Sie zeigen eine geschlechtliche Fortpflanzung durch Befruchtung, die z. T. sehr bestimmt ausgebildet ist und deren Ergebnis bei manchen fruchtartige Gebilde sind. Sie sind durch einen besonderen Farbstoff braun gefärbt und liefern in ihrer Asche (Kelp genannt) Jod und Soda, der Z u c k e r t a n g wird gegessen, andere liefern Dünger. Man hat 1000 Arten gezählt.

Einige Formen sind auf Taf. 1 abgebildet: Die A u s s e n f r u c h t (Ectocárpus, Taf. 1, Fig. 3) bildet ästige Fäden, an deren Seiten oder zwischen deren Zellen die Sporenfrüchte sitzen. Die europäischen Meere bergen etwa 20 Arten. — Der R i e m e n t a n g oder Neptunsgürtel (Laminária digitáta Lamour, Taf. 1, Fig. 4) wird bis 5 m lang, er hat einen runden Stiel, der unten wurzelartig verästelt ist, der obere Teil ist breit und handförmig gespalten, olivengrün. Er ist in der Nordsee sehr häufig. Er enthält einen zuckerartigen Stoff, den man in Norwegen gewinnt; ausserdem liefert seine Asche das „Kelp", aus dem man Jod bereitet. — Vom B l a s e n t a n g (Fucus) zeigt die Taf. 1 mehrere Arten; der gemeine L. (F. vesiculósus L., Taf. 1, Fig. 5) ist eine olivengrüne, gabelig geteilte Meeres-

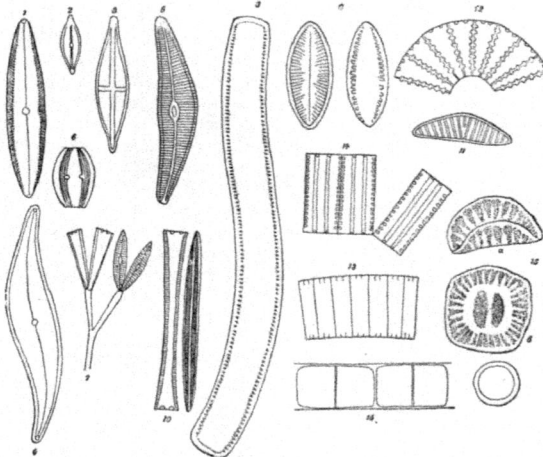

Fig. 283. Kieselalgen, Diatomeen. Stark vergrössert.
1. Pinnularia, 2. Navicula, 3. Stauroneis, 4. Pleurosigma, 5. Cymbella, 6. Amphora, 7. Gomphonema, 8. Nitschia, 9. Surirella, 10. Synedra. 11. Epithemia, 12. Meridion, 13. Fragillaria, 14. Diatoma, 15. Melosira, 16. Campylodiscus (a von der Seite, b von oben).

die sich durch Teilung und durch sog. Jochsporen vermehren; bei deren Bildung wachsen sich zwei Zellen entgegen und vereinigen ihren Inhalt.

Als Vertreter nennen wir die S c h r a u b e n a l g e (Spirogýra, Taf. 1, 1 a und b bei starker Vergr.), bei denen die Blattgrünkörper schraubige Bänder bilden, die Zellen sind zylindrisch und bilden Fäden.

3. D i e D i a t o m e e n oder K i e s e l a l g e n, welche ein äusserst zierliches Kieselgerüst besitzen, von denen man gegen 800 im Süss- und Salzwasser kennt. Wegen ihrer starken Vermehrung sind sie

pflanze, die an seichten Stellen meterlange, buschige Rasen bildet, am Grunde halten sie sich mit einer Haftscheibe fest, zahlreiche Luftblasen an den bandartigen Zweigen halten die Pflanze im Wasser aufrecht. Häufig an den Küsten der Nord- und Ostsee. Man düngt mit ihm die Felder und gewinnt aus seiner Asche Jod. F. serrátus L., Taf. 1, Fig. 6, hat gesägte Lappen. — Der Beerentang (Sargássum bacciferum Ag., Taf. 2, Fig. 1) hat über 1 m lange ästige Zweige mit gesägtem Laub und gestielten Luftblasen. Er ist eine sehr gesellige Pflanze, die im atlantischen Ozean „schwimmende Inseln" von sechsmal so grosser Ausdehnung wie Deutschland bildet („Sargossa-Meer").

6. Rotalgen (Florideen), dies sind hochorganisierte Algen mit mannigfacher Gliederung. Sie sind rot oder violett und vermehren sich ungeschlechtlich oder mittels Befruchtung. Meistens leben sie im Meer, manche sind riffbildend, indem sie Kalk absondern. Eine beim Kochen quellende Form liefert das arzneiliche isländische Moos oder Karragheen (gegen Husten), das ostindische Ceylonmoos dagegen das Agar-Agar. Man kennt 1800 Arten. Einige Formen sind auf Taf. 2 dargestellt. — Da ist zunächst eine Art Rotblatt oder Porphyrtang (Porphyra laciniáta Ag., Taf. 2, 2), sie bildet zarte blattartige Häute, wellig, ungeteilt, von rotvioletter Farbe, bis 15 m lang, besonders in der Nordsee ist sie häufig. — Der Kammtang (Plocámium coccíneum Lyngb., Taf. 2, 3) ist kammartig verästelt und hat eine prächtige scharlachrote Farbe, bis 30 cm lang, besonders häufig ist in der Nordsee Die Römer benutzten den Farbstoff zum Schminken. — Der Knorpeltang (Chondrus crispus Lyngb.) liefert das Karragheen (s. oben). — Die Delesserie (Delesséria hypoglóssa, Taf. 2, 4) hat blattförmige, sprossende Lager von einigen Zentimeter Länge, sie lebt in den Meeren der gemässigten und kalten Zone. — Der Knopftang (Sphaerocóccus verruculósus, Taf. 2, 5) ist häutigknorpelig und oft gabelig verzweigt.

7. Armleuchteralgen (Characeen), hochstehende grüne Algen mit quirlständigen Seitenachsen. Sie pflanzen sich nur durch Befruchtung der rundlichen Eiknospen durch Spermatozoiden der roten Antheridien fort, wobei eine dickwandige Frucht entsteht Die 200 Arten des Süss- und Brackwassers sondern Kalk ab, wodurch sie vielfach sehr spröde werden. Zwei Gattungen: Nitella und Armleuchteralge (Chara). Die letztere wächst herdenweise auf dem Grunde stehender Gewässer.

II. Klasse: Pilze.

Man findet in dieser Gruppe Formen, die den Ordnungen der Algen entsprechen, sie sind aber alle ohne Blattgrün, daher unselbständig; entweder sind sie Schmarotzer oder Fäulnisbewohner (s. S. 26 u. 27). Manche sind einzellig, andere bilden Fäden, es kommt auch vor, dass sich diese Fäden zu einer Art Gewebe (Myzél) vereinigen, das auch hart werden kann, wodurch es als Sklerótium zum Ueberwintern geeignet wird. Eine geschlechtliche Fortpflanzung ist bei vielen noch nicht entdeckt, meistens vermehren sie sich durch kleine, sich abschnürende oder im Innern von Behältern entstehende Zellen (Sporen). Die Pilze sind meistens Landpflanzen.

Wir unterscheiden 4 Abteilungen.

1. Spaltpilze, Bakterien, einzelne, sehr einfache Zellen oder Fäden, darunter die kleinsten Wesen, die es gibt. Sie vermehren sich einfach durch Teilung und bilden auch ungeschlechtlich dickwandige Dauersporen, um ungünstigen Verhältnissen zu entgehen. Sie bewegen sich durch sehr feine Plasmafäden. Sie haben verschiedene Formen: kugelrund (Kokker), stäbchenförmig (Bazillus), schwach gekrümmt (Spirillum), schraubig (Spirochaëte). Manchmal bleiben sie nach der Teilung noch kettenartig in Zusammenhang. Sie zersetzen durch ihre Lebensverrichtung die Flüssigkeit, in der sie leben, und erzeugen dadurch Gärung oder Fäulnis oder Krankheiten, wobei die von der Luft leicht fortgetragenen Sporen ansteckend wirken können. Die Fig. 284 zeigt einige wichtige Formen. Fig. 285 stellt Tuberkelbazillen, Fig. 286 Cholerabazillen (Kommabazillen) dar.

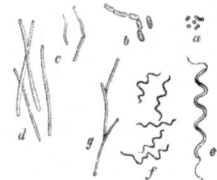

Fig. 284. Bakterien. Sehr stark vergrössert.

a Micrococcus prodigiosus, *b* Bacillus megaterium, *c* Vibrio regula, *d* Leptothrix buccalis, *e* Spirillum, *f* Spirochaete buccalis, *g* Cladothrix dichotoma.

2. Algenpilze, sie bestehen aus verzweigten fadenförmigen Zellen und vermehren sich ungeschlechtlich durch Sporen oder auch mittels eigenartiger Befruchtungsvorgänge. Sie leben auf faulenden Stoffen oder auch parasitisch in höheren Pflanzen oder Insekten. Dahin gehört der gefürchtete Pilz der Kartoffelkrankheit (Phytóphthora inféstans), der Pilz der die Fliegenkrankheit (Empúsa Múscae) erzeugt und manche Schimmelpilze.

3. Fadenpilze (Ascomycéten), sie bilden ein Lager (Thallus) von reich verzweigten, gegliederten Zellfäden, welche in faulenden Stoffen oder lebenden Wesen vegetieren und eine Art Gewebe (Myzél) bilden, das auch zum Ausdauern sehr stark werden kann (Sklerotium). Nach ihren Fruchtkörpern unterscheidet man:

a) Schlauchpilze, bei ihnen entsteht (meist durch Befruchtung) eine Art Fruchtkörper mit schlauchförmigen Zellen, in denen 8 Sporen liegen. Hier-

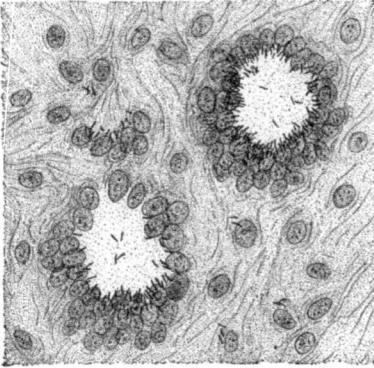

esculénta Pers.) hingegen unregelmässig lappig und blasig aufgetrieben, wachsartig zerbrechlich. Beide leben in sandigen Wäldern, die Lorchel ist im Alter

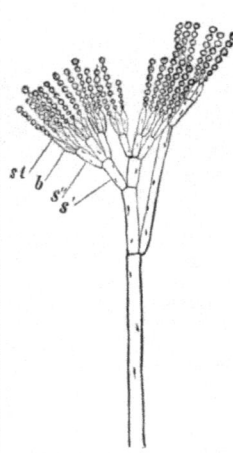

Fig. 285. Tuberkelbazillen. Schnitt durch einen Tuberkelknoten der Lunge, darin zwei mit zahlreichen Bazillen erfüllte sog. Riesenzellen. 900mal vergr.

her gehören: Die Mehltaupilze mit geschlossenem Fruchtkörper, sie leben auf Blättern höherer Pflanzen, z. B. Oïdium Tuckéri auf Weinblättern. —

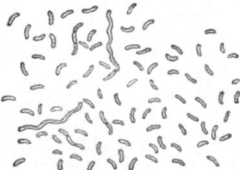

Fig. 287. Penicillium crustaceum; Konidienträger mit Zweigquirlen (s' und s''), b et Sterigmen mit Konidienketten. 540mal vergr.

Fig. 288. Claviceps purpurea. Roggenähre mit reifen Sklerotien (natürl. Grösse).

Fig. 286. Spirillum Cholerae asiaticae, Kommabazillen der Cholera. 1000mal vergr.

Die Schimmelpilze, die sich zumeist mit abgeschnürten „Konidien" (Sporen) vermehren, z. B. der Pinselschimmel (Fig. 287). — Die Scheibenpilze haben an den Früchten eine offene Scheibe mit Sporenschläuchen, sie leben meist auf toten oder lebenden Pflanzen. Hierhin gehören auch einige hervorragende Speisepilze: die Morcheln (Taf. 6, 5) und Lorcheln (Taf. 6, 6), beide haben grosse aufrechte, aus der Erde hervortretende Fruchtkörper (Hut genannt, das Myzel wuchert im Humusboden), bei jenen ist der Hut rundlich oder kegelförmig, mit netzartig grubiger Oberfläche (die kleinere Speisemorchel, Morchélla esculénta Pers., ist gelb und rundlich, die grössere Spitzmorchel, M. cónica Pers., dunkelbraun und kegelförmig), bei den Lorcheln (Helvélla

verdächtig, sollte also lieber nur jung oder wenigstens mit siedendem Wasser behandelt, genossen werden. — Die Kernpilze sind sehr mannigfach, sie haben krugförmige Schlauchfrüchte. Der wichtigste Vertreter ist der Mutterkornpilz (Claviceps

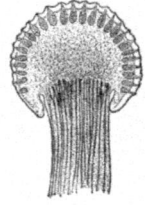

Fig. 289 u. 290. Mutterkorn, Claviceps purpurea.
289. Sklerotium mit gestielten Fruchtkörpern (2mal vergr.).
290. Köpfchen eines Fruchtkörpers im Längsschnitt mit zahlreichen eingesenkten Perithecien, d. h. Früchten (vergr.).

purpúrea Thal.), der in jungen Fruchtknoten der Gräser, besonders im Roggen, lebt und hier den süssen Honigtau erzeugt, mit welchem die Insekten die darin befindlichen Sporen auf andere Blüten übertragen. Später entsteht an Stelle des Fruchtknotens ein grosses dunkelviolettes, aus der Blüte ragendes Sklerótium (Mutterkorn, Fig. 288), das überwintert und im Frühjahr keulenförmige Fruchtkörper mit eingesenkten Sporenbehältern bildet (Fig. 289 und 290). Die Sporen sind fadenförmig und erzeugen auf dem Fruchtknoten der Gräser ein neues Mutterkorn. Das Mutterkorn wird medizinisch verwendet. — Die Trüffelpilze leben im Humusboden der Wälder. Ihre Früchte sind knollige, unterirdische Gebilde, die im Innern Schlauchsporen besitzen. Es sind sehr geschätzte Speisepilze. — Die schwarze Trüffel, Speisetrüffel, Perigordtrüffel, Tuber melanósporum Vittad., Taf. 3, Fig. 7, bildet nuss- bis faustgrosse Knollen, schwarz, innen grau marmoriert. Sie ist in Südfrankreich und Italien verbreitet, bei uns selten (Rheingegenden). Die weisse Trüffel, Choiromyces maeandriförmis Vittad., Taf. 3, 8, ist kartoffelähnlich, blassbraun, innen weiss, gelblich geadert. Sie findet sich in Laubwäldern in Russland, Böhmen, Oberitalien und England, in Deutschland zerstreut. Die wohlschmeckenden Trüffeln sind seit alters hochgeschätzt und bilden besonders für Südfrankreich einen wertvollen Handelsartikel; sie werden mit eigens dazu abgerichteten „Trüffelhunden" aufgesucht und ausgegraben.

Zu den Schlauchpilzen gehören auch die Pilze, welche die Hexenbesen mancher Bäume, die Kräuselkrankheit des Pfirsich u. a. m. bewirken, sowie die Hefepilze; letztere sind einzellige Pilze, die sich durch Sprossung vermehren und in Flüssigkeiten leben, welche sie wie die Bakterien durch ihre Lebenstätigkeit zersetzen (Gärung von Wein und Bier). Ist die Flüssigkeit für sie erschöpft, so bilden sie Schlauchsporen.

b) Basidiomycéten. Bei diesen entstehen die Sporen nicht in Schläuchen, sondern auf keulenförmigen Trägern, Basidien, durch Sprossung (Fig. 291), wobei eine Befruchtung als Ausgang der Bildung der

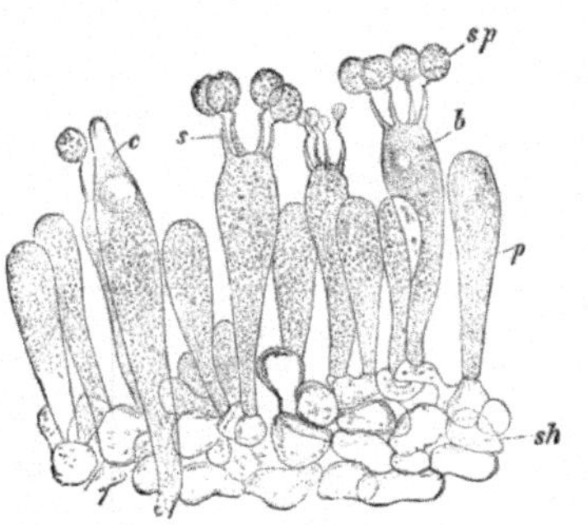

Fig. 291. Russula rubra; Teil des Hymeniums (Fruchtlager), 540mal vergr. *h* Schicht unter dem Hymenium, *b* Basidien, *s* Sterigmen. *sp* Sporen, *p* Paraphysen (Saftfäden), *c* Cystide.
Hoffmann-Dennert, Botan. Bilder-Atlas. 3. Aufl.

Fruchtkörper nicht stattzufinden scheint. Die Sporen sitzen auf dünnen Stielchen, den sog. Sterigmen. Hierhin zählen wir folgende Ordnungen:

1. Brandpilze sind Parasiten höherer Pflanzen namentlich von Gräsern, die den Getreidearten sehr verderblich werden. Das Myzel zerfällt durch Abgliederung von Dauersporen in eine dunkle pulverige Masse, die sich vom Wind leicht verbreiten lässt.

2. Rostpilze erzeugen die Rostkrankheit höherer Pflanzen. Am bekanntesten ist der Getreiderost mit seinem eigenartigen Generationswechsel: er erzeugt verschiedene Formen, die nacheinander auf verschiedenen Pflanzen auftreten, die Frühlingssporen, welche durch Keimung der Dauersporen entstehen, erzeugen auf den Blättern der Berberitze ein Myzel, rötliche Flecken mit Sporen, die nur auf Grasblättern keimen und hier Rostflecke mit mehrfach entstehenden, leichten und daher durch den Wind verbreiteten Sommersporen. Erst gegen den Herbst entstehen ebenda die dickwandigen Winter-Dauersporen.

3. Zitterpilze auf faulenden Baumstämmen, mit gallertartigen unregelmässigen Fruchtkörpern, z. B. das ohrförmige braunschwarze Judasohr, Hirnéola auriculae Jucae.

4. Bauchpilze mit kugeligem oder eiförmigem Fruchtkörper, in dem die Sporen als grünbrauner Staub entstehen, im reifen Zustand platzt er auf und entlässt die Sporen, die der Wind leicht aufwirbelt. — Der Gemeine Stäubling, Lycopérdon gemmátum Batsch, Taf. III, 1, hat einen gestielten Fruchtkörper, anfangs weiss, später gelblich, aussen warzig. Häufig in Wäldern. Er und andere Arten sind in der Jugend, wenn die Innenmasse noch derb und weiss ist, essbar. Die Volksmeinung, der Sporenstaub sei den Augen schädlich, ist irrig. Der Eierbovist, Bovista nigréscens Pers., Taf. 5, 1, ist kugelig ungestielt, jung weiss, reif schwärzlich. Auf Wiesen.

5. Löcherpilze, ihre hutartigen Fruchtkörper wachsen seitlich an Bäumen und haben unterseits Löcher, in denen die Sporenschicht liegt. — Der Feuer- oder Zunderschwamm, Polyporus fomentárius Fr., wird im Durchmesser 30 cm gross; der Hut ist innen weich und braun, aussen holzig und aschgrau, jährlich bildet sich aussen eine neue Schicht. An Laubbäumen, besonders Buchen. Er liefert den zum Feueranmachen und als blutstillendes Mittel benutzten Zunder, indem man ihn mit heisser Lauge behandelt und mit Keulen weichklopft. — Hierhin gehört auch der Hausschwamm, Merúlius déstruens Pers., der auf totem Holz grosse, schwammig-fleischige, gelbe bis rostbraune Massen bildet, unten sammethaarig, am Rande geschwollen, weissfilzig, von eigenartigem Modergeruch. Wenn

8

nicht genug Lüftung vorhanden ist, wächst der Hausschwamm sehr schnell und zerstört das Holzwerk der Gebäude. Er ist sehr schwer zu bekämpfen, man sorge vor allem für gute Ventilation.

6. Röhrenpilze haben hutförmige gestielte Fruchtkörper, die auf einem im Humusboden des Waldes wuchernden „Myzel" entstehen (Fig. 292),

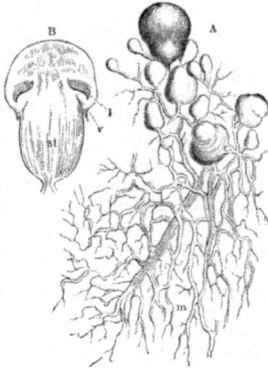

Fig. 292.
A. Pilzgewebe mit jungen Fruchtkörpern. B. Fruchtkörper im Längsschnitt, l Lamellen, v Schleier, sl Stiel.

auf der Unterseite des Hutes finden sich dichtstehende Röhren, die sich vom Hut leicht ablösen lassen; in ihnen bilden sich die Sporen. Hierhin gehören zahlreiche essbare Pilze, z. T. sehr geschätzte.

Wir nennen folgende auf Taf. 3 und 4 dargestellte Arten von Bolétus. — Birken- oder Kapuzinerpilz, B. scaber, Taf. 3, 2, jung dem Steinpilz (s. unten) ähnlich, später mit hohem, schlankem, weissem Stiel, der durch schwärzliche Schuppen rauh ist; der gewölbte Hut ist lederbraun bis lebhaft braunrot, die Röhren sind weiss, mit dem Stiel verwachsen, ebenso das Fleisch, das aber beim Zerbrechen bald schwärzlich wird. Im Sommer und Herbst häufig, besonders unter Birken. Beliebter Speisepilz. — Nahe verwandt ist der rotbraune Röhrenpilz, B. rufus Schaeff., Taf. 4, 3. Die Röhren sind aber nicht mit dem Stiel verwachsen, und das Fleisch ist meist unveränderlich. Unschädlich. Pfefferpilz, P. piperátus Bull., Taf. 3, 3 (nicht zu verwechseln mit dem Pfifferling, s. unten), der Hut ist klebrig, der Stiel kahl und ohne Ring, beide ockergelb, die Röhren rotbraun, das Fleisch gelb, von beissendem Geschmack. Verdächtig, daher zu meiden. — Nahe verwandt ist der essbare Kuhpilz, B. bovínus L., Taf. 4, 5. Hut braun-

gelb, Stiel ähnlich, Röhren gelb, dann rostbraun, Fleisch weiss. Gesellig in Nadelwäldern, nicht selten. — Der Ring- oder Butterpilz, B. lúteus Pers., Taf. 4, 4, hat wie die beiden vorigen einen klebrigen Hut, aber am Stiel einen vergänglichen Ring, jener ist braun, der Stiel weisslich, über dem weissen (später braunen) Ring rauh punktiert und gelblich, Röhren gelb, Fleisch weiss, Geschmack und Geruch angenehm obstartig. In Nadelwäldern zerstreut, vorzüglicher Speiseschwamm. — Einen trocknen filzigen Hut hat dagegen der essbare filzige R., B. subtomentósus L., Taf. 3, 4, er ist oliv- bis rostbraun, der blassgelbe, später rötliche Stiel mit Rippen und Gruben, die Röhren gelb, das Fleisch gelb, gebrochen oft blau anlaufend. — Der Gallen-R., B. félleus Bull., Taf. 4, 2, hat einen breiten, weichen und glatten Hut, grau oder gelb bis braun, der gleichfarbige Stiel ist etwas knollig, jung mit spinnwebartigem Schleier, die angewachsenen Röhren weiss, zuletzt rötlich, das Fleisch ist weiss, im Bruch rötlich. In Nadelwäldern, schmeckt bitter. — Einer der wertvollsten Pilze ist der Stein- oder Herrnpilz, B. edúlis Bull., Taf. 4, 1, der oft sehr grosse Hut ist gelbbraun bis dunkelrotbraun, der gelblichweisse Stiel hat oben ein feines, weisses Adernetz, in der Jugend knollig, die Röhren weiss, später gelblich, das feste, weisse Fleisch hat nussartigen Geschmack. Besonders in Eichenwäldern. — Ein sehr giftiger Pilz ist der Satanspilz, B. sátanas Lenz, mit kahlem, etwas klebrigem, gelbem oder gelbbraunem Hut, blutrotem Stiel und Röhren und weiss-gelblichem Fleisch, das an der Luft erst rötlich, dann blau wird. Selten, in Laubwäldern. Er ist um so gefährlicher, als Geruch und Geschmack nicht unangenehm sind, also Vorsicht!

7. Keulenpilze. Die keulen- oder korallenförmigen Fruchtkörper tragen die Fruchtschicht an der Oberfläche. — Der gelbe Korallenpilz, Ziegenbart, Hahnenkamm, Hirschpilz, Clavária flava Pers., Taf. 5, 7, ist korallenartig, schlank, dichtästig, zerbrechlich, gelb bis rötlich, das Fleisch ist weiss, roh etwas bitter. Ueberall in Laub- und Nadelwäldern. — Der rote Korallenpilz u. s. w., C. Botrýtis Pers., Taf. 5, 8, ist kurzgedrungen, dick, blumenkohlartig, weiss mit roten Enden der Zweige. In lichten Wäldern; beide essbar.

8. Stachelpilze. Die krustenartigen oder hutförmigen Fruchtkörper haben Stacheln mit der Fruchtschicht. — Der Stachel- oder Stoppelpilz, Hydnum repándum L., Taf. 5, 6, hat einen flachen, buchtig verbogenen Hut, ledergelb bis fleischfarben, fettig, zerbrechlich, die ungleich langen Stacheln ähnlich gefärbt, der etwas seitlich stehende Stiel ist gelbweiss. — Der Habichtspilz, H. im-

bricátum L., ist dunkelbraun, mit zottigen Schuppen, die Stacheln heller, das Fleisch schmutzigweiss. Beide essbar und besonders in Nadelwäldern.

9. Blätterpilze. Diese Pilze bilden im Humusboden ein Fadengewebe (Fig. 292), an dem die Fruchtkörper entstehen. Die gestielten Hüte derselben tragen unten senkrecht stehende Blätter, sog. Lamellen, mit der Fruchtschicht. Hierhin gehört die grösste Zahl der gewöhnlichen Pilze. — Der Fliegenpilz, Ammaníta muscária Pers., Taf. 5, 2, hat einen anfangs kugeligen, dann flachen Hut, prächtig scharlachrot, mit weissen, zuletzt verschwindenden Warzen, der weisse Stiel ist zuletzt hohl, am Grunde knollig verdickt, mit weissem, vergänglichem Ring. Die Lamellen sind weiss. Das weisse Fleisch ist geruch- und geschmacklos aber sehr giftig. In Wäldern häufig. Mit Milch übergossen wird er als Fliegengift benutzt. — Ebenfalls sehr giftig ist der Knollen-Blätterpilz, A. phallóides Fr., Taf. 6, 2, der am Hut keine Warzen, aber an der knolligen Basis eine sackförmige Haut hat, er ist in allen Teilen weiss bis weissgrünlich. In Wäldern nicht selten. Der naheverwandte essbare Kaiserpilz, A. caesárius Scop., hat gelben Stiel, Ring und Lamellen, der Hut ist pommeranzenrot. In Deutschland sehr selten, dagegen in Südeuropa und Oesterreich häufiger.

Ein grosser (bis 60 cm) prächtiger, auch essbarer Pilz ist der Parasolschwamm, Lepióta procéra Scop., mit beweglichem Ring, Hut weiss mit braunschuppiger Hülle, Stiel unten knollig, braunschuppig, Lamellen weiss. Auf Waldplätzen und Brachäckern, in Gärten. — Als Speisepilz (in Oesterreich) geschätzt ist auch der Hallimasch oder Stockschwamm, Armillária méllea Vahl, Taf. 5, 3, dessen brauner Hut in der Mitte gebuckelt ist, mit dunkleren Schuppen, der zähe, fleischige Stiel ist oft gekrümmt, mit weissem Ring und Lamellen, diese später bräunlich. Truppweise an faulen Stämmen (den Bäumen schädlich).

Einer der bekanntesten Blätterpilze ist der Champignon oder Brachpilz, Psallióta campéstris L., Taf. 6, 1, mit weissem Ring. Der Hut ist anfangs kugelig, dann flacher, weiss bis gelblich, trocken seidenglänzend. Die Lamellen sind zuerst rosa, dann werden sie trüb und dunkler, zuletzt braunschwarz. Das nussartig schmeckende Fleisch liefert eine vorzügliche Speise. In Wäldern, auf Grasplätzen, Weiden u. s. w.; auch in Pferdemistbeeten gezüchtet. Er darf jung nicht mit dem oben genannten Knollen-B. verwechselt werden, dieser hat stets weisse Lamellen.

Sehr verbreitet an alten Baumstämmen befindet sich der Schwefelkopf, Hypholóma fasciculáris Huds., ohne Ring; Hut, Stiel, Lamellen und Fleisch sind lebhaft ockergelb, die Lamellen werden zuletzt grünlich. Gesellig lebend. Geruch angenehm, Geschmack ekelhaft bitter, giftig.

Der Täubling, Rússula rubra Fr., Taf. 6, 3, hat zerbrechliche Lamellen, ohne Ring und Hülle, der Hut ist fast zinnoberrot, später blasser, Stiel und Lamellen weiss. Geschmack bitter. Hier und da in Wäldern, soll giftig sein. Andere Täublinge sind essbar.

Gewisse Blätterpilze entlassen beim Zerbrechen einen Milchsaft: von Anfang an rotgelb ist er beim Reizker, Rietschling oder Wacholderpilz, Lactárius deliciósus Fr., Taf. 5, 4, mit flachem, eingedrücktem Hut, orangerot oder graugrün mit konzentrischen, grünlichen Ringen; Lamellen und Stiel safrangelb. An lichten, moosigen Waldstellen; junge bis 5 cm breite Exemplare werden als vorzügliche Speisepilze geschätzt. — Nicht verwechseln darf man sie aber mit dem Giftreizker, L. torminósus Fr., Taf. 6, 4, der oberseits ähnlich ist, aber weisszottigen Rand, weissliche Lamellen und scharfen weissen Milchsaft hat. — Dagegen ist der ähnliche Pfefferschwamm, L. piperátus Fr., Taf. 5, 5a u. b, wohl unschädlich, in allen Teilen weiss oder gelblich, Milchsaft weiss und scharf. In Wäldern.

Ein schöner, leicht kenntlicher und vorzüglicher Speisepilz ist der Pfifferling, Eierpilz, Rehling oder Geelchen, Cantharéllus cibárius Fr., Taf. 6, 5, ganz dottergelb, Hut unregelmässig buchtig, sein Rand abwärts gebogen, zuletzt trichterförmig. Die Lamellen laufen am Stiel herab. Geruch und Geschmack angenehm. Besonders in Laubwäldern, überall. — Giftig soll der ähnliche falsche Eierpilz, C. aurantíacus Fr., Taf. 6, 6, sein, er ist mehr orangerot, feinfilzig, am Rande eingerollt, die Lamellen sind dunkler. Nicht selten in Nadelwäldern.

Anm. Hinsichtlich der Benutzung der Pilze als Nahrungsmittel muss man, so vorzüglich sie sind, stets vorsichtig sein. Kennt man sie nicht genau, so beschränke man sich auf die, welche kaum, vor allem nach unsern Bildern, verwechselt werden können, d. h. auf Champignon, Steinpilz, echten Reizker und Pfifferling, sowie Korallenpilz.

III. Klasse: Flechten.

Die Flechten sind heute als besondere Abteilung aufgegeben, wenn wir sie hier trotzdem als solche behandeln, so geschieht es lediglich aus praktischen Gesichtspunkten für den Laien. Die Flechten haben sich nämlich als Pilze herausgestellt, die mit Algen in einer eigenartigen Genossenschaft leben, allein beide bilden miteinander so abgeschlossene und gut gekennzeichnete Wesen, dass sie sich sofort vor allen anderen bisher betrachteten Pflanzen erkennen lassen. Der Thallus bildet bei den G a l l e r t - f l e c h t e n ein laubartiges, schleimiges Lager, in welchem Algenzellen und Pilzfäden gleichartig verteilt sind (Fig. 293), während sich bei den anderen Flechten eine algenfreie Rindenschicht erkennen lässt. Das Lager ist bei diesen entweder krusten-, oder laub-, oder strauchförmig, wonach man sie einteilt. — Sie bilden

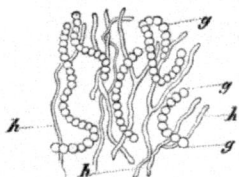

Fig. 293. Colléma pulpósa: Thallus aus Pilzfäden *h* und Algen *g*.

sich, indem ein Pilz die Algenzellen umspinnt und ihnen Schutz gewährt, auch Wasser zuführt, während er sich von den durch die grünen Algen erarbeiteten Stoffen miternährt. Vielfach vermehren sich die Flechten nur mit losgerissenen Lagerstücken, die meisten auch durch S o r e d i e n, d. h. kleine Gruppen von Algenzellen, die mit feinen Pilzfäden umsponnen sind und die der Wind leicht fortträgt. Endlich bilden die Pilze auch Fruchtkörper, sog. Apothecien, die als kugelige oder scheibenförmige, oft anders gefärbte Teile des Lagers auffallen und Schläuche mit Sporen bilden (Fig. 294 u. 295). — Die Flechten sind wegen ihres Genossenschaftswesens sehr genügsame Pflanzen, welche schon auf unwirtlichen Felsen gedeihen und diese im Lauf

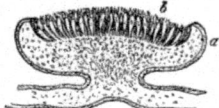

Fig. 294. Physcia pariétina, Apothecien, *a* im Längsschnitt mit dem Sporenlager *b*.

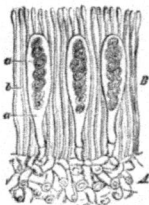

Fig. 295. Flechten-Sporenlager mit Sporenschläuchen *a* und Saftfäden *b*.

der Zeit zerbröckeln lassen, so dass auf ihnen dann andere Pflanzen leben können, so werden sie zu Pionieren der Pflanzenwelt. Sie leben auch auf Baumrinde und auf dem Boden und zeichnen sich durch graue, gelbe und braune Farben aus, sind also meist nicht grün, sie werden daher nur fälschlich als Moose bezeichnet. Medizinisch verwertet wird das I s l ä n d i s c h e M o o s und auch wohl die Lungenflechte; einen blauen Farbstoff liefert die Lackmusflechte.

Nach den oben gesagten Merkmalen unterscheidet man ausser den Gallertflechten am besten 3 Ordnungen:

1. K r u s t e n f l e c h t e n mit krustenförmigem Lager. Dahin gehört die S c h r i f t f l e c h t e, Gráphis scrípta L., Taf. 7, 1 und 1a, deren schwarze Fruchtkörper strichförmige Schriftzeichen auf Baumrinde nachhamt, (siehe besonders die stärkere Vergr. 1a); die M a n n a f l e c h t e, Sphaerothállia esculénta, Nees ab Es., auf Erde, deren knollige Masse in der Kirgisensteppe gegessen wird; die S c h e i b e n f l e c h t e, Lecidéa Ach., auf Steinen. Taf. 7, Fig. 2 stellt noch 2 andere Krustenflechten auf Baumrinde dar, in der Mitte die Krustenflechte Pertusaria communis, an beiden Seiten Lecanora subfusca, endlich zeigt Fig. 3 eine andere Krustenflechte auf einem Stein.

2. L a u b f l e c h t e n, mit blattartigem Lager auf der Unterlage kriechend: H u n d s f l e c h t e, Peltigéra canína Hoffm., Taf. 7, 4, die mit ihrem graugrünen, unten weissen Lager und rotbraunen Fruchtkörpern besonders zwischen Moos kriecht; L u n g e n - f l e c h t e, Sticta pulmonácea Ach., Taf. 7, 5, lederartig, grubig, grünlich, unten blass rotbraun mit weissen Flecken, am Rande die rotbraunen Fruchtkörper, an alten Buchen und Eichen; h e l l g e l b g r ü n e S c h ü s s e l f l e c h t e, Imbricária conspérsa C., Taf. 7, 6, wellig faltig, unten schwärzlich, grosse Ueberzüge an Steinen und Baumrinde bildend, überall häufig; W a n d f l e c h t e, Physcia pariétina Kbr., Taf. 7, 7, überall bekannt mit ihrem gelbem, rosettenartigen Lager und schüsselförmigen Früchten, N a b e l f l e c h t e, Umbilicária pustuláta Hoffm., die nur in der Mitte mit Haftscheibe befestigt ist, aschgrau und blasig aufgetrieben, an nackten Felsen; K r e i s f l e c h t e, Gyróphora cylíndrica Ach., Taf. 7, 8, an Felsen, aschgrau, unten rötlich. — Alle diese Arten sind in Deutschland häufig.

3. S t r a u c h f l e c h t e n, mit aufstrebendem, oft strauchartigem Lager. Die S ä u l c h e n f l e c h t e, Cladónia Hoffm., zeigt mannigfache Formen, so die S c h a r l a c h f l e c h t e, Cl. coccífera Flk., Taf. 8, 1, mit auseinanderspriessenden graugrünen Bechern und roten Fruchtkörpern, in sandigen Wäldern und Heiden; die R e n t i e r f l e c h t e, Cl. rangiferína Hoffm., Taf. 8, 2, mit zierlichem, grauem Geäst und knopfigen braunen Früchten, in trocknen Wäldern, bildet im hohen Norden die Hauptvegetation und die Nahrung der Rentiere; die L a c k m u s f l e c h t e n, Roccélla tinctória Dc. und fuciformis Taf. 8, 3, am Mittelmeer, Kap, Ostindien, Südamerika u. s. w., liefert die Orseille- und Lackmusfarbe; B a r t f l e c h t e, Usnéa barbáta Fr., Taf. 8, 8, die besonders an abgestorbenen Bäumen lang herabhängende bartartige Gebilde mit breiten, flachen, am Rand gewimperten Fruchtkörpern bildet; A s t f l e c h t e, Ramalína fraxínea R. Fr. Ach., Taf. 8, 5, bandartig, büschelig, knorpelig, an Baumstämmen und Felsen; B a n d f l e c h t e,

Evérnia prunástri Ach., Taf. 8, 6, graugrün, vielfach gabelästig, besonders an Pflaumenbäumen u. s. w.; Isländisches Moos, Cetrária islándica Ach., Taf. 8, 7, etwas breiter, lappig, graugrünlich oder braun, in deutschen Gebirgen, wird noch medizinisch verwendet.

III. Kreis: Blatt-Sporenpflanzen.

Bei ihnen ist die Sonderung von Blatt und Stamm zumeist sehr deutlich. In ihrer Entwicklung zeigen sie zwei Generationen: eine ungeschlechtliche, bei der mikroskopisch kleine flaschenförmige Gebilde, sog. Archegonien, mit der Eizelle entstehen und keulenförmige „Antheridien" mit Spermatozoiden (d. h. kleine gewundene, durch Wimpern sich bewegende Fäden), die zur Eizelle kriechen, mit ihr verschmelzen und sie dadurch befruchten. Aus der Eizelle entsteht dann die zweite geschlechtliche Generation, d. h. die Sporenkapsel oder die fertige Pflanze. Zu ihnen gehören als zwei Unterabteilungen: Moospflanzen und Farnpflanzen.

A. Moospflanzen.

Aus den Sporen geht erst ein meist fadenförmiger Vorkeim hervor, auf dem durch Sprossung die eigentliche Moospflanze entsteht (Fig. 296). Aus der befruchteten Eizelle geht eine Sporenkapsel hervor, welche ungeschlechtlich die Sporen erzeugt.

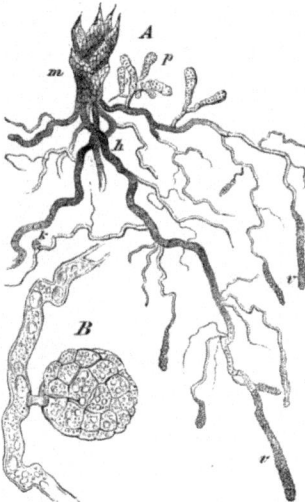

Fig. 296. *A* Moospflanze, Vorkeim *h* mit junger Pflanze *m*, *p* grüne Zweige, welche Knospen bilden, *v* blasse Zweige, die als Wurzeln dienen. *B* ein Stück stärker vergrössert.

— Die Moose bestehen nur aus Zellen. Gefässbündel fehlen, daher haben sie auch keine echten Wurzeln, an deren Stelle sind Wurzelhaare (Rhizoiden) vorhanden. Die Sporen sind einzelne Zellen. — Die Moose leben an feuchten Orten (in Quellen, an feuchter Erde, auf Baumrinde, Felsen, Dächern), schon deshalb, weil die Befruchtung als Medium der Spermatozoider zur Eizelle hin Wasser verlangt. Die ca. 5000 Arten ziehen kältere Gegenden vor, sie vollenden vielfach an verwitternden Felsen die Pionierarbeit der Flechten. Ihre dichte Decke im Waldboden begünstigt die Humusbildung. Manche Moose sind bei der Torfbildung beteiligt. — Wir unterscheiden zwei Klassen: 1. Lebermoose mit noch mehr lagerartigen Sprossen, doch schon vielfach Blattbildung anzeigend. Die Sporenkapsel hat keine Haube. — 2. Die Laubmoose lassen stets Stamm und Blätter unterscheiden. Die Sporenkapseln haben eine aus der Wand des Archegoniums bestehende Haube (Calyptra).

I. Klasse: Lebermoose.

Bemerkenswerte Formen: Riccia fluitans Mich., Taf. 9, 1, klein, mit gabelig geteiltem Laub ohne Blätter, auf feuchten Aeckern oder auf der Wasseroberfläche schwimmend (8 deutsche Arten). Leberkraut, Marchántia polymórpha L., Taf. 9, 2 u. 3, mit breiten, verzweigten Lappen kriechend, die neben den männlichen „Antheridien"- und weiblichen „Archegonien"-ständen (beide gestielt) auch Brutknospen und unterseits Blattgebilde (Amphigástrien) tragen. An Bächen und feuchten, berieselten Felsen. Fruchthorn, Anthóceros Mich., mit laubartigem rundem Lager und schotenartiger Sporenkapsel, auf feuchtem Boden, 2 deutsche Arten (A. laevis oben glatt, A. punctátus oben warzig). Jungermannia, Jungermánnia L., auf Erde und Baumrinde lebende Moose, mit zweizeilig angeordneten Blättern, ca. 70 deutsche Arten. Frullania, Frullánia dilatáta Nees ab Es., Taf. 9, 4, zierlich verästelte, dunkelgrüne oder braune Moose auf Baumrinde oder Felsen; Haarkelch, Trichocólea tomentilla Nees ab Es., Taf. 9, 5, bildet bleiche weisse Rosen in schattigen Wäldern. — Bei manchen der beblätterten Formen haben die Blätter einen nach unten geschlagenen Lappen, der sich bei anderen in ein krugförmiges Organ umwandelt, dasselbe sammelt Wasser an für die Zeit der Trockenheit (Fig. 297 u. 298).

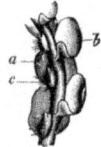

Fig. 297. Jungermannia, Spross mit umgeschlagenem Blattrand.

Fig. 298. Jungermannia pumila, Blätter mit Wasserbehältern.

II. Klasse: Laubmoose.

1. O r d n u n g. T o r f m o o s e: Gesellige Moose auf feuchten Moorwiesen, die oben weiter wachsen, während sie unten vertorfen, reichverzweigt mit schlanken Aesten und spitzen Blättern, blassgrün; die kugelige Kapsel, ohne eigentliche Haube, springt mit Deckel auf. Die einzige Gattung S p h a g n u m E h r h. hat 15 deutsche Arten, von denen Taf. 9, 6, Sph. cymbifólium Erh., das k a h n b l ä t t r i g e T o r f m o o s zeigt. Die Torfmoose bilden hohe, elastischschwammige Polster. Sie tragen zur Torfbildung bei.

2. O r d n u n g. B a r t m o o s e: kleine Moose auf lehmigem Boden mit kurzgestielter Büchse ohne Deckel. B a r t m o o s, Phascum cuspidátum Schreb., schmutziggrün.

3. O r d n u n g. B r y i n e n: mannigfaltige Moose mit Deckelkapseln, die oft auch noch einen Zahnbesatz (sog. Peristom) an der Mündung haben. Derselbe ist „hygroskopisch", d. h. er öffnet sich bei trocknem Wetter, um die Sporen zu entlassen. Die wichtigsten Familien sind:

1. A s t m o o s e mit reich verzweigtem Stengel, der die Büchse seitlich trägt; 900 Arten. Unsere Tafel 9 zeigt: D r e i s e i t i g e s W a l d m o o s, Hylocómium tríquetrum Schimp, Fig. 7; T a m a r i s k e n - A s t m o o s, Hypnum tamaríscinum Hedw., Fig. 8, ein sehr zierlich verästeltes Moos, S c h r e b e r s A. H. Schrebéri Willd., Fig. 9, auf Wiesen, Heiden, in Wäldern, P a p p e l - K u r z b ü c h s e, Brachythécium populéum Schimp., Taf. 9, 10, an Felsen und Baumstöcken.

2. W i d e r t o n m o o s e tragen die Büchse auf dem Gipfel, die Zähne des Peristoms sind an der Spitze durch eine Haut verbunden, Deckel geschnäbelt; 50 Arten: G e m e i n e r W i d e r t o n, Polytrichum commúne L., Taf. 10, 1, ansehnliches rasenbildendes dunkelgrünes Moos, w e l l i g e s K a t h a r i n e n m o o s Catharínea unduláta Web. et Mohn, Taf. 10, 2, an schattigen grasigen Orten.

3. K n o t e n m o o s e: mehrjährig, mit regelmässiger birnförmiger Büchse, die mehr oder weniger überhängt, Deckel ohne Schnabel, männliche Blüten knospenförmig; 170 Arten; r o s e t t e n f ö r m i g e s K n., Bryum róseum Scheb., die oberen Blätter bilden eine offene Rosette.

4. S t e r n m o o s e: ähnlich, aber die männlichen Blüten scheibenförmig; 30 Arten; p u n k t i e r t e s S t., Mnium punctátum Hedw., Taf. 10, 3.

5. D r e h m o o s e: einjährige kleine Moose, G e m e i n e s D r., Funária hygrométrica Hedw., Taf. 10, 4, Büchse birnförmig schief, ihr Stiel dreht sich bei Feuchtigkeit strickförmig zusammen.

6. G r i m m i e n a r t i g e M o o s e: perennierende, niedrige, dichtstehende Moose auf Steinen und Dächern, Polster bildend, mit einfachem Peristom; 70 Arten; k i s s e n f ö r m i g e G r i m m i e, Grimmía pulvináta Sm., Taf. 10, 5.

7. G o l d h a a r m o o s e: perennierende Moose in lockeren Polstern an Bäumen und Steinen, Peristom mit 16 paarweise verbundenen gelben Zähnen; 150 Arten; T r ü g e r i s c h e s G., Orthótrichum fallax Schimp., Taf. 10, 6, an Baumstämmen.

8. P o t t i e n a r t i g e M o o s e: Mündung der Büchse mit langen, schmalen, doppelschichtigen Zähnen oder fehlend; 150 Arten; g e s t u t z t e P o t t i e, Póttia truncáta Schimp, Taf. 10, 7, ohne Peristom; M a u e r - B a r t m o o s, Bárbula murális Timm., Taf. 10, 8, mit 32 langen gedrehten Peristomzähnen; H o r n z a h n, Cerátodon purpúreus Brid., mit purpurrotem Stiel und Peristom.

9. W e i s s m o o s e: mit weisslichen Blättern, grosse rundliche Polster auf der Erde bildend; 20 Arten; g e m e i n e s W., Leucobryum vulgáre Hampe, Taf. 10, 9.

10. G a b e l z a h n m o o s e: Peristom mit gegliederten zweizinkigen Zähnen; 140 Arten; w e l l e n b l ä t t r i g e s G., Dicránum undulátum Turn., Taf. 10, 11, an Felsen und Bäumen.

11. W e i s i e n a r t i g e M o o s e: mit regelmässiger Büchse, der das Peristom oft fehlt; 40 Arten z. B. N a c k t m u n d, Gymnóstomum rupéstre Schwaegr. Taf. 10, 11, an Felsen, im Gebirge.

B. Gefäss-Sporenpflanzen.

Dies sind die am höchsten entwickelten Sporenpflanzen, einmal äussert sich dies in der Gliederung in Wurzel, Sprossachse und Blatt, dann innerlich, in dem viel komplizierteren Bau, vor allem in dem Vorhandensein von Gefässbündeln. Auch diese Pflanzen haben einen ausgesprochenen Generationswechsel: aus der Spore entsteht ein kleiner Vorkeim, der Archegonien und Antheridien trägt. In diesen bilden sich Eizellen bezw. Spermatozoiden, welche jene befruchten (Fig. 299 u. 300). Mit der befruchteten Eizelle beginnt die zweite (geschlechtliche) Generation; aber aus ihr entsteht nicht die Sporenbüchse,

Fig. 299. Farnkraut. Archegonium, im Innern die Eizelle.

Fig. 300. Farnkraut. a Antheridium, im Innern Zellen mit Spermatozoiden, b ein einzelnes Spermatozoid.

sondern die eigentliche Pflanze mit Blättern (Fig. 301). Auf letzteren bilden sich vegetativ, d. h. ungeschlechtlich, die Sporen (in besonderen Kapseln). Bei manchen dieser Pflanzen unterscheidet man kleine (Mikro-) und grosse (Makro-)Sporen (Fig. 316), dann ist die Pflanze zweigeschlechtig, indem aus jenen Vorkeime mit Antheridien, aus diesen solche mit Archegonien entstehen. — Wir unterscheiden 7 Familien.

1. Fam. Farnkräuter, Filices.

Die unverzweigte Sprossachse ist bei unseren Arten ein durch braune Spreuschuppen gegen Tierfrass geschützter kriechender Wurzelstock, mit dem die Pflanze überwintert, die „Wedel" genannten Blätter sind gross, meistens geteilt und in der zarten Knospe aufgerollt (Taf. 12, 2); dadurch sind sie beim Durchbruch durch die Erde geschützt; die flächenförmigen Vorkeime tragen Archegonien und Antheridien, sowie Wurzelhaare und wachsen an feuchten Orten; dies ist wegen der durch Wasser vermittelten Befruchtung nötig; denn die Spermatozoiden können nur im Wasser zur Eizelle schwimmen. Auf den Wedeln älterer Pflanzen entstehen (eigentlich als Haargebilde) Häufchen (sog. Sori) von gestielten Kapseln (Sporangien); oft sind dieselben von einer Schuppe (Schleier oder Indúsium) geschützt. Diese Kapseln haben einen Ring von dickwandigeren Zellen. Durch deren Streckung bei Trockenheit springen sie auf, damit dann die sehr leichten Sporen durch den Wind weithin verbreitet werden können.

Die Farne sind ansehnliche Pflanzen, die sich mit ca. 8000 Arten über die gemässigte und besonders warme Zone verbreiten. Hier kommen sie oft als riesige Bäume mit palmartiger Krone vor. A. Die Fruchthäufchen sitzen an *besonders gestalteten* Wedeln:

a) und zwar *am oberen Teil* von sonst normalen Blättern.

1. Königsfarn, Osmúnda regális L. Taf. 12, 1.

Auch Trauben- oder Rispenfarn. Die aufrechten doppelt gefiederten Wedel sind ein schönes Beispiel von Arbeitsteilung, sie dienen zumeist natürlich der Ernährung, Assimilation; aber die älteren haben in ihren oberen Teilen Sporenträger, dienen hier also der Fruchtbildung (Fruktifikation), Juli-

Okt. Ansehnliche (bis 1 m hoch) Farne in sumpfigen, torfigen Wäldern, auf Heiden, doch zerstreut.

b) Fruchthäufchen an *besonderen* Blättern.

2. Rippenfarn, Blechnum spicánt With. Taf. 11, 3.

1. Wedel *einfach* fiederteilig, Taf. 11, 3.

Hier ist jene Arbeitsteilung noch weiter fortgeschritten, indem sich Assimilation und Fruktifikation auf verschiedene Wedel verteilen. Die im Umriss länglich lanzettlichen Wedel stehen oft des Lichtgenusses wegen trichterförmig, da der R. in schattigen, feuchten Wäldern wächst; nur stellenweise, im Gebirge häufig. Bis ½ m. Juli—Okt.

3. Straussenfarn, Struthiópteris germánica Willd. Fig. 302.

2. Fiedern der unfruchtbaren Wedel *nochmals* fiederspaltig (Fig. 302).

Die Arbeitsteilung und Wedelstellung ist wie beim vorigen. Die unfruchtbaren Wedel haben fast doppelt so grosse Wedel wie die fruchtbaren. Die rundlichen Fruchthäufchen stehen in Längsreihen beiderseits von der Mittelrippe. Schöner, bis 1 m hoher, seltener Farn an steinigen, schattigen Gebirgsbächen, in Deutschland selten, als Zierpflanze angebaut.

B. Fruchthäufchen auf

Fig. 302. Struthiopteris germanica.

Fig. 303. Polypodium vulgare, Fruchthäufchen ohne Schleier.

der Unterseite der *gewöhnlichen* Wedel (z. B. Taf. 12, 2).

a. Fruchthäufchen *ohne* häutigen Schleier, Fig. 303.

4. Schriftfarn, Céterach officinárum Willd. Fig. 304.

1. Fruchthäufchen*linienförmig*. Fig. 304 unten links.

Auch Vollfarn oder Milzfarn. Wedel fiederteilig, kurzgestielt mit breiten, stumpfen Lappen; oben grün und kahl, unten dicht mit braunen Schuppen (Fig. 304) und bei trocknem Wetter eingerollt, so dass die Unterseite nach oben liegt, dies ist ein wirksamer Schutz gegen Verdunstung; denn dieser Farn wächst an trocknen Felsen u. s. w. Besonders im Rhein- und Moseltal, sonst selten. 7 bis 15 cm. Juni—Sept.

Fig. 304. Ceterach officinarum.

5. Tüpfelfarn, Polypódium.

1. Wedel *lederig* und *einfach* fiederspaltig: **Engelsüss**, P. vulgáre L., Taf. **12**, 2, wegen des trockneren Standorts (Mauern, Felsen) mit derben, lederigen Blättern, die daher auch überwintern können. Gegen Trockenheit schützt sich dieser Farn auch durch Rollung und Eindrehung der Wedel. Die goldgelben Fruchthäufchen stehen in 2 Reihen. Ueberall häufig in schattigen Wäldern, an Mauern und Felsen. Bis 30 cm. Juni—Dez.

2. Wedel *zart*, die Fieder *nochmals* fiederspaltig: **Buchen-T.**, P. Phegópteris L. Fig. 305. Zerstreut in feuchten Gebirgswäldern, daher auch die zarteren Wedel. Bis 30 cm. Juli—Sept.

3. Wedel *dreifach* gefiedert: **Eichen-T.**, P. Dryópteris L. (Fig. 306), die Fruchthäufchen sind rand-

die Gefässbündel wie ein Doppeladler angeordnet. Häufig, über ganz Europa verbreitet; bei uns Juli bis Sept.

7. Hirschzunge, Scolopéndrium officinárum Sw. Taf. **11**, 4.

Grösse (15—60 cm) und die Gestalt der ungeteilten Wedel sind sehr veränderlich, selten, an schattigen, felsigen Orten, in Mittel- und Süddeutschland, besonders im Rheingebiet. Juli—Sept.

8. Streifenfarn, Asplénium.

Auch Milzfarn, eine artenreiche Gattung.

1. Wedel *2—4teilig:* **nordischer Str.**, A. septentrionále Hoffm. Fig. 308. Die büschelig stehenden

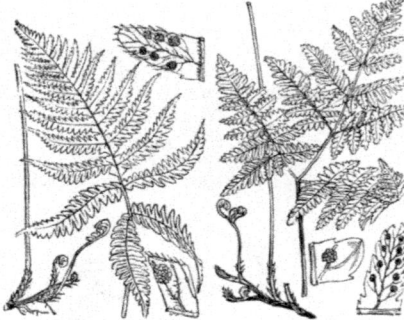

Fig. 305. Polypodium phegopteris.   Fig. 306. Polypodium dryopteris.

Fig. 308. Asplenium septentrionale.   Fig. 309. Asplenium ruta muraria.

ständig; mit kahlen ausgebreiteten Wedeln, weil in schattigen Wäldern, dort ziemlich häufig. Bis 30 cm. Juni—August.

An m. Diesem ähnlich, aber an Stiel und Wedeln zum Schutz gegen Tierfrass mit Drüsenhaaren besetzt, ist der seltenere **Kalkfarn** oder **Storchschnabel**-F., P. Robertiánum Hoffm.

b) Die Fruchthäufchen *mit* häutigem Schleier, Fig. 307.

1. Fruchthäufchen in *geraden* Linien. Fig. 307.

6. Adlerfarn, Pteris aquilína L. Taf. 11, 2.

Ansehnlicher steifstengeliger, je nach Standort bis 3 m hoher Farn mit mehrfach geteilten Wedeln, die lederig sind, weil die Standorte meist trockne Wälder sind. In jedem Jahr entsteht nur ein Wedel. Die jungen Fiederblättchen haben Saftmale und Honigdrüsen, wodurch sie vielleicht Ameisen anlocken als Schutzgarde gegen andre Tiere. Der an der Basis verdickte Stengel zeigt im Durchschnitt

Wedel mit linealen Abschnitten, sie sehen daher fast nur wie Stiele aus, Stiele grün, klein, bis 15 cm, und derb, weil auf trocknem, felsigem Standort, besonders in Gebirgen, zerstreut, in Mittel- und Süddeutschland häufiger. Juli, August.

2. Wedel *einfach* gefiedert, mit eirunden Fiederblättchen, — wenn dann mit *braunem* Stiel: **brauner Str.**, A. trichománes L., Taf. **11**, 5; — wenn dagegen mit *grünem:* **grüner Str.**, A. víride Huds.; beides hübsche, 4—15 cm hohe Farne an felsigen Orten, der grüne wesentlich seltner, im Gebirge. Juni bis Sept.

3. Wedel *2—3fach* gefiedert.

* Fiedern auf jeder Seite *2—5.* Fig. 309, — wenn mit *grünem* Stiel und am Rande *gewimpertem* Schleier: **Mauerraute**, A. ruta murária L. Fig. 309; — wenn dagegen mit am Grunde glänzend *braunem* Stiel und *kahlem* Schleier: **Deutscher Str.**, A. germánicum Weis, beides kleine (bis 15 cm) Farne in Felsspalten, als Trockenpflanzen derb, jenes überall, dieses selten. Juni—Sept.

** Fiedern jederseits *mehr als 10* Fig. 310. **Schwarzes Frauenhaar**, A. adiántum nigrum L. Fig. 310. Stiel glänzend braun, länger als die Spreite, an schattigen, felsigen Stellen im Gebirge selten. 8—30 cm. Aug.—Okt. Anm. Diesem ähnlich, doch mit grünem kurzem Stiel, ist der nur an einzelnen Stellen Süddeutschlands gefundene **Quellen-Str.**, A. fontánum Bernh.

2. Fruchthäufchen *rund, nierenförmig* oder *hufeisenförmig.* Fig. 311.

a. Schleier *am Grunde* des Häufchens befestigt.

ierteller- 9. **Woodsie, Woódsia hyperbórea** Koch. Fig. 311.
unter dem Schleier vielspaltig gewimpert, Wedel unterseits
Häufchen. mit vielen Spreuschuppen als Schutz gegen Ver-
311.

Fig. 313. Aspidium lonchitis.

Fig. 314. Aspidium oreopteris.

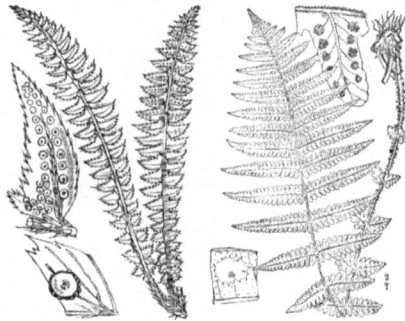

Fig. 310. Asplenium Adiantum nigrum.

Fig. 311. Woodsia ilvensis.

Fig. 312. Cystopteris, Fruchthäufchen.

dunstung, weil an trocknen Felsen wachsend, sehr selten. 7—12 cm. Juli, August.

ier eiför- 10. **Blasenfarn, Cystópteris frágilis** Bernh.
der Seite Taf. 12. 4.
n be- Zarte, kahle Wedel, weil an schattigen Felsen-
l. Fig. orten wachsend, leicht zerbrechlich, doppelt gefie-
12. dert, die Fiederchen lanzettlich, tief fiederteilig. In ganz Europa, in Deutschland.

11. **Schildfarn, Aspídium.**
Artenreiche Gattung mit braunschuppigen Stielen.

ier schild- α)' *Rundliche, m der Mitte* befestigte Schleier —
enförmig, wenn dann *einfach* fiederteilig: **scharfer Sch.** A. lon-
el. Fig. chitis Sw., Fig. 313; — wenn dagegen *doppelt* fieder-
is 315. spaltig: **stacheliger Sch.** A. aculeátum Sw., beides sehr seltene Farne der Gebirgsflora, mit lederigen, daher überwinternden Wedeln, jenes 15—45 cm hoch, August und Sept., dieses bis 60 cm hoch, Juli, Aug.

β) *Nierenförmige, in der Bucht* befestigte Schleier, Fig. 314 unten links.

* Fiederchen der Wedel *fast ganzrandig*, wenn dann die Fiederchen *spitz* und unten kahl und die

Wedel *lang gestielt* sind: **Sumpf-Sch.**, A. Thelýpteris Sw.; — wenn dagegen jene *stumpf* sind und unten mit *gelben Drüsen* und die Wedel *kurz gestielt:* **Berg-Sch.**, A. oreópteris Sw. Wie der Name sagt, liebt jener sumpfige Stellen, dieser trockene Bergwälder. 30—60 cm hoch. Juli und August.

** Fiederchen *gezähnt*, — wenn dann die Zähne *stumpf* und der *sattgrüne* Wedel *breit*-länglich: **Wurmfarn** oder **männlicher Sch.**, A. filix mas Sw. (bis 1 m hoch), Taf. 12, 3, wenn dagegen die Zähne *spitz* und der *hell*grüne Wedel *schmal*-länglich: **kammförmige Sch.**, A. cristátum Sw. (bis $^1/_2$ cm hoch); jener ansehnliche, bis 1 m hohe Farn, mit spreublättriger Spindel findet sich überall in schattigen steinigen Wäldern, dieser selten und mehr auf Moorboden. Juli—Sept.

*** Fiederchen mit dornigen Zähnen. Fig. 315. **Dorniger Sch.**, A. spinulósum Sw., der dunkelgrüne Wedel fast dreifach gefiedert, häufig in feuchten, schattigen Wäldern. 4, bis 1 m hoch. Juli bis Sept.

b) Schleier elliptisch oder halbmondförmig, zerschlitzt, *an der Seite* des Häufchens befestigt.

12. **Weiblicher Waldfarn,** Streifenfarn, Athýrium filix fémina Roth. Taf. 11. 1.

Dem Wurmfarn ähnlich, aber zierlicher. Die 2—3fach geteilten Wedel

Fig. 315. Aspidium spinulosum.

sind dunkelgrün und weich, weil dieser Farn in feuchten, schattigen Laubwäldern wächst, die Spindel

Hoffmann-Dennert, Botan. Bilder-Atlas. 3. Aufl. 9

ist kahl, die Sporenfrucht länglich; überall häufig.
$\mathfrak{P}$, bis 60 cm hoch. Juni bis Aug. Dieser Farn
ändert übrigens in dem Laub sehr ab.
    Anm. Nahe verwandt ist der **Gebirgs-W.**, A.
alpéstre Nylands, bei dem der Schleier bald schwin-
det und die Sporen schwärzlich und warzig sind
(beim weiblichen W. gelb und glatt).

2. Fam. Wurzelfrüchtler, Rhizocarpeen.

Nur eine Gattung und eine Art:

13. **Pillenkraut, Pilulária globulífera** L. Fig. 316.

Sumpfpflanze mit kriechendem, dünnem Stengel
und 2—10 cm langen, binsenartigen Blättern, an
deren Grund kugelige Sporenbehälter mit Makro-
und Mikrosporen sitzen (ma bezw. mi in Fig. 316),
an Sumpf- und Teich-
rändern, selten. $\mathfrak{P}$,
Aug. bis Sept.

Anm. Die nahe ver-
wandte **Marsilie**, Marsí-
lia quadrifólia L., mit
kleeartigen Schwimm-
blättern, ist sehr selten.
$\mathfrak{P}$, Juli—Sept.

3. Fam. Bärlapp-
gewächse, Lycopo-
diaceen.

Kleine moosähn-
liche Pflanzen mit krau-
tiger, weithin kriechen-
der Achse, durch die

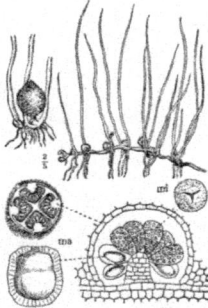

Fig. 316. Pilularia germaniae.

sie sich verbreiten. Sie ist mit kleinen einfachen
Blättern dicht besetzt. Die derbe Beschaffenheit der
Blätter deutet auf Ueberwinterung. Die Sporangien
tragenden Blätter sind meistens etwas anders gestaltet. Die Sporen sind tetraedrisch und haben netz-
förmige Verdickungen, sie sind als „Hexenmehl"
offizinell, zum Bestreuen der Pillen, um deren An-
einanderkleben zu verhindern. 100 Arten, besonders
in schattigen Gebirgswäldern (im Humusboden) der
warmen und gemässigten Zone. Nur 1 Gattung.

14. **Bärlapp, Lycopódium.**

A. Früchte *einzeln* in den Winkeln gewöhnlicher
Blätter (diese 8 zeilig und rauh).
    Tannen-B. L., Selágo L. Fig. 317. In den Blatt-
achseln entstehen sich loslösende Knöspchen mit
Flügelblättern, welche der leichteren Verbreitung
dienen. Im Tiefland selten, häufiger in schattigen
Gebirgswäldern, auf felsigen Bergen. Im grössten Teil
Europas bis zum Polarkreis. $\mathfrak{P}$, bis 15 cm hoch. Juli,
August.

B. Früchte in *Aehren*, wenigstens mit grösseren
Deckbläitern, Fig. 318.
    a) Aehren *einzeln*.
    1. Aehre *nicht* scharf abgesetzt und die Deck-
blätter von den anderen *wenig verschieden* (vom
Tannen-B. aber verschieden durch 5 zeilige weiche
Blätter): **Sumpf-B.** L. inundátum L., mit stumpfen,

Fig. 317. Lycopodium selago.   Fig. 318. Lycopodium annotinum.

ganzrandigen Blättern, zerstreut auf Torfmooren und
feuchten Sandplätzen. $\mathfrak{P}$, bis 8 cm hoch. Juli bis
August.
    2. Aehre *scharf abgesetzt* und Deckblätter *spitz*
Fig. 318, — wenn dann die Blätter *5- oder 8 zeilig*
und *gesägt:* **sprossender B.** L. annotinum L., Fig. 318;
— wenn dagegen *4 zeilig* und *ganzrandig:* **Alpen-B.**
L. alpínum L., jener ist höher (bis 15 cm) als dieser
(bis 6 cm), jener zerstreut in Nadelwäldern, dieser
nur auf hohen Gewirgsweiden. $\mathfrak{P}$, Juli, Aug.
    b) Aehren *zu 2—6* stehend, — wenn dann die
Blätter *allseitig* stehen, *weich* sind und eine lange
Haarspitze haben: **Kolben-B.**, Schlangenmoos, L.
clavátum L., Taf. 12, 5; — wenn dagegen *4- oder
8 zeilig, starr* und zugespitzt: **flacher B.**, L. com-
planátum L. Jener mit 20—50 cm hohen Aehrenstielen ist der häufigste B., in trocknen Nadelwäldern von Mittel- und Nord-
europa; dieser mit 12 cm
hohen Aehrenstielen hat
flache Aeste und ist sel-
tener, auf hochgelegenen
Weiden. $\mathfrak{P}$, Juli, Aug.

4. Fam. Selaginellen,
Selaginellaceen.

Nur 1 Gattung mit 1
deutschen Art: **Dorniger
Moosfarn**, Selaginélla se-
laginóides Link, Fig. 319,
eine zarte Pflanze mit moos-
ähnlichen Blättern, Mikro-

Fig. 319.
Selaginella selaginoidea.

und Makrosporangien, deren Deckblätter blasser und fast doppelt so gross sind wie die anderen Blätter, auf feuchtem Boden, meist nur in Hochgebirgen, selten. ♃, bis 8 cm hoch. Juli, Aug.

5. Fam. Schachtelhalme, Equisetaceen.

Die Sch. haben aufrechte, deutlich gegliederte hohle Stengel, an den soliden Knoten kurze scheidenförmig verwachsene Blätter, die dadurch den dort zarten Stengel schützen. Ihr ganzer blattarmer Wuchs erweist sie als Trockenpflanzen (diejenigen auf feuchtem Standort sind stark verzweigt). Das Gewebe ist reich an Kieselsäure (daher zum Scheuern und Putzen von Metall benutzt), was sie gegen Tierfrass und zu starke Verdunstung schützt. Unterirdisch haben sie weitkriechende Ausläufer mit Stocksprossen, oft auch Knollen bildend, wodurch sie sich verbreiten und vermehren, sowie überwintern. Manche Arten zeigen eigenartige Arbeitsteilung in fruchtbare Frühlings- und unfruchtbare Sommersprosse, jene blass (aus den Reserveknollen sich ernährend), diese grün. Die Sporangien stehen auf besonders gestalteten (schildförmigen) Blättern, auf dem Gipfel der Sprosse, die Sporen haben hygroskopische Bänder, mit denen sie sich aus den Kapseln herausdrängen und später beim Keimen festhalten. — Meist niedrige Pflanzen auf Aeckern und in Wäldern. 40 Arten in allen Zonen. Nur eine Gattung.

15. Schachtelhalm, Equisétum.

A. Fruchtbare und unfruchtbare Halme *gleichzeitig* und *gleichartig*.
  a) Halme *sehr rauh* und Fruchtähre *spitz*.
  1. Stengel *fast nicht verzweigt* mit 15—25 Furchen, Scheiden *eng anliegend*: **Winter-Sch.**, E. hiemále L., selten. ♃, bis 90 cm hoch. Juli, Aug.
  2. Stengel *ästig*, Scheiden *nicht* eng anliegend, weniger Furchen, — wenn dann mit *8—15* Furchen: **ästiger Sch.**, E. ramósum DC.; — wenn dagegen mit *6—8* Furchen: **bunter Sch.** Schleich., jener ist einjährig, bis 1 m hoch, dieser überwinternd und bis 60 cm hoch, beide leben auf Sandboden und sind sehr selten.
  b) Halme *fast glatt* und *weich*, Fruchtähre *stumpf*, — wenn dann mit *10—20 flachen* Furchen und *lockeren* Scheiden: **Sumpf-Sch.**, E. palústre L. Fig. 320; — wenn dagegen mit *6—8 tiefen* Furchen und *eng anliegenden* Scheiden: **Schlamm-Sch.**, E. limósum L., beides sind häufige Sch., in ganz Europa an feuchten Standorten, jener bis 60 cm, dieser bis 1 m hoch. ♃, Juni—Sept.
B. Fruchthalme *blass-rötlichgelb* und *einfach*, unfruchtbare *grün* und *verzweigt*. Taf. **12**, 6.
  a) Fruchthalm erscheint *zuerst*, später welkend,

— wenn dann die *aufgeblasenen* Scheiden des Hauptstamms *6—18* Zähne haben: **Acker-Sch.** oder Zinnkraut, E. arvénse L., Taf. **12**, 6; — wenn dagegen *trichterförmig* und mit *30—40* Zähnen:

Fig. 320. Equisetum palustre.   Fig. 321. Equisetum maximum.

grösster Sch., E. máximum Lmk., Fig. 321, jener ist überall auf Aeckern gemein und durch weitkriechenden Ausläufer lästig, bis 20 cm hoch, dieser ist selten, liebt feuchte, schattige Orte und wird 1½ m hoch. ♃, Acker-Sch. März, April, der andere April, Mai.
  b) Beide Arten Halme *gleichzeitig*, Fruchthalm bleibend, — wenn dann die Scheiden [des Hauptstamms *3—6 ungleiche* Zähne haben: **Wald-Sch.**, E. silváticum L., Fig. 322; — wenn dagegen *10 bis 20 gleiche* Zähne: **Wiesen-Sch.**, E. praténse Ehrh., beide lieben feuchte Wälder, jener ist häufig und 30—50 cm hoch, dieser selten und nur bis 30 cm hoch. ♃, April—Juni.

6. Fam. Natternzungen, Ophioglossaceen.

Diese Pflanzen haben in der Erde einen langsam wachsenden kurzen Stamm, der jährlich

Fig. 322. Equisetum silvaticum.

nur ein Blatt erzeugt, an diesem ist Arbeitsteilung eingetreten, indem ein Teil der Ernährung dient und ein anderer die Sporenkapseln trägt. Die Vorkeime sind knollenförmig.

16. Natternzunge, Ophioglóssum vulgátum L. Taf. **11**, 6.

Auf feuchten Wiesen, aber ziemlich selten. ♃, bis 30 cm hoch. Juni, Juli.

1. Unfruchtbarer Blatteil *einfach* länglich eiförmig Taf. **11**, 6.

2. Unfruchtbarer Blatteil *gefiedert*. Fig. 323.

17. Mondraute, Botrýchium lunária Sw. Fig. 323.

Humusbewohner auf Bergweiden, die Klappen der Sporenkapseln schliessen sich bei feuchtem Wetter, um die Sporen vor Feuchtigkeit zu schützen. Das Laub fast sitzend, die untere Fieder halbmondförmig, die obere mehr keilförmig. Selten, ♃, bis 20 cm hoch. Juni.

Anm. Noch seltener sind folgende Arten, bei denen der fruchtbare Blatteil nicht wie bei obiger M. mitten an der Pflanze sondern dicht unter der Rispe B. rutáceum Willd. (Blatt fleischig, länglich eiförmig) steht — oder über der

Fig. 323. Botrychium lunaria.

Mitte B. virginiánum Swartz (krautig, dreieckigeiförmig). Gedreit ist das Blatt bei B. simplex Hitchcock (kahl) und B. matricáriae Sprengel (weisslich-behaart).

7. Fam. Brachsenkräuter, Isoëtaceen.

Nur 1 Gattung mit 2 Arten:

18. Brachsenkraut, Isoëtes lacústris L, Fig. 324,

dessen kurzer Stamm binsenähnliche Blätter trägt, in deren Achsel die Sporangien sitzen; sehr selten. ♃, bis 16 cm hoch. Juli, September.

Fig. 324. Isoëtes lacustris.

IV. Kreis: Samenpflanzen, Phanerogamen.

Die Pflanzen dieser letzten grossen und höchsten Abteilung zeigen fast stets Wurzel, Sprossachse und Blätter. Ihr anatomischer Bau ist bedeutend komplizierter als bei den bisher betrachteten: stets mit Gefässbündeln neben den Zellen. Neben vegetativer Vermehrung kommt fast stets geschlechtliche vor, bei welcher das männliche Fortpflanzungsgebilde, ein Teil des Inhalts (Spermakern) der Pollenzelle, unbeweglich ist, ebenso wie die Eizelle im Embryosack, weshalb der Wind oder Insekten sie transportieren müssen. Der Generationswechsel der Kryptogamen ist hier verborgen, allein man hat die Pollenkörner als Mikrosporen, die Pollensäcke als Mikrosporangien und den Embryosack als Makrospore, die Samenknospen als Makrosporangien anzusehen, Vorkeim, Antheridien und Archegonien sind dagegen ganz reduziert.

I. Gruppe: Nacktsamige, Gymnospermen.

Hier haben die Blüten keine besondere Hülle, die männliche besteht aus zahlreichen ährenförmig zusammenstehenden schuppenförmigen Staubblättern und die weibliche aus offenen schuppenförmigen Fruchtblättern mit den Samenknospen. Eine Art Vorkeim ist noch vorhanden, selbst auch eine Art Archegonium. Die einzige für Deutschland in Betracht kommende

Klasse: Nadelhölzer oder Zapfenfrüchtler, Koniferen,

enthält reich verzweigte Holzgewächse mit nadel- oder schuppenförmigen Blättern, alle Teile enthalten meistens Harz als Schutz gegen Tierfrass. Die Bestäubung erfolgt durch den Wind. Diese Pflanzen sind ein- oder zweihäusig, so dass Fremdbestäubung selbstverständlich ist. Die Frucht ist ein holziger Zapfen, selten eine Beere, der Same hat oft Flügelanhänge zur Verbreitung durch den Wind. Die 340 Arten sind über die ganze Erde verbreitet, besonders in der gemässigten und kalten Zone, wo sie, ebenso wie im Hochgebirge, hoch hinaufsteigen. Sie haben als Waldbäume oft eine grosse forstwirtschaftliche Bedeutung und liefern ein gut zu bearbeitendes Holz, sowie Harz und Teer.

8. Fam. Eibengewächse, Taxaceen.

Die Frucht ist beeren- oder steinfruchtartig, indem der Same einen fleischigen, süssen „Arillus" besitzt; durch leuchtendrote Farbe lockt dieser Vögel an, die den Samen verbreiten. Immergrünes Holzgewächs mit Gift statt Harz zur Verhütung von Tierfrass. Nur eine Gattung und Art in Deutschland:

19. Eibe, Taxus baccáta L. Fig. 325.

Die Nadeln sind ziemlich breit, zugespitzt, oben glänzend grün, unten heller. Sehr kleine Kätzchen in den Blattachseln. In Gebirgswäldern, selten. ♄, März, April Früher spielte die E. in den Parkanlagen des Rokokogeschmackes eine grosse Rolle; heute ist sie unmodern und scheint auch auszusterben.

9. Fam. Kieferngewächse, Pinaceen,

mit holzigen Samen, meist mit Nadeln, mit Harz.

Fig. 325. Taxus baccata.

A. *Schuppenförmige* Blätter an platten Zweigen.

20. Lebensbaum, Thuja.

Wenn dann die Blätter *oben mit Höcker*: gemeiner L., Th. occidentális L.; — wenn dagegen *oben glatt*: morgenländischer L., Th. orientális L.;

1. Frucht eine
Beere, Nadeln zu
je 3quirlig. Taf.
13, 1.

beides sind Ziersträucher, jener aus Nordamerika, dieser aus China. ♃, 1—3 m hoch. April, Mai.

B. Blätter stets *nadelförmig*.

21. Wacholder, Juniperus commúnis L.
Taf. 13, 1.

Immergrüner, starkverzweigter Strauch mit stechenden blaubereiften Nadeln, welche sehr wirksam gegen Tierfrass schützen. An freiem Standort wächst der Strauch niedrig, ja niederliegend, in Wald und Schatten hoch und pyramidal, das liegt einmal am trockneren bezw. feuchteren Standort und andererseits an den Windverhältnissen. Gewöhnlich zweihäusig. Die schwarzbraunen, blaubereiften, rundlichen Beeren werden durch Vögel verbreitet, sie reifen im 2. Jahre. Die Früchte sind offizinell und dienen als Gewürz, als Räuchermittel und zur Bereitung von Branntwein. In ganz Europa, vom Mittelmeer bis zum Polarkreis; auf Heiden und sonnigen Hügeln, in Deutschland häufig. ♃, bis 2 m hoch. April, Mai.

Eine in Deutschland seltene Art ist der **Sade- oder Sevenbaum**, J. sabína L., mit schuppenförmigen, in der Mitte drüsigen Blättern, die in 4 Zeilen stehen, der Strauch hat einen unangenehmen Geruch und ist giftig. Die nickenden Beeren sind schwarz, bereift. In Deutschland findet er sich wohl in der Eifel, sonst als Zierpflanze angepflanzt. ♃, bis 5 m hoch. April, Mai.

2. Frucht ein
Zapfen.
a. Nadeln in *viel-
zähligen Büscheln*
an den jungen
Zweigen einzeln,
zart, *abfallend*,
Fig. 326.

22. Lärche, Larix europaéa DC. Fig. 326.

Sommergrüner Baum von pyramidalem Wuchs und dicker, rissiger Rinde, einhäusig, mit eirundlichen, aufrechten, holzigen Zapfen, zur Blütezeit sind sie purpurrot. Wälder bildend, bei uns angepflanzt und verwildert. Die Stämme sind in wärmeren Gegenden weniger stark als im Gebirge. Das rötliche Holz ist sehr widerstandsfähig gegen Nässe, daher vorzüglich für Wasserbauten, Röhrenleitungen u. s. w., und aus dem Harz macht man venezianischen Terpentin. ♃, bis 35 m hoch. April, Mai.

Fig. 326. Larix europaea.

b. Nadeln *einzeln*,
derb, *perennie-
rend*. Taf. 13, 2.

23. Tanne, Abies.

* Die Nadeln *flach*, seitlich *zweizeilig*: **Edeltanne, Weisstanne**, Abies pectináta DC., Taf. **13**, 2, mächtiger bis 60 m hoher pyramidaler Waldbaum mit weisslicher und glatter Rinde. Die kurzen, in 2 Zeilen kammförmig stehenden Nadeln haben unten zwei Wachsstreifen zum Schutz der dort liegenden Spaltöffnungen gegen Regen. Die bis 15 cm langen walzenförmigen a u f r e c h t s t e h e n d e n Zapfen verlieren im Herbst des 1. Jahres die sehr stumpfen, lederigen Schuppen, so dass die Spindel allein stehen bleibt; dadurch werden die Samen verbreitet, wozu diese dann noch mit Flügelhäuten versehen sind. Liefert gutes, etwas rötliches Nutzholz (zu Schachteln, Streichhölzern, Resonanzböden für Klaviere u. s. w.). Waldbaum, besonders der süd- und mitteldeutschen Gebirge. ♃, Mai—Juni.

** Die Nadeln *vierkantig, allseitig* stehend : **Fichte, Schwarztanne, Rottanne**, A. excélsa Poir., Taf. **13**, 3, von ähnlichem Wuchs, aber mit graurötlicher Rinde, die unteren Seitenzweige hängen oft herab, die Nadeln haben keine Wachsstreifen, die Zapfen sind denen der Tanne ähnlich, aber sie h ä n g e n abwärts und fallen zur Samenverbreitung ganz ab (im Frühjahr des 2. Jahres). Liefert gutes Nutz- und Brennholz und ist unser Weihnachtsbaum; zermahlen wird das Holz zur Papier- und Zellulosefabrikation verwendet. In Mitteleuropa bis Russland hinein; in den Alpen bis über 2000 m hoch steigend, sie fordert mehr Feuchtigkeit als die Kiefer. ♃, Mai.

c. Nadel
oder 5 v
Taf.

24. Kiefer, Pinus silvéstris L. Taf. 13, 4.

Ansehnlicher Baum mit ausgebreiteter, kuppelförmig gewölbter Krone und rötlicher schuppiger Rinde (Borke), auf trocknem Boden, daher mit weitverzweigten, tiefgehenden Wurzeln, die ihn gut verankern und mit Wasser versorgen. Oft zeigen die Wurzeln ein Pilzgewebe (Ernährungsgenossenschaft, vergl. S. 28). Die langen steifen Nadeln stehen zu zwei, von einer Hautscheide umgeben (Kurztrieb). Die männlichen Blüten mit vielem schwefelgelben Blütenstaub wie die weiblichen an der Aussenseite des Baumes, wodurch die Windbestäubung erleichtert wird. Die Zapfen sind eirundlich mit holzigen Schuppen, sie haben vorn ein viereckiges Schild. Der Zapfen steht im 1. Jahr aufrecht, im 2. senkt er sich und öffnet die Schuppen im 3. Jahr zur Entlassung der geflügelten Samen, zuletzt erst fällt der Zapfen selbst ab. Er öffnet sich nur bei trocknem Wetter und schliesst sich ‚bei feuchtem wieder, um den

Fig. 327. Pinus mughus.

Samen zu schützen. Bedeutsamer nordischer Waldbaum, der gutes Holz liefert, und dessen Harz Terpentin, Kolophonium, Teer, Pech liefert, f_1, 20 bis —30 m hoch. Mai.

Anm. Die niedrigwachsende strauchartige **Krummholz-K.**, **Knieholz**, **Latsche**, **Legföhre**, **Zwergkiefer**, P. Mughus Scop., Fig. 327, hat rein grüne Nadeln und glänzende Zapfen mit kurzen geflügelten Samen, sie wächst im Hochgebirge, in den Alpen bis 2500 m hoch. — Die **Weymuths-K.**, P. Strobus L., hat 5 zusammenstehende dreikantige Nadeln und walzige Zapfen; sie ist kein deutscher Baum, sondern stammt aus Nordamerika und wird in Parks, hier und da auch als Forstbaum angepflanzt; — die **Zirbel-K.** oder A r v e , P. cembra L., Fig. 328, ist ein hoher Baum mit ziemlich langen grünen Nadeln (zu 5 stehend), mit

Fig. 328. Pinus cembra.

eirunden Zapfen. Die Rinde der jüngsten Zweige hat zum Schutz einen rostgelben Haarfilz. Auf dem Hochgebirge. Die Samen sind essbar. Das feste Holz wird für Geigen und Möbel benützt.

II. Gruppe: Bedecktsamige, Angiospermen.

Bei diesen nach ihrer inneren und äusseren Gestaltung höchst mannigfaltigen Pflanzen bilden die Fruchtblätter stets ein Gehäuse (Fruchtknoten), in dem sich die Samenknospen (Makrosporangien) befinden, dahinzu kommt noch eine besondere Blütenhülle (Perigon oder Kelch und Krone). Die Befruchtung geschieht nach der durch Wind oder Insekten bewirkten Bestäubung (vergl. S. 25), ihr Ergebnis ist die Bildung eines Embryo, der, als Keimling in dem Samen eingeschlossen, eine Ruhezeit durchmacht, bis er zur fertigen Pflanze auswächst. Je nachdem der Embryo 1 oder 2 Samenlappen hat, unterscheidet man zwei grosse Klassen.

I. Klasse: Einsamenlappige, Monokotyledonen.

Es sind dies zumeist holzige, unverzweigte Pflanzen mit einfachen, parallel-nervigen Blättern. Die Blüten sind nach der Zahl 3 gebaut und haben nur selten eine kelchartige Hülle, also ein Perigon.

I. Reihe: Kolbenblütige.

10. Fam. Rohrkolbengewächse, Typhaceen.

Die einhäusigen Blüten stehen in dichten Kolben oder Kugeln, die Hülle besteht, wenn vorhanden, aus Borsten oder Schuppen, duft- und honiglos, sie sind daher Windblütler. Frucht eine Nuss mit Sameneiweiss. Es sind schilfähnliche Sumpfpflanzen mit kriechendem Wurzelstock.

25. Rohrkolben, Typha. Taf. 14, 1.

1. Kolben *walzig*, Taf. **14**, 1, Hüllen aus *Borsten*. Fig. 329.

Die Pflanze verbreitet sich und überwintert mit kurzem, kriechendem Wurzelstock, ausserdem bildet sie Stocksprossen als Ableger zur vegetativen Vermehrung, die mit Lufthöhlen versehenen, weniger fest gebauten bandförmigen Blätter (am Grunde scheidig) drehen sich schraubig zum Schutz gegen Windstösse. Die Blütenstände sind einhäusig und die Narben der u n t e n stehenden weiblichen Blüten

Fig. 329. Typha, Blüte mit borstenförmigem Perigon.

werden zuerst reif zur Sicherung der Fremdbestäubung durch den Wind. Die Frucht hat einen Haarschopf zur Verbreitung durch Wind oder vorüberstreifende Tiere.

Wenn die weiblichen Blüten *dicht unter* den männlichen stehen und das Blatt *flach* und *1—2 cm breit* ist: **breitblättriger R.**, T. latifólia L., Taf. **14**, 1; — wenn dagegen die weiblichen und männlichen Blüten an Kolben *voneinander entfernt*, und mehr *rinnigen* Blätter nur *4—8 mm breit* sind: **schmalblättriger R.**, T. angustifólia L. Beide wachsen an Ufern stehender oder langsam fliessender Gewässer in einem grossen Teil Europas, die 2. Art ist kleiner und seltener. $2l$, 1—2 m. Juli, Aug.

Anm. Der **kleine R.**, T. mínima Funk, ist nur 30—60 cm hoch, mit ganz schmalen, pfriemlichen Blättern, sehr selten.

26. Igelkolben, Spargánium. Taf. 14, 2.

2. Kolben *kugelig*, Taf. **14**, 2, Hülle aus *Schuppen*. Fig. 330.

Wuchs dem vorigen ähnlich. Die unscheinbaren Blüten haben trocknen Blütenstaub in langstieligen Antheren, sowie langbehaarte Narben zur Windbestäubung, die Stempelblüten stehen ü b e r den Staubgefässen, aber diese werden zuerst reif, wodurch Fremdbestäubung gesichert wird. Die Früchte sind durch Lufthüllen sehr leicht und verbreiten sich daher mittels Schwimmen.

Fig. 330. Spargánium, Blüte mit schuppenförmigem Perigon.

1. Stengel nach oben *ästig:* **ästiger I.**, S. ramósum Huds. (bis 60 cm).

2. Stengel *einfach* , — wenn dann *aufrecht:* **einfacher I.**, S. simplex Huds. (bis 60 cm), — wenn dagegen *schwimmend* oder *liegend:* **schwim-**

mender I., S. natans L. (bis 30 cm). Die erste Art ist am häufgsten, die letzte selten. An Seeufern und fliessenden Gewässern. ⚇, Juni—Aug.

II. Reihe: Sumpflilienblütige.

11. Fam. Laichkräuter, Potamogetonaceen.

Zwitterige Blüten mit grünem, 4 blättrigem Perigon in Aehren; perennierende, untergetauchte oder schwimmende, zarte, daher vom Wasser getragene Pflanzen mit sehr veränderlicher Blattform (daher auch schwer zu bestimmen), die untergetauchten Arten haben schmale Borstenblätter, die anderen breite Schwimmblätter, was auf Einfluss des Mediums beruht. Manche haben als Schutz Kalkkrusten. Die Blüten (Juni—Sept.) weisen auf Windbestäubung hin. Die höher stehenden Narben sind zuerst reif, wodurch Fremdbestäubung gesichert ist Die schalenförmigen Hüllblätter nehmen dabei oft den Blütenstaub zeitweilig auf, bis günstiger Wind weht. Die Früchte sind leichte Nüsschen, die sich durch Schwimmen oder durch Anhaften an Wasservögeln verbreiten. Einige (P. crispus, obtusifolius, pusillus) bilden im Herbst kurze dicke Sprosse mit hornigen Blättern, die zu Boden sinken und im Frühjahr zu neuen Pflanzen auswachsen. Dies dient zur Verbreitung, Ueberwinterung und Vermehrung.

Anm. Ausser dem Laichkraut gehören hierhin:
1. Als ebenfalls *zwitterig*, aber mit ganz nackten Blüten: **Rúppia** (schlanke flutende Kräuter) und zwar R. marítima L., Fig. 331, mit *kurz* geschnä-

Fig. 331.
Ruppia maritima.

Fig. 332.
Zannichélia palustris.

belter, R. rostelláta L. mit *lang* geschnäbelter Frucht, jene in Sümpfen an Nord- und Ostsee, dieses auch in Salinen. ⚇, Mai—Aug.
2. Als *eingeschlechtig*, wenn die Blüten *in der Nebenblattachse* sitzen, Fig. 332: **Zannichélia palústris** L., Fig. 330; — wenn *in Aehren*, **Seegras**, Zostéra

marína L., Fig. 333 (beide am Meere); jene auch in langsam fliessenden Gewässern im Binnenland; letztere Pflanze wird von der Flut in grossen Mengen an die Küste gespült und dient zur Füllung von Polstermöbeln.

27. Laichkraut, Potamogéton.

23 Arten, von denen wir die wichtigsten anführen.
A. Blüten scheinbar *gegenständig, ohne* deutliche Nebenblätter und Blattscheide, Fig. 334: **dichtblättriges L.**, P.

Fig. 333. Zostera marina.

densus L., sehr selten, in fliessenden Gewässern.
B. Blätter *wechselständig, mit* Nebenblättern oder Scheiden, z. B. Fig. 335.
a) *Alle* Blätter *untergetaucht.*
1. Blatt *gestielt* und glänzend: **spiegelndes L.**, P. lucens L., Fig. 335, bis 1,3 m, das schmale Blatt

Fig. 334.
Potamogeton densus.

Fig. 335.
Potamogeton lucens.

am Rand rauh gesägt; zerstreut, in stehenden oder langsam fliessenden Gewässern (über die ganze Erde verbreitet).
2. Blatt *sitzend.*
* Blatt *lineal*, grasartig, Fig. 336 u. 337.
a. Scheide *am Grunde* dem Hauptblatt *angewachsen:* **Kamm-L.**, P. pectinátus L , Fig. 336, in stehenden Gewässern, zerstreut.
b. Scheiden *von unten an frei.*
○ Blatt *borstenförmig, einnervig:* **Haar-L.**, P. trichóides Cham. u. Schl., sehr selten, Gräben.
○○ Blatt *flach* mit *3—5 Nerven* (Fig. 337 rechts).

1. Stengel *2schneidig*, wenn dann die Aehre *dicht* und *4—6* blütig ist: **spitzblättriges L.**, P. acutifólius Lk.; — wenn dagegen *locker* und *10—15 blütig:* **flaches L.**, P. compréssus

Fig. 336.
Potamogeton pectinatus.

Fig. 337.
Potamogeton pusillus.

L. (bis 1 m), beide selten, in stehenden Gewässern.

2. Stengel *rundlich* oder *stumpfkantig*, — wenn dann die Aehre *dicht* und *so lang wie* ihr Stiel: **stumpfblättriges L.**, P. obtusifólius M. et K. (bis 1,3 m); — wenn dagegen *locker* und *kürzer* als ihr Stiel: **kleines L.**, P. pusíllus L., Fig. 337 mit fadendünnem Stengel (bis 60 cm), beide in Flüssen oder Gräben, auch im Salzwasser, jenes seltener.

** Blatt *breit lanzettlich*, Fig. 338—340.

a. Blatt *sehr kraus*, Fig. 338: **krauses L.**, P. crispus L., Fig. 338 (bis 1 m), vierkantiger

Fig. 338.
Potamogeton crispus.

Fig. 339.
Potamogeton praelongus.

Stengel, rötlich, in stehenden oder langsamen Gewässern.

b. Blatt *nicht* oder *wenig* kraus, Fig. 339 u. 340.

O Blatt am Grunde *abgerundet, kurz stachel-*
Hoffmann-Dennert, Botan. Bilder-Atlas. 3. Aufl.

spitzig: **trügerisches L.**, P. decípiens Nolte, selten, in Seen und Flüssen.

OO Blatt am Grunde *stengelumfassend, nicht* stachelspitzig, Fig. 337 u. 340, — wenn dann Blatt am Rand *glatt:* **gestrecktes L.**, P. praelóngus Wulf., Fig. 339; — wenn dagegen *rauh:* **durchwachsenes L.**, P. perfoliátus L., Fig. 340. Stengel kielrund, bis 1 m; be de selten, besonders jenes, in Teichen und Flüssen.

b) *Wenigstens die oberen* Blätter flach *auf dem Wasser schwimmend.*

1. Alle oder doch die unteren Blätter *ungestielt*, Fig. 340.

* Die untergetauchten Blätter am Grunde *abgerundet*, Fig. 341: **glänzender L.**, P. nitens Web., selten, in fliessendem und stehendem Wasser.

** Die untergetauchten Blätter am Grunde *verschmälert*, Fig. 342, — wenn dann der Aehrenstiel *oben dicker* und die untern Blätter am Rand *rauh:* **Gras-L.**, P. gramíneus L., Fig. 343, bis 1,3 m; — wenn dagegen der Aehrenstiel oben *nicht* dicker und die unteren Blätter *nicht rauh:* **rötliches L.**, P. ruféscens Schrad., beide selten, in stehendem Wasser.

2. Alle Blätter *gestielt*, Fig. 344 ff.

Fig. 340.
Potamogeton perfoliatus.

Fig. 341.
Potamogeton nitens, Blatt.

Fig. 342.
Potamogeton gramineus, Blatt.

* Schwimmblätter am Grunde *verschmälert*, Fig. 344, Aehrenstiel oben *dicker*, — wenn dann Schwimmblätter *2—3mal kürzer* als der Stiel: **spatelblättriges L.**, P. spathulátus Schrad.; — wenn dagegen

Fig. 343.
Potamogeton gramineus.

Fig. 344.
Potamogeton spatulatus, Blatt.

Fig. 345.
Potamogeton natans, Blatt.

10

kaum kürzer als der Stiel: **flutendes L.**, P. flúitans Roth, 1 m, sehr selten, in Bächen. ** Schwimmblätter am Grunde *breit:* Fig. 345, Aehrenstiel *gleichmässig* dick.

a. Blattstiel oben *rinnig:* **schwimmendes L.**, P. natans L., bis 1,3 m, Fig. 346, die untergetauch-

Fig. 346.
Potamogeton natans.

ten Blätter bestehen z. T. nur aus dem Stiel. Häufig, in stehenden und langsamen Gewässern; auf einem grossen Teil der ganzen Erde verbreitet, für Fischzucht wertvoll, weil manche Fische auf die Unterseite der Blätter gern den Laich absetzen. Juli bis Okt.

b. Blattstiel oben *flach,* — wenn dann Stengel *einfach:* **längliches L.**, polygonifólius Pourr.; — wenn dagegen Stengel *ästig:* **wegebreitblättriges L.**, P. plantagineus du Croz, beide selten, in Brüchen und Sümpfen.

12. Fam. Nixenkräuter, Najadaceen.

Untergetaucht im Wasser lebende Kräuter, deren elastische Stengel und Blätter dem fliessenden Wasser nachgeben. Die stachelzähnigen (Fig. 347) Blätter sind ein guter Schutz gegen Tierfrass. Die Blüten sind meistens zweihäusig, aus nur 1 Staubgefäss bezw.Fruchtknoten bestehend. Frucht nussartig.

28. Nixenkraut, Najas. Fig. 347.

Seltene Pflanzen in stehendem Wasser, — wenn dann die Blattscheiden ganzrandig sind:

Fig. 347. Najas flexilis.

grosses N., N. major All. (bis 50 cm lang); — wenn dagegen feinwimperig: **kleines N.**, N. minor All., 4—20 cm lang, dieses ist sehr zerbrechlich (wenn biegsam N. flexilis Rostk. Fig. 347).

13. Fam. Blumenbinsen, Juncaginaceen.

Krautige Sumpfpflanzen mit grasartigen Blättern, Zwitterblüten in Aehren, mit grüner Hülle.

29. Blumenbinse, Scheuchzéria palústris L.

1. Stengel belaubt, wenigblütig, Ähre.

Seltene Pflanze der Torfsümpfe. 2|, 10—20 cm. Juni, Juli.

30. Dreizack, Triglochin. Fig. 348.

2. Blätter grundständig, vielblütige Ähre, Fig. 348.

Binsenähnliche Pflanzen am Meeresstrand, bei denen schlanke Aehre, trockner Blütenstaub und behaarte Narbe den Windblütler offenbaren; die schalenförmigen Hüllblätter nehmen den Blütenstaub auf, bis günstiger Wind weht; die Narben sind vor den Staubgefässen reif, was Fremdbestäubung sichert. Die Früchte haben eine Spitze (Fig. 348 rechts oben), mit der sie sich in vorübergehende Tiere bohren (zur Verbreitung). — Wenn die Traube *dichtblütig* und die Frucht *6teilig* ist: **Meeres-Dr.**, Tr. maritima L.; — wenn dagegen jene *locker*, diese *3teilig* ist: **Sumpf-Dr.**, Tr. palústris L., Fig. 348; beide auf nassen Wiesen, an Flussufern u. s. w., dieses besonders auf salzhaltigem Boden. 2|, bis 60 cm. Juni, Juli.

Fig. 348. Triglochin palustris.

14. Fam. Froschlöffelgewächse, Alismaceen.

Sumpf- und Wasserkräuter mit grundständigen Blättern und kleinen Blüten in weiten Blütenständen.

31. Pfeilkraut, Sagittária sagittaefólia L. Taf. 14, 3.

1. Einhäusig, ter pfeilförmig Taf. 14,

Blätter und Stengel zeigen an Lufthöhlen den Wasserstandort, flutendem Wasser passt sich die Pflanze mit schmalen, riemenförmigen Blättern an. Im Herbst bilden sich Ausläufer mit knollenartiger Verdickung am Ende und umhüllt von einem Blatt mit starrer Spitze, die als Schlammbohrer dient (zur Ueberwinterung und vegetativen Vermehrung). Die ziemlich grossen Blüten stehen in entfernten Wirteln, sie sind weiss mit rotem Nagel, haben freiliegenden Honig und locken Fliegen an. Die Frucht hat Lufthöhlen und wird durch Schwimmen oder Anhaften an Wassertieren verbreitet. Zerstreut, in allerhand Gewässern; über ganz Europa verbreitet; bis 1 m. Juni—Aug.

32. Froschlöffel, Alisma. Taf. 14, 4.

2. Zwittrig, ter nicht einmig. Taf. 1

Blätter und Stengel zeigen Aehnliches wie beim Pfeilkraut. Die Blätter stehen bei manchen Arten senkrecht gegen zu starke Sonnenwirkung; denn sumpfig-kalter Boden wirkt ähnlich wie trockner. Beim schwimmenden Fr. zeigt sich an den Blättern Einfluss des Standorts und Arbeitsteilung, da die untergetauchten rinnenförmig, die oberen flach sind und auf dem Wasser schwimmen. Die Blüten haben Honig und Saftmal als Lockmittel. Die mit Luft-

Fig. 349. Alisma natans.   Fig. 350. Alisma ranunculoides.

höhlen versehene Blütenhülle bleibt auch an der Frucht, die daher sehr leicht ist und sich wie die vom Pfeilkraut verbreitet. 4 deutsche Arten in stehenden Gewässern, alle 2. Juli, Aug.

a) *Mit* Schwimmblättern, Fig. 349: **Schwimmender Fr.**, A. natans L. (Fig. 349), in Mitteleuropa, in stehenden Gewässern, bis über 1 m lang.

b) *Ohne* Schwimmblätter, alle Blätter grundständig. Fig. 350.

* Blätter *lanzettlich*; Blütenstand *doldig*, Fig. 350: **Hahnenfuss-Fr.**, A. ranunculóides L., Fig 350.

** Blätter breit *eiförmig*; Blütenstand *rispig*, Taf. 14, 4, — wenn dann *herzförmige* Deckblätter grün und Frucht geschnäbelt: **herzblättriger Fr.**, A. parnassifólium Bassi (bis 45 cm); — wenn dagegen *nicht* herzförmig, Deckblätter häutig und Frucht nicht geschnäbelt: **gemeiner Fr.** A. plantágo L., Taf. **14**, 4, blass-rosenrote Blüte, Schaft bis 1 m hoch; jener sehr selten, dieser überall in Deutschland, über einen grossen Teil der Erde verbreitet, an Ufern.

15. Fam. Wasserlieschgewächse,
Butomaceen.

Nur 1 Gattung und 1 deutsche Art.

33. Wasserliesch, Bútomus umbellátus L.
Taf. 14, 5.

Auch Schwanenblume oder Blumenbinse, Wasserpflanze mit kriechendem Wurzelstock. Die Blätter sind grundständig, schmal lineal, dreikantig und haben Lufthöhlen. Die Blüten sind gross und rosenrot, auch Staubbeutel und Stempel sind gefärbt, wodurch zahlreiche Insekten angelockt werden, die in der Blüte Honig finden. Um die Bestäubung zu sichern, blüht der doldige Blütenstand auch lange. Die leichte Schwimmfrucht, welche im Gegensatz zum einsamigen Froschlöffel zahlreiche Samen besitzt, wird wie die des Pfeilkrauts verbreitet. Im grössten Teil Europas. An Teichen Sümpfen und Flussufern, in Deutschland nicht überall häufig. Aus den Blättern werden wohl Körbe und Matten geflochten. 2, bis $1^1/_4$ m hoch. Juni—Aug.

16. Fam. Froschbissgewächse,
Hydrocharidaceen.

Ausdauernde Wasserpflanzen mit verschieden gestalteten Blättern, die aber stets ungeteilt sind. Die Blüten sind zweihäusig und stehen einzeln, mit Hülle. Der unterständige Fruchtknoten reift unter dem Wasser zu einer nuss- oder beerenartigen Frucht.

34. Wasseraloë, Stratiótes alóides L.
Fig. 351.

Auch Krebsschere oder Wassersäge. Diese seltene Pflanze kriecht mit ihrem Wurzelstock im Schlamm stehender Gewässer. Die Rosette sitzender stacheliger Blätter ist ein vorzüglicher Schutz gegen Tierfrass. Im Herbst steigt die Pflanze an die Wasseroberfläche und treibt an Langtrieben Knospen, welche sich durch Abfaulen loslösen, weiterschwimmen und dann niedersinken, um zu überwintern, wodurch die Pflanze sich gleichzeitig vermehrt und verbreitet. Im Schutz der Stachelblätter entwickelt sich die Blüte. Ist sie reif, so steigt die Pflanze empor, um nach der Bestäubung wieder hinabzusinken, damit die Frucht auf dem Grunde des Wassers ungestört reift. Mai—Aug.

1. Blätter *stachelzähnig*, schwertförmig. Fig. 351.

Fig. 351. Stratiotes aloides.

35. Froschbiss, Hydrócharis morsus ranae L.
Fig. 352.

Eine flottierende Pflanze, die nur Nährwurzeln, keine Haftwurzeln hat. Die mit Lufthöhlen versehenen Blätter schwimmen flach auf der Wasserfläche und ordnen sich hier des gleichmässigen Lichtgenusses wegen mosaikartig an. Sie sind oben grün, unten violett, wodurch die aufgefangenen Lichtstrahlen in Wärmestrahlen umgesetzt werden.

2. Blätter *nicht* stachelspitzig. a. Blätter *gestielt eiförmig*, schwimmend. Fig. 352.

Die Blüten locken mit ziemlich grosser weisser Hülle die Bienen zu ihrem Honig, sie sind zweihäusig, was der Fremdbestäubung dient. Da jedoch die Blütezeit kurz ist, so setzen sie selten Frucht an. Als Ersatz bildet die Pflanze viele Ausläufer mit Brutknospen, welche der Vermehrung dienen. Im Herbst aber entstehen für die Ueberwinterung (auf dem Boden) sogen. Hibernakeln, d. h. Winterknospen mit eng anschliessenden Hüllblättern und viel Reservestoff, im Frühjahr füllen sie sich mit Luft, steigen empor und wachsen zu neuen Pflanzen aus. Da

Fig. 352.
Hydrocharis morsus ranae.

diese Winterknospen eine schleimige Hülle haben, so können sie sich auch an Tieren anhaftend verbreiten. Zerstreut, in Gräben und Teichen; mit Ausnahme des hohen Nordens in ganz Europa. ♃, Juli, August.

36. Wasserpest, Elodéa canadénsis Rich.

b. Blatt *sitzend eilanzettlich.* Fig. 353.

Fig. 353.

Dunkelgrüne, leicht zerbrechliche Pflanze, stark verzweigt und mit vielen schmalen, ganzrandigen Blättern. Die Pflanze ist aus Nordamerika nach Europa eingewandert, sie ist zweihäusig, bei uns aber nur in weiblichen Exemplaren vorhanden, weshalb sie keine Früchte trägt. Dafür besitzt die Pflanze ein grosses Regenerationsvermögen, in-

Fig. 353. Elodea canadensis.

dem sie leicht zerbrechlich ist und die Bruchstücke schnell selbständig weiterwachsen. Sie wird daher auch sehr lästig und lässt sich schwer ausrotten. ♃, Mai bis August.

III. Reihe: Aronsblütige.

17. Fam. Aronsgewächse, Aroideen.

Hierhin gehören Kräuter mit kriechendem Wurzelstock, der häufig knollenartig ist und durch seinen Mehlreichtum zur Ueberwinterung und als Vorratsspeicher dient. Die Blüten sind zwitterig oder eingeschlechtig, die Hülle besteht höchstens aus Schuppen oder Borsten, sie stehen dicht um eine dicke, fleischige Achse herum (Kolben), an dessen Grunde ein grosses Hochblatt (Scheide) sitzt. Die Frucht ist eine Beere. In den Tropen gibt es zahlreiche, bei uns nur wenige Vertreter.

37. Aronstab, Arum maculátum L. Taf. 14, 6.

Auch gefleckter Aron. Eine Pflanze feuchter und schattiger Wälder, das zeigen die pfeilförmigen Blätter; denn sie sind gross, zart, glänzend-glatt, dabei oft braun gefleckt zur Umsetzung von Licht, in Wärmestrahlen (?), was bei ihrer früheren Vegetations- und Blütezeit sehr wichtig ist. Die Blätter sind schräg aufwärts gerichtet und leiten daher das Regenwasser abwärts zum Wurzelstock, ferner sind sie ebenso wie der Wurzelstock giftig (oxalsaurer Kalk), wodurch sie sich gegen Tierfrass (besonders der Schnecken) schützen. Der Blütenkolben hat an Stelle der fehlenden eigentlichen Blütenhülle ein grosses (freilich grünes) Scheideblatt, aus dem der nackte, dunkelviolette, keulenförmige Teil des Kolbens hervorschaut, hierdurch und durch unangenehm fauligen Geruch werden Fliegen angelockt, denen die Scheide eine willkommene Anflugstelle bietet. Die Scheide hat eine Verengerung, an der nach innen Borstenhaare sitzen, sie gestatten den Fliegen wohl das Hinein- nicht aber das Herauskriechen, weshalb sie eine Zeit lang gefangen bleiben. Im unteren Teil der Scheide ist es ihnen aber recht wohl, denn dort ist es warm (wobei vielleicht auch der violette Kolben Wärme erzeugend wirkt?), und es wird ihnen auch viel mehliger Blütenstaub und Honig (an den eintrocknenden Narben) geboten. Beim Herumkriechen bewirken sie Bestäubung. Die untenstehenden Narben werden zuerst reif (Fremdbestäubung). Zuletzt schrumpfen die Haare ein und lassen den Eingang für die Fliegen frei. Die Beeren sind rot und saftig, weshalb sie Vögel zur Verbreitung der Samen anlocken. In Mittel- und Süddeutschland ziemlich häufig, in Russland macht man aus dem gekochten und gedörrten Wurzelstock Brot. ♃, bis ½ m hoch. April, Mai.

38. Schlangenwurz, Calla palústris L.

Fig. 354.

Auch Schweinekraut. Seltene Pflanze der Sumpfvegetation mit gegliedertem Wurzelstock, der zum Schutz gegen Tierfrass giftig ist. Die jungen Blätter sind eingerollt, wodurch sie sich gegen zu starke Verdunstung und Kälte geschützt sind.

Fig. 354. Calla palustris.

1. Blüten *gross, die* einhüllen *ohne Pe* Fig. 1
a. Kolbe *nackt oh* ten, Blät *förmig.* T

b. Kolb *mit Blö* setzt, *herzeiför* 38

Das grosse weisse Hochblatt (Scheide) lockt auch hier die Insekten an, doch ist es weit offen, bildet also für sie kein Gefängnis. Neben echten Zwitterblüten (Fig. 354) kommen auch reine Staubbeutelblüten vor, was Fremdbestäubung sichert. Die roten Beeren locken auch hier Vögel an. Den durch Dörren oder Kochen giftfrei gemachten Wurzelstock backt man in Skandinavien und Russland seines Stärkereichtums wegen ins Brot ein. ♃, 15—50 cm hoch. Juni bis August.

Anm. Nahe verwandt ist die bekannte Zierpflanze C. aethiópica mit pfeilförmigen Blättern und grosser weisser Blütenscheide.

39. Kalmus, Acorus cálamus L. Fig. 355.

Wasserpflanze, deren gewürzreicher, stark riechender Wurzelstock Tiere vom Frass abschreckt und ausgiebig zur vegetativen Vermehrung dient, welche hier als Aushilfe nötig ist (s. unten). Die Blätter sind lang und schmal, die Blüten unscheinbar, grünlich, aber sie stehen dicht am Kolben, so dass sie doch weithin sichtbar sind. Das nützt hier jedoch nichts, weil die nötigen Insekten bei uns fehlen. Die Pflanze stammt nämlich von Ostasien. Ihr Wurzelstock ist offizinell und wird zu Likören u. s. w. benutzt. Durch ganz Europa verbreitet, bei uns zerstreut, an Ufern; ♃, bis 1 m hoch. Juni, Juli.

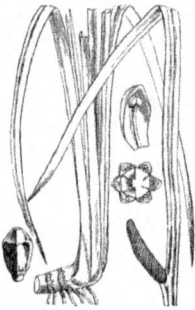

Fig. 355. Acorus calamus.

18. Fam. Wasserlinsen, Lemnaceen.

Kleine eigentümliche Wasserpflanzen ohne oder mit wenigen Wurzeln, der Spross ist zu einem Schwimmblatt umgewandelt, eigentliche Blätter fehlen, deren Arbeit hat also jener blattartige, grüne Spross übernommen. Aus ihm sprossen neue gleichartige hervor, die sich isolieren können, wodurch die Vermehrung erfolgt; denn Blüten bilden sich sehr selten, sie stehen ohne Hülle in Vertiefungen der Sprosse und bestehen aus 1—2 Staubgefässen und 1 Fruchtknoten in einer häutigen Scheide. Im Herbst sinken die Pflänzchen auf den Boden der Gewässer, wo sie überwintern. Sie leben weit verbreitet auf stehenden Gewässern der nördlichen gemässigten Zone, dort überziehen sie das Wasser mit lebhaftem Grün. Sie werden gern von Enten gefressen (daher auch Entengrütze genannt). ♃, Mai.

40. Wasserlinse, Lemna.

A. *Ohne* Wurzeln, Spross nur senfkorngross: **Wurzellose W.**, L. arrhiza L., sehr selten, nur im Osten.

B. *Mit* Wurzeln.

1. Glieder unterseits je mit einem Wurzel*büschel.*
Vielwurzelige W., L. polyrrhiza L., zerstreut. Auf der Unterseite braunviolett, was die Umsetzung von Licht in Wärme dient, im Herbst bilden sich taschenförmige Winterknospen, die mit Stärke vollgepfropft zu Boden sinken, im Frühjahr hingegen mit Luft gefüllt emporsteigen.

2. Jedes Glied mit *nur* 1 Wurzel, Fig. 356.

a) Glieder auf beiden Seiten *flach*, — wenn dann *eirund*, Fig. 356: **kleine W.**, L. minor L.; —

Fig. 356. Lemna minor.   Fig. 357. Lemna trisulca.

wenn dagegen *lanzettlich und gestielt*, Fig. 357: **dreifurchige W.**, L. trisúlca L., beide sehr häufig, über einen grossen Teil Europas verbreitet.

b) Glieder *unten gewölbt:* **buckelige W.**, L. gibba L., meistens weniger häufig.

IV. Reihe: Grasblütige.

19. Fam. Gräser, Gramineen.

Die Gräser sind meistens ein- oder zweijährige Kräuter, nur das Bambusrohr ist strauchartig; sie halten sich mit Faserwurzeln im Boden fest. Ihre Sprossachse ist der gut als fast stets hohler, dünner, stielrunder Halm gekennzeichnet, der trotzdem eine grosse Biegungsfestigkeit dem Wind gegenüber besitzt, weil die mechanisch wirksamen Zellen den Gesetzen der Biegungsfestigkeit entsprechend nach aussen liegen. An den Ansatzstellen der Blätter ist der Halm knotig verdickt. Die Blätter haben eine hohe, seitlich gespaltene Scheide zum Schutz des an dieser Stelle schwachen Halmes. Die Spreite selbst ist schmal, bandartig, parallelnervig, wegen dieser Gestalt ist sie leicht drehbar, so dass sie den Windstössen nachgibt und nicht zerrissen wird. An ihrer Ursprungsstelle sitzt ein kleines Häutchen (Ligula), welches wohl verhindert, dass Regenwasser ins Innere der Scheide dringt. Blätter und Halm enthalten viel Kieselsäure, so dass sie rauh erscheinen; dadurch wird wohl einmal die Festigkeit erhöht, dann aber auch ein wirksamer Schutz gegen Tierfrass, besonders gegen Schnecken erreicht.

Eigenartig sind nun vor allem die Blütenverhältnisse. Die Blüten sind zumeist zwitterig und in kleinen Aehrchen vereinigt, die dann wiederum in verschiedenartigen Blütenständen stehen. Das einzelne Aehrchen, Fig. 358, hat unten zunächst (meist) 2 sog. Hüllspelzen h. Dann folgen sog. Deckspelzen d (oft mit Borste, der sog. Granne), in deren Achsel jedesmal eine Einzelblüte sitzt, vor der letzteren befindet sich jedoch zunächst noch eine Vorspelze v, dann kommen zwei kleine Schuppen sch (Lodiculae) und endlich die aus 3 Staubgefässen und einem Fruchtknoten bestehende Blüte

Fig. 358 A.
Schema eines Grasährchens,
Buchstabenbezeichnung
im Text.

Fig. 358 B.
Das Grasährchen, nicht schematisch, Buchstabenbezeichnung
dieselbe.

bl. Im Aehrchen sind dann noch oft einige Deckspelzen enthalten, die aber nicht immer fruchtbare Blüten tragen. Alle Spelzen sind als Hochblätter, die beiden Schuppen als Perigon anzusehen. Fig. 358 A zeigt diese Verhältnisse schematisch, wobei alles auseinandergezogen ist, damit vergleiche man Fig. 358 B, in welcher das Aehrchen des Hafers nicht schematisch dargestellt ist. Diese Blütenverhältnisse müssen erst einmal ganz klar sein, ehe man Gräser richtig bestimmen kann, vor allem mache man sich mit den Bezeichnungen und Stellungsverhältnissen der 3 Arten von Spelzen genau bekannt, wozu es gut ist, erst einige Gräser selbständig zu untersuchen. In diesen Blütenverhältnissen zeigen sich nun aber auch sehr bemerkenswerte biologische Eigentümlichkeiten, die insgesamt mit der Windbestäubung zusammenhängen: die unscheinbaren, duft- und honiglosen Blüten stehen auf hohen Halmen, in weit ausgebreiteten und also dem Wind ausgesetzten Rispen mit leicht beweglichen, dünnen Achsen; die Staubfäden sind lang und dünn und schieben die grossen Staubbeutel weit aus der Blüte heraus, letztere sind sehr eigenartig, leicht beweglich eingelenkt, so dass sie bei aller festen Anheftung doch im Wind leicht hin und her pendeln; die Narben sind federig und ragen auch weit aus den Aehrchen heraus, um den Blütenstaub aufzufangen. Die Staubbeutel sind löffelförmig, und in diese Löffel fällt der Blütenstaub allmählich herunter, um dann ge-

legentlich von einem Windstoss fortgenommen zu werden. Von Bedeutung für die Windbestäubung ist es auch, dass die Gräser in grossen Beständen dicht nebeneinander stehen. — Einen eigenartigen Zweck haben jene beiden, als Perigon vertretenden Schüppchen (Lodiculae), sie stellen nämlich Schwellkörper dar, welche vor dem Aufblühen anschwellen und dadurch die Spelzen auseinandertreiben, so öffnet sich die Grasblüte. Nach der Bestäubung hingegen schrumpfen sie wieder zusammen, die Spelzen schliessen sich und hüllen die werdende Frucht schützend ein. Die freilich nicht immer vorhandenen, oft aber sehr langen Grannen der Deckspelzen, die manchmal auch noch mit Widerborsten versehen sind, bilden einen sehr wirksamen Schutz, sowohl der Blüte wie der noch nicht reifen Frucht, dann aber spielen sie noch eine weitere Rolle bei der Verbreitung der reifen Frucht, indem sie sich wohl mit dieser in das Fell vorüberziehender Säugetiere einbohren können. — Die Frucht selbst ist eine trockenhäutige, nicht aufspringende Schliessfrucht, mit deren Hülle (oft auch mit den bleibenden Spelzen) der Samen verwächst. Der Same besitzt ein reichliches Nährgewebe mit Stärkemehl zur Ernährung der jungen, bei der Keimung entstehenden Pflanze. Der einzige schildförmige Samenlappen (Scutellum) liegt dabei dem Nährgewebe eng an und saugt aus ihm die Stärke auf.

Die Gräser bilden eine der grössten und wichtigsten Pflanzenfamilien, die sich mit 3800 Arten über die ganze Erde verbreiten. Ihre Bedeutung liegt darin, dass sie in weit ausgedehnten Beständen wachsen, bezw. sich anpflanzen lassen (Weiden und Wiesen, Getreidefelder), auf denen sie entweder in ihrem Laub dem Vieh beste Nahrung oder in ihrem Samen dem Menschen die Grundlage für sein Mehl und Brot liefern; sie dienen also einmal als Futter- und dann als Getreidepflanzen. Die wichtigsten der letzteren sind: Mais, Weizen, Gerste, Roggen, Hafer, Reis. Hierdurch sind die Gräser die Grundlage der gesamten menschlichen Kultur geworden. Ausserdem liefert das Zuckerrohr den besten Zucker; die Halme vieler Arten benützt man als Flechtwerk. — Spielen die Gräser einerseits in ihren dichten Beständen eine grosse Rolle in dem Charakter unserer Landschaften, so ist andererseits z. B. noch die grosse Bedeutung mancher Strandgräser hervorzuheben, welche durch ihre weithin kriechenden Wurzelstöcke und Ausläufer den Sand der Dünen und Deiche binden und festhalten.

Bei der ausserordentlichen Fülle von Gattungen ist es angebracht, zunächst die Unterfamilien zu bestimmen.

A. Blüten *einhäusig*, die weiblichen in seitenständigen *Kolben*, Fig. 361: 1. Maisgräser.

B. Blüten *zwitterig, nie in Kolben.*

I. Aehrchen mehr oder weniger *gestielt in Rispen* oder fingerartigen Aehren (bei Chamagrostis einzeln), nicht in eine einzige Aehre geordnet (man muss, um dies zu erkennen, bei einigen Arten die oft sehr dichte Rispe auseinanderzupfen).

1. Aehrchen nur mit *einer* Blüte (also nur *3* Staubgefässe hervortretend)[1]).

a) *Ohne* Hüllspelzen oder nur 4 Borsten, Fig. 359, 2. Reisgräser.

b) *Mit 2* Hüllspelzen.

aa. Aehrchen *kurz gestielt* in fingerartigen *Aehren* Fig. 363: 3. Chlorideen.

bb. Aehrchen *deutlich gestielt* in *Rispen* oder *sitzend in Aehren* (wie z. B. Fig. 366).

* Aehrchen *stielrund*, in Rispen (Fig. 364): 4. Pfriemengräser.

** Aehrchen *seitlich zusammengedrückt.*

○ Aehrchen in *ährenförmigen Rispen* (Fig. 366) oder in Aehren, Narben *gestielt, an der Spitze* des Aehrchens hervortretend: 5. Fuchsschwanzgräser.

○○ Aehrchen in *ausgebreiteten Rispen* (Fig. 370), Narbe fast *sitzend, seitlich* hervortretend: 6. Windhalmgräser.

Fig. 359 A.
Oryza clande-
stina, Aehrchen.

Fig. 359 B.
Sesleria, Aehr-
chen mit stachel-
spitzigen Deck-
spelzen.

c) *Mit 3* Hüllspelzen (wie in Fig. 375 unten links).

aa. Die obere Hüllspelze ist die *kürzere*: 7. Bartgräser.

bb. Die obere Hüllspelze ist die *längere*: 8. Hirsegräser.

d) *Mit 4* Hüllspelzen: 9. Glanzgräser.

2. Aehrchen mit *wenigstens 2* Blüten (also wenigstens 6 Staubgefässe)[2]). Deckspelzen mit 1 oder mehr Stachelspitzen, Fig. 359 B.

a) Narben *fadenförmig, oben* austretend: 10. Seslerien.

[1]) Nur Mariengras, Hierochloa, zu den Glanzgräsern gehörig, hat 3 Blüten, s. unten.

[2]) Hier würde man auch auf Mariengras, Hierochloa, stossen, das zur vorigen Unterfamilie gehört, es ist dann daran zu erkennen, dass es 3 Blüten hat, von denen die beiden unteren nur je 3 Staubgefässe, die obere dagegen 1 Stempel und 2 Staubgefässe hat.

b) Narben *feder-* oder *pinselförmig, seitlich* austretend.

α. Spindel des Aehrchens *behaart* (später länger), Fig. 360: 11. Rohrgräser.

β. Spindel *kahl.*

* Hüllspelzen *kurz*, nur den unteren Teil des Aehrchens bedeckend (Fig. 388): 12. Schwingelgräser.

Fig. 360.

** Hüllspelzen *lang*, fast das ganze Aehrchen umfassend (z. B. wie in Fig. 397): 13. Hafergräser.

II. Aehrchen in eine einzige *ausgesprochene Aehre* geordnet (Fig. 406).

1. *Mit 2* Griffeln und *2 federförmigen* Narben: 14. Gerstengräser.

2. *Mit 1* Griffel und *1 fadenförmigen* Narbe: 15. Nardengräser.

1. Unterfam. Maisgräser, Zeaceen.

41. Mais, Zea mays L. Taf. 17, 1.

Einzige Gattung und Art. Ein grosses rohrartiges Gras, dessen untere Stengelglieder starke Luftwurzeln bilden, um den starken Halm zu stützen, in der Erde werden sie zu gewöhnlichen Wurzeln. Die breiten Blätter hängen bogig abwärts, wodurch sie gegen Windstösse geschützt sind. Die männlichen Aehrchen stehen oben in Rispen ohne besondere Hülle, Fig. 361, und vergehen bald, dagegen haben die unten stehenden, einen Kolben bildenden weiblichen Blüten eine Hülle aus Blattscheiden zum Schutz der reifenden Frucht, die Narben hängen, um den Blütenstaub aufzufangen, sehr lang herab. In allen wärmeren Erdgegenden zur Gewinnung von Mehl kultiviert. Die Italiener bereiten aus demselben ihre „Polenta"; mit Roggen- und Weizenmehl zusammen wird es auch zu Brot gebacken. Der bei uns nicht reifende Pferdezahn wird als Grünfutter benutzt; auch die jungen Pflanzen liefern ein gutes Grünfutter. Das Vaterland vom Mais ist Südamerika. ⊙, bis 2 m hoch. Juni bis August.

Fig. 361. Zea mays.

2. Unterfam. Reisgräser, Oryzeen.

42. **Reisgras, Orýza clandestína** A. Br. Fig. 362.

Ein Gras mit rauhen Blättern und lockeren Rispen, an denen bemerkenswert ist, dass sie die Scheiden nur bei warmem Wetter ganz verlassen. Ferner tritt hier der bei Gräsern seltene Fall ein, dass sich die Blüten, wenigstens die an den unteren Rispenästen, nicht öffnen, so dass Selbstbestäubung eintreten muss. Stellenweise, an Ufern und anderen nassen Stellen. ♃, bis 60 cm hoch. Aug., Sept. Anm. Taf. **15**, 8 zeigt den **angebauten Reis,** O. sativa L., der in Südasien, auch im wärmeren Amerika, sowie in Südamerika und Aegypten in sumpfigen Flussniederungen gezogen wird und das Hauptnahrungsmittel der Ostasiaten bildet; auch macht man Arak aus dem Reismehl und aus dem Stroh Strohpapier.

Fig. 362. Oryza clandestina.

3. Unterfam. Chlorideen.

43. **Hundszahn, Cynódon dáctylon** Pers. Fig. 363.

Kleines kriechendes Gras, dessen Rispenzweige fingerartig gestellte Aehren sind. Die Deckspelzen sind gross und werden hart, zum Schutz der Frucht. Dieses bei uns auf Sandfeldern seltene Gras, wird in Ostindien und in den Südstaaten von Nordamerika sehr als Futtergras geschätzt, weil es der sommerlichen Dürre widersteht und dabei doch zart bleibt. Die Hindus lehren es heilig. ♃, 30 bis 50 cm hoch. Juli, Aug.

Fig. 363. Cynodon dactylon.

4. Unterfam. Pfriemengräser, Stipaceen.

44. **Pfriemengras, Stipa.**

1. Deckspelze *mit sehr langer geknieter Granne.* Fig. 364. Das gefaltete, daher borstenartig erscheinende, blaugrün (von Wachs) bereifte Blatt deutet auf trocknen Standort (dürre, sonnige Hügel); die unteren Teile der Rispe bleiben zum Schutz von der Blattscheide umschlossen. Die Rispe ist lang, aber armblütig, die knorpelige Deckspelze besitzt eine

sehr lange Granne, welche der Verbreitung der Frucht dient. — Wenn die Granne *ganz kahl*, unregelmässig geschlängelt: **Haarförmiges Pfr. Haargras,** H. capilláta L., Fig. 364; — wenn dagegen *oben federig*, nicht geschlängelt: **Federgras,** St. pennáta L., bei jenem wird die Frucht durch Wind und vorüberstreifende Säugetiere verbreitet, bei diesem bohrt sie sich in den Boden ein. Beide Gräser sind selten. ♃, bis 60 cm hoch, das erstere Juli, Aug., das zweite Mai, Juni.

Fig. 364. Stipa capillata.

45. **Waldhirse, Milium affúsum** L. Taf. **15**, 3.

Auch Flattergras. Hohes und schlankes Gras mit „Bogenblättern" (Schutz gegen Windstösse) und lockerer feinästiger Rispe. Im Hochgebirge sind die Spelzen oft violett gefärbt, was die Umsetzung von Licht in Wärme fördern soll. In Nord- und Mitteleuropa in feuchten, schattigen Wäldern verbreitet, bei uns häufig. ♃, bis 1½ m hoch. Mai—Juli.

2. Deck *ohne Granne* **15.** 3

5. Unterfam. Fuchsschwanzgräser, Alopekuroideen.

46. **Zwerggras, Chamagróstis mínima** Borkh. Fig. 365.

Feines (bis 6 cm hohes) Gras mit kurzen, borstenförmigen Blättern und einfacher violetter Aehre. Sehr selten (Grossherzogtum Hessen), an sandigen Standorten. ☉, März, April.

1. Aehrch *zend in 2* Aehre. Fl

47. **Lieschgras, Phléum.**

An den walzenförmigen rauhen Rispen kenntliches Gras, dessen Hauptvertreter, das Timotheusgras, eines der besten Futtergräser (besonders für Pferde), sehr ergiebig und genügsam ist.

2. Aehrch *stielt, die* d. Spindel *sitzend. F* a. Hülls *stachelspit.* Grund *nie wachsen,* spelze me *Grann*

Fig. 365. Chamagrostis minima.

1. Hüllspelze *gerade* abgestutzt, am Grunde der Deckspelze kein stielartiger Fortsatz; **Timotheusgras,** Ph. praténse L., Fig. 366. ♃, bis 1 m hoch. Juli, August.

2. Hüllspelze *schief* abgestutzt, am Grunde der Deckspelze ein stielartiger Fortsatz; — wenn dann die Hüllspelzen *lanzettlich* und *oben aufgeblasen:* **Böhmers L.**, Ph. Boehméri Wib. ♃, Juli, Aug.; — wenn dagegen die Hüllspelzen *keilförmig, nicht* aufgeblasen: **rauhes L.**, Ph. ásperum Vill. ☉, Mai bis Juli. Die beiden letzteren Gräser sind selten, an trocknen Standorten.

Fig. 366.
Phleum pratense.

48. Fuchsschwanz, Alopecúrus.

Den Lieschgräsern ähnliche Gräser, jedoch mit weicheren, weniger langen, in der Mitte etwas dickeren Blütenständen. Der Wiesenfuchsschwanz ist eines unserer besten Futtergräser, das von Pferd und Rind gern gefressen und viel angebaut wird, auch für Rasenplätze.

a) Oberste Blattscheide *schlauchig aufgeblasen:* **Schlauch-F.**, A. utriculátus Pers., auf Wiesen des oberen Moselgebiets. ☉, 15 cm hoch. Mai, Juni.

Fig. 367.
Alopecurus agrestis.

Fig. 368.
Alopecurus geniculatus.

b) Oberste Blattscheide *anders*.

* Hüllspelzen *kahl*, am Stiel schwach gewimpert, Fig. 367: **Acker-F.**, A. agréstis L., selten, auf Aeckern. ☉, bis 45 cm. Mai, Juni.

** Hüllspelzen *feinhaarig*, Fig. 368.

1. Halm *aufrecht*, bis 1 m hoch, — wenn dann *grün, ohne* Ausläufer: **Wiesen-F.**,

A. praténsis L. Taf. **15,** 2, auf feuchten Wiesen; — wenn *bläulich, mit* langen Ausläufern: **Rohr-F.**, A. arundináceus Poiret, Salzwiesen, jener überall, dieser selten, beide ♃. Mai, Juni.

2. Halm *niedrig*, am Grunde *gekniet*, Fig. 368, — wenn dann die Granne *länger* ist als die Deckspelze: **geknieter F.**, A. geniculátus L., Fig. 368, — wenn dagegen kürzer: **gelber F.**, A. fulvus Sm., beide häufig auf nassen Wiesen, ♃, bis 45 cm hoch. Mai—Aug.

6. Unterfam. Windhalmgräser, Agrostídeen.

49. Straussgras, Agróstis.

Zum Teil ansehnliche Gräser, manche Arten verbreiten und vermehren sich durch kriechende Ausläufer, sie haben schöne, zarte und ausgebreitete Rispen. Abgesehen vom Anschwellen der Schüppchen spreizt sich auch noch das Aehrchenstielchen, um die Blüte dem Wind zu eröffnen. Manche Arten sind als Futtergräser deshalb wichtig, weil sie auch auf schlechtem, torfigem Boden gedeihen (Fioringras).

1. Blatt *borstenförmig*, Fig. 369: **Hunds-Str., A.** canina L., Fig. 369, häufig auf Moorwiesen, ♃, b.s 60 cm hoch. Juli.

2. Blatt *flach*, — wenn dann das Blatthäutchen *kurz* und *gestutzt* ist: **gemeines Str.**, A. vulgáris With.; — wenn dagegen *länglich* und *spitz:* **weisses Str., Fioringras,** A. alba L., beide häufig, ♃, bis 1 m hoch. Mai, Juni.

50. Windhalm, Apéra. Fig. 370.

Den vorigen ähnliche, ansehnliche Gräser, Eröffnung der Blüte wie beim vorigen; — wenn dann die Rispe *weit ausgebreitet* ist, Fig. 370: **gemeiner W.**, A. spica venti P. B., Fig. 370; — wenn dagegen *schmal*

1. Deckspelze am Grunde *nicht* od. *kurz* behaart.
a. Obere Hüllspelze *kürzer* als die untere.

Fig. 369. Agrostis canina.

b. Obere Hüllspelze *länger* als die untere. Fig. 370.

Fig. 370. Apera spica venti.

zusammengezogen: **unterbrochener W.**, A. interrúpta P. B., beide auf Aecker. ☉, Juni, Juli, jenes ein häufiges und lästiges Unkraut, besonders auf sandigem Boden, bis 1 m hoch, dieses selten, bis 60 cm hoch.

2. Deckspelze am Grunde *lang behaart.* Fig. 371 oben links.
a. Hüllspelzen *wenig länger* als die Deckspelzen. Fig. 371.

51. Strandhafer, Ammóphila arenária Lk.
Fig. 371.

Der Wurzelstock kriecht ausläuferartig weithin und trägt so zur Verbreitung bei, gleichzeitig bewirkt er Festigung des Sandbodens der Dünen, auf denen dieses Gras wächst und daher auch angepflanzt wird. Die schmalen, aufrechten, graugrünen und am Rand eingerollten Blätter deuten auf den sehr trocknen Standort. Die Rispe ist gedrungen, walzig. Eine aus oben genanntem Grunde für die Küstenbildung hochwichtige Pflanze. ⚇, bis 1 m hoch. Juli, Aug.

Anm. A. báltica, bei der die Haare der Deckspelze halb so lang

Fig. 371. Ammophila arenaria.

sind wie diese (bei A. arenaria ¹/₃) und die Rispe lanzettlichen Umriss hat, ist wohl nur ein Bastard, ebenda, seltener.

b. Hüllspelzen *deutlich länger* als die Deckspelzen.

52. Schilf, Calamagróstis.

Auch Reitgras. Kräftige Gräser mit langen Ausläufern und an ihnen Sprosse zur Verbreitung und vegetativen Vermehrung. Dabei haben die

Fig. 372.
Calamagrostis arundinacea.

Fig. 373.
Calamagrostis lanceolata.

Spitzen dieser Ausläufer feste Schuppen zum Durchbohren der Erde und zum Schutz der Knospe. Manche Arten haben ausgesprochene Bogenblätter zum Schutz gegen Windstösse. Die Stielchen der Aehrchen spreizen sich auch hier, um die Blüte für den Wind zu öffnen. Die Rispen sind etwas zusammengezogen. Die Haare der Deckspelzen dienen der Frucht später als Flugorgan.

1. Achse des Aehrchens *stielartig verlängert.*
   a. Rispe *sehr schmal* und *dicht*, Granne *gerade:* **vernachlässigtes Sch.**, L. neglécta Fr., selten, in feuchten Wäldern. ⚇!, bis 1 m hoch. Juni, Juli.
   b. Rispe *ausgebreitet*, Granne *gekniet*. Wenn dann die Deckspelze *4 mal* so lang wie die Haare: **Wald-Sch.**, C. arundinácea Roth, in Wäldern. ⚇, bis 1¹/₃ m hoch. Juli, Aug.; — wenn dagegen die Deckspelze *höchstens* ¹/₂ *so lang* wie die Haare: **Berg-Sch.**, C. montána Host, selten, in Bergwäldern. ⚇, bis 1 m hoch. Juli, Aug.

2. Achse des Aehrchens *nicht* stielartig verlängert.
   a. Die Granne tritt *aus der Spitze* der Deckspelze hervor, Fig. 373 links, — wenn dann die Granne *kürzer* als die halbe Deckspelze: **lanzettliches Sch.**, C. lanceoláta Roth, Fig. 373; — wenn dagegen wenigstens *halb so lang* wie die Deckspelze: **Küsten-Sch.**, C. litórea DC., beide selten, besonders das letztere, jenes in feuchten Wäldern und Wiesen, dieses an Kiesufern, beide ⚇, 1 m hoch. Juli, Aug.
   b. Die Granne tritt *aus der Rückenmitte* der Deckspelze heraus, — wenn dann die Rispe *schlaff abstehend:* **Hallers-Sch.**, C. Halleriána DC.; — wenn dagegen *straff aufrecht:* **Land-Sch.**, C. epigéios Roth, jenes auf sandigen Waldplätzen im Gebirge, selten, dieses an Ufern zerstreut. ⚇, 1 m und höher. Juli, August.

7. Unterfam. Bartgräser, Andropogoneen.
Nur 1 Gattung mit 1 deutschen Art.

53. Bartgras, Andropógon ischaémon L.
Fig. 374.

Kenntlich an den fingerförmig zusammengestellten Rispenästen (ähnlich wie beim Hundszahn, aber mit 3 statt 2 Hüllspelzen). Die Blätter sind dem trocknen Standort (Gips- und Kalkhügel) entsprechend rinnig, blaugrün und behaart. Dieses Gras gehört zu den wenigen, welche neben Zwitterblüten noch reine Staubbeutelblüten besitzt. Die Frucht hat eine lange, schraubige und knieförmig gebogene, sehr hygroskopische Granne, die sich aus den Hüllspelzen herausdreht. Stellenweise häufig. 2|, bis 60 cm hoch. Juli—Sept.

8. Unterfam. Hirsegräser, Paniceen.

54. Borstengras, Setária.

Diese Gräser gelten als Humusbewohner, z. T. auf trocknem Standort, dann borstenförmig eingerollte oder blaugrüne Blätter. Die Borsten an den

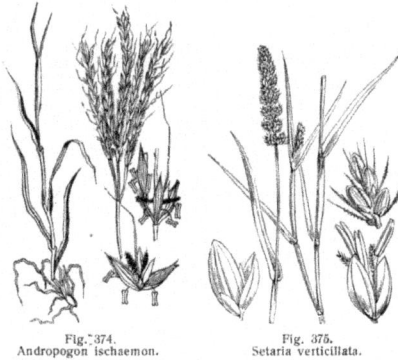

Fig. 374.
Andropogon ischaemon.

Fig. 375.
Setaria verticillata.

Aehrchen haben Widerhaken und damit heften sich die ganzen Rispen im reifen Zustand an vorüberstreifende Säugetiere (zur Verbreitung). Alle ⊙, ca. 50 cm. Juli—Sept.

a) Borsten mit *abwärts* gerichteten Zähnen (also Rispe aufwärts gestrichen rauh, Fig. 375: **quirliges B.**, S. verticilláta P. B., Fig. 375, selten.

b) Borsten mit *aufwärts* gerichteten Zähnen (also Rispe abwärts gestrichen rauh), — wenn dann die Borsten *grün:* **grünes B.**, S. víridis P. B.; — wenn dagegen *rotbraun*, Blätter blaugrün: **blaugrünes B.**, S. glauca P. B., beide häufig.

55. Hirse, Pánicum.

Auch hier kommen fingerförmige Rispen vor. Alle ⊙, Juli, August.

a) Aehrchen in schmalen fingerartigen *Aehren*, Fig. 376, — wenn dann Blatt und Scheide *kahl*. sowie nur *3—4* Aehrchen vorhanden: **kahle H.**, P. glabrum Gaud., Fig. 376; — wenn dagegen *behaart* und *4—7* Aehrchen, rot angelaufen: **Blut-H.**, P. sanguinále L., Fig. 377, beide stellenweise. Von der letzteren liefern die Früchte Mannagrütze.

b) Aehrchen in *Rispen*, Taf. 17, 10, — wenn dann *einseitswendig* und *dunkelgrün:* **Hühner-H.**, P. crus galli L., — wenn *ausgebreitet* überhängend, *hell-*

grün, Taf. 17, 10: **Hirse**, P. miliáceum L., angepflanzt, beide bis 1 m hoch.

Fig. 376.
Panicum glabrum.

Fig. 377.
Panicum sanguinale.

9. Unterfam. Glanzgräser, Phalarideen.

56. Ruchgras, Anthoxánthum odorátum L. Taf. 15, 1.

Dieses hübsche schlanke Gras von 30—60 cm Höhe zeichnet sich durch denselben Geruch aus wie Waldmeister, hervorgerufen durch Kumarin, weshalb man es auch zu Bowle verwenden kann, manchen Tieren aber ist dieser Geruch offenbar unangenehm, weshalb er ein Schutzmittel gegen Tierfrass ist. Die Rispe ist ährenartig zusammengezogen, die Blüten spreizen aber zur Blütezeit sehr stark auseinander, um dem Wind Zutritt zu lassen. Die Blüte hat im Gegensatz zu den anderen Gräsern nur 2 Staubgefässe, Fig. 378, und obendrein ist bemerkenswert, dass neben den gewöhnlichen Zwitterblüten auch reine Staubgefässblüten vorkommen. Es ist ein auf Wiesen und Triften häufiges vorzügliches Futtergras, das vor anderen Gräsern dem Heu seinen würzigen Geruch verleiht. 2|, Juni, Juli.

57. Mariengras, Hieróchloa odoráta Wahlnbg.

Dieses Gras duftet ebenso wie das vorige nach Kumarin und ist dadurch vor Tierfrass geschützt. Ein seltenes Gras der Gebirgswiesen. 2|, bis 60 cm hoch. Mai, Juni.

58. Glanzgras, Phálaris arundinácea L. Fig. 379.

Ein schilfartiges Gras, bis 2 m hoch werdend, an Ufern. Es bildet lange Ausläufer mit Ablegern zur Verbreitung und vegetativen Vermehrung, es ist eine „amphibische" Pflanze, die sich dem Leben auf dem Lande und im Wasser angepasst hat, also

1. Mit 2 Staubgefässen, Grannen vorhanden. Fig. 378.

Fig. 378.
Anthoxanthum odoratum. Aehrchen.

2. Mit 3 Staubgefässen.
a. 3blütig, z. T. mit Grannen.

b. 1blütig, ohne Grannen. Fig. 379.

(margin left:) unde des ens mit Fig. 375.

(margin left:) Grunde ährchens Borsten. 376.

Ueberschwemmungen verträgt. Bemerkenswert sind Rinnen an der Abbiegung der Spreite, durch welche Regenwasser abgeleitet wird. Halm und Blätter sind sehr glatt und die Blattflächen drehen sich im Winde, wodurch die Wirkung von dessen Stössen abge-

Fig. 379.
Phalaris arundinacea.

Fig. 380.
Phalaris canariensis.

schwächt wird. Ein überall häufiges Gras. ♃, Mai bis Juli.

A n m. In Gärten zieht man das nahverwandte **Bandgras** mit weiss und grün gestreiften Blättern. Ferner gehört hierhin das **Kanariengras**, Ph. canariénsis L.,¦ Fig. 380, mit eirunden Rispenähren und auf dem Rücken geflügelten Hüllspelzen, das als Futter für Ziervögel (Kanariensamen) angebaut wird.

10. Unterfam. Seslerien.

59. Blaugras, Sesléria coerúlea Ard.

Ein Gras mit vielen Ausläufern und Ablegern, das sich dadurch ringförmig verbreitet. Das Blatt ist oft bei trocknem Standort gefaltet. Die Deckspelzen haben 3—5 Stachelspitzen (Fig. 359 b). Neben Zwitterblüten kommen auch reine Staubgefässblüten vor, und die Narben werden zuerst reif, wodurch Fremdbestäubung gesichert wird. Ein selteneres, blau angelaufenes Gras, auf Kalkhügeln und Bergweiden. ♃, bis 30 cm hoch. März, April.

11. Unterfam. Rohrgräser, Arundineen.

60. Rohr, Arúndo Phragmítes L. Taf. **15**, 4.

Eines unserer höchsten und stattlichsten Gräser, bis 3 m hoch, das mit langen Ausläufern an nassen Standorten kriecht und sich der Lebensweise auf dem Land und im Wasser angepasst hat. Auch bei ihm finden sich an der Abbiegungsstelle der Blattspreite neben dem Blatthäutchen Rinnen zur Ableitung von Regenwasser. Die glatte Oberfläche

der Oberfläche des Halms und der Innenfläche der Blattscheide erlaubt eine ausgiebige Drehung des Blattes als Schutz gegen Windstösse. Die Rispen sind gross und büschelig, die Aehrchen haben unten männliche oder geschlechtslose Blüten. Sehr bemerkenswert ist nun aber folgendes: dort, wo die männlichen, also unfruchtbaren, Blüten sitzen, ist der Aehrchenstiel nackt, dort wo die Zwitterblüten sitzen, stark seidenartig behaart, Fig. 356. Die Haare wachsen während der Fruchtreife weiter und bilden für die Frucht ein sehr wirksames Flugorgan (Federball) für die Verbreitung durch den Wind. Ein überall an nassen Orten häufiges Gras, dessen rohrartige Halme man vielfach benützt (zu Weberspulen, Klarinetten-Mundstückblättern, zum Dachdecken u. s. w.). Im Haushalt der Natur sehr wichtig für Torfbildung. ♃, Juli, August.

A n m. Nahe verwandt ist das **Pfeilrohr** oder **spanische Rohr**, A. donax L., in den Sümpfen Südeuropas, sowie das **Pampasrohr** Südamerikas, das seiner riesigen Rispe wegen als Zierpflanze gezogen wird.

12. Unterfam. Schwingelgräser, Festucaceen.

Eine sehr umfangreiche Unterfamilie mit vielen Wiesengräsern. Die Bestimmung der Gattungen erfolgt hier nach besonderer Tabelle:

I. Deckspelzen am Grunde *bauchig-herzförmig*, Taf. **15**, 7 : 61. **Zittergras.**

II. Deckspelzen anders, *nicht bauchig.*

1. An jedem Rispenzweig ein *kammförmiges Gebilde*, Fig. 381: 62. **Kammgras.**

2. Ohne solch ein Gebilde.

a. Die *sehr kurzgestielten* Aehrchen in zweizeiligen *Aehren*, Fig. 382: 63. **Zwenke.**

b. Aehrchen *gestielt*, meist in deutlichen *Rispen.*

○ Deckspelzen am Rücken *abgerundet.*

  aa. Blattscheiden *geschlossen.*

    * Deckspelze *mit* Spitze und Granne, z. B. Fig. 385 : 64. **Trespe.**

    ** Deckspelze *ohne* Spitze und Granne, z. B. Fig. 387 unten links, — wenn dann die Aehrchen *2—3* blütig und die Rispenspindel *rundlich*: 65. **Quellgras;** — wenn dagegen *4—12* blütig und die Spindel *3 kantig*: 66. **Schwaden.**

  bb. Blattscheiden *offen*, — wenn dann Aehrchen *sehr klein*, *mit* keulenförmigem Blütenrudiment, Halm oben knoten- und *blattlos*: 67. **Pfeifengras**; — wenn dagegen Aehrchen *grösser*, *ohne* Blütenrudiment und Halm *beblättert*: 68. **Schwingelgras.**

○○ Deckspelze am Rücken *gekielt.*

aa. Deckspelze *mit* Spitze oder Granne, — wenn dann Blattscheide *offen* und Spindel rund:
69. **Koelerie**; — wenn dagegen Blattscheiden *geschlossen* und Spindel 3 kantig:
70. **Knäuelgras.**
bb. Deckspelze *ohne* Spitze und Granne. —
* Die Frucht fällt *mit Spindelstücken ab*, — wenn dann die Rispe *zweizeilig-ährig*:
72. **Hartgras**; — wenn dagegen die Rispe verlängert und nicht ährig: 71. **Rispengras.**
** Die Frucht fällt für sich allein ab:
73. **Liebesgras.**

61. Zittergras, Briza média L. Taf. 15, 7.

Ein allbekanntes zierliches Gras mit sehr lockerer, aufrechter, ausgebreiteter Rispe und kurzen breiten Aehrchen, die an langen dünnen Aesten hängen und sich daher (für die Windbestäubung) leicht bewegen. Die bauchigen leichten Spelzen stellen einen Windfang dar für die Verbreitung der Früchte durch den Wind. Im Hochgebirge sind die Spelzen oft violett behufs Umsetzung von Licht in Wärme. Auf Wiesen und Weiden überall, in ganz Europa, ausser im hohen Norden. ♃, bis 50 cm hoch. Juni, Juli.

Fig. 381. Cynosurus cristatus, kammförmiges Deckblatt.

62. Kammgras, Cynosúrus cristátus L. Taf. 16, 4.

Dünnes Gras mit zumeist grundständigen, schmalen Blättern und halb walzenförmigen einseitswendigen Rispen. Häufiges Gras, in ganz Europa, ausser dem hohen Norden, auf trocknen Bergwiesen und an Wegen. ♃, bis 60 cm hoch. Juni, Juli.

63. Zwenke, Brachypódium.

Hohe Gräser, deren Deckspelze am Rande

Fig. 382. Brachypodium silvaticum.

Fig. 383. Brachypodium pinnatum.

kammförmig borstig ist. Futtergräser, die gefiederte Zw. kann wegen ihrer Ausläufer auch zur Festigung des Sandbodens dienen. ♃, 1 m. Juni—Sept.

Wenn das Blat: *schlaff* und die Granne *länger* als die Deckspelze ist, Fig, 382: **Wald-Z.**, B. silváticum Beauv., in lichten Wäldern, — wenn dagegen das Blatt *steif* und die Granne *so lang oder kürzer* als die Deckspelze ist, Fig. 383: **gefiederte** Z., B. pinnátum Beauv. auf Hügeln, an Waldrändern, beide stellenweise.

64. Trespe, Bromus.

Ansehnliche (11 deutsche Arten) Gattung mit kräftigen Gräsern, vielblütigen grossen Aehren und

Fig. 384. Bromus sterilis.

Fig. 385. Bromus asper.

verzweigten Rispen. Bemerkenswert ist, dass die Narben u n t e r dem Gipfel der Vorderseite des Fruchtknotens eingefügt sind (beim Schwingelgras a u f dem Gipfel).

a) Untere Hüllspelze *sehr klein*, obere mit 3 Nerven.

1. Aehrchen nach oben *breiter*, Vorspelze am Rande *steif* gewimpert, — wenn dann Rispe und Halm *kahl* und Granne *länger* als die Deckspelzen: **unfruchtbare Tr.**, B. stérilis L., (bis 60 cm) Fig. 384 — wenn dagegen Rispe und Halm oben *flaumig* und Granne *so lang wie* die Deckspelze; **Mauer-Tr.**, B. tectórum L. (bis 30 cm). Beide überall an Wegen und Mauern. ⊙, Mai—August.

2. Aehrchen nach oben *schmaler*, Vorspelze am Rand kurz *weich*-gewimpert.

* Rispe schlaff *hängend*, Fig. 385, und Granne fast so lang wie die Deckspelze: **rauhe Tr.**, Br. asper Murr., Fig. 385, unten haarig, bis 1¼ m.

** Rispe *aufrecht*, Fig. 386, — wenn dann Granne *halb so lang* wie die Deckspelze, Blatt *sehr schmal, lang behaart*: **aufrechte Tr.**, Br. eréctus Huds., Fig. 386, — wenn aber Granne *sehr kurz oder fehlt* und Blatt *flach und kahl*: **unbewehrte Tr.**, Br. inérmis Leyss; Waldränder, Ufer. Beide selten. ♃, bis 90 cm. Juni, Juli.

b) Hüllspelzen *wenigstens fast gleich gross*, oben mit 5 *oder mehr* Nerven.

1. Blattscheiden *kahl*: **Roggen-Tr.**, B. secalínus L., überall auf Saatfeldern. ⊙, bis 90 cm. Mai—Aug.

2. Blattscheiden *behaart*.

* Die beiden Hüllspelzen *fast gleich lang*, — wenn dann die Granne *so lang* ist wie das Deckblatt: **Acker-Tr.**, Br. arvénsis L.; — wenn aber *halb so lang*: **kurzährige Tr.**, Br. brachystáchys Hornung, beide ⊙, Juni, Juli. An Wegrändern u. s. w., jenes häufig und bis 90 cm hoch, dieses sehr selten und bis 50 cm hoch.

** Untere Hüllspelze *länger*.

○ Obere Blattscheiden nur *kurzhaarig*: **Trauben-Tr.**, Br. racemósus L., selten auf feuchten Wiesen, ⊖, bis 60 cm hoch. Mai, Juni.

○○ Alle Blattscheiden *weich zottig*, — wenn dann die Rispenäste *aufrecht* und die Aehrchen *grün*, Taf. 16, 6: **weiche Tr.**, Br. mollis L., Taf. 16, 6 ⊙, bis 45 cm; — wenn aber Rispenäste *abstehend* und Aehrchen *violett*: **ausgebreitete Tr.**, Br. pátulus M. u. K., ⊙, bis 90 cm, jene gemein an Wegrändern, dieses sehr selten, auf Aekern.

Fig. 386. Bromus erectus.   Fig. 387. Catabrosa aquatica.

65. Quellgras, Catabrósa aquática P.B. Fig. 387.

Mit weitkriechendem Wurzelstock zur Verbreitung. Die Aehrchen der schlaffen Traube sind oft violett angelaufen. In Gewässern, zerstreut. ♃, bis 60 cm. Juni, Juli.

66. Schwaden, Glycéria.

Auch Süssgras. Ausdauernde Pflanzen mit weithin kriechendem Wurzelstock, der zur Verbreitung und Vermehrung obendrein Ableger bildet, sie sind amphibisch, können also auf dem Land und im Wasser leben, wobei bemerkenswert ist, dass im fliessenden Wasser Blätter und Stengel länger werden. Die Blatthälften klappen sich in der Sonne zusammen, um sich gegen zu starke Wirkung derselben zu schützen.

1. Rispe mehr oder weniger *einseitswendig*, Fig. 388, — wenn das Aehrchen 7–11 blütig: **Mannagras**, G. flúitans R. Br., Fig. 388; — wenn aber nur 3–6 blütig: **entferntähriger Schw.**, Gl. remóta Fr. (bis 1 m), nur in Ostpreussen. — Jenes ist ein stattliches (bis 1 m) Gras mit violetten Staubbeuteln, überall in Gräben, seine geschroteten Körner liefern die Mannagrütze. Mai—Juli.

Fig. 388. Glyceria fluitans.

2. Rispe *gleichförmig ausgebreitet*. Taf. 16, 2.

a. Deckspelze mit 5 *schwachen* Nerven: **abstehender Schw.**, Gl. distans Wahlbg., mit blaugrünen Blättern und nur am Grunde geschlossener Scheide (alle anderen Arten bis obenhin geschlossen), an feuchten Orten, besonders Salzboden, selten, bis 60 cm hoch. Mai, Juni.

b. Deckspelzen mit 7 *starken* Nerven, — wenn dann untere Rispenäste *zu 3–5* zusammen: **gefaltetes Schw.**, G. plicáta Fr. (bis 60 cm, Juni, Juli, selten in Gräben), — wenn *zu vielen* beisammen: **grösster Schw., Viehgras**, G. spectábilis M. et K., Taf. 16, 2, bis 2 m hoch, Juli, Aug., häufig, an Ufern.

67. Pfeifengras, Molinia coerúlea Moench.

Auch Schmiegen. Ein schlankes, bis 1 m hohes Gras, dessen Rispe oft violett angelaufen ist zur Umsetzung von Licht in Wärme (?). ♃, Aug. u. Sept.

68. Schwingelgras, Festúca.

Ansehnliche Gattung. Manche Arten leben auf trocknem Standort und zeigen dann niedrigen Wuchs und borstenförmige Blätter, die sich mittags einrollen, die hohen Arten feuchterer Orten zeigen diese Anpassung nicht.

A. Deckspelzen *stumpf*: **Starres Schw.**, F. rígida Kth., sehr zerstreut (Aachen, Eupen) auf trocknen Grasplätzen. ☉, Juni, Juli.

B. Deckspelzen *spitz*.

a. Rispenästchen *keulig verdickt*; Pflanze *ohne* nicht blühende Büschel, — wenn dann die Rispe *bogig nickend* und der Halm bis zur Rispe *mit Blattscheiden*: **Mäuseschwanz-Schw.**, F.

Fig. 389. Festuca sciuroïdes.

Fig. 390. Festuca ovina.

Myúrus Ehrh.; — wenn dagegen die Rispe *aufrecht* und der Halm oben *nackt*, Fig. 389: **Kamm-Schw.**, F. sciuróides Roth, beide selten an trocknen Standorten. ☉, bis 20 cm. Mai—Aug.

b. Rispenästchen *nicht keulig*, Pflanze *mit* nicht blühenden Büscheln.

1. *Mit borstenförmigen* Blättern.

* *Alle* Blätter borstenförmig zusammengefaltet: **Schaf-Schw.**, F. ovina L., Fig. 390, überall auf mageren Triften. ♃, bis 60 cm hoch, Mai, Juni (sehr veränderlich). Bestes Weidegras für Schafe, auch für Rasenplätze.

** *Nur* die Wurzelblätter borstlich, die oberen flach, — wenn dann *ohne* Ausläufer und Rispe *schlaff*: **verschiedenblättriges Schw.**, F. heteróphylla Lam.; — wenn dagegen *mit* Ausläufern und Rispe *aufrecht*: **rotes Schw.**, F. rubra L., beide nicht selten, ♃, bis 60 cm hoch, Juni, Juli, jenes in Wäldern, dieses auf Wiesen und an Waldrändern.

2. *Nur* mit *flachen* Blättern.

* Granne *lang* und oft schlängelig gebogen, Fig. 391: **Riesen-Schw.**, F. gigántea Vill., ziemlich häufig, in Wäldern und Hecken. ♃, bis 1,80 m. Juni, Juli.

** Granne *fehlt oder kurz* stachelspitzig.

○ Deckspelze am Grunde mit *Haarbüschel*: **Nördliches Schw.**, F. boreális M. u. K., selten, an Flussufern und Seen. ♃, bis 1½ m. Juni, Juli.

○○ Deckspelzen am Grunde *kahl*.

aa. Blatthäutchen *länglich*, Fruchtknoten oben *behaart*: **Wald-Schw.**, F. silvática Vill., selten, in Gebirgswäldern. ♃, bis 90 cm hoch. Juni, Juli.

bb. Blatthäutchen *sehr kurz*, Fruchtknoten *kahl*, — wenn dann Rispe *einseitswendig* zusammengezogen: **Wiesen-Schw.**, F. elátior L., Taf. 16, 5, 1 m hoch, — wenn dagegen Rispe *allseitswendig* flatterig: **Rohr-Schw.**, F. arundinácea Schreb., bis 1,50 m. Bei beiden stehen die Rispenäste zu 2, beim Rohr-Schw. alle verzweigt mit 5—15 Aehrchen, beim Wiesen-Schw. eines mit 1, die anderen mit 3—4 Aehrchen, auf feuchten Wiesen. ♃, Juni—Juli, jenes zerstreut, dieses überall, ist eines der besten Futtergräser.

Fig. 391. Festuca gigantea.

Fig. 392. Koeleria cristata.

69. Koelerie, Koeléria cristáta Pers. Fig. 392.

Ein Gras mit einem Büschel dichter, flacher, gewimperter Blätter und walzenförmigen Aehren, zerstreut, auf trocknen Weiden. ♃, bis 40 cm hoch. Juli, Aug.

70. Knäuelgras, Dáctylis glomeráta L. Taf. 16, 3.

Ein ausgesprochenes Horstgras, d. h. der Wurzelstock hat kurze Ausläufer, welche Seitentriebe bilden zur vegetativen Vermehrung. Das Gras ist an seinen dichten, in Rispen stehenden Aehrenbüscheln sofort wieder zu erkennen. Eines der häufigsten Gräser an Wegen und auf Wiesen u. s w., wertvoll, weil es sehr nahrhaft ist und reichlich Heu liefert. ♃, bis 1 m hoch. Juni—Aug.

71. Rispengras, Poa.

Eine sehr grosse Gattung, deren Arten zumeist gute Futtergräser sind. Ganz besonders das Wiesen-R. zeigt eine ausserordentlich starke vegetative Vermehrung durch viele und lange Ausläufer, weshalb es ein vorzügliches Rasen- und Wiesengras ist, obendrein ist es eines der besten Futtergräser. Eine sehr bemerkenswerte biologische Eigentümlichkeit zeigt das Alpen-R. und knollige R., indem sich bei ihnen sehr oft die Blüten vegetativ in Knospen umwandeln, die als Ableger dienen. Beim Alpen-R. zeigen die kurzen, starren und blau-grünen Blätter den trocknen Standort an.

Fig. 393. Poa bulbosa.   Fig. 394. Poa compressa.

A. Untere Rispenäste *zu 2 oder einzeln.*
1. Halm am Grunde *knollig:* **Knolliges R.**, P. bulbósa L., Fig. 393, selten, auf trocknen Hügeln und Grasplätzen. ♃, bis 30 cm hoch, Mai, Juni.
2. Halm *nicht* knollig, — wenn dann *bis oben beblättert* und Deckspelzen *kahl:* **jähriges R.**, P. ánnua L., Fig. 382; — wenn dagegen *nur unten beblättert* und Deckspelzen mit *Haarleisten:* **Alpen-R.**, P. alpína L., dieses ♃, Mai und Juni, auf Gebirgswiesen, jenes ☉ und überall an Wegen, auf Schutt zwischen Pflastersteinen u. s. w., bis 30 cm hoch, blüht fast das ganze Jahr hindurch.
B. Untere Rispenäste *zu 5.*
1. Deckspelzen *mit 5 kräftigen* Nerven.
   * Deckspelzen *mit Haarleisten:* **Wiesen-R.**, P. praténsis L., überall sehr häufig, Wiesen und Gebüsche. ♃, bis 90 cm hoch. Mai, Juni.

** Deckspelzen *ohne* Haarleisten, — wenn dann *mit verlängertem* spitzem Blatthäutchen: **gemeines R.**, P. triviális L., Taf. **16**, 1, überall sehr häufig auf Wiesen. ♃, bis 1 m hoch. Juni, Juli; — wenn dagegen *mit kurzem* Blatthäutchen: **Sudeten-R.**, P. sudética Haenke, selten in Wäldern, sonst ebenso.
2. Deckspelze *ohne deutliche* Nerven.
   * Halm *2 schneidig* zusammengepresst: **zusammengedrücktes R.**, P. compréssa L., Fig. 394, überall, Wiesen, trockne Orte, ♃; bis ½ m hoch. Juni, Juli.
   ** Halm *stielrund,* — wenn dann mit *länglichem spitzem* Blatthäutchen: **unfruchtbares R.**, P. fertilis Host; — wenn dagegen *sehr kurz, gestutzt:* **Hain-R.**, P. nemorális L., jenes selten auf feuchten Wiesen, dieses überall häufig in Gebüschen, auf Mauern u. s. w. Beide ♃, bis 90 cm hoch. Juni, Juli.

72. Hartgras, Scleróchloa dura P. B.

Ein niedriges Gras, das hie und da auf trocknem Standort vorkommt. ☉, bis 15 cm, April bis Juli.

73. Liebesgras, Eragróstis megastáchya Link.

Ein hier und da von Südeuropa eingeschlepptes Gras, dessen Blätter am Rand drüsig gezähnt sind, mit am oberen Rande langhaarigen Blattscheiden und kurzen gedrungenen Rispen. Selten auf sandigen Aeckern u. s. w. ☉, bis 50 cm hoch. Aug. bis Sept.

13. Unterfam. Hafergräser, Avenaceen.

74. Perlgras, Mélica. Taf. 15, 6.

Zierliche Gräser mit Bogenblättern und lockern, meist einseitswendigen Rispen. Die grannenlosen Deckspelzen sind bauchig und beim Haaren besetzt, die sich nach dem Verblühen noch verlängern und der Verbreitung der Frucht durch den Wind dienen.

a) Rispe *ährenartig,* Deckspelze *haarig:* **gewimpertes P.**, M. ciliáta L., zerstreut, auf felsigen Gehängen. ♃, bis 1¼ m. Mai. Juni.

Fig. 395. Melica uniflora.

b) Rispe *locker traubig*, einseitswendig, Deckspelze *kahl*, — wenn dann Aehrchen *aufrecht* und *mit 1* unvollkommenen Blüte (bis 0,30 m hoch): **einblütiges P.**, M. uniflóra Retz., Fig. 395; — wenn dagegen Aehrchen *hängend* und *mit 2* unvollkommenen Blüten (bis 0,60 m hoch): **nickendes P.**, M. nutans L., Taf. 15, 6, — beide in Wäldern. ♃, Mai, Juni, jenes zerstreut, dieses häufig.

selze an 75. **Dreizahn, Triódia decúmbens** P. B. Fig. 396.
gespal-
in der   Niederliegendes und rasenbildendes Gras; auf
ne Sta- trockenen Wiesen, Berghängen u. s. w. häufig. ♃,
e. Fig.
a links. bis 30 cm hoch. Juni, Juli.

elze mit 76. **Keulengras, Corynéphorus canéscens** P. B.
ne.
en keu-   Fig. 397.
in der
gliedert.   Niedriges (bis 15 cm) graugrünliches Gras mit
oben borstenförmigen Blättern und schmaler Rispe, an
ts. der keulenförmigen und in der Mitte gegliederten

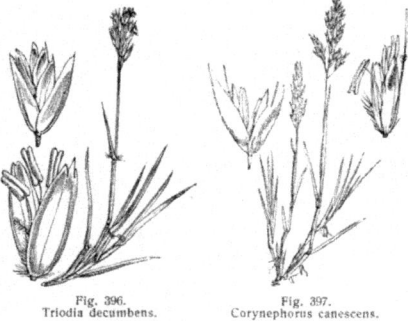

Fig. 396.
Triodia decumbens.

Fig. 397.
Corynephorus canescens.

und dort behaarten Granne (Fig. 397 oben rechts) sofort zu erkennen. Auf Sandboden in Norddeutschland häufig. ♃, Juni—Aug.

wenig-
T. mit   77. **Schmiele, Aira.** Fig. 398.
ger ge-
ranne.   Oft violett angelaufene Gräser, was man zur
unten Umsetzung von Licht in Wärme deutet. Die Rasen-
Blüten Sch. ist jung ein gutes Futtergras, das auf sump-
ig.
en 2,5 figen Wiesen das Moos verdrängt und sie so ver-
Deck- bessert, dort auch so gut gedeiht, dass sie dreimal
zpitzig gemäht werden kann. Statt der Blüten finden sich
ig. Fig.
Aira. manchmal Ableger zur vegetativen Vermehrung.

Wenn das Blatt *breit* und die Granne *höchstens so lang* wie die Deckspelze: **Rasen-Sch.**, A. caespitósa L., Fig. 398, überall, in Gebüschen und auf Wiesen. ♃, bis 1,30 m hoch, Juni, Juli; — wenn dagegen das Blatt *fast borstlich* und die Granne *länger* als die Spelzen: **Wald-Sch.**, A. flexuósa L ,

Hoffmann-Dennert, Botan. Bilder-Atlas. 3. Aufl.

auf trocknen Bergweiden, Sandboden, häufig. ♃, bis 50 cm. Juni – Aug.

78. **Hafer, Avéne.**
Eine ansehnliche, weit verbreitete Gattung, kenntlich an den grossen Aehrchen mit langen, oft geknieten Grannen. Manche Arten zeigen deutlich die Merkmale des trocknen Standorts, nämlich Faltung der Blätter (A. compressa) oder Zusammenrollung derselben (A. caryophyllea und praecox). Die lange Granne dient vielfach zur Verbreitung der Früchte, die mit ihr hüpfen und springen.

**) Aehrchen *üb. 1 cm* lang, Deckspelzen *2 zähnig* od. *2 spaltig*. Fig. 399 unten links. A v e n a.

Fig. 398.
Aira caespitosa.

Die bedeutsamste Art ist natürlich der S a a th a f e r, der, wie es scheint, aus Deutschland stammt; denn die Römer lernten ihn erst bei den Germanen kennen. Er wird in vielen Spielarten gezogen und dient in erster Linie als Viehfutter (besonders für Pferde), sowohl als Grünwie als Kornfutter. Die Körner werden für die menschliche Nahrung zu

Fig. 399. Avena praecox.   Fig. 400. Avena fatua.

Grütze und Gries verarbeitet. — Andere Haferarten (z. B. weichhaariger H. und Goldhafer) gehören zu unsern besten Wiesengräsern.

A. *Borstenförmige*, *zusammengerollte* Blätter, — wenn dann Rispe *ausgebreitet* 3 gabelig: **Nelken-H.**, A. caryophyllea Web. (bis 15 cm hoch); — wenn dagegen *ährenförmig gedrungen*, Fig. 399: **Früh-H.**, A. praecox P. B. (bis 10 cm hoch), beide zerstreut, auf sandigen Hügeln und Triften, ⊙, jener Juni, dieser Mai.

12

B. Blätter *flach*.

I. Deckspelzen *mit 5—9 Nerven*, alle ⊙, Juli, August.

1. Aehrchen wenigstens nach dem Blühen *hängend*.

a. Deckspelze noch mit *2 besonderen Grannen* an den Zipfeln: **Rauh- oder Sand-H.**, A. strigósa Schreb; auf Sandboden angebaut, sonst lästiges Unkraut, bis 1 m hoch.

b. Deckspelze *ausser den Grannen nur mit Zähnchen* an den Spitzen.

α. Deckspelzen und Aehrchenachse gelbrot *struppig behaart:* **Wild-H.**, auch **Wind-, Flug-, Taub-H.**, A. fátua L., Fig. 400. Häufiges Getreideunkraut, bis 1 m hoch.

β. Deckspelzen und Aehrenachse *kahl oder fast kahl*.

  * Aehrchen *3blütig:* **Nackt-H.**, A. nuda L., hier und da angebaut und verwildert.

  ** Aehrchen *2blütig*.

   O Rispe allseitig *ausgebreitet:* **Saat- oder gemeiner H.**, A. satíva L., angebaut. Taf. 17, 2.

   OO Rispe *einseitig*-fahnenartig, — wenn dann Deckspelze *7nervig:* **Kurz-H.**, A. brevis Roth, Unkraut unter der Saat; — wenn dagegen *9nervig:* **Fahnen-H., türkischer H.**, A. orientális Schreb, Taf. 17, 3, wird angebaut.

2. Aehrchen *stets aufrecht:* **Zarter H.**, A. ténuis Mönch, Pflanze blaugrün, selten, auf trocknen Hügeln, bis 60 cm. Juni.

II. Deckspelzen *mit 1—3 Nerven*, Aehrchen aufrecht.

1. Längere Rispenäste *mit 5—8* gelblichen Aehrchen: deren Achse *kurz behaart*, Fruchtknoten *kahl*, **Gold-H.**, A. flavéscens L., auf Wiesen häufig, bis 60 cm. Juni, Juli.

2. Rispenäste nur *mit 1—2* Aehrchen, deren Achse *lang behaart*, Fruchtknoten *behaart*, — wenn dann Blätter und Scheiden *zottig*, bis 1 m hoch: **Weichhaariger H.**, A. pubéscens Huds., auf Wiesen häufig; 2|, Mai, Juni; — wenn dagegen Blätter und Scheiden *kahl*, bis 60 cm hoch: **Wiesen-H.**, A. praténsis L., Fig. 401, auf trocknen Grasplätzen zerstreut. 2|, Juni, Juli.

Fig. 401. Avena pratensis.

79. Glatthafer, Arrhenátherum elátius M. u. K. Fig. 402.

Auch **französisches Raygras**. Neben Zwitterblüten auch reine Staubbeutelblüten zur Sicherung der Fremdbestäubung. Die Früchte haben eine lange korkzieherartig gewundene Granne, mit deren Hilfe sie sich hüpfend und springend verbreiten. Ein vorzügliches Futtergras, sowohl für Grünfutter wie für Heu. Auf Wiesen und an Wegrändern überall. 2|, bis 1¼ m hoch. Juli, Aug.

80. Honiggras, Holcus.

Auch **Rossgras**. Das weiche H. hat einen Wurzelstock, der sich weithin kriechend verbreitet. Da die Aehrchen in dichten Aehren stehen, spreizen die Spelzen beim Blühen besonders stark, um dem Wind Zutritt zu gestatten. Neben Zwitterblüten reine Staubbeutelblüten. 2|, bis 50 cm hoch. Juni, Juli.

Wenn Granne später *hakig gekrümmt* und kürzer als die Spelze, Fig. 403: **Wolliges H.**, H. lanátus L., Taf. 15, 5; — wenn dagegen *nicht hakig*, Fig. 404:

*bb. Blüten z. T. eingeschlechtig. *) untere Blüte männlich, obere zwitterig, Frucht behaart: Arrhenatherum. **) untere Blüte zwitterig, obere männlich, Frucht kahl: Holcus.*

Fig. 402. Arrhenatherum elatius.

Fig. 403. Holcus lanatus, Spelze mit hakig gekrümmter Granne.

Fig. 404. Holcus mollis.

Weiches H., H. mollis L., Fig. 404, jenes überall auf Wiesen und Triften, dieses in Wäldern und Gebüschen häufig.

14. Unterfam. Gerstengräser, Hordeaceen.

1. Die plattgedrückten Aehrchen *mit dem Rücken* gegen die Spindel gestellt, Fig. 405: 80. **Lolch.**

2. Die Aehrchen *mit der Seite* gegen die Spindel gestellt, Fig. 406.

a. 6 Hüllspelzen, *pfriemlich*; wenn dann das Aehrchen *1blütig*, Aehre ohne Gipfelährchen: 82. **Gerste;** — wenn dagegen 2 *oder mehrblütig*, Aehre mit Gipfelährchen: 83. **Haargras.**

b. *2 gekielte* Hüllspelzen, — wenn dann Aehrchen *2* blütig mit Ansatz zur dritten und wenn die Hüllspelze *einnervig:* 84. **Roggen**; — wenn dagegen Aehrchen *3—6* blütig und Hüllspelze *mehrnervig:* 85. **Weizen**.

81. Lolch, Lólium.

Die ausdauernden Arten sind mit Ausläufern Rasen bildend und verbreiten sich derartig weithin, daher sind e n g l i s c h e s und i t a l i e n i s c h e s Raygras ausser vorzüglichen Futtergräsern auch gute

Fig. 405.
Spindel und Aehrchen bei Lolium.

Fig. 406. Spindel und Aehrchen bei Hordeaceen.

Rasengräser. Die Frucht des T a u m e l l o l c h s ist durch Gift gegen Tierfrass geschützt, was übrigens neuerdings bezweifelt wird.

1. Aehrchen *8 und mehr* blütig*:* — wenn dann das Blatt in der Knospe *gefaltet, 8—12* blütige Aehrchen, *ohne* Granne: **englisches Raygras**, L. perénne L., Taf. **16**, 7; — wenn dagegen Blatt in der Knospe *gerollt, mehr als 12* blütige Aehrchen, *meist mit* Granne: **italienisches Raygras,** L. itálicum A. Br. ♃, bis 60 cm. Juni — Okt. Beide angebaut.

2. Aehrchen *4—8* blütig, Blatt in der Knospe gerollt, — wenn dann Hüllspelze *kürzer* als das Aehrchen und Deckspelze *fast ohne* Granne: **Feld-L.**, L. arvénse Schrad.; — wenn dagegen Hüllspelze *wenigstens so lang* wie das Aehrchen und Granne *vorhanden:* **Taumel-L.**, L. temuléntum L., beide auf Feldern häufig, ⊙, bis 60 cm hoch. Juni, Juli.

82. Gerste, Hórdeum.

Hierhin gehören wichtige Getreidegräser, aber auch einige wildwachsende, bei welchen bezeichnenderweise die Spindelachse zurzeit der Reife in einzelne Glieder zerfällt, offenbar zur leichteren Verbreitung der Früchte, was bei den angebauten als unnötig nicht mehr geschieht. Bei manchen (Mäusegerste) wilden Arten ist obendrein die Granne sehr lang und rückwärts rauh, so dass sie sich leicht an vorüberstreifende Tiere heftet. — Die angebaute Gerste gehört zu den ältesten kultivierten Getreidegräsern. Sie wird in kälteren Gegenden als W i n t e r gerste, in wärmeren als S o m m e r g e r s t e gezogen und geht weit nach Norden (bis zum 70⁰ n. Br. am Nordkap). Abgesehen von ihrer Verwendung als Grün- und Kornfutter, sowie zur Mehl- und Brotbereitung benützt man sie zur Darstellung von Grütze, Gries, Graupen, sowie von Malz und den daraus gewonnenen Produkten.

A. *Wildwachsend.*

1. Deckspelzen in allen Aehrchen *borstenförmig:* **Knotige G.**, H. nodósum L., auf nassen Wiesen, besonders auf Salzboden, zerstreut. ♃, bis 50 cm hoch. Juni, Juli.

2. Deckspelzen *z. T. lineal-lanzettlich*, — wenn dann die des Mittelährchens *so* sind, die andern borstenförmig: **Mäuse-G.**, H. murínum L., Fig. 407; — wenn dagegen die Deckspelzen der seitenständigen Aehrchen *halblanzettlich*, die andern borstenförmig sind: **Meer-G.**, H. marítimum With., beide ⊙, bis 30 cm hoch, Mai — Aug., diese an der Nordsee, jene überall an Wegen u. s. w.

B. *Kultiviert.*

1. *Alle 3 Aehrchen* zwitterig und mit langer Granne, — wenn dann die *Seitenährchen abstehen* und *Grannen ca. 10 cm* lang: **gemeine G.**, H. vulgáre L.; — wenn dagegen *alle* Aehrchen abstehen und Granne *kürzer*: **sechszeilige G.**, H. hexástichon L., beide ⊙ und ⊙. Juni, Juli.

2. *Mittelährchen* zwitterig und mit Grannen, die seitlichen männlich und ohne Grannen, — wenn dann *alle* Aehrchen *anliegen* und die Grannen aufrecht: **zweizeilige G.**, H. distichon L., Taf. **17,** 9;

Fig. 407.
Hordeum murinum.

Fig. 408.
Elymus europaeus.

— wenn dagegen die *Mittelährchen* weit *abstehen* und die Grannen desgleichen: **Bart-, Fächer-, Reis-** oder **Emmer-G.**, H. zeócriton L., beide ⊙, Juni, Juli.

83. Haargras, Élymus.

Das S a n d - H. hat weitkriechenden Wurzelstock, weshalb es zur Festigung der Sanddünen benutzt werden kann. Der trockne Standort dieses Grases zeigt sich in den röhrig eingerollten, starren, blaugrün bereiften Blättern, die jedoch an feuchtem Standort flach ausgebreitet sind.

Wenn die Deckspelze *begrannt* und *rauh* ist: **europäisches G.**, E. europáeus L., Fig. 408, in Laubwäldern, zerstreut, Juni, Juli; — wenn dagegen Deckspelze *ohne* Granne und *flaumig:* **Sand-G.**, E. arenárius L., an sandigen Meeresufern, Juli, Aug., beide ♃ bis 1¹⁄₄ m hoch.

84. Roggen, Sécale cereále L.
Taf. 17, 8 u. Fig. 409.

Unser wichtigstes Getreidegras, das zwar weniger feines Mehl liefert als Weizen, dafür aber vielfältige Anwendung findet und an Orten gedeiht, wo dieser nicht mehr kultiviert werden kann. Es dient zur Mehl- und Brotbereitung, als Nahrung von Geflügel, geröstet liefert er das beste Ersatzmittel für Kaffee, auch macht man aus ihm Grütze und Branntwein. Er wird als Sommer- und Wintergetreide gezogen, ☉ und ⊖, bis 2 m hoch, jener Juli und August, dieser Mai und Juni.

Fig. 409. Secale cereale.

85. Weizen, Triticum.

Von den wildwachsenden Arten hat die Quecke einen weitkriechenden Wurzelstock, dessen fortwachsende Spitze mit starren Schuppenblättern versehen ist, um den Boden zu durchbrechen, wodurch die Knospe sehr wirksam geschützt ist. Die Quecke ist überhaupt mit einem grossen Widerstandsvermögen ausgestattet, so dass sie ein sehr lästiges Unkraut wird. Bei der an trocknem Meeresstrand wachsenden Binsenquecke rollen sich die Blätter bei Trockenheit noch besonders ein zum Schutz gegen zu starke Verdunstung. — Der angebaute Weizen ist eines der wichtigsten Brotgetreide der Kulturländer, in denen er in vielen Spielarten gezogen wird, ausser Mehl wird auch Graupe, Grütze, Gries und Malz aus ihm gemacht. Er erfordert zum Anbau guten Boden und wesentlich höhere Jahrestemperatur (14⁰) als die anderen Getreidearten, wenn auch nicht die vom Mais (18⁰) benötigte.

A. *Wildwachsende*, ♃ : **Quecke.**

1. Blattnerven mit einfachen Reihen *kurzer Borsten*, *rauh*, — wenn dann mit ausläuferartigem Stock *weitkriechend* und Blatt nur *oben* rauh, meist *ohne* Granne, Fig. 410: **Ackerquecke**, Tr. repens L.; — wenn dagegen *nicht kriechend* und Blatt

beiderseits langbehaart, Fig. 411, rauh: **Hundsquecke**, Tr. canínum L., jene überall auf Aeckern u. s. w., diese hier und da in Wäldern und Gebüschen, beide bis 1 m hoch. Juni, Juli.

2. Blatt *dicht sammetweichbehaart:* Wurzelstock kriechend: **Binsenquecke**, Tr. júnceum L., bis 1 m hoch, Juni, Juli, an sandigem Meeresstrand.

Fig. 410. Triticum repens.   Fig. 411. Triticum caninum.

B. *Kultiviert*, ☉ und ⊖, Juni, Juli.

1. Aehrchenspindel *nicht zerbrechlich*, Körner *nicht* von den Spelzen *umschalt.*

 a. Aehre *nicht deutlich 4seitig*, Aehrchen *3*blütig, Hüllspelzen *länglich-lanzettlich :* **polnischer W.**, Tr. polónicum L.

 b. Aehre *4seitig*, Aehrchen meist *4*blütig, Hüllspelze *eiförmig.*

 * Hüllspelzen *flügelartig gekielt*, — wenn dann *fast so lang* wie die Deckspelzen: **Bart-W.**, Tr.dúrum Desf.; — wenn dagegen *nur halb so lang :* **englischer W.**, Tr. túrgidum L.

 ** Hüllspelzen *gewölbt, nur* an der Spitze gekielt: **gemeiner W.**, Tr. vulgáre Vill., Fig. 412 und Taf. 17, 4, kommt in begrannter und grannenloser Form vor.

2. Aehrchenspindel *in Stücke zerfallend*, Körner von den Spelzen *umhüllt bleibend.*

 a. Reife Aehre *1körnig :* **Einkorn**, Tr. monocóccum L., Taf. 17, 7, Deckspelze mit g e r a d e m Zahn am Kielende und 2 seitlichen Zähnen.

Fig. 412. Triticum vulgare.

b. Reife Aehre *2—3 körnig*, — wenn dann mit *geradem* Zahn am Stielrande: **Spelt** oder **Dinkel,** Tr. spelta L., Taf. **17,** 5; — wenn dagegen mit *einwärts gebogenem* Zahn am Kielende: **Emmer, Zweikorn,** Tr. dicóccum Schrank, Taf. **17,** 6.

15. Unterfam. Nardengräser, Nardaceen.

86. **Steifes Nardengras, Nardus stricta** L. Fig. 413.

Auch Borstengras. Dieses niedrige, dichte, Rasen bildende Gras ist ein Humusbewohner, es hat steif borstenförmige, eingerollte Blätter, dünne einseitswendigeAehren und einblütige Aehrchen, denen die Hüllspelzen fehlen. Auf Torfmooren und an sonstigen sumpfigen Stellen, hier und da. 2|, bis 30 cm hoch. Mai, Juni.

20. **Fam. Seggen, Riedgräser,** Cyperaceen.

Die Riedgräser (auch Sauer- oder Halbgräser)

Fig. 413. Nardus stricta.

sind den echten Gräsern in mancher Hinsicht ähnlich, so haben sie auch 3 lange Staubgefässe und 2—3 federige Narben und die Blüten stehen in Aehrchen, allein diesen fehlen die Spelzen. Das Aehrchen steht im Winkel eines Deckblattes und trägt Schuppen, Bälge genannt, mit den Blüten in ihren Achseln, Fig. 415. Das Perigon fehlt auch oder besteht aus Borsten oder Haaren. Jedenfalls sind die Blüten auch unscheinbar, duft- und honiglos und offenbaren sich hierdurch wie durch die anderen Merkmale als echte Windblüten. Dahin gehört es auch, dass die Riedgräser in grossen, dichten Beständen wachsen, und zu der dadurch wieder bedingten weitgehenden Verbreitung und vegetativen Vermehrung sind viele Arten wieder befähigt durch die weithin kriechenden Ausläufer nebst Stocksprossen. Den schwachen wachsenden Halm, wie auch den jungen Blütenstand umgibt die meist nicht gespaltene Blattscheide zum Schutz. Die Blätter selbst sind schmal grasartig, vielfach auch dem Standort entsprechend borstenförmig, der Rand ist oft scharf, dies sowohl, wie auch der bedeutende Gehalt an Kieselsäure schützt sie vor Verletzungen und gegen Tierfrass. Im Gegensatz zu den Gräsern sind die Halme knotenlos und dreikantig statt rund, und dementsprechend stehen die Blätter auch in 3 Zeilen. Die Früchte sind flache oder dreikantige Nüsschen.

Die Familie ist zwar lange nicht so gross wie die der Gräser, zählt aber immerhin 2000 Arten in allen Zonen, vornehmlich jedoch leben die Riedgräser in der gemässigten und kalten; sie sind wie jene Wiesen bildend, ziehen jedoch nassen Boden vor ("saure Wiesen", daher Sauergräser). Der Gehalt an Kieselsäure macht sie zu rauhen, harten und daher wenig wertvollen Futtergräsern. Man unterscheidet 3 Unterfamilien.

A. Blüten zwitterig:
   a) Bälge des Aehrchens in *2 Zeilen*: Zypereen.
   b) Bälge des Aehrchens *spiralig*: Szirpeen.
B. Blüten eingeschlechtig: Carizeen.

1. Unterfam. Zypereen.

87. **Zypergras, Cýperus.** Fig. 414.

Pflanzen mit grasähnlichen Büscheln schmallinealer, rinniger Blätter. Die Aehrchen stehen in Köpfchen und diese in doldenähnlichen Rispen. Hierhin gehören zahlreiche tropische Pflanzen, vor allem auch die ägyptische Papierstaude (C. papyrus L.), die über 4 m hoch wird, dessen unter der Rinde liegendes bastähnliches Gewebe die Alten als Papyrus ebenso wie wir das Papier gebrauchten. Bei uns kommen nur 2 niedrige Arten zerstreut auf nassem Lehm- und Sandboden und feuchten Triften vor. ☉. Wenn *2* Narben vorhanden sind, die Bälge *schmutzziggelb* mit grünen Streifen und die Nüsschen *rundlich-eiförmig:* **gelbliches Z.**, C. flavéscens L., Aug., Sept.; — wenn dagegen *3* Narben, Bälge *schwarzbraun* mit grünen

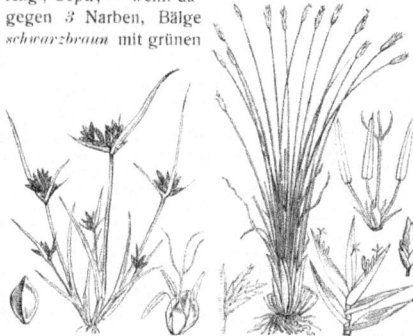

1. *Zusammengesetzte* Spirre, *ohne* Perigon, Narbe kahl. Fig. 414.

Fig. 414. Cyperus fuscus.   Fig. 415. Schoenus ferrugineus.

Streifen und die Nüsschen *3kantig:* **braunes Z.**, C. fuscus L., Fig. 414. Juli, August.

88. **Knopfbinse, Schoenus.** Fig. 415.

Seltene Pflanzen der Torfwiesen. Wenn die Köpfchen 5—10 *endständige* Aehrchen haben: **schwärzliche K.**, Sch. nígricans L.; — wenn dagegen *2—3*

2. *Einfache* kopfförmige Spirre, *Perigon* als Borsten vorhanden. Fig. 4 5.

zur Seite stehende Aehrchen: **rotbraune K.**, Sch.
ferrugíneus L., Fig. 415. Beide ♃, bis 50 cm hoch,
Mai, Juni.

2. Unterfam. Szirpeen.

1. Perigon aus seidig-wolligen langen Haaren. Fig. 416.

89. **Wollgras, Erióphorum.**

Durch Ausläufer polsterbildende Pflanzen. Nach
der Bestäubung wachsen die Perigonhaare zu einem
langen Schopf aus, welcher der Verbreitung der
Früchte durch Wind und vorüberstreifende Tiere
dient. In Sümpfen und Torfmooren· ♃, zumeist
bis 30 cm hoch, April, Mai, das kopfförmige W. Juni,
Juli.

a. Aehrchen *einzeln* und endständig, Fig. 416, —
  wenn dann mit *6* Perigonborsten: **Alpen-W.**,
  E. alpínum L.; — wenn dagegen *zahlreiche*
  Perigonborsten: **scheidiges W.**, E. vaginátum
  L., Fig. 416. Beide in Gebirgsmooren, selten.
b) Aehrchen am Halmende.
  1. Stengel *rundlich*, Aehrenstiel *glatt:* **vielähriges
     W.**, E. polystáchium L., Taf. 18, 1, die ver-
     breitetste Art.

Fig. 416.
Eriophorum vaginatum.

Fig. 417.
Cladium mariscus.

2. Stengel *stumpf- 3 kantig*, Aehrchenstiel *rückwärts rauh*, — wenn dann das Blatt *nur an der
Spitze* 3 kantig, *9 mm* breit, 5—12 Aehrchen:
breitblättriges W., E. latifólium L.; — wenn
dagegen Blatt *ganz* 3 kantig, *2 mm* breit, 3—4
Aehrchen: **schlankes W.**, E. grácile Koch,
jenes häufig, dieses selten.

*2. Perigon feh-
lend od. aus rück-
wärts stacheligen
Borsten. Fig 417.
a. untere Deck-
blätter kleiner, 3
bis 4 unfruchtbar
(leer).*

90. **Schneide, Cládium maríscus** R. Br. Fig. 417.

Hohe (bis 1 ½ m) binsenartige Pflanze mit kriechendem Wurzelstock, die Blätter sind flach, aber mit
langer 3 kantiger Spitze und scharfen Rändern und
Kiel, infolge von kleinen scharfen Zähnen, wodurch

die Pflanze wirksam gegen Tierfrass geschützt ist.
Die kleinen Aehrchen stehen in zahlreichen Büscheln
(Cladium) und diese in Rispen. Die Blüten haben
nur 2 Staubgefässe. Die Pflanze liefert gutes Material
zum Dachdecken. Auf Torfboden zerstreut. ♃, Juli,
August.

*°) Perigo
Griffelbas
glieda*

91. **Schnabelsimse, Rhynchóspora.** Fig. 418.

Auch Moorbinse. Mit beblättertem, 3 kantigem
Halm und schmalen, rinnigen Blättern, auf Moorwiesen. ♃, bis 30 cm hoch.

Wenn *Wurzel faserig*,
und Aehrchen *weisslich:*
weisse Schn., Rh. alba
Vahl, häufig, Juli, Aug.;
— wenn dagegen *kriechen-
der Wurzelstock* und Aehren
braun: **braune Schn.**, Rh.
fusca R. et S., selten Juni,
Juli.

*°°) Perig
kurz, Grif
kaum ge
Fig.*

92. **Sumpfsimse, Heleócharis.**

Auch Schlammbin-
se. Die einfachen Halme
bilden dichte Rasen, mit
einfachen   endständigen
Aehrchen. An nassen Stellen, Teichrändern u. s. w.

Fig. 418. Rhynchospora alba.

*b. untere
blätter gr
bis 3 unfr
(leer
*) Griffe
verdickt u
geschnürt,
41*

a) *3 Narben*; — wenn dann der Halm *4 kantig*,
  dünn: **nadelfeine S.**, H. aciculáris R. Br., bis
  8 cm hoch; — wenn dagegen Halm *rund, dicker:*
  vielstenglige S., H. multicaúlis Koch, bis 20 cm
  hoch, beide stellenweise. Juni, Aug.
b) *2 Narben*.
  1. Wurzel *faserig*, Frucht *scharf* kantig, Bälge
     abgerundet: **eirunde S.**, H. ováta R. Br. selten.
     ☉, bis 15 cm hoch. Juli, Aug.
  2. Mit *kriechendem Wurzelstock*, Frucht *stumpf-
     kantig*, Bälge etwas *spitz*, — wenn dann der
     untere Balg das Aehrchen *halb* um-
     fasst: **gemeine S.**, H. palústris R. Br.,
     Fig. 420; — wenn dagegen der unterste
     Balg das Aehrchen *ganz* umfasst: **ein-
     spelzige S.**, H. uniplánus Lk., beide
     im Wasser bis 1 m, sonst 15 cm hoch. ♃,
     Juli, Aug. jenes häufig, dieses seltener.

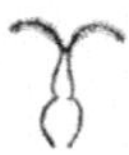

Fig. 419.
Heleocharis pa-
lustris. Frucht-
knoten.

93. **Simse, Scirpus.**

Auch Binse. Manche Arten haben zur vegetativen Vermehrung und Verbreitung Ausläufer nebst
Stocksprossen. Manche sind „Rutengewächse" mit
wenig Blättern, was auf den sumpfigen Standort
zurückzuführen ist; denn dieser wirkt geradeso wie
trockner. Die Perigonborsten mancher Arten haben

*°°) Gri
weiter
noch
schr*

rückwärts gerichtete Borsten, was der Verbreitung der Früchte durch Tiere dient.

A. *Einzelnes, endständiges* Aehrchen. Fig. 421.

1. Halm *ästig*, fadenförmig, im Wasser flutend: **flutende S.**, Sc. flúitans L., selten, in stehenden Gewässern. ♃, bis 30 cm lang. Juli—Sept.

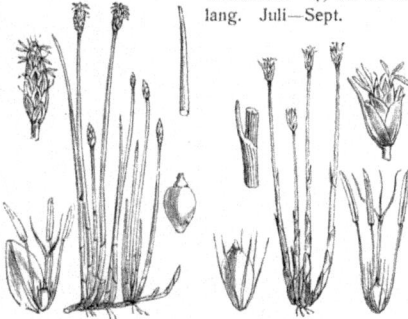

Fig. 420. Heleocharis palustris. Fig. 421. Scirpus caespitosus.

2. Halm *einfach*.

a. Oberste Halmscheide *mit* kurzem linealem *Blatt*, Fig. 421: **Rasen-S.**, Sc. caespitósus L., Fig. 421, in Torfmooren, zerstreut. ♃, bis 15 cm hoch. Mai, Juni.

b. Oberste Halmscheide *blattlos*, — wenn dann Aehrchen *rotbraun*, bis 25 cm hoch: **wenigblütige S.**, S. pauciflórus R. et Sch., ♃, Juni, Juli, zerstreut; — wenn dagegen *bleichgrau*, Pflanze sehr niedrig (bis 8 cm): **Zwerg-S.**, S. párvulus R. et Sch.

Fig. 422. Scirpus rufus. Fig. 423. Scirpus maritimus.

B. Aehrchen zu *mehreren* in Aehren oder trugdoldigen Büscheln, wenn einzeln, dann *seitenständig*.

1. Aehrchen in *Aehren*, wenn dann *10 oder mehr Aehrchen* in der Aehre und Perigonborsten *rückwärts stachelig*, Fig. 421: **zusammengedrückte S.**, S. compréssus Pers. in Sümpfen und nassen Wiesen, zerstreut, ♃, bis 20 cm, Juli, Aug.; — wenn dagegen *4—6 Aehrchen* und Perigonborsten *fehlend* oder *weichhaarig*: **braune S.**, S. rufus Schrad., Fig. 422, am Meeresstrand und an Salinen. ♃, bis 30 cm. Juni, Juli.

2. Aehrchen in *Spirren*.

a. Spirre *deutlich endständig*, mit flachen Hüllblättern, Fig. 423.

  * Bälge der Aehrchen an der Spitze *2spaltig*, Fig. 423 rechts: **Meerstrand-S.**, S. marítimus L., Fig. 423, in Sümpfen und am Meer, zerstreut. ♃, bis 1¹/₃ m hoch. Juni, Juli.

  ** Bälge *ungeteilt*, Fig. 424, — wenn dann *feinstachelspitzig* und Perigonborsten *rückwärts stachelig*: **Wald-S.**, S. silváticus L., Fig. 424, in feuchten Gebüschen, häufig, Juni, Juli; — wenn dagegen die Bälge *ohne* Stachelspitze und die Borsten *glatt*: **wurzelnde S.**, S. rádicans Schkr., auf Sumpfwiesen u. s. w., selten, Juli, Aug. Beide ♃, bis 1¹/₃ m hoch.

Fig. 424. Scirpus silvaticus.

b. Spirre durch das überragende Deckblatt *scheinbar seitenständig*.

  * Bälge *stumpf* mit Stachelspitze, Fig. 425, — wenn dann Aehrchen *einzeln* oder *zu 2—3* und Frucht *längs*rippig, Fig. 426: **borstliche S.**, S. setáceus L., bis 8 cm hoch; — wenn dagegen 2—9 Aehrchen *büschelig gehäuft* und Frucht *quer*runzelig: **liegende S.**, S. supínus L., bis 15 cm hoch; beide selten, an sumpfigen Stellen. ⊙ oder ♃, Juli, Aug.

Fig. 425. Fig. 426. Fig. 427.
Scirpus setaceus, Scirpus setaceus, Scirpus lacustris,
Balg. Frucht. Balg.

  ** Bälge *ausgerandet* mit Stachelspitze, Fig. 427.
  ○ Halm *überall stielrund*, — wenn dann 2 Narben: **Tabernämontans-S.**, S. tábernaemontáni Gmel., bis 1¹/₂ m hoch; —

wenn dagegen *3* Narben: **Teich-S.**, S.
lacústris L., Taf. **18**, 4, bis 2½ m,
beide an stehenden und fliessenden Gewässern, 2¦, Juli u. Aug., jene selten, diese
überall in grossen Beständen.

∞ Halm *wenigstens in der Mitte 3 kantig*, —
wenn dann *alle* Aehrenbüschel *sitzend*:
stechende S., S. púngeus Vahl, bis 60 cm,
an einigen Flüssen, selten; — wenn aber
einige gestielt: **dreikantige S.**, S. tríqueter
L., bis 1 m, an Ufern, selten. 2¦, Juli,
August.

3. Unterfam. Cariceen.

Hierhin als einzige Gattung, aber mit nicht
weniger als 86 deutschen Arten:

94. **Segge, Carex.**

Im allgemeinen gilt von den Seggen das oben
bei Besprechung der Familie Gesagte: grasähnliche
Gewächse, vielfach mit kriechendem Wurzelstock.
Bemerkenswert ist, dass die Blüten zur Sicherung
der Fremdbestäubung eingeschlechtig sind, vielfach
sind die Staubgefäss- und Stempelblüten auf besondere Aehrchen verteilt, dabei stehen jene nackt, d. h.
also ohne Perigon, in den Aehrchenschuppen, während diese eine schlauchartige Hülle besitzen, die
mit der Frucht oft weiter wächst, aufgeblasen wird,
und dann diese durch Schwimmen verbreitet. Ausser
dem einjährigen C. cyperoides sind alle 2¦, und
wenn nichts anders angegeben ist, blühen sie im
Juni und Juli. Vielfache Bastardbildung erschwert
das Bestimmen oft sehr, man achte darauf, dass man
stets auch den Wurzelstock zu berücksichtigen hat,
wir können hier bei dem grossen Umfang der Gattung nicht alle Arten behandeln, die nur an einzelnen
Orten vorkommenden werden wir kurz anführen.
Wir unterscheiden 3 Gruppen:

A. *Ein einziges, endständiges* Aehrchen: **Einährige Seggen.**.

B. Mit *mehreren* Aehrchen, — wenn dann *alle*
(oder doch die meisten) Staubgefässe und Stempel
enthalten: **gleichährige S.**, — wenn dagegen *die
obersten* Aehrchen meist nur Staubgefässe, die *unteren*
nur Stempel haben: **verschiedenährige S.** (hierhin
die meisten).

I. Einährige Seggen[1]), alle selten.

a) Mit *3* Narben: **wenigblütige S.**, C. pauci-
flóra Lightfood, in Hochmooren der Gebirge, 20 cm.

b) Mit *2* Narben, Fig. 427 unten rechts.

---

[1]) Wenn der Schlauch am Grunde eine Granne hat,
so deutet dies auf C. microglochin in Oberschwaben und
Oberbayern.

1. Pflanze *einhäusig:* **Floh-S.**, C. pulicáris L., Fig.
428, feuchte Wiesen, 30 cm.

2. Pflanze *zweihäusig*, — wenn dann Blatt und
Halm *glatt*: **Zweihäusige S.**, C. dióïca L., 20 cm;
— wenn dagegen *scharfrandig*: **Davalls S.**, C.
davalliánaSmith, 30 cm,
beide auf Torfwiesen.

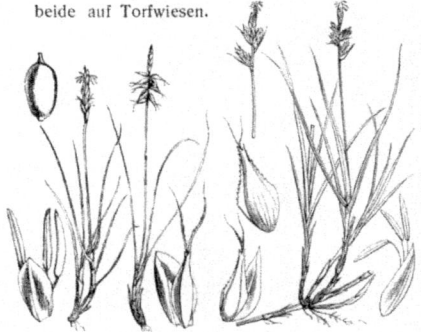

Fig. 428. Carex pulicaris.   Fig. 429. Carex arenaria.

II. Gleichährige Seggen.

A. Aehrchen in *kugeligen Köpfchen* mit (meist)
3 blätteriger Hülle: **Zypergras-S.**, C. cyperóïdes L.,
bis 20 cm, selten in ausgetrockneten Teichen, Juli
bis Sept.

B. Aehrchen in deutlicher *Aehre oder Rispe.*

a) *Mittleres* Aehrchen *ganz männlich*, die anderen weiblich: **Mittelmännige S.**, E. intermédia
Good, bis 30 cm, auf feuchten Wiesen häufig.

b) Aehrchen *oben männlich, unten weiblich*. Vergleiche c.

1. Wurzelstock *mit langen Ausläufern*, Fig. 429, —
wenn dann mit *kopfförmig* gedrängten Aehrchen
und Schlauch *nicht* geflügelt: **fadenwurzelige**

Fig. 430. Carex vulpina.   Fig. 431. Carex leporina.

S, C. chordorhíza Ehrh., bis 30 cm, nur hie und da selten; — wenn dagegen eine *längliche* Haupt-ähre und der Schlauch *geflügelt*, Fig. 429 links: **Sand-S.**, C. arenária L., Fig. 429, 50 cm, auf trocknem Sandboden, an Fluss- und Meeres-ufern, zerstreut.

2. Wurzelstock dicht rasig, *ohne lange Ausläufer*.
    * Früchte *abstehend*.
        O Schlauch *mit 5* Nerven, Halmflächen *konkav*: **Fuchsbraune S.**, C. vulpína L., Fig. 430, mit braunen, grünnervigen Bälgen, überall an Gräben, Teichen u. s. w., bis 1 m. Mai, Juni.
        OO Schlauch mit *undeutlichen* oder *ohne* Nerven, Halmflächen *eben*, — wenn dann die Frucht *sparrig* absteht: **sperrfrüchtige S.**, C. muri-cáta L., bis 50 cm, Bälge braun; — wenn dagegen Frucht *aufrecht* absteht: **unter-brochenährige S.**, C. divúlsa Good., bis 1 m, Bälge blassgrün; auf nassen Wiesen, in Wäldern. Mai u. Juni, jenes überall, dieses zerstreut.
    ** Früchte *aufrecht*.
        O Schlauch *mit 9—12* Nerven, *nicht* glänzend, Deckblätter schmal berandet: **abweichende S.**, C. paradóxa W., untere Blattscheiden mit schwarzem Faserschopf, bis 60 cm, auf Moorwiesen, selten.
        OO Schlauch *ohne deutliche Nerven, glänzend*, — wenn dann Stengel *unten rund*, Blätter bis *2 mm* breit: **stielrundliche S.**, C. tereti-úscula Good., 50 cm; — wenn dagegen Stengel *überall 3kantig* und Blätter bis *6 mm* breit: **rispige S.**, C. paniculáta L., 1 m, beide in Sumpf- und Torfwiesen, zerstreut,
    c) Aehrchen *oben weiblich, unten männlich*.

1. Wurzelstock *mit Ausläufern* kriechend, — wenn dann die Aehrchen *strohgelb* und die Früchte *länger* als das Deckblatt: **Zittergras-S.**, C. bri-zóides L., bis 60 cm, in sumpfigen Wäldern, hie und da; — wenn dagegen die Aehrchen *dunkel-braun* und die Früchte *so lang* wie das Deck-blatt: **Schrebers S.**, C. Schreberi Schrk., bis 30 cm, an Sandorten und trocknen Hügeln, zer-streut. April und Mai.

2. Wurzelstock *ohne (wenigstens längere) Ausläufer*, Fig. 431.
    * Aehrchen *einander genähert*, Fig. 431, — wenn dann die Aehrchen *dick und rund*: **Hasen-S.**, C. leporína L., Fig. 431, bis 30 cm, Schlauch gestreift und mit Flügelrand, häufig, auf trock-nen Wiesen und an Waldwegen; — wenn dagegen die Aehrchen *länglich-walzig* sind: **verlängerte S.**, C. elongáta L., bis 1 m, zer-streut, in sumpfigen Wäldern.

A n m. C. heleonáster Ehrh. in Oberbayern und Schwaben und bei Meppen hat glatte ungeflügelte Schläuche.

** Wenigstens die unteren Aehrchen *von einander entfernt*, Fig. 432.
    O Deckblätter der unteren Aehrchen *überragen* das Halmende, Fig. 432: **entferntährige S.**, C. remóta L. Fig. 432, bis 50 cm, in feuch-ten Wäldern häufig, oft Bastarde bildend.
    OO Deckblätter der unteren Aehrchen *erreichen* das Halmende n i c h t, Fig. 433, — wenn dann die Frucht *sparrig* absteht und der Schlauch *berandet* ist: **sternfrüchtige S.**, C.

Fig. 432. Carex remota.   Fig. 433. Carex canescens.

stelluláta Good., bis 30 cm, in feuchten Wäldern, häufig; — wenn dagegen die Frucht *aufrecht* absteht und der Schlauch *nicht* be-randet ist: **weissgraue S.**, C. canéscens L., Fig. 433, bis 30 cm, in sumpfigen Wiesen, häufig (beide mit geschnäbelter Frucht, C. loliácea L. im Bourtanger Moor und in Ostpreussen mit ungeschnäbelter).

III. Verschiedenährige Seggen.

A. Schlauch *höchstens mit kurzem* Schnabel.
a) *2* Narben, Frucht *glatt*.
1. Frucht ganz *schnabellos*.
    aa. Alle oder einige B attscheiden *zerfasert*, — wenn *alle* und der Halm steif *aufrecht*: **straffe S.**, C. stricta Good. — wenn dagegen *nur die unteren* Blattscheiden gefasert und der Halm *schlaff*: **rasenförmige S.**, C. caespitósa (April), Taf. **18**, 5, beide ¹/₂ m, zerstreut in Sumpfwiesen.
    bb. Blattscheiden *nicht zerfasert*.
    * Deckblatt des unteren Aehrchens *überragt* das Halmende: **scharfe S.**, C. acúta L., bis 1 m, überall an Ufern und Gräben.

13

** Deckblatt des unteren Aehrchens *nicht so lang.*

   O Schlauch *mit mehreren* undeutlichen Nerven: **gemeine S.,** C. vulgáris Fr., bis 30 cm, überall, an Gräben und auf feuchten Wiesen, April—Juni.

   OO Schlauch *nervenlos:* C. rigida Good (Blatt zurückgekrümmt) und C. hyperbórea Drej· (Blatt aufrecht), beide im Riesengebirge.

2. Frucht *mit kurzem, zweizähnigem Schnabel:* C. Gaudiniána Guthnick (Blatt an der Spitze flach zusammengedrückt) in Südbayern und C. microstáchya Ehrh. (Blatt an der Spitze scharf 3 kantig) im Bückeburgschen, bei Lübeck, Tilsit, Wohlau

b) *3* Narben, die Frucht *3 kantig.*

  1. Schlauch *kahl.*

    aa. Deckblätter höchstens *mit sehr kurzer* Scheide.

      * Oberstes Aehrchen *unten männlich, oben weiblich:* **Buxbaums S.,** C. Buxbaúmii Wahlbg., mit faserigen Blattscheiden (nichtfaserig: C. atrata im Riesengebirge), bis 30 cm, auf Torfwiesen zerstreut, April u. Mai.

      ** Oberstes Aehrchen *ganz männlich* — wenn dann weibliche Aehrchen *sitzend:* **niedrige S.,** C. supína Wahlbg., 15 cm, zerstreut auf sonnigen Hügeln, April u. Mai; — wenn dagegen weibliche Aehrchen gestielt, Fig. 434: **Schlamm-S.,** C. limósa L., Fig. 434,

S., C. glauca Scop., Fig. 435, häufig, auf feuchten Wiesen, bis 50 cm, April u. Mai.

** Mit *1* männlichen Aehre.

   O Blätter *behaart,* — wenn dann die Aehrchen *aufrecht* und der Halm fast *ohne* Blätter: **wimperblättrige S.,** C. pilósa Scop., in Laubwäldern selten, bis 50 cm, April u. Mai; — wenn dagegen Aehrchen *nickend*

Fig. 436. Carex pallescens.   Fig. 437. Carex panicea.

und Halm *mit* Blättern: **blasse S.,** C. palléscens L., Fig. 436, überall, in Wäldern und auf Wiesen, bis 30 cm.

   OO Blätter *kahl.*

    1. Mit *aufrechten* weiblichen Aehrchen: **hirsenartige S.,** C. panícea L., Fig. 437,

Fig. 434. Carex limosa.   Fig. 435. Carex glauca.

Blatt faltig-rinnig (wenn flach C. irrígua Gm., Riesengebirge, Erzgebirge, Tilsit), auf Moorsümpfen zerstreut.

    bb. Deckblätter *mit deutlicher* Scheide (wenn häutig: C. alba in süddeutschen Gebirgswäldern, sonst blattartig).

      * Mit *2—3* männlichen Aehrchen: **meergrüne**

Fig. 438. Carex strigosa.   Fig. 439. Carex maxima.

überall, auf feuchten Wiesen, bis 30 cm. — [C. nítida Hoch. im Südharz hat weisslich-häutige Schlauchspitze, C. vagináta Tausch im Riesengebirge mit rechtwinklig gebogenen männlichen blühenden Aehrchen.]

2. Mit wenigstens *nickenden* weiblichen Aehrchen, — wenn dann *mit* Ausläufern und *schlanken* weiblichen Aehrchen, Fig. 438: **schlankährige S.**, C. strigósa Huds.; — wenn dagegen *ohne* Ausläufer und mit *gedrangenen* Aehrchen: **grösste S.**, C. máxima Scop., Fig. 439, beide 1 m und höher, in feuchten Wäldern, zerstreut. — [C. capilláris L. im Riesengebirge hat sehr kurze weibliche Aehrchen.]

2. *Behaarte* Schläuche.
  aa. Scheide *höchstens kurz*, Aehrchen *dicht*früchtig.
  * Aehrchen *alle sitzend.*
    ○ Schlauch *fast kugelig:* **filzfrüchtige S.**, C. tomentósa L., auf feuchten Wiesen, bis 30 cm, April u. Mai.
    ○○ Schlauch *am Grunde verschmälert.* Fig. 440.
      1. *Mit* Ausläufern : **Heide-S.**, C. éricetórum Pall., auf trocknem Sandboden zerstreut, bis 20 cm, März—Mai.
      2. *Ohne* Ausläufer, Fig. 440, — wenn dann Deckblätter *häutig:* **Berg-S.**, C. montána L., zerstreut, in trocknen Wäldern, bis 25 cm, April—Mai; — wenn dagegen Deckblätter *blattartig* grün: **pillentragende S.**, C. pilulífera L., Fig. 440 häufig, auf sandigen Waldplätzen und Heiden, bis 30 cm, April—Mai.

Fig. 440. Carex pilulifera.   Fig. 441. Carex humilis.

** *Unterstes* Aehrchen (wenigstens meistens) *kurz gestielt:* **Frühlings-S.**, C. praecox Jacq., Taf. 18, 6, Halm glatt, auf trocknen Hügeln und in Wäldern, überall, bis 30 cm, März u. April. [Die Abart C. polyrrhíza Wallr. hat oberwärts rauhen Halm.]
  bb. Scheide des Deckblatts *deutlich vorhanden*, Früchte *locker* stehend.
  * Weibliche Aehrchen (meist) *3*blütig : **niedrige S.**, C. húmilis Leyss., Fig. 441, auf sonnigen Hügeln, zerstreut, bis 8 cm, März u. April.

** Weibliche Aehrchen *mehr*blütig, — wenn dann der Schlauch *so lang* wie das Deckblatt : **gefingerte S.**, C. digitáta L., Fig. 442 ; — wenn dagegen *länger :* **Vogelfuss-S.**, C. ornithópoda W., beide zerstreut, in schattigen Laubwäldern, bis 15 cm, April u. Mai.
B. Schlauch *langgeschnäbelt* mit 2 Zähnen oder Haarspitzen, Fig. 443.
  a) Schlauch *behaart*, Fig. 443, — wenn dann Deckblätter *langscheidig* und Blatt *flach* und *behaart:* **Behaarte S.**, C. hírta L., Fig. 443, häufig, an san-

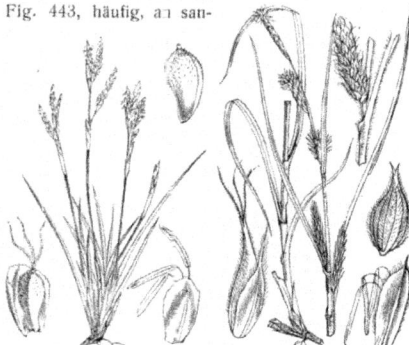
Fig. 442. Carex digitata.   Fig. 443. Carex hirta.

digen nassen Stellen, bis 60 cm; — wenn dagegen Deckblätter höchstens *kurzscheidig* und Blatt schmal, *rinnig* und *kahl:* **fadenförmige S.**, C. filifórmis L., zerstreut, an stehenden Gewässern, bis 1 m.
  b) Schlauch *kahl.*
    1. Aehrchen *hängend*, — wenn dann Deckblatt *langscheidig:* **Wald-S.**, C. silvática Huds., Fig. 444, lockerblütig. Schlauchschnabel kahl [wenn gedrungenblütig und Schnabel feingesägtwimperig: C. frigida All., Feldberg und Hoheneck in den Vogesen], hie und da, auf feuchten Waldwiesen, bis 60 cm, Mai; — wenn aber Deckblatt *kurzscheidig:* zypergrasährliche S., C. pseudocyperus L., selten, in Gräben u. s. w., bis 50 cm, Mai.
    2. Aehrchen *aufrecht* (oder nur das unterste nickend).

Fig. 444.
Carex silvatica.

aa. Schnabel des Schlauchs mit *gerade vorge-streckten* Zähnen, Fig. 445, meist *nur 1* männliches Aehrchen.

* Aehrchen *sitzend* oder mit dem Stiel in der Blattscheide, — wenn dann Schnabel des Schlauches *zurückgekrümmt*, Fig. 445: **hellgelbe S.,** C. flava L.; — wenn dagegen Schnabel *gerade:* **Oeders S.,** C. Oedéri Ehrh., beide auf Sumpfwiesen, bis 15 cm, jene häufiger als diese.

** Wenigstens an den untern Aehrchen ein *deutlich sichtbarer Stiel.*

  O Die Blätter *überragen* den Halm: **Gerstenährige S.,** C. hordeïstíchos Vill., schwarze glanzlose Früchte; selten, in Gräben u. s. w., 20 cm, April, Mai [S. secalína Wahlbg., Erfurt, bei Halle, mit brauner, glänzender Frucht].

  OO Die Blätter *kürzer* als der Halm.

aaa. *Stumpfe* Deckblättchen mit Stachelspitze, Fig. 446, — wenn dann Schlauch *vielnervig:* **entferntährige S.,** C. distans L., Fig. 446, bis 60 cm, zerstreut, auf feuchten Wiesen; — wenn aber Schlauch *mit*

Fig. 445. Carex flava.   Fig. 446. Carex distans.

2 stärkeren Nerven; **zweinervige S.,** C. binérvis Sm., bis 1 m, selten, auf Heiden.

bbb. *Zugespitzte* Deckblättchen mit oder ohne Stachelspitze: **Hornschuhs S.,** C. hornschuchiána Hoppe, 2—4 weibliche Aehrchen gedrungenblütig, zerstreut, auf Torfwiesen, bis 30 cm.

[C. Michélii Host, Schlesien in Wäldern, hat nur 1—2 weibliche Aehrchen, C. sempervírens Vill. ist lockerblütig.]

bb. Schnabel des Schlauches in 2 *abstehende* Spitzen geteilt, meistens *mehrere* männliche Aehrchen.

* Halm *glatt:* **Flaschen-S.,** C. ampullácea Good., Schlauch aufgeblasen, fast kugelig, häufig, an sumpfigen Orten, bis 60 cm [C. nutans Host bei Magdeburg mit nicht aufgeblasenem eiförmigem Schlauch].

Fig. 447. Carex vesicaria.   Fig. 448. Carex paludosa.

** Halm mit *rauhen* Kanten.

  O Schlauch *aufgeblasen:* **Blasen-S.,** C. vesicária L., Fig. 447, häufig, an nassen Orten, bis 60 cm.

  OO Schlauch *nicht* aufgeblasen, — wenn dann die Blattscheiden *gespalten:* **Sumpf-S.,** C. paludósa Good., Fig. 448, bis 1 m, häufig, an feuchten Stellen; — wenn dagegen die Blattscheiden *geschlossen:* **Ufer-S.,** C. ripária Curt., sehr häufig, an Gräben u.s.w. bis 1,25 m, die stärkste und grösste Segge Deutschlands.

V. Reihe. Lilienblütige.

21. Fam. Binsengewächse, Juncaceen.

Es sind dies steife, grasähnliche Kräuter, was sich vor allem in den flachen, schmalen, z. T. übrigens auch stielrunden Blättern zeigt. Sie haben Wurzelstöcke, mit denen sie überwintern und sich verbreiten. Die kleinen unscheinbaren Blüten, der trockne Blütenstaub und die feingefiederten Narben deuten wie bei den Gräsern auf Windbestäubung, dagegen ist der Blütenbau selbst anders als bei den Gräsern: es ist ein kelchähnliches, trockenhäutiges, 6blättriges Perigon vorhanden, meist auch 6 Staubgefässe, der *ein* e Fruchtknoten wird zu einer Kapsel. Die Blüten stehen meistens in Spirren. Die 250 Arten sind namentlich in der gemässigten und kalten Zone weit verbreitet.

95. Binse, Juncus.

Fast alle Arten dauern aus. Es sind ausgesprochene Rutengewächse mit reduzierten, manch-

1. Blätter *stiel*rund oder ger *kahl,* Kapsel *d* fächerig, *vi* samig.

mal sogar ganz fehlenden Blättern, der grüne Halm übernimmt dann statt ihrer die Ernährungsarbeit. Alles das hängt mit dem nasskalten sumpfigen Standort zusammen, der ebenso wirkt wie ein trockener. Der knotenlose runde Halm ist dem der Gräser ähnlich sehr biegungsfest gebaut (d. h. ein fester Zylinder, der mit weichem Mark ausgefüllt ist). Bei manchen Arten im Hochgebirge (J. supínus und J. alpínus) bilden sich als Ersatz der Früchte Ableger. Wie gesagt, sind die Blüten auf Windbestäubung und damit Fremdbestäubung eingerichtet, bemerkenswert ist aber, dass bei J. bufónius durch Kleistogamie (Geschlossenbleiben der Blüten) Selbstbestäubung als Notbehelf zu beobachten ist. Die Samen sind leicht und haften Sumpfvögeln an, die sie auf diese Weise verbreiten. 24 deutsche Arten.

A. Halm *blattlos*, nur unten mit blattlosen Scheiden.

I. Spirre *aufrecht:* **Strand-B.**, J. maritimus Lam., Hüllblatt und Scheide mit stechender Spitze, an sandigen Küsten von Europa und Nordamerika, an Nord- und Ostsee, bis 1 m hoch, Juli u. Aug.

II. Spirre *seitlich stehend*, Fig. 449.

1. Der dünne, fadenförmige Halm oben *nikkend:* **fadenförmige B.**, J. filifórmis L., Fig. 449, selten, auf Torfwiesen, besonders im Gebirge, bis 30 cm, Juni u. Juli.

2. Halm *aufrecht*.

a. Mark des Halm *fächerig:* **meergrüne B.**, J. glaucus Ehrh., die Blüten sind grösser in lockerer, wenig verzweigter Spirre, Kapsel stumpf, glänzend braun, häufig,

Fig. 449. Juncus filiformis.

an feuchten Orten, bis 60 cm, Juli u. Aug.

b. Mark *nicht* unterbrochen.

* Mit *6* Staubgefässen: J. diffúsus in Holstein, bei Brandenburg und Hannover, mit schwarzroten Scheiden — und J. bálticus am Meer mit gelbbraunen Scheiden.

** Mit *3* Staubgefässen, — wenn dann die Spirre *ausgebreitet* flatterig und Griffel unmittelbar auf der Kapsel: **Flatter-B.**, J. effúsus L., Taf. 18, 2, kleine Blüten in lockerer Spirre, Kapsel eingedrückt; — wenn dagegen Spirre knäuelartig *zusammengezogen* und Griffel auf einem Höckerchen der Kapsel: **Knäuel-B.**, J. conglomerátus L., beide überall an nassen Gräben u. s. w., im grössten

Teil Europas, bis 1 m, Juni u. Juli. Man flechtet aus den Halmen Körbchen.

B. Halm *wenigstens mit Wurzelblättern*.

I. *Nur Wurzelblätter* vorhanden, Fig. 450.

1. Die Blüten stehen in 5—10blütigen *Köpfchen*, Fig. 450: **Kopfblütige B.**, J. capitátus Weigl., Fig. 450, zerstreut, auf feuchten Aeckern und Triften, bis 10 cm hoch, Mai—Aug. (wenn nur 1—3 Blüten zusammen: J. trífidus im Riesengebirge).

2. Die Blüten stehen in endständigen **Spirren** mit sehr ungleichen Aesten; — wenn dann Blätter *abstehend* und Staubfäden *länger* als die Staubbeutel: **dünne B.**, J. ténuis W., selten, auf

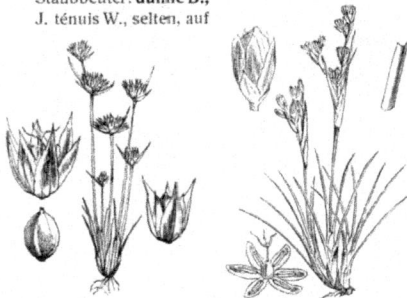

Fig. 450. Juncus capitatus.   Fig. 451. Juncus squarrosus.

tonig-sandigem Waldboden, bis 25 cm, Mai u. Juni; — wenn dagegen Blätter *aufrecht* und Staubfäden *3—4mal kürzer* als die Staubbeutel: **sparrige B.**, J. squarrósus L., Fig. 451, Heide und Torftriften, bis 30 cm, Juli u. Aug.

II. Auch *1 bis mehr Halmblätter* vorhanden.

1. Blätter *rund*, hohl, durch Querwände *gefächert* (mit 6 Staubgefässen, nur 3 hat J. pygmaéus, ⊙, in Schleswig).

a. *Die 3 inneren Perigonblätter länger:* **Wald-B.**, J. silváticus Reichb., Blatt glatt, häufig, in feuchten Wäldern und auf Torfboden, bis 1 m, Juli u. Aug. (wenn die Halm fein gerieft: J. atrátus, Leipzig, Breslau, in Hannover).

b. Die 6 Perigonblätter *alle gleichlang*, Fig. 453.

* Perigonblätter *kurz stachelspitzig*, Fig. 452: **glanzfrüchtige B.**, J. lamprocárpus Ehrh., Fig. 452, Halm etwas zusammengedrückt, Perigon braun, weissgerandet, Kapsel kastanienbraun, glänzend, fast in ganz Europa, in Deutschland überall, in Gräben und an Ufern, bis 1 m, Juli u. Aug.

** Perigonblätter *stumpf*, Fig. 453; wenn dann *silberweiss*: **stumpfblütige B.**, J. obtusiflórus Ehrh., Fig. 453; — wenn dagegen *braun:*

Alpen-B., J. alpínus Vill., bis 30 cm, Juli u. Aug., jene zerstreut an Sumpforten, diese mehr im Gebirge.

2. Blätter *schmal lineal*, borstig, *nicht gefächert*.

a. Blüten in *Köpfchen, diese in Spirren:* **Schlamm-B.,** J. supínus Mnch., zerstreut, auf Torfwiesen und in Sümpfen, bis 20 cm, Juli u. Aug.

Fig. 452.
Juncus lamprocarpus.

Fig. 453.
Juncus obtusiflorus.

b. Blüten *einzeln in Spirren*, Fig. 454.

* Mit kriechendem Wurzelstock *überwinternd* und Halm *zusammengedrückt*, — wenn dann die Perigonblätter *fast so lang* wie die Kapsel: **Gerards-B.**, J. Gerárdi Loisl.; — wenn dagegen *kürzer*, Fig. 454: **zusammengedrückte**

Fig. 454.
Juncus compressus.

Fig. 455.
Juncus bufonius.

B., J. compréssus Jacq., Fig. 454, beide bis 50 cm hoch, Juli u. Aug., jene zerstreut auf Sumpf- und Salzboden, diese häufig auf feuchten Wiesen und an Wegen.

** *Einjährig,* Halm *stielrund*, — wenn dann die Perigonblätter *so lang oder länger* als die Kapsel: **zarte B.,** J. tenagéia Ehrh.; — wenn

dagegen *länger* als die Kapsel, Fig. 455: **Kröten-B.,** J. bufónius L., Fig. 455, jene bis 15 cm, stark verzweigt, Blätter meist grundständig, Perigonblätter stachelspitzig, auf feuchtem Sandboden, zerstreut, diese, bis 25 cm, überall (fast auf der ganzen Erde) amphibisches Unkraut, beide Juni—Aug. [J. bufonius mit länglicher Kapsel, J. sphaerocárpus mit rundlicher, so Würzburg, Weimar, Offenbach.]

96. Hainbinse, Lúzula.

2. Blätter *fl. behaart*, Fig. . Kapsel *einfäc* rig, *dreisam*

Ausdauernde Gewächse, vielfach rasenbildend, mit grasartigen Blättern, die am Rande weisshaarig sind. Die 9 deutschen Arten lieben mehr trocknen Boden.

I. Blüten in *Köpfchen* und *diese* in *Spirren:* **gemeine H.,** L. campéstris DC., Taf. **18,** 3, Blatteile braun, hellrandig, in Nord- und Mitteleuropa verbreitet, in Deutschland (ändert je nach dem Standort ab) überall, auf Wiesen und Triften, bis 25 cm, März bis Mai [wenn die Köpfchen in länglicher Aehre, J. spicáta DC. im Riesengebirge].

II. Blüten in *Spirren ohne Köpfchen.*

1. Spirre *einfach*, Samen *mit* Anhängsel, — wenn dann die Spirrenäste *nach dem Blühen zurückgebrochen* und das Blatt lanzettlich 6—8 mm breit: **behaarte H.,** L. pilósa W., Fig. 456, Blatt mit langen

Fig. 456. Luzula pilosa.   Fig. 457. Luzula silvatica.

weissen Haaren gewimpert, in ganz Europa verbreitet, in Deutschland überall, besonders in Laubwäldern, bis 30 cm, April u. Mai; — wenn dagegen Spirrenäste *stets aufrecht* und Blatt lineal: **Forsters H.,** L. Forstéri DC., selten, in sonnigen Bergwäldern (z. B. Elsass, Rheinland), bis 30 cm, Mai u. Juni.

2. Spirre *zusammengesetzt,* Samen *ohne* Anhängsel, — wenn dann die Spirre *kürzer* als die Hüllblätter: **weisse H.,** L. álbida DC., häufig, besonders in Gebirgswäldern, bis 60 cm, Juni u. Juli; — wenn

dagegen *länger:* **Wald-H.**, L. silvática Gaud., Fig. 457, ebenda zerstreut, bis 1 m, Mai u. Juni [L. spadícea DC. in den Vogesen hat kahle Blätter].

22. Fam. Liliengewächse, Liliaceen.

Krautige Gewächse, welche mit Zwiebeln, weniger oft mit Wurzelstöcken (manchmal knollig) überwintern und sich verbreiten, die Blätter sind meistens grundständig und die Blüten zwitterig und regelmässig, mit oft schön gefärbtem Perigon zum

Fig. 458. Colchicum, scheidewandspaltiger Fruchtknoten im Querschnitt.

Fig. 459. Lilium, fachspaltiger Fruchtknoten im Querschnitt.

Anlocken der Insekten. Die Frucht ist eine Kapsel oder auch Beere und oberständig. Eine grosse Familie von 1200 Arten in der warmen und gemässigten Zone, von denen manche sehr geschätzte Zierpflanzen sind. Wir unterscheiden 4 Unterfamilien.

I. Frucht eine *Kapsel*.

A. Frucht *scheidewandspaltig*, Fig. 458: 1. Unterfam. Z e i t l o s e n a r t i g e.

B. Frucht *fachspaltig*, Fig. 459.

a. Mit *Zwiebeln:* 2. Unterfam. L i l i e n a r t i g e.

b. Mit *Wurzelstock:* 3. Unterfam. A s f o d e l - a r t i g e.

II. Frucht eine *Beere*, Taf. **20**, 5: 4 Unterfam. S p a r g e l a r t i g e.

1. Unterfam. Zeitlosenartige.

en einzeln, *bst, ohne* *ätter.*

97. Herbstzeitlose, Cólchicum autumnále L.
Taf. **19**, 1.

Eine zum Schutz gegen Weidetiere giftige Pflanze, die als unterirdisches Organ eine Knolle hat, mit der sie überwintert, und welche im Herbst Blüte und Frucht ernährt. Die im Sommer vorhandenen Blätter arbeiten für die neue Ersatzknolle. Bemerkenswert ist, dass die Knolle dem Klima entsprechend zum Schutz gegen die Winterkälte verschieden tief im Boden liegen soll. Die Pflanze hat drei grosse und saftige Blätter, in denen sich der Standort (feuchte Wiesen) offenbart. Im Herbst kommt aus dem Boden hervor eine grosse Einzelblüte. Da dann die Wiesen abgemäht sind und der Pflanzenwuchs niedrig ist, so macht es nichts aus, dass sie nicht auf hohem Schaft steht. Sie hat aber eine lange Kronenröhre und eine schöne blass-rotviolette Krone als Lockapparat. Abends und bei feuchtem Wetter schliesst sie sich zum Schutz gegen Wärmeverlust und Feuchtigkeit. Der Honig liegt ziemlich tief an

den Staubfäden, was auf langrüsselige Bestäuber (Bienen und Hummeln) hinweist, dabei ist bemerkenswert, dass sich die Staubbeutel nach aussen, d. h. nach dem Zugang zum Honig hin öffnen. Die Narbe wird oft zuerst reif, und obendrein haben die Blüten Narben und Staubfäden, die einander entsprechend in verschiedener Höhe stehen, was beides Fremdbestäubung sichert. Wenn dieselbe aber in dem schon insektenarmen Herbst doch etwa unterblieben ist, so bringen die nachwachsenden Kronenzipfel zuletzt den an ihnen haftenden Blütenstaub an die Narbe, so dass dann als Notbehelf Selbstbestäubung eintritt. Die erst im nächsten Frühjahr erscheinende grüne Kapsel hat zahlreiche Samen, und diese zeigen ein klebriges Anhängsel, mit dem sie an vorüberstreifenden Tieren hängen bleiben und sich verbreiten. — Die Pflanze ist ein lästiges Unkraut, das durch sein Gift dem Rind schädlich wird. Knolle und Samen sind offizinell. Stellenweise auf feuchten Wiesen sehr häufig, in Norddeutschland seltener, bis 20 cm hoch, ♃, August bis Okt.

98. Tofieldie, Tofiéldia calyculáta L. Fig. 460.

2. Blüten in Trauben oder Rispen, mit den Blättern zusammen.

Eine zerstreut vorkommende Pflanze der Torfflora, die sich von den Verwesungsstoffen derselben ernährt; unterirdisch hat sie einen kriechenden Wurzelstock, die Blätter sind „reitend" und umgeben mit ihrem Scheidenteil schützend die jungen Blätter und die Knospen. Sie stehen senkrecht, wodurch sie sich zu stark wirkende Mittagssonne geschützt sind. Die kleinen gelblichen Blüten stehen in Aehren. In Nord- und Mitteleuropa, mehr im Gebirge, in Deutschland selten. ♃, bis 25 cm hoch, Juni und Juli.

a. Blätter linea. *Fig. 460.*

Fig. 460. Tofieldia calyculata.

99. Germer, Verátrum album L. Taf. **19**, 2.

b. Blätter breit, *Taf. 19, 2.*

Auch wohl Niesswurz. Wie die Zeitlose giftig. Die grossen konkaven Blätter haben am Grunde zusammenlaufende Längsrinnen und stehen schräg nach oben, wodurch sie den Regen auffangen und nach innen zu ableiten. Sie sind unten weichhaarig. Die Blüten sind ziemlich unscheinbar: weiss oder gelbgrün, stehen aber zu vielen in Rispen zusammen. Indem neben Zwitterblüten auch reine Staubbeutelblüten vorkommen, wird Fremdbestäubung leichter. Eine Alpenpflanze, die aber auch im süddeutschen Mittelgebirge vorkommt. ♃, bis 1 m hoch, Juli u. Aug.

2. Unterfam. Lilienartige.

A. Perigon *krug-
förmig, gezähnt.*
Fig. 462.

100. Muskat- oder Traubenhyazinthe, Muscari.

Die Pflanze bildet Ausläufer mit Knollen zur vegetativen Vermehrung. Die schmalen Blätter sind grundständig und rinnig, die Blüten sind klein, aber zahlreich und bunt, so dass sie die Insekten anlocken, bei M. comósum sind die oberen Blüten obendrein geschlechtslos und langgestielt, so dass

Fig. 461. Muscari comosum.   Fig. 462. Muscari racemosum.

hier also eine sehr bemerkenswerte Arbeitsteilung (Fig. 461) eingetreten ist. Auch die Stiele sind gefärbt und verstärken diesen eigenartigen Lockapparat. Es sind ausdauernde, bis 30 cm hohe Pflanzen, die schon im April und Mai blühen und als Zierpflanzen benutzt werden.

A. Trauben *locker,* oben mit langgestielten unfruchtbaren Blüten: **Schopf-M.**, M. comósum DC., Fig. 461, auf Wiesen und Feldern, zerstreut.

B. Traube *dicht,* gleichartig, — wenn dann Blätter ca. *2 mm breit, bogig gekrümmt:* **Trauben-M.**, M. racemósum Mill., Fig. 462; — wenn dagegen Blätter *breiter und aufrecht:* **perlblütige M.**, M. botryóïdes Mill., beide auf Hügeln, Weinbergen u. s. w. selten, wohl verwildert, in der Schweiz häufig. [M. tenuiflórum Tausch, auf waldigen Kalkhügeln, sehr selten, hat eingeschnürte Perigonmündung].

B. Perigon *6teilig.* Taf. 20, 1.
a. Griffel *3teilig.*
Fig. 463.

101. Schachblume, Fritillária meleágris L.

Taf. 20, 1.

Eine prächtige Pflanze, mit 3 oder 4 linealen, rinnenförmigen Blättern und nur 1—2 Blüten; aber diese sind gross und bunt — fleischrot oder gelb-

lich, dunkelrot —, würfelfleckig, so dass sie einen weithin sichtbaren Lockapparat bilden, sie hängen nach unten, so dass die Innenteile gut geschützt sind. Die Hummeln und Bienen fliegen von unten ein und steigen an Griffeln und Staubfäden empor. Die frühe, aber lange Blütezeit (April und Mai) sichert Fremdbestäubung, und die flachen Samen werden leicht durch den Wind verbreitet. In Mitteleuropa zerstreut, auf feuchten Wiesen, in Deutschland selten; ♃, bis 30 cm hoch. — [Nahe verwandt ist die Kaiserkrone, Fr. imperiális.]

Fig. 463. Fritillária meleagris, Stempel.

102. Waldtulpe, Túlipa silvéstris L.
Fig. 465.

Die Zwiebel ist giftig als Schutz gegen Tierfrass, Brutzwiebeln in den Achseln der Grundblätter dienen der vegetativen Vermehrung. Die jungen Blätter sind von einem kegelförmigen derben Blatt mit fester Spitze umgeben, dass jene beim Durchbruch durch die Erde schützt. Die lineal-lanzettlichen kahlen Blätter mit Wachsschicht deuten auf Schutz gegen Verdunstung und Regen, ihre Richtung schräg nach oben auf zentripetale Regenableitung. Die einzige Blüte ist gross, gelb, leuchtend und lockt dadurch und durch Honigduft die Insekten an. Sie hat jedoch keinen Honig, sondern bietet nur viel Blütenstaub, der in den schüsselförmigen Perigonblättern vorläufig aufbewahrt wird. Abends und bei feuchtem Wetter schliesst sich die nach oben stehende Blüte und krümmt sich der Blütenstiel (zum Schutz). Da die Narbe zuerst die Staubbeutel überragt, wird Fremdbestäubung erstrebt, allein zum Notbehelf der Selbstbestäubung wird zuletzt die sich schliessende Krone mit daran haftendem Blütenstaub an die Narbe gedrückt. Der Fruchtstiel ist trocken und elastisch, vom Wind leicht bewegt, die Samen sind leicht und flach, beides dient der Verbreitung. Auf Waldwiesen und in Weinbergen Mitteleuropas, sehr zerstreut. ♃, bis 30 cm hoch, April bis Mai. — Die Gartentulpe stammt aus dem Orient.

Fig. 464. Tulipa silv., Stempel-Ende.

Fig. 465. Tulipa silvestris.

b. Griffel *teilt.* Fig.
aa. Staub *mit dem Ble* dem Stau *aufgerad* Fig. 4
1. Griffel Fig. 4

el vorhan- enförmig.

103. Goldstern, Gágea. Taf. **20**, 2.

Hinsichtlich der Zwiebel s. Tulpe. Die Blätter sind lineal-lanzettlich. Die Blüten sind kleiner als bei der Tulpe, stehen dafür aber zu mehreren zusammen, obendrein blüht der Goldstern so früh, dass dann die Konkurrenz um die Insektenbesucher noch nicht so gross ist. Abends und bei feuchtem Wetter schliessen sich die Blüten, um sich zu schützen. Da sie aussen grünlich sind, so sind sie dann wenig sichtbar. Bei anhaltend schlechtem Wetter bleiben sie überhaupt geschlossen, und es tritt Selbstbestäubung ein. In Asien und Europa heimisch.

A. *Drei* nackte Zwiebelchen: **Wiesen-G.**, G. praténsis Schult., häufig, auf trocknen Wiesen.

B. *Zwei* Zwiebeln mit gemeinsamer Haut, — wenn dann die Blütenstiele *behaart*: **Acker-G.**, G. arvénsis Schult., häufig, auf Aeckern; — wenn dagegen *kahl*: **scheidenförmiger G.**, G. spathácea Salisb., zerstreut, auf feuchten Wiesen und in Wäldern. [G. mínima Schult. hat nur ein grundständiges Laubblatt, sehr selten, Waldwiesen, und G. saxátilis Koch hat einzelne Blüten und fadenförmige Blätter, an felsigen Orten.]

C. Nur *eine* Zwiebel, ein Blatt: **Gelber G.**, G. lútea Schult., **Taf. 20**, 2, zerstreut, in Gebüschen, an Bächen, bis 30 cm. [Der **Zwerg-G.**, G. pusílla Schult., 12 cm hoch, hat schmalrinnige Blätter, sehr selten, in Wäldern.]

ubbeutel Rücken achsen. 466. in Trau- Rispen. onblatt nde mit urche.

104. Lilie, Lilium. Taf. **20**, 3.

Auch hier Zwiebeln wie bei der Tulpe, sowie grosse z. T. duftende Blüten, und zwar mit Honig in Längsrinnen, durch starre Haare gegen Diebe geschützt. Die Kapseln stehen auf elastischen Stielen. — Beim **Türkenbund**, L. Martagon L. (bis 1 m

Fig. 466.
Lilium, Staub-
fäden.

hoch, an steinigen Abhängen, zerstreut, Juni–Juli), ist die Blüte abwärts gerichtet, blass braunrot, Staubgefässe mit leicht beweglichen Beuteln (beachte die Anheftung!) und Griffel ragen weit hervor, die Blüte duftet abends: sie wird von langrüsseligen Schwärmern, z. B. Taubenkropf, schwebend bestäubt, die Narbe ist dabei zuerst reif und vorgestreckt, und zwar so, dass sie vor der Honigrinne liegt. Am Ende der Blütezeit krümmt sich der Griffel mit der Narbe seitwärts zu den Staubbeuteln hin, um Selbstbestäubung als Notbehelf zu erreichen. — Bei der Feuer-L., L. bulbíferum L. (selten, auf Gebirgswiesen bis 60 cm hoch, April—Mai) sind die duftlosen Blüten aufrecht und feuerrot mit braunen Flecken, sie wird von ähnlich gefärbten Tagfaltern besucht, Staubbeutel und Narben werden zwar gleich-

zeitig reif, aber diese liegt vor jenen an dem Weg zur Honigrinne. Wo die Feuerlilie selten Früchte trägt, entstehen in den oberen Blattachseln zur Aushilfe schwarze Brutzwiebeln. Der Türkenbund ist in lichten Wäldern Mitteleuropas verbreitet, bis 1 m hoch, die Feuerlilie mehr auf Gebirgswiesen, z. T. verwildert; beide Juni u. Juli.

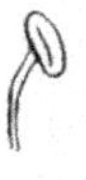

105. Meerzwiebel, Sternhyazinthe, Scilla. Taf. **19**, 3.

Perigonblät- ter ohne Honig- furche. o. Blüten blau.

Zierliche Pflanzen mit Zwiebeln, linealischen rinnigen Blättern und kleinen, aber zahlreichen Blüten (in Trauben), deren Narben meist zuerst reif sind (Fremdbestäubung), aber später schmiegen sich ihnen die Staubbeute an (Selbstbestäubung). Die Blüten sind sternförmig und azurblau. ♃, bis 20 cm hoch, März – Mai.

Wenn 2 Blätter und *keine* Deckblätter der Blüte: **zweiblättriger M.**, Sc. bifólia L., Taf. **19**, 3; — wenn dagegen *mehr* Blätter und *mit* Deckblättern der Blüte: **schöne M.**, Sc. amóena L. Auf schwerem Waldboden, an sonnigen Hängen, besonders in Süd- und Mitteldeutschland. [Sc. autumnális, auf Kalkhügeln in Elsass, hat violett-rote kleine Blüten ohne Deckblatt.]

106. Beinheil, Narthécium ossífragum Huds.
Fig. **467**.

Giftig, steif aufrecht mit grasähnlichen Blättern, Blüten in Trauben, selten, auf Sumpf- und Torfboden, in W.- und M.-Europa, fehlt in Süddeutschland; bis 30 cm hoch, ♃, Juli u. Aug.

oo. Blüten grün. Staubfäden be- haart. Fig. 467 rechts.

Fig. 467.
Narthecium ossifragum.

107. Vogelmilch, Ornithógalum. Taf. **19**, 4.

ooo. Blüten weiss bis gelb, Staub- fäden kahl.

Ueberwintert mit haselnussgrossen Zwiebeln, die Blätter sind grundständig, schmal-lineal, kleine aber zahlreiche Blüten in lockerer Schirmtraube, die sich nachts und bei Regen schliessen und aussen grün sind. ♃, April u. Mai. — Wenn die Staubfäden *pfriemlich* und die Blütenstiele *länger* als das Deckblatt sind: **Milchstern**, O. umbellátum L., Taf. **19**, 4, weiss mit grünem Rückenstreifen in Mitteleuropa, auf Wiesen und Aeckern, bis 20 cm hoch; — wenn dagegen Staubfäden *breit* und Blütenstiel *kürzer* als das Deckblatt: **Grasstern**, O. nutans L., Blüte weiss, aussen grün und weiss gerandet, bis 50 cm, auf Wiesen, in Grasgärten, aus Südeuropa verschleppt, beide nicht häufig in Deutschland.

14

2. Blüten in *Dolden*, mit Hülle.

108. Lauch, Allium. Taf. **19,** 5.

Zwiebeln als Vorratsspeicher und zur Ueberwinterung auch mit Brutzwiebeln (selbst statt der Blüten beim Knoblauch) zur vegetativen Vermehrung. Die ganze Pflanze hat starken Geruch zum Schutz gegen Weidetiere. Die junge Knospe besitzt zum Schutz eine grosse zipfelmützige Scheide. Die Blätter sind entweder röhrig oder schraubig, beides zum Schutz gegen Einknicken. Der Blütenstand wird von einer häutigen Scheide geschützt und hat kleine, aber zahlreiche Blüten, bei A. suaveolens auch mit Duft. Die Laucharten werden medizinisch und als Küchenpflanzen (Zwiebel, Knoblauch, Schnittlauch, Porree, Schalotte) verwendet. In Deutschland

Fig. 468.
Allium schoenoprasum.

19 veränderliche Arten, sonst in Europa, Afrika, Nordasien und Nordamerika.

A. Stielrunde, *hohle, röhrige* Blätter, Fig. 468.

I. Stengel *aufgeblasen* (Blüte weiss) — wenn *unter* der Mitte: **Sommerzwiebel,** A. cepa L. Staubfäden am Grunde *mit* Zahn, bis 1 m; — wenn dagegen *über* die ganze Mitte hin aufgeblasen, Staubfäden *ohne* Zahn: **Winterzwiebel,** A. fistulósum L., bis 50 cm, beide Juni u. Juli.

II. Stengel *nicht* aufgeblasen.

a. Alle *6* Staubfäden *fadenförmig, ohne* Zahn, Fig. 468: **Schnitt-L.,** A. schoenoprásum L., Fig. 468, Blüte rötlich, auf feuchten Wiesen, in Mittel- und Nordeuropa, z. T. angebaut, bis 30 cm, Juni u. Juli.

b. *3* Staubfäden *breit*, jederseits *mit* Zahn, Fig. 469.

  * Blätter *ganz* stielrund: **Schalotte,** A. ascalónicum L., lila, angebaut, stammt aus der Levante, bis 25 cm, Juni—Aug.

Fig. 469.
Allium vineale,
Staubfäden.

  ** Blätter *halb* stielrund; wenn dann Dolde *ohne* Zwiebelchen, Blüte purpurn: **rundköpfiger L.,** A. sphaerocéphalum L.; — wenn dagegen *mit* Zwiebelchen: **Weinbergs-L.,** A. vineále L., beide bis 50 cm, zerstreut, auf sonnigen Hügeln und Aeckern.

B. Blätter *flach oder rinnig*, nicht röhrig. Taf. **19,** 5.

I. Staubfäden *fadenförmig*, jedenfalls *ohne* Zahn.

a. Blätter (2) *elliptisch* oder *lanzettlich* lang gestielt: **Bären-L.,** A. ursínum L., Taf. **19,** 5, Zwiebel

lang rautenförmig, Stengel selbst blattlos, Blüte weiss, bis 30 cm, in feuchten Laubwäldern von Süd- und Mitteleuropa, in Deutschland zerstreut, hie und da gemein, Mai u. Juni [wenn der Stengel beblättert: **Siegwurz,** A. victoriále L. auf hohen Gebirgen].

b. Blätter *schmal-lineal*, Blüte rosa.

  * *Eine* Zwiebel *ohne* Wurzelstock: **Gemeiner L.,** A. oleráceum L., Staubgefässe so lang wie das Perigon, zerstreut über Europa und Nordasien, auf Triften, in Gebüschen häufig, bis 60 cm, Mai—Aug. [Wenn Staubgefässe zuletzt länger: A. carinátum L., Hamburg, Holzminden, Süddeutschland.]

  ** *Mehrere* Zwiebeln *an einem Wurzelstock,* — wenn dann das Blatt *gekielt, 5nervig:* **scharfkantiger L.,** A. acutángulum Schrad., bis 30 cm, nasse Wiesen und Felsen, zerstreut, Juni—Aug.; — wenn dagegen *nicht* gekielt, *schwachnervig:* **täuschender L.,** A. fallax Schult., zerstreut, auf Gebirgsfelsen.

II. Staubfäden *breit*, beiderseits *gezähnt.* Fig. 470.

a. Dolden *mit* Zwiebeln.

  * Blätter am Rande *gezähnt, rauh:* **Schlangen-L.,** A. scorodóprasum L., dunkelpurpurn, Nord- und Mitteleuropa, in Deutschland hie und da in Wäldern, Weinbergen u. s. w.

Fig. 470. Allium sativum.

  ** Blätter am Rande *glatt,* — wenn dann Zwiebel *zusammengesetzt,* Staubfädenzähne *abwechselnd* gedreht, Fig. 470, Blütenscheide langgeschnäbelt: **Knoblauch,** A. sativum L., Fig. 470, Blüte schmutzig-weiss, bis 1 m, in Südeuropa und im Orient heimisch, angebaut; — wenn dagegen Zwiebel *einfach*, Staubfädenzähne *alle* gedreht: **Perlzwiebel,** A. ophioscórodon Don., bis 60 cm, gelbrot, beide Juli u. Aug.

b. Dolden *ohne* Zwiebeln, Blüte purpurn, — wenn dann die Zwiebel einfach: **Porree,** A. porrum L., stammt aus Südeuropa, angebaut, auch ⊙, Juni Juli; — wenn dagegen zusammengesetzt: **runder L.,** A. rotúndum L., selten, an trocknen Hängen, Juli u. Aug., beide bis 60 cm. [A. strictum Schrad., sehr selten an Felsen, hat sehr kurze stumpfe Zähne an den Staubfäden.]

3. Unterfam. Asfodelartige.

109. Graslilie, Anthérieum. Taf. **20**, 4.

Die schmal-linealen Blätter deuten auf trocknen Standort (zerstreut, auf sonnigen, trocknen Hügeln, in lichten Wäldern). Die ziemlich kleinen Blüten stehen in grossen Blütenständen und schliessen sich abends und bei feuchtem Wetter, die lang hervorragenden Griffel und Staubgefässe dienen als Anflugstelle, dabei ragen jene weiter hervor, wodurch Fremdbestäubung gesichert wird.

Wenn der Stengel *einfach* ist: **astlose Gr.**, A. Liliágo L., Taf. **20**, 4, — wenn dagegen *ästig:* **ästige Gr.**, A. ramósum L.

4. Unterfam. Spargelartige.

110. Schattenblume, Majánthemum bifólium Scheidl. Fig. 471.

Mit kriechendem Wurzelstock und 2 herzförmigen Blättern, kleine weisse Blüten in gipfelständigen Trauben, die Beere ist weiss, dann rot, wodurch sie Vögel anlockt, Europa, bei uns in Laubwäldern häufig, bis 15 cm hoch, Mai u. Juni.

111. Einbeere, Paris quadrifólia L. Fig. 472.

Die sehr giftige Beschaffenheit schützt gegen Tierfrass. Ein beschuppter kriechender Wurzelstock. Der einfache Stengel trägt 4 grosse kahle und zarte Blätter, denn die Pflanze wächst in feuchten schat-

Fig. 471.
Majanthemum bifolium.

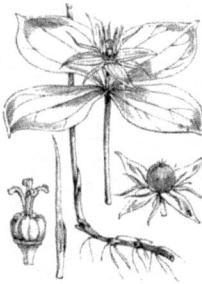

Fig. 472.
Paris quadrifolia.

tigen Wäldern. Die Blütenhülle der einzigen Blüte ist unscheinbar grünlich, hat dafür aber gelbe Staubbeutel und düster-purpurne Stempel, wodurch Fliegen angelockt werden, die sich auf die breiten Narben setzen. Die lange Blütezeit sichert Fremdbestäubung, auf alle Fälle bewegen sich zuletzt die anfangs abstehenden Staubbeutel zur Narbe hin. Die blauschwarze Beere ist für die meisten Tiere giftig, findet aber doch ihre Verbreiter. Im grössten Teil

Europas, bei uns meist häufig; ♃, bis 30 cm hoch, Mai.

112. Spargel, Aspáragus officinális L. Taf. **20**, 5.

Der tiefgehende Wurzelstock mit langen Wurzeln, die kleinen schuppigen Blätter und die grünen Nadelzweige deuten auf trocknen Standort (Weinberge u. s. w.). Die Blüten sind unscheinbar, die roten Beeren locken Vögel an zur Verbreitung der Samen. In der Kultur wird der im Sandboden wachsende Spross dickfleischig und bleibt bleich, als Gemüse gegessen; wenn man ihn ungestört wachsen lässt, entstehen die grünen Stengel. Soll aus dem Orient stammen, verwildert; ♃, bis 1½ m hoch, Juni u. Juli.

113. Maiblume, Convallária majális L. Taf. **20**, 6.

Auch Maiglöckchen. Mit kriechendem, der Verbreitung dienendem Wurzelstock. Die Knospe wird durch eine Tüte aus Hüllblättern beim Durchbruch durch die Erde geschützt. Die grossen, flachen, kahlen Blätter kennzeichnen die Schattenpflanze, ihre Wachsschicht schützt gegen Regen, der wegen der schrägen Richtung nach abwärts zentripetal abläuft. Die Blüten stehen an blattlosen Stengeln, sie sind klein, aber in Trauben gehäuft und locken auch durch starken Duft an, sie haben offne Mündungen, hängen aber abwärts und schützen sich so gegen Regen, zeigen sich dadurch aber auch als Hummel- und Bienenblume. Die Frucht ist eine rote, die Tiere anlockende Beere. ♃, bis 15 cm hoch, in ganz Europa in Wäldern überall, Mai.

114. Weisswurz, Polygonátum. Taf. **21**, 1.

In allem dem Maiglöckchen ähnlich. Narben und Staubbeutel werden gleichzeitig reif, aber jene ragt etwas vor, zuletzt aber fällt der Blütenstaub doch auf sie. Die Beeren sind blauschwarz bis violett. Mai—Juni.

A. Blätter *quirl*ständig: **quirlblättrige W.**, P. verticillátum All., selten, in Gebirgswäldern, bis 20 cm hoch.

B. Blätter *wechsel*ständig, — wenn dann der Stengel *stielrund:* **vielblütige W.**, P. multiflórum All., Taf. **21**, 1, Staubfäden behaart, Blütenhülle weiss mit grünen Spitzen, in ganz Europa ausser im hohen Norden, bei uns häufig in schattigen Wäldern, bis 60 cm hoch; — wenn dagegen *kantig:* **Salomonssiegel**, P. officinále All., Staubfäden kahl; ebenda, zerstreut, besonders auf Kalkboden, bis 50 cm hoch.

23. Fam. Amaryllisgewächse, Amaryllidaceen.

Zwiebelgewächse mit grundständigen Blättern, die Blüte gross und 6 gliederig. Im Gegensatz zu den Liliengewächsen ist der Fruchtknoten unter-

(marginal notes, left column:)
ubgefässe Perigon- Fig. 471 n links.

ubgefässe Perigon- Fig. 472 n rechts.

(marginal notes, right column:)
3. *6* Staubgefässe und *6* Perigonblätter.
a. *Ohne grüne* Blätter, mit blüscheligen Nadelzweigen. Taf. **20**, 5.

b. *Mit grünen Blättern.* Blütenschaft *Matilus.* Taf. **20**, 6.

** Blüte in der Achsel von *Blättern.* Taf. **21**, 1.

ständig, es entsteht aus ihm eine vielsamige Kapsel. Schönblühende Zierpflanzen.

1.Perigon *röhrig*, Saum *6teilig.* Taf. 21, 2 u. 3.

115. Narzisse, Narcíssus pseudonarcíssus L.
Taf. 21, 2.

Die Blätter schraubig und dadurch bei Windstössen geschützt, die Blüte steht einzeln und geruchlos, dafür aber gelb, gross und ausgebreitet, obendrein ist der Lockapparat durch eine röhrige, am Rand gekerbte Nebenkrone verstärkt, besonders in Südeuropa. Auf Gebirgswiesen, zerstreut, bis 30 cm hoch, Mai. — Die **weisse N.**, N. poëticus L., Taf. 21, 3, eine beliebte Zierpflanze, die Blüte ist weiss, hat eine rotgesäumte Nebenkrone und duftet stark, Südeuropa, beliebte Gartenzierpflanze, Mai.

2. Perigon *6blättrig.* a. Innere Perigonblätter *kürzer.* Taf. 21, 4.

116. Schneeglöckchen, Galánthus nivális L.
Taf. 21, 4.

Zwiebel und Knospenschutz wie bei der Tulpe. Die jungen Blätter sind zum Schutz der zarten Blüte rinnig zusammengelegt, obendrein hat sie ein scheidenförmiges Hüllblatt, in dem sie bei kaltem Wetter bleibt. Die Blüte steht einzeln und ist auch nicht sonderlich gross, allein da sie sehr früh blüht, wenn sonst noch alles kahl ist, ist sie doch weithin sichtbar. Zum Schutz gegen die Kälte nickt sie und schliesst sich nachts und bei kaltem Wetter. Die inneren Perigonblätter haben einen grünen Fleck, sowie einen grünen Streifen als Wegweiser zum Honig. Die 6 Staubbeutel bilden einen Kegel, aus dem die Narbe hervorragt, sie haben eine elastische Spitze und 2 Löcher. Wenn nun das Insekt auf dem Wege zum Honig jene Spitze berührt, wird der trockne Blütenstaub auf dasselbe ausgestreut. Die Blütezeit ist lang, wodurch in der frühen und noch insektenarmen Jahreszeit die Bestäubung gesichert wird, bleiben die Besucher aus, so fällt der Blütenstaub zuletzt aus den schlaff gewordenen Staubbeuteln auf die Narbe. Der aufrechte Fruchtstiel und die kleinen Samen sprechen für Verbreitung der letzteren durch den Wind, allein sie besitzen auch einen fleischigen Anhang, dessenwegen sie von Ameisen verschleppt werden. Mittel- und Südeuropa, bei uns in Wäldern und auf schattigen Wiesen, stellenweise häufig. ♃, bis 30 cm hoch. Februar—April.

b. Innere Perigonblätter *fast gleich gross.* Taf. 21, 5.

117. Knotenblume, Leucójum vernum L.
Taf. 21, 5.

In vielem dem Schneeglöckchen ähnlich, seine saftigen kahlen Blätter sprechen (wie auch bei jenem) für feuchten Standort (Wälder und Wiesen, selten). Die einzelne grosse Blüte hat grüngelbe Flecken und duftet. Die Insekten finden am Griffel ein saft-

reiches Polster als Nahrungsgewebe, die Narbe wird etwas früher reif, das Streuwerk der Staubbeutel ist wie beim Schneeglöckchen. Mittel- und Südeuropa, bei uns in schattigen Bergwäldern, selten. ♃, bis 50 cm hoch, März u. April. [Die wohl verwilderte Sommer-K., L. aestívum L., hat eine Dolde von Blüten.]

24. Fam. Schwertliliengewächse, Iridaceen.

118. Schwertlilie, Iris. Taf. 22, 1 u. 2.

Alle dauern aus, mit oft zwiebeligem oder knolligem Wurzelstock. Die emporwachsende Knospe ist durch 2 scheidenartige Hüllblätter geschützt, auch der Blattgrund umhüllt scheidenartig die jüngeren Teile. Die schwertförmigen Blätter stehen senkrecht, zum Schutz gegen zu starke Sonnenwirkung und sind ebenso wie der Stengel durch Wachsüberzug glatt, was gegen Regen und ankriechende Insekten schützt. Die Blüten sind gross und bunt, die bunten Griffel unterstützen den Lockapparat, Saftmal und Haarbürste auf den Perigonblättern weisen zum Honig. Narbe und Staubbeutel liegen geschützt unter den Griffelästen. Der hohe elastische Fruchtstiel und die kleinen Samen deuten auf Ausstreuung durch Wind, aber die Samen haben auch einen Luftmantel und schwimmen auf dem Wasser. Auch als Zierpflanze mannigfach gezüchtet; in der gemässigten Zone heimisch.

A. Aeussere Perigonzipfel nach innen *behaart.*
I. Narben und teilweise die innern Perigonblätter *gelb*, — wenn dann die Narbenlappen *ganz randig*: **Holunder-Schw.**, I. sambucína L., sehr selten, auf Felsen und Mauern; — wenn dagegen *gezähnt*: **schmutziggelbe Schw.**, I. squálens L., ebenso. Mai u. Juni.
II. Narben und innerer Perigonzipfel, *weiss, blau oder violett*: **Deutsche Schw.**, I. germánica L., Narbenlappen zurückgerollt, dunkelviolett, geruchlos. Nordafrika und Südeuropa, bei uns selten, auf sonnigen Hügeln, ⊙, bis 60 cm, Mai. [Bei I. florentína, Taf. 22, 2, sind die Narbenlappen flach, Zierpflanzen, der Wurzelstock duftet veilchenartig und wird als „Veilchenwurzel" Kindern zum Nagen beim ersten Zahndurchbruch gegeben, auch für Zahnpulver u. s. w.]

B. Aeussere Perigonzipfel *nicht behaart.*
I. Perigon *gelb*, Blatt *breit*: **Wasser-Schw.**, I. pseudácorus L., Taf. 22, 1, goldgelb, in Nordeuropa und Mittelasien verbreitet, bei uns auf nassen Wiesen, an Ufern, bis 1 m hoch, Mai und Juni.
II. Perigon *weiss oder blau*, Blatt *lineal*, — wenn dann der Schaft *stielrund*: **sibirische Sch.**, I.

sibírica L., bis 60 cm hoch; — wenn *2schneidig*: **Gras-Schw.**, I. gramínea L., bis 25 cm, beide sehr selten, auf Gebirgswiesen, Mai u. Juni. **Anm.** Hierher gehören als Zierpflanzen: **Safran**, Crocus, Taf. **21**, 6, mit glockiger, schönblauer oder weisser und **Siegwurz**, Gladíolus, Taf. **22**, 3, mit unregelmässiger Blütenhülle, Blüten in einseitswendiger Aehre, purpurrot. Beide kommen wohl höchstens verwildert vor, jener ist im Orient heimisch, sonst beliebte Zierpflanzen. Aus den getrockneten Narben samt Griffel vom Safran macht man ein gelbes, unschuldiges Färbemittel, für Küche u. s. w., auch offizinell.

VI. Reihe: Kleinsamige (nur 1 Familie).

25. Fam. Knabenkrautgewächse, Orchidaceen.

Kräuter mit Wurzelknollen als Vorratsspeicher und zum Ueberwintern, die wenigen dicken Wurzeln dienen ebenso wie die grossen kahlen Blätter auf feuchtem Standort. Schutzorgane der jungen Knospe ähnlich wie bei der Tulpe. Manche Arten haben dunkle Flecken auf den Blättern, was mit Umsetzung von Licht in Wärme gedeutet wird. Die Blüten sind meistens nicht sehr gross, aber in dichten Aehren, auf hohem Stengel und bunt, manchmal auch duftend. Dieser Lockapparat wird bei manchen Arten auch noch durch bunte Deckblätter und Aehrenachse unterstützt. Das Perigon ist kronenartig, aus 6 Blättern bestehend, das dritte innen ist eine grosse Lippe mit dunklen Flecken und Strichen als Saftmal, auf sie fliegen die Insekten an. Sie hat ferner einen Sporn, dessen Wand Zellen mit süssem Saft besitzt, den die Insekten erbohren. Die andern Perigonblätter bilden oft ein Regendach für das eine Staubgefäss. Bemerkenswert ist, dass die Unterlippe ursprünglich nach oben gerichtet ist, dann aber durch Drehung des Fruchtknotens sich nach unten richtet. Der Blütenstaub ist zu 2 Päckchen verklebt, die gestielte Keulchen bilden, unten mit Klebdrüse. Mit letzterer bleiben sie an dem Kopf der honigsuchenden Insekten kleben und senken sich dann nach unten, so dass sie bei der nächsten Blüte die unter dem Staubbeutel an einer Griffelsäule sitzende Narbe berühren und Fremdbestäubung bewirken müssen. Damit sich die reife Kapsel regelrecht öffnen kann, dreht sich der Fruchtknoten wieder zurück. Der hohe trockene Stengel ist dem Wind ausgesetzt, der die durch einen Luftmantel sehr leichten, kleinen Samen weithin verbreitet. Wenn jedoch feuchtes Wetter eintritt, so schliessen sich die Spalten wieder, um günstigere Aussaatzeit abzuwarten. — Die ca. 3000 Arten gehören zumeist der warmen Zone an, manche sind Epiphyten, d. h. Baumbewohner (z. B. die Vanille). Viele sind beliebte Zierpflanzen.

A. *Zwei* Staubbeutel: 1. Unterfam. Zypripedieen.
B. *Ein* Staubbeutel.
    I. Staubbeutel *frei*, — wenn dann die Blütenstaubmassen *wachsartig*: 2. Unterfam. Malaxideen, — wenn dagegen *mehlartig*: 3. Unterfam. Neottieen.
    II. Staubbeutel *ganz angewachsen*: 4. Unterfam. Ophrydeen.

1. Unterfam. Zypripedieen

119. **Frauenschuh, Cypripédium calcéolus** L.
Taf. **22**, 4.

Diese Orchidee hat keine Knollen, sondern einen Wurzelstock mit fleischigen Wurzeln. Die wenigen (aber grossen) Blätter zeigen durch ihre Behaarung den trocknen Standort (Kalkboden) an. Die Blüten sind gross und haben eine kahnförmige Unterlippe, die mit ihrer gelben Farbe gegen die andern dunkelpurpurnen Perigonblätter lebhaft absticht (Lockapparat). Die Unterlippe hat eine grosse glattrandige Oeffnung und seitlich kleine Oeffnungen. Im Innern erzeugen Haare Honig. Kleine Bienen, die durch die grosse Oeffnung einkriechen, können an ihr nicht wieder heraus, sie finden endlich den Ausweg durch die kleinen Oeffnungen, wobei sie sich an den darüber befindlichen Staubbeuteln mit Blütenstaub bepudern. Osteuropa und Nordasien bis zum Polarkreis; bei uns selten, in Wäldern, auf Kalkboden 2|, bis 50 cm hoch, Mai u. Juni.

2. Unterfam. Malaxideen.

120. **Korallenwurz, Coralliorrhíza innáta** R. Br.
Fig. **473**.

1. Pflanze *bleich*, *ohne* grüne Blätter.

Der fleischige Wurzelstock kriecht im Humus und lebt mit andern Pflanzen in Symbiose. Die bunte Blüte (graugelb, Lippe weiss, am Schlund rot punktiert) ist vanilleduftend. In Nordasien und Nordeuropa, den hohen Norden ausgenommen, in Deutschland in Nadelwäldern und Torfbrüchen selten. 2|, bis 20 cm hoch, Mai u. Juni.

121. **Weichständel, Maláxis.**

2. Pflanze *grün*, *beblättert*.

Seltene, zarte, bis 15 cm hohe Pflänzchen auf Moorwiesen zwischen Moos, mit Knollen am Wurzelstock, oberhalb des Grundes; wenn mit *2* grundständigen Blättern und *3kantigem* Stengel: **Loesels W.**,

Fig. 473. Corallíorrhíza innata.

M. Loesélii Sw. (Líparis Loes.); — wenn mit *3—4* Blättern und *5kantigem* Stengel: **Sumpf-W.**, M. paludósa Sw., beide Nordeuropa und Nordasien, bei uns selten auf Torfmooren, in schlammigen Sümpfen. [Bei der sehr seltenen M. monophyllos Sw. sind die inneren Perigonblätter borstenförmig.]

3. Unterfam. Neottieen.

A Blütenstaubmassen *gestielt.*

122. Widerbart, Epípogon aphýllus Sw.

Blattlos wie Korallenwurz, Blüte nicht gedreht, also Lippe nach oben. In Europa und im gemässigten Asien, Humusbewohner schattiger Wälder, selten. ♃, bis 15 cm, Juli u. Aug.

B. Blütenstaubmassen *ungestielt.*

1. Lippe gespornt.

123. Dingel, Limodórum abortívum Sw.

Pflanze auch blattlos, violett, mit grossen purpurnen Blüten. Nur stellenweise und überall selten, auf buschigen Hügeln, bis 50 cm, Juni.

2. Lippe nicht gespornt.
a. Lippe 3gliederig. Fig. 474, unten links.
＊ Mit runder Klebdrüse.

124. Sumpfwurz, Epipactis. Taf. 23, 1.

Grüner Humusbewohner. Der Honig liegt frei in einer Vertiefung der Lippe (daher Wespen als Bestäuber); der Blütenstaub ist mit elastischen Fäden verbunden. Auf der nördlichen Halbkugel der Erde. — Wenn das Endglied der Lippe *flach und spitz* ist: **gemeine S.**, E. palústris Crtz., Blätter lanzettlich, stengelumfassend, die oberen schmäler, Blüte grünpurpurn, Lippe weissrot gestreift, Traube allseitig, an feuchten Stellen, auf Kalkboden, bis 50 cm, Juni u. Juli; — wenn dagegen *konkav und spitz:* **breitblättriger S.**, E. latifólia All., Taf. 23, 1, Blatt eiförmig; grün bis purpurn, Lippe rosenrot, Traube einseitswendig; in schattigen Wäldern, zerstreut, bis 1 m hoch, Juni—Aug., ändert sehr ab.

＊＊ Ohne Klebdrüse.

125. Waldvöglein, Cephalanthéra. Taf. 23, 4.

Auch Z w i e b e l k r a u t. Wieder Humusbewohner, in der Tracht dem vorigen ähnlich. Nicht viele, aber etwas grössere Blüten. In Europa und Nordasien in Wäldern und Gebüschen, bis 50 cm hoch, Mai u Juni.

A. Fruchtknoten *flaumig,* Blüte rot: **rotes W.**, C. rubra Rich., Fig. 474, Blatt lanzettlich, besonders auf Kalkboden, zerstreut.

B. Fruchtknoten *kahl,* — wenn dann die oberen Deckblätter *länger* als die Fruchtknoten: **grossblumiges W.**, C. grandiflóra Bab., Taf. 23, 4, Blatt eiförmig, gelbweisse Blüte, zerstreut; — wenn dagegen obere Deckblätter *viel kürzer:* **schwertblättriges W.**, E. ensifólia Rich.

126. Nestwurz, Neóttiá nidus avis Rich. Taf. 23, 2. *b. Lippe ungliedert*

Der nestartige Wurzelstock lebt in Symbiose *＊ Pflanze Blätter schm* mit Pilzen. Bestäubung wie beim Zweiblatt. Im

Fig. 474.
Cephalanthera rubra.

Fig. 475.
Spiranthes autumnalis.

grössten Teil Europas, ausser im hohen Norden. In schattigen Wäldern, hie und da. ♃, bis 30 cm, Mai u. Juni.

127. Wendelorche, Spiranthés.

＊＊ Pflanze und beblät aa. Aehre ralig gedre

Wurzelstock mit wenigen Knollen. Die Blüten sind klein und weiss, wohlriechend. Wenn der Stengel *beblättert* ist: **Sommer-W.**, Sp. aestivális Rich., auf nassen Wiesen selten, Juli; — wenn dagegen *nur Wurzelblätter:* **Herbst-W.**, Sp. autumnális Rich., Fig. 475, Europa, ausser im hohen Norden, zerstreut, auf trocknen Bergwiesen, Aug.—Okt.

128. Kriechstendel, Goodyéra repens R. Br.

bb. Aehre gedreht. o Nur unte runde Wu blätter.

Mit kriechendem Wurzelstock und kleinen grünlichweissen Blüten. In den kühlen Ländern der nördlichen Halbkugel. In feuchten Wäldern, sehr selten, bis 30 cm, Juli u. Aug.

129. Zweiblatt, Listéra ováta R. Br. Taf. 23, 3.

oo Nur 2 ter am Ste Taf. 23,

Wieder ein Humusbewohner, mit 2 eiförmigen, grossen, kahlen Blättern (daher in schattigen Wäldern). Die unscheinbaren Blüten haben ziemlich viel freiliegenden Honig und werden von Schlupfwespen besucht. Das „Schnäbelchen" über der Narbe sondert eine Flüssigkeit ab, welche bei Berührung hervortritt und die lockeren Blütenstaub dem Insekt anheftet. Europa und Nordasien, ausser im hohen Norden. Ueberall, auf feuchten Wiesen und in schattigen Wäldern, bis 50 cm hoch, Mai u. Juni. [L. cordáta R. Br. mit herzförmigen Blättern ist selten.]

4. Unterfam. Ophrydeen.

A. Lippe *ohne* Sporn. Fig. 476.

ntknoten
Fig. 476.
aufrecht,
476.

130. **Ragwurz, Herminium monórchis** R. Br.
Fig 476.

Zierliche (bis 15 cm) Pflanze mit unscheinbaren grünlichgelben Blüten, aber starkem Honigduft, durch den kleine Bienen, Fliegen und Käfer angelockt werden. Im höheren Norden und in den Hochgebirgen Europas und Asiens, auf trocknen Hügeln, sehr selten. Mai u. Juni.

pe frei
ängend.

131. **Unsporn, Aceras anthropóphora** R. Br.

Dem Knabenkraut ähnlich, doch spornlos, mit ungeteilten Knollen, Blüte schmutzig gelbgrün, Lippe

Fig. 476.
Herminium monorchis.

Fig. 477.
Ophrys muscifera.

rotbraun. Europa und Mittelafrika, in Deutschland seltene Pflanzen der westlichen Bergwälder, bis 30 cm, Mai u. Juni.

htknoten
rekt. Fig.
7.

132. **Frauenträne, Ophrys.** Taf. 22, 5.

In Tracht u. s. w. dem Knabenkraut ähnlich, doch spornlos. Die Blüten haben durch die Gestalt der sammetartigen Lippe entfernte Aehnlichkeit mit Insekten, wodurch sie solche vielleicht anlocken. Auf Kalkhügeln, bis 30 cm hoch, Juni.

a) Lippe *ungeteilt* oder undeutlich gelappt, — wenn dann *mit* kahlem grünlichem Anhängsel an der Spitze: **Hummel-Fr.**, O. fuciflora Rchb., purpurbraun; — wenn dagegen *ohne* ein solches Anhängsel: **Spinnen-Fr.**, O. aranífera Huds., Taf. 22, 5, Lippe purpurbraun, grünrandig, Süd- und Mitteleuropa, beide selten.

b) Lippe *3spaltig*, — wenn dann *mit* kahlem Anhängsel an der Spitze: **Bienen-Fr.**, O. apifera Huds., Lippen dunkelbraun mit hellen Streifen und Flecken, Süd- und Nordeuropa, selten; — wenn dagegen *ohne* ein solches: **Fliegen-Fr.**, O. muscifera

Huds., Fig. 477, Lippe rotbraun mit viereckigen bläulichen, kahlen Flecken, Mitteleuropa, zerstreut, besonders auf trocknen Wiesen.

B. Lippe *mit* Sporn.

133. **Schwarzständel, Nigritélla angustifolia** Rich. Taf. 22, 6.

l Fruchtknoten
nicht gedreht.

Die Blätter sind grundständig und lineal-lanzettlich. Die Blüten stehen in kopfförmigen Aehren und sind schokoladebraun und vanilleduftend. Auf den deutschen Alpen, bis 20 cm hoch, Juni bis Sept.

134. **Kuckuksblume, Platanthéra.**

2. Fruchtknoten
gedreht.
a. Lippe ungeteilt
und ganzrandig,
Fig. 478.

Diese Orchideen gehören zu den Humusbewohnern. Die Tracht ist derjenigen des Knabenkrauts ähnlich. Die Knollen sind ungeteilt. Die Blüten sind weiss oder grünlich und duften, z. T. des Nachts, sie haben einen sehr langen Honigsporn, alles dies deutet auf Nachtschmetterlinge als Bestäuber. Juni u. Jul.

a) Lippe *3zählig*, Sporn *kurz:* **Grüne K.**, Pl. víridis L., grün oder bräunlich, Europa und gemässtigtes Asien, selten, auf Bergwiesen, bis 20 cm.

b) Lippe *ganzrandig*, Sporn *lang*, — wenn dann der Sporn *gleich dick* und die Staubbeutelfächer *parallel:* **zweiblättrige K.**, Pl. bifólia Rchb., Fig. 478,

Fig. 478. Platanthera bifolia.

wohlriechend, weiss, häufig in Wäldern, bis 50 cm; — wenn dagegen Sporn nach *unten verdickt*, und Staubbeutelfächer nach unten *auseinandertretend:* **Berg-K.**, Pl. montána Rchb., grünlichweiss, geruchlos, zerstreut und in Laubwäldern.

135. **Knabenkraut, Orchis.**

b. Lippe 3spaltig
und wenn unge-
teilt, dann ge-
zähnt, Fig. 479
rechts unten.

Für diese Gattung gilt das bei der Familie Gesagte. Der Wurzelstock erzeugt jährlich eine neue Knolle, die für das folgende Jahr bestimmt ist, während die alte aufgezehrt wird. Die gelben oder roten Blüten stehen in Aehren. Europa und Nordasien, einige Arten auch in Nordamerika. Die wichtigsten deutschen Arten sind folgende.

A. Die beiden Blütenstaubmassen *mit gemeinsamer* Klebdrüse (Anacamptis): **Pyramiden-Kn.**, O. pyramidális L., Taf. 22, 7, Blüte nicht gross, rosarot bis purpurn, selten, auf trocknen Hügeln, Wiesen u. s. w., bis 50 cm, Juni. [Himantoglossum hircína Spr., hat einen sehr langen Lippenlappen, sehr selten.]

B. Jede Blütenstaubmasse *mit besonderer* Klebdrüse.
  I. Die Klebdrüsen liegen *nicht in einer Vertiefung* des Narbenrandes (G y m n a d é n i a).
    a. *Weisse* Blüten: **Weissliches Kn.**, O. álbida Scop.,
      selten, auf Gebirgswiesen, bis 20 cm hoch, Juni
      u. Juli.
    b. *Rote* Blüten, — wenn dann der Sporn ca. *doppelt
      so lang* wie der Fruchtknoten, Fig. 479: **fliegen-
      artiges Kn.**, O. conópsea L., Fig. 479, Blüte
      purpurn, häufig auf Wiesen; — wenn dagegen
      etwa so lang wie der Fruchtknoten: **wohlrie-
      chendes Kn.**, O. odoratissima L., zerstreut, auf
      feuchten Wiesen; beide wohlriechend, bis 50 cm
      hoch, Juni u. Juli.
  II. Die Klebdrüsen liegen *in einer Vertiefung* des
Narbenrandes (Orchis).
    a. Wurzelknollen *handförmig* geteilt, Fig. 480, —
      wenn dann der Stengel *hohl, 4—6 blättrig:* **breit-
      blättriges Kn.**, O. latifólia L., Fig. 480, Blüte
      dunkellila oder purpurn, häufig auf Wiesen; —

Fig. 479. Orchis conopsea.   Fig. 480. Orchis latifolia.

wenn dagegen der Stengel *nicht hohl, 6—10*blättrig:
geflecktes Kn., O. maculáta L., Taf. **23**, 7, Blatt
gefleckt, Blüte lila oder weiss in dichter Aehre,
Europa und gemässigtes Asien, bei uns häufig
an feuchten Orten, bis 30 cm hoch, beide Juni.
    b. Wurzelknollen *nicht geteilt*, höchstens kurzlappig.
      1. Deckblätter *3 bis mehrnervig*, — wenn dann
        Blüten *rot*, Sporn *wagerecht stehend:* **locker-
        blütiges Kn.**, O. laxiflóra Lam.; — wenn da-
        gegen Blüten *gelblichweiss* (rotgefleckt), Sporn
        abwärts gerichtet: **Holunder-Kn.**, O. sambucína
        L.; beide selten, auf Bergwiesen, bis 20 cm,
        Mai u. Juni.
      2. Deckblätter *mit 1 Nerv* (höchstens die unteren
        mit 3).
        aa. Aeussere seitliche Perigonblätter *abstehend:*
          männliches Kn., O. máscula L., Fig. 481,

purpurn bis blassrot, im Mai. Bei uns Südeuropa, häufig, in Wäldern und auf Wiesen,
bis 50 cm, Mai u. Juni. Knollen offizinell.
[O. pallens blüht gelb, sehr selten.]
  bb. Alle Perigonblätter helmartig *zusammen-
neigend.*
    * Sporn *wagrecht* oder *nach oben gerichtet:*
      gemeines Kn., O. mório L., Taf. **23**, 5,
      Blüte purpurn, Mittel- und Südeuropa,
      auch im gemässigten Asien, bei uns über-
      all auf Wiesen, bis 15 cm, April u. Mai,
      Knolle offizinell.
    ** Sporn *nach unten* gerichtet.
      ○ Mittellappen der Lippe *ungeteilt:* **Wanzen-
        Kn.**, O. corióphora L., Blüte riecht nach
        Wanzen, selten, auf Wiesen, bis 30 cm,
        Mai u. Juni.
      ○○ Mittellappen *zweilappig* [bei O. globósa
        nur ausgerandet, sehr selten, auf Ge-
        birgswiesen].
        aa. *Ohne* Zahn zwischen den Zipfeln des
          Mittellappens: **angebranntes Kn.**, O.

Fig. 481. Orchis mascula.   Fig. 482. Orchis ustulata.

ustuláta L., Fig. 482, zerstreut, auf
trocknen Wiesen und Hügeln, bis
20 cm, April u. Mai.
        bb. *Mit* einem solchen Zahn, — wenn
          dann Deckblätter *wenigstens halb so
          lang* als der Fruchtknoten: **buntes
          Kn.**, O. variegáta All. blassrot, selten,
          auf trocknen Wiesen, bis 15 cm, Mai
          u. Juni; — wenn dagegen Deck-
          blätter *kürzer:* **Helm-Kn.**, O. militáris
          L., Taf. **23**, 6, purpurn, Mittel-
          europa, in Deutschland zerstreut, auf
          Gebirgswiesen, bis 60 cm, Mai u.
          Juni.

II. Klasse. Zweisamenlappige (Dikotyledonen).

Hierhin gehören zumeist reichverzweigte Pflanzen von sehr verschiedenem Habitus, mit fast immer netzadrigen Blättern, die oft geteilt sind. Die Hauptwurzel entwickelt sich zu einer Pfahlwurzel. In den Stengeln sind die Gefässbündel im Kreis angeordnet und oft offen, so dass sich bei langlebigeren ein dem Dickenwachstum dienender Kambiumring bilden kann. Die Blüten sind meistens nach den Zahlen 4 oder 5 gebaut und lassen gewöhnlich eine doppelte Hülle (Kelch und Krone) erkennen. Der Keimling hat zwei Samenlappen.

Wir unterscheiden zwei grosse Gruppen:

I. Unterklasse: Getrenntblättrige (Choripetalen).

Der Name bezieht sich darauf, dass die Kronenblätter jedenfalls getrenntblättrig sind. Allein bei manchen ist auch nur eine einfache kelchartige Hülle vorhanden, auch kann sie in selteneren Fällen ganz fehlen.

VII. Reihe: Weidenartige.

26. Fam. Weidengewächse, Salicaceen.

Holzgewächse, die vielfach zur vegetativen Vermehrung Wurzelschösslinge bilden, sie besitzen einfache Blätter mit Nebenblättern. Die Blüten haben (Weide) keine besondere Hülle oder (Pappel) eine aus dem krugförmigen Diskus gebildete; sie sind zweihäusig. Vielfach entwickeln sie sich vor den Blättern, wodurch sowohl der Zugang des Windes (Pappel) erleichtert, als auch der Insektenbesuch (Weide) gesichert wird. Sie stehen in Kätzchen. Die Frucht ist eine Kapsel mit kleinen, leichten Samen, die einen Haarschopf besitzen, durch den sie leicht mittels des Windes verbreitet werden, sich aber auch leicht im Keimbett festhalten können.

136. Pappel, Pópulus. Taf. 24, 1—3.

Die Knospenschuppen sind manchmal mit balsamischem Harz überzogen, wodurch sie vor Nässe und Tierfrass geschützt sind. Die Blätter sind gewöhnlich breit und langgestielt, eigenartig ist der Stiel bei der Zitterpappel, nämlich seitlich zusammengedrückt; daher gibt er dem geringsten Windstoss nach, und das Blatt bewegt sich leicht hin und her, so dass es vom Winde nicht zerrissen wird. Am Blattgrund derselben Art finden sich Drüsen mit süsser Absonderung, was man als Anlockungsmittel von Ameisen, die als Schutzgarde dienen, gedeutet hat. Bei manchen Arten sind die Blätter weisshaarig, bei der Zitterpappel sind sie später kahl, bei andern nur unten. Beim Wind werden sie dann nach oben gedreht: ein Schutzmittel gegen austrocknenden Wind. — Die Blüten (März u. April)

Hoffmann-Dennert, Botan. Bilder-Atlas. 3. Aufl.

bezw. Blütenkätzchen zeigen alle Merkmale der Windblüten: die unscheinbare Farbe, Duft- und Honiglosigkeit, sie erscheinen vor den Blättern, an der Aussenseite des Baumes, und die Kätzchen hängen lose herab, so dass sie vom Wind leicht bewegt werden. März 1. April.

Da die Pappeln einen freien und lichten Standort lieben, so bilden sie keine Waldbestände, nur die Espe macht eine Ausnahme. Manche sind als Zierbäume beliebt. Viele liefern ein gutes Nutzholz, wobei auch ihre Schnellwüchsigkeit wertvoll ist. Es ist weich und wird besonders zu Drechsler- und Bildhauerarbeiten verwendet.

A. Deckblätter der Blüten *kahl.*

a. Aeste *aufrecht*, Blatt *breiter als lang:* **Pyramiden-P.**, P. pyramidális Roz., Taf. 24, 3, auch italienische P., stammt aber aus Amerika, nur in Staubgefässexemplaren, Alleebaum, 35 m hoch.

b. Aeste *abstehend*, Blätter *länger als breit*, — wenn dann Blatt *3eckig-eiförmig:* **Schwarz-P.**, P. nigra L., Fig. 483, starker, rasch wachsender Alleebaum, 25 m hoch mit pyramidaler Krone; — wenn dagegen Blatt *eiförmig-elliptisch:* **Balsam-P.**, P. balsamifera L., Anlagen 16 cm hoch. [P. monilifera der Anlagen hat am Rand weichhaarige Blätter.]

B. Deckblätter der Blüten *gewimpert.*

a. Blätter *rund*, zuletzt unten *kahl:* **Zitter-P.**, P. trémula L., Taf. 24, 1, auch Espe oder Aspe, mit langem Blattstiel, in feuchten Laubwäldern, in Europa und Nordasien, bis 20 m hoch.

b. Blätter *eirund*, unten *filzig;* — wenn dann etwas *herzförmig*, *weiss*filzig: **Weiss-P.**, P. alba L., Taf. 24, 2, auch **Silber-P.**, Rinde hellgrau, in Mittel- und Südeuropa und im gemässigten Asien, in Wäldern und Anlagen, bis 30 m hoch; — wenn dagegen Blätter *eirundlich* und *grau*filzig: **Grau-P.**, P. canéscens W., in feuchten Wäldern und Anlagen, bis 30 m hoch.

Fig. 483. Populus nigra.

137. Weide, Salix. Taf. 24 u. 25.

Mannigfach sind bei den Weiden die Schutzmittel gegen zu starke Verdunstung. Zunächst sind auch bei ihnen besonders die jungen Blätter oft seidenhaarig, bei manchen später nur noch die Unterseite, die dann bei Wind nach oben gekehrt wird.

att der chlitzt, ver- it 8 bis Staub-Fig.

2 Deckblätter der Blüten ganzran-dig, ohne Hülle, mit 2—5 Staub-gefässen. Fig. 485 u. 486.

15

Wieder andere (z. B. Bruchweide) haben eine Wachsschicht auf der Unterseite, und S. reticulata hat ein Rollblatt, dessen Ränder sich also einrollen. Das Fehlen der Blütenhülle und die unscheinbaren Kätzchen könnten auf Windbestäubung schliessen lassen, allein es ist trotzdem Honig vorhanden, auch duften die Blüten etwas. Die Staubbeutelkätzchen sind gelb und daher sichtbar, zumal die Blüten bei den meisten Arten vor der Beblätterung reif sind und zu einer Jahreszeit, wenn noch wenig Konkurrenten um die Insekten blühen. Damit hängt auch zusammen, dass die Kätzchen wenig biegsam sind und aufrecht stehen, und dass der Blütenstaub nicht in so grosser Menge vorhanden und klebrig ist. Die einzelne Blüte besteht aus meist 2 Staubgefässen bezw. 2 Fruchtknoten und 1—2 Honigdrüsen in den Winkeln der Deckblätter. Fig. 485 rechts unten und links oben.

Die Weiden haben gewöhnlich Strauchform, in den Alpen und in der kalten Zone kommen ganz niedrige Formen vor. Sie lieben meistens feuchten Moor- oder Bruchboden, Waldbestand bilden sie nirgends. Das weiche Holz ist nur für gewisse Dinge brauchbar, die Rinde von manchen Arten

Fig. 484. Salix herbacea. Fig. 485. Salix amygdalina.

dient als Gerbmittel, die Korbweiden gestatten wegen der Elastizität der Aeste deren Benutzung zu Flechtarbeiten und Korbwaren. — Veränderlichkeit und Bastardierung sind sehr gross, daher und aus anderen Gründen sind sie schwer zu bestimmen. Wir müssen Varietäten und Bastarde hier ausser acht lassen.

A. Kätzchen *endständig*: **Kraut-W.**, S. herbácea L., Fig. 484, zwerghafter Wuchs, Riesengebirge, 4 cm, Juli u. Aug.

B. Kätzchen *seitenständig*, Fig. 485.

I. Deckblätter *einfarbig* gelbgrün, Kätzchen und Blätter *gleichzeitig*.

1. Deckblätter auch nach der Blütezeit noch *bleibend*: **Mandel-W.**, S. amygdalína L., Fig. 485, mit 3 Staubgefässen und kahlen Deckblättern, Nebenblatt halb herzförmig, überall häufig, bis 5 m hoch, April u. Mai.

2. Deckblätter nach der Blütezeit *abfallend*: Bruchweiden.

a. Aeste schlaff *herabhängend*: **Trauer-W.**, S. babylónica L., April u. Mai.

b. Aeste *aufrecht*.

* *5—10* Staubgefässe: **fünfmännige W.**, S. pentándra L., Taf. **25**, 2, auch **Lorbeer-W.**, weil die Blätter eiförmig-elliptisch sind, in der Mitte etwas eingeschnürt, glatter, dicker, glänzender, als bei anderen Weiden, kahl, bis 12 cm hoch, in Europa, weit verbreitet in feuchten Wäldern, Torf- und Moorgegenden. Mai u. Juni.

** *2* Staubgefässe, — wenn dann Blätter *seidenhaarig*, Nebenblatt *lanzettlich*: **weisse W.**, S. alba L., Fig. 486, auch **Silber-W.**, beliebte Dorfweide, junge Zweige rot oder gelb, bis 24 m hoch, in ganz Europa, bei uns an feuchten Stellen, überall, wegen der zähen Zweige zum Korbflechten vor-

Fig. 486. Salix alba. Fig. 487. Salix repens.

züglich, April u. Mai; — wenn dagegen Blätter *kahl* (in der Jugend schwach behaart), Nebenblatt *halb-herzförmig*: **Bruch-W.**, S. frágilis, Taf. **25**, 1, in ganz Europa, bei uns überall, als „Kopfweide" kultiviert, aber die Zweige brechen leicht, bis 13 m, April u. Mai.

II. Deckblätter *an der Spitze anders*farbig, Kätzchen *vor* den Blättern.

1. *Niedrige* Sträucher der Gebirge.

a. Mit *kurzen*, *höckerigen* Zweigen: **lappländische W.**, S. lappónica L., im Riesengebirge, bis 1 m hoch, Mai u. Juni.

b. Mit *schlanken*, *kahlen* Zweigen.

* Blätter unten *weissfilzig*: **kriechende W.**, S. repens L., Fig. 487, Torfwiesen, Gebirge, Nord- und Ostseeinseln, bis 30 cm hoch, April.

** Blätter *kahl*, — wenn dann *lederartig*, *ei-elliptisch*: **spiessförmige W.**, S. hastáta L., Harz, bis 1¹/₂ m hoch, Mai; — wenn dagegen *dünn,* fast *herzförmig:* **Heidelbeer-W.,** S. myrtilóïdes L., Schlesien u. Oberbayern, Mai u. Juni.

2. *Hohe* Sträucher.

a. Staubbeutel *rot,* nach dem Blühen *schwarz:* **Purpur-W.,** S. purpúrea L., Fig. 488, Staubfäden verwachsen, Blatt verkehrt eiförmig bis lanzettlich, Zweige rot angelaufen, bis 2 m, an feuchten Stellen, überall, März u. April.

b. Staubbeutel *gelb.*

  * Rinde *innen gelblich,* Aeste *bereift:* **kellerhalsblättrige W.,** S. daphnóïdes Vill., selten, an sandigen Flussufern, am Meer, März u. April.

  ** Rinde *innen grünlich,* Aeste *nicht bereift.*

   ○ Blätter meist *kahl,* — wenn dann *wellig gesägt,* unten *grau:* **Schwarz-W.,** S. nigricans Sm., nasse Wiesen, zerstreut, April; — wenn

Fig. 488. Salix purpurea.   Fig. 489. Salix viminalis.

dagegen Blatt *fast ganzrandig,* unten *blaugrün:* **zweifarbige W.,** S. bícolor Ehrh., bis 2 m hoch, Riesengebirge und Brocken, Mai u. Juni.

○○ Blätter *weissfilzig.*

1. Kapseln fast *sitzend,* schlank- und *zähzweigig:* **Korb-W.,** S. viminális L., Fig. 489, Blatt lang und schmal, Nebenblätter lineallanzettlich, in ganz Europa, ausser im hohen Norden, bei uns an feuchten Stellen, die häufigste Weide, bis 3 m. März u April.

2. Kapseln *gestielt, steifzweigig:* **Saalweiden.**

  a. Blätter *lineal-lanzettlich,* Kätzchen *gekrümmt:* **graue W.,** S. incána Schrenk, Schlesien, April u. Mai.

  b. Blätter *eiförmig,* Kätzchen ziemlich gerade.

   ○ Blätter zuletzt *kahl,* — wenn dann *wellenförmig gesägt:* **schlesische W.,** S. silesíaca Willd., Sudeten, Mai u. Juni; — wenn dagegen *ausgefressen gesägt:* **niedergedrückte W.,** S. lívida Wahl, Torfboden, Schlesien, Posen, Preussen, April.

○○ Blätter *unten filzig.*

  aa. Blätter *oben kahl,* — wenn dann Nebenblatt *kürzer* als der Blattstiel: **Saal-W.,** S. capréa L., Taf. **24,** 4. In ganz Europa bis zum Polarkreise, bei uns häufig in Wäldern und Gebüschen, bis 7 m, März u. April; — wenn dagegen *wenigstens so lang* wie der Blattstiel: **grossblättrige W.,** S. grandifólia Seringe, Schwarzwald, März u. April.

  bb. Blätter *oben behaart,* — wenn dann Zweige und Knospen *graufilzig,* Fruchtknotenstiel *noch 1 mal* so lang wie die Drüse: **Grau-W.,** S. cinérea L., überall, auf Wiesen und Triften, April; — wenn dagegen Zweige und Knospen *kahl,* Fruchtknotenstiel *2—4 mal* so lang wie die Drüse: **Ohr-W.,** S. aurita L., Fig. 490, der Saalweide ähnlich, aber von schwächerem, mehr buschigem Wuchs, Nebenblatt gross nierenförmig. In Europa bis zum Polarkreis, in Deutschland mehr im Gebirge, bis 2¹|₂ m hoch, April u. Mai.

A n m. An diese Reihe schliesst sich eine andere an, der als einzige Familie angehört:

27. Fam. Gagelgewächse, Myricaceen.

138. Gagel, Mýrica gale L. Fig. 491.

Ein zweihäusiger, aufrechter Strauch mit Kätzchen (an den Zweigenden entlang), der zum Schutz gegen Tierfrass aromatisch-drüsig ist, einfache lan-

Fig. 490. Salix aurita.   Fig. 491. Myrica gale.

zettliche, kurz gestielte Blätter, und kein Perigon, sondern höchstens Schuppen hat. Die Frucht ist eine einsamige Steinfrucht. Auf Torf- und Moorboden in Nordeuropa, in Norddeutschland zerstreut, bis 1¼ m hoch, April u. Mai.

VIII. Reihe: Walnussartige.

28. Fam. Walnussgewächse, Juglandaceen.

139. Walnuss, Juglans régia L. Fig. 492.

Ein bis 25 m hoher schöner Baum mit grossen aber gefiederten Blättern, die sich daher noch gegenseitig Lichtgenuss gewähren. Aromatischer Geruch schützt sie vor Tierfrass. Das junge Laub ist rötlich, wodurch das junge Blattgrün eine Schattendecke erhält. Die Blüten sind eingeschlechtig und einhäusig, die männlichen bilden Kätzchen, die herunterhängen und leichtbeweglich sind, sie haben ein unscheinbares Perigon und zahlreiche Staubgefässe mit vielem Blütenstaub, was alles auf Windbestäubung hinweist (vergl. Haselnuss); die weiblichen Blüten stehen zu 1—5 über den Kätzchen mit vierteiligem Kelch und Krone, der Fruchtknoten ist unterständig, die Narben sind gross

Fig. 492. Juglans regia.

und fangen daher den aufgewirbelten Blütenstaub leicht auf. Die Frucht ist eine Steinfrucht, deren Schale bitter ist, wodurch sie einen guten Schutz gegen Tierfrass liefert, die Frucht hat ausserdem eine harte Schale und der Keimling ein wohlschmeckendes Nährgewebe; Tiere, welche sich davon nähren, verschleppen und verbreiten dadurch die Früchte.

Ein in manchen Spielarten gezogener, aus Persien stammender Baum, der vorzügliches, hartes Nutzholz liefert und dessen Nüsse sehr nahrhaft sind.

IX. Reihe: Buchenartige.

29. Fam. Buchengewächse, Fagaceen.

Bäume mit ungeteilten oder gelappten Blättern. Die Blüten sind einhäusig und unscheinbar, meist auf Windbestäubung (s. Haselnuss) eingerichtet, die Hülle besteht aus mehreren verwachsenen grünen Blättern und der Fruchtknoten ist unterständig. Die männlichen Blüten bilden hängende, leicht bewegliche Kätzchen, die weiblichen stehen knospenförmig zusammen. Sie sind von einer mit der Frucht sich entwickelnden becherartigen Hülle umgeben, die aus verwachsenen Vorblättern entsteht und die reifende Frucht schützt. Die letztere hat ein nahrhaftes Gewebe (die Keimblätter), welches nicht nur die junge

Keimpflanze ernährt, sondern auch von Tieren geschätzt wird, welche die Früchte daher verschleppen.

140. Buche, Fagus silvática L. Taf. 26. 1.

Rotbuche. Ein trefflicher Waldbaum, bis 35 m hoch, die Wurzel ist mit Pilzfäden verfilzt, mit denen sie eine Ernährungsgenossenschaft bildet (s. S. 28). Der rundliche Stamm hat eine glatte Rinde. Die Krone ist rund und dicht. Die jungen Blätter (eiförmig) sind zum Schutz gegen Nässe und Verdunstung gefaltet und am Rande und unten wimperig behaart. Im älteren Zustand zeigen sie lederige Beschaffenheit und sind kahl. Die hängende Blüte mit langen Staubfäden deutet Windbestäubung an. Der stachelige Becher schützt die reifende Frucht: 2—3 dreikantige Nüsse, die Oel enthalten, das man gewinnt. Einer der besten Waldbäume Mitteleuropas, der bis Südschweden nach Norden steigt und ein vorzügliches Nutzholz (Brenn- und Werkholz) liefert. Eine Abart mit dunkelrotem Laub, Blutbuche, ist als Zierbaum geschätzt. Mai.

1. Fruchtbeи die ganze Fru einschliessen 4spaltig, stach a. Männliche ten in kugel Kätzchen, Fru 3kantig

141. Kastanie, Castánea vesca Gaert. Taf. 25, 3.

Essbare Kastanie. Ein schöner Baum, der auch 35 m hoch wird und grosse länglich lanzettliche, stachelspitzig gesägte Blätter hat. Im Gegensatz zu Buche und Eiche sind hier die Kätzchen steif aufrecht, sie haben oben Staubgefäss-, unten Stempelblüten, die Hülle ist gelb, ebenso die zahlreichen Staubbeutel. Die Blüten haben einen unangenehmen Geruch, dadurch werden besonders Fliegen angelockt, die den Blütenstaub fressen, sich auf den Kätzchen umhertreiben und dabei die Bestäubung verrichten. Auch hier schützt der stachelige Becher die reifende Frucht sehr wirksam. Juni. Mehr im Südwesten Deutschlands, in Südeuropa Wälder bildend, er liefert ein geschätztes Holz und seine Früchte (Maronen) ein gutes Nahrungsmittel.

b. Männlы Blüten in ser gen Kätzch Frucht runм

142. Eiche, Quercus. Tafel 25, 4.

Schöner mächtiger Waldbaum mit rissiger Rinde, die durch Gerbstoffgehalt gegen Tierfrass gesichert ist. Die buchtigen Blätter sind in der Jugend rot, wodurch eine Schutzdecke für das junge Blattgrün entsteht, auch dient es der Umsetzung von Licht in Wärme. Nur die äussersten Zweige tragen Blätter, die daher alle das Licht voll geniessen können. Die männlichen Kätzchen sind unterbrochen und fadenförmig und wie bei der Buche hängend, leicht beweglich; sie besitzen viel Blütenstaub, der vom Wind zu den weiblichen Blüten geweht wird. Der Becher der Frucht besteht aus dachziegeligen Schuppen, er wird später holzig und trägt eine einzelne längliche, glatte Nuss. Mai. In Südeuropa gibt es eine ganze Reihe von verschiedenen Eichen-

2. Fruchtbeи die Frucht чен umschι send, napfför ohne Stach

arten mit eigenartigen Blättern. Am bekanntesten von diesen ist die Kork-E., Q. suber L., welche Kork liefert. In Deutschland haben wir 3 Arten. Das Holz ist wegen seiner Härte und Dauerhaftigkeit als Werkholz (besonders zu Schiffs- und Wasserbauten) sehr geschätzt. Die junge Rinde wird als Gerbmittel benutzt. Die Eicheln sind ein vorzügliches Schweinefutter und dienen zur Bereitung von Eichelkaffee.

A. Frucht *gestielt*, Blatt *höchstens ganz kurz gestielt*: **Stiel-E.**, Q. pedunculáta Ehrh., **Sommer-E.** bis 55 m hoch.

B. Frucht *sitzend*, Blatt *deutlich gestielt*, — wenn dann die Blätter *kahl*: **Stein-E.**, Q. sessiliflóra Sm., Winter-E. bis 40 m hoch; — wenn dagegen *unten graufilzig*: weichhaarige E., Q. pubéscens W., selten, besonders auf Kalkboden.

ue Blü-
nospen-
Grup-
26, 3
».

30. Fam. Birkengewächse, Betulaceen.

Bäume und Sträucher mit ungeteilten Blättern. Die Blüten sind einhäusig, sowohl die männlichen wie die weiblichen Blüten sind zu leicht beweglichen Kätzchen vereinigt und lassen alle Merkmale der Windblütler erkennen (s. unten Haselnuss). Eine Blütenhülle ist nicht immer vorhanden, ebenso auch nicht ein „Becher" der Frucht. Danach unterscheidet man 2 Gruppen:

A. Männliche Blüten ohne Hülle, Fruchtbecher vorhanden: Coryleen.

B. Männliche Blüten mit Hülle, ohne Fruchtbecher: Betuleen.

1. Coryleen.

143. Haselnuss, Córylus avellána L. Taf. 26, 3.

Allbekannter Strauch in Wäldern und Gebüschen, bis 4 m hoch, mit glatter, punktierter Rinde. Die Nebenblätter dienen als Knospenschuppen und fallen nach der Eröffnung der Knospen ab. Die jungen Blätter sind seidenartig behaart, wodurch sie gegen Feuchtigkeit und zu starke Verdunstung geschützt sind. Bemerkenswert ist, dass die Blätter, wie auch an vielen andern Sträuchern, des gleichmässigen Lichtgenusses wegen sowohl an wagrechten wie an senkrechten Zweigen in gleicher Richtung stehen. Die jungen Staubbeutelkätzchen sind früh angelegt und ganz frei, ohne Knospenschuppen, deshalb aber in der kalten Jahreszeit doch nicht ohne Schutz; denn die Schuppen der Kätzchen selbst schliessen dicht zusammen und sind nach aussen behaart. Sehr bemerkenswert ist die Biologie der Bestäubung, wir haben hier einen echten Windblütler, was besonders deutlich wird, wenn wir mit ihm die Verhältnisse der Weide vergleichen. Die Kätzchen sind wenig weit sichtbar und haben weder Honig noch

Duft, können also Insekten nicht anlocken, dagegen sind sie lang und biegsam, zuletzt hängen sie über und werden von jedem Luftzug leicht hin und her bewegt. Sie haben viel trocknen, also leicht beweglichen Blütenstaub und weit ausgestreckte behaarte Narben, die jenen leicht auffangen können. Auch noch andere Verhältnisse hängen mit der Windbestäubung zusammen, so befinden sich die Kätzchen am Ende von dünnen biegsamen Zweigen, sie erblühen früh im Jahr, wenn gemeiniglich viel Wind herrscht, und endlich stehen die Pflanzen gewöhnlich auch in dichten Beständen. Bemerkenswert ist es auch, dass der Blütenstaub bei ruhigem Wetter auf die Schuppe der nächstunteren Blüte fällt, und dann später von einem günstigen Wind fortgetragen wird, sowie dass sich die Staubbeutel bei feuchtem Wetter wieder schliessen, um den Blütenstaub zu schützen. Die reifende Frucht ist von einem langen grünen zerschlitzten Becher umschlossen und dadurch vor Tierfrass gesichert. Später wird die wohlschmeckende Nuss aus dieser Hülle entlassen und von Tieren verschleppt. Febr. u. März.

Die Korbmacher schätzen die biegsamen Zweige, die aus dem Holz gewonnene Kohle wird für Schiesspulver benutzt, die Nüsse liefern ein wertvolles Nahrungsmittel, sowie ein gutes Speiseöl, besonders die grossen Lambertsnüsse (C. tubulósa Willd.), in Südeuropa heimisch, werden sehr geschätzt.

144. Weissbuche, Carpínus bétulus L. Taf. 26, 2.

2. Weibliche Blüten in lockeren Kätzchen.

Ein Baum mit schöner Krone, der bis 14 m hoch wird, dessen eiförmige, doppelt gesägte Blätter in der Jugend eigenartig gefaltet sind, und der in vielem, besonders in der Bestäubung die biologischen Verhältnisse der Haselnuss wieder erkennen lässt. Der Umstand, dass die weiblichen Blüten auch in lockeren Kätzchen stehen, ist der Windbestäubung noch günstiger. Die Becherhülle der Frucht ist grün und dreiteilig, sie dient zunächst auch zum Schutz, dann aber als Fallschirm, durch den sich die Frucht immerhin etwas weiter von der Mutterpflanze entfernt. Die Frucht ist ein kleines Nüsschen, dessen Nährgewebe für Menschen und Tiere nicht brauchbar ist Waldbaum, besonders im mittleren und südöstlichen Europa. April u. Mai. Er liefert ein hartes, geschätztes Werk- und Brennholz.

2. Betuleen.

145. Birke, Bétula. Taf. 26, 4.

1. Deckschuppe abfallend, Nüsschen geflügelt Fig. 494 unten.

Bäume und Sträucher mit meist glatter, oft weisser Rinde, deren Borke sich ringelig ablöst oder auch rissig sitzen bleibt. Die jungen Blätter sind zum Schutz gegen Regen und zu starke Verdunstung mit einem Gummiharzüberzug versehen. Die zarten, oft hängenden Zweige mit kleinen Blättern gestatten diesen einen ausgiebigen Lichtgenuss. Beiderlei Blüten stehen in Kätzchen und zeigen die biologischen Verhältnisse der Haselnuss. Die sehr leichte Frucht ist ein geflügeltes Nüsschen, das sich vom Wind weithin wehen lässt. A. Blätter *kurz gestielt*, Kätzchen *alle aufrecht*, — wenn dann die weiblichen Kätzchen *sitzend:* **Zwerg-B.**, B. nana L., Fig. 493, niederliegend, auf Hochmooren der höheren Gebirge, bis 60 cm hoch, Mai; — wenn dagegen weibliche Kätzchen *kurz*

Fig. 493. Betula nana.   Fig. 494. Betula alba.

gestielt: **niedrige B.**, B. húmilis Schrnk., aufrecht, besonders in Torfsümpfen Süddeutschlands, bis 1,25 m hoch. April.
B. Blätter *langgestielt*, männliche Kätzchen *hängend*, — wenn dann Blätter *lang* zugespitzt und *kahl:* **gemeine** oder **weisse B.**, B. alba L., Taf. **26**, 4 u. Fig. 494, überall, bis 20 m hoch, April u. Mai; — wenn dagegen Blätter *kurz* gespitzt und *haarig:* **weichhaarige B.**, B. pubéscens Ehrh., Moorbirke, auf feuchtem Boden, weniger häufig, April u. Mai.

146. Erle, Alnus. Taf. 27, 1.

Bäume und Sträucher mit rissiger Rinde, deren schon im Herbst gebildete Kätzchen im Frühjahr vor der Entfaltung der Blätter blühen, und die den Birken sehr nahe stehen. Die Fruchtzäpfchen besitzen holzige und durch Gummiharz verschlossene Deckschuppen, wodurch die Früchte sehr wirksam geschützt sind. Diese haben zwar keine Flügel, aber sie sind so leicht, dass sie der Wind forträgt, und dass sie auf dem Wasser schwimmen.

Die Erle ist der Charakterbaum unserer Sümpfe und Moore und wird nebst Weiden zum Schutz der Ufer angepflanzt. Das ziemlich harte, gelbrote Holz ist wertvoll für Wasserbauten und als Schnitzholz.

A. Blätter *kahl*, nur in den Aderwinkeln bärtig, rissige Borke: **Schwarz-E.**, A. glutinósa Gartn.,

Taf. **27**, 1, Blatt rundlich, Europa und Westasien, bei uns überall, bis 25 m hoch, Febr. u. März.
B. Blätter oben *klebrig*, unten *filzig*, Rinde glatt, — wenn dann Blatt *eiförmig*, *unten blaugrün*, Rinde *silbergrau:* **Grau-E.**, A. incána DC., Fig. 495, zerstreut, bis 25 m hoch, Febr. u. März; — wenn dagegen das Blatt *rundlich, beiderseits grün*, Rinde *graubraun:* **weichhaarige E.**, A. pubéscens Tausch., selten, bis 6¹⁄₂ m hoch, März u. April.

Fig. 495. Alnus incana.

X. Reihe: Nesselartige.
31. Fam. Ulmengewächse, Ulmaceen.
147. Ulme, Ulmus. Taf. 27, 2.

Auch Rüster. Bäume mit einfachen unsymmetrischen Blättern, die sich am Zweig nebeneinanderschieben und dadurch ein „Mosaik" bilden; dies ermöglicht dann allen Blättern gleichmässigen Lichtgenuss. Die Blüten sind unscheinbar, erscheinen vor der Belaubung und haben lange, dünne, leichtbewegliche Staubfäden, sowie lange behaarte Narben, also lauter Kennzeichen der Windblütler. Sie haben ein glockenförmiges, mehrspaltiges Perigon. Die Staubbeutel schliessen sich bei feuchtem Wetter, um sich bei günstigerem wieder zu öffnen und so unnötigem Verlust von Blütenstaub vorzubeugen. Die Frucht ist ein leichtes breitgeflügeltes Nüsschen, das weithin fliegen kann.

Ein geschätzter Alleebaum mit gutem Nutzholz, die Blätter liefern ein gutes Schaffutter und die junge Rinde ein Gerbmittel.

A. Blüten *hängend, gestielt*, Taf. **27**, 2a, Früchte *weichhaarig:* **Flatter-U.**, U. effúsa W., Taf. **27**, 2, Staubgefässe 3—5, Gebirgswälder, bis 30 m hoch, März u. April.
B. Blüten *fast sitzend*, Taf. **27**, 3, Früchte *kahl*, — wenn dann *4—5* Staubgefässe, Blatt *kurz* zugespitzt: **Feld-U.**, U. campéstris L., Taf. **27**, 3, Staubgefässe 6—8 (mit Korkleisten: **Kork-U.**); — wenn dagegen *5—8* Staubgefässe, Blatt *lang* zugespitzt: **Berg-U.**, U. montána With., seltener; beide in Wäldern und Anlagen, bis 30 m hoch, März bis April.

32. Fam. Maulbeergewächse, Moraceen.
148. Maulbeerbaum, Morus. Taf. 27, 4.

Ein auch in Deutschland kultivierter Baum, mit Milchsaft und ungeteilten oder gelappten Blättern.

Die Blüten stehen in kugeligen Köpfchen, sie haben ein 4blättriges Perigon, das später fleischig, sowie weiss, rot oder schwarz wird. Hierdurch lockt die Frucht Vögel an, welche die Samen verbreiten (Scheinbeere). — Der Baum wird gezogen, weil die Blätter als Futter der Seidenraupen dienen, wofür M. alba besonders in Südeuropa kultiviert.

Wenn die Blätter *flaumig behaart* und die Frucht *schwarzrot:* **schwarzer M.**, M. nigra L., Taf. **27**, 4, bis 13 m hoch, Mai; — wenn dagegen die Blätter *kahl* und die Frucht *weiss:* **weisser M.**, M. alba L., Fig. 496, bis 10 m hoch, Mai.

Fig. 496. Morus alba.

33. Fam. Hanfgewächse, Cannabinaceen.

Zweihäusige Pflanzen ohne Milchsaft, die Blätter sind gelappt oder geteilt und haben Nebenblätter. Die Blüten stehen in Rispen oder Zapfen und besitzen ein Perigon. Mit 4 Arten.

149. **Hopfen, Húmulus lúpulus** L. Taf. **28**, 2.

Eine krautige, aber unterirdisch überwinternde Pflanze, deren Stengel sich durch Winden im Gewirr der Hecke zum Licht emporhebt und sich dabei obendrein noch durch Klimmborsten festhält. Die Blätter sind 3—5lappig, grob und scharf gesägt. Die ziemlich grossen Nebenblätter bilden einen Schutz der Knospe. Die Blüten zeigen alle Merkmale echter Windbestäubung: sie sind unscheinbar, honig- und duftlos, mit langen, dünnen, pendelnden Staubfäden und weit hervortretenden behaarten Narben, sowie viel trocknem und leichtem Blütenstaub. Sie stehen in leichtbeweglichen Rispen an der Aussenseite der Pflanze, wo sie der Wind leicht erreicht. Uebrigens will man beim Hopfen auch Parthenogenesis beobachtet haben, d. h. Erzeugung fruchtbarer Samen ohne Befruchtung. Der reifende Fruchtstand ist durch gelbe Drüsen mit scharfriechendem Bitterstoff ausgezeichnet und vor Tierfrass geschützt. Zu demselben Zweck wachsen die Hüllen der Fruchtblüten weiter. Zu gleicher Zeit bilden sie dann auch ein Flugorgan zur Verbreitung der Früchte. — Die weiblichen Blütenkätzchen werden jenes Bitterstoffes wegen als Bierwürze gebraucht, die jungen Sprosse liefern ein gutes Gemüse. — In Gebüschen, besonders an Flussufern, wird in Nordeuropa angebaut, bis 13 m lang, Juli—September.

150. **Hanf, Cánnabís sativa** L. Taf. **28**, 1.

Ein einjähriges, aufrechtes Kraut mit gefingerten Blättern, deren Abschnitte schmallanzettlich und gesägt sind. Es enthält als Schutz gegen Tierfrass ein Gift, das sich schon in betäubendem Geruch kundtut. Die Blüten zeigen ähnlich wie beim Hopfen die Merkmale der Windbestäubung. Die reifende Frucht hat als Schutz schmierige und riechende Deckblätter. Der Samen ist stark ölhaltig zur Ernährung der jungen Keimpflanze. — Die Pflanze stammt aus dem Orient und wird angebaut, einmal wegen der zähen Bastfasern (zu Garn, Segeltuch u. s. w.), dann wegen der ölhaltigen Samen (als Vogelfutter, medizinisch und zur Schmierseifenfabrikation verwendet). Der Giftstoff liefert den berauschenden Haschisch der Asiaten und Afrikaner. Bis $1\frac{1}{2}$ m hoch, Juli u. August.

34. Fam. Brennesselgewächse, Urticaceen.

Kräuter, die eingeschlechtige oder zwitterige Blüten in Rispen und Knäueln haben, diese zeigen ein einfaches Perigon mit 4 Staubgefässen. Die Frucht ist ein einsamiges Nüsschen. 520 Arten der warmen und gemässigten Zone.

151. **Brennessel, Urtica.** Fig. 497.

Kräuter, die z. T. einjährig sind, bei den mehrjährigen grossen Br. dienen zahlreiche Stocksprosse der vegetativen Vermehrung. Sie können sich ihrer festen, zähen Bastfasern (die grosse Br. und der Hanf-U. liefert daher auch Gewebefasern) wegen gut aufrecht halten und haben als Schutz gegen Tierfrass am Laub Stechborsten und Brennhaare. Die Blüten zeigen alle Merkmale der Windbestäubung (unscheinbar, honig- und duftlos, härgende, leichtbewegliche Rispen, trocknen Blütenstaub, dichte Bestände). Eigenartig ist das Verstäuben des Blütenstaubs: die Staubgefässe sind in den Knospen nach innen gebogen und schnellen beim Oeffnen nach aussen. — Ueberall als Schuttpflanzen, Juli—Sept.

Fig. 497. Urtica urens.

Wenn *einhäusig* und Blatt *eiförmig:* **kleine Br.**, U. urens L, Fig. 497, ☉, bis 50 cm; — wenn dagegen *zweihäusig*, Blatt *herzförmig:* **grosse Br.**, U.

(Marginal notes:)
2. Stengel *nicht windend.*

1. Blätter *gegenständig, m.* Brennhaaren und Nebenblättern.

dióïca L., ⚇, bis 1 m hoch. [Die seltene **Kugel-Br.**, U. pillulífera L., hat kugelige weibliche Köpfchen.]

152. Glaskraut, Parietária. Fig. 498.

Ausdauernde, der Brennessel ähnliche Kräuter. Der Stengel des aufrechten Gl. ist stark genug, um emporzuwachsen, der des ausgebreiteten dagegen ist niederliegend und hält sich mit Kletterhaaren an Mauern u. s. w. fest. Der Blütenbau entspricht dem der Windblüte bei der Brennessel. Bemerkenswert sind die gestielten pinselförmigen Narben zum Auffangen des Blütenstaubes. Die Geschlechtsverhältnisse der Blüte haben sich noch nicht gefestigt; denn es finden sich neben Stempelblüten auch scheinzwitterige Staubbeutelblüten, sowie echte Zwitterblüten. Die Frucht hat

Fig. 498. Parietaria erecta.

steife Borsten, was wohl der Verbreitung dient. Seltenere Pflanzen, in Europa verbreitet, — auf Schutt, an Mauern, Juli—Okt.

Wenn Stengel *aufrecht*, Blütenstand *kopfförmig:* **aufrechtes Gl.**, P. erécta M. et K., Fig. 498, ⚇, bis 1 m hoch; — wenn dagegen Stengel *niederliegend*, Blütenstand eine *lockere Rispe:* **ausgebreitetes Gl.**, P. diffúsa M. et K., ⚇, bis 30 cm.

XI. Reihe: Wolfsmilchartige.

35. Fam. Wolfsmilchgewächse, Euphorbiaceen.

Abgesehen von den zahlreichen tropischen Gliedern dieser Familie sind es Kräuter, die ein- oder zweihäusig sind. Die 3500 Arten sind zum grossen Teil in den Tropen heimisch, wenige in der gemässigten Zone, sie zeigen eine ausserordentliche Mannigfaltigkeit, von tropischen Nutzpflanzen gehört hierhin z. B. Rizinus, Gummibaum (Siphónia), der Maniokstrauch (Játropha), Kroton u. a. Manche Wolfsmilchgewächse der Wüstenvegetation zeigen die sonst den Kakteen eigenartige Wuchsform (fleischige Kugeln und Säulen).

153. Bingelkraut, Mercuriális. Taf. 28, 3.

Unscheinbare Pflanzen mit Windbestäubung. — Wenn einjährig und Stengel vierkantig: **einjähriges B.**, M. ánnua L., überall häufiges Acker- und Gartenunkraut, ⊙, bis 30 cm hoch, Juni—Okt.; — wenn dagegen mehrjährig und Stengel stielrund: **aus-**dauerndes B., M. perénnis L., ⚇, bis 20 cm hoch, April u. Mai.

154. Wolfsmilch, Euphórbia, Taf. 28, 4 u. 5.

Der weisse ätzende Milchsaft dieser Pflanze ist ein bedeutsames Schutzmittel gegen Tierfrass und dient der Pflanze obendrein auch als Verschluss von Wunden, zumal er bei jeder kleinen Verletzung hervortritt. Der Stengel trägt meistens wechselständige Blätter. Die Blüten sind sehr eigenartig. Es stehen nämlich in einer aus Hochblättern gebildeten krugförmigen Hülle mit Drüsen eine Anzahl von Blüten: in der Mitte eine weibliche aus einem Fruchtknoten mit langem Stiel bestehend, und darum herum 10—15 männliche aus je einem Staubgefäss mit gegliedertem Stielchen, an dessen Grunde eine Schuppe sitzt. Diese Blütenstände sind unscheinbar und duftlos, aber mit viel Honig. Fliegen sind die Bestäuber. Nun ist es sehr bemerkenswert, dass zuerst die Narben an den dann noch kurz gestielten Fruchtknoten reif werden. Darauf wächst aber der Stiel, schiebt den Fruchtknoten aus der Hülle heraus, so dass er überhängt, und nun erst werden die Staubbeutel reif, eine Vorkehrung, die natürlich die Fremdbestäubung sichert. Die Frucht ist eine Kapsel, die in 3 Teile zerfällt. Bemerkenswert ist dabei, dass sich der Fruchtstiel wieder aufrecht stellt, und dass die Teilkapseln von der Mittelsäule fortgeschleudert werden, wodurch die Verbreitung der Früchte bewirkt wird. Die Samen haben eine vertiefte oder körnige Oberfläche, was wohl dazu beitragen mag, sie im Keimblatt festzuhalten. Die 300 Arten sind sehr mannigfach gestaltet, in Deutschland gibt es 18 Arten.

A. Drüsen der Hülle *rundlich* oder *oval*. Fig. 499—501.

a. Kapsel *glatt*, Fig. 499; — wenn dann die Samen *runzlig* und das Blatt *breit* (verkehrt eiförmig): **sonnenwendige W.**, E. helioscópia L., Fig. 499, fast in ganz Europa, ausser im hohen Norden, bei uns überall als Ackerunkraut, ⊙, bis 30 cm, April—Sept.; — wenn dagegen Samen *glatt* und Blatt *schmal:* **Gerards W.**, E. gerardiána Jacq., selten, an Ufern und auf trocknen Hügeln. ⊙, bis 30 cm hoch, Mai—Juli.

b. Kapsel *warzig* (Samen glatt). Fig. 500.

1. Trugdolde *viel-*

Fig. 499.
Euphorbia helioscopia.

strahlig, — wenn dann die Blätter *behaart:* **hohe W.**, E. prócera M. B., in sonnigen Wäldern in Süd- und Ostdeutschland, ⹅, bis 80 cm, Mai u. Juni; — wenn dagegen Blätter *kahl:* **Sumpf-W.**, E. palústris L., hie und da, auf Sumpfwiesen, ⹅, bis 1¹/₄ m, Mai u. Juni.

2. Trugdolde *3—5strahlig.*

aa. Stengel *einfach gabelig:* **Süsse W.**, E. dulcis Jacq., Fig. 500, Drüsen zuletzt pur-

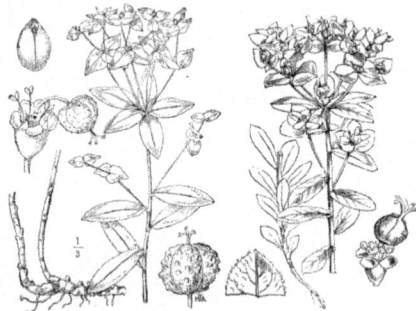

Fig. 500.
Euphorbia dulcis.

Fig. 501.
Euphorbia platyphyllos.

purn, Blatt sehr kurz gestielt, zerstreut, in schattigen Laubwäldern und auf steinigen Hügeln. ⹅, bis ¹/₂ m, April u. Mai.

bb. Stengel *3strahlig,* dann die Zweige *2gabelig.*

* Hüllblätter *elliptisch-stumpf:* **warzige W.**, E. verrucósa Lam., auf feuchten Wiesen, zerstreut. ⹅, bis ¹/₂ m, Mai u. Juni.

** Hüllblätter *dreieckig-eiförmig-*stachelspitzig, — wenn dann die Warzen der Kapsel *walzenförmig,* Samen *rötlichbraun:* **steifer W.**, E. stricta L., selten, an feuchten Orten. ☉, bis 90 cm, Juni bis Sept.; — wenn dagegen die Warzen *halbkugelig,* Samen *graubraun:* **breitblättrige W.**, E. platyphyllos L., Fig. 501, auf Aeckern und Triften, besonders Kalkboden. ☉, bis 60 cm, Juli—Sept.

B. Drüsen *halbmondförmig.* Fig. 502 u. 503.

a. Hüllblättchen zu 2 *verwachsen:* **mandelblättrige W.**, E. amygdalóïdes L., selten in Gebirgswäldern. ⹅, bis 60 cm, April—Juni.

b. Hüllblättchen *frei.*

1. Samen glatt, — wenn dann Blatt *lanzettlich:* **gemeine W.**, E. ésula D., Taf. 28, 4, Kapsel gekörnelt, Mittel- und Südeuropa, bei uns häufig auf Wiesen und Triften. ⹅, bis 60 cm, Juni u. Juli; — wenn dagegen Blatt *schmal,*

linienförmig: **Zypressen-W.**, E. cyparissias L., Taf. 28, 5, Kapsel gekörnelt, Mitteleuropa, in Deutschland besonders im Süden, auf trocknen Triften, besonders Kalkboden, ⹅, bis 30 cm, April—Sept. (oft durch einen Pilz verunstaltet).

2. Samen *wurzelig.*

aa. Blätter *gegenständig* (in 5 Längsreihen): **kreuzblätt⁻iger W.**, E. Láthyris L., in Gärten verwildert. ☉, bis 1 m, Juni u. Juli.

bb. Blätter *wechselständig oder zerstreut.*

* Blätter *lineal* oder lineal-keilförmig, — wenn dann die Deckblätter der Trugdolde *lineal mit fast herzförmigem* Grund:

Fig. 502.
Euphorbia exigua.

Fig. 503.
Euphorbia peplus.

Kleine W., E. exígua L., Fig. 502, zartes Pflänzchen, Mittel- und Südeuropa, in Deutschland häufig auf Brachfeldern, ☉, bis 20 cm, Juli—Sept.; — wenn dagegen die Deckblätter *nieren-* oder *rautenförmig:* **Acker-W.**, E. segetális L., selten unter der Saat. ☉, bis 30 cm, Juni u. Juli.

** Blätter *nicht lineal,* — wenn dann *verkehrt eiförmig:* **Garten-W.**, E. peplus L., Fig. 503, Blatt sehr stumpf, Dolde 2 bis 3strahlig, die Strahlen wiederholt gespalten, gemeines Gartenunkraut; — wenn dagegen *lanzettförmig,* untere spatelförmig: **sichelförmige W.**, E. falcáta L., selten auf Brachfeldern, beide ☉, bis 25 cm, Juli—Sept.

36. Fam. Buchsbaumgewächse, Buxaceen.

155. Buchsbaum, Buxus sempervirens L.

Fig. 504.

Allbekannter immergrüner Strauch der Gärten mit gegenständigen, ganzrandigen, eirunden, lederigen Blättern, der als Zwergform zu Beeteinfassungen ver-

wendet wird. In Süd- und Westeuropa. Die Blüten
sind klein und grün, einhäusig, in den Blattachseln.
Das schwere Holz ist vorzüglich zu Holzstöcken
verwendbar. März u. April.

37. Fam. Rauschbeerengewächse,
Empetraceen.

156. Rauschbeere, Empetrum nigrum L. Fig. 505.
Auch Krähenbeere. Niederliegende, immergrüne, zierliche Pflanze mit kleinen linealen, aber
dichtstehenden Blättern, deren Rand umgerollt ist.
Die kleinen roten Blüten stehen dicht und locken

Fig. 504. Buxus sempervirens.   Fig. 505. Empetrum nigrum.

daher Insekten an. Die schwarzen Beeren dienen
der Verbreitung durch Tiere. In Europa bis zum
Polarkreis; die Pflanze steigt im Gebirge hoch empor, auf Moor- und Torfboden; aber bei uns selten. ♃,
bis 50 cm lang, Mai u. Juni. Torfbildende Pflanze.

38. Fam. Wassersterngewächse,
Callitrichaceen.

157. Wasserstern. Callitriche. Fig. 506.
Hierhin gehören untergetauchte, auf Schlamm
kriechende oder schwimmende Wasserpflanzen mit
quirl- oder gegenständigen
Blättern. Die oberen Blätter sind oft sternförmig
ausgebreitet. Die Blüten
stehen in den Blattachseln
und haben keine Hülle.
Die Frucht zerfällt in 4
Nüsschen. Fast über die
ganze Erde verbreitet. 5
deutsche Arten.

Fig. 506.
Callitriche stagnalis.

A. *Alle* Blätter lineal:
Herbst-W., C. autumnális L. ♃, Juli—Okt.
B. *Nicht alle* Blätter lineal.

a. Alle Blätter *verkehrt-eiförmig:* **Sumpf-W.**, C.
stagnális Scop., Fig. 506. ♃, April—Sept.
b. *Obere* Blätter *keilig-eiförmig* rosettenartig, *untere
lineal*, — wenn dann Griffel *abfallend:* **Frühlings-W.**, C. vernális Kütz., ♃, Mai—Sept.; —
wenn dagegen Griffel *bleibend*: **breitfrüchtige**
W., C. platycárpa Kütz. ♃, Mai—Sept (Die
seltene C. hamuláta Kütz. hat Deckblätter mit
hakiger Spitze.)

XII. Reihe: Seidelbastartige.
39. Fam. Oleastergewächse,
Elaeagnaceen.

158. Sanddorn, Hippóphaë rhamnóïdes L.
Fig. 507.

Ein ästiger, weidenartiger, dorniger und dadurch
vor Tierfrass geschützter Strauch der Dünenflora, mit
schmalen, unten silber-
schuppigen Blättern, da-
durch gegen zu starke
Verdunstung geschützt.
Die Blüten sind sehr klein,
gelblich; die Samen der
goldgelben Beeren wer-
den durch Vögel ver-
breitet. ♄, bis 3 m hoch,
April u. Mai.

1. Strauch mit
fallendem P[?]
gon.

40. Fam. Seidelbast-
gewächse, Thyme-
laeaceen.

**159. Seidelbast, Keller-
hals, Daphne mezeréum**
L. Taf. **29**, 1.

Fig. 507.
Hippophaë rhamnoïdes.

Ein Strauch, der durch Gift in Rinde und Laub
vor Tierfrass geschützt ist. Die Blüten sind zwar
klein, aber rot und wohlriechend und da sie vor
der Belaubung erscheinen, so locken sie doch Insekten an. Die Staubbeutel stehen zwar höher als
die Narben, da aber die Blüten selbst meist wagerecht stehen, so ist Selbstbestäubung selten. Die
roten fleischigen Früchte sind für viele Tiere giftig,
locken aber doch die zur Verbreitung passenden an.
Ueber ganz Europa verbreitet, in Deutschland zerstreut, in Bergwäldern. ♃, bis 1 m hoch, März.
[D. cneórum L. hat glänzende immergrüne Blätter
und ist viel seltener.]

160. Sperlingszunge, Passerina annua Wickst.

2. Kraut m[?]
bendem Perig[?]

Seltenes einjähriges Kraut mit linealen Blättern,
in deren Winkeln die grünlichen Blüten stehen, bis
30 cm, Juli u. Aug.

XIII. Reihe: Santelartige.

41. Fam. Santelgewächse, Thymelaeaceen.

161. Bergflachs, Thésium. Fig. 508.

Auch Verneinkraut. Seltene ausdauernde Kräuter, deren Wurzeln Saugwarzen haben, mit denen sie auf den Wurzeln anderer Pflanzen schmarotzen. Sie haben schmale Blätter, die bei manchen Arten direkt Wasser aufnehmen. Die Blüten sind grünlich und unansehnlich. Die Staubbeutel schliessen sich bei feuchtem Wetter zum Schutz des Blütenstaubes. Indem sie lange und kurze Griffel und dementsprechend unter bezw. über der Narbe stehende Staubbeutel haben, ist Fremdbestäubung sicher. 7 deutsche Arten, Juni u. Juli.

Fig. 508.
Thesium montanum.

A. Fruchtperigon nur an der Spitze eingerollt, — wenn dann Blatt einnervig und Perigonröhre so lang wie die Zipfel: **Gebirgs-B.**, Th. alpínum L., Gebirgstriften; — wenn dagegen Blatt fast dreinervig und Perigonröhre höchstens halb so lang wie die Zipfel: **Wiesen-B.**, Th. praténse Ehrh., Bergwiesen, beide bis 30 cm.

B. Fruchtperigon bis auf den Grund eingerollt, — wenn dann Stengel liegend, Blatt dreinervig: **mittlerer B.**, Th. intermédium Schrad., bis 30 cm; — wenn dagegen Stengel aufrecht, Blatt meist fünfnervig: **gemeiner B.**, Th. montánum Ehrh., Fig. 508, bis 60 cm, beide auf Gebirgswiesen.

[Nur 1 statt 3 Deckblätter unter der Blüte haben Th. rostrátum M. et K. in Oberbayern und Th. abracteátum Hagn. in Preussen, Schlesien und Thüringen.]

42. Fam. Mistelgewächse, Loranthaceen.

162. Mistel, Víscum album L. Taf. 56, 5.

Eine biologisch hochinteressante Pflanze, die keine echten Wurzeln hat, sondern mit „Senkern" auf Bäumen festsitzt und schmarotzt, obwohl ihre immergrünen spateligen Blätter daneben auch assimilieren. Die Blätter sind ledrig und überdauern daher gut den Winter. Am Grunde sind sie gedreht, so dass sie vom Wind nicht mit voller Kraft getroffen werden, was bedeutungsvoll ist, da die Pflanze im Winter schutzlos auf den entlaubten Bäumen sitzt. Die Blüten sind unscheinbar, doch sehr früh, vor dem bewirtenden Baum, blühend und mit Honig und Duft versehen, und da sie zweihäusig sind, so ist Fremdbestäubung selbstverständlich. Die Frucht ist weiss und fleischig, sie hat ein klebriges Fruchtfleisch und der Samen eine harte Schale. Besonders Drosseln fressen sie, fliegen mit ihnen auf andere Bäume und streifen dort die ihren Schnäbeln anhaftenden Samen den Aesten an. Nur auf diesen, nicht auf der Erde, kann der Samen erfolgreich keimen. In ganz Mittel- und Südeuropa. Die Mistel befällt zahlreiche Laub- und Nadelbäume, auch Obstbäume. f_t, bis 60 cm, März u. April. Aus den Früchten macht man Vogelleim.

XIV. Reihe: Osterluzeiartige.

43. Fam. Osterluzeigewächse, Aristolochiaceen.

1. Aufrechter Stengel, röhriges Perigon.

163. Osterluzei, Aristolóchia clematítis L. Taf. 29, 2.

Eine mit kriechendem Wurzelstock überwinternde krautartige Pflanze. Die grossen, zarten Blätter (gestielt und herzeiförmig) zeigen den etwas schattigen Standort an (Gebüsche, Mauern); wegen ihrer Grösse ist die Zahl der Blätter nicht sehr gross. Das Laub wird wegen seines unangenehmen Geruchs von Weidetieren gemieden. Da die Blätter nach aussen und unten geneigt sind, so leiten sie das Regenwasser nach aussen zu den Wurzeln ab. Die Fruchtbildung ist selten, weshalb durch Wurzelschösslinge für Ersatz gesorgt ist. Die gelben Blüten stehen büschelweise in den Blattachseln, sie locken mit aufrechter Fahne und unangenehmem Duft Fliegen an. Die Perigonröhre besitzt innen nach unten gerichtete Haare, zwischen denen die Fliegen herein- aber nicht zurückkriechen können, erst später schrumpfen die Haare ein, und die Blüten senken sich, um die Fliegen zu entlassen. Diese haben inzwischen ein warmes Obdach und in saftigen Wandzellen und vielem Blütenstaub Nahrung genossen (keinen Honig), kriechen sie dann in frische Blüten mit reifen Narben (die zuerst reif werden), so können sie Fremdbestäubung bewirken. Die Frucht ist eine 6 fächerige Kapsel. Die Pflanze stammt aus Südeuropa; bei uns selten, in Weinbergen u. s. w. Bis 80 cm hoch, Mai — Juli.

164. Haselwurz, Asarum európaeum L. Taf. 29, 3.

2. Kriechender Stengel, glockiges Perigon.

Auch diese Pflanze überwintert mit kriechendem Wurzelstock, sie hat eigentümlich aromatischen Geruch. Sie blüht früh, aber lange. Sie hat braune „Ekelblumen" mit Kampfergeruch, die Fliegen anlocken. Die Blüten öffnen sich zunächst nur mit Spalten vor den reifen Narben, dann erst ganz, wenn die

Staubbeutel reif sind. Dadurch ist natürlich Fremdbestäubung gesichert. Die Frucht ist eine 6fäche-
rige Kapsel, die Samen haben eine fleischige Nabelschwiele, deretwegen Ameisen sie verschleppen. In
Mittel- und Südeuropa, bei uns in Gebüschen und
Laubwäldern zerstreut, bis 60 cm lang, März—Mai.

XV. Reihe: Knöterichartige.

44. Fam. Knöterichgewächse, Polygonaceen.

165. Knöterich, Polýgonum. Taf. 29.

Zumeist einjährige Kräuter, deren Nebenblätter
in eine charakteristische Tüte verwandelt sind, welche
die junge Knospe schützt. Der Winden- und
Hecken-K. ist zu schwach, um sich selbst aufrecht zu halten, er windet sich daher um andere
Pflanzen u. s. w. herum, dagegen ist der Stengel des
Vogel-K. niederliegend, da er jedoch an Wegen,
zwischen Pflastersteinen u. s. w. vorkommt, wo er
leicht zertreten wird, so ist er mit einem grossen
Regenerationsvermögen ausgestattet. Das Laub des
Wasser-Pfeffers ist scharf pfefferartig, weshalb
die Tiere sich scheuen es zu fressen. Bemerkens-
wert ist der Einfluss des Standorts bei dem orts-
wechselnden K.: im Wasser hat er breite kahle
Schwimmblätter an langen biegsamen Stielen, auf dem
Lande schmale behaarte Blätter mit kurzen, steifen
Stielen. Da derselbe an ungünstigem Standort
keinen Samen hervorbringt, so bildet er hier viele
Stocksprossen. Die Blüten des K. sind klein und
oft unscheinbar, doch in Aehren gehäuft, beim
Schlangen-K ist aber auch der hochstrebende
Stiel rötlich und der Buchweizen mit duftende
und honigreiche Blüten. Vorangehende Reife der
Staubbeutel sichert die Fremdbestäubung, doch tritt
beim Vogel-K. wegen mangelnden Insektenbesuchs
auch Selbstbestäubung ein. Die Frucht ist eine
3kantige Nuss, beim Hecken-K. ist sie zur Verbreitung durch den Wind geflügelt. Die Nüsschen
des Buchweizens werden zur Mehlbereitung und
als Mastfutter für Geflügel verwendet

A. Blatt *breit, herzeiförmig.*
a) *Windender* Stengel, — wenn dann Fruchthülle
geflügelt: Hecken-K., P. dumetórum L., an Zäunen
und Hecken, nicht häufig, bis 1½ m; — wenn
dagegen Fruchthülle nur *gekielt:* Winden-K., P.
convólvulus L., Fig. 509; grüne Blüten in
lockeren Büscheln achselständig; in Europa bis
zum Polarkreis, überall in Deutschland auf
Aeckern u. s. w., bis 1 m, beide ⊙, Juli—Okt.
b) Stengel *aufrecht:* Buchweizen, P. fagopyrum L.,
Taf. 29, 4, weiss und rötlich, häufig auf Sandboden angebaut, stammt aus Ostasien. ⊙, bis
60 cm, Juli u. Aug. [P. tatáricum L. hat grüne
Blüten und eine Frucht mit gezähnten Kanten]

B. Blatt *länger als breit*, selten schwach herz-
eiförmig.
a) Blüten *in den Blattwinkeln:* Vogel-K., P. avi-
culáre L., Fig. 510, bei uns gemeines Unkraut,
in Europa bis zum Polarkreis. ⊙, bis 50 cm lang,
Mai bis Okt.
b) Blüten *in Aehren.*
1. *Eine* Aehre auf *einfachem* Stengel: Schlangen-
K., P. bistórta L., Taf. 30, 1, Natterwurz,
Wurzelstock schlangenartig hin und her kriechend, Blattstiel geflügelt, Blüte rötlichweiss.

Fig. 509.   Fig. 510.
Polygonum convolvulus.   Polygonum aviculare.

In ganz Europa bis zum hohen Norden, in
Deutschland auf feuchten Wiesen, ♃, bis
1 m, Juni—Aug. [im Alpenvorland selten P.
viviparum L. mit ungeflügeltem Blattstiel, im
Blütenstand mit Knöllchen].
2. *Mehrere* Aehren auf *ästigem* Stengel.
aa. *dicht-walzliche, aufrechte* Aehren.
* Aehrenstiel *gefurcht,* 5 Staubgefässe: orts-
wechselnder K., P. amphíbium L., Fig.
511, s. oben, Blüten rosenrot. In Europa
bis zum Polarkreis, in Deutschland an
feuchten Orten häufig. ♃, bis 1 m, Juli
u. Aug.
** Aehrenstiel *glatt,* meist 6 Staubgefässe.
— wenn dann Blütenstiel und Perigon
drüsig: Acker-K., P. lapathifólium L.,
überall an feuchten Orten, ⊙, bis 60 cm;
— wenn dagegen *drüsenlos:* Gemeiner
K., P. persicária L., Taf. 29. 5, oft rot
angelaufen, Blätter mit schwarzbraunem
Mondfleck, Blüten pfirsichrot. In ganz
Europa und Deutschland überall. ⊙, bis
1 m hoch, beide Juli—Sept.
bb. *Lockere,* meist *überhängende* Aehren.
* Perigon *drüsig:* Wasser-K., Wasserpfeffer,
P. hydropíper L., Fig. 512, dem vorigen

ähnlich, zarter, Blüte grünlich bis purpurn. In Europa bis zum Polarkreis; bei uns überall an feuchten Orten. ☉, bis 50 cm, Aug. u. Sept.

** Perigon *drüsenlos*, — wenn dann *6* Staubgefässe, Blatt breit (bis 2 cm): **milder**

Fig. 511.
Polygonum amphibium.

Fig. 512.
Polygonum hydropiper.

K., P. mite Schrk, bis 50 cm; — wenn dagegen *5* Staubgefässe, Blatt schmal bis 0,9 cm): **Kleiner K.**, P. minus Huds., bis 30 cm, beide zerstreut an feuchten Orten. ☉, Juli—Sept.

166. Ampfer, Rumex. Taf. 30.

Kräuter mit scheidigen, häutigen Nebenblättern, manche dauern mit Wurzelstock aus, der kleine A. vermehrt sich durch Wurzelknospen. Bei einigen Arten bildet Rotfärbung des Laubes eine Schutzdecke für das Blattgrün, als Schutz gegen Tierfrass

Fig. 513.
Rumex acetosella.

Fig. 515.
Rumex patientia.

Fig. 514. Rumex scutatus.

sind einige reich an giftigem Kleesalz. Der schildblättrige A. besitzt wegen seines trocknen Standorts fleischige Blätter. Unscheinbar grüne Blüten

ohne Honig und Duft, lange pendelnde Staubgefässe und pinselförmige Narben deuten auf Windbestäubung, da hierbei die Narben zuerst reif werden, ist Aussicht auf Fremdbestäubung. Der grosse und kleine A. sind obendrein zweihäusig. Die Blütenhülle wächst mit der Frucht zu Flügeln weiter (Fig. 520), weshalb jene durch Wind verbreitet wird. 19 deutsche Arten, von denen der Sauer-A. als Gemüse brauchbar ist.

A. Untere Blätter *spiess- oder pfeilförmig*, 3 Narben *unmittelbar auf dem Fruchtknoten*, Fig. 513.

a) Kelchblätter *angedrückt*, — wenn dann Spreite *eiförmig*, Blüte *zwitterig*: **schildblättriger A.**, R. scutátus L., Fig 514, blaugrün, angebaut, auf steinigem Boden, ♃, bis 50 cm; — wenn dagegen Spreite *lineal oder lanzettlich*, Blüte *zweihäusig*: **kleiner Sauer-A.**, R. acetosélla L., Taf. **30**, 2, schlank und zierlich, oft rot angelaufen. In ganz Europa, in Deutschland überall auf Wiesen und Aeckern. ♃, bis 25 cm, beide Mai—Juli.

b) Kelchblätter *zurückgeschlagen*: **grosser Sauer-A.**, R. acetósa L., Taf. **30**, 3, geschlitzt gezähnte Nebenblätter, Blüte grün, später rot, lange endständige Rispen. Fast in ganz Europa, in Deutschland überall auf Wiesen. ♃, bis 60 cm, Mai—Aug. [R. arifólius All. hat ganzrandige Nebenblätter, in höheren Gebirgen.]

B. Untere Blätter *höchstens herzförmig*, 3 Narben je *auf einem Griffel*. Fig. 515.

a) Kronenblätter nach dem Blühen *ohne* Schwielen, Blattstiel oben mit Rinne: **Wasser-A.**, R. aquáticus L., Blüten grünrot, untere Blätter spitz [R. alpínus L. stumpf, höheren Gebirge], Nord- und Mitteleuropa, bei uns zerstreut an feuchten Orten. ♃, bis 2 m, Juli u. Aug. [R. domésticus Hartm.: Blattstiel ohne Rinne. Hamburg, Ostfriesland.]

b) Wenigstens ein Kronenblatt *später mit* Schwiele. Fig. 518. unten rechts.

Fig. 516. Rumex maritimus.

1. Kronenblätter am Grunde mit *2 langen* Zähnen [R. ucránicus Bess. mit 3, Ostpreussen], — wenn diese dann so lang wie das Kronenblatt sind: **goldgelber A.**, R. marítimus L., Fig. 516, Kraut und Blüte später gelb, in Mitteleuropa, ☉, bis 60 cm; — wenn dagegen kürzer: **grüngelber A.**, R. palústris Sm. ☉,

beide an feuchten Orten, letzterer seltener, Juli u. Aug.

2. Kronenblätter *höchstens kurz gezähnt.*

  aa. *Nur ein* Kronenblatt mit Schwiele (bei R. pratensis manchmal alle).

    * Untere Blätter *ei-lanzettlich:* **Garten-A.**, R. patiéntia L., englischer Spinat, Süddeutschland. 2|, bis 1¾ m, Juli u. Aug., angebaut.

    ** Untere Blätter *herzförmig-länglich,* — wenn dann Kronenblätter *lineal-länglich, ganzrandig:* **Wald-A.**, R. nemorósus Schrad., überall in feuchten Wäldern, 2|; — wenn dagegen *eiförmig, am Grunde gezähnt:* **Wiesen-A.**, R. praténsis M. et K., hie und da auf Wiesen, beide 2|, bis 1 m, Juli u. Aug.

  bb. *Alle* Kronenblätter mit Schwielen.

    * Unter *allen* Blütenquirlen Stützblätter: **geknäuelter A.**, R. conglomerátus Murr., Fig. 517, überall an Wegen und Wassergräben. 2|, bis 1 m, Juli u. Aug. [bei R. pulcher in Baden und Elsass haben die Kronblattzipfel dornige Zähne].

    ** Obere Blütenquirle *ohne* Stützblätter.

Fig. 517. Rumex conglomeratus.   Fig. 518. Rumex obtusifolius.

   ○ Kronblattzipfel *mit* lang vorgezogener Spitze: **stumpfblättriger A.**, R. obtusifólius L., **Mergelwurz**, Fig. 518, häufig an Hecken, Wiesen u. s. w. 2|, bis 1 m, Juli u. Aug.

   ○○ Kronblattzipfel *ohne* solche Spitze.

    aa. Untere Blätter *länglich*, am Grund schief ei- oder herzförmig: **Riesen-A.**, R. máximus Schreb., an feuchten Orten zerstreut. 2|, bis 2 m, Juli u. Aug.

  bb. Blätter *lanzettlich*, — wenn dann das Kronblatt *rundlich-herzförmig*, Blätter kraus: **krauser A.**, R. crispus L., Fig. 519, grünrote Blüten, fast in ganz Europa, bei uns auf Aeckern, Wegen u. s. w. überall, bis 1 m; — wenn dagegen das Kronblatt *dreieckig, ei-*

Fig. 519. Rumex crispus.   Fig. 520. Rumex hydrolapathum.

förmig, Blätter am Rand schwachwellig: **Fluss-A.**, R. hydrolápathum Huds., Fig. 520, Blattstiel oben flach, Blüte grünrot; in Mittel- und Nordeuropa, in Deutschland häufig an Teichen und Flussufern, bis 2 m, beide 2|, Juli u. Aug.

XVI. Reihe: Mittelsamige.

45. Fam. Gänsefussgewächse, Chenopodiaceen.

Kräuter oder Stauden ohne Nebenblätter, die unscheinbaren Blüten haben 5 Staubgefässe. Frucht mit einem Samen, viele (500) Arten in den gemässigten Zonen, manche sind Salzpflanzen.

A. Stengel *blattlos, gegliedert.*

167. Glasschmalz, Salicórnia herbácea L.
Fig. 521.

In dem ganzen Aussehen, besonders in dem fleischigen Stengel zeigt sich der Einfluss des Salzbodens. An den Gliedern des Stengels sitzen je 6 unscheinbare Blüten mit fleischiger Hülle, 1—2 Staub-

Fig. 521. Salicornia herbacea.

gefässe und 1 Stempel. In Salzsümpfen, an der Meeresküste Europas. ⊙—♃, bis 30 cm, Aug. und Sept.

B. Stengel *beblättert, ungegliedert.*

a) *Alle* Blüten *zwitterig.*

1. Perigon *fehlt* oder *2blättrig.*

168. **Wanzensame, Corispérmum.**

Kraut mit sitzenden linealen Blättern und Einzelblüten in den Blattwinkeln. Die Frucht ist geflügelt. Seltene und unbeständige Pflanzen an sandigen Orten. ⊙, Juli u. Aug.

C. hyssopifólium L. hat eine Blütenhülle, C. intermédium Schweigg. und C. Marschállii Steven keine, bei jenem sind die Deckblätter hautrandig, bei diesem nicht (bei Danzig).

2. Perigon *5- oder 3blättrig.*

s Perigon amGrunde *fleischigen* Fig. 522 ı rechts.

169. **Mangold, Beta vulgáris** L. Fig. 522.

R u n k e l r ü b e. Mit rübenförmiger Wurzel, grossen, herzeiförmigen unteren und kleineren, länglich-lanzettlichen oberen Blättern. Die kleinen Blüten stehen achselständig in beblätterten Aehren. Sie stammt vom Mittelmeer (B. marítima L.) und ist hier ausdauernd, bei uns gezogen ist sie ⊙—⊙ und erhält eine fleischige Wurzel: die Z u c k e r r ü b e dient zur Zuckergewinnung, die R u n k e l r ü b e als Viehfutter, die r o t e B e t e als Salatpflanze, die G a r t e n - M. (römischer Kohl) als Gemüsepflanze.

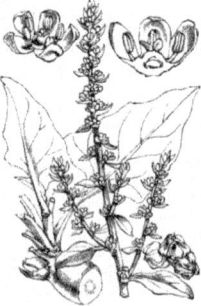

Fig. 522. Beta vulgaris.

s Perigon *keinen flei-en Ring.* gonblätter *hängsel* auf Rücken g. 523 s Mitte. gon *5spaltig.* igon *5tei-lig.*

170. **Kochie, Kóchia arenária** Rth. Fig. 523.

Mit lineal-fadenförmigen stielrunden Blättern, zeigt den Habitus von Sandpflanzen; im mittleren Rheingebiet. ⊙, bis 30 cm, Juli—Okt. [K. hirsúta Nolte am Ostseestrand hat flache Blätter.]

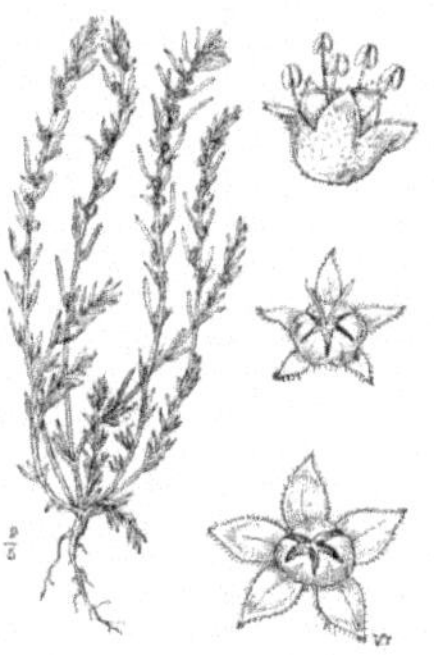

Fig. 523. Kochia arenaria.

171. **Salzkraut, Sálsola kali** L. Fig. 524.

Die fleischige Beschaffenheit und die kleinen sparrigen Blätter des niederliegenden Stengels zeigen den Einfluss des trocknen Salzbodens. Die dornigen Blätter sind vor Tierfrass sicher. Die Blüten stehen einzeln in den Blattwinkeln. Dass die Narben zuerst reif werden deutet auf Fremdbestäubung. Die Zipfel des Fruchtkelchs werden zu abstehenden Dornen, wodurch die Frucht einmal geschützt, andererseits durch vorüberstreifende Tiere verbreitet wird. Die fruchttragenden Stöcke lösen sich auch los und rollen fort, um die Frucht zu verbreiten, endlich sind die Samen zur Windverbreitung ge-

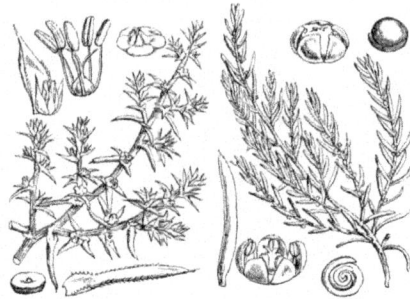

Fig. 524. Salsola kali.

Fig. 525. Suaeda maritima.

flügelt. An sandigem Meeresstrand Europas, im Binnenland selten an salzhaltigen Orten. ⊙, bis 30 cm, Juli u. Aug.

172. **Gänsefüsschen, Suáeda marítima** Dum. Fig. 525.

b. Perigonblätter *ohne Anhängsel.* * Perigon am Grunde mit 2 *Deckblättern.*

Niedriges, stark verzweigtes, grünes oder rötliches Kraut mit fleischigen Blättern. Diese sind halb walzlich, lineal und zugespitzt. Die grünen Blütchen stehen zu 1—3 in den Blattachseln. Am Meeresstrand Europas und an Salzsümpfen. ⊙—⊙, bis 30 cm, Aug. u. Sept.

173. **Gänsefuss, Chenopódium.** Taf. **30.**

** Perigon *ohne Deckblätter.*

Meist einjährige Kräuter mit wechselständigen Blättern, die bei manchen (Ch. album) durch saftreiche Haare wie mit Mehlstaub bedeckt sind, was man vielleicht als Schutz gegen Vertrocknen deuten kann; denn es sind Oedlandspflanzen. Andere (wie Ch. Botrys) haben klebrige Haare oder (Ch. vulvaria) stinken nach Heringslake, beides ein Schutz gegen Tierfrass. Die Blüten sind grün und unscheinbar, klein und geknäuelt, da sie auch nur wenig Honig besitzen, so ist der Insektenbesuch gering, daher findet meistens Selbstbestäubung als Ersatz statt. Die Samen sind klein, leicht und glatt, was der Verbreitung durch Wind dient. 13 deutsche Arten.

A. Früchte *alle* oder die meisten *aufrecht stehend*
(d. h. von der Seite zusammengedrückt).
a) *Alle* Früchte *seitlich zusammengedrückt:* **Guter
Heinrich**, Ch. bonus Henrícus L., Taf. 30, 4,
Blätter dreieckig spiessförmig, höchstens schwach
gezähnt, dunkelgrün; Blüten und Aehren in endständiger, blattloser Rispe. In Europa weit verbreitet, in Deutschland häufig, auf Schutt u. s. w.
2|, bis 60 cm, Mai—Aug.
b) Nur *ein Teil* der Früchte *seitlich zusammengedrückt*, — wenn dann das Blatt *glänzend* grün
und die Aehrchen *beblättert:* **roter G.**, Ch. rubrum L.; — wenn dagegen das Blatt *ohne Glanz*,
oben hellgrün, unten
graugrün und die Aehr-

Fig. 526.
Chenopodium glaucum.

Fig. 527.
Chenopodium vulvaria.

chen *blattlos:* **grauer G.**, Ch. glaucum L., Fig.
526, auf Schutt u. s. w., zerstreut. ☉, bis 50 cm,
Juli—Sept.
B. *Alle* Früchte *wagerecht* (d. h. von oben her
zusammengedrückt).
a) Blätter *ganzrandig*, — wenn dann *grau bestäubt*,
nach Hering riechend: **stinkender G.**, Ch. vul-
vária L., Fig. 527, niederliegend, Blatt rautenförmig. In Europa weit zerstreut, bei uns auf
Schutt u. s. w., zerstreut, ☉, bis 30 cm, Juli bis
Sept.; — wenn dagegen Blätter *ganz kahl*, nicht
nach Hering riechend: **vielsamiger G.**, Ch. poly-
spérmum L., Fig. 528, Stengel an den Gelenken
etwas verdickt, Blatt eirund, stachelspitzig. Fast
in ganz Europa, ausser im hohen Norden, in
Deutschland auf bebautem und unbebautem
Land. ☉, bis 60 cm, Aug. u. Sept.
b) Blätter *buchtig gezähnt*.
aa. Pflanze *drüsig-flaumig:* **klebriger G.**, Ch.
botrys L., Blätter fiederspaltig, verwildert, an
Ufern und auf Schutt. ☉, bis 30 cm, Juli
u. Aug.
bb. Pflanze *nicht drüsig-flaumig*.
1. Blatt am Grunde *herzförmig:* **unechter G.**,

Ch. hybridum L., Fig. 529, grün, aufrecht
bis 1 m hoch, an Hecken und Wegen
zerstreut. ☉, Juli—Sept.

Fig. 528.
Chenopodium polyspermum.

Fig. 529.
Chenopodium hybridum.

2. Blatt am Grunde *nicht herzförmig*, in den
Blattstiel übergehend.
* Blatt *glänzend*, — wenn dann Rispenäste *aufrecht*, Same *fast glatt:* **steifer
G.**, Ch. úrbicum L., Fig. 530, wenig
ästig, zuweilen rot angelaufen. Fast
in ganz Europa ausser im hohen Norden, bei uns zerstreut an Mauern, öden

Fig. 530.
Chenopodium urbicum.

Fig. 531.
Chenopodium album.

Plätzen u. s. w. ☉, bis 60 cm, Aug.
u. Sept.; — wenn dagegen Rispenäste
abstehend, Same *höckerig:* **Mauer-G.**,
Ch. murále L., kantig, gelblich oder
rötlich, übelriechend. In Mitteleuropa,
bei uns überall. ☉, bis 50 cm. Juli
bis Sept.

** Blatt *matt*, — wenn dann *ei-ranten-förmig*, Samen *glatt*: **gemeiner G.**, Ch. album L., Fig. 531, sehr abändernd, mehligweiss, sehr ästig, die kleinen Blütenknäuelchen auch mehlig; — wenn dagegen Blatt *länglich-lanzettlich*, Samen *punktiert*: **feigenblättriger G.**, Ch. fici-fólium Sm., beide an Wegen auf Schutt, jener überall, dieser selten. ⊙, bis 50 cm, Juli u. Aug.

  b. Blüten *wenigstens teilweise eingeschlechtig.*

n zuletzt
Frucht
artig.

174. Erdbeerspinat, Blitum.

Kahle Kräuter mit roten, erdbeerähnlichen Früchten; als Gemüsepflanze angebaut: B. capitátum L. mit endständiger blattloser Aehre und langgestielten Blättern, — B. virgátum L. mit blattachselständigen Knäueln und kurzgestielten Blättern, jenes ⊖, dieses ⊙, bis 60 cm, Juli u. Aug.

on und
trocken
und.
e zwei-
Griffel
ig.

175. Spinat, Spinácia olerácea L. Fig. 532.

Kräuter mit gestielten, spiessförmigen, ganzrandigen Blättern. Die grünen Blütenknäuel sitzen in den Blattwinkeln. Das Fruchtgehäuse verwächst mit dem härter werdenden Kelch. Stammt aus dem Orient und wird als Gemüsepflanze angebaut, ⊙ u. ⊖, bis 1 m hoch, Mai—Juli.

176. Melde, Atriplex.

Kräuter, die auch oft mehlartig bestäubt sind, die Blüten stehen büschelig in Aehren oder Trauben. Die Hülle der weiblichen Blüten ist 2 blättrig und wächst weiter mit der Frucht.

einhäu-
arben.

Fig. 532. Spinacia oleracea.

Die M. sind Pflanzen der Schuttflora und des Salzbodens. 11 deutsche Arten, alle ⊙, Juli—Sept.

A. Die beiden Fruchtkelchblätter *bis zum Grund getrennt*, Fig. 533, — wenn dann Blätter auf *beiden Seiten grün* (oder rot): **Garten-M.**, A. horténse L., Fig. 533, untere Blätter gross, dreieckig bis spiessförmig, obere lanzettlich. Aus der Tatarei, angebaut (als Gemüsepflanze, eine blutrote Abart als Gartenpflanze) und verwildert; — wenn dagegen Blätter *oben glänzend grün*, *unten weissschuppig*: **glänzende M.**, A. nitens Schkhr., auf Schutt, an Ufern, hie und da, beide bis 1¼ m.

B. Die Fruchtkelchblätter *unten verwachsen*, Fig. 534, unten rechts.

Hoffmann-Dennert, Botan. Bilder-Atlas. 3. Aufl.

a) Fruchtkelch *bis zur Mitte knorpelig hart*, — wenn dann Aehre *oben ohne Blätter*: **gelappte M.**, A. laciniátum L., Nordseeküste, bis 60 cm; — wenn dagegen bis *oben mit Blättern*: **Stern-M.**, A.

Fig. 533. Atriplex hortense.   Fig. 534. Atriplex roseum.

róseum L., Fig. 534, hie und da an Wegen, auf Schutt, bis 1 m.

b) Fruchtkelch *ganz krautig* (höchstens ganz unten knorpelig).

  1. Blätter *lineal*: **Strand-M.**, A. litorális L., an Ost- und Nordsee, bis 60 cm.

  2. Blätter (wenigstens untere) *eilanzettlich* oder *fast spiessförmig*.

    * Fruchtkelchblätter *spiessförmig*: **ausgebreitete M.**, A. pátula L., Taf. **30**, 5, in Europa bis zum hohen Norden, in Deutschland überall in Gärten, an Wegen u. s. w., sehr veränderlich, oft weissmehlig, bis 1 m.

    ** Fruchtkelchblätter *nicht spiessförmig*.

      ○ Fruchtkelchblätter *eiförmig*, ganzrandig: **längliche M.**, A. oblongi-fólium W. K., selten, auf trocknen Hügeln, an Ufern bis 1 m.

      ○○ Fruchtkelchblätter *nicht eiförmig*, — wenn dann *breit rhombisch*: **Babingtons M.**, A. Babingtónii Woods., an der Ostseeküste, bis 60 cm; — wenn

Fig. 535. Atriplex hastatum.

dagegen *dreieckig*: **spiessblättrige M.**, A. hastátum L., Fig. 535, häufig, an Wegen, auf Schutt, bis 1 m.

17

46. Fam. Amaranthgewächse, Amaranthaceen.

Kräuter oder Stauden mit ungeteilten Blättern und einzeln oder in Knäueln stehenden Blüten. Ueber die ganze Erde, besonders in der heissen Zone Amerikas verbreitet, 500 Arten.

1. Blüten *einzeln in den Blatt- winkeln.*

177. Knorpelkraut, Polýcnemum arvénse.

Meistens niederliegendes Kraut mit knorpeligen, gegliederten Aesten, weissspitzigen, dreikantigen Blättern und grünen Blüten mit trockenhäutigen Deckblättern; zerstreut auf sandigen Aeckern. ⊙, bis 30 cm lang, Juni—Aug.

2. Blüten *in Knäueln.*

178. Amarant, Amaránthus.

Fuchsschwanz. Kräuter mit einhäusigen, oft gefärbten Blüten, die dann einen wirksamen Lockapparat darstellen. Auch bekannte Zierpflanzen gehören hierhin. ⊙. — Wenn die Frucht *nicht aufspringt:* **Gemeiner A.**, A. blitum L., Taf. 30, 6, kahl, Blätter ei-rautenförmig, Blüten grün in blattwinkelständigen Knäueln. In Mitteleuropa; bei uns zerstreut, auf Schutt, an Wegen, bis 30 cm, Juli u. Aug., — wenn dagegen die Frucht *aufspringt:* **rauhhaariger A.**, A. retrofléxus L., kurz behaart, zerstreut, auf bebautem Land und Schutt, bis 1 m, Juli bis Sept.

47. Fam. Portulakgewächse, Portulacaceen.

Saftige Kräuter mit einfachen Blättern und Zwitterblüten, die 2 Kelch- und 5 Kronenblätter haben. 125 Arten in der warmen und gemässigten Zone.

1. Mit 8—10 Staubgefässen: Fig. 536 oben links.

179. Portulak, Portuláca olerácea L. Fig. 536.

Niederliegendes Kraut mit kahlen fleischigen Blättern, die auf feuchten Standort deuten. Die Frucht ist eine mit Deckel aufspringende Kapsel. Diese Art wird ebenso wie P. satíva Haw. (Kelchblätter geflügelt) als Gemüse gezogen. ⊙, bis 20 cm, Juni—Sept.

Fig. 536. Portulaca oleracea.   Fig. 537. Montia fontana.

2. Mit *8* Staubgefässen: Fig. 537 unten links.

180. Quellenkraut, Móntia fontána L. Fig. 537.

Ein fleischiges Kraut, das dichte Rasen bildet, Blätter und Standort wie beim Portulak (Quellen,

Bäche). Die Blüten stehen in den Blattachseln und sind rötlichweiss. Die Samen sind glanzlos (bei M. lamprospérma Cham. und M. riuláris Gm. glänzend, letzteres flutet im Wasser). ⊙, bis 10 cm, Mai bis Aug.

48. Fam. Nelkengewächse, Caryophyllaceen.

In diese Familie gehören Kräuter oder Halbsträucher mit gegliedertem Stengel und einfachen, gegenständigen Blättern. Die regelmässig gebauten Blüten sind fast stets zwitterig, stehen in Rispen oder Trauben (Dichasien) und bilden gewöhnlich einen weithin sichtbaren Lockapparat. Die Frucht ist eine Schliessfrucht oder eine einfächerige Kapsel, die in der Mitte eine Säule mit zahlreichen Samen hat. Die ca. 1000 Arten gehören meistens der gemässigten Zone an, manche gehen mit kurzrasigem Wuchs im Hochgebirge hoch hinauf, viele werden als Zierpflanzen benutzt. Wir unterscheiden mehrere Unterfamilien.

A. Kelch *getrenntblättrig.*
   a) Frucht eine *Kapsel:* 1. Alsineen.
   b) Frucht eine *Schliessfrucht,* — wenn dann *häutige* Nebenblätter vorhanden sind: 2. Paronychieen, — wenn *nicht:* 3. Scleranthéen.

B. Kelch *verwachsenblättrig:* 4. Sileneen.

1. Unterfam. Alsineen.

1. *Ohne* Nebenblätter.

181. Moenchie, Moenchia erécta Fl. Wett. Fig. 538.

1. 4 Griffel 8klappig (wenn 4 dann bei suchen).

Kleine Pflanze mit kahlem bläulichem Laub, linealen Blättern und nur 1—2 weissen Blüten. In Mittel- und Südeuropa, im Osten fehlend, auch in Norddeutschland, sonst bei uns hie und da, an öden Stellen und Weiden. ⊙, bis 15 cm hoch, April und Mai.

182. Knebel, Sagina.

Mastkraut. Kleine Pflänzchen mit linealen Blättern, vom Habitus der Pflanzen am trocknen Standort, dagegen hat der Strand-K. als Salzpflanze mehr fleischige Blätter. Die Blätter sind am Grunde scheidig verwachsen, die kleinen Blüten weiss. 9 deutsche Arten.

A. Mit *4* Griffeln (Kapsel 4klappig, s. Moenchie).

2. 5 Griffel Sagina o a. Krone ganzrandig Fig. 539

Fig. 538. Moenchia erecta.

a) Stengel *kriechend:* **gemeiner K.**, S. procúmbens L., Fig. 539, vom Meeresstrand bis zum Hochgebirge in allen Erdteilen verbreitet, bei uns überall, auf Aeckern, an Wegen u. s. w. ⊙, bis 5 cm lang, Mai—Okt.

b) Stengel *aufrecht.*

1. Die abgeblühten Stiele *hakig gekrümmt:* **gewimperter K.**, S. ciliáta Fries, hie und da, auf Aeckern und Lehmboden. ⊙, bis 5 cm, Mai—Aug.

2. Die abgeblühten Stiele *aufrecht,* — wenn dann Blätter ganz *kahl:* **Strand-K.**, S. stricta Fries, an Nord- und Ostsee, ⊙, bis 10 cm, Mai bis Aug.; — wenn dagegen Blätter am Grunde *gewimpert:* **kronloser K.**, S. apétala L., Krone fehlt oder sehr klein; auf lehmigen Aeckern häufig. ⊙, bis 5 cm, Juni—Aug.

B. Mit *5* Griffeln, Fig. 540.

Fig. 539. Sagina procumbens.   Fig. 540. Sagina nodosa.

a) Krone *länger* als der Kelch, Fig. 540 unten rechts: **knotiger K.**, S. nodósa Fenzl, Fig. 540, niederliegend, in Nord- und Mitteleuropa, auch Nordasien und Nordamerika, bei uns hie und da an feuchten, sandigen Orten. ♃, bis 8 cm, Juli u. Aug.

b) Krone *nicht länger* als der Kelch, — wenn *ebenso lang:* **pfriemenblättriger K.**, S. subuláta Torr., behaart, hie und da auf sandigen Aeckern. ♃, bis 10 cm, Juli u. Aug.; — wenn dagegen *kürzer* als der Kelch: **Felsen-K.**, S. saxátilis Wimm., an felsigen Hängen in hohen Gebirgen. ♃, bis 10 cm, Juni u. Juli.

183. Hornkraut, Cerástium.

Kleine Kräuter mit wenigen kleinen Blättern und behaart: Kennzeichen des trocknen Standortes. Die Blüten sind bei manchen Arten sehr klein, so dass sie als Lockapparat nicht dienen können, daher tritt auch häufig Selbstbestäubung ein, indem sich die Narben zu den Staubbeuteln hin krümmen. 9 deutsche Arten.

A. Krone *viel länger* als der Kelch: **Acker-H.** C. arvénse L., Taf. **31**, 1. Deckblätter breit weissrandig, Stengel am Grunde stark verzweigt, büschelig, Blätter lineal-lanzettlich, Blüten gross, weiss in lockeren Rispen; überall an Wegen, Felder, Hügel u. s. w. ♃, bis 20 cm, April—Mai. [C. silváticum in Ostpreussen: Deckblätter nur an der Spitze weissrandig.]

B. Krone *nicht länger* (oder wenig) als der Kelch. Fig. 541.

a) Kelchblätter *an der Spitze bärtig,* — wenn dann die Blütenstiele *viel länger* als die Deckblätter: **bärtiges H.**, C. brachypétalum Desp., selten, auf trocknen Hügeln, mehr im Gebirge, ⊙, bis 20 cm, Mai—Juli; — wenn dagegen Blütenstiele *kaum länger* als die Deckblätter: **knäuelblütiges H.**, C. glomerátum Thuill., zerstreut an feuchten Stellen. ⊙, bis 15 cm, Mai—Aug.

b) Kelchblätter *nicht bärtig,* — wenn dann der Blütenstiel *viel länger* als das Deckblatt: **gemeines H.**, C. triviále Lk., überall auf Aeckern und an Wegen, ⊙ bis ♃, bis 30 cm, Mai—Okt.; — wenn dagegen *wenig länger:* **kleines H.**, C. semidecándrum L., Fig. 541, häufig auf trocknen, sandigen Aeckern. ⊙, bis 20 cm, März—Mai.

Fig. 541. Cerastium semidecand-um.   Fig. 542. Alsine verna.

184. Meirich, Alsine.

Auch Miere. Seltene, kleine, niederliegende Pflanze mit schmalen, oft borstenförmigen Blättern auf trocknem Standort. Die weissen Blüten stehen meist in doldigen Blütenständen. Zuerst werden die Staubbeutel reif, sie richten sich auf und krümmen sich dann wieder abwärts, zuletzt erst wird die Narbe reif, wodurch Fremdbestäubung gesichert ist. 5 deutsche Arten.

A. Stengel *rasenförmig wachsend:* **Frühlings-M.**, A. verna Bartl., Fig. 542. Blätter lineal, zerstreut an Gebirgsfelsen, in Europa und Mittel-

3. Mit 3 Griffeln Fig. 542.
a. Kapsel *klappig.*

asien. ⚁, bis 10 cm, Mai—Juli. [A. setácea
M. et K. hat borstenförmige Blätter, selten in
Bayern.]
B. Stengel *einzeln wachsend*, — wenn dann Blütenstiele *nicht länger* als der Kelch: **büschel-
blütiger M.**, A. Jacquíni K., trockne Hügel
der Rheingegenden, ☉, bis 25 cm, Juli u.
Aug.; — wenn dagegen Blütenstiele *viel länger*:
feinblättriger M., A. tenuifólia L., kahl, zerstreut auf Sandfeldern. ☉, bis 10 cm, Juni
bis Aug. [A. viscósa Schreb. ist drüsenhaarig.]

b. Kapsel *6 klap-* 185. **Spurre, Holósteum umbellátum** L. Fig. 543.
pig. Fig. 543.
aa. Kronblatt   Ein Kraut, das durch seine bläulichgrüne, nach
ganz oder wenig oben oft behaarte Beschaffenheit den trocknen Stand-
ausgerandet.
* *Weniger als 8* ort anzeigt. Die Blätter sind sitzend und länglich-
Staubgefässe. eiförmig. Die weissen Blüten stehen in Dolden.
Fig. 543.
Die Blütenstiele stehen zuerst aufrecht, wenden sich

Fig. 543. Holosteum umbellatum.   Fig. 544. Moehringa trinervis.

nach dem Blühen abwärts und später mit der reifen
Frucht wieder aufwärts, was mit deren Bestäubung
bezw. Samenausstreuung zusammenhängt. An sandigen Orten, in ganz Mitteleuropa häufig. ☉, bis
15 cm, April u. Mai.

** *Mehr als 8* 186. **Moehringie, Moehríngia trinérvis** Clairv.
Staubgefässe.
o Samen *mit*   Fig. 544.
Anhängsel.
Ein schwaches Pflänzchen mit eirunden Blättern,
die 3 Nerven zeigen. In Europa und Nordasien,
ausser im hohen Norden, bei uns häufig in schattigen Wäldern und Gebüschen. ☉, bis 30 cm, Mai
u. Juni. [M. muscósa L., auf schattigen Felsen der
Gebirge, hat fadenförmige Blätter.]

oo Samen *ohne* 187. **Sandkraut, Arenária serpyllifólia** L.
Anhängsel.
               Fig. 545.
Kräuter mit liegenden Stengeln und kleinen,
sitzenden, eirunden Blättern auf offenem und trock-

nem Standort; überall auf Sandfeldern, Mauern u.s.w.
☉, bis 10 cm, Juli u. Aug. [A. graminifólia Schrad.
bei Lyck hat rinnige Blätter.]

     188. **Sternmiere, Stelláriá.**   Taf. **40**, 1.   bb. Kronbl
tiefgespalten.
   Wenn die Blätter mancher Arten klein und derb 546 unten re
sind, bei anderen (z B. bei der Wald-St.) zart,
weich und grösser, so sind dies Standortsanpassungen.
              Eine eigenartige biologi-
              sche Einrichtung zeigt die
              Vogel-St.: sie hat an

Fig. 545. Arenaria serpyllifolia.   Fig. 546. Stellaria media.

dem Stengel von Blatt zu Blatt Haarleisten, die wie
ein Docht Wasser aufsaugen. Die Blütenstiele krümmen sich bei der Gras-St. bei ungünstigem Wetter
zum Schutz der Blüte. Die Blüte ist weiss. Von den
10 Staubgefässen reifen zuerst die 5 äusseren, dann
die 5 inneren, zuletzt die Narben, wodurch Fremdbestäubung gesichert ist. Ist letztere trotzdem ausgeblieben, so kräuseln sich die Narben zu den Staubbeuteln herab. In Deutschland gibt es 9 Arten.
   A. Stengel *stielrund*, — wenn dann *einreihig
behaart*: **Vogel-St.**, St. média Cyrillo, Fig. 546, stark
verzweigt, Blatt eiförmig spitz, Krone kürzer als der
Kelch, überall in ganz Europa, ☉, bis 60 cm, blüht
das ganze Jahr; — wenn dagegen der Stengel
ringsum behaart ist: **Wald-St.**, St. némorum L.,
Fig. 547, nach oben hin sparrig gabelig, Blatt eiförmig, spitz, oben sitzend, Krone doppelt so lang
wie der Kelch, feuchte Wälder, zerstreut. ⚁, bis
60 cm, Mai—Juli.
   B. Stengel *4 kantig*.
   a) Kronblatt *nur bis zur Mitte* 2spaltig, Kelchblatt
ohne Nerven: **grossblumige St.**, St. holóstea L.,
Taf. **40**, 1, kahl, Blatt lanzettlich, überall in
ganz Europa in Laubwäldern und an Hecken. ⚁,
bis 30 cm, April u. Mai.
   b) Kronblatt *bis auf den Grund* gespalten, Kelchblatt *mit 3 Nerven*.
     1. Krone *doppelt so lang* wie der Kelch: **see-
grüne St.**, St. glauca Witt., graugrün, kahl,
weitverbreitet im gemässigten Europa und

Asien, bei uns zerstreut auf feuchten Wiesen. ♃, bis 40 cm, Juni u. Juli.

2. Krone *höchstens so lang* wie der Kelch. Fig. 548.

* Blätter *klebrig*, weichhaarig: **kleberige St.**, St. víscida M. B., in Schlesien. ⊙, bis 8 cm, Mai u. Juni.

** Blätter *nicht klebrig*, weichhaarig.

Fig. 547. Stellaria nemorum.   Fig. 548. Stellaria graminea.

o Deckblätter *krautig*: **dickblättrige St.**, St. crassifólia Ehrh., fleischige Blätter. selten auf Moorwiesen. ♃, bis 15 cm, Juli u. Aug.

oo Deckblätter *trockenhäutig*, — wenn dann am Rand *gewimpert:* **Gras-St.**, St. gramínea L., Fig. 548, Stengel glatt; in Europa und Nordasien, bei uns überall auf Wiesen, an Hecken u. s. w., ♃, bis 30 cm, Mai u. Juni, — wenn dagegen *nicht gewimpert:* **Sumpf-St.**, St. uliginósa Murr., Stengel glatt, häufig an feuchten Orten. ♃, bis 30 cm, Juni—Aug. [St. Friesiána hat rauhe Stengel, Schlesien, Preussen, Thüringen.]

2. *Mit* Nebenblättern.

189. Spark, Ackerspark, Spérgula arvénsis L. Fig. 549.

Ein einjähriges schlankes Kraut mit kleinen pfriemenförmigen, unten gefurchten Blättern, die quirlig-büschelig stehen. Die kleinen weissen Blüten bleiben bei Regenwetter oft ganz geschlossen,

Fig. 549. Spergula arvensis.

so dass Selbstbestäubung eintritt, obendrein neigen sich auch sonst nach ausgebliebener Fremdbestäubung die 10 Staubbeutel zu den Narben. Die Kronblätter sind ungeteilt. Die Blütenstiele stellen sich nach dem Verblühen abwärts. Ueberall in ganz Europa, lästiges Unkraut, aber auch hie und da als Futterkraut angebaut, bis 30 cm, April—Okt. [Sp. pentándra, selten, hat 5 Staubgefässe und unten nicht gefurchtes Blatt.]

190. Schuppenmiere, Spergulária.

2. Mit 3 Griffeln.

Kleine, meist niederliegende Kräuter mit fadenförmigen, kleinen Blättern (trockner Standort!) mit 10 Staubgefässen, wogegen die am Meer vorkommenden fleischige Blätter haben. Einige besitzen zur Windverbreitung geflügelte Samen.

A. *Aufrechte* Stengel: **Saaten-Sch.**, Sp. segetális Fenzl, unter der Saat, zerstreut. ⊙, bis 8 cm, Juni u. Juli.

B. *Niederliegende* Stengel.

a) Blatt *flach* und *fadenförmig:* **rote Sch.**, Sp. rubra Presl., Fig. 550, über die nördliche Halbkugel weitverbreitet, bei uns häufig auf Sandfeldern. ⊙, bis 15 cm, Mai—Okt.

b) Blatt *fleischig*, — wenn dann Samen *alle geflügelt:* **berandete Sch.**, Sp. margináta Kitt., ♃, Juli—Okt.; — wenn dagegen *nicht*

Fig. 550. Spergularia rubra.

alle Samen *geflügelt:* **Salz-Sch.**, Sp. salína Presl. ⊙ u. ⊖, Mai bis Okt., beide am Meer und auf Salzboden.

Anm. **Nagelkraut** Polycárpon tetraphýllum, im Harz und in Schlesien, hat nur 3 Staubgefässe, kleines, kahles Kraut. ⊙, Aug.—Sept.

2. Unterfam. Paronychieen.

1. Blätter *wechselständig*, 8 Narben.

191. Hirschsprung, Corrigíola litorális L.

Kleines niederliegendes, graugrünes Kraut mit kleinen Blättern und in Köpfchen stehenden kleinen weissen Blüten. An sandigen Küsten in Europa und Nordafrika, bei uns zerstreut an Flussufern. ⊙, bis 25 cm, Juli u. Aug.

192. Bruchkraut, Herniária glabra L. Fig. 551.

Auch Tausendkorn. Kleines niederliegendes

Fig. 551. Herniaria glabra.

2. Blätter *gegenständig*, 2 Narben.
a. Frucht *nicht aufspringend*.

Kraut mit kleinen Blättern und Blüten, die beide kahl sind. Im gemässigten und südlichen Europa und Asien bis Skandinavien, bei uns häufig auf sandigen Feldern. ♃, bis 15 cm lang, Juni – Okt· [H. hirsúta L. hat behaarte Blätter, seltener.]

b. Frucht auf-*springend.*   193. **Knorpelblume, Illécebrum verticillátum** L.

Niedergestrecktes Kraut mit eirunden Blättern und silberweissen Blüten. Die Kelchblätter werden nach dem Blühen knorpelig zum Schutz der Frucht, deren 5 oder 10 Klappen an der Spitze verbunden bleiben. In Mittel- und Südeuropa, bei uns zerstreut, auf feuchtem Sandboden. ♃, bis 6 cm lang, Juli u. Aug.

3. Unterfam. Sclerantheen.

194. Knauel, Scleránthus.

Kleine, vielzweigige Kräuter mit schmalen, am Grunde verwachsenen Blättern und grünen Blüten. Wenn die Perigonzipfel *spitz und grün:* einjähriger K., Sc. ánnuus L. — wenn dagegen *stumpf und weissrandig:* ausdauernder K., Sc. perénnis L., Fig. 552; jenes ☉, überall auf sandigem Boden, dieses ♃, seltener auf trocknen Hügeln usw., beide weitverbreitet über Europa und Asien, bis 6 cm hoch, Mai—Okt.

Fig. 552. Scleranthus perennis.

4. Unterfam. Sileneen.

1. Mit 2 Griffeln.
a. Kelch unten
mit Hochblättern.

195. Nelke, Diánthus.

Meistens aufrechte ausdauernde, oft blaugrüne Kräuter, die vom Wurzelstock aus zur vegetativen Vermehrung vielfach Ableger bilden. Ihre schmalen, derben, grasartigen Blätter deuten auf den gewöhnlich trocknen Standort, damit hängt auch z. B. bei der Karthäuser-N. die lange, tiefgehende Wurzel zusammen. Die Blüten sind meistens gross und gefärbt und stehen obendrein zur Verstärkung des Lockapparates bei vielen Arten in Büscheln. Der röhrenförmige Kelch hat 5 Zähne, die Blumenblätter sind oft zerschlitzt, sie haben z. T. (z. B. bei der deltafleckigen N.) ein Honigmal (weisser Punktring). Bei manchen, besonders den Zier-N., unterstützt ein schöner Duft den Lockapparat. Die lederartigen begrannten Hochblätter unter dem Kelch sind ein weiterer Schutz der Blüte, ferner ist sie vor Regen, z. B. bei der Pracht-N., durch Haare am Grund der Blumenblätter geschützt. Die Stiele der genagelten Blumenblätter bilden eine enge Röhre, und am Ring der Staubfäden wird Honig abgeson-

dert, den sich langrüsselige Schmetterlinge holen. Die Staubbeutel sind zuerst reif und lagern den Blütenstaub durch eine drehende Bewegung ab; nachdem an den beiden ersten Tagen je 5 Staubbeutel gereift sind, folgen die Narben. Diese lange Blütezeit sichert die Fremdbestäubung. Bleibt sie trotzdem aus, so wachsen die Staubbeutel zur Narbenhöhe empor, und die Narben krümmen sich zu jenen hin. Die Frucht ist eine hygroskopische Kapsel, die mit Zähnen aufspringt, auf hohem, elastischem Stiel sitzt und viele kleine, leichte Samen, flache Scheiben mit Hautrand, enthält, alles Eigentümlichkeiten, die mit der Verbreitung durch Wind zusammenhängen. 8 deutsche Arten, zahlreiche Zierarten.

A. Kelchblätter *1—3rippig*, wenn dann die Blüten in *rispigen Trugdolden*: Steinbrech-N., D. saxifraga L., blasspurpurn, selten, an steinigen Orten, ♃, bis 25 cm, Juli u. Aug.; — wenn dagegen die Blüten in *dichten Köpfchen*: sprossende N., D. prólifer L., Fig. 553, zerstreut, auf sonnigen Hügeln. ☉, bis 30 cm, Juli—Sept.

B. Kelchblätter *7—11rippig.*

a) Kronblätter *tiefgespalten*, Taf. **32**, 1, — wenn dann der Stengel *rasenbildend*, meist *einblütig:* **Sand-N.**, D. arenárius L., selten auf Sandboden, Posen, Pommern, Preussen, ♃, bis 25 cm, Juli bis Sept.; — wenn dagegen der Stengel *einzeln*, *mehrblütig:* **Pracht-N., Feder-N.**, D. supérbus L., Taf. **32**, 1, Blatt lineal-lanzettlich, wohlriechend, rosarot, selten, auf feuchten Wald-

Fig. 553. Dianthus prolifer.   Fig. 554. Dianthus caesius.

wiesen, auch kultiviert. ♃ und ☉, bis 60 cm, Juli u. Aug.

b) Kronblätter nur *vorn gezähnt.*

1. Blüten meist *einzeln*, — wenn dann *fleischfarbig*, Hochblätter von $\frac{1}{4}$ der *Kelchlänge:* **blaugrüne N.**, Pfingst-N., D. caésius Sm., Fig. 554, wohlriechend, am Grund buschig beblättert. In Mitteleuropa, selten, auf Kalk- und vulkanischem Boden. mit gefüllter Blüte

kultiviert; ♃, bis 30 cm, Mai—Juli; — wenn dagegen *purpurrot oder weiss gefleckt*, Hochblätter *von halber Kelchlänge:* **deltafleckige N.**, D. deltóïdes L., Fig. 555, Europa und Westasien, bei uns auf grasigen Hügeln häufig. ♃, bis 30 cm, Juli u. Aug.

2. Blüten *zu mehreren kopfartig* oder in *Rispe*, Fig. 556, — wenn dann die Hochblätter *rauhhaarig, von Kelchlänge:* **Rauhe N.**, D. arméria L., Fig. 556, flaumig behaart, rot,

Fig. 555. Dianthus deltoides.

Fig. 556. Dianthus armeria.

weissfleckig, in Mittel- und Südeuropa, zerstreut an wüsten Orten, auf Weiden, ⊙ und ♃, bis 30 cm. Juli u. Aug.; — wenn dagegen Hochblätter *kahl, von halber Kelchlänge:* **Karthäuser-N.**, D. carthúsianorum L., Taf. **32**, 2, Stengel kahl, purpurrot, häufig auf Grashügeln. ♃, bis 45 cm, Juni—Sept.

*a unten
*hblätter.
*nblätter
*een Zäh-
*chlund.
*a nicht,
*ch ge-
*lt].

196. **Seifenkraut, Saponária officinális L.**
Taf. **31**, 2.

Eine kahle Pflanze mit kriechendem Wurzelstock, der einen Bitterstoff gegen Mäusefrass enthält (schäumt beim Reiben, mit Wasser, daher der Name), die grossen blassroten Blüten stehen in dichtem Blütenstand und bilden einen wirkungsvollen Lockapparat, die lange Blütenröhre deutet auf (Abend-)Schmetterlinge als Bestäuber, der Schlundkranz ist ein Schutz gegen Honigdiebe. In Mittel- und Südeuropa, bei uns häufig an Hecken, Ufern und Wegen. ♃, bis 60 cm, Juni und Juli. [S. vaccária L. ist einjährig, ohne Schlundkranz, auf Getreidefelder selten.]

*nblätter
*chlund-
*en.

197. **Mauer-Gipskraut, Gypsóphila murális L.**
Taf. **31**, 3.

Verästeltes einjähriges Kraut mit kleinen, linealen, pfriemlichen Blättern, wodurch die Verdunstung des trocknen Standorts wegen (Gipshügel, Sandfelder) eingeschränkt ist. Die Blüten sind zwar klein, dafür aber rosenrot und in vielblütigen Rispen, obendrein die Pflanzen in dichten, rasenförmigen Be-

ständen. Auf sonnigem, insektenreichem Standort reifen die Narben erst nach den Staubbeuteln, sonst mit den letzten, wodurch im ersten Fall Fremdbestäubung gesichert ist. Hie und da, bis 15 cm, Juli u. Aug. [G. fastigiáta L. ist klebrig weichhaarig und kommt nur vereinzelt vor.]

198. **Leimkraut, Siléne.**

2. Mit 3 Griffeln.
a. Frucht eine
Kapsel.

Manche Arten sind klebrig-zottig behaart, wodurch sie gegen Tierfrass, besonders gegen Schnecken, geschützt sind. Beim **nickenden L.** u. a. finden sich während des Blühens unter den Blattpaaren Klebringe, wodurch die Blüte gegen ankriechende Insekten geschützt ist. Den blasigen Kelch vom **aufgeblasenen L.** kann man auch wohl als einen Schutz gegen Honigdiebe ansehen. Trotzdem findet man ihn oft angefressen und des Honigs beraubt, wohl von langrüsseligen, aber „faulen" Besuchern. Das **nickende L.** mit seinen weissen, nur nachts offenen und duftenden, am Tage dagegen wie zerknittert aussehenden Kronenblättern, deren Aussenseite obendrein weissgrünlich ist, wird von Nacht-

Fig. 557. Silene inflata.

Fig. 558. Silene otites.

falter besucht und zwar von einer kleinen Eule, die in der Blüte sonderbarerweise ihre Brutstätte sucht und findet. Dabei werden in der ersten Nacht die äusseren Staubbeutel reif, in der zweiten die inneren und erst in der dritten die Narben, was natürlich zur Fremdbestäubung führen muss. Die Frucht ist wie bei der Nelke beschaffen. 14 deutsche Arten.

A. *Ohne* Schlundschuppen, Fig. 558 rechts.

a) *Mit aufgeblasenem* Kelch: **aufgeblasenes L.**, S. infláta Sm., Fig. 557, Blüte weiss, in ganz Europa, bei uns überall auf trocknen Wiesen und Hügeln, ♃, bis 50 cm, Juli u. Aug.

b) Kelch *nicht aufgeblasen.*

1. Kronblatt *ungeteilt*, Fig. 558 rechts: **Ohrlöffel-**

L., S. otítes Sm., Fig. 558, grüngelb, Sandfelder. ♃, bis 60 cm, Mai u. Juni.

2. Kronblatt *gespalten*.

  * Pflanze *klebrig-zottig*: **schmieriges L.**, S.
viscósa Pers., grünlich, sandige Triften, selten
(Insel Rügen). ☉, bis 60 cm, Mai u. Juni.

  ** Pflanze *nicht klebrig*, — wenn kahl: **Tata-
risches L.**, S. tatárica Pers., Sandufer im
Osten, Juli u. Aug.; — wenn weichhaarig:
Hain-L., S. nemorális W. et K., selten, in
Wäldern Sachsens, Mai u. Juli, beide weiss
und ♃.

B. *Mit* Schlundschuppen, Fig. 559 rechts.

  a) Kelch mit *30* Nerven,
— wenn dann die Kap-
sel *kugelig*: **Kugel-L.**,
S. conoídea L., Sand-
felder, unter Getreide;
— wenn dagegen *fla-
schenförmig*: **Kegel-L.**,
S. cónica L., Fig. 559,
besonders am Rhein,
zerstreut, beide rot. ☉,
bis 60 cm. Juni u. Juli.

  b) Kelch mit *10* Nerven.

    1. Kronblatt *ungeteilt*.

      * Blüten in *Büscheln,
zahlreich:* **Garten-
L.**, S. arméria L.,
Pflanze blaugrün,
rotblühend. Süd-
und Westdeutschland. ☉, bis 30 cm, Juli
u. Aug.

      ** *Wenig* Blüten, *nicht in Büscheln.*

      ○ Blüten *in Aehren:* **französisches L.**, S.
gállica L., weiss oder rötlich, unter der
Saat, selten. ☉, bis 50 cm, Juni u. Juli.

Fig. 559. Silene conica.

○○ Blüten *gabelständig*, — wenn dann Pflanze
kahl: **Felsen-L.**, S. rupéstris L., meist
weiss, Felsen der höheren Gebirge ♃,
15 cm, Juli u. Aug.; — wenn dagegen
behaart: **Flachs-L.**, S. linícola Gm., fleischrot, unter dem Flachs hie und da. ☉, bis
40 cm, Juni u. Juli.

2. Kronblatt *gespalten*, Fig. 560 u. 561.

  * Stengel *aufrecht:* **nachtblühendes L.**, S.
noctiflóra L., Fig. 560, zottig behaart und
klebrig, zerstreut, unter Saat. ☉, bis 30 cm,
Juli – Okt.

  ** Stengel *überhängend*, — wenn dann kurz
behaart: **nickendes L.**, S. nutans L., Fig.
561, weiss, auf trocknen Hügeln häufig,
♃, bis 60 cm, Juni u. Juli; — wenn dagegen *kahl:* **gelbgrünes L.**, S. chlorántha
Ehrh., gelbgrün, sandige Hügel selten. ♃,
bis 1¼ m, Juli u. Aug.

199. Taubenkropf, Cucúbalus báccifer L. Fig. 562.

Eine Pflanze mit
schwachem und daher
kletterndem Stengel, der
Kelch ist bauchig auf-
geblasen, und die Frucht
ist eine kugelige, glän-
zend schwarze Beere,
die aber später nach
dem Austrocknen auf-
springt. Auf feuchtem
Boden in Gebüschen
und an Ufern, selten.
♃, bis 1½ m, Juli bis
Sept.

**200. Kornrade, Agro-
stémma Githágo** L.
Fig. 563.

Eine ansehnliche
aufrechte Pflanze, deren
Teile alle zum Schutz
gegen Tierfrass behaart
sind. Die Blüten sind
wenig zahlreich, aber
gross und purpurrot, so
dass sie doch einen an-
sehnlichen Lockapparat
bilden. Die Kronblätter
bilden eine lange enge
Röhre, in welche nur
Schmetterlinge mit ih-
rem Rüssel eindringen
können. Bei mangeln-
der Fremdbestäubung

b. Frucht
Beere. Fig.
rechts obe

Fig. 562. Cucubalus baccifer.

3. Mit 5 Grif
Fig. 563 r
unten.
a. Kronbl
ohne Schl
schuppen.
563 rechts u

Fig. 560. Silene noctiflora.

Fig. 561. Silene nutans.

Fig. 563. Agrostemma githago.

wachsen die Staubfäden und tragen ihre Beutel zur Narbenhöhe empor, so dass Selbstbestäubung als Notbehelf eintritt. Die Ausstreuung der Samen ist ähnlich wie bei der Nelke, die Samen selbst sind durch ein Gift geschützt. Ueberall im Getreide, die Samen können das Mehl schädlich machen. ⊙, bis 1 m, Juni u. Juli.

201. Lichtnelke, Lychnis.

Meistens ausdauernde Kräuter, von denen manche Schutzmittel besitzen: die Abend-L., nach obenhin Drüsenhaare, die Pech-L. Klebringe gegen ankriechende Honigdiebe, die Kuckucks-L. blasigen Kelch und eine ausgebildete, den Blüteneingang schliessende Nebenkrone. Auch hier lässt die enge Blütenröhre auf Schmetterlinge als Bestäuber schliessen, und zwar zeigt sich hier sehr schön, dass die Tagblüher rote und die Nachtblüher weisse (abends duftende) Blüten haben. Die Kuckucks-L. bietet den bestäubenden Insekten in der Blüte eine Brutstätte. Die Kapsel streut die Samen wie bei der Nelke aus, sie ist hygroskopisch, weshalb sie sich nur bei trocknem, also günstigem Wetter öffnet, bei feuchtem dagegen schliesst.

A. Kronenblätter *zerschlitzt*, Taf. **31**, 4: **Kukkucks-L.**, L. flos cúculi L., Taf. **31**, 4, rot, überall auf feuchten Wiesen. ⧾, bis 60 cm, Mai bis Juli.

B. Kronenblätter *nicht zerschlitzt*, Taf. **31**, 5 u. 6.

a. Kronblätter *zweispaltig*, Blüten *zweihäusig*, — wenn dann *rotblühend*, Kapsel mit *zurückgerollten Zähnen:* **Tag-L.**, L. diúrna Sibth., Taf. **31**, 5, alle Teile zottig, Blüte geruchlos, überall in Gebüschen u. s. w., ⧾, bis 60 cm, Mai – Aug.; — wenn dagegen *weissblühend*, Kapselzähne *nicht zurückgerollt:* **Abend-L.**, L. vespertina Sibth., Taf. **31**, 6, klebrig-drüsig behaart, Blüte abends wohlriechend. In Europa weit verbreitet, bei uns überall an Wegen, ⊙, bis 1 m, Mai—Sept. [Hierhin auch als Gartenzierpflanze: brennende Liebe.]

b) Kronblätter *höchstens etwas ausgerandet*, Blüte *zwitterig*, — hierhin die Gartenzierpflanzen: Pechnelke (unter den Gelenken sehr klebrig, purpurrote Blüten) und Kranznelke.

XVII. Reihe: Wandsamige.

49. Fam. Sonnentaugewächse, Droseraceen.

202. Sonnentau, Drósera. Taf. **32**, 3.

Niedrige mehrjährige Kräuter mit schwacher Wurzel und Blattrosette. Die Blätter haben rote Drüsenhaare mit honigartigem Sekret, dadurch werden Insekten angelockt und dann von den Haaren festgehalten und umschlossen, sowie verdaut. Diese Art der Ernährung ist für das Pflänzchen wertvoll,

weil sein Standort (Moorboden) stickstoffarm ist. Die kleinen, weissen Blüten stehen in Aehren oder Trauben, sie blühen nur einen Tag (in den Mittagsstunden); da sich aber längere Zeit hindurch immer neue Blüten öffnen, so ist die Bestäubung doch gesichert, zumal zur Not auch Selbstbestäubung eintritt, indem beim Schliessen der Blüte die Narben gegen die Staubbeutel gedrückt werden.

Wenn die Blätter *rund* sind: **rundblättriger S.**, D. rotundifólia L., Taf. **32**, 3; — wenn dagegen *schmal:* **langblättriger S.**, D. longifólia L., In Mittel- und Nordeuropa. ⧾, bis 15 cm, Juli u. Aug.

50. Fam. Veilchengewächse, Violaceen.

203. Veilchen, Viola. Taf. **32**.

Niedrige Kräuter, die oft Ausläufer zur vegetativen Vermehrung haben; die Blätter sind mehr oder weniger grundständig, kurz oder lang gestielt, je nachdem es der Lichtgenuss der Umgebung wegen fordert. Die jungen Blätter sind zusammengerollt, um sich vor Verdunstung und Verletzung zu schützen. Die Blüten sind in geringer Zahl vorhanden, aber sie sind oft ziemlich gross, ungefärbt und haben auch manchmal einen auffallenden Kontrast in der Farbe (beim Stiefmütterchen), wobei es recht bemerkenswert ist, dass die klein und weissgelbblühenden im Gegensatz zu der gross und buntblühenden Form gewöhnlich nicht zur Bestäubung kommen. Beim duftenden V., dessen Blüte im Gewirr der Hecke u. s. w. oft wenig sichtbar ist, unterstützt ein starker Duft den Lockapparat. Ein Honigmal ist ein Wegweiser zum Honig, der von Drüsen an zwei Staubfäden erzeugt und im Sporn eines Blumenblatts aufbewahrt wird. Bei Kälte krümmt sich die Blüte nach unten, unter das Laub u. s. w. Die hängende und damit eine Anflugstelle bietende Blüte hat 5 zusammenneigende Staubbeutel mit orangeroten Fortsätzen, die sich nach innen öffnen, ferner einen scharnierartig beweglichen Griffel mit hakig vorgestreckter Narbe. Bienen und Hummeln hängen sich an die Blüte. Wenn sie nun den Rüssel zwischen die zusammenneigenden Staubbeutel einführen, so fällt etwas Blütenstaub (der daher trocken ist) auf ihren Kopf, und beim Besuch einer neuen Blüte streifen sie ihn an die im Wege stehende Narbe ab. — Bei ausbleibender Fremdbestäubung bilden sich kleine unscheinbare, duftlose Sommerblüten, die geschlossen bleiben und Selbstbestäubung zeigen. Dies alles gilt in erster Linie von dem biologisch so interessanten duftenden V.

Die reifende Kapsel richtet sich im Gegensatz zur Blüte nach oben, die Ränder ihrer Klappen schnellen beim Eintrocknen der glatten Samen weit fort, damit sie nicht zu nahe der Mutterpflanze auf-

18

wachsen. Die Samen haben obendrein eine fleischige Nabelschwiele, welche die Ameisen abfressen, wobei sie die Samen verschleppen. Durch die Nabelschwiele wird der Samen auch wohl in dem feuchten Keimblatt festgehalten. 18 deutsche Arten, die z. T. vielfach abändern.

A. Seitliche Kronblätter *aufgerichtet*, — wenn dann die *Narbe krugförmig:* Stiefmütterchen, V. tricolor L., Taf. 32 4, untere Blätter herz-eiförmig, obere länglich-lanzettlich, Blüte dreifarbig, blau, schwarz, gelb, Sporn wenig länger als der Kelch. In Europa verbreitet, bei uns auf Aeckern u. s. w. überall, ☉, bis 20 cm, Mai—Okt. [wenn gelb und Sporn 1—3 mal so lang als der Kelch: V. lútea Huds., Wasgenwald, Riesengebirge]; — wenn dagegen die *Narbe flach:* zweiblütiges V., V. biflora L., zitronengelb, feuchte Täler des Mittelgebirges. ♃, bis 15 cm, Mai—Aug.

B. Seitliche Kronenblätter *stehen seitlich* ab.
a) *Nur* mit *Wurzelblättern.*
  aa. Griffel *trompetenförmig, aufrecht.*
    1. Nebenblätter dem Blattstiel *angewachsen:* Moor-V., V. uliginósa Schrad., blassviolett, selten, auf Moorboden. ♃, März u. April.
    2. Nebenblätter *frei*, das Blatt kahl, Sporn etwa so lang wie die Kelchanhängsel: Sumpf-V., V. palústris L., blassviolett, auf Sumpfwiesen. ♃, Mai u. Juni.
      [Blatt unten behaart: Torf-V., V. epipsíla Led. Nord- und Ostdeutschland, selten.]
  bb. Griffel *hakenförmig, nach unten* gerichtet.
    1. *Mit* Ausläufern: wohlriechendes V., V. odoráta L., Taf. 32, 5, Blatt (behaart), ei-herzförmig, Blüte violett, selten rosa oder weiss. In ganz Europa, bei uns häufig an schattigen Orten. ♃, März u. April. [V. cyánea, Schlesien, sehr selten, hat kahle Blätter.]
    2. *Ohne* Ausläufer, — wenn dann Nebenblattrand *behaart:* Hügel-V., V. collína Bess., wenig wohlriechend, an Hecken und Hügeln; — wenn dagegen *kahl:* rauhhaariges V., V. hirta L., Kapsel weichhaarig, geruchlos, überall in Gebüschen, beide ♃, März u. April. [V. porphýrea Uechtr., sehr selten, in Schlesien, mit kahler Kapsel.]
b) Auch mit *Stengelblättern.*
  aa. Stengel *niederliegend.*
    1. Blätter *länger als breit:* Hunds-Veilchen, V. canína L., blassblau-violett, nicht wohlriechend, überall. ♃, Mai u. Juni.
    2. Blätter *so lang wie breit*, — wenn dann *stumpf, herzförmig:* Sand-V., arenária DC., Sandfelder, trockne Nadelwälder, selten.

♃, Mai u. Juni; — wenn dagegen *zugespitzt, herzeiförmig:* Wald-V., V. silvéstris Lam., blassblau. Wälder, häufiger. ♃, März u. April.
  bb. Stengel *aufrecht.*
    1. Stengel *behaart*, — wenn dann *einreihig behaart:* verschiedenblütiges V., V. mirábilis L., wohlriechend, zerstreut in schattigen Wäldern, ♃, April u. Mai; — wenn dagegen *ringsum behaart:* hohes V., V. elátior Fr., gross, blassblau, feuchtes Buschwerk. ♃, Mai u. Juni.
    2. Stengel *kahl.*
      * Nebenblätter der mittleren Stengelblätter *länger* als die Blattstiel: Wiesen-V., V. praténsis M. et K., hellblau. ♃, bis 20 cm, Mai u. Juni.
      ** Nebenblätter *halb so lang*, Sporn so lang wie die Kelchanhängsel, hellblau, — wenn dann Blätter *länglich-lanzettlich:* Sumpfwiesen-V., V. stagúina Kit., — wenn dagegen *herz-eiförmig:* aufrechtes V., V. stricta Horn, beide ♃, Mai u. Juni. [V. Schúltzii Bill. auf Ostfrieslands Geest, hat längeren Sporn, gelblich.]

51. Fam. Sonnenrosengewächse, Cistaceen.

204. Sonnenröschen, Heliánthemum.

Taf. 33, 1.

Auch Lichtröschen. Kleine Kräuter oder Halbsträucher, oft mit harten, am Rand eingerollten und etwas filzigen Blättern, entsprechend dem trocknen Standort (sonnige, steinige Hügel). Die Blüten sind nicht sehr zahlreich, dafür aber gross, ausgebreitet und schön gelb. In feuchter Luft und nachts schliessen sie sich zum Schutze der Innenorgane. Statt des Honigs bieten sie den bestäubenden Insekten in den zahlreichen Staubgefässen Blütenstaub. Die Staubfäden sind reizbar und bewegen sich bei Berührung nach aussen, was der Bestäubung dient. Am Ende des Blühens schliessen sich die Blüten und werden etwas nickend, wodurch Selbstbestäubung als Notbehelf eintritt. Die Frucht ist eine Kapsel. 4 deutsche Arten.

A. *Einjährig, krautartig:* Getüpfeltes S., H. guttátum Mill., Kelch wagerecht ausgestreckt, zitrongelb, selten, auf Sandfeldern, bis 30 cm, Juni bis September.

B. *Mehrjährig, Halbstrauch.*
a) *Mit* Nebenblättern: Gemeines S., H. vulgáre Gärt., Taf. 33, 1, fast in ganz Europa, bei uns hie und da auf sonnigen Hügeln häufig, bis 30 cm, Juni—Aug.
b) *Ohne* Nebenblätter, — wenn dann Blätter *wechsel-*

ständig: **Heide-S.**, H. fumána Mill., Fig. 564, selten, besonders im Südwesten bis 20 cm, Juni bis Aug.; — wenn dagegen *gegenständig:* **Weinbergs-S.**, H. oelándicum Wahlb., selten, Kalkhügel, bis 15 cm, Mai u. Juni.

52. Fam. Resedagewächse, Resedaceen.

205. Resede, Reséda, Taf. 33, 2.

Fig. 564. Helianthemum fumana.

Auch Wau. Einjährige oder mit Wurzelstock ausdauernde Kräuter mit nebenblattlosen Blättern und unscheinbaren, unregelmässigen, bei einer Art jedoch stark duftenden Blüten. Der einfächerige Fruchtknoten ist oben offen. 3 deutsche Arten, von denen die w ohlriechende R. eine beliebte Gartenpflanze ist, während Farben-Wau des in allen Teilen enthaltenen gelben Farbstoffs wegen kultiviert wird.

A. Kelch *4blättrig*, Fig. 565: **Färber-Wau**, R. lutéola L., Fig. 565, gelbweiss, auf Aeckern und an Wegen. ☉, bis 1¼ m, Juli u. Aug.

B. Kelch *6blättrig*, — wenn dann *geruchlos:* **Gelbe R.**, R. lútea L., Taf. 33, 2, mittlere Blätter doppelt fiederspaltig, obere dreispaltig. Blüte grüngelb; in Mittel- und Südeuropa, bei uns an Schuttorten zerstreut, ☉, bis ½ m, Mai bis Okt.; — wenn dagegen *wohlriechend:* **wohlriechende R.**, R. odoráta L., verwildert, stammt aus Nordafrika. ☉ oder ♃,

Fig. 565. Reseda luteola.

bis 30 cm, Juli bis Sept.

53. Fam. Hartheugewächse, Hypericaceen.

206. Johanniskraut, Hartheu, Hypéricum.

Meistens ausdauernde Kräuter, die ihrem Standort entsprechend trockne Stengel und kleine Blätter haben, bei dem n i e d e r l i e g e n d e n J., das auf Sandhügeln mit wenigen niedrigen Pflanzen wächst, ist der Stengel zart und dem Boden anliegend. Die

Blätter sind ganzrandig, ohne Nebenblätter, bei manchen Arten drüsig punktiert. Die regelmässige Blüte ist 5zählig, die zahlreichen Staubfäden sind am Grunde in 3—4 Bündel verwachsen und bieten statt des fehlenden Honigs den besuchenden Insekten viel Blütenstaub dar, ausserdem besitzen die Kronblätter Nährgewebe. Drüsige Wimpern am Kelch einiger Arten dienen dem Schutz gegen aufkriechende Diebe. Beim d u r c h b o h r t e n J. richten sich die Staubgefässe nach und nach zur Bestäubung auf; da die letzten endlich die Höhe der Narbe haben, so kann dann als Notbehelf Selbstbestäubung eintreten. Das n i e d e r l i e g e n d e J. bildet bei anhaltend schlechtem Wetter auch wohl „kleistogame" (geschlossen bleibende) Blüten mit Selbstbestäubung. Die Frucht ist eine bei trocknem Wetter mit 3—5 Zähnen aufspringende Kapsel, die sich bei Feuchtigkeit wieder zum Schutz der zahlreichen kleinen Samen schliesst. Diese ansehnliche Gattung ist besonders über Südeuropa, Westasien und Nordamerika verbreitet. Sie liefert auch einige Zierpflanzen. Bei uns gibt es 9 Arten, die alle gelb blühen.

A. *Mit Schuppen* zwischen den Staubfadenbündeln, Kapsel *einfächerig:* **Sumpf-J.**, H. helódes L., Stengel niederliegend, Blatt eirundlich, hellgelbe Blüten in blattloser Traube, in Nordwestdeutschland, am Rhein. Westfalen, in Sümpfen und Torfmooren. ♃, bis 20 cm lang, Aug.—Sept.

B. *Ohne solche Schuppen*, Kapsel *3jährig*.

I. Kelchblatt am Rand *ganz*.

1. Stengel *niederliegend:* **niederliegendes J.**, H. humifúsum L. Blatt punktiert, Fruchtknoten von halber Länge des Kelches, Blütenstand ein- bis wenigblütig, auf Sandhügeln und Moorboden ziemlich häufig. ♃, bis 15 cm lang, Juni—Sept.

2. Stengel *aufrecht.*

   a. Stengel *rund* oder mit 2 Leisten: **durchbohrtes J.**, H. perforátum L., Taf. 41, 1, Blatt länglich-eiförmig, punktiert, Blüten in Trugdolde, auf Heiden, an Wegen überall. ♃, bis 60 cm, Juli u. Aug.

   b. Stengel *4kantig*, — wenn dann *fast geflügelt*, Kelchblatt *spitz:* **vierflügeliges J.**, H. tetrápterum Fr.; — wenn dagegen Stengel *schwach 4kantig*, Kelchblatt *stumpf:* **vierkantiges J.**, H. quadrángulum L., beide in feuchten Wäldern und Wiesen, dieses häufiger. ♃, bis 60 cm, Juli u. Aug.

II. Kelchblatt am Rand *drüsig gewimpert* oder *gefranst*, Fig. 566, links unten.

1. Stengel und Blatt *rauhhaarig:* **rauhes J.**, H. hirsútum L., Fig. 566, Blatt eirund, Stengel aufrecht, zerstreut in Gebirgswäldern. ♃, bis 50 cm, Juni—Aug.

2. Stengel und Blatt *kahl.*

a. Kelchblatt *stumpf*: **schönes J.**, H. pulchrum L., schlank mit kurzen Seitenästen, Blatt punktiert, herzförmig umfassend, Knospe blutrot; in trocknen Wäldern des Hügellandes und Gebirges zerstreut. ♃, 60 cm, Juli—Sept.

Fig. 566. Hypericum hirsutum.

b. Kelchblatt *spitz*, — wenn dann der Stengel *rund,* oben mit *wenig Blättern:* **Berg-J.**, H. montánum L., Fig. 567, Blatt eirund, unten am Rand mit schwarzen Punkten, Fig. 567 oben links, zerstreut in Gebirgswäldern, ♃, bis 60 cm, Juli u. Aug.; — wenn dagegen Stengel *fast 2kantig, beblättert:* **zierliches J.**, H. élegans Steph., Blatt am Rand zurückgerollt, schwarz punktiert, selten. Kalk- und Sandsteinfelsen in Mitteldeutschland. ♃, bis 30 cm, Juni u. Juli.

54. Fam. Tännelgewächse, Elatinaceen.

207. **Tännel, Elátine.** Kleine einjährige kahle Sumpf- und Wasserkräuter mit ganzrandigen Blättern. Die kleinen roten Blüten stehen in den Blattachseln einzeln. Frucht eine Kapsel mit vielen kleinen Samen. Auf der Nordhälfte der Erde, 20 Arten, bei uns 4.

A. Blätter *quirlständig sitzend:* **quirlblättriger T.**, E. alsinástrum L., Blatt nach Standort veränderlich, selten, in Teichen, Gräben, bis 50 cm lang, Juli u. Aug.

B. Blätter *gegenständig, gestielt.*

Fig. 567. Hypericum montanum.

Fig. 568. Elatine hexandra.

I. Krone *4blättrig:* **Pfeffer-T.**, E. hydropíper L., Blatt spatelig, langgestielt, selten, an überschwemmten Plätzen, bis 1 m lang, Juni u. Juli.

II. Krone *3blättrig;* — wenn dann die Blüten *gestielt,* mit 6 Staubgefässen: **sechsmänniger T.**, E. hexándra DC., Fig. 568, Blüte mehr weiss, an überschwemmten Orten, zerstreut; — wenn dagegen Blüte *sitzend* mit 3 Staubgefässen: **dreimänniger T.**, E. triándra L., ebenda selten, beide bis 1 m lang, Juli—Sept.

XVIII. Reihe: Mohnblütige.

55. Fam. Kreuzblütler, Cruciferen.

Meistens Kräuter mit wechselständigen Blättern und ohne Nebenblätter. Die Blüten stehen in Trauben und sind nach der Zahl 4 gebaut, aber 6 Staubgefässe, von denen 2 kürzer sind. Der oberständige Fruchtknoten wird zur zweifächerigen Schote (also mit Scheidewand). Eine grosse (1200 Arten) Familie in der gemässigten und kalten Zone, viele sind durch ein scharfes ätherisches Oel gegen Tierfrass geschützt und werden wegen desselben auch als Gewürzkräuter gezogen, andere sind als Gemüse wertvoll oder liefern in den Samen ein brauchbares Oel. Auch Zierpflanzen sind unter ihnen. Die Bestimmung ist nicht leicht, eigentlich ist die Berücksichtigung der reifen Frucht und des eigenartig gekrümmten Keimlings unerlässlich. Wir geben hier trotzdem eine Diagnose nach die Samen, wobei aber steter

Fig. 569. Biscutella laevigata.

Vergleich mit den zahlreich beigegebenen Abbildungen sehr nötig ist.

A. Mit „*Schötchen*", d. h. Schote nur 1—3 mal so lang als breit (oder ein Nüsschen).

a) Blüte *gelb.*

1. Blätter *tiefgelappt* oder *geteilt.*

  * Wenigstens *obere Blätter pfeilförmig,* — wenn dann Pflanze *kahl:* **Hohldotter** [Myágrum perfoliátum L., blau bereift, selten, unter der Saat in Süddeutschland], — wenn dagegen *behaart:* 228. **Camelina** (dentáta).

  ** Blätter *nicht pfeilförmig.*

    aa. Frucht ein *Nüsschen:* 238. **Búnias.**

    bb. Frucht ein *Schötchen,* — wenn dann *gegliedert:* **Rapsdotter** [Rapistrum perénne L. mit kegeligem Griffel, R. rugósum L. mit fädlichem Griffel, beide sehr selten, auf Aeckern]; — wenn dagegen *nicht gegliedert:* 223. **Nastúrtium.**

2. Blätter *höchstens gesägt.*
 * Schote *brillenförmig, breit, flach*, Fig. 569:
 Brillenschote [Biscutélla laevigáta L.,
 Fig. 569, selten, an Felsen u. s. w. ♃, bis
 45 m, Mai—Aug.]
 ** Schote *anders.*
 aa. Blätter *kahl.*
  ○ Blätter *am Grund herz-* oder *pfeilförmig*,
   also breit, — wenn *pfeilförmig*, Fig.
   585: **Isatis**; — wenn dagegen *herz-*
   förmig : 223. **Nastúrtium** (austriacum).
  ○○ Blätter *am Grunde verschmälert*, also
   nicht pfeil- oder herzförmig: 223. **Na-**
   stúrtium (amphibium).
 bb. Blätter *behaart.*
  ○ Blätter am Grunde *pfeil- oder herz-*
   förmig, — wenn dann Frucht *kugelig*,
   Fig. 604: 229. **Néslia**, — wenn *birn-*
   förmig, Fig. 601 : 228. **Camelína** (sativa).
  ○○ Blätter *am Grunde verschmälert*, Fig.
   610: 235. **Alýssum**.
 b) Blüte *weiss* (oder *violett*)[1].
 1. Blätter *ungeteilt*, höchstens gesägt oder gezähnt.
  * *Nur mit Wurzelblättern*, — wenn dann
   Schötchen *flach* : 230.
   Draba; — wenn da-
   gegen *aufgedunsen* :
   Pfriemenkresse [Su-
   bulária aquática L.,
   Fig. 570, sehr selte-
   nes, nur 1—3 cm hohes
   Wasserpflänzchen].

Fig. 570. Subularia aquatica.

   ** *Stengel auch beblättert.*
  aa. Wenigstens die oberen Blätter *mit herz-*
   oder *pfeilförmigem Grund.*
   ○ Auch die Wurzel-
    blätter *am Grunde*
    herzförmig,Fig.580:
    212. **Cochléaria**.
   ○○ Die Wurzelblätter
    in den Stiel ver-
    schmälert, — wenn
    dann das Schötchen
    geflügelt, Fig. 579;
    211. **Thlaspi**;
    wenn *nicht*, Fig.602:
    227. **Capsélla** [das
    hierhin gehörige
    Lepídium Draba
    hat fast doldenartig
    geordnete Trauben].

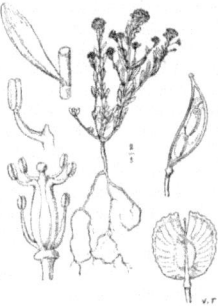
Fig. 571. Aethionema saxatilis.

[1] Wenn rosenrot: **Aethionéma saxátilis** [Fig. 571,
blaugrüne Pflanze, die längeren Staubfäden geflügelt,
sehr selten, Süddeutschland].

 bb. Blätter *nicht mit pfeil- oder herzförmigem*
  Grund.
  ○ Kronenblätter *ungleich gross,* Fig. 578 :
   210. **Ibéris.**
  ○○ Kronenblätter alle *gleich gross.*
   1. Stengelblätter gestielt und *herzför-*
    mig : 226. **Lunária.**
   2. Stengelblätter *nicht herzförmig.*
    ✝ Stengelblätter *lineal* : 208. **Lepí-**
     dium (graminifolium).
    ✝✝. *Nicht lineal* (ei- oder lanzettför-
     förmig), — wenn dann das Blatt
     grob gesägt : 230. **Draba** (muralis);
     — wenn dagegen höchstens *un-*
     deutlich gesägt : 236.**Berteróa** [grau-
     grün, dagegen Lepidium lati-
     fólium grün].
 2. Wenigstens die Wurzelblätter *fiederspaltig oder*
  geteilt.
  * *Nur Wurzelblätter* : **Bauernsenf** [**Teesdália**
   nudicaúlis RB., Fig. 572, hie und da auf
   Sandboden. ☉, bis 8 cm, April—Juni].
  ** *Stengel beblättert.*
  aa. *Alle Blätter fiederspaltig.*

Fig. 572. Teesdalia nudicaulis.

Fig. 573. Hutchinsia petraea.

   ○ Frucht ein *Nüsschen*, — wenn dann
    seine Glieder *nebeneinander*, Fig. 577:
    209. **Corónopus**; — wenn dagegen
    übereinander, Fig. 584 : 215. **Cákile.**
   ○○ Frucht mit Klap-
    pen *aufspringend* :
    Hutchínsia pe-
    traéa R. Br. [Fig.
    573, sehr seltenes
    kleines Felsen-
    kräutchen].
  bb. *Nur die unteren Blät-*
   ter geteilt.
   ○ Die oberen Blät-
    ter mit *herz- oder*
    mit *pfeilförmigem*
    Grunde, — wenn
    dann *kahl* : **Cale-**
    pína Corvíni
    Desv. [Fig. 574,

Fig. 574 .Calepina Corvini.

sehr selten, im unteren Rheingebiet];
— wenn dagegen *behaart* entweder
227. **Capsélla** (zerstreute Haare) oder
208. **Lepídium** (campestre, ganz flaumig).

oo Die oberen Blätter *in den Grund verschmälert.*

1. Kronenblätter *ungleich gross*, Fig.
578: 210. **Ibéris.**

2. Kronenblätter *alle gleich gross.*

† Frucht *nicht aufspringend*, Fig.
588: 219. **Crámbe.**

†† Frucht *aufspringend*, — wenn
dann die Wurzelblätter *ungeteilt*:
212. **Cochleária** (armorácia); —
wenn auch *geteilt*: 208. **Lepídium.**

B. Mit *„Schoten"*, d. h. Schote mehrmals länger
als breit.

a) Blüte *gelb oder gelblichweiss.*

1. Früchte *nicht aufspringend*: 220. **Ráphanus.**

2. Früchte *aufspringend.*

* Narbe tief *zweispaltig*: 234. **Cheiránthus.**

** Narbe *höchstens ausgerandet.*

aa. Samen in den Fächern in *einer* Reihe
untereinander.

o Griffel *lang*, einen Schnabel bildend.

† Klappen der Schoten mit *3* oder *5*
Nerven: 217. **Sinápis.**

†† Klappe mit *1* Nerv, — wenn dann
mit *kugeligem, punktiertem* Samen:
221. **Brássica**; — wenn dagegen
mit mehr *länglichem glattem* Samen:
Erucástrum Pollichii Sch. et Sp.,
(seltene Schuttpflanze. ⊙ oder ⊕,
April—Okt.)

oo Griffel *kurz* oder *fehlend.*

† Schote *4kantig*: 233. **Erýsimum.**

†† Schote fast *stielrund*, — wenn dann
die Klappen mit *3* Nerven: 214.
Sisýmbrium; — wenn dagegen mit
1 Nerv: 222. **Barbaráea.**

bb. Samen in den Fächern *in 2* Reihen.

o Klappen *ohne Nerven*: 223. **Nastúrtium.**

oo Klappen *mit Nerven*, — wenn dann
die Stengelblätter *pfeilförmig*: 231.
Túrritis; — wenn *nicht pfeilförmig*:
218. **Diplotáxis.**

b) Blüte *weiss* oder *bläulich* oder *rötlich.*

1. Früchte *nicht aufspringend*: 220. **Ráphanus.**

2. Früchte *aufspringend.*

* Narbe tief *2spaltig*: 237. **Hésperis.**

** Narbe *höchstens ausgerandet.*

aa. Samen in *einer* Reihe.

o Klappen der Schoten *ohne* Nerven,
— wenn dann der Kelch *wagerecht abstehend*: 224. **Cardámine**, — wenn
dagegen *aufrecht anliegend*: 225. **Dentária.**

oo Klappen *mit* Nerven, — wenn dann
die Schote *zusammengedrückt*: 232.
Arabis; — wenn dagegen Schote
4kantig: 213. **Alliária,** — wenn stielrund: 214. **Sisýmbrium.**

bb. Samen in *zwei* Reihen, — wenn dann
Klappen *ohne Nerven*: 223. **Nastúrtium;**
— wenn dagegen *mit starkem Nerv*: 231.
Túrritis.

1. Unterfam. Lepidieen (ausserdem die
oben genannten: Subularia, Teesdalia, Biscutella).

208. Kresse, Lepidium.

Auch Pfefferkraut. Eine artenreiche Gattung,
von den 6 weissblühenden deutschen Arten wird
die Garten-K. als Salatpflanze benutzt, sowie
medizinisch, das Kraut der Stink-K. soll Un-
geziefer vertreiben.

A. Stengelblätter am Grunde *pfeilförmig*, Fig.
575, — wenn dann das Schötchen *ungeflügelt*:
stengelumfassende K., L. draba L., Fig. 575, selten,
an Wegen und auf wüsten Orten, ⊔, bis 30 cm,

Fig. 575. Lepidium draba.   Fig. 576. Lepidium ruderale.

Mai u. Juni; — wenn dagegen das Schötchen *ge-
flügelt*: **Feld-K.**, L. campéstre R. Br., häufig, auf
Aeckern, unter der Saat, ⊕, bis 50 cm, Mai bis
August.

B. Stengelblätter *nicht pfeilförmig*, z. B. Fig. 576.

a) Schötchen an der Spitze *ausgerandet*, Fig. 576
oben, — wenn dann Kronblätter *doppelt so lang*
wie die Kelchblätter: **Gartenkresse**, L. satívum
L., angebaut, stammt aus dem Orient, ⊙, bis
60 cm, Mai—Juli; — wenn dagegen Kronblätter
fehlen oder ganz klein, Fig. 576 oben: **Stink-K.**,
L. ruderále L., Fig. 576, übelriechend, häufig,

an wüsten Orten. ⊙ oder ⊖, bis 30 cm, Mai bis Aug.

b) Schötchen an der Spitze *kaum ausgerandet,* — wenn dann Schötchen *eiförmig, kahl*: **grasblättrige K.**, L. gráminifólium L., selten, an Mauern und Wegen, ⊙, bis 60 cm, Juni—Sept.; — wenn dagegen Schötchen *rundlich, behaart*: **breitblättrige K.**, L. látifólium L., selten, besonders an Salinen. ♃, bis 1 m, Mai u. Juni.

209. Feldkresse, Krähenfuss, Corónopus. Fig. 577.

Niederliegende, seltene, einjährige Kräuter von bleichem, graugrünem Ansehen. Die Blätter sind tief fiederspaltig, die Blüten klein und weiss. Die Früchte zerfallen in 2 Nüsschen. Bei C. Ruellii, Fig. 577, ist die Blüte *länger* als ihr Stiel, bei C. dídymus Sm. *kürzer*, in Ost- und Mitteleuropa, jener ist hie und da häufiger, dieser mehr an der Küste, Juli—Aug.

Fig. 577. Coronopus Ruellii.

2. Fam. Cochlearieen (ausserdem: Aethionema).

210. Schleifenblume, Ibéris. Fig. 578.

Kahle oder wenig behaarte Kräuter, die Traube ist doldenartig und die äusseren Kronenblätter sind zur Verstärkung des Lockapparats grösser (Fig. 578), weiss oder rötlich. Einige südeuropäische Arten dienen als Zierpflanzen. 2 deutsche Arten. — Wenn das Blatt keilförmig, beiderseits mit 2—3 Zähnen, Fig. 578: **bittere Sch.**, I. amára L., Fig. 578, besonders auf Kalkboden; — wenn dagegen *ganzrandig*: **mittlere Sch.**, I. intermédia Guers., selten, auf Tonschiefer, beide ⊙, bis 30 cm, Juni—Aug.

Fig. 578. Iberia amara.

211. Pfennigkraut, Thlaspi. Taf. **33**, 3.

Auch Hellerkraut. Aufrechte Kräuter mit unscheinbaren weissen Blüten. Die Narbe wird zur Fremdbestäubung zuerst reif, aber später wachsen die Staubfäden weiter und tragen die Beutel zur

Narbenhöhe empor, wodurch zur Not noch Selbstbestäubung eintritt. Die Flügel der Frucht dienen vielleicht der Verbreitung. 4 deutsche Arten.

A. Schötchen *fast rund, schmal ausgerandet*: **Feld-Pf.**, Th. arvénse L., Taf. **33**, 3, längliche, buchtig gezähnte, am Grunde pfeilförmige Blätter, recht unangenehmes, lästiges Unkraut, überall an Wegen, auf Schutt u. s. w. ⊙, bis 30 cm, Mai bis Sept.

B. Schötchen *eiförmig, breit ausgerandet*, Fig. 579.

a) Griffel *kurz*, nur *1* Stengel: **durchwachsenes Pf.**, Th. perfoliátum L., Fig. 579, hie und da, auf Kalkboden. ⊙, bis 15 cm, April u. Mai.

b) Griffel *deutlich, mehrere* Stengel, wenn dann Fruchtfächer *2samig*, Staubbeutel gelb: **Berg-Pf.**, Th. montánum L., selten auf Kalkhöhen; — wenn dagegen Fruchtflächen *4- oder 8samig*, Staubbeutel purpurn: **Alpen-Pf.**, Th. alpéstre L., selten, Dresden, Erzgebirge, Aachen, beide ♃, bis 25 cm, April u. Mai.

Fig. 579. Thlaspi perfoliatum. Fig. 580. Cochlearia officinalis.

212. Löffelkraut, Cochleária. Fig. 580.

Weissblühende Kräuter, beim gemeinen L. hat das Kraut einen scharfen Geschmack (als Schutz gegen Tierfrass), weshalb es offizinell ist (L. spiritus), beim Meerrettig aber die grosse rübenförmige Wurzel, die daher kultiviert wird. — Wenn die Fruchtklappen einen *Mittelnerv* haben: **gemeines L.**, C. officinális L., Fig. 580, in Nord- und Westeuropa, sandige und steinige Orte am Meer und an Salinen, ⊙ u. ⊖, bis 15 cm, Mai u. Juni; — wenn dagegen die Klappen *nervenlos* sind: **Meerrettig,** C. armorácia L., aus Südosteuropa, verwildert. ♃, bis 1 m, Juni u. Juli.

3. Unterfam. Alliariinen.

213. Knoblauchsrauke, Alliária officinális Andrz.

Taf. **34**, 1.

Einjähriges oder ausdauerndes Kraut, das durch starken Knoblauchsgeruch gegen Weidetiere geschützt ist. Als Unkraut überall, bis 1 m, Mai u. Juni.

4. Unterfam. Sisymbrieen.

214. Rauke Sisýmbrium.

Meist einjährige Kräuter nach dem Standort mit verschiedenem Habitus, so ist die gebräuchliche R. (an wüsten trocknen Plätzen) ein sparriges klein-blätteriges Rutengewächs, dagegen hat die Sophien-R. (an feuchten Orten) grössere und zartere Blätter. Die viel längeren Staubfäden sind zuerst, um Fremd-bestäubung zu ermöglichen, niedriger als die Narbe, dann aber wachsen sie zu ihrer Höhe empor und lagern den Blütenstaub an ihr ab. 7 deutsche gelb-blühende Arten.

A. Blätter *ungeteilt*: **straffe R.,** S. strictíssimum L., an Flussufern, Elbe, Thüringen. ♃, bis 2 m, Mai – Aug.

B. Blätter *geteilt.*

a) Blätter 2—*3fach gefiedert*: **Sophienkraut,** S. so-phía L., Fig. 581, in Europa und Nordasien, vom Mittelmeer bis zum Polarkreis, auf Schutt u. s. w. ⊙, bis 1 m, Mai—Sept.

b) Blätter *schrotsäge-fiederteilig.*

1. Schote *4kantig*: **gebräuchliche R.,** S. offici-nále Scop., Fig. 582, in Europa und im ge-

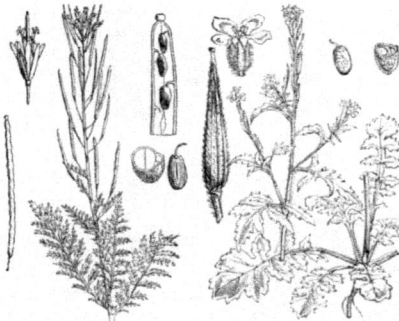

Fig. 581. Sisymbrium sophia.   Fig. 582. Sisymbrium officinale.

mässigten Asien, bei uns überall an Wegen u. s. w. ⊙, bis 60 cm, Juni—Aug.

2. Schote *stielrund.*

* Fiedern der Blätter am Grunde *mit* Aehr-chen: **ungarische R.,** S. pannónicum Jacq., eingeschleppt, selten, auf Sandboden. ⊙, Mai u. Juni.

** Fiedern *ohne* Aehrchen.

○ Die jungen Schoten die flachen Dolden-trauben *überragend*: **dichtblütige R.,** S. írio L., Fig. 583, selten, an Wegen, auf Schutt. ⊙, bis 60 cm, Mai—Juli.

○○ Die jungen Schoten die Trauben *nicht überragend,* — wenn dann die Pflanze dicht *steifhaarig*: L ö s e l s R., S. Lösélii L., Mai—Aug.; — wenn dagegen *fast kahl*: **österreich. R.,** S. austríacum Jacq., Juni u. Juli, beide sehr selten, auf Mauern und Felsen. ⊙, bis 60 cm.

215. Meersenf, Cákile marítima Scop. Fig. 584.

Ausgebreitet   ästige Strandpflanze auf Sand-

Fig. 583. Sisymbrium irio.   Fig. 584. Cakile maritima.

boden (der nördlichen Halbkugel), daher mit fleischigen Blättern und weiss-violetten Blüten. Die Frucht ist eine zweiteilige Gliederschote, deren oberes Glied schwertförmig ist. ⊙, bis 30 cm, Juli—Sept.

216. Färberwaid, Isatis tinctória L. Fig. 585.

Aufrechte Pflanze (Mittel- und Südeuropas) mit den Stengel umfassenden kahlen Blättern, gelben Blüten und hängenden schwarzbraunen Schöt-chen. Selten, an Fluss-ufern. ⊙, bis 1 m hoch, Mai u. Juli. Früher baute man die Pflanze an und gewann aus den Blättern einen blauen Farbstoff („deutscher Indigo").

5. Unterfam. Brassicineen.

217. Senf, Sinápis. Taf. 34, 2.

Zum Schutz gegen Schnecken   rauhhaarige Pflanzen mit gelben Blü-ten, in denen die Narbe vor den Staubbeuteln reifen und zwar steht jene zuerst höher als diese, dann drehen sich die Staubbeutel

Fig. 585. Isatis tinctoria.

dorthin, wo das Insekt den Rüssel einführen muss, was der Fremdbestäubung dient, ist diese aber nicht eingetreten, so strecken sich die Staubbeutel wieder zur Narbe hin, um Selbstbestäubung zu besorgen. Durch langes Blühen der einzelnen Blüte wird die Bestäubung gesichert. Die Samen sind durch ein scharfes Oel, das der jungen Pflanze als Nahrung dient und beim weissen Senf zur Senfbereitung benutzt wird, gegen Tierfrass gesichert. ⊙, bis 60 cm, Juni u. Juli.

Wenn das Blatt *höchstens gelappt* (eiförmig, gezähnt, die unteren fast leierförmig) und die *kahle* Schote 3nervig ist: **Ackersenf, Hederich,** S. ar-

Fig. 586. Sinapis alba.   Fig. 587. Diplotaxis tenuifolia.

vénsis L., Taf. **34**, 2, ein lästiges Ackerkraut überall; — wenn dagegen das Blatt fiederteilig (die Fiedern grob gezähnt) und die *steifhaarige* Schote 5nervig ist: **weisser S.**, S. alba L., Fig. 586, in ganz Europa, angebaut und verwildert.

218. Doppelsame, Diplotáxis. Fig. 587.

Auch R a m p e, R e m p e. Kräuter mit gelben, später bräunlichen Blättern und einnervigen Schotenklappen, dem Kohl und Senf ähnlich.

a) Stengel *bis oben* beblättert, *meist kahl*: **schmalblättriger D.**, D. tenuifólia DC., Fig. 587, hie und da an unbebauten Orten. ♃, bis 60 cm, Juni—Okt.

b) Stengel *nur unten* mit Blättern, *behaart*, — wenn dann die Blütenstielchen *kürzer* als die Blüte: **dünnstengeliger D.**, D. vimínea DC., Aecker und Weinberge, ⊙, bis 25 cm, Juni u. Juli; — wenn dagegen die Blütenstielchen *länger*: **Mauer-D.**, D. murális DC., Aecker, Mauern. ⊙ u. ♃, bis 60 cm, April—Okt.

219. Seekohl, Crambe marítima L. Fig. 588.

Kahle, graugrüne Sandpflanzen am Meeresstrand (bes. Ostsee), mit fleischigen Blättern, kahl, buchtig

gezähnt, mit weissen Blüten und zweigliedrigen Schoten. ♃, bis 30 cm, Juni u. Juli. Die jungen Blätter liefern ein schmackhaftes Gemüse.

220. Rettich, Ráphanus. Taf. 35, 1.

Harte, oft haarige Kräuter mit ansehnlichen weissen oder blass-violetten, dunkeladrigen Blüten und Gliederschoten, ⊙ bis ☉. Wenn die Schote *walzig* und die Samen *runzelig:* **Gartenrettich,** R. satívus L., leierförmige Blätter, Taf. **35**, 1, bis

Fig. 588. Crambe maritima.   Fig. 589. Raphanus Raphanistrum.

1¼ m, Juni—Sept.; — wenn dagegen die Schote *eingeschnürt* und die Samen *glatt:* **Acker-R.**, auch **Hederich,** R. Raphanistrum L., Fig. 589, bis 60 cm, Juni—August. — Letzterer ist ein überall häufiges Ackerunkraut, ersteres stammt aus Asien und wird in mehreren Abarten angebaut: als s c h w a r z e r R. (fleischige Wurzel aussen schwarz), als R a d i e s c h e n (fleischige Wurzel aussen weiss oder rot) und als O e l - R. mit nicht fleischiger Wurzel und ölhaltigem Samen.

221. Kohl, Brássica.

Eine wichtige Gattung, deren biologische Eigenarten wir am R a p s wie folgt kennzeichnen: Aus den Samen entsteht zunächst eine den Winter überdauernde Rosette von flachaufliegenden Wurzelblättern, erst im folgenden Frühjahr entsteht ein aufstrebender beblätterter Stengel. Dabei zeigt sich eine deutliche Abnahme der Blattgrösse nach oben, so dass jedes Blatt zum ausgiebigen Lichtgenuss kommt. Eine Wachsschicht auf den Blättern lässt sie bläulich angelaufen erscheinen, dadurch sind sie unbenetzbar für Regenwasser, auch stehen sie schräg nach oben, sind sitzend, rinnig und am Stengel etwas herablaufend, alles Einrichtungen, die der Ableitung des Regens zur einfachen Pfahlwurzel hin dienen. Die gelben (beim Gartenkohl seltener weissen) Blüten sind klein, stehen aber zahlreich

19

in Trauben zusammen und duften nach Honig, auch unterstützt der nach dem Aufblühen sich gelb färbende Kelch den Lockapparat. Für die Insekten bietet die Blüte Honig in den nach unten sackartig ausgebauchten Kelchblättern. Die walzigen Schoten

Fig. 590. Brassica nigra.   Fig. 591. Brassica rapa.

haben einen Schnabel. — Die Gattung ist mit 30 Arten in Europa, Mittel- und Nordasien verbreitet.

a) *Alle* Blätter *gestielt*: **schwarzer Kohl** oder **Senf**, Br. nigra Koch, Fig. 590, häufig, an Ufern und auf Schutt. ⊙, bis 1¼ m, Juni u. Juli.

b) Wenigstens die *oberen* Blätter *sitzend*.

1. Obere Blätter *nicht herzförmig umfassend*: **Garten-K.**, Br. olerácea L., Taf. **34**, 3, blassgelbe Blätter, wild an den Seeküsten Europas, angebaut (s. unten). ⊙ u. ⊙, bis 60 cm hoch, Mai u. Juni.

Fig. 592. Kohlkopf.

2. Obere Blätter *herzförmig umfassend*, — wenn dann die offenen Blüten die *Knospen überragen*: **Rüben-K.**, **Feld-K.**, Br. rapa L., Fig. 591, Kelch zuletzt wagrecht abstehend, untere Blätter grasgrün und rauhhaarig; — wenn

Fig. 593. Kohlrabi.

dagegen die Knospen die offenen *Blüten überragen*: **Raps**, Rübsen, Br. Rapus L., Kelch zuletzt halb offen, untere Blätter meergrün und höchstens feinhaarig; beide verwildert, ⊙ u. ⊙, bis 60 cm, April—Juni.

Fig. 594. Rosenkohl.

Alle Arten werden kultiviert, der schwarze K. wegen seiner Samen, die gemahlen zu Senfteig verarbeitet werden, auch Raps und Rüben-K. liefern in einigen Abarten ölhaltige Samen, aus denen das nicht trocknende Rüböl gewonnen wird. Die als Gemüsepflanzen benutzten Kohlarten zeigen zahlreiche Abarten, den Garten-K., z. B. Kopfkohl oder Kappus, Fig. 592, der je nach der Farbe Weisskraut oder Rotkraut heisst, ferner Kohlrabi, Fig. 593, mit knollig verdicktem Stengel,

Fig. 595. Wirsing.

Winterkohl, Blattkohl, Rosenkohl, Fig. 594, mit kopfförmigen Blattknospen, Welschkohl, Wirsing oder Savoyer-K., Fig. 595, sowie Blumen-K. oder Karfiol, Fig. 596, mit fleischigen Blüten-

Fig. 596. Blumenkohl.

ständen. Der Feld- oder Rüben-K. wird mit dickfleischigen Wurzeln gezogen und heisst dann in seinen Abarten: Wasser-, Teller-, Futter-, Steck- und Teltower Rübe; ebenso der Raps: Kohl-

oder Steck-Rübe, Wruke oder Unter-Kohlrabi.

6. Unte-fam. Cardamineen.

222. Winterkresse, Barbaráea vulgáris R.Br. Taf. **35**, 2.

Eine aufrechte sparrig verzweigte Pflanze mit fiederspaltigen, leierförmigen Blätter, die einen grossen Endlappen haben, und kleinen gelben Blüten, an feuchten Orten, an Zäunen von Wegen in ganz Europa. ⊙, bis 60 cm. Mai—Juli. — Die W. ändert vielfach ab.

223. Brunnenkresse, Nastúrtium. Taf. **35**, 3.

Ausdauernde Kräuter mit kahlen, oft saftigen Blättern, was auf feuchten Standort deutet, bei der gemeinen Br. haben sie zum Schutz gegen Tierfrass einen scharfen Geschmack, werden daher aber auch als Frühlingssalat geschätzt. Die Samen liegen in den Schoten in 2 Reihen (beim naheverwandten

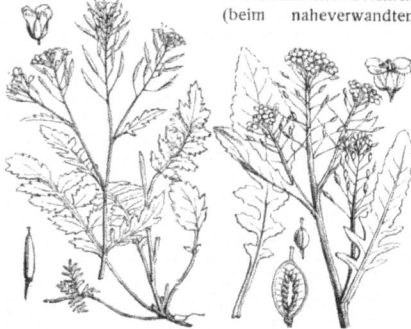

Fig. 597.   Fig. 598.
Nasturtium silvestre.   Nasturtium amphibium.

Schaumkraut in einer). Die Samen haften wegen ihrer Leichtigkeit am Gefieder der Schwimmvögel, die sie so verbreiten.

A. Blüte *weiss*: **Gemeine Br.**, N. officinále R.Br. Taf. **35**, 3, Stengel vielästig. Blatt gefiedert mit meist grösseren Endlappen, Staubbeutel gelb; schwimmend, bis 60 cm hoch, Juni—Sept.

B. Blüte *gelb*.

a) Blüte *so lang* wie der Kelch: **Sumpf-Br.**, N. palústre DC., überall an sumpfigen Stellen, bis 60 cm, Juni—Sept.

b) Blüte *länger* als der Kelch.

1. Schote *so lang* wie ihr Stiel: **Wald-Br.**, N. silvéstre DC., Fig. 597. Blatt fiederteilig, überall an Ufern häufig, bis 50 cm, Juni u. Juli.

2. Schote *viel kürzer* als ihr Stiel, — wenn dann Stengel *hohl*, an den Gelenken *wurzelnd*:

ortwechselnde Br., N. amphíbium R.Br., Fig. 598, mit Ausläufern, Blatt länglich-lanzettlich, die unten leierförmig eingeschnitten, ändert nach dem Standort ab, überall, an stehenden Gewässern und auf feuchten Wiesen, in ganz Europa, bis 1 m, Mai—Juli, — wenn dagegen der Stengel *nicht hohl* und *nicht Wurzeln treibend*: **zweischneidige Br.**, N. anceps DC., zerstreut, an feuchten Orten, Juni und Juli. [N. austríacum in Sachsen und Schlesien hat kugelige stecknadelkopfgrosse Schötchen, — N. pyrenáicum eiförmige Schötchen und tiefspaltige Blätter mit schmallinealen Zipfeln, Südwestdeutschland und Elbe.]

224. Schaumkraut, Cardámine. Taf. 33, 4.

Kräuter mit meist saftigen und kahlen Blättern (feuchter Standort) und weissen Blüten, die beim **Wiesen-Sch.** sich bei Nacht und feuchtem Wetter schliessen, sowie samt der ganzen Traube nickend werden. Dadurch schützen sie sich gegen Wärmeverlust. Beim **Spring-Sch.** rollen sich die Fruchtklappen bei der Reife um und schleudern dabei die Samen weit fort. Die grundständigen Blätter bilden im Herbst oft auf feuchtem Boden Knospen zur

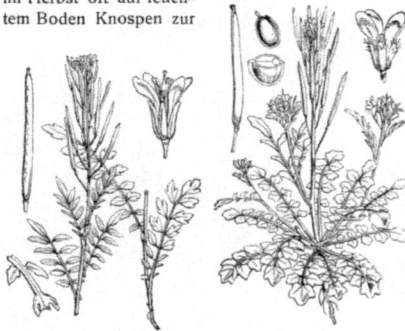

Fig. 599.
Cardamine impatiens.

Fig. 600.
Cardamine hirsuta.

vegetativen Vermehrung als Ersatz mangelnder Fruchtbildung.

A. Krone *doppelt so lang* wie der Kelch.
a) Blattstiel *mit pfeilförmigem Oehrchen*, Fig. 599: **Spring-Sch.**, C. impátiens L., hie und da, an feuchten Felsen. ☉ u. ☉, bis 45 cm, Mai bis Juli.
b) Blattstiel *ohne Oehrchen*, — wenn dann der dünne Griffel *so lang* ist wie die Schote breit: **Wald-Sch.**, C. silvática, bis 50 cm hoch; — wenn dagegen der dicke Griffel *kürzer* ist: **behaartes Sch.**, C. hirsúta L., Fig. 600, nicht immer be-

haart, bis 30 cm hoch, beide in feuchten Wäldern, zerstreut, April—Juni.
B. Krone *3 mal so lang* wie der Kelch, — wenn dann die Staubfäden *halb so lang* wie die Krone: **Wiesen-Sch.**, C. praténsis L., Fig. 601, mit hohlem aufrechtem Stengel, Blüte weiss oder lila, auf feuchten Wiesen und in lichten Wäldern, überall, �, bis 30 cm, April—Mai; — wenn dagegen die Staubfäden *so lang* wie die Krone: **bitteres Sch.**, C. amára L., Taf. 33, 4, mit dünnem markigem Stengel, weiss, selten blassrot, an Quellen, Wassergräben und auf feuchten Wiesen. �, bis 30 cm,

Fig. 601.
Cardamine pratensis.

April—Juni. Die beiden letzten Arten werden als Frühlingssalat gegessen.
[C. trifólia L. mit 3zähligen Blättern in Schlesien.]

225. Zahnwurz, Dentária. Taf. 35, 4.

Ausdauernde Kräuter, die mit ihrem Wurzelstock im Humusboden schattig-feuchter Gebirgswälder kriechen, auch die zarten kahlen Blätter kennzeichnen sie als Schattenpflanzen, die **zwiebeltragende Z.** besitzt, wie der Name sagt, als Ersatz geringer Fruchtbildung in den Blattachsein Brutzwiebeln, die wegen ihrer rundlichen Form weithin rollen und sich so verbreiten. Die Fruchtklappen schleudern die Samen durch Aufrollen weithin fort.
A. Mit *gefiederten wechselständigen* Blättern, — wenn dann *3—5 Blätter, alle gefiedert*: **fiederblättrige Z.**, D. pinnáta Lmk. Taf. 35, 4, Süddeutschland, April u. Mai; — wenn dagegen *mehr Blätter, nur die unteren gefiedert*: **zwiebeltragende Z.**, D. bulbífera L., hie und da, Mai u. Juni, Blüte bei beiden weiss oder blasslila, bis 60 cm hoch.
B. Mit *gefingerten quirlständigen* Blättern, — wenn dann nur mit *3zähligen* Blättern: gelbweiss D. enneaphyllos L., Schlesien u. Sachsen. und (rot) D. glandulósa W. et K. in Schlesien; — wenn dagegen die unteren *5zählig*: **fingerblättrige Z.**, D. digitáta Lmk, violett, Süddeutschland, bis 50 cm, Juni u. Juli.

226. Mondviola, Lunária redivíva L. Taf. 34 4.

Auch Silberblatt. Eine hübsche, violett blühende Pflanze mit herzförmigen, gesägten Blättern, wohlriechend; die Schoten sind flach; in feuchten Laubwäldern Mitteleuropas. �, bis 1 m, Mai u.

Juni. — Eine als Zierpflanze wegen ihrer grossen runden Schoten (mit silberweisser Scheidewand) gezogene Art heisst Judas-Silberlinge.

7. Unterfam. Capsellineen.

227. Hirtentäschel, Capsélla bursa pastóris L. Fig. 602.

Einjähriges Kraut mit Blattrosette, untere Blätter tief fiederspaltig, kleine Blüten und dreieckig-herzförmige Schötchen; eines der häufigsten Unkräuter

Fig. 602.
Capsella bursa pastoris.

Fig. 603.
Camelina sativa.

der ganzen Erde, nur nicht in den Tropen, ⊙—⊙, bis 30 cm hoch, fast das ganze Jahr blühend. [C. procúmbens in Thüringen, Harz u. s. w. niederliegend, mit fadenförmigem Stengel.]

228. Leindotter, Dotter, Camelina satíva Crantz. Fig. 603.

Einjähriges Kraut mit unten gestielten, oben mit spitzen Oehrchen umfassenden Blättern und blassgelben Blüten. Auf Aekkern und wüsten Plätzen, bis 60 cm hoch, Juni bis Juli. Auch als Oelpflanze angebaut. [Bei C. dentáta sind die mittleren Blätter gezähnt bis fiederspaltig, Unkraut unter Lein.]

229. Neslen, Néslea paniculáta Desv. Fig. 604.

Aufrechtes Kraut mit goldgelben Blüten und kugeligen Schliessfrüchtchen (einsamig), unter Getreide, zerstreut. ⊙, bis 45 cm hoch, Mai—Juli.

Fig. 604. Neslea paniculata.

230. Hungerblümchen, Draba. Taf. 34 6.

Kräuter mit Blattrosette und oft mit Sternhaaren, manche Arten gehen bis zur Polarregion und in die Hochalpen und sind sehr weit verbreitet.

A. Krone *gelb*: D. aizóïdes, im Jura, an Felsen. ♃, März u. April.

B. Krone *weiss*, — wenn dann die Kronenblätter *ganz* sind: **Mauer-H.**, D. murális L., selten an Felsen, ⊙, bis 20 cm, Mai u. Juni; — wenn dagegen die Kronenblätter *gespalten* sind: **Frühlings-H.**, D. verna L., Taf. **34**, 6, überall. ⊙, bis 10 cm, März u. April.

8. Unterfam. Turritineen.

231. Turmkraut, Túrritis glabra L. Fig. 605.

Ein straff aufrechtes Kraut mit schrotsägeförmigen Wurzel- und pfeilförmig umfassenden Stengelblättern, die Blüten sind klein und weiss, die Schoten sehr lang. In Wäldern und an steinigen Orten häufig. ⊙, bis 60 cm, Juni—Juli. Eine gute Weidepflanze, die auch als Gemüse und Salat zu benutzen ist.

Fig. 605. Turritis glabra.

232. Gänsekresse, Arabis.

Meist sternhaarige Kräuter mit Blattrosette. Die Blüten sind meistens weiss. Die langen Schoten enthalten Samen, die flach und oft geflügelt sind (zur Verbreitung durch Wind). Weit verbreitete Gattung der nördlichen gemässigten Länder.

A. Same breit *geflügelt*, Fig. 606 unten links: **Turm-G.**, A. túrrita L., Fig. 606, in Mitteleuropa weit verbreitet, bei uns zerstreut, auf Hügeln, an schattigen Felsen. ⊙, bis 30 cm, Mai u. Juni.

B. Same *nicht geflügelt*.

a) Stengelblätter *herzförmig umfassend*, kurz gestielt (A. petraea Lam. im Südharz hat sitzende Blätter), —

Fig. 606. Arabis turrita.

wenn dann die Grundblätter *fiederspaltig*: **Sand-G.**, A. arenósa Scop., Fig. 607, an sandigsteinigen Orten, Weinberge am Rhein, ⊙ u. ♃, bis 30 cm, Mai—Juli; — wenn dagegen Grundblätter *rundlich*, höchstens schwach gezähnt: **Hallers G.**, A. Halléri L., an nassen Felsen u. s. w., Mitteldeutschlands. ♃, bis 30 cm, April—Aug.

b) Stengelblätter *nicht herzförmig umfassend*.

1. Blätter *kahl*: **Kohl - G.**, A. brassicifórmis Wallr., an Kalkfelsen, selten. ♃, bis 30 cm, Mai u. Juni.

2. Blätter *graufilzig* (A. alpina L., Riesengebirge, Harz, Zierpflanzen mit 2 Höckern am Kelch, die andern nicht), — wenn dann die Blätter *locker*, mit *einfachen* Haaren: **rauhhaarige G.**, A. hirsúta Scop., Blätter mit abstehenden Oehrchen, in ganz Europa, bei uns häufig, auf Hügeln, in Wäldern, ⊙ oder ♃, bis 60 cm, Mai—Juli; — wenn dagegen Blätter *gedrängt*, mit *ästigen* Haaren: **Gerards-G.**, A. Gerárdi Bess., zerstreut, in feuchten Wäldern. ⊙, bis 1 m, Mai u. Juni. (A. auriculáta Thüringen hat weit abstehende Schoten.)

Fig. 607. Arabis arenosa.

9. Unterfam. Erysimeen.

233. Schotendotter, Erýsimum. Taf. **33**, 5.

Auch H e d e r i c h. Meistens durch angedrückte Haare graugrüne Kräuter mit meist gelben Blüten und vierkantigen Schoten. Artenreiche Gattung der nördlichen Erdhälfte.

A. Blatt *herzförmig umfassend*, Fig. 608, **morgenländischer Sch.**, E. orientále R.Br. Fig. 608. Blatt ungeteilt, Blüte weissgelb, hie und da auf Aeckern. ⊙, bis 50 cm, Mai—Aug.

B. Blatt *nicht herzförmig*.

1. Krone *weissgelb*: **Thals-Sch.**, E. thaliánum L., häufig auf Brachäckern. ⊙, bis 30 cm, April Juni.

2. Krone *gelb*.

a. Krone *so lang*, ihr Stiel *länger* als der Kelch: **lackartiger Sch.**, E. cheiranthoïdes L., Taf. **33**, 5, mit dreiteiligen Haaren, Schote 4kantig aufrecht abstehend; häufig auf Aeckern und an Flüssen. ⊙, bis 60 cm, Mai bis Herbst.

b) Krone *länger*, ihr Stiel *kürzer* als der Kelch.

* Kronblätter *2,2 mm breit*.

○ Schoten fast *wagerecht abstehend*: **sparriger Sch.**, E. repándum L., Fig. 609, Blätter

buchtig gezähnt, zerstreut, auf Kalkhügeln und Brachfeldern. ⊙, bis 30 cm, Juni u. Juli.

○○ Schoten *aufrecht*, — wenn dann das Blatt fast *ganzrandig, graugrün*: **rutenförmiger Sch.**, E. virgátum Rth., an Ufern und unbebauten Plätzen in Süd- und Mittel-

Fig. 608. Erysimum orientale.   Fig. 609. Erysimum repandum.

deutschland, selten; — wenn dagegen Blätter *geschweift-gezähnt, grasgrün*: **steifer Sch.**, E. strictum Fl. Wett., an Ufern und Mauern, zerstreut, beide ⊙, bis 1 m, Juni u. Juli.

** Kronenblätter *4—8 mm breit*.

○ Blätter *ganzrandig*, mit *einfachen* Haaren: **graublättriger Sch.**, E. canéscens Rth., sonnige Hügel Süddeutschlands. ♃, bis 1 m, Mai u. Juni.

○○ Blätter *gezähnt*, mit *3spaltigen* Haaren, — wenn dann mit *kopfförmiger* Narbe, Blüte *nicht wohlriechend*: **pippaublättriger Sch.**, E. crepidifólium Rchb., felsiger Boden in Süddeutschland und Harz, ⊙, bis 60 cm, Mai u. Juni; — wenn dagegen Narbe *2spaltig*, Blüte abends *wohlriechend*: **wohlriechender Sch.**, E. odorátum Ehrh., Kalkhügel Süd- und Mitteldeutschlands, selten. ⊙, bis 30 cm, Mai—Sept.

234. Goldlack, Cheiránthus Cheiri L. Taf. **35**, 5.

Ausdauernde Pflanze mit lanzettlichen, ganzrandigen Blättern, die angedrückt behaart sind, die goldgelben Blüten (in der Kultur dunkel) duften und besitzen so einen wirkungsvollen Lockapparat. Die Schoten sind zusammengedrückt. Am Rhein und in Südeuropa wild, sonst in vielen, auch gefüllten, Spielarten kultiviert.

10. Unterfam. Alyssineen.

235. Steinkraut, Schildkraut, Alýssum.

Taf. **34**, 5.

Niedrige Kräuter, deren Blätter nach Gestalt, Lage und Grösse dem Standort entsprechend abändern, mit grauen Sternhaaren, auch an den Schötchen. Der Stengel ist am Grunde holzig. — Wenn die Krone goldgelb und der Kelch abfällt: **Berg-St.**, A. montánum L., Taf. **34**, 5, goldgelb, in Europa an Felsen, zerstreut, ⚲, bis 25 cm; — wenn dagegen Kronen blassgelb, Kelch bleibend: **kelchfruchtiges St.**, A. calý-

Fig. 610.
Alyssum calycinum.

Fig. 611.
Berteroa incana.

cinum L, Fig. 610, häufig auf Mauern und trocknen Aeckern. ⊙, bis 10 cm, beide Mai—Sept.

236. Graukresse, Berteróa incána DC. Fig. 611.

Eine durch Sternhaare graue Pflanze mit holzigem Stengel, weissen Blüten und länglichrunden Schötchen, hie und da, an sandigen, trocknen Orten. ⊙ u. ⊖, bis 50 cm, Juni—Okt.

11. Unterfam. Hesperidineen.

237. Nachtviole, Hésperis matronális L.

Taf. **33**, 6.

Aufrechte, oben verästelte Pflanze mit ei-lanzettlichen Blättern und duftenden lila oder rötlichweissen Blüten. In Gebüschen und Wäldern Süd- und Mitteleuropas, Zierpflanze, bei uns verwildert. ⊖ oder ⚲, bis 70 cm, Mai u. Juni.

238. Zackenschötchen, Búnias orientális L.

Aufrechte Pflanze mit gezähnten Blättern, gelben Blüten und Nüsschen statt der Schoten, eingeschleppt an Ufern und Schuttplätzen. ⊖, bis 1 m, Juni u. Juli.

56. Fam. Erdrauchgewächse, Fumariaceen.

Kahle saftige Kräuter mit geteilten Blättern und gespornter rachenförmiger Blüte.

239. Lerchensporn, Corýdalis. Taf. **35**, 6.

Der meist knollige Wurzelstock ist ein ausgiebiger Vorratsspeicher, da die Pflanze frühzeitig (April u. Mai) blüht, die grossen zarten Blätter zeigen die Schattenpflanzen an, die zahlreichen Blüten duften zart, der Honig liegt unter Verschluss gegen Honigdiebe im Sporn, die beiden inneren Kronenblätter bilden eine schützende Kapuze für die Staubbeutel. Es ist eine ausgesprochene Bienenblume. Bei dem

a. Frucht aufspringend mit vielen Samen.

Fig. 612. Corydalis lutea.

gelben L. besitzen die Staubbeutel ein Schleuderwerk.

A. Blüten *gelb*: **gelber L.**, C. lútea DC., Fig. 612, besonders in Südeuropa, bei uns zerstreut an alten Mauern ⊙, bis 30 cm.

B. Blüte *rot* oder *weiss* (C. claviculáta DC. sehr selten, hat keire Wurzelknollen), — wenn dann Deckblatt *gespalten*, Knolle nicht hohl: **gefingerter L.**, C. sólida Sm., stellenweise, besonders auf Sandboden, ⚲, bis 30 cm; — wenn dagegen Deckblatt *ganzrandig*, Knolle hohl: **hohler L.**, C. cava Schwg. et K., Taf. **35**, 6, Traube reichblütig [C. fabácea Pers. sehr selten, hat nicht hohle Knolle und 4—5blütige Traube].

240. Erdrauch, Fumária. Taf. **36**, 1.

Zartes graugrünes Kraut mit rankendem Blattstiel. Die Pflanze ist durch einen Bitterstoff gegen Tierfrass geschützt. Die purpurroten Blüten (an der Spitze schwärzlich) sind klein und werden wenig besucht, zeigen daher oft Selbstbestäubung. ⊙, Mai—Sept.

b. Frucht eine einsamige Schliessfrucht.

A. Frucht *glatt*, — wenn dann Blüte *weiss* oder *gelbweiss*: **rankender E.**, F. capreoláta L., Schutthaufen u. s w. selten; — wenn dagegen *purpurn*: **Mauer-E.**, F. murális Sond., auf Mauern bei Hamburg; beide kletternd oder niederliegend; ½ m lang.

B. Frucht *höckerig*: **gemeiner E.**, F. officinális L., Taf. **36**, 1, auf Aeckern und wüsten Plätzen, bis 30 cm, ändert vielfach ab; offizinell.

57. Fam. Mohngewächse, Papaveraceen.

241. Mohn, Papáver. Taf. **36**, 20.

Die Pflanzen haben eine lange Pfahlwurzel auf wasserdurchlässigem Sandboden, kurze stark verzweigte Wurzeln dagegen auf undurchlässigem Lehmboden. Sie sind durch Milchsaft, Borsten-

a. Frucht eine eiförmige Kapsel mit Löchern.

haare und Geruch gegen Weidetiere geschützt. Im Herbst bilden sie eine Blattrosette zum Ueberwintern, im Frühjahr einen aufsteigenden Stengel. Die Blätter werden des Lichtgenusses wegen nach oben kleiner. Die beiden Kelchblätter sind lediglich Knospenschutz, da sie bald abfallen. Die Blüten stehen einzeln, sind dafür aber sehr gross und rot, also weithin sichtbar, in der Knospe sind die 4 Kronenblätter wie zerknittert. Die zahlreichen Staubgefässe liefern den Insekten Blütenstaub zur Nahrung und die grosse breite Narbe ist ihnen eine bequeme Anflugstelle. Die Lochkapsel steht auf langem elastischem Stiel aufrecht (während Knospe und Blüte geneigt sind), daher werden die zahlreichen leichten, kleinen Samen durch Windstösse weithin verbreitet. Der Same hat Vertiefungen, so dass er sich im Keimbett leicht festhalten kann. — Der in Südeuropa heimische Schlaf-M. wird wegen der ölhaltigen Samen zur Gewinnung des Mohnöls angebaut, auch in vielen Spielarten als Zierpflanze. In Indien und Aegypten ritzt man die jungen Samenkapseln an und gewinnt aus dem eingetrockneten Milchsaft Opium.

A. Pflanze *kahl*: **Schlaf-** oder **Garten-M.**, P. somniferum L., Fig. 613, blaugrüne Pflanze mit weissen oder violetten Blüten, am Grunde ein dunkler

Fig. 613.
Papaver somniferum.

Fig. 614.
Papaver argemone.

Fleck, Blätter stengelumfassend. ⊙, bis 90 cm, Juli u. Aug.

B. Pflanze *behaart*, Fig. 614.
1. Kapsel auch *behaart*, Fig. 614, — wenn dann die Narbe *4—5strahlig*: **Sand-M.**, P. argemóne L., Fig. 614, zerstreut, bis 30 cm; — wenn dagegen *6—8strahlig*: **Bastard-M.**, P. hybridum L., selten, bis 60 cm, beide auf Aeckern. ⊙, Mai—Juli.
2. Kapsel *kahl*, — wenn dann Kapsel *8—12strahlig* und Kapsel kurz-eiförmig: **Klatsch-M. Feld-M.** oder Klatschrose, P. Rhoeas L., Taf. **36**, 2,

scharlachrot, am Grunde oft schwarz, überall unter Saat; — wenn dagegen Narbe *bis 6strahlig*; Kapsel keulenförmig: **zweifelhafter M.**, P. dúbium L., unter der Saat, auf Schutt, seltener, beide ⊙, bis 60 cm, Mai—Juli.

242. **Schöllkraut, Chelidónium majus** L.
Taf. **36**, 3.

Ausdauerndes Kraut mit orangerotem giftigem Milchsaft, ästigem Stengel, fiederspaltigen Blättern und kleinen, aber zahlreicheren gelben Blüten. Die Staubbeutel stehen anfangs von der Narbe ab, legen sich ihr jedoch später zur Selbstbestäubung an. Die Samen haben eine fleischige Nabelschwiele, weswegen sie von Ameisen verschleppt werden. Ein offizinelles, an Mauern und Hecken häufiges Unkraut, bis 1 m, Mai—Sept.

243. **Hornmohn, Gláucium lúteum** Scop.
Taf. **36**, 4.

Grau bereiftes Kraut, dessen obere Blätter den Stengel umfassen, dem Mohn ähnlich, doch goldgelb und mit länglichen Schoten, zerstreut, an sandigen Orten (sonst besonders an der Mittelmeerküste). ⊕, bis 80 cm, Juli u. Aug.

XIX. Reihe: Hahnenfussblütige.

58. **Fam. Seerosengewächse**, Nymphaeaceen.

Wasserpflanzen mit im Schlamm kriechendem Wurzelstock, die jungen Blätter sind zum Schutz nach innen eingerollt, dann schwimmen sie flach auf dem Wasser, sie haben der Spaltöffnungen daher auf der Oberseite und hier auch eine Wachsschicht, damit das Wasser abläuft. Die Unterseite ist rotviolett, was der Umsetzung von Licht in Wärme dient, die langen biegsamen Blattstiele mit Luftkammern geben bei sinkendem Wasserspiegel leicht nach. In den Luftkammern der Blätter und Stiele befinden sich (gegen Schneckenfrass) rauhe Sternhaare. Die Blüten stehen einzeln, sind aber gross und haben zahlreiche Blumenblätter. Die Blüten haben keinen Honig, dafür aber für die Insekten viel Blütenstaub in den zahlreichen Staubgefässen. Abends schliessen sie sich zum Schutz der inneren Teile. Die Seerose hat klebrige Samen mit Luftmantel (zur Verbreitung), später entweicht die Luft und die Samen sinken zur Keimung auf den Boden der Gewässer; bei der Teichrose hat die Schwimmfrucht eine weisse, sehr lufthaltige Schicht, welche beim Faulen der Samen entlässt. Die schönen Pflanzen sind in ganz Europa verbreitet.

244. **Seerose, Nympháea álba** L. Taf. **36**, 5.
Die schöne Blüte ist weiss. Die Pflanze lebt in stehenden Gewässern, Juni—Sept. — Nahe verwandt ist die ägyptische Lotosblume.

b. Frucht
zweiklapp
Schote,
l. Narbe *sch*

2. Narbe

a. Kelch 4
rig, kürzer a
Krone

245. **Teichrose, Nuphar lúteum** Sm. Taf. **36**, 6.

Die Blüte ist gelb und kleiner als die der See-rose, in stehenden oder langsam fliessenden Ge-wässern. Juni—Sept.

59. Fam. Hornblattgewächse, Ceratophyllaceen.

246. **Hornblatt, Ceratophýllum demérsum** L. Fig. 615.

Wasserpflanzen ohne Wurzeln, die das Wasser also durch die quirlförmig stehenden Blätter auf-nehmen, diese sind fein-geschlitzt und schmal, da-bei (gegen Tierfrass) hornartig und starr, auch durch Kalkabscheidung ist Stengel und Laub ge-schützt. Die zweige-schlechtigen Blüten sind klein und unansehnlich, die Bestäubung erfolgt im Wasser. Die Früchte haben dornige Anker-stacheln, Fig. 615 unten, mit denen sie sich im Schlamm verankern. In stehenden oder langsam fliessenden Gewässern. ♃, Mai—Aug.

Fig. 615.
Ceratophyllum demersum.

[C. plathyacánthum L. hat eine zwischen den Dornen geflügelte Frucht, C. submersum L. hat nur einen Dorn, beide sind selten.]

60. Fam. Hahnenfussgewächse, Ranunculaceen.

Eine wichtige und über alle Zonen verbreitete Familie, meistens Kräuter ohne Nebenblätter mit zahlreichen Staubgefässen und mehreren Stempeln. Sie haben als Schutz gegen Tierfrass oft scharfe Gifte, sind dann aber auch deshalb offizinell. Viele werden als Zierpflanzen kultiviert. Wir unterscheiden 5 Unterfamilien.

A. Staubbeutel nach *innen* aufspringend: 5. P ä o n i e e n.

B. Staubbeutel *seitlich* oder *aussen* aufspringend:

1. Blätter *gegenständig*: 1. C l e m a t i d e e n.
2. Blätter *wechselständig*.

  a) Früchte *mehrsamig*: 4. H e l l e b o r e e n.

  b) Früchte *einsamig*, — wenn dann das Kron-blatt am Grunde *mit Honiggrube*: 3. R a n u n-c u l e e n, — wenn *ohne solche*: 2. A n e m o-n e e n.

1. Unterfam. Clematideen.

247. **Waldrebe, Clemátis.** Taf. **37**, 1, 1b.

Meistens mit holzigem Stamm, ausdauernde Pflanzen, die sich durch Winden oder „Flechten"

über den Boden e-heben, d. h. sie strecken Blätter und wagerechte Zweige zwischen das Gewirr der Hecke. Ein brennend scharfer Saft schützt gegen Tierfrass. Die Blüten haben nur gefärbte Kelch-blätter. Bei der gemeinen W. sind die Blüten klein und unscheinbar, aber zahlreich und duftend, manche Arten haben keinen Honig, dagegen in den zahl-reichen Staubgefässen viel Blütenstaub als Nahrung für die bestäubenden Insekten. Indem die Narbe zuerst reift, wird Fremdbestäubung gesichert. Die Früchte haben eine federartige Verlängerung, welche als Flugorgan zur Verbreitung dient. Die Arten sind unsere „Lianen" in Wäldern, Gebüschen und Hecken. Manche sind geschätzte Zierpflanzen, die aus Südeuropa stammen (z. B. C. viticélla L. Blatt geteilt, C. integrifólia L. Blatt ganz, beide rotviolett, D. flámmula L. weiss).

Wenn ein *aufrechtes Kraut*, Perigonblatt kahl, am Rand flaumig: **aufrechte W.**, C. recta L., selten, auf trocknen Wiesen. ♃, bis 1¼ m, Juni; — wenn dagegen ein *kletternder Strauch*, Perigon-blatt beiderseits filzig: **gemeine W.**, **Teufelszwirn**, C. vitálba L., Gebüsche, Hecken. ♄, bis 7 m, Juni u. Juli.

A n m. Bei der nahe verwandten süddeutsch-alpinen Alpenrebe, Atrágene alpína L., ist Kelch und Krone vorhanden.

2. Unterfam. Anemoneen.

248. **Teufelsauge, Adónis.** Taf. **37**, 2.

1. *Kelch u. Krone* unterschieden.

Auch Adonisröschen. Meistens einjährige Pflanzen mit giftigen Wurzeln und fein zerteilten Blättern. Die Blüten duften nicht, haben aber grelle Farben, abends und bei feuchtem Wetter krüm-men sich ihre Stiele zum Schutz der innern Organe. Die Narben werden (zur Fremdbestäubung) zuerst reif. Fehlt der Insekten-besuch, so krümmen sich zu-letzt die innersten Staubgefässe einwärts zu den Narben hin. Die Früchte sind geschnäbelt. Alle Arten sind auch Zier-pflanzen.

Fig. 616.
Adonis vernalis.

A. Krone *12—20blättrig*, Fig. 616: **Frühlings-T.**, A. vernális L., Fig. 616, gelb, auf sonnigen Kalk-hügeln, zerstreut. ♃, bis ¼ m, April u. Mai.

B. Krone *bis 8blättrig.* Taf. **37**, 2.

  a) Kelch *rauhhaarig*: **brennendrotes T.**, A. flámmeus Jacq. mennigrot, hie und da unter der Saat, besonders auf Kalk, Juni—Aug.

  b) Kelch *unbehaart*, — wenn dann Kelch *anliegend*

20

und Frucht am Grunde *mit Zahn*: **Sommer-T.**, **Blutauge**, A. aestivális L., Taf. **37**, 2, mennigrot, am Grunde schwarz, unter den Saaten zerstreut, Mai - Juli; — wenn dagegen Kelch *abstehend*, Frucht *ohne Zahn*: **Herbst-T.**, A. autumnális L., blutrot, Aecker und Schutthaufen Süddeutschlands, Juni—Sept.

249. Windröschen, Anemóne.

2. *Fünffache Blü-*
tenhülle.
a. Unter der Blüte
in einiger Ent-
fernung eine
3 blättrige Hülle.

Kräuter, die mit Wurzelstock ausdauern, bei manchen zeigen die grossen; dünnen Blätter den schattigen Wald, bei anderen die kleineren, derben und behaarten Blätter den trocknen Standort an. Die zahlreichen Staubgefässe bergen statt des fehlenden Honigs viel Blütenstaub, auch haben die Blüten mancher Arten an ihren Hüllblättern Nährgewebe für die Insekten. Die dichtstehenden Staubbeutel bilden diesen eine Anflugstelle dar und pudern sie unterseits mit Blütenstaub ein. Nachts und bei feuchtem Wetter schliesst sich die Blüte und wird nickend (zum Schutz des Pollens gegen Feuchtigkeit).

A. Hüllblätter der Blüte *sitzend*.

a) Hüllblätter *ungestielt* (wie ein Kelch): **Leberblümchen**, A. hepática L., Taf. **39**, 1, nierenförmige dreilappige Blätter, blau, weiss, in schattigen Wäldern zerstreut, auch kultiviert. ⅟, bis 15 cm hoch, März u. April.

b) Hüllblätter *vielteilig*, Fig. 617.

    1. Blüte *weiss* oder *gelb*: A. vernális L. Wurzelblätter gefiedert, A. alpina L. dagegen doppelt 3 zählig, beide selten, höhere Gebirge.

    2. Blüte *violett*, — wenn dann *aufrecht*: **gemeine Kuhschelle**, Küchenschelle, A. pulsatílla L.,

Fig. 617.
Anemone pratensis.

Fig. 618.
Anemone ranunculoides.

Taf. **37**, 3, Perigon doppelt so lang wie die Staubgefässe, hie und da auf trocknen Hügeln, bis 30 cm; — wenn dagegen *über-*

hängend: **Wiesen-Kuhschelle**, A. praténsis L., Fig. 617, Perigon etwa so lang wie die Staubgefässe, selten, ebenda, beide: ⅟, April u. Mai.

B. Hüllblätter *gestielt* (den Wurzelblättern ähnlich), Fig. 618.

a) Perigon *gelb*: **gelbes W.**, **gelbe Osterblume**, A. ranunculóïdes L., Fig. 618, Blüten meist zu 2, schattige Wälder. ⅟, bis 30 cm, April u. Mai.

b) Perigon *weiss* (aussen oft rötlich), — wenn dann *höchstens ein* dreizähliges Wurzelblatt: **Busch-W.**, **Waldanemone**, **weisse Osterblume**, A. nemorósa L., Taf. **39**, 2, Blüten einzeln, überall in Laubwäldern, April u. Mai; — wenn dagegen *mehrere* Wurzelblätter: **Wald-W.**, A. silvéstris L., selten, in Gebirgen, Mai u. Juni, beide: ⅟, bis 30 cm.

Anm. A. narcissiflóra L. Riesengebirge und deutsche Alpen hat eine Blütendolde.

250. Wiesenraute, Thalíctrum. Taf. 37, 4.

b. Unter d
Blüte *keine*
sondere Hü

Ausdauernde Pflanzen mit geteilten, nach oben kleiner werdenden Blättern, die sich gegenseitig beim Lichtgenuss nicht stören. Die Blüten sind unscheinbar, das Perigon fällt bald ab, aber die Blüten stehen zahlreich zusammen, und die Staubgefässe sind zum Anlocken der Insekten gefärbt Diese finden in den Blüten viel Blütenstaub statt des Honigs; bei manchen findet auch Windbestäubung statt, da die Staubfäden lang heraushängen und leicht beweglich sind. Weil sie dann ohne Hülle schutzlos sind,

Fig. 619.
Thalictrum flavum.

Fig. 620.
Thalictrum minus.

schliessen sich bei schlechtem Wetter wieder ihre Fächer. Bei der akleiblättrigen W., Th. aquilegifólium L., Taf. **37**, 4, haben die Früchte zur Windverbreitung häutige Flügel. Diese Art (mit gestielten, statt sonst sitzenden Früchtchen) hat violette Staubgefässe und dient als Zierpflanze, sonst selten in Gebirgen.

A. Rispe *doldentraubig*, *aufrecht*: **gelbe W.**, Th. flavum L , Fig. 619, Blätter gefiedert, zerstreut auf feuchten Wiesen, bis 1 m, Juni u. Juli. [Th. angustifólium L. in Sachsen und Schlesien, mit mehrfach 3 zähligem Blatt.]

B. Rispe *pyramidenförmig, überhängend,* — wenn dann Fiederchen *lineal, grün*: **Labkraut-W.**, Th. galiöídes Nestl., Blatt glänzend [Th. simplex, selten, mattes Blatt], selten, feuchte Wiesen, bis 1 m hoch, Juli; — wenn dagegen Fiederchen *rundlich*, unten *graugrün*: **kleine W.**, Th. minus L., Fig. 620, auf Wiesen und Hügeln, bis 1½ m, Mai u. Juni.

3. Unterfam. Ranunkuleen.

251. **Mäuseschwanz, Myosùrus mínimus** L. Taf. **37**, 5.

Zwergpflänzchen (bis 8 cm) mit einblütigem Schaft, schmalen grundständigen Blättern und gelblichen Blüten, deren Boden walzig verlängert ist. Auf Sand- und Lehmäckern. ⊙ oder ⊙, Mai u. Juni.

252. **Hahnenfuss, Ranúnculus**. Taf. **37**, 6.

Kräuter, z. T. giftig (gegen Tierfrass), mit gelben oder weissen Blüten, die sich abends und bei feuchtem Wetter schliessen und nicken (zum Schutz). Bei

Fig. 621.
Ranunculus hederaceus.

Fig. 622.
Ranunculus aquatilis.

ihnen findet sich neben viel Blütenstaub auch Honig, die büschelig stehenden Staubgefässe bilden für die besuchenden Insekten eine Anflugstelle. 23 deutsche Arten.

A. *Wasser*pflanzen: Batráchium (weissblühend).
I. *Alle* Blätter *nierenförmig*, Fig. 621: **efeublättriger H.**, R. hederáceus L., Fig. 621, mit im Schlamm kriechendem Stengel, in Westeuropa, bei uns nicht selten in Teichen u. s. w. ♃, bis 30 cm, April—Aug.
II. Wenigstens die *untergetauchten* Blätter *fädlichzerschlitzt*.
  a) *Obere* Blätter *nierenförmig*, lappig, Fig. 622: **Wasser-H.**, R. aquátilis L., Fig. 622, mit schlaffem Stengel, schwimmend, die Wasserblätter fallen in der Luft zusammen, in Teichen und Flüssen von ganz Europa verbreitet. ♃, bis 1 m lang, Juni—Aug., ändert jedes Jahr ab.
  b) *Alle* Blätter *zerschlitzt*. Fig. 623, — wenn

dann Staubgefässe *länger* als das Fruchtknotenköpfchen: **kreisblättriger H.**, R. divaricátus Schr., hie und da in stehendem und langsam fliessendem Wasser. ♃, bis 1 m lang, Mai—Okt.; — wenn dagegen Staubgefässe *kürzer*: **flutender H.**, R. flúitans Lmk., Fig. 623, sehr lange parallellaufende Blattzipfel. ♃, bis 6 m, Juni bis August.

Fig. 623.
Ranunculus fluitans.

Fig. 624.
Ranunculus ficaria.

B. *Land*pflanzen (meistens gelbblühend).
  I. *Weisse* Blüten: R. aconitifólius selten, höhere Gebirgswälder.
  II. *Gelbe* Blüten.
1. Blatt *ungeteilt*.
  a) Blatt *herzeirund*: **Feigwurz-H.**, **Scharbockskraut, Himmelsgerste** (wegen der kleinen, knolligen Nebenwurzeln), R. ficária L., Fig. 624, Blatt glänzend, Blüte goldgelb, die Brutknollen in den Blattachseln dienen der Ver-

Fig. 625.
Ranunculus lingua.

Fig. 626.
Ranunculus sceleratus.

breitung (durch Regen fortgeschwemmt), da wegen der frühen Blütezeit die Bestäubung oft ausbleibt, in ganz Europa und Mittelasien, bei uns überall. ♃, bis 20 cm, April u. Mai.
  b) Blatt *lanzettlich* oder *elliptisch*, — wenn dann Früchtchen *schwach* gekielt und mit *geradem* Schnabel: **brennendscharfer H.**, R. flámmula L., von Europa bis Nordamerika, auch bei uns

häufig, bis 50 cm, Mai—Sept.; — wenn dagegen *stark* gekielt und mit *sichelförmigem* Schnabel, Fig. 625 unten links: **grosser H.**, R. língua L., Fig. 625, in Europa und Asien weit verbreitet, doch nicht weit nach Norden, bis 1¹|₄ m, Juni—Aug., beide ♃, nasse Wiesen u. Sümpfe.

2. Wenigstens die Stengelblätter *geteilt* [R. illyricus mit knolligen Wurzeln, sehr selten].

a) Blüte *klein*, Fig. 626 (wenig länger als der Kelch): **Gift-H.**, R. scelerátus L., Fig. 626, blassgelb, frisch sehr giftig, trocknen viel weniger, fast in ganz Europa, Nord- und Mittelasien, bei uns an feuchten Orten. ⊙, bis 60 cm, Juni—Sept.

b) Blüte *gross* (länger als der Kelch):
　† Früchtchen *nicht glatt*, — wenn dann Blütenstiel *gefurcht*: **rauher H.**, R. Philonótis Ehrh., Frucht mit Knoten, an feuchten Stellen zerstreut; — wenn dagegen Blütenstiel *nicht gefurcht*: **Acker-H.**, R. arvénsis L., Frucht mit Stacheln, überall auf Aeckern; beide ⊙, Mai u. Juli
　†† Früchtchen *glatt*.
　О Blütenstiel *nicht gefurcht*.
　1. Wurzel und Stengelblätter *verschieden*: **goldhaariger H.**, R. aurícomus L., Nord- und Mitteleuropa und Westasien, hie und da in Gebüschen, auf Wiesen. ♃, bis 50 cm, Mai. [R. cassúbicus L. mit einzelnen Wurzelblättern, Ostdeutschland.]
　2. Wurzel- und Stengelblätter *ähnlich*, — wenn dann *abstehend rauhhaarig*: **wolliger H.**, R. lanuginósus L., Fruchtschnabel halb so lang wie die Frucht, häufig in Laubwäldern; — wenn dagegen *angedrückt weich behaart*: **scharfer H.**, R. acer L., Taf. 37, 6, fast in ganz Europa, bei uns überall auf Wiesen;

Fig. 627.
Ranunculus bulbosus.

beide ♃, bis 1 m, Mai—Aug. [bei R. montánus Süddeutschland ist der Stengel 1 blütig, 15 cm hoch].
　ОО Blütenstiel *gefurcht*.
　1. Stengel *mit* kriechenden Ausläufern: **kriechender H.**, R. repens L., in Europa, Nordasien und Nordamerika, bei uns überall an Gräben und feuchten Stellen. ♃, bis 50 cm, Mai—Aug.
　2. Stengel *ohne* Ausläufer.

† Stengel *unten knollig* verdickt, Fig. 627 links unten: **knolliger H.**, R. bulbósus L., Fig. 627, Stengel behaart. Kelchblätter zurückgeschlagen, in ganz Europa verbreitet, bei uns auf trocknen Wiesen und wüsten Plätzen. ♃, bis 30 cm, Mai—Juli.
†† Stengel *nicht verdickt*, — wenn dann *reichblütig*, Frucht *hakig*: **vielblütiger H.**, R. polyánthemos L., hie und da an Wiesen und Waldrändern, ♃ bis 60 cm, Mai—Juli; — wenn dagegen *armblütig*, Fruchtschnabel *eingerollt*: **Hain-H.**, R. nemorósus DC., Gebirgswälder, seltener. ♃, bis 30 cm, Mai u. Juni.

4. Unterfam. Helleboreen.

A. Krone symmetrisch.

253. **Rittersporn, Delphinium consólida** L. Taf. 38, 1.

1. Krone Sporn

Kraut mit langer Wurzel und kleinen zerteilten Blättern, entsprechend dem trocknen Standort (als Unkraut in Getreidefeldern). Der Kelch ist bunt und gespornt, in seinem Sporn liegt auch ein Sporn der Kronenblätter, der zur Honigaufbewahrung dient; blau, selten rosa oder weiss. ⊙, bis 45 cm, Mai bis Sept. — D. ájacis L. mit viel kürzerem Blütenstiel (so lang wie das Deckblatt) ist eine beliebte Zierpflanze.

254. **Sturmhut, Eisenhut, Aconítum.** Taf. 39, 3.

2. Krone Sporn

Die Wurzeln (beim blauen St. aus zwei rübenartigen Knollen bestehend) und Blätter sind giftig (daher auch offizinell). Die Blätter kommen mit knieförmig gebogenem Stiel aus der Erde (Schutz der jungen Spreite). Die bunten Kelchblätter bilden den Lockapparat. Das oberste ist gross, helmförmig, über die in Nektarien umgewandelten Kronblätter geneigt. Die Blüte ist zum Schutz gegen Honigdiebe geschlossen und nur für kräftige Insekten (Hummeln) zugänglich. Die Staubbeutel werden zuerst reif und machen

Fig. 628.
Aconitum lycoctonum.

später durch Zurückschlagen die Narben frei, wodurch Fremdbestäubung erreicht wird.

A. Blüte *gelb:* **Wolfs-St.**, A. lycóctonum L., Fig. 628, mit handförmigen, breitgelappten Blättern, Gebirgswälder Mitteldeutschlands. ♃ , bis 120 cm, hoch, Juli—Sept.

B. Blüte *blau* oder *violett:* **echter St.**, A. napéllus L., Taf. **39**, 3, Samen stumpfrunzelig, Mittel- und Südeuropa, in Gebirgswäldern selten. ♃ , bis 1¼ m', Juli—Sept. [A. Stoerkiánum Rchb. mit scharfrunzeligen Samen, A. variegátum mit häutig-geflügelten Samen.] Diese 3 Arten werden auch als Zierpflanzen gezogen.

B. Krone regelmässig.

ein gelber ♃, *ohne* *rone.* 255. **Dotterblume, Butterblume, Caltha palústris** L. Taf. **38**, 2.

Auch Schmalzblume. Die Pfahlwurzel geht nicht tief und verankert sich allseitig im Schlamm. Ein scharfer Saft schützt die Pflanze gegen Tier- frass, die grossen saftigen, glatten, glänzenden Blätter (rundlich herzförmig) zeigen ebenfalls den wasser- reichen Standort an. Die Blüten sind gross und weithin sichtbar für die Insekten. Von Europa nach Osten bis Nordamerika, in Deutschland überall auf feuchten Wiesen und an Bächen. ♃ , bis 30 cm, April—Juli.

ben dem *en Kelch* *ronblätter.* 256. **Akeleí, Aquilégia vulgáris** L. Taf. **38**, 3.

one mit *gesporn-* *Blättern.* Mit wiederholt 3 teiligen Blättern. Ein Kleb- stoff an den Blütenstielen schützt vor ankriechenden Honigdieben. In den gespornten Kronblättern ist der Honig aufgespeichert. Staubgefässe und Stempel ragen wie ein Glocken-Klöppel lang hervor, wodurch eine Anflugstelle für die Insekten entsteht. Die blauvioletten Blüten sind zum Schutz gegen Regen abwärts gekehrt. In Mittel- und Südeuropa bis Schweden, in Mittelasien; bei uns in lichten Ge- birgswäldern häufig. ♃ , bis 50 cm, Juni u. Juli. Auch Zierpflanze.

one klein- *ättrig.* 257. **Niesswurz, Helléborus.** Taf. **38**, 4.

ätter fuss- *andförmig* *eteilt.* Die Wurzel ist durch scharfes Gift gegen Mäuse- frass gesichert (offizinell). Die harten ledrigen Blätter überdauern den Winter. Die Kelchblätter sind gross, die Kronblätter sind röhrenförmige Honig- behälter. Die Blüte hängt zum Schutz gegen Regen abwärts. Durch Platzwechsel von Staubbeutel und Narbe (wie bei der Trollblume) wird Fremdbestäu- bung erreicht. Einer fleischigen Nabelschwiele wegen werden die Samen von Ameisen verschleppt.

A. Kelch *weiss:* **Christblume, schwarze N.**, H. niger L., Taf. **38**, 4, in schattigen Gebirgswäldern der Alpen Bayerns. ♃ , bis 30 cm, Dez. — Febr.

B. Kelch *grün,* — wenn dann Stengel *unten ohne Blätter:* **grüne N.**, H. víridis L., Gebirgswälder, besonders Süddeutschlands, bis 50 cm; — wenn dagegen *ron unten an Blätter:* **stinkende**

N., H. fo'etidus L., in Süd- und Mitteleuropa, in Deutschland nur stellenweise auf steinigen Hügeln, bis 30 cm, beide ♃ , März u. April.

♥♥ Blätter andere, *oBlüte weiss oder* *bläulich.* 258. **Schwarzkümmel, Nigélla.** Taf. **38**, 5.

Einjährige Kräuter. Die Blätter sind gefiedert, mit linealen Zipfeln. Die Kelchblätter sind gross und gefärbt. Die Kronblätter sind gedeckelte Nek- tarien geworden, der Samen ist geflügelt (zur Ver- breitung durch Wind). Seltene Getreideunkräuter. Dahin auch Jungfer im Grünen, N. damacéna L., beliebte Zierpflanze mit vielteiliger Hülle unter der Blüte und aufgeblasenen Kapseln.

Wenn der Stengel *kahl·* Feld-Sch., N. arvénsis L., bis 20 cm, Juli—Sept.; — wenn dagegen *flau- mig:* Saat-Sch., N. satíva L., Juni u. Juli.

∞∞ Blüte gelb. *† Kelch kugelig* *zusammenschlies-* *send.* 259. **Trollblume, Goldknöpfchen, Tróllius euro- paéus** L. Taf. **38**, 6.

Der wenig verästelte Stengel hat handförmige Grundblätter und glänzende schwefelgelbe Blüten. Bemerkenswert ist die Bestäubung: Die Staubbeutel stellen sich wirtelweise über die Oeffnung der zu Nektarien umgewandelten Kronblätter, also den be- suchenden Insekten in den Weg und legen sich dann nacheinander, d. h. an jedem Tag ein Wirtel, nach aussen. Die Bestäubung wird durch kleine, in die Blüte kriechende Insekten bewirkt. Auf feuch- ten Wiesen zerstreut, besonders im Gebirge. ♃ , bis 60 cm, Mai – Aug. Auch Zierpflanze.

†† Kelch weit *offen.* 260. **Winterling, Eránthis hiemális** Salisb. Fig. 629.

Ein knolliger Wurzelstock dient als Vorrats- speicher für die früh im Jahr und kurz vegetie- rende Pflanze mit 3 teiligen Wurzelblättern. Der gelbe Kelch öffnet sich nur bei hellem Wetter. Die äusseren Staubbeutel öffnen sich zuerst, und entsprechend wie die innern nachfolgen, wach- sen auch die Hüllblätter. Die Kronblätter sind auch hier Nektarien. Sehr sel- ten, in schattigen Wäldern. ♃ , bis 5 cm, März.

5. Unterfam.
Paeonieen.

261. **Pfingstrose, Gicht- rose, Paeónia offici- nális** L. Taf. **39**, 4.

Stauden. Mit einem Büschel dicker, knolliger Wurzeln, grundständigen, geteilten Blättern und

Fig. 629. Eranthis hiemalis.

1. Mit 2-5 Frucht- knoten, Frucht eine Kapsel.

grossen schönen Blüten (Kelch und Krone). Die
grossen Kapseln sind behaart. In Nordeuropa und
Mittelasien, bei uns sehr selten wild (bayerische
Alpen), als Zierpflanze in mehreren, besonders ge-
füllten Arten gehalten, die
Wurzel ist wegen eines
Giftstoffes offizinell. ♃,
bis 60 cm, Mai—Juni.

2. Mit *1* Frucht-
knoten, Frucht
eine *Beere.*

262. Christophskraut,
Actáea spicáta L.
Fig. 630.

Durch Duft und üblen
Geruch vor Tierfrass ge-
schütztes Kraut, nach oben
hin flaumig behaart, mit
grossen, grundständigen

Fig. 630. Actaea spicata.

Blättern und kleinen, aber zahlreich in dichten
Trauben vereinigten Blüten, auch durch bunte Staubgefässe wird der Lockapparat verstärkt. Die schwarzen
Beeren sind auch giftig, werden aber durch Vögel
verbreitet. Die Wurzel war früher offizinell. Zerstreut in Bergwäldern Mitteleuropas. ♃, bis 69 cm,
Mai.

61. Fam. Sauerdorngewächse, Berberidaceen.

262. Sauerdorn, Berberitze, Bérberis vulgáris L.
Taf. 39, 5.

Holziger Strauch mit spitzen Dornen (besonders
auf trocknem Standort) als Schutz gegen Weidetiere. Es bilden sich oft Wurzelbrutschösslinge zur
vegetativen Vermehrung, die eirunden, gezähnten
Blätter zeigen oft gelbrote Flecken, die vom Ge-
treiderostpilz (S. 57) herstammen. Die jungen Blätter
haben einen roten Farbstoff als Schutz gegen
zu starkes Licht und zur Umsetzung desselben in
Wärme. Die kleinen gelben Blüten stehen in Trauben,
den 2—8 (aber nie 5) löffelförmigen Kronblättern
sind ebenso viele Staubgefässe angeschmiegt. Letztere sind reizbar: wenn die Insekten den an ihrem
Grunde liegenden Honig holen, berühren sie den
Staubfaden, und dieser bewegt sich dann nach innen.
Die leuchtend roten, zu Konfitüren benutzten Beeren
sind in dem von ihnen scharf abstechendem Laub
weithin sichtbar, sie locken Vögel an, die die Samen
wieder mit dem „Gewölle" ausspeien. In ganz
Europa verbreitet, in Hecken und Gärten. ♃, bis
3 m, Mai u. Juni.

XX. Reihe: Malvenartige.

62. Fam. Lindengewächse, Tiliaceen.

Meistens Pflanze der Tropen, in der gemässigten
Zone ansehnliche Bäume.

264. Linde, Tília. Taf. 40, 2.

Baum mit einfachen, in der Grösse abändernden
Blättern und unscheinbaren, aber zum Anlocken von
Insekten sehr stark duftenden Blüten, die in hängenden Trauben unter dem Schutz eines Hochblattes
liegen. Der löffelförmige Kelch sondert Honig ab
und beherbergt ihn, bis er von Bienen und anderen
Insekten geholt wird. Zur Erreichung der Fremdbestäubung reifen die zahlreichen Staubbeutel vor
den Narben. Der Frucht, die einsamig ist und geschlossen bleibt, dient das Hochblatt als Fallschirm.
— Das weiche, weisse Holz ist zu Schnitzarbeiten
geschätzt, die Kohle aus ihm zum Zeichnen und
zur Pulverfabrikation. Der Tee aus den Lindenblüten
ist schweisstreibend. Ausser im hohen Norden ist
die L. über ganz Europa verbreitet. Bis 40 m hoch,
Juni u. Juli.

Wenn das Blatt unten *hellgrün* und *behaart*:
grossblättrige L., T. grandifólia Ehrh.; — wenn
dagegen unten *blaugrün* und *kahl*: **kleinblättrige**
L., T. parvifólia Ehrh., diese blüht 14 Tage später
als jene. Die **Silber-L.**, T. argéntea Deif. hat unterseits sternhaarig-weissfilzige Blätter.

63. Fam. Malvengewächse, Malvaceen.

Kräuter und Sträucher, besonders der warmen
Zonen, die Staubgefässe sind zu einer Röhre verwachsen.

265. Eibisch, Althaéa. Fig. 631.

Der Malve sehr ähnlich, s. d. — wenn das Blatt
weichfilzig ist und die Blüten in *Trauben*: **arznei-**
liche E., A. officinális E.,
Fig. 631, blassrote, nicht
grosse Blüten; an Gräben,
auf feuchten, salzhaltigen
Wiesen Mitteleuropas,
häufiger in den Mittel-
meerländern; offizinell; —
wenn dagegen das Blatt
rauhhaarig und die Blüte
einzeln: **behaarter E.,** A.
hirsúta L., sehr selten, auf
Aeckern, an Rainen, beide
♃, bis 1¼ m. Juli u. Aug.
Die als Zierpflanze
gezogene **Stockmalve**
oder **Herbstrose, Stock-**

1. Ausse
nicht au
trennten
tern, si
6—Sept

Fig. 631. Althaea officinalis.

rose, A. rósea Cav., hat im Gegensatz zu den
anderen Früchtchen, die am Rücken rinnig sind.

Anm. Die Lavatéra thuringíaca L. und L. tri-
méstris L. sind Zierpflanzen, deren Aussenkelch nur
3—6spaltig ist.

266. Malve, Käsepappel, Malva. Taf. 40, 3.

Kräuter, die des etwas trocknen Standortes wegen sehr tiefgehende Wurzeln haben, und oft je nach Beschattung des Standortes niederliegen oder aufsteigen (des Lichtgenusses wegen). Der 5spaltige Kelch ist bleibend (zum Schutz der reifenden Frucht. Die Blüten sind gross. Die Frucht zerfällt in einzelne Teilfrüchtchen, die zur Verbreitung vom Regen fortgespült werden. Die Samen werden später beim Befeuchten schleimig, wodurch sie sich im Keimbett festhalten. Auch die Blätter enthalten Schleim, weswegen sie offizinell sind.

Fig. 632. Malva alcea.

Fig. 633. Malva moschata.

A. Obere Blätter 5-teilig, Fig. 632 u. 633. Blüten *einzeln*, — wenn dann die Früchtchen *kahl*: **Rosenpappel**, M. alcéa L., Fig. 632, rosenrot, geruchlos, hie und da auf sonnigen Hügeln, ♃, bis 1¼ m, Juni—Aug.; — wenn dagegen Früchtchen *borstig behaart*: **Moschus-M.**, M. moscháta L., Fig. 633, rosenrot, nach Moschus riechend. Ebenda, Ufer, ♃, bis 50 cm, Juni—Sept.

B. Blätter *höchstens gespalten*, Taf. 40, 3, Blüten zu *2 bis vielen*.

I. Krone nur *so lang* wie der Kelch: **rundblättrige M.**, M. rotundifólia L., Blüte blassrot, auf Schutt, an Wegen, selten. ⊙ oder ♃, bis 39 cm, Juli—Sept.

II. Krone *länger* als der Kelch, — wenn dann *doppelt so lang*: **Weg-M.**, M. neglécta Wallr., niederliegend, rauhhaarig, Blatt langgestielt, Blüte blassrot, fast weiss; in Mittel- und Südeuropa, bei uns überall an Wegen, Mauern, unbebauten Orten, ⊙, bis 30 cm lang, Juni bis Sept.; — wenn dagegen die Krone *3mal so lang* ist wie der Kelch: **Wilde M.**, **Ross-M.**, M. silvéstris L., Taf. 40, 3, niederliegend und aufsteigend, Blatt langgestielt, Blüte hell purpurn mit dunkleren Adern, fast in ganz Europa,

bei uns überall wie vorige. ⊙, bis 1 m hoch, Juli—Sept.

XXI. Reihe: Storchschnabelartige.

64. Fam. Storchschnabelgewächse, Geraniaceen.

Kräuter, in der warmen Zone strauchartig; vielfach sind diese Pflanzen durch Drüsenhaare mit aromatischem Oel, das Rupprechtskraut durch widerlichen Geruch gegen Tierfrass geschützt. Die geteilten Blätter stehen im „Mosaik" und geniessen so gleichmässig das Licht. Beim Rupprechtskraut sind die Stiele der unteren Blätter abwärts gebogen, um sich an Felsen u. s. w. zu stützen. Bei Arten mit kleinen, für die Insekten wenig sichtbaren Blüten, reifen Staubbeutel und Narben z. T. gleichzeitig zur Erreichung von Selbstbestäubung, bei gross und bunt blühenden reifen die Staubbeutel zuerst und zwar von aussen nach innen fortschreitend, wobei sie sich nach aussen biegen, zuletzt sind endlich die Narben reif; dadurch wird natürlich Fremdbestäubung gesichert. Viele Arten zeigen periodische Bewegungen an den Blütenstielen: vor der Blütenentfaltung stehen sie aufrecht, bei kaltem Wetter, abends und nach der Bestäubung abwärts (zum Schutz gegen Kälte und Regen). Am Grund der Blüte haben manche Arten eine Haardecke als Schutz des Honigs. Die Frucht hat eine hygroskopische Griffelborste, welche bei den grossfrüchtigen Arten die auseinanderfallenden Teilfrüchte von der in der Mitte stehen bleibenden Säule abschleudert, bei anderen, z. B. beim Rupprechtskraut, bohrt sich die Teilfrucht mit Hilfe ihrer Borste in die Erde hinein.

267. Reiherschnabel, Eródium cicutárium L'Herit. Fig. 634.

Die lange Pfahlwurzel deutet auf trocknen Standort (meist sandige Plätze, Wiesen), die Behaarung der fiederspaltigen Blätter ändert nach dem Standort ab, ebenso das Niederliegen bezw. Emporstreben der Pflanze, die im Herbst eine Blattrosette zum Ueberwintern macht. Die hellpurpurnen Blüten sind klein und stehen in Dolden. Sie haben an ihrem Grunde eine Haardecke zum Schutz des Honigs. Der Kelch wächst nach dem Verblühen als Fruchthülle weiter. In ganz

1. Die 5 *inneren* Staubfäden *ohne* Staubbeutel.

Fig. 634. Erodium cicutarium.

Europa überall häufig, besonders an sandigen Stellen. ☉ oder ☉, bis 30 cm lang, April—Okt.

2. *Alle* Staub-268. **Storchschnabel, Geránium.** Taf. **40** u. **41.**
fäden *mit Staub-*
beuteln.   Bezüglich des allgemeinen siehe oben.

A. Blüten *meist einzeln* an langen Stielen, gross: **blutroter St.**, G. sanguíneum L., Fig. 635, Stengel niederliegend oder aufsteigend, mit drüsenlosen, abstehenden Haaren, Blatt tief 7 teilig, Blüte dunkelpurpurn, im Herbst ist die ganze Pflanze rot. Zerstreut auf sonnigen Hügeln, in trocknen Wäldern (Mittel- und Süd-

Fig. 635.
Geranium sanguineum.

Fig. 636. Geranium
silvaticum, Staubfaden.

europa). ♃, bis 50 cm. Juni—Aug. [G. sibíricum L. mit 5 teiligem Blatt, eingeschleppt.]

B. Blüten *zu zwei.*
I. Kronblatt höchstens *sehr wenig ausgerandet.*
    a) Krone *doppelt so lang* wie der Kelch.
       * Frucht *kahl*: **grosswurzeliger St.**, G. macrorhízum L., blutrot, dunkelrosa, seltene Gebirgspflanze. ♃, bis 60 cm, April—Juni.
       ** Frucht *behaart.*
         ○ Haare der Frucht *ohne Drüsen*, — wenn dann die Frucht querrunzelig: **brauner St.**, G. pháeum L., Krone zurückgebogen, dunkelviolett, selten, in Gebirgswäldern, ♃, bis 60 cm, Mai u. Juni; — wenn dagegen die Frucht glatt: **Sumpf-St.**, G. palústre L., purpurviolett, hie und da auf Wiesen, an Ufern. ♃, bis 1 m, Juli u. August.
         ○○ Haare der Frucht *mit Drüsen*, — wenn dann Staubfäden unten *kreisförmig verbreitert*, Fig. 636: **Wiesen-St.**, G. praténse L., Taf. **40**, 4, Stengel aufrecht, oberwärts drüsig, verblühte Blütenstiele niedergebogen, blau oder violett, häufig auf Wiesen, an Ufern (Mittel- und Südeuropa); — wenn dagegen Staubfäden nur *schmal geflügelt*: **Wald-St.**, G. silváticum L., rotviolett, selten in Wäldern; beide ♃, bis 60 cm, Juni u. Juli.
    b) Krone *klein*, einjährige Pflanzen.
       * Blatt *bis auf den Grund* eingeschnitten,

Fig. 637: **Rupprechtskraut**, G. robertiánum L., Taf. **41**, 2, aufrecht, sparrig, stinkend, sparsam weichhaarig, im Herbst oft ganz blutrot, Blüte hellpurpurn, in ganz Europa überall an feuchten Wäldern, an Mauern u. s. w., bis 50 cm, Juni—Okt.
       ** Blatt *höchstens bis zur* Hälfte eingeschnitten, Fig. 637.
         ○ Frucht *glatt*, Samen *punktiert*: **rundblättriger St.**, G. rotundifólium L., abstehend flaumhaarig, sehr selten auf Aeckern, an Zäunen, bis 25 cm, Juni—Sept.
         ○○ Frucht *runzelig*, Samen *glatt*, — wenn dann Kelch *geschlossen* und *kahl*: **glänzender St.**, G. lúcidum L., Fig. 637,

Fig. 637. Geranium lucidum.   Fig. 638. Geranium columbinum.

Stengel und Blatt fast kahl, Blüte purpurn, sehr selten an Felsen im Gebirge, bis 30 cm, Mai—Aug.; — wenn dagegen Kelch *offen* und *flaumhaarig*: **gespreizter St.**, G. divaricátum Ehrh., Stengel und Blatt behaart, Blüte hellrosa, selten an steinigen Orten, bis 40 cm, Juli u. Aug.

    II. Kronblätter *deutlich ausgerandet.*
       a) Blatt *bis zum Grund* geteilt, Fig. 638, — wenn dann die Blütenstiele *länger* als das Blatt: **Tauben-St.**, G. columbínum L., Fig. 638, hie und da auf Aeckern u. s. w., bis 50 cm; — wenn dagegen *kürzer*: **zerschlitzt-blättriger St.**, G. disséctum L., ebenda

Fig. 639. Geranium molle.

häufig, bis 25 cm, beide rotblühend. ⊙, Juni bis Aug.

b) Blatt *höchstens bis zur Hälfte* geteilt, Fig. 639.

* Frucht *runzelig* und *kahl*: **weicher St.**, G. molle L., Fig. 639, rot, ausser dem höheren Norden in ganz Europa, bei uns hie und da an Wegen und Aeckern. ⊙, bis 30 cm, Mai—Aug.

** Frucht *glatt* und *behaart*, — wenn dann die Krone *kaum länger* als der Kelch: **kleiner St.**, G. pusíllum L., blasslila, hie und da an Wegen und Zäunen, bis 25 cm, Juli bis Okt.; — wenn dagegen Krone *doppelt so lang* wie der Kelch: **Pyrenäen-St.**, G. pyrenáicum L., purpurviolett, sehr selten, Juli bis Sept.

65. Fam. Leingewächse, Linaceen.

269. Lein, Linum. Taf. 40, 6.

Schlanke, zierliche Kräuter mit schmalen, ganzrandigen Blättern und elastischem, gegen Windstösse gesichertem Stengel. Der Flachs hat schöne, blaue Blüten in lockeren Trauben, auch Staubgefässe und Griffel sind zur Verstärkung des Lockapparates bunt. Die Blüte schliesst sich bald wieder und öffnet sich an kalten und nassen Tagen überhaupt nicht, dann tritt Selbstbestäubung ein. Die Frucht ist eine kugelige mit 5 Klappen aufspringende Kapsel, dabei ist eine Art Schleuderwerk tätig, durch das die glatten Samen weit fortgeschleudert werden. Die Samen werden, wenn feucht, klebrig, wodurch sie sich im Erdboden festkitten. Auch ist der Samen ölhaltig (Nahrung für die junge Pflanze). Die Festigkeit und Länge der Bastfasern macht sich der Mensch zunutze: er gebraucht den Flachs als Gespinstpflanze und baut ihn daher an (Leinwand, Drillich, Damast, Batist), die Leinenfaser ist auch die

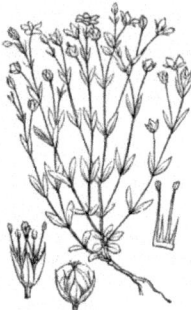

Fig. 640. Linum catharticum.   Fig. 641. Radiola linoïdes.

Grundlage für die Papierfabrikation („Lumpenpapier"). Der Leinsamen wird medizinisch und zur Oelbereitung (Leinöl, Oelkuchen) verwendet.

A. Blätter *gegenständig*, Fig. 640: **Purgier-L.**,

L. cathárticum L., Fig. 640, fadenförmiger, aufrechter, ästiger Stengel, Blüte klein und weiss, in ganz Europa häufig, auf Wiesen und Triften. ⊙, bis 30 cm, Juli u. Aug.

B. Blätter *wechselständig*. Taf. 40, 6.

I. Kelchblätter *drüsig*, Blüte *nicht blau*: **dünnblättriger L.**, L. tenuifólium L., Stengel kahl, Blüte hellrot, besonders am Rhein, selten. ♃, bis 30 cm, Juni ■. Juli. [L. viscósum, Württemberg u. Bayern, hat zottige Stengel; L. flavum, Württemberg, blüht gelb.]

II. Kelchblätter *drüsenlos*, Blüte *blau*, — wenn dann Stengel *einzeln*: **Flachs**, L. usitatíssimum L., Taf. 40, 6, Kelch bewimpert, angebaut, ⊙, bis 1 m, Juli u. Aug.; — wenn dagegen *mehrere* Stengel: **ausdauernder L.**, L. perénne L., Kelch unbewimpert, selten, auf sonnigen Hügeln. ♃, bis 1 m, Juni u. Juli.

270. Zwerg-Lein, Radiola linoïdes Gmel. Fig. 641.

Ein bis 5 cm hohes Kräutchen mit ästigem, fadenförmigem Stengel und weissen Blüten. Häufig an feuchten Sandplätzen, in ganz Europa. ⊙, Juli u. Aug.

66. Fam. Bitterlinge, Polygalaceen.

271. Kreuzblume, Polýgala. Taf. 32, 6.

Ausdauernde Kräuter, die durch Bitterstoff vor Tierfrass geschützt sind, mit ungeteilten Blättern und bunten symmetrischen Blüten in Trauben, die flügelförmigen Kelchblätter sind bunt, die 8 Staubgefässe sind in 2 Bündeln und mit der Krone verwachsen. Die Frucht ist eine 2samige Kapsel. Die bittere K. ist offizinell, viele sind gute Weidekräuter.

A. Vorderes Kronblatt *4lappig*: **buchsbaumblättrige K.**, P. chamaebúxus L., immergrün, strauchig, gelb blühend, in Gebirgswäldern Süddeutschlands, selten, bis 20 cm, April u. Mai.

B. Vorderes Kronblatt mit *vielspaltigem* Anhang, Fig. 208. Traube vielblütig. [P. depréssa, sehr selten, 5blütig.]

I. Hauptnerven der Flügel *unverzweigt* und *unverbunden*: **bittere K.**, P. amára L., meist blau, ändert vielfach ab, auf feuchten Wiesen und Kalkhügeln zerstreut, Juni—Aug.

II. Hauptnerven der Flügel *verzweigt* und *verbunden*.

a) Mittelnerv der Flügel *verzweigt*, untere Blätter *gross*, *verkehrt-eiförmig*: **Kalk-K.**, P. calcárea F. W. Schultz, blau, sehr selten, auf Kalkhügeln, Mai u. Juli.

b) Mittelnerv *unverzweigt*, untere Blätter *klein*, *elliptisch*, — wenn dann die Vorblätter der Blüte *höchstens halb so lang* als der Blüten-

2. Kelch *bis zur Mitte* 4teilig.

21

stiel: **gemeine K.**, P. vulgáris L., Taf. **32,** 6, grundständige Blätter ein Büschel bildend, blau, überall auf trocknen Wiesen, in lichten Wäldern, in ganz Europa, Mai u. Juni; — wenn dagegen die Vorblätter *so lang wie* der Blütenstiel: **schopfige K.**, P. comósa L., die Vorblätter schopfartig die jungen Triebe überragend, meist rosa, zerstreut auf Wiesen und Weiden, Mai—Juli.

67. Fam. Sauerkleegewächse, Oxalideen.

272. Sauerklee, Oxalis. Taf. **42,** 1.

Kräuter, die sich mit ihren zarten gedreiten Blättern als Waldschattenpflanzen offenbaren, das zeigt sich auch darin, dass die Blätter sich in der Sonne (und nachts) senken und zusammenfallen, was ein Schutz sowohl gegen zu starke Verdunstung wie gegen Kälte ist („Schlaf"). Durch den sauren Geschmack (giftiges Kleesalz) sind sie gegen Tierfrass geschützt. Die ziemlich grossen Blüten schliessen sich zum Schutz bei Nacht und Regen und nicken obendrein. Die Frucht ist eine Kapsel mit Schleuderwerk zur Verbreitung der Samen. Wenn der g e m e i n e S. blüht, so begrüssen dies die Auerhahnjäger als sicheres Zeichen der beginnenden Balzzeit.
A. Blüte *weissrötlich*: **gemeiner S., Hasenklee,** O. acetosélla L., Taf. **42,** 1, überall in feuchten, schattigen Wäldern Europas, ⚄, bis 15 cm, April u. Mai.
B. Blüte *gelb*, — wenn dann Stengel *aufrecht, ohne Nebenblättern*: **aufrechter S.**, O. stricta L., hie und da auf Aeckern, ⚄; — wenn dagegen Stengel *niederliegend, mit Nebenblättern*: **gehörnter S.**, O. corniculáta L., Fig. 642, behaart, Blüten klein, blassgelb, angeblich aus Amerika, aber jetzt fast überall in Europa, auf Schutt und als Unkraut zerstreut. ⚄, beide Juni—Okt.

Fig. 642. Oxalis corniculata.

68. Fam. Rautengewächse, Rutaceen.

273. Raute, Ruta gravéolens L. Fig. 643.

Ausdauerndes Kraut mit grossen geteilten Blättern, die Pflanze ist dunkelgrün und bereift, sie hat einen stark aromatischen Geruch als Schutz gegen Weidetiere, ebenso auch die grünlichgelben Blüten, woraus man auf Fliegen als Bestäuber schliessen kann. Die Kronblätter sind genagelt und haben einen krausen Rand. Zuerst werden die Staubbeutel reif und bewegen sich nacheinander zur Blütenmitte und dann wieder zurück, zuletzt ist die an derselben Stelle stehende Narbe auch reif: so wird Fremdbestäubung gesichert. Die Pflanze stammt aus Südeuropa, bei uns ist sie nur Gartenflüchtling, an alten Mauern, in Weinbergen u. s. w" bis 50 cm, Juni—Aug.

274. Diptam, Dictamnus Fraxinélla P. Taf. **42,** 2.

Kraut mit drüsig-klebrigem Stengel (Schutz) und gefiederten Blättern, die unten durchscheinend punktiert sind. Die rötlich-weissen Blüten haben dunklere Adern. Blütenstiele und Kelch zum Schutz gegen ankriechende Insekten mit schwarzroten Drüsen, die ein ätherisches Oel enthalten, das Entzündungen hervorruft. In sonnigen Bergwäldern Mittel- und Süddeutschlands zerstreut, auch als Zierpflanze gezogen. ⚄, bis 1 m hoch, Mai u. Juni.

Fig. 643. Ruta graveolens.

69. Fam. Orangengewächse, Aurantiaceen.

275. Zitronenbaum, Citrus Limónium Rissa. Taf. **40,** 5.

Immergrüner, bis 15 m hoher Baum mit schönem Laub, wohlriechenden Blüten und saftigen Früchten mit aromatisch-drüsiger Schale. Der Baum stammt aus dem tropischen Asien, ist jetzt aber längst im Mittelmeergebiet kultiviert. Er blüht fast das ganze Jahr hindurch. — Ihm nahe verwandt sind: Orange oder Apfelsine, Limone u. s. w.

XXII. Reihe: Seifenbaumartige.

70. Fam. Stechpalmengewächse, Aquifoliaceen.

276. Stechpalme, Ilex aquifólium L. Fig. 644.

Ein oft mehrere Meter hoher Baum oder Strauch mit immergrünen, daher lederigen, dicken Blättern, die glänzend, wellig gerandet und spitzstachelig sind (Schutz gegen Weidetiere). Die Blüten sind weiss und klein, stehen aber zahlreich in dichten Büscheln (Lockapparat). Die hochroten, würzig schmeckenden Beeren im dunkelgrünen Laub locken Vögel (z. B. Tauben) an, die dann die Samen verbreiten. In manchen Bergwäldern Mitteleuropas häufig. Mai u. Juni.

Die der St. verwandten Pflanzen sind ausser in Australien über alle Erdteile verbreitet. Eine Ilex-Art liefert den Paraguay- oder Matetee Südamerikas.

71. Fam. Celastergewächse, Celastraceen.

277. Spindelbaum, Evónymus európáeus L. Taf. 42, 3.

Fig. 644. Ilex aquifolium.

Auch S p i l l b a u m oder P f a f f e n h ü t c h e n (wegen der Fruchtform). Ein dunkelgrün belaubter, bis 3 m hoher Strauch mit feingesägten, elliptischen Blättern, alle Teile unangenehm riechend und schmeckend (Schutz). Die Blüten sind unscheinbar, grünlichgelb und werden von Fliegen besucht. Da die Staubbeutel vor den Narben reifen, ist Fremdbestäubung gesichert. Die Kapsel ist rosa und hat einen orangeroten breiigen Samenmantel, wodurch Vögel (Rotkehlchen) zur Verbreitung angelockt werden, die Samen selbst sind sehr hartschalig. In Wäldern und Hecken von Mittel- und Südeuropa, Mai u. Juni. Das zähe, hellgelbe Holz wird zu Zahnstochern und Drechslerarbeiten benutzt, es liefert auch gute Zeichenkohle.

Mehrere Arten werden als Zierpflanzen gehalten.

72. Fam. Pimpernussgewächse, Staphylaeaceen.

278. Pimpernuss, Staphyláea pinnáta L. Taf. 42, 4.

Bis 6 m hoher Strauch mit gefiederten Blättern und weissen Blüten in hängenden Trauben. Die Kapseln sind blasig aufgetrieben (Taf. 42, 4), mit klappernden Samen, die ölhaltig sind (essbar, gelinde abführend). Häufig in Gebirgswäldern Mitteleuropas, Mai u. Juni. Die Pflanze wird auch als Zierstrauch verwendet, ebenso wie St. trifoliáta L. mit 3teiligen Blättern.

73. Fam. Balsaminengewächse, Balsaminaceen.

279. Springkraut, Impátiens noli tángere L. Taf. 42, 5.

Einjähriges saftiges Kraut mit knotigen Gelenken und zarten, kahlen Blättern (also Schattenpflanze). Die hängenden, zitronengelben (rotpunktierten) Blüten haben einen gebogenen Sporn als Honigspeicher, sie stehen unter den ein Regendach bildenden Blättern. Die zuerst reifenden Staubbeutel bilden um die Narbe herum eine Kappe,

fallen dann ab und lassen nun an derselben Stelle die Narbe frei. Dadurch ist Fremdbestäubung gesichert. Uebrigens kommen auch kleistogame, d. h. geschlossen bleibende Blüten (besonders bei anhaltendem Regen) vor, dann findet natürlich Selbstbestäubung statt. Die Frucht hat ein sehr wirksames Schleuderwerk: die Klappen rollen sich spiralig auf und schleudern dabei die Samen weit fort. In feuchten Wäldern und Gebüschen ganz Europas, bis 60 cm, Juli u. Aug. — Verwandte Arten dienen als Zierpflanzen.

74. Fam. Ahorngewächse, Aceraceen.

280. Ahorn, Acer. Taf. 41, 3.

Ansehnliche Bäume und Sträucher mit gelappten Blättern, die an senkrechten und wagrechten Zweigen wagrecht stehen und an letzteren des Lichtgenusses wegen ein deutliches „Mosaik" bilden. Beim Berg-Ahorn hat die Blattunterseite gegen zu starke Verdunstung eine bläuliche Wachsschicht. Die Blüten sind ziemlich unscheinbar, grünlichgelb, stehen aber zu vielen vereinigt und erscheinen vor der Belaubung, daher für die Insekten (Fliegen) doch weithin sichtbar. Es kommen nebeneinander vor: Zwitterblüten, scheinzwittrige Staubbeutel- und Stempelblüten. Die Frucht hat einen grossen als Fallschirm dienenden Flügel, Taf. 41, 3b. Von manchen Arten (F e l d - und B e r g - A.) wird das harte, zähe Holz

Fig. 645.
Acer pseudo-platanus.

Fig. 646.
Acer campestre.

zu Drechslerarbeiten, Pfeifenröhren und Spazierstöcken benutzt. — Auch als Zier- und Alleebäume verwendet.

A. Blütenstand *hängend*, Fig. 645, — wenn dann das Blatt *5lappig*: Berg-A., weisser A., A. pseudoplátanus L., Fig. 645, bis 25 m hoher Baum mit gewölbter Krone, in Mitteleuropa, in Gebirgswäldern, Mai u. Juni; — wenn dagegen das Blatt *3lappig*: **französischer A.**, A. monspessulánum L., Strauch bis 3 m hoch, hie und da an felsigen Orten, April.

B. Blütenstand *aufrecht*, Fig. 646, — wenn dann die (5) Lappen der Blätter *lang zugespitzt* und *gezähnt*: **Spitz-A.**, A. platanóides L., Taf. 41, 3, bis 25 m hoher Baum mit ziemlich glattem Stamm, hie und da in Gebirgswäldern ganz Europas, April u. Mai; — wenn dagegen die Lappen *stumpf* und *ganzrandig*, Fig. 646: **Feld-A.**, **Massholder**, A. campéstre L., Fig. 646; in ganz Europa, Baum und Strauch bis 10 m hoch, Mai, der Namen Massholder kommt her von den schönen „Masern" in den Wurzeln. Er ändert ab mit stark korkiger Rinde (Kork-A.).

75. Fam. Rosskastanien, Hippocastaneen.

281. Rosskastanie, Aésculus Hippocástauum. Taf. 41, 4.

Schöner, rasch wachsender, schattenspendender Baum, bis 25 m hoch, mit grossen, gefingerten Blättern und weissen, rot gefleckten Blüten in reichen Blütenständen, auch die Staubgefässe sind zur Verstärkung des Lockapparats bunt gefärbt. Die lang vorgestreckten Staubfäden und Griffel dienen den Insekten als Anflugstangen. Neben echten Zwitterblüten gibt es scheinzwitterige Staubgefässblüten. Die Frucht hat zum Schutz der Samen eine stachelige Hülle und die Samen besitzen als Reservestoffbehälter für die jungen Keimpflanzen dickfleischige Samenlappen (dienen daher als Vieh- und Wildfutter). Der Baum stammt aus Persien und ist jetzt bei uns ein sehr beliebter Park- und Alleebaum. Als Zierbäume dienen auch die rotblühende (A. pavia L.) und gelbblühende (A. lutea L.) Art.

XXIII. Reihe: Kreuzdornartige.

76. Fam. Rebengewächse, Vitaceen.

1. Blatt *fünflappig*.

282. Weinrebe, Vitis vinifera L. Taf. 41, 5.

Ein Holzgewächs mit tiefgehender Wurzel (trockner Standort), grossen Blättern und Ranken (metamorphosierte Blütenstände), mit denen es sich aufrecht hält. Die Blüten sind klein und grün, und die Kronblätter werden, an der Spitze zusammenhängend, abgeworfen, aber sie stehen in vielzähligen Rispen zusammen und haben als Lockmittel einen sehr starken Duft. Da die Blüten offen sind, so schliessen sich bei feuchtem Wetter zum Schutz die Staubbeutelfächer selbst wieder. Neben echten Zwitterblüten kommen auch scheinzwitterige Staubbeutel- und Stempelblüten vor. Die Staubfäden strecken sich nach aussen und schieben dabei wohl auch die Staubbeutel zu den Narben der Nachbarblüten hin. Die Früchte sind gelbgrüne oder rote Beeren mit

zartem Wachsüberzug und süssem Fleisch, die Samen sind hartschalig, was alles mit der Verbreitung durch Vögel zusammenhängt. Vor der Reife aber ist die Frucht grün wie das Laub, hart und sauer, wodurch sie vor zu frühem Verzehrtwerden geschützt ist. — Der Weinstock kann 30 m hoch und 15 cm dick werden. Er stammt wahrscheinlich aus Vorderasien, wird jetzt aber seiner Früchte wegen in ganz Südeuropa und in einem grossen Teil Mitteleuropas in etwa 350 Abarten angebaut. In Europa läuft seine Nordgrenze von der Loiremündung bis nach Bessarabien (bei uns etwa am 51° nördl. Breite). Die Früchte werden frisch als Obst, getrocknet als Rosinen gebraucht und zu Wein gekeltert, Juni u. Juli.

283. Zaunrebe, Ampelópsis hederácea Mich. 2. Blatt *3-5-* *gefinge*

Auch Jungfernrebe, wilder Wein. Ein dem edlen Wein ähnliches Holzgewächs; das Laub färbt sich im Herbst rot, was als Schattendecke für die in den Stamm zurückwandernden Stoffe angesehen wird. Die Beeren sind schwarz und heben sich vom roten Laub im Herbst scharf ab, weshalb sie die Vögel von weither anlocken. Diese Pflanze, die aus Nordamerika stammt, wird zur Bekleidung von Lauben und Mauern vielfach angepflanzt, Juni.

77. Fam. Kreuzdorngewächse, Rhamnaceen.

284. Wegedorn, Rhamnus. Taf. 43, 1.

Sträucher, die z. T. Dornen als Schutz gegen Weidetiere tragen, mit einfachen Blättern und kleinen grünen, unscheinbaren Blüten in Trauben. Daher werden sie von Fliegen als Bestäuber aufgesucht. Hierauf deutet auch der auf offener flacher Scheibe abgesonderte Honig (denn dies fordert kurzrüsselige Insekten). Manche Arten haben scheinzwitterige Staubbeutel- und Stempelblüten. Die Früchte sind Beeren, beim Kreuzdorn schwarz, beim Faulbaum rot und zuletzt auch schwarz. Der Faulbaum liefert eine für

Fig. 647.
Rhamnus cathartica.

Schiesspulver geeignete Holzkohle, der Saft ihrer Früchte wirkt abführend (besonders von Tierärzten benutzt).

A. *Mit* Dornen: **Kreuzdorn, gemeiner W.**, Rh. cathártica L., Fig. 647, mit ausgebreitet gegenständigen Zweigen; in Mittel- und Südeuropa häufig, in Gebüschen und Laubwäldern, bis 2½ m hoch, Mai u. Juni.

B. *Ohne* Dornen: **Faulbaum**, Pulverholz, Brech-W., Rh. frángula L., Taf. **43**, 1, schlanker Strauch mit punktierter Rinde, Blüte 5 gliedrig, ebenda, bis 2¹/₂ m hoch, Mai u. Juni. [Rh. alpina, sehr selten, im Gebirge, hat 4 gliedrige Blüten.]

XXIV. Reihe: Rosenblütige.

78. Fam. Hülsenfrüchtler, Leguminosen.

Gleichbedeutend mit Schmetterlingsblütlern oder Papilionaceen. Die Blätter sind fast immer zusammengesetzt, die Blüten symmetrisch. Die Krone ist „schmetterlingsförmig", das grosse nach oben stehende Blatt heisst „Fahne", seitlich stehen 2 „Flügel", die beiden unteren zusammenliegenden bilden das „Schiffchen", in dem sehr geschützt die 10 Staubgefässe und der eine Fruchtknoten liegen. Ferner sind von den Staubfäden alle oder bis auf einen verwachsen; im ersten Fall ist die Blüte honiglos, im zweiten hat sie Honig und durch den freien Staubfaden also zu ihm ein Zugang geschaffen; die Frucht ist eine als Hülse bezeichnete Kapsel, d. h. sie springt mit 2 Klappen auf, hat aber (im Gegensatz zur Schote der Kreuzblütler) keine Scheidewand. — Diese Familie ist mit 3000 Arten über die ganze Erde verbreitet, besonders in der heissen und gemässigten Zone, viele sind für den Menschen in ökonomischer, medizinischer und technologischer Hinsicht bedeutungsvoll, besonders dienen die Samen vieler Arten wegen ihres Gehalts an Eiweissstoffen für Menschen und Haustiere als wertvolles Nahrungsmittel. — Viele haben an den Wurzeln kleine Knöllchen mit Bakterien (vergl. S. 28).

Wir unterscheiden 4 Gruppen und Unterfamilien.
A. Stengel *windend*: IV. Phaseoleen.
B. Stengel *nicht windend*.
  I. Blatt *paarig gefiedert, mit* Spitze oder Ranke endigend: III. Viceen.
  II. Blatt *nicht paarig gefiedert* (oder wenn doch, dann *ohne* Spitze und Ranke), — wenn dann die Hülse mit 2 Klappen *aufspringt*: I. Loteen; — wenn dagegen die Hülse *nicht aufspringt* (sondern einsamig oder gegliedert ist): II. Hedysareen.

I. Gruppe: Loteen.

A. *Alle zehn* Staubfäden verwachsen (bei Galega nicht vollständig).
  I. Blätter *nicht gefiedert*: 1. Genisteen.
  II. Blätter *unpaarig gefiedert*: 3. Galegeen (Anthyllis und Galega).
B. *Neun* Staubfäden verwachsen (eins ganz frei).
  I. Blatt *dreizählig*: 2. Trifolieen.
  II. Blatt *gefiedert*, — wenn dann Hülse *einfäche-*

rig: 3. Galegeen; — wenn dagegen *zweifächerig* (mit unvollständiger Scheidewand): 4. Astralageen.

1. Unterfam. Genisteen.

285. Hauchechel, Onónis. Taf. **44**, 1.

Kräuter und Halbsträucher, die vielfach gegen Tierfrass geschützt sind: durch Drüsenhaare und unangenehmen Geruch, bei manchen sind auch die Nebenblätter in Dornen umgewandelt. Die Blüten sind rosa und zeigen ein merkwürdiges Pumpwerk: der Blütenstaub ist nämlich schon zur Knospenzeit in das Schiffchen entleert, fünf von den Staubgefässen wachsen weiter und schwellen keulenförmig an. Wenn nun das Insekt (Biene) das Schiffchen hinunterdrückt, so pressen die Staubgefässe den klebrigen Pollen heraus und laden ihn auf der Bauchseite des Insekts ab, das ihn dann in einer anderen Blüte an der Narbe abstreift. Dass die Blüte eine Bienenblume ist, zeigt sich darin, dass sie ziemlich kurzröhrig ist. ♃, 60 cm hoch, Juni u. Juli.
A. Blüten *einzeln*, Zweige (meist) *dornig*, — wenn dann der Stengel *einseitig behaart*: **dornige H.**, O. spinósa L., überall auf Triften und unfruchtbaren Feldern; — wenn dagegen *ringsum* zottig behaart: **kriechende H.**, O. repens L., hie und da, besonders auf Kalkboden.
B. Blüten *zu zwei*, Zweige *ohne Dornen*: **Feld-H.**, O. arvénsis L., starkkriechend, mit weichen, drüsigklebrigen Haaren (an trocknem Standort auch oft dornig); in ganz Europa an Waldrändern, Berghängen, auf trocknen Wiesen zerstreut.

286. Wolfsbohne, Lupínus lúteus L. Taf. **45**, 1.

Auch Lupine. Kraut mit steif aufrechtem Stengel, gefingerten Blättern und gelben, stark duftenden Blüten, welche ein Pumpwerk wie die Hauhechel besitzen. Die Klappen der Hülse rollen sich bei der Reife schraubig auf, wodurch die Samen fortspringen. ☉, bis 1 m, Mai u. Juni. Die Pflanze kommt aus Südeuropa und wird vielfach, besonders auf Sandboden, als Viehfutter und zur Bodenverbesserung (s. S. 28) angebaut. Sie und andere Arten werden auch als Zierpflanzen benutzt, z. B. die weissblühende L. albus L., sowie die blaublühenden Arten: L. angustifólius L. (die Samen bilden einen Kaffeersatz), L. pilósus L. (Kelch zottig), L. hirsútus L. (ganze Pflanze behaart) u. a. m.

287. Heckensame, Ulex europaéus L. Taf. **43**, 2.

Auch Stechginster oder Gaspeldorn. Strauch mit spitzen Blättern und Dornen als Schutz

1. Kelch 5lippig, Flügel nach der Fahne zu nicht faltig.

2. Kelch 2lippig, Flügel nach der Fahne zu faltig. a) Hülse mit schwammigen Querwänden.

b) Hülse ohne Querwände. * Hülse kaum länger als der Kelch.

gegen Tierfrass und mit gelben Blüten. Auf sandigen und unfruchtbaren Hügeln in Nord- und Westdeutschland, zerstreut. ʰ, bis 1 m, Mai u. Juni.

** Hülse *viel länger als der* Kelch.
○ Griffel *spiralig anfgerollt.*

288. Besenginster, Sarothámnus scopárius Wimm. Taf. **44**, 2.

Auch Besenstrauch, Besenpfrieme. Ein sog. „Rutengewächs", d. h. ein sparriger Strauch mit scharfkantigen grünen Zweigen und wenigen behaarten Blättern (Oedlandpflanze auf trocknem, sandigem Boden, Wald und Heide). Die grossen, leuchtend gelben Blüten sind in grosser Zahl vorhanden und bilden einen weithin sichtbaren Lockapparat, statt des Honigs besitzen sie viel trocknen Blütenstaub und an der Fahne ein Nährgewebe für die Insekten. Die Blüte hat eine Schnellvorrichtung: wenn das Insekt (grosse kräftige Hummeln und Bienen) Flügel und Schiffchen herunterdrückt, so springen die wie eine Uhrfeder gespannten Staubgefässe aus dem Stempel hervor und überschütten das Tier mit Blütenstaub (der daher trocken ist, vergl. Hauhechel). Wenn die Blüte einmal so explodiert ist, so gehen die Teile nicht in die alte Lage zurück (vergl. Klee). Auch hier drehen sich die (schwarzen) Hülsenklappen in der Reife zur Samenverbreitung schraubig zusammen. Ueberall, in Mitteleuropa, ʰ, bis 3 m, Mai u. Juni. Die Rutenzweige werden zu Besen benützt. Im Forstbetrieb ein lästiges Unkraut.

co Griffel *nicht* spiralig auf- gerollt.
† Blatt *3zählig.*

289. Geissklee, Cýtisus Labúrnum L. Taf. **44** 3.

Auch Goldregen, Bohnenbaum. Ein bis 6 m hoher Baum, der in allen seinen Teilen sehr giftig ist (Schutzvorrichtung). Die Traube von zitronengelben Blüten hängt beim Aufblühen nach unten [bei C. nigricans L. dagegen aufrecht, sehr selten in trocknen Wäldern], anfangs dagegen nicht, sehr bemerkenswert ist, dass sich dabei die Fahne des Lockapparats durch Drehung des Blütenstiels wieder nach oben richtet. Statt des Honigs hat auch hier der Fahnengrund Nährgewebe, zu dem ein Saftmal von roten Strichen führt. Die junge Narbe ist während des Reifens des Blütenstaubs zum Schutz gegen Selbstbestäubung von steifen Borstenhaaren umgeben. Die Klappen der reifen Frucht rollen sich zur Verbreitung der Samen umeinander. Zierstrauch, der aus Südeuropa stammt. April u. Mai.

†† Blatt *einfach.*

290. Ginster, Genísta. Taf. **43.**

Auch diese Sträucher sind Rutengewächse mit kleinen Blättern. Sehr bemerkenswert ist der Pfeil-G., bei dem die wenigen Blätter sehr klein sind; statt dessen ist der grüne Stengel geflügelt zur Uebernahme der Blattarbeit (Ernährung). Manche Arten

haben starke Schutzdornen. Die gelben Blüten besitzen ein Schleuderwerk wie der Goldregen. Sie sind auch honiglos.

A. *Mit* Dornen (besonders an den unfruchtbaren Aesten), — wenn dann die Pflanze *behaart*: **deutscher** G., G. germánica L., Taf. **43**, 3, häufig in sonnigen, felsigen Wäldern, bis 60 cm; — wenn dagegen *nicht behaart*: **englischer** G., G. ánglica L., Fig. 648,

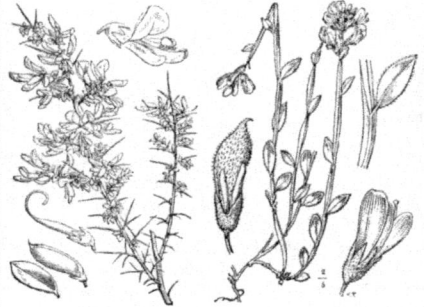

Fig. 648. Genista anglica.   Fig. 649. Genista sagittalis.

selten auf feuchten Torfheiden und in lichten Wäldern (in England häufig), bis 40 cm; beide Mai u. Juni.

B. *Ohne* Dornen.

I. *Mit geflügeltem* Stengel: **Pfeil-G.**, G. sagittális L., Fig. 649, selten in trocknen Wäldern und auf Hügeln, bis 30 cm, Juni u. Juli.

II. Stengel *ungeflügelt*, — wenn dann die Blüten *einzeln*, das Blatt *behaart*: **behaarter G.**, G. pilósa L., Stengel niederliegend, selten, auf Heiden und Hügeln, Mai u. Juni; — wenn dagegen die Blüten *in Trauben*, das Blatt *kahl*: **Färber-G.**, G. tinctória L., Taf. **43**, 4, häufig in sandigen Wäldern und trocknen Wiesen, Juni u. Juli.

2. Unterfam. Trifolieen.

291. Hornklee, Schotenklee, Lotus. Taf. **45**, 2.

Ausdauernde Kräuter mit saftigen und kahlen Blättern (feuchter Standort), die von den grossen Nebenblättern in der Ernährungsarbeit unterstützt werden. Abends nehmen die Teilblättchen eine Schlafstellung ein, indem sie sich nach oben schlagen. Die goldgelben Blüten sind klein, aber nach aussen oft rot und ausserdem zahlreich (Lockapparat), sie besitzen wie der Hauhechel ein Pumpwerk. Die Hülsenklappen drehen sich beim Oeffnen spiralig.

A. Stengel *aufrecht* und *hohl*, Köpfchen etwa 12blütig: **Sumpf-H.**, L. uliginósus Schk., häufig auf

1. Schiff *geschnl* a) Hülse und *ungefl*

feuchten Waldwiesen und sumpfigen Wiesen, 30 cm, Juli u. Aug.

B. Stengel *niederliegend, markig,* — wenn dann die Blätter verkehrt *eiförmig:* **gemeiner H.**, L. corniculátus L., Taf. **45**, 2, fast in ganz Europa häufig auf Wiesen, an Waldrändern u. s. w., bis 60 cm lang; — wenn dagegen die Blätter *schmallanzettlich:* **schmalblättriger H.**, L. tenuifólius Rchb., selten auf Wiesen, besonders auf Salzboden; beide Mai bis Sept.

se 4kantig 292. **Schotenklee, Tetragonólobus siliquósus** Roth.
geflügelt.
50 oben Fig. 650.
chts.

Auch S p a r g e l b o h n e. Ausdauernde Pflanze mit liegendem oder aufsteigendem Stengel, stachelspitzigen Blättern (Schutz) und grossen hellgelben, langgestielten Blüten. Zerstreut auf feuchten, humusreichen Wiesen. ♃, bis 30 cm, Mai u. Juni. Gute Weidepflanze. — Der rotblühende T. purpúreus Moench. wird als Gemüsepflanze benutzt.

hiffchen
chnäbelt,
onblätter
sich und
er Staub-
öhre ver-
-hsen.

Fig. 650.
Tetragonolobus siliquosus.

293. **Klee, Trifólium.**

Kräuter mit dreizähligen Blättern, die sich abends zum Schutz gegen Wärmestrahlung emporrichten und grosse am Stengel angewachsene Nebenblätter haben. Manche Arten haben ihrem Standort (feuchte Wiesen) entsprechend viele saftige Blätter, die (besonders im Schatten) weiss gebändert sind. Die Blüten sind klein, stehen aber in dichten Köpfchen, die oft auf hohen Stielen emporgehoben und weithin sichtbar sind. Die Kronen bleiben bei manchen Arten noch nach dem Verblühen erhalten, die Blüte hat eine Klappvorrichtung: wenn die Insekten das Schiffchen herunterdrücken, so treten Staubgefässe und Stempel aus ihm heraus und laden den Blütenstaub ab, nach dem Druck gehen sie wieder in ihre Schutzhülle zurück. Durch die Verwachsung der Kronblätter und Staubfäden ist eine Röhre für den Honig entstanden, beim Wiesen-K. ist sie lang (für langrüsselige Hummeln), beim kriechenden K. kurz (für Bienen). Oft findet man aber an der Röhre von faulen Erdhummeln und Honigbienen gefressene Löcher. Die Hülse bleibt von der vertrocknenden Krone umgeben und hat sehr kleine Samen, die vom Wind verbreitet werden. Eine artenreiche (100) Gattung, die meisten Arten sind

Futterkräuter, das beste der W i e s e n - K., ferner der Weiss-K. und der Inkarnat-K.

A. Blüten *rot.*

I. Der reife Kelch bauchig *aufgeblasen* und behaart, Fig. 651, — wenn dann der Stengel *aufrecht* und der Kelchschlund *eingeschnürt* und *mit Haarkranz:* **gestreifter K.**, T. striátum L., selten auf sonnigen Hügeln, ⊙, bis 20 cm, Juni u. Juli; — wenn dagegen der Stengel *niederliegt* (Fig. 651) und der Kelchschlund *ohne Einschnürung und Haarring:* **Erdbeer-K.**, T. fragiferum L., Fig. 651, zerstreut, an Ufern, besonders auf salzhaltigen Wiesen. ♃, bis 12 cm lang, Juni—Sept.; beide blassrot.

Fig. 651.
Trifolium fragiferum.

II. Kelch *nicht aufgeblasen.*

a) Kelchzähne *länger als die Krone:* **Acker-K.**, **Katzen-K.**, T. arvénse L., Taf. **45**, 3, Nebenblättchen eiförmig spitz, Blütenköpfchen wollhaarig, einzeln, in ganz Mittel- und Südeuropa verbreitet, häufig, auf Aeckern, Sandfeldern und trocknen Wiesen. ⊙, bis 25 cm, Juli bis Sept.

b) Kelch *höchstens von Kronenlänge.*

* Köpfchen *kugelig* oder *oval*, Fig. 652.

○ Kelchröhre aussen *kahl:* **mittlerer K.**, T. médium L., Fig. 652, Blatt eiförmig.

Fig. 652.
Trifolium medium.

Fig. 653.
Trifolium incarnatum.

dem Wiesenklee ähnlich, doch der Stengel hin und her gebogen, Nebenblätter schmal, häufig, Wälder, Wiesen, an Wegen. ♃, bis 50 cm hoch, Juni—Aug.

oo Kelchröhre *behaart*, — wenn dann Kelch mit *10* Nerven: **Wiesen-K.**, T. praténse L., Taf. **44**, 4, Nebenblätter gross eiförmig, häufig auf Wiesen und Weiden, angebaut, ♃, bis 50 cm hoch, Juni bis Sept.; — wenn dagegen Kelch mit *20* Nerven: **Alpen-K.**, T. alpéstre L., zerstreut, in lichten Gebirgswäldern. ♃, bis 30 cm, Juni—Aug.

** Köpfchen *länglich*, Fig. 653, — wenn dann die Pflanze *kahl*: **roter K., Fuchs-K.**, T. rubens L., Taf. **43**, 5, Blatt lanzettlich, hie und da im Hügelland, am Fuss der Gebirge, Wälder, ♃, bis 60 cm; — wenn dagegen die Pflanze *behaart*: **Inkarnat-K.**, T. incarnátum L., Fig. 653, Blatt breit, Blüte purpurrot und heller, kultiviert. ☉, bis 30 cm; beide Juni u. Juli.

B. Blüte *nicht rot*.

I. Blüten *weiss oder gelblichweiss* (z. T. rot angelaufen).

1. Blüten im Köpfchen *gestielt*.

a) Stengel *niederliegend*, Fig. 654: **kriechender K.**, T. repens L., Fig. 654, Blättchen verkehrt herzförmig, mit hufeisenförmigem Mittelfleck, Blatt- und besonders der Blütenstiel lang, Köpfchen kugelig, überall in

Fig. 654. Trifolium repens.　　Fig. 655. Trifolium hybridum.

Europa auf Wiesen und an Wegen, auch angebaut. ♃, Mai—Sept. [T. élegans Savi, selten, hat kürzere Blütenstiele, T. strictum L., selten, auf sonnigen Hügeln, mit Blütenstielen, die mehrfach kürzer als die Kelchröhre sind.]

b) Stengel *aufrecht*, — wenn dann *behaart*: **Spitz-** oder **Berg-K.**, T. montánum L., hie und da auf Bergwiesen, ♃, bis 30 cm, Mai—Sept.; — wenn dagegen *kahl*: **Bastard-**

K., T. hybridum L., Fig. 655, Randblüten rötlich, zuletzt braun, überall an Aecker- und Waldrändern. ♃, bis 50 cm, Mai bis Sept.

2. Blüten im Köpfchen *sitzend*: **blassgelber K.**, T. ochroleúcum L., Nebenblätter schmal, gelblichweiss blühend, zerstreut auf trocknen Weiden und in offenen Wäldern. ♃, Juni u. Juli.

II. Blüte *gelb, später bräunlich*.

1. Obere Blätter *gegenständig*: **kastanienbrauner K.**, T. spadiceum L., zerstreut auf moorigen Gebirgswiesen. ⊕ u. ☉, bis 40 cm, Juli u. Aug.

2. Alle Blätter *wechselständig*.

a) *6—20* Blüten im Köpfchen, Fahne gefaltet, so lang wie die Flügel: **fadenförmiger K.**, T. filifórme L., Stengel fadenförmig, ausgebreitet, überall an Wegrändern, auf Aeckern. ☉, bis 20 cm, Mai bis Sept.

Fig. 656.
Trifolium procumbens.

b) *40 und mehr* Blüten im Köpfchen, Fahne nicht gefaltet, länger als die Flügel, — wenn dann *alle 3 Blättchen kurz gestielt*: **Acker-Gold-K.**, T. agrárium L., Stengel aufrecht, goldgelb, häufig in trocknen Wäldern, Bergwiesen, ⊕ u. ☉, bis 30 cm, Mai—Sept.; — wenn dagegen das *mittlere* Blättchen *länger gestielt*, Fig. 656: **niederliegender K.**, T. procúmbens L., Fig. 656, Stengel meist niederliegend, Nebenblatt eiförmig, schwefelgelb, häufig auf Aeckern und Grasplätzen, an Wegen. ☉, bis 20 cm, Juni—Sept.

294. Schneckenklee, Medicágo. Taf. **44**, 5.

Kräuter oder Halbsträucher mit dreizähligen Blättern, deren Teilblättchen sich bei manchen Arten zum „Schlaf" aufwärts richten. Die Blüten haben ein Schleuderwerk wie der Besenginster und sind schwer zu öffnen, weshalb sie von Hummeln besucht werden. Die schraubig oder spiralig gewundenen Früchte werden entweder (wenn kugelig) durch Weiterrollen vom Wind oder, wenn stachelig sind, durch Festhaften im Fell von Tieren verbreitet. Die 6 deutschen Arten lieben Kalkboden, manche sind vorzügliche Futterpflanzen, besonders die Luzerne.

A. Hülse *mit* Dornen, — wenn dann mit *2—3* Windungen, Pflanze *kahl*: **gezahnter Sch.**, M. denticuláta Willd., sehr selten, im Getreide; — wenn

Marginal notes right:
b) Kronblätter *nicht mit den* Staubfäden *verwachsen*.

* Fruchtknoten und Hülse *gekrümmt*.

dagegen Hülse mit ca. *5* Windungen, Pflanze *be-haart*: **kleinster Sch.**, M. mínima Bartal, selten auf sonnigen Hügeln und Feldern; beide gelb. ⊙, Mai u. Juni.

B. Hülse *ohne* Dornen.

1. Hülse *ein*samig: **Hopfen-Sch.**, M. lupulína L., Fig. 657, weichhaarig, niederliegend, kleine leuchtend gelbe Blüten, Hülse schneckenhausförmig, reif schwarz, überall häufig auf Wiesen, Feldern, an Wegen. ⊙ u. ⚇, bis 60 cm lang, ¦Mai bis Sept., gute Weidepflanze.

Fig. 657.
Medicago lupulina.

Fig. 658.
Medicago falcata.

2. Hülse *mehr*samig, — wenn dann *sichelförmig*, Fig. 658 unten rechts, Pflanze *niederliegend*: **Sichel-Sch.**, **schwedische Luzerne**, M. falcáta L., Fig. 658, gelbe Blüten in kugeligen Köpfchen, hie und da auf Weiden und trocknen Grasplätzen, bis 60 cm; — wenn dagegen Hülse mit *2—3 Windungen*, Pflanze *aufrecht*: **Futter-Sch.**, **Luzerne**, **ewiger Klee**, M. satíva L., Taf. **44**, 5, violett-blaue Blüten in länglichen Trauben, überall angebaut; beide ⚇, Juni—Sept.

295. **Honigklee, Steinklee, Melilótus.** Taf. **44**, 6.

Ein- oder zweijährige Kräuter mit dreizähligen, langgestielten Blättern und borstlichen Nebenblättern, jene zeigen auch den Pflanzenschlaf. Die kleinen Blüten stehen in langen Trauben und besitzen die Klappvorrichtung des Klees. Die Bienen schätzen sie wegen ihres Honigreichtums. Gute Futterpflanzen. Der blaue H. der Alpen wird im Schabziegen- oder Kräuterkäse verwendet.

A. Hülse *kugelig*: **kleinblütiger H.**, M. parvi-flórus Desf., selten an Wegen und bebauten Orten. ⊙, bis 50 cm hoch, Juni u. Juli.

B. Hülse *eiförmig*.

a) Blüte *weiss*: **weisser H.**, M. albus Desr., Hülse kahl, Fahne länger als die Flügel, zerstreut an Ufern, Wegen, Waldrändern. ⊙, bis 1¼ m, Juli—Sept.

b) Blüte gelb (M. officinalis selten weiss), — wenn dann Hülse kahl: **gebräuchlicher H.**, M. offici-nális Desr., Taf. **44**, 6, häufig, in Buschwäldern, an Wegen, auf Feldern; — wenn dagegen die Hülse flaumhaarig: **gross-wurzeliger H.**, M. altíssimus Thuill., Fig. 659, häufig, auf Wiesen, an Ufern; beide ⚇, bis 1½ m, Juli—Sept.

3. Unterfam. Galegeen.

296. **Wundklee, Anthýllis vulnerária** L. Taf. **45**, 4.

Fig. 659.
Melilotus altissimus.

1. *Alle* Staub-fädenverwachsen,
a) Fruchtkelch *geschlossen*, bauchig.

Die ganze Pflanze seidenhaarig, das Blatt gefiedert. Die gelben Blüten stehen in Köpfen, diese zu zwei. Die Blüte hat die Pumpvorrichtung wie der Hauhechel. Die langröhrige Blüte zeigt langrüsselige Bienen als Bestäuber an, die Narbe wird nach den Staubbeuteln reif, was Fremdbestäubung sichert; der weiterwachsende, blasig werdende Kelch wird (vielleicht!) zur Flugvorrichtung für die Frucht, auf trocknen Hügeln und steinigen Hängen häufig. ⚇, bis 30 cm, Mai u. Juni. Gute Futterpflanze, früher benutzte man ihn als Wundheilmittel.

297. **Geissraute, Galéga officinális** L. Fig. 660.

b) Fruchtkelch *offen*.

Kahle Staude mit 7 paarig gefiederten Blättern und grossen, hellblauen bis weisslichen Blüten in Trauben, die steif aufrechten Hülsen sind stielrund und kahl; selten auf Sumpfwiesen u. s. w., auch Zierpflanze. ⚇, bis 1 m, Juni u. Juli. Früher offizinell.

298. **Robinie, falsche Akazie, Robínia pseud-acácia** L. Fig. 661.

2. *Ein* Staubgefäss *frei*.

Ansehnlicher Baum mit gefiederten Blättern, deren Nebenblätter zum Schutz der jungen Knospen zu Dornen geworden sind. Die Fiederblättchen legen sich zum Schutz gegen Wärmestrahlung mittags nach oben, nachts dagegen nach unten zusammen. Die grossen

Fig. 660. Galega officinalis.

22

weissen, duftenden Blüten in starken hängenden Trauben bilden einen wirksamen Lockapparat. Die Blüten haben eine eigenartige Bürstenvorrichtung:

Fig. 661. Robina pseud-acacia.

die vor der Narbe reifenden Staubbeutel entleeren den Blütenstaub in den Hohlraum des Schiffchens und auf den mit einer Bürste versehenen Griffel. Beim Besuch drückt das Insekt das Schiffchen herunter und die Griffelbürste fährt mit dem Blütenstaub heraus und auf die Bauchseite des Insekts. Nachher zieht sich der Griffel wieder in das Schiffchen zurück, und dieses geht nach oben. Die später reifende Narbe besitzt Schutzborsten gegen Selbstbestäubung. Der Baum stammt aus Nordamerika und ist bei uns ein beliebter Zierbaum, er wird auch zur Festigung von Böschungen angepflanzt, er liefert ein gutes, zähes Nutzholz und die Rinde ein Gerbmittel. Die Kugel-Akazie hat eine durch Kultur kugelige Krone, bis 25 m hoch, Mai—Juli.

Anm. Die echten Akazien sind zu den Mimosen gehörige, Gummi liefernde Pflanzen verschiedener Länder, von denen manche Arten in Gewächshäusern gezogen werden.

Eine bekannte hierhin gehörige Zierpflanze mit 5zähnigem Kelch ist der Blasenstrauch, Colútea arboréscens L., mit blasigen Schoten.

4. Unterfam. Astralageen.

1. Schiffchen unter dem Ende mit gerader Spitze.

299. Fahnenwicke, Oxýtropis campéstris DC.
Fig. 662.

Niedere Alpenpflanze mit zahlreichen Fiederblättchen und blassgelben, rot angelaufenen Blüten (am Schiffchen 2 violette Flecken) in kurzer Aehre. In Mittel- und Nordeuropa, zwischen Felsen, selten, in höheren Gebirgen. 2|, Juli u. Aug.

2. Schiffchen ohne Spitze.

300. Traganth, Astrágalus glycyphýllus L.
Fig. 663.

Wildes Süssholz. Mit zickzackförmigem Stengel, niederliegende Kräuter, Blätter mit vielen Fiederblättchen. Die grünlichgelben Blüten in dichten, achselständigen Trauben. Im grössten Teil Europas verbreitet, bei uns hie und da in trocknen Wäldern. 2|, bis 1½ m lang, Juni.

Anm. Die echte Süssholz-Pflanze, Glycyrrhiza glabra, deren süssliche Wurzel das zum Lakritzensaft benützte Süssholz liefert, ist eine Zierpflanze mit purpurrötlichen Blüten.

Fig. 662. Oxytropis campestris.

Fig. 663. Astragalus glycyphyllos.

II. Gruppe. Hedysareen.

A. Blüten in *Dolden.*

5. Unterfam. Coronilleen.

301. Vogelfuss, Ornithopus perpusíllus L.
Fig. 664.

1. Schiff nich geschnä

Einjähriges Kräutchen, niederliegend, mit zahlreichen Fiederblättchen, behaart; die Blüten sind klein und gelblich, zu 2—3. Die Hülse endet in einen gebogenen Schnabel. Zerstreut, auf trocknen Weiden und Sandfeldern, bis 20 cm lang, Mai bis Juli. — Der Futter-V. oder Serradella, O. sativus Brot., hat Dolden von 5—10 grösseren Blüten, rosa und gelb, angebaut.

302. Hufeisenklee, Hippoerépis comósa L.
Taf. 45, 5.

Fig. 664. Ornithopus perpusillus.

2. Schiff geschnä
a) Hülse s und fl

Mit Wurzelstock ausdauernd, zahlreiche (9—15) Fiederblättchen, die gelben Blüten ähneln denen vom Schotenklee, doch kleiner und heller. In Mittel- und Südeuropa, zerstreut an sonnigen Berghalden, besonders auf Kalk, und in Süddeutschland; bis 30 cm, Mai—Juli.

303. Kronenwicke, Coroníila. Taf. **45**, 6.

Ausdauernde Kräuter, mit niederliegendem Stengel und eirunden Fiederblättchen, die auch den Pflanzenschlaf zeigen. Die ziemlich kleinen Blüten stehen in reichen Dolden und besitzen ein Pumpwerk wie der Hauhechel.

A. Blüte *weiss und rot*: **bunte K.**, **Strausswicke,** C. vária L., Taf. **45**, 6, halbkugelige, langgestielte Dolden. In Mitteleuropa an sonnigen, sandigen Abhängen und Waldrändern, besonders in Gebirgsgegenden, bis $1^1/_4$ m lang, Juni—Aug.

B. Blüte *gelb*, — wenn dann Stengel *aufrecht*, Dolde *15—20* blütig : **Berg-K.**, C. montána Scop., fadenförmige Nebenblätter. Juni; — wenn dagegen *niederliegend*, Dolde *6* bis *10* blütig: **scheidentragender K.**, C. vaginális Lam., Fig. 665, Nebenblatt gross, Mai—Juli; beide selten

Fig. 665.
Coronilla vaginalis.

auf Kalkbergen [C. émerus L. ist ein vielästiger Waldstrauch Süddeutschlands mit stielrunden Hülsen].

B. Blüten in *Trauben.*

6. Unterfam. Onobrycheen.

304. Esparsette, Onobrýchis sativa Lam. Taf. **46**, 1.

Ein ausdauerndes Kraut mit grossen, 6—13 paarig gefiederten Blättern. Die rosenroten, dunkler gestreiften Blüten sind ziemlich gross und stehen obendrein in langen Trauben, so dass ihnen reicher Insektenbesuch sicher ist, sie haben die Klappvorrichtung des Klees, und da die Kronenröhre kurz ist, sind Bienen die Bestäuber. Die Hülse hat Rippen und Höcker. Hie und da auf Bergwiesen und Kalkhügeln in Mittel- und Südeuropa; auch als Viehfutter kultiviert, bis 60 cm, Mai—Juli.

[Hedysarum obscúrum, **Süssklee,** in den Sudeten, ist nahe verwandt, purpurrot, hat mehrgliedrige Schoten.]

III. Gruppe. Vicieen.

A. Röhre der Staubfäden *schief* abgeschnitten (daher der freie Teil der oberen viel länger als der der unteren), Fig. 666.

Fig. 666.
Vicia fata, Staubfadenröhre.

305. Erve, Ervum.

Kleine, meist einjährige Kräuter mit dünnem Stengel, vielpaarig gefiederten Blättern und sehr

kleinen, unansehnlichen Blüten, einzeln oder in armblütigen Trauben, meist bis 60 cm, Juni u. Juli.

[Sehr selten sind die ausdauernden Arten mit reichblütigen Trauben, von denen E. pisifórme Peterm. gelb blüht, die anderen weiss und violett, dabei ist E. silvàticum Peterm. kahl , E. cassùbicum Peterm. (gar.zrandige Nebenblätter) und E. órobus Kittel (am Grunde gezähnte Nebenblätter) sind weichzcttig.]

A. Blatt *ohne Ranke*: **Linsenwicke,** E. e-vilia L., weiss, violett gestreift, kultiviert und verwildert, bis 60 cm, Juni u. Juli.

Fig. 667.
Ervum hirsutum.

B. Blatt *mit Ranke.*

I. Nebenblätter *ungleich*: **einblütige E.**, E. monánthos L., einzelne Blüten, lila, selten, auf Aeckern.

II. Nebenblätter *wenig verschieden*, — wenn dann Hülsen flaumig *behaart*: **behaarte E., Zitterlinse,** E. hirsútum L., Fig. 667, bläulichweiss, überall auf Aeckern, an Hecken und sandigen Ufern; — wenn dagegen Hülse *kahl*: **viersamige E.**, E. tetraspérmum L., meist 4 samig, blassviolett, häufig, ebenda.

306. Linse, Lens esculénta Much. Fig. 668.

Einjähriges, flaumig behaartes Kraut mit 6 paarig gefiederten oberen Blättern und kleinen weisslichen Blüten zu 2—4 auf dürnen Stielen. Die länglichen oder rautenförmigen Hülsen enthalten 2 platte scharfrandige Samen. Wichtige Gemüsepflanze, bis 30 cm hoch, Juni u. Juli.

307. Wicke, Vícia.

Kräuter mit meist schwachem Stengel, die sich daher mit den Wickelranken der Blätter an Stützen festhalten müssen, die Saubohne, die kräftiger ist, besitzt dagegen keine

Fig. 668. Lens esculenta.

2. Griffel *einseitig* behaart.
a) Griffel *innen* behaart.

b) Griffel *aussen* lang behaart.

Ranken. Manche Arten (z. B. die Zaun- und Saat-W.) haben an den Nebenblättern schwarze Honigdrüsen, deren Bedeutung man in der Abspeisung von Ameisen sieht, um sie vom Honig der Blüten fernzuhalten oder als Schutzgarde gegen andere Insekten anzulocken (?). Die Blüten haben vielfach schöne, auch kontrastreiche Farben (Lockapparat) und eine Bürstenvorrichtung wie die Robinie. Eine artenreiche Gattung, die fast über die ganze Welt verbreitet ist und manche guten Futterpflanzen liefert.

A. Stiel des Blütenstands *kürzer* als eine Blüte.

I. Blatt *nicht rankend*, Fig. 669: **Saubohne, Puffbohne**, V. faba L., Fig. 669, Blüten zu 2—6, Blätter 1—3 paarig gefiedert, weiss mit schwarzem Fleck, behaarte Hülsen, stammt aus Asien, oft als Gemüse- und Futterpflanze angebaut. ☉, bis 1¼ m, Juni u. Juli. [Die seltene V. lathyróides L. hat zuweilen Ranken an

Fig. 669. Vicia faba. Fig. 670. Vicia sepium.

den oberen Blättern, Blüte hellviolett, Hülse kahl.]

II. Blatt *rankend*, Fig. 670 und 671.

a) Blüten zu *3—5*: **Zaun-W.**, V. sépium L., Fig. 670, mit dünnem Stengel, Blüten purpurviolett, überall an Hecken, Zäunen, an Wäldern. ♃, bis 30 cm, April—Juni.

b) Blüten *einzeln oder zu 2*, Blüte blau und rot [V. lútea L., sehr selten unter der Saat, ist gelb], — wenn dann die Hülse *länglich rund* und *gelbbraun*: **Saat-W., Futter-W.**, V. sativa L., Fig. 671, mit 7 paarigen, eiförmigen, stachelspitzigen Blättchen, Fahne bläulich, Flügel purpurn, Schiffchen weisslich, auf trocknen Wiesen, oft angebaut, ☉ u. ⊖, bis 50 cm, Juni u. Juli; — wenn dagegen Hülse *lineal* und *schwarz*: **schmalblättrige W.**, V. angustifólia Roth., mit schmalen Blättchen, gleichmässig purpurn, häufig auf Saatfeldern. ☉, Mai u. Juni.

B. Stiel des Blütenstands *viel länger* als die Blüte, Fig. 672.

I. Blatt nur *4—5* paarig, Nebenblatt *langgezähnt*: **Hecken-W.**, V. dumetórum L., Fig. 672, rotvio-

lett, Stengel kahl, zerstreut, in Gebirgswäldern. ♃, bis 3 m hoch, Juli u. Aug.

II. Blatt etwa *10* paarig, Nebenblatt *ganzrandig*, — wenn dann Traube *höchstens von Blattlänge*: **Vogel-W.**, V. cracca L., Taf. **46**, 2, mit dünnem Stengel, zahlreiche violette bis rötliche Blüten,

Fig. 671. Vicia sativa. Fig. 672. Vicia dumetorum.

anliegend behaart, häufig, auf Wiesen, in Hecken und Gebüschen, ♃, bis 1¼ m, Juli u. Aug.; — wenn dagegen die Traube *viel länger*: **dünnblättrige W.**, V. tenuifólia Roth., Stengel fast kahl, blauviolett, Flügel weisslich, selten, auf Bergwiesen. ♃, Juni—Aug.

Anm. Die **Kichererbse**, Cicer ariétinum L., drüsig-klebrig, auf aufgeblasenen Hülsen, wird hie und da in Süddeutschland kultiviert.

Fig. 673. Lathyrus vernus, Staubfadenröhre.

B. Staubfadenröhre *gerade* abgeschnitten (daher die freien Fäden gleich lang), Fig. 673.

307. **Walderbse, Orobus.** Taf. **46**, 3. 1. Blatt ohne Ranke, Fig.

Der Platterbse (s. unten) sehr ähnlich, aber die Blätter ohne Ranke, nur mit Spitze am Ende.

Futterkräuter, die Knollen der knolligen W. essbar.

A. Blatt *5—6* paarig gefiedert: **schwarze W.**, O. niger L., Fig. 674, die Blättchen unten blaugrün, beim Trocknen schwarz werdend; die in langgestielter, aber kurzer Traube stehenden Blüten sind anfangs purpurn, später blau, häufig, in trocknen Laubwäldern Mitteleuropas. ♃, bis 1 m lang, Juni u. Juli.

Fig. 674. Orobus niger.

B. Blatt *2—3*paarig gefiedert, — wenn dann der Stengel *geflügelt*: **knollige W.**, O. tuberósus L., mit knolligem Wurzelstock, Blatt unten matt, violett, häufig, in Wäldern; — wenn dagegen der Stengel *nur kantig*: **Frühlings-W.**, O. vernus L., Taf. **46**, 3, mit kahlem Stengel, Blättchen eirund, fein gewimpert, Blüten rot, dann blau und grün, häufig, in Gerbigswäldern M.- u. N.-Europas; beide ♃, 40 cm, April u. Mai.

308. **Erbse, Pisum satívum** L. Taf. **46**, 4.

Kultivierte, einjährige Gemüsepflanze (viele Spielarten) mit grossen laubartigen Nebenblättern, der schwache Stengel hält sich mit Blattranken aufrecht. Stengel und Laub sind mit einer bläulichen Wachsschicht bedeckt als Schutz gegen Regenwasser und zu starke Transpiration. Die Blüten sind weiss, die Fahne zuweilen rötlich, sie zeigen eine Bürsteneinrichtung wie die Robinie und werden von Bienen bestäubt, die in ihnen Honig finden. Die Heimat der E. ist unbekannt, man fand sie schon in Pfahlbauten der Schweiz. Bis 60 cm, Mai—Juli.

309. **Platterbse, Láthyrus.** Taf. **46**, 5 u. 6.

Kräuter mit schlaffem Stengel, daher oft mit Ranken kletternd, bei manchen sind die Fiederblättchen verschwunden (Ranke), statt ihrer sind dann aber die sonst kleinen Nebenblätter gross, so dass sie die Arbeit der Laubblätter übernehmen können. Hinzukommt, dass zu diesem Zweck bei manchen Arten selbst der Blattstiel geflügelt oder blattartig geworden ist. Die ansehnlichen Blüten haben eine Bürstenvorrichtung wie die Robinie. Die Hülsen-

Fig. 675. Lathyrus aphaca.   Fig. 676. Lathyrus nissolia.

hälften drehen sich bei der Reife schraubig zusammen zur Ausstreuung der Samen. Einige sind gute Futterkräuter, manche Zierpflanzen.

A. *Ohne* Fiederblättchen (nur Nebenblätter), —

wenn dann die Nebenblätter *gross, pfeilförmig*, Fig. 675: **nebenblättrige P.**, L. áphaca L., Fig. 675, mit stielrundem Blattstiel, 1—2 kleine gelbe Blüten, zerstreut, auf bebauten und unbebautem Land in M.- und S.-Europa, ☉, bis 30 cm, Juni u. Juli; — wenn dagegen Nebenblätter *klein, pfriemlich*, Fig. 676: **blattlose P.**, L. nissólia L., Fig. 676, Blattstiel blattartig, purpurn, selten, auf Aeckern u. s. w., ☉, bis 50 cm, Mai–Juli.

B. *Mit* Fiederblättchen.

I. Stengel *ungeflügelt*, — wenn dann Stengel *weichhaarig*, Blüte *gelb*: **Wiesen-P.**, L. praténsis L., Taf. **46**, 5, lebhaft gelbe Blüten in langgestielter Traube, Nebenblätter ziemlich gross, breit lanzettlich, häufig, auf feuchten Wiesen, an Hecken und Gräben ganz Europas; — wenn dagegen der Stengel *kahl* und die Blüte *dunkelrosa* (wohlriechend): **knollige P**., L. tuberósus L., Ausläufern mit Knollen, zerstreut, im Getreide; beide ♃, bis 1 m, Juni u. Juli.

Fig. 677. Lathyrus palustris.

II. Stengel *geflügelt*, Fig. 677.

a) Blüten zu *1 oder 2*, — wenn dann der Blütenstand *kürzer als das Blatt*: **Saat-P.**, L. satívus L., weiss, selten rötlich, Hülse kahl, angebaut, bis 20 cm; — wenn dagegen der Blütenstand *länger als das Blatt*: **behaarte P.**, L. hirsútus, blau oder violett, Hülse rauhhaarig, selten, in der Saat; bis 1 m, beide ☉, Mai u. Juli.

b) *Reichblütiger* Blütenstand, — wenn dann das Blatt *einpaarig*: **Wald-P.**, L. silvéstris L., Taf. **46**, 6, der kletternde Stengel schmal geflügelt, Blättchen lanzettlich, Blatt geflügelt, fleischrot, Fahne unten purpurn, in ganz Europa, zerstreut, an Waldrändern, Hecken, felsigen Hängen; — wenn dagegen das Blatt *2—3paarig*: **Sumpf-P.**, L. palústris L., Fig. 677, Blattstiel ungeflügelt, blau, selten, auf Sumpfwiesen; beide ♃, 1 m und länger, Juli u. Aug.

7. Unterfam.: Phaseoleen.

310. **Bohne, Phaséolus vulgáris** L. Fig. 678.

Einjähriges Kraut, das sich windend an einer Stütze festhält; die Keimblätter sind dick und fleischig (Nahrungsspeicher) und treten beim Keimen über die Erde, um dann noch den Blättern gleich zu ergrünen. Das Blatt ist gross und dreiteilig, bei

Fig. 678. Phaseolus vulgaris.

Nacht richtet sich sein Stiel empor und die Teilblätter senken sich ("Pflanzenschlaf"). Die gelblichweissen, rötlichen oder blassvioletten Blüten stehen in Trauben, sie haben eine Bürstenvorrichtung wie bei der Robinie. ⊙, bis 3 m hoch, Juli—Sept. — Wichtige Gemüsepflanze, aus Ostindien stammend, in zahlreichen Spielarten gezogen, wobei man die hohen, windenden Formen als **Stangenbohnen** von den niedrigen, nicht windenden **Buschbohnen** unterscheidet. — Die **Feuer-B.**, Ph. multiflórus Willd., aus Südamerika, mit zinnoberroten Blüten ist eine Zierpflanze.

79. Fam. Steinbrechgewächse, Saxifraceen.

1. Mit 4 oder 5 Staubgefässen. **311. Herzblatt, Parnássia palustris** L. Taf. 55, 1.

a. Mit 5 drüsigen Staminodien und oberständigen Fruchtknoten. Auch Leberkraut, Studentenröschen. Ein ausdauerndes Kraut, dessen Stengel ein einziges, sitzendes, herzförmiges, saftiges (feuchter Standort) Blatt besitzt. Die einzeln stehende Blüte ist gross, weiss, längsstreifig, sie duftet nach Honig, der von 5 umgewandelten Staubgefässen mit Drüsenwimpern abgesondert wird. Die Blüte blüht sehr lange, die Staubbeutel werden zuerst reif, zuerst stehen sie um den Fruchtknoten herum, werden nacheinander reif, stellen sich dann in die Mitte und legen sich zuletzt wieder in die Ebene der Blumenblätter, wodurch sie die nun reife Narbe frei machen. So wird Fremdbestäubung gesichert. Die Kapsel enthält viele kleine, mit Hautmantel versehene Samen, die durch den Wind verbreitet werden. Zerstreut auf Sumpfwiesen u. s. w., an Gipsbergen (N.- und M.-Europa), bis 25 cm, Juni u. Juli.

b. Ohne Staminodien, Fruchtknoten unterständig. **312. Stachel- und Johannisbeere**, Ribes. Taf. **47**, 1 u. 2.

Sträucher mit gelappten Blättern, bei der Stachel-B. mit Stacheln zum Schutz gegen Weidetiere, bei der schwarzen J. haben die Blätter (und Beeren) zu demselben Zweck wanzenähnlichen Geruch. Die Blüten sind unscheinbar, erscheinen aber bei der Stachel-B. sehr früh, vor dem Laub und wenn nur erst wenig Pflanzen blühen, so dass sie doch Insekten anlocken, bei der Johannis-B.

stehen sie obendrein zu vielen vereinigt in Trauben. Der Honig liegt bei den letzteren frei auf der Blütenscheibe und wird daher von kurzrüsseligen Insekten geholt. Die Blüten nicken bei der Stachel-B. zum Regenschutz, und lassen zuerst die Staubbeutel reifen (Fremdbestäubung). Die fleischigen, erst beim Reifen süss werdenden Beeren locken Vögel zur Verbreitung der Samen an, wozu auch die leuchtende Farbe der Beeren bei den Johannis-B. beiträgt. Angepflanzt als Obst (zu Fruchtsäften, Wein, Likör), und dann viel grossfrüchtiger in verschiedenen Spielarten, einige als Ziersträucher.

A. *Mit* Stacheln, Blüten zu 2—3: **Stachel.-B.**, R. grossulária L., Taf. 47 2, grünlich-gelb, Stacheln 3teilig, an Felsen und Mauern, kultiviert, bis 1½ m hoch, April u. Mai.

B. *Ohne* Stacheln, Blüten in *Trauben*: **Johannisbeere.**

I. Kelch und Blütenboden *flaumig*, Blätter *drüsig punktiert*: **schwarze J.**, R. nigrum L., Blätter spitzlappig, Beere schwarz, zerstreut, an schattigen Bächen, in feuchten Wäldern, auch kultiviert.

II. Kelch und Blütenboden *kahl*, Blätter *nicht drüsig*: **rote J.**, R. rubrum L., Taf. 47, 1, stumpflappige Blätter, Blüte grünlich-weiss, Beere rot, kultiviert; beide aus Nordosteuropa und Asien stammend, bis 1½ m, April u. Mai. [R. petráeum Wolf. Riesengebirge und Vogesen, hat am Rande bewimperte Kelchzipfel, R. alpínum, Gebirgswälder, hat aufrechte drüsige Trauben.]

Anm. Als Ziersträucher werden gezogen: R. aureum Pursh. mit goldgelben, R. sanguíneum Pursh. mit roten Kelchen und Kronen.

313. Milzkraut, Chrysosplénium. Taf. 55, 2. *2. Mit 8 od. Staubgef. a. Nur fl. vorhande blättrig, 1 fächer*

Auch Goldmilz, Goldbecher. Ein ausdauerndes Kraut, als Schattenpflanze auf feuchtem Boden mit saftigen Blättern. Die Blüten sind gelbgrün und wenig sichtbar, daher wird Fremdbestäubung manchmal versäumt, dann wird die Blüte nickend und der Blütenstaub fällt auf die Narbe derselben Blüte.

Wenn die *nierenförmigen* Blätter *wechselständig*: — **wechselblättriges M.**, Ch. alternifólium L., Taf. 55, 2, häufig, in feuchten Laubwäldern, an Quellen u. s. w. in fast ganz Europa, bis 15 cm, März u. April; — wenn dagegen die *halbkreisrunden* Blätter *gegenständig*: **paarblättriges M.**, Ch. oppositifólium L., selten, an Gebirgsbächen, bis 10 cm, Mai u. Juli.

314. Steinbrech, Saxifraga. Taf. **47**. *b. Kelch Krone 5 bl. Kapsel 2 fö*

Meist zierliche Kräuter, oft mit Blattrosette, zum grossen Teil Gebirgspflanzen, die des trocknen Standorts wegen z. T. fleischige Blätter haben. Der körnige St. hat am Grunde zur vegetativen Vermehrung kleine Wurzelzwiebeln. Bei manchen Arten haben die oberen Stengelteile (und der Kelch) klebrige Drüsenhaare, durch welche ankriechende Insekten von der Blüte ferngehalten werden. Die Blüten sind klein, aber in grösserer Zahl zum Lockapparat vereinigt. Die Blütezeit dauert lange, und die Staubbeutel werden vor den Narben reif, sie erheben sich nacheinander und legen sich wieder nach Abgabe des Blütenstaubs, zuletzt wird die Narbe reif. Die Abgabe des Blütenstaubs erfolgt durch Drehung der Staubbeutel. Durch alles dies wird Fremdbestäubung gesichert. Der Honig ist leicht zugänglich für kurzrüsselige Insekten als Bestäuber (Fliegen). A. Blätter am Rand *mit* Kalkschüppchen weisspunktiert (wenigstens in der Jugend), — wenn dann die Blätter *gegenständig*: **gegenständiger St.**, S. oppositifólia L., Taf. **47**, 3, kriechend und rasenbildend, mit sehr ästigem Stengel und rundlichen, dachziegelartigen Blättern, purpurrot, später blau, steinige Orte höherer Gebirge (Süddeutschland, Riesengebirge). ♃, bis 20 cm lang, Mai, Juni, Aug.;

Fig. 679.
Saxifraga aizoon.

Fig. 680.
Saxifraga tridactylites.

— wenn dagegen Blätter *wechselständig*: **Trauben-St.**, **Nabelkraut**, S. aizoon Jacq., Fig. 679, Rosette von zungenförmigen Blättern, Blüten weiss mit grünen Adern, oft rotpunktiert, höhere Gebirge. ♃, bis 30 cm hoch, Juni u. Juli.
B. Blätter *ohne* Kalkschüppchen.
I. Wurzelstock *nur* mit blühendem Hauptstengel (*ohne blütenlose* Nebenstengel).
a) Blütenstengel *mit* Blättern, — wenn dann am Wurzelstock *mit* körnigen Knöllchen: **körniger St.**, S. granuláta L., Taf. **47**, 4, untere Blätter langgestielt, nierenförmig - stumpflappig, grosse weisse Blüten in gipfelständiger Schirmtraube, häufig, auf Wiesen und

Grashügeln, an Waldrändern (Mitteleuropa), ♃, bis 40 cm, Mai u. Juni; — wenn dagegen nur eine einjährige Wurzel *ohne* Knöllchen: **dreifingeriger St.**, S. tridactylítes L., Fig. 680, Blätter 3spaltig, weiss, herdenweise auf Sandfeldern, Mauern u.s.w., ☉, bis 15 cm, April u. Mai. [S. rotundifólia L. der süddeutschen Alpen mit nierenförmig-rundlichen Blättern, Zierpflanze.]
b) Blütenstengel *ohne* Blätter: **Judenbart**, S. sarmentósa L., mit Ausläufern, S. crassifólia L. ohne Ausläufern, beides Zierpflanzen.
II. Wurzelstock neben den Blütentrieben *noch* mit *Rosetten-* oder *Büscheltrieben*.
a) Kelchzipfel *zurückgeschlagen*: **Sumpf-St.**, S. hírculus L., Fig. 681, mit beblättertem Stengel goldgelb, zerstreut, in Torfwiesen, ♃, Juli bis Sept. [Blattlosen Stengel haben Por-zellanblümchen, S. umbrósa L. (Blattgrund keilig), Jehovablümchen, S. hirsúta L. (Blattgrund herz- oder nierenförmig), beides Zierpflanzen.]

Fig. 681.
Saxifraga hirculus.

Fig. 682.
Saxifraga decipiens.

b) Kelchzipfel *aufrecht* oder *wagrecht*.
1. *Mit* Rosettentrieben, — wenn dann die Rosettenblätter *handförmig*, *5—9spaltig*: **rasenartiger St.**, S. decipiens Ehrh., Fig. 682, weiss oder gelblich, Felsen höherer Gebirge (Harz), ♃, bis 25 cm, Mai u. Juni: — wenn dagegen Rosettenblätter *lineal, ungeteilt* oder *3 spaltig*: **moosartiger St.**, S. muscóides Wulf., grünlichgelb, Felsen der bayrischen Alpen und Schneegrube im Riesengebirge.
2. *Ohne* Rosettentriebe: **gelber St.**, S. aizóides L., Taf. **47** 5, rasenbildend, dickliche glänzende Blätter, safrangelb, nasse Felsen, an süddeutschen Gebirgsbächen. ♃, bis 15 cm, Juli u. Aug.

80. Fam. Dickblattgewächse, Crassulaceen.

1. Kelch und Krone *6—20zählig, 12—24 Staubgefässe.*

315. Hauswurz, Dachwurz, Sempervívum.

Taf. 47 6.

Auch Hauslauch. Die Kurztriebe mit sehr dichtstehenden dicken Blättern kennzeichnen deutlich den trocknen Standort. Der sprossende H. hat kugelige und daher leicht fortrollende Ableger zur Verbreitung durch den Wind. Die Blüten sind klein, aber zahlreich und dicht zusammenstehend zum Lockapparat. Der Honig liegt ziemlich offen für kurzrüsselige Insekten, die obendrein an einem Nährgewebe der Blumenblätter Nahrung finden. Die Staubbeutel werden zuerst reif, einzelne Narben aber schon mit den letzten reifend (Fremd- bezw. Selbstbestäubung).

Wenn Kelch und Krone *sternförmig ausgebreitet*: **gemeine H.**, S. tectórum L., Taf. **47**, 6, Blätter mit kurzer Spitze, gewimpert, purpurrot, Felsen und Dächer, oft nur verwildert; bis 50 cm; — wenn dagegen Kelch und Krone *glockig aufrecht*: **sprossende H.**, S. soboliferum Sims., Blätter kahl, gelblichweiss, Felsen, Sandhügel, bis 25 cm; beide ♃, Juli u. August.

2. Kelch und Krone *5zählig, 10 Staubgefässe.*

316. Fetthenne, Mauerpfeffer, Sedum. Taf. 54.

Fleischige Kräuter; die kurzen Wurzeln, der rasige Wuchs, die blauen, aber zahlreichen, dichtstehenden und angedrückten fleischigen Blätter mit schleimigem Inhalt (Wasserspeicher) zeigen die Oedlandpflanze des trocknen Standorts an. Die Blätter des scharfen M. sind durch pfefferartigen Geschmack gegen Tierfrass geschützt. Manche Arten vermehren sich durch Ausläufer. Die 5 äusseren Staubbeutel der Blüten reifen zuerst, dann erst die 5 innern, und fallen ab, hierauf werden erst die 5 Narben reif, dadurch ist natürlich Fremdbestäubung gesichert. Die Frucht ist eine Kapsel, die bei trocknem Wetter geschlossen, bei feuchtem offen ist, wobei dann der Regen die leichten Samen fortschwemmt (in die Mauer- und Felsenritzen hinein).

A. Blätter *flach* und *breit* [mit ausdauerndem Wurzelstock, das sehr seltene (Elsass) S. cepáeum L. hat dünne einjährige Wurzeln, hellrote Blüten und drüsenflaumige Stengel], alle bis 50 cm hoch.

  I. Blüten *grüngelb*: **grösste F.**, **Donnerblatt**, S. máximum Sut., an steinigen Orten, in Wäldern, zerstreut, Juli u. Aug.

  II. Blüten *rot*, — wenn *obere* Blätter am Grunde *abgerundet*: **knollige F.**, S. teléphium L., Taf. **54**, 1, häufig, an trocknen, felsigen Anhöhen und Waldrändern (Nord- und Mitteleuropa), Juli u. Aug.; — wenn dagegen *alle* Blätter am Grunde *keilförmig*: **rote F.**, S. fabária L., selten an Felsen der Gebirge.

B. Blätter *schmal* und *dick*.

  I. *Weiss* oder *rötlich*.

  a) Blatt *drüsig behaart*: **drüsenhaarige F.**, S. villósum L., zerstreut, auf Torfwiesen. ☉, bis 20 cm, Juni u. Juli.

  b) Blatt *kahl*, — wenn dann die *Rispe kahl*: **weisse F.**, S. album L., Fig. 683, Blätter wechselständig, hie und da an Felsen, alten

Fig. 683. Sedum album.   Fig. 684. Sedum reflexum.

Mauern, Dächern; — wenn dagegen die *Rispe drüsig-flaumig*: **dickblättrige F.**, S. dasyphyllum L., Blätter meist gegenständig; selten, an Mauern und Felsen; beide ♃, bis 25 cm, Juni—Sept.

  II. Blüten *gelb*.

  a) Blatt *mit* Stachelspitze, Fig. 684, rechts unten: **zurückgekrümmter F.**, S. refléxum L., Fig. 684, Blätter stielrund, am Grunde mit kurzem Sporn, Kelchblätter spitz, zerstreut, auf Felsen, Mauern, Sandfeldern (Mittel- und Südeuropa), ♃, bis 30 cm, Juni—Aug. [S. élegans, sehr selten, hat etwas flache Blätter und stumpfe Kelchblätter.]

  b) Blatt *ohne* Stachelspitze, Fig. 685 rechts.

    1. Blatt *eiförmig* (fast so breit wie lang), — wenn dann die Blätter *locker*, von *scharfem* Geschmack: **scharfe F.**, S. acre L., Taf. **54**, 2, rasenförmig ausgebreitet; — wenn dagegen Blätter *dicht* stehend, von *wässerigem* Geschmack: **sechs-**

Fig. 685. Sedum boloniense.   Fig. 686. Tillaea muscosa.

zeilige F., S. sexanguláre L.; beide häufig, auf Felsen, Mauern, Sandfeldern. ♃, bis 15 cm, Juni u. Juli.

2. Blatt *walzlich* (4 mal so lang als dick): **Boulogner F.**, S, boloniénse L., Fig. 685, ebenda, selten. ♃, bis 15 cm, Juli bis Sept.

Anm. Zu dieser Familie gehören auch als sehr seltene Zwergpflänzchen (bis 4 cm hoch): a) Mit *3—4* Staubgefässen, Blüten *rötlich*; — wenn dann mit *2*samigen Kapseln: **moosartige Tilläe**, Tilláea muscósa L., Fig. 686, feuchte Sandfelder; — wenn dagegen *viel*samig: **Wasser-Bulliarde**, Bulliárda aquática DC., stehende Gewässer. — b) Mit *5* Staubgefässen: **Dickblatt**, Crássula rubens L., Aeckern und Weinberge.

81. Fam. Rosengewächse, Rosaceen.

Kräuter oder Holzgewächse mit meist wechselständigen Blättern und mit Nebenblättern, mit Blüten, die meist in Blütenständen (Doldentrauben oder Rispen) stehen, die Blütenachse ist verbreitert, die Kelchblätter sind unten zu einem Becher verwachsen, die Kronblätter nebst den zahlreichen Staubgefässen am Rand des Kelches eingefügt. Eine bedeutsame, artenreiche Familie, die vor allem in den gemässigten Erdzonen leben. — Wir unterscheiden 4 Unterfamilien.

A. 2—5jähriger Fruchtknoten mit der Kelchröhre *verwachsen* (daher *scheinbar unterständig*): 2. P o m a c e e n.

B. Stempel *ganz frei* (daher *deutlich oberständig*).
I. Mit *einem* Griffel: 3. A m y g d a l a c e e n.
II. Mit *mehr als* 1 Griffel.
a) Mit *6 oder mehr* Griffeln: 4. R o s e e n [Poterium aber mit wenigen Griffeln].
b) Mit *2—5* Griffeln [wenn mit 4spaltigem Perigon, also Kelch und Krone nicht geschieden: Poterium zu Roseen gehörig]: S p i r ä e n.

1. Unterfam. Spiräen.

317. **Spiere, Spierstaude, Geissbart, Spiráea.**
Taf. 53, 1.

Sträucher, deren Blätter bei manchen Arten zur Verringerung der Verdunstung unten weissfilzig sind. Die k n o l l i g e S p. hat zur vegetativen Vermehrung knollige Wurzelausläufer. Die Blüten sind zwar klein, bilden aber in ihren sehr grossen, dichten Blütenständen einen sehr wirksamen Lockapparat, ihr Mandelgeruch lockt Fliegen und Käfer als Bestäuber an, die sich auf ihnen umhertreiben und den Blütenstaub (daher zahlreiche Staubgefässe) als Nahrung sammeln; Honig fehlt. Die Staubfäden krümmen und strecken sich auch wohl zur Fremdbestäubung

Hoffmann-Dennert, Botan. Bilder-Atlas. 3. Aufl.

nach den Nachbarblüten. Die Früchte sind kleine Balgkapseln, beim G e i s s b a r t sind die Fruchtstände abwärts gerichtet, da sich die Kapseln aber am Scheitel öffnen, so krümmen sie sich an ihren Stielen aufwärts, um die rechtzeitige Aussaat durch den Wind zu sichern. Zahlreiche Ziersträucher, besonders die holzigen Arten mit ungeteilten Blättern. Die einheimischen A-ten haben geteilte Blätter und krautige Stengel.

A. *Ohne* Nebenblätter, Blüte meist *zweihäusig*: **Geisbart**, S. Arúncus L., weiss, selten, in feuchten Wäldern, an Ufern, Juni u. Juli.

B. Mit grossen Nebenblättern, Blüte *zwitterig*, — wenn dann die Fiederblättchen *eiförmig*, *gesägt*: **Ulmen-Sp.**, Sp. Ulmária L., Taf. 53, 1, Stengel gefurcht und rötlich, weissgelb, duftend, fast in ganz Europa, häufig, auf feuchten Wiesen, an Ufern, bis 1½ m hoch, Juni u. Juli; — wenn dagegen die Fiederblättchen *tief eingeschnitten*: **knollige Sp.**, S., filipéndula L., Fig. 687, mit Wurzelknollen, Blüten

Fig. 687. Spiraea filipendula.

etwas grösser mit rotem Anflug, zerstreut, auf trocknen Wiesen, in sonnigen Wäldern, in ganz Europa, bis 70 cm, Juni u. Juli.

2. Unterfam.: Pomaceen

(hierhin gehören unsere wichtigsten Obstsorten: Birnen und Aepfel, Kernobst).

318. **Weissdorn, Crataégus.** Taf. 48, 1.

Strauch mit Dornen gegen Tierfrass. Die weissen Blüten sind nicht sehr gross, aber die schmutzig purpurfarbenen Staubbeutel erhöhen ihre Wirkung als Lockapparat, obendrein stehen sie zahlreich in lockeren Schirmtrauben, ihr unangenehmer Geruch deutet auf Fliegen und Käfer als Bestäuber, die rote, gegen das grüne Laub lebhaft abstechende fleischige Frucht lockt Vögel zur Verbreitung der Samen an.

Wenn der Blütenstiel *kahl*: **gemeine W.**, C. oxyacántha L., Taf. 48, 1, Frucht oval, häufig, in Hecken und lichten Wäldern (ganz Europas), bis 1½ m hoch, Mai u. Juni; — wenn dagegen Blütenstiel *behaart*: **einsamiger W.**, C. monógyna Jacq., Blatt tiefer eingeschnitten, Frucht fast kugelig, ebenda 14 Tage später.

1. Blatt *gefiedert*, *gelappt* oder *wenigstens doppelt gesägt*.
a. Zweige *dornig*.

23

b Zweige *ohne Dornen.*

319. Eberesche, Sorbus. Taf. 49, 1 u. 2.

Holzgewächse. Das Blatt ist bei der Mehlbeere unterseits gegen zu starke Verdunstung weissfilzig. Die weissen Blüten sind klein, stehen aber
in grossen Blütenständen. Die fleischigen roten
Beeren locken Vögel (Drosseln) zur Verbreitung der
Samen an. — Die Eberesche steigt in den Gebirgen
bis zur Fichtengrenze (1800 m) empor, sie ist ein
Zierbaum für Parks und Alleen, obendrein liefert sie
gutes Nutzholz, andere Arten sind Ziersträucher.

A. Blatt *wenigstens am Grunde* fiederartig.

I. Blatt *ganz* gefiedert, — wenn dann die Knospen
filzig, die Frucht *zinnoberrot* und *kugelig:* gemeine E., **Vogel-** oder **Quitschbeere,** S. au-
cupária L., Taf. 49, 1, saftiggrüne Blätter, Früchte
ungeniessbar, Lockspeise für Krammetsvögel
(leider!!), häufig, in Gebirgswäldern, angepflanzt,
bis 6 m hoch; — wenn dagegen die Knospen
kahl aber klebrig, die Frucht *gelb* und *birnförmig:* **Haus-E.,** **Sperber-, Vogelbeere,** S. doméstica L., selten, in Gebirgswäldern; beide
Mai u. Juni.

II. Blatt *am Grunde* gefiedert: **Bastard-E.,** S.
hýbrida L., weiss, Frucht rot, Gebirgswälder
Thüringens, bis 4 m, Mai.

B. Blatt *nicht* gefiedert, wenn dann *ganz* oder
höchstens leicht gelappt, Früchte *kugelig* und *rot:*
Mehlbeere, Mehlbirne, S. ária Crntz, Taf. 49, 2, junge
Zweige und Unterseite der Blätter weissfilzig, bis
11 m Höhe; — wenn dagegen die Blätter *gelappt*
sind (Fig. 688) und die Früchte *eiförmig, braun- und
weisspunktiert:* **Elsebeere, Ruhrbirne,** S. tormináalis
Crntz, Fig. 688, Blatt wenig filzig, bis 15 m hoch;
beider Früchte sind geniessbar, zerstreut, in Gebirgswäldern M.- und S.-Europas, Mai.

2. Blatt *einfach
und höchstens ein-
fach gesägt.*
a. Blüten *einzeln.*
* Griffel *kahl.*

320. Mispel, Méspilus germánica L. Taf. 48, 2.

Strauch von sparrigem Wuchs, die Blätter sind
zur Verringerung der Verdunstung unten filzig, ebenso
die Zweige. Die grossen, weissen Blüten stehen
einzeln, die kugeligen Früchte sind mehr oder
weniger kugelig und werden um Weihnachten herum
teigig, so dass sie dann von Tieren zur Verbreitung
des Samen genossen werden, auch der Mensch ge-
niesst sie und kultiviert den Strauch deshalb, in
Südeuropa bis zum Kaukasus heimisch, bis 7 m
hoch, Mai.

** Griffel *unten
dichtrollig.*

321. Quitte, Cydónia vulgáris Pers. Taf. 48, 3.

Strauch oder Baum mit länglich - eiförmigen
Blättern, die auch wieder unten weissfilzig sind, die
grossen weissen, etwas rötlichen Blüten stehen einzeln. Die Frucht (rundlich: Apfel - Qu., länglich:
Birn-Qu.) ist gelb, flaumig, duftend. Die Qu. soll
aus dem Orient stammen und wird der Früchte

wegen (zu Kompott, Gelee) angebaut, bis 5 m
hoch, Mai.

322. Felsenbirne, Amelánchier vulgáris Mnch.
Fig. 689.

b. Blüte
Blütenstä
* In *Tra*

Strauch mit eirunden, unten filzigen Blättern,
die Blumenblätter sind schmalkeilförmig, weiss;
die beerenartigen Früchte sind schwarz und sehr süss,

Fig. 688. Sorbus torminalis.   Fig. 689. Amelanchier vulgaris.

daher von den die Samen verbreitenden Vögeln sehr
gesucht. Hie und da an felsigen Berghalden der
Alpen, am Rhein, auf Kalkfelsen der schwäbischen
Alb, bis 2 m hoch, Mai.

**323. Berg-. Zwerg- oder Felsenmispel, Coto-
neáster vulgáris Lindl. Fig. 690.**

** In *D
traub*
o Krone
länger a
Kelchz

Strauch mit gewundenen Aesten und eirunden,
unten wieder weissfilzigen Blättern (Beschränkung

Fig. 690. Cotoneaster vulgaris.

der Verdunstung). Die
kleinen Blüten sind blassrot. Am Kelchrand wird
Honig abgesondert, über
den sich die Kronblätter
schützend neigen. Die
Narben werden zuerst reif,
so dass Fremdbestäubung
eintreten muss; unter-
bleibt sie, so fällt dann
aber doch noch zuletzt
Blütenstaub auf die lang-
lebigen Narben. Die
erbsengrossen Früchte
sind rot. Stellenweise auf Kalkfelsen Süd- und
Mitteldeutschlands, bis 1½ m hoch, April u. Mai.

324. Birn- und Apfelbaum, Pirus. Taf. 49, 3 u. 4.

oo Kro
länger
Kelcha

Bäume mit eirundlichen Blättern. Der junge
wilde Birnbaum ist unten durch Dornen gegen

Weidetiere geschützt. Die Knospen sind durch pergamentartige Schuppen geschützt, die jungen Blätter in ihnen zusammengerollt und seidenhaarig zum Schutz gegen Regen, Tierfrass, starke Verdunstung und Kälte. Beim Birnbaum sind die Blätter später kahl, beim Apfelbaum noch unten behaart. Die Blüten sind gross und weiss, beim Apfelbaum erscheinen sie vor der vollen Laubentfaltung. Bei ihm sind die Staubbeutel gelb und der Duft angenehm, was auf Bienen und Hummeln als Bestäuber schliessen lässt, während die dunkelbraunroten Staubbeutel und der Geruch nach Heringslake bei der Birne Fliegen anlocken. Die saftigen, fleischigen Früchte werden erst zur Zeit der Samenreife weich, süss, bunt und z. T. auch duftend. Erst dann locken sie Tiere zur Verbreitung der Samen an, die selbst durch eine pergamentartige Schale, sowie durch Gift (Amygdalin-)Gehalt geschützt sind. Die wilden Früchte sind übrigens immer klein und mehr oder weniger herb („Holzäpfel"). Aus den wilden Formen stammen wohl die heute kultivierten ab, von denen es viele Spielarten gibt (von der Birne ca. 1500, vom Apfel ca. 600). Wenigstens vom Apfelbaum ist die Abstammung nicht sicher. Die Früchte („Kernobst") werden sehr verschieden benützt, vor allem als Obst und zu Wein.

Wenn der Blattstiel *so lang* wie die Spreite, Griffel *frei*: **Birnbaum,** P. commúnis L., Taf. 49, 3, bis 20 m hoch, April; — wenn dagegen der Blattstiel *halb so lang* wie die Spreite, Griffel *unten verwachsen*: *Apfelbaum*, P. malus L., Taf. 49, 4, bis 10 m hoch, April u. Mai.

3. Unterfam.: Amygdalaceen
(neben der vorigen Unterfamilie wertvolle Obstarten enthaltend: Steinobst).

325. Mandel, Amýgdalus communis L. Taf. 50, 1.

Baum mit länglich-lanzettlichen Blättern, die Blüten sind rosarot (auch der glockenförmige Kelch ist zur Verstärkung des Lockapparats dunkelrot), sie erscheinen vor dem Laub. Die Steinschale der Frucht ist glatt, mit kleinen Löchern. Die Samen sind bei einer Abart („bittere" Mandeln) giftig durch Blausäure. Die Pflanze stammt angeblich aus Mittelasien und wird in Südeuropa angebaut, weil die Samen als Nahrungsmittel, im Haushalt und in Konditoreien verwendet werden, bis 10 m hoch, April. — Die kurze gestielte Zwergmandel, A. nana L., ist ein Zierstrauch.

326. Pfirsich, Pérsica vulgáris Mill.
Strauch oder Baum mit länglich-lanzettlichen Blättern. Die hellroten Blüten entfalten sich vor

dem Laub. Die schönen Früchte haben eine sammetartig behaarte Oberfläche, die Steinschale ist tief gefurcht. Die Früchte werden erst zur Zeit der Samenreife weich, saftig, süss und duftend, gelb und rot, und locken dann die Tiere zur Verbreitung der Samen an. Die letzteren haben eine sehr harte Schale und der Keimling enthält giftiges Amygdalin zum Schutz gegen Tierfrass. Die Pflanze soll aus Persien stammen und wird jetzt in S.- und M.-Europa in vielen Spielarten gezogen. In Norddeutschland gedeiht die Pfl. gewöhnlich nur als Spalierbaum an geschützten Stellen; bis 8 m hoch, April.

327. Kirsche, Pflaume, Aprikose, Prunus. Taf. 50. 2. Blüte *weiss*.

Holzgewächse mit eiförmigen Blättern, die in der Jugend gefaltet oder gerollt und mit Firnis überzogen sind (Schutz). Manche Arten haben am Blattstiel rote, Honig absondernde Drüsen. Die grossen, weissen Blüten stehen in Dolden oder Trauben. Bei der Zwetsche sind die Blüten unscheinbar, treten aber auch vor der Belaubung auf. Die Staubbeutel und Narben werden bei der Kirsche gleichzeitig reif, so dass Fremd- und Selbstbestäubung eintreten kann, bei der Zwetsche dagegen reifen die Narben zuerst. Die Früchte sind fleischig und zurzeit der Samenreife süss, bunt und weich zur Verbreitung der Samen, die selbst eine steinharte Schale und Gehalt an Amygdalin haben (Schutz).

A. Frucht *sammethaarig*, Blatt in der Knospe gerollt: **Aprikose,** P. armeniaca L., Taf. 50, 2, die Blätter sind rundlich, 2—3fach gesägt, die Blüten kurzgestielt, die kugelige Frucht hat eine Längsfurche und ist orangegelb, an der Samenseite rot, der Stein am Rand gefurcht, in S.- und M.-Europa als beliebtes Obst in vielen Spielarten angebaut, bis 6 m hoch, April.

B. Frucht *kahl*.

I. Frucht *bereift*, Steinschale *uneben*, Blatt in der Knospe *gerollt*.

a) Blütenstiel *kahl*, Blüte *einzeln*, — wenn dann *mit* Dornen: **Schlehe, Schwarzdorn,** P. spinósa L , Fig. 691, Früchte kugelig, aufrecht und blau, herb, in ganz Europa, häufig, an Hecken, bis 3 m hoch, März u. April; — wenn dagegen *ohne* Dornen: **Kirschpflaume,** P. cerasifera Ehrh., Frucht hängend, kugelig rot, angepflanzt, März u. April.

b) Blütenstiel *flaumhaarig*, Blüten *meist zu 2*, — wenn dann die Zweige *kahl*: **Zwetsche,** P. doméstica L., Taf. 50, 3, Blüte grünlichweiss, Frucht eiförmig, in manchen Spielarten angepflanzt, bis 10 m, April; — wenn dagegen die Zweige *sammethaarig*: **Pflaume,** P. insitítia L., Frucht fast kugelig,

(linke Randnotizen:)
te rötlich.
senschicht
teinfrucht
ocken.

senschicht
einfrucht
iftig.

in manchen Spielarten (**Reineclaude, Mirabelle** u. s. w.) angepflanzt, wild als **Haferschlehe,** April u. Mai.

II. Frucht *nicht bereift*, Steinschale *glatt*, Blatt in der Knospe *gefaltet*.

a) Blüten zu *2* oder in *Dolden*, — wenn dann an ihrem Grunde *nur Schuppen*, Blattstiel *mit* 2 Drüsen: Süsskirsche,

Fig. 691. Prunus spinosa.

P. ávium L., mit aufrechten Aesten, Frucht süss, stammt wohl aus Kleinasien, häufig, als Vogelkirsche verwildert, bis 10 cm hoch, April u. Mai; — wenn dagegen am Grunde der Dolden *Laubblätter*, Blattstiel *ohne* Drüsen: **Sauerkirschen,** P. cérasus L., Taf. **50**, 4, mit mehr hängenden Aeste, Frucht sauer, in zahlreichen Spielarten kultiviert in allen Kulturländern der gemässigten Zone, bis 7 m, April u. Mai.

c) Blüten in *Trauben*, — wenn diese *schirmartig aufrecht* sind: **Weichselkirsche,** P. Máhaleb L., Holz und Laub wohlriechend, selten in Wäldern, Mai u. Juni; — wenn dagegen die Trauben *gestreckt und hängend*: **Trauben-** oder **Ahlkirsche, Elsebeere, Faulbaum,** P. padus L., Taf. **49**, 5, Blattstiel mit 2 Drüsen, Früchte beerenartig schwarz, zerstreut, in feuchten Wäldern und Gebüschen, fast in gunz Europa, als Zierstrauch gehalten, bis 10 m hoch, Mai.

4. Unterfam.: Roseen.

Wir unterscheiden 4 Gruppen.

A. Fruchtboden *becherartig* und zuletzt *fleischig*: 2. Euroseen.

B. Fruchtboden *nicht becherartig und fleischig,* — wenn dann *krautig*: 3. Potentilleen: — wenn dagegen *erhärtend* und die Nüsschen einschliessend: 1. Sanguisorbeen.

1. Gruppe: Sanguisorbeen.

1. Blütenboden aussen *mit hakigen Stachelborsten.*

328. **Odermennig,** Agrimónia. Taf. **51**, 1.

Ausdauernde, rauhhaarige Kräuter mit unterbrochen gefiederten Blättern. Die goldgelben Blüten sind klein und stehen in langen Aehren. Honig fehlt und Insektenbesuch ist gering; wenn daher auch die Narben zuerst reifen, so krümmen sich doch die Staubbeutel bald über sie hin zur Selbst-

bestäubung. Die Früchte heften sich mit den hakigen Stacheln des weiterwachsenden Fruchtbodens an das Fell vorüberstreifender Tiere, die sie verschleppen.

Wenn der *verkehrt kegelförmige* Fruchtboden *der ganzen Länge nach* tief gefurcht ist: **gemeine O.,** **Ackermennig,** A. eupatória L., Taf. **51**, 1, untere Stacheln weit abstehend [bei A. pilosa in Ostpreussen nach oben gerichtet], häufig, in lichten Wäldern, an Wegen, fast in ganz Europa, bis 1 m, Juni—Sept.; — wenn dagegen der *halbkugelige* Fruchtboden *nur bis zur Mitte* schwach gefurcht: **wohlriechender O.,** A. odoráta Mill., zerstreut, auf grasigen Waldstellen, bis 2 m, Juni—Aug.

329. **Wiesenknopf,** Sanguisórba L. Taf. **51**, 2.

2. Blüten ohne Sta borste

Ausdauernde Kräuter mit unpaarig gefiederten Blättern. Die Blüten sind unscheinbar, duft- und honiglos und stehen zahlreich in kopfigen Aehren; die lang und leicht beweglich heraushängenden Staubfäden und die pinselförmigen Narben zeugen von Windbestäubung. Beim gemeinen W. hat man aber auch beobachtet, dass die Bestäubung von einem die Blüte als Brutstätte benutzenden Schmetterling (Bläuling) bewirkt wird.

Wenn die Blüten *zwitterig* sind mit *4* Staubgefässen: **gemeiner W.,** S. officinális L., Fig. 692, die länglichen Blütenköpfchen dunkelrot, häufig, auf feuchten Wiesen, im Hügel- und Gebirgsland Europas, bis 90 cm, Juni — Aug.; — wenn dagegen Blüten *einhäusig* im Köpfchen (unten männlich, oben weiblich), mit

Fig. 692. Sanguisorba officinalis.

zahlreichen Staubgefässen: **kleiner W., Becherblume, Bibernelle,** S. minor Scop., Taf. **51**, 2, die kugeligen Blütenköpfchen grünlich, häufig, auf trocknen, steinigen Hügeln, besonders Kalk, auch als Futterkraut angebaut, bis 50 cm, Mai—Juli.

2. Gruppe: Euroseen (echte Rosen).

330. **Rose,** Rosa. Taf. **48**, 4 u. **52**, 1.

Sträucher mit Stacheln (nicht Dornen!) als Schutz gegen Weidetiere und mit gefiederten Blättern, deren angewachsene Nebenblätter in der Knospe die jungen zum Schutz zusammengeklappten Blättchen umhüllen. Die jungen Triebe sind rot gefärbt, was man als Lichtschutzdecke des noch frischen Blattgrüns ansieht. Die Blüten sind gross und duftend, bilden daher auch, obwohl nicht zahlreich zusammenstehend einen wirksamen Lockapparat. Die 5 Kelchzipfel sind gefiedert, die 5 Blumenblätter muschelig gewölbt, so dass sich in ihnen oft der Blütenstaub aus den zahlreichen Staubgefässen (am Rand des becherförmigen Blütenbodens) ansammelt, um dann von den zahlreichen sich in den Blüten umhertreibenden, kurzrüsseligen Insekten als Nahrung gesucht und dabei auf die Narben verschleppt zu werden. Abends schliessen sich die Blumenblätter als Schutzdach über dem Blütenstaub. Der becherförmige Blütenboden wird fleischig und scharlachrot als Lockmittel für die den Samen verbreitenden Tiere. — Eine mit vielen Arten über die nördliche Halbkugel verbreitete Gattung, seit alters als Zierpflanzen kultiviert und zwar in zahlreichen Abarten, 14 deutsche Arten, blühen im Juni.

A. Früchtchen (im Becher) *so lang, als sie selbst* sind, gestielt.
I. Stacheln alle *ziemlich gleich*: **Hunds-R.**, R. canína L., Taf. **48**, 4, Stacheln derb sichelförmig, zusammengedrückt, Fiederblättchen scharf gezähnt, rosenrot, selten weiss, überall in Hecken, bis 3 m, Früchte als „Hagebutten" eingemacht.
II. Stacheln *ungleich* (stärkere und schwächere).
a) Blatt unten *ohne Drüsen*, aber filzig: **filzblättrige R.**, R. tomentósa Sm., Fig. 693,

Fig. 693. Rosa tomentosa.   Fig. 694. Rosa rubiginosa.

Blatt unten graugrün, Strauch buschiger als die Hunds-R., blassrosenrot, Frucht borstig, hie und da in Wäldern und Hecken in N.- und M.-Europa, bis 2 m.
b) Blatt unten *drüsig*, — wenn dann die Blumenblätter am Rand *drüsig-gewimpert*; **Apfel-R.**, R. pomífera Herm., Frucht violett und drüsigborstig, zerstreut, in Gebirgen, bis 2 m; — wenn dagegen die Blumenblätter *nicht drüsig gewimpert*: **Wein-R.**, **Christusdorn**, R. rubiginósa L., Fig. 694, aromatisch riechende Blätter, Blüten rosenrot, Frucht kahl und rot, hie und da an Hügeln und trocknen Waldrändern, bis 1½ m.

B. Früchtchen (im Becher) *höchstens ganz kurz* gestielt.
I. Nebenblätter an blühenden und nichtblühenden Zweigen *von gleicher Form und Grösse.*
a) Griffel *verwachsen*: **Feld-R.**, **kriechende R.**, R. arvénsis Hnd., Taf. **52**, 1, niederliegender Strauch, weiss, geruchlos, Blätter oben glänzendgrün, unten blaugrün glanzlos, zerstreut (Süddeutschland), an Hecken und Wegen (W.- und M.-Europa), bis 2 m.
b) Griffel *frei*, — wenn dann die Fiederblättchen *einfach* gesägt: **Bibernell-R.**, R. pimpinellifólia L., Fig. 695, viele gerade Stacheln, Blüte weiss, Frucht schwarz [Monatsrose, R. damascéna L., hat gekrümmte Stacheln und rote Blüten und Früchte, kultiviert], zerstreut, auf sonnigen Kalkhügeln, an sandigen Meeresküsten, bis 1¼ m;

Fig. 695. Rosa pimpinellifolia.

— wenn dagegen die Fiederblättchen *doppelt* und drüsig gesägt: **französische R.**, **Essig-R.**, R. gállica L., Kelchzipfel und Blütenstiele drüsig, Blüte rot, zerstreut, an Wegen und Berghängen, auch kultiviert, bis 1½ m [**Zentifolia**, R. centifólia L., hat weichflaumige und drüsige Blätter, kultiviert, aus Persien].
II. Nebenblätter an blühenden Zweigen *breiter und anders gestaltet* als an den nicht blühenden, — wenn dann Fruchtstiele *zurückgekrümmt*: **Gebirgs-R.**, R. alpína L., rot, zerstreut, in Schluchten höherer Gebirge, 1¼ m; — wenn dagegen Fruchtstiele *aufrecht*: **Zimmet-R.**, R. cinnamómea L., Kelch und Blütenstiel kahl, rot, kugelige Frucht [bei der seltenen R. turbináta Ait. Süddeutschlands: Blütenstiel und Kelch drüsig, Frucht kreiselförmig].

3. Gruppe: Potentilleen.

A. Mit *1 oder 4* Staubgefässen.

331. **Frauenmantel, Sinau, Alchemilla.** Taf. **52**, 2.
Kräuter mit trichterförmig gestellten Blättern, die Regen auffangen. Die Blüten sind klein und gelblichgrün (nur Kelch) und zeigen alle Abstufungen von eingeschlechtigen zu zwitterigen Blüten, sie zeigen meist Selbstbestäubung, trotzdem die Narben vor den Staubbeuteln reifen, indem nämlich die Narben zur Staubbeutelhöhe emporwachsen. In feuchter

Luft schliessen sich die Staubbeutel zum Schutz des Blütenstaubs. Honig ist in der Blüte vorhanden und zwar auf offener Scheibe, so dass sich kurzrüsselige Insekten (besonders Fliegen) als Bestäuber einfinden. Der gemeine Fr. ist ein Lieblingsfutter von Schafen und Kühen.

Fig. 696. Alchemilla arvensis.

Wenn die Blätter *nur gelappt* und die Blüten in endständigen *Trugdolden*: **gemeiner Fr.**, A. vulgáris L., Taf. **52**, 2, häufig, in schattigen Wäldern und feuchten Wiesen, ⚇, bis 30 cm, Juni bis Aug. (ändert sehr ab); — wenn dagegen die Blätter *handförmig gespalten*, Fig. 696, Blüten *geknäuelt* in den Blattachseln: **Acker-F.**, A. arvénsis Scop., Fig. 696, auf Feldern und feuchten Brachäckern, ⊙, bis 6 cm hoch. Mai—Sept.

B. Mit *zahlreichen* Staubgefässen.

1. *5* Kelchblätter in *1* Reihe.

332. Brombeere, Rubus. Taf. 51.

Ausdauernde Kräuter oder Sträucher, welche zur vegetativen Vermehrung Schösslinge treiben und an Stengeln und Blättern Stacheln als Schutz gegen Tierfrass besitzen. Zur Verminderung der Verdunstung haben die Blätter weissfilzige Unterseiten. Die weissen oder roten Blüten sind ziemlich gross und bilden einen wirksamen Lockapparat. Durch lange Blütezeit und allmähliches Reifen von Narben und Staubbeuteln wird die Bestäubung gesichert. Die zahlreichen Früchtchen sind zu einer blauen (bereiften) oder roten Scheinfrucht vereinigt, jedes ist ein Steinfrüchtchen mit fleischiger Hülle, während der Samen selbst sehr hartschalig ist, dadurch werden Vögel angelockt, welche die ganzen Früchte fressen, wobei die hartschaligen Samen den Verdauungskanal ungehindert passieren. Die Früchte benutzt der Mensch als Obst. Die Himbeere kultiviert er deshalb. Die Brombeere mit ihren zahllosen Arten und Spielarten bilden eine der schwierigsten Gattungen. Wir können hier nur wenige Arten nennen.

A. Stengel *krautig*, — wenn dann das Blatt *einfach 5lappig*: **Zwerg-Himbeere**, R. chamaemórus L., Fig. 697, einblütig, Blüten 2häusig, Frucht rot, ohne Stacheln, selten, auf Hochmooren (Riesengebirge), bis 15 cm, Mai—Juli; — wenn dagegen das Blatt *3zählig*: **Felsen-Br.**, R. saxátilis L., Fig. 698, wenige Stacheln, Blüte mehr grünlichweiss, Frucht rot, zerstreut, auf Felsboden, besonders Kalk, bis 30 cm, Mai—Juni.

B. Stengel *holzig-strauchig*.

I. Blatt *5 lappig*, Stengel rot-drüsig: **wohlriechende Br.**, R. odorátus L., Zierstrauch, rot, wohlriechend, Juni.

II. Blatt *geteilt*, — wenn dann *gedreit* oder *gefiedert*, Frucht *rot*: **Himbeere**, R. idaeus L., Taf. **51**, 3, die blütentragenden Stengel sind 2jährig, Blatt unten weissfilzig, Blüten in Trauben, Frucht rot oder gelb, häufig, besonders in Gebirgswäldern, 1¹/₂ m, Mai—Aug.;

— wenn dagegen das Blatt *gefingert* oder *gedreit* ist, Frucht *blauschwarz*

Fig. 697.
Rubus chamaemorus.

Fig. 698.
Rubus saxatilis.

[R. cáesius L. blaubereift]: **Brombeere**, R. fruticósus L., Taf. **51**, 4, stumpfkantiger Stengel, Blatt gefaltet, unten graufilzig, häufig, in Wäldern und Hecken, ausser im hohen Norden und Hochgebirge, bis 3 m hoch, Juli u. Aug. Aendert in sehr vielen Formen ab.

333. Nelkenwurz, Benediktenkraut, Geum. Taf. 51, 5 u. 52, 3.

Ausdauernde Kräuter mit unterbrochen gefiederten Blättern, beim gemeinen N. ist die Wurzel durch nelkenartigen Geruch gegen Mäusefrass geschützt. Beim Ufer-N. ist die Knospe aufrecht, die Blüte dagegen zum Schutz nickend, die Narben werden zur Sicherung der Fremdbestäubung zuerst reif, später aber wird durch Krümmung des Blütenstiels und Wachsen der Kronblätter Selbstbestäubung als Notbehelf erstrebt. Die weiterwachsenden Griffel werden beim gemeinen N. zu Haken, mit denen sich die Frucht an vorüberstreifenden Tieren anheftet, beim Ufer-N. zu einem federigen Flugorgan. Das Volk schätzt die gemeine N. als Gewürz und Heilpflanze (gegen Unterleibsschwäche).

Fig. 699.
Geum urbenum,
Stengel.

Wenn das obere Glied des Griffels *kürzer* als das untere und nur am Grunde *flaumig*: **gemeiner**

2. *10* Kelch in *2* Rei. (grosse u. abwechse a. Griffel ständig, und weite send. Fig

N., G. urbánum L., Taf. **52**, 3, obere Blätter 3 zählig, die langgestielten Blüten gelb, häufig, an Zäunen, Hecken, Waldrändern, bis 50 cm, Juni – Sept.; — wenn dagegen das obere Glied *fast so lang* wie das untere und *zottig*: **Ufer-N.**, G. rivále L., Taf. **51**, 5, Blätter grundständig, Blüte gelb und kupferrot angelaufen, bis 50 cm, April u. Mai.

334. Erdbeere, Fragária. Taf. 52, 4.

Ausdauernde Kräuter, die lange Ausläufer treiben zur Bildung neuer Pflanzen als Ersatz für die seltenere Samenbildung. Die 3teiligen Blätter sind unten weissfilzig zur Verminderung der Verdunstung. Die weissen Blüten sind nicht gross, stehen aber auf hohem Stiel, nachts und bei Regen werden sie (zum Schutz) nickend. Die Narben werden zur Sicherung der Fremdbestäubung zuerst reif. Der Kelch bleibt zum Schutz der reifenden Frucht erhalten. Diese ist eine „Scheinfrucht", sie entsteht durch Fleischig- und Saftigwerden des Blütenbodens, in dem dann die kleinen Nüsschen (mit sehr harter Schale) liegen. Die Früchte sind rot; da sie aber am Boden liegend doch ziemlich versteckt sind, so duften sie, um Vögel anzulocken. Die Verbreitung der Samen ist daher ebenso wie bei der Brombeere. Blütezeit: Mai u. Juni.

A. Blütenstiel mit *abstehenden* Haaren: **hohe E.**, Fr. elátior Ehrh., seltener, in Gebirgswäldern, als „Zimt-E." kultiviert.

Fig. 700.
Fragária vesca,
Stengel.

B. Blütenstiel mit *aufrechten oder anliegenden* Haaren, — wenn dann der Fruchtkelch *abstehend oder zurückgebogen*: **gemeine E.**, Fr. vesca L., Taf. **52**, 4, häufig, in Wäldern und Gebüschen, in ganz Europa, bis 15 cm hoch; — wenn dagegen der Fruchtkelch *angedrückt*: **Hügel-E.**, Fr. collína Ehrh., zerstreut, auf sonnigen Hügeln, in Gebüschen.

335. Blutauge, Siebenfingerkraut, Cómarum palústre L. Fig. 701.

Ausdauerndes Kraut mit gefiederten, oben dreizähligen Blättern, oft rot angelaufen. Die dunkelpurpurnen Blüten bilden lockere Trauben, die kleinen Schliessfrüchte stehen auf einem schwammigen Fruchtboden. Zerstreut, in moorigen Sümpfen und nassen Wiesen in Nord- und Mittel-Europa, bis 50 cm hoch, Juni und Juli.

Fig. 701. Comarum palustre.

336. Fingerkraut, Potentilla. Taf. 52, 5.

Kräuter oder Halbsträucher mit meist ausdauerndem und rasenbildendem Wurzelstock, auch manchmal Ausläufern oder Schösslingen zur vegetativen Vermehrung. Die Blätter sind geteilt, die Nebenblätter am Stiel angewachsen. Die Blüten sind bei manchen Arten ziemlich klein. Wenn Fremdbestäubung unterbleibt, so sind zur Erreichung der Selbstbestäubung Bewegungen von Blütenstielen und Staubgefässen beobachtet worden. Die Schliessfrüchte stehen auf schwach gewölbtem, manchmal etwas schwammigem, doch nie fleischigem Fruchtboden.

Fig. 702. Potentilla rupestris.   Fig. 703. Potentilla anserina.

— Die Gattung ist in zahlreichen Arten über die ganze nördliche Halbkugel (ausser den Tropen) verbreitet.

A. Blatt *gefiedert*, Fig. 702 u. 703.

I. Blüte *weiss*: **Felsen-F.**, P. rupéstris L., Fig. 702, abstehend behaart, wenige ansehnliche Blüten in lockeren Trauben, selten, an felsigen und sonnigen Stellen, besonders im Kalkgebirge von M.- und S.-Europa. ♃, bis 30 cm, Mai u. Juni.

II. Blüte *gelb*, — wenn dann Pflanze *ohne* Ausläufer: **niederliegendes F.**, P. supína L., Krone kürzer als der Kelch, hie und da auf feuchten, sandigen Aeckern, ⊙, bis 30 cm lang, Juni bis Okt.; — wenn dagegen *mit* Ausläufern kriechend, Fig. 703: **Gänse-F.**, P. anserína L., Fig. 703, Blatt unten silberhaarig, häufig, an Wegen, Gräben, auf Rasenplätzen, ♃, bis 50 cm lang, Mai—Aug.

B. Blatt *gefingert*, Fig. 704 u. ff.

I. Blüte *weiss*, — wenn dann das Blatt 5—7zählig, Fig. 704: **weisses F.**, P. alba L., Fig. 704, Blatt oben kahl, unten seidenhaarig, ohne Ausläufer, bis 20 cm lang, April u. Mai; — wenn dagegen das Blatt *3*zählig, Fig. 705: **Erdbeer-F.**, P. fragariástrum Ehrh., Fig. 705, rasenbildend, bis 10 cm hoch, März u. April; beide ♃, zerstreut auf trocknen Hügeln, in lichten Wäldern. [Das letztgenannte F. ist der Erdbeere ähnlich, aber Fiederblättchen rundlich (E. länglich) oben matt (E. oben glänzend), Kronblatt ausgerandet (E. abgerundet)].

Fig. 704. Potentilla alba.   Fig. 705. Potentilla fragariastrum.

II. Blüte *gelb*.

a) Blütenhülle *4zählig* (meist), — wenn dann Stengel an den Knoten *wurzelnd*, Nebenblatt *ganz*, mit *3 Zähnen*: **gestrecktes F.**, P. procúmbens Sibth., selten, in schattigen Wäldern, ♃, Juni u. Juli; — wenn dagegen an den Knoten *nicht wurzelnd*, Nebenblatt *3 bis vielspaltig*, Fig. 706: **Tormentill, Blutwurz**, P. tormentilla Ehrh., Fig. 706, häufig, in lichten Wäldern und Wiesen. ♃, bis 40 cm, Juni—Aug.

b) Blütenhülle *5zählig* (meist).

1. Stengel *ausläuferartig, wurzelnd*: **kriechendes F.**, P. reptans L., Fig. 707, Blätter 5zählig mit eiförmigen Blättchen, überall (ausser

Fig. 706. Potentilla tormentilla.   Fig. 707. Potentilla reptans.

dem hohen Norden) an Wegen, Gräben, Grasplätzen häufig. ♃, bis 60 cm lang, Mai—Aug.

2. Stengel *nicht ausläuferartig* und *nicht wurzelnd* [wenigstens die unteren Blätter 5 bis 7zählig, P. norvégica L., 3zählig, sehr selten.]
* Blätter unten *filzig*.
○ Blätter unten *weiss*-filzig: **silberweisses F.**, P. argéntea L., Fig. 708, Stengel aufstrebend, Blättchen tief eingeschnitten gesägt, am Rande umgerollt, kleine Blüten in lockeren Trauben, häufig an Wegen und unbebauten Orten (N.- und M.-Europa). ♃, bis 30 cm hoch, Juni u. Juli.

Fig. 708. Potentilla argentea.

○○ Blätter unten *grau*-filzig, — wenn dann auf *beiden* Seiten grau-filzig: **graues F.**, P. cinérea Chaix, zerstreut, an trocknen, felsigen Orten, ♃, April u. Mai; — wenn dagegen *nur unten* graufilzig: **Hügel-F.**, P. collína Wib., Früchtchen ohne Kiel, selten, auf sandigen Hügeln, ♃, Mai u. Juni [P. canéscens Bess. sehr selten, hat Früchtchen mit Kiel].
** Blätter *nicht filzig*, sondern *langhaarig*.
○ Blühende Stengel *einzeln*: **aufrechtes F.**, P. recta L., Früchte mit breitem Kiel [P. pilósa Willd. Thüringen; hat sehr schmalen Kiel], seltener an steinigen Hügeln, an Waldrändern, ♃, Juni u. Juli.
○○ Blühende Stengel *zu mehreren* (rasenförmig), — wenn Stengel und Blattstiel mit *aufrechten* Haaren: **Frühling-F.**, P. verna L., Taf. **52**, 5, untere Blätter langgestielt 5—7zählig, untere kurzgestielt 3—5zählig, häufig, auf trocknen Hügeln, Weiden, Feldrändern, ♃, bis 15 cm, März—Mai; — wenn dagegen die Haare *abstehend*: **glanzloses F.**, P. opáca L., Stengel oft rot angelaufen, selten, auf sonnigen Hügeln, an Waldrändern. ♃, Mai u. Juni.

82. Fam. Platanen, Platanaceen.

337. Platane, Plátanus.

Bäume mit wechselständigen, gelappten Blättern und tutenförmigen Nebenblättern. Die Blüten sind unscheinbar, stehen an langen, leicht beweglichen, hängenden Stielen in dichten kugeligen Kätzchen, ohne Honig und Duft — Eigenarten, die auf Windbestäubung schliessen lassen. Die Blüten sind eingeschlechtig und ohne Perigon. Die Staubbeutel haben einen schildförmigen Teil, hinter dem sich in Hohlräumen der Blütenstaub ansammelt, die Schilde berühren einander, durch Ausfallen entstehen Lücken, aus denen der Wind den Blütenstaub herausfegt. — Die P. sind ihres schnellen Wuchses und schönen Laubes wegen als Park- und Alleebäume beliebt. Die bei uns kultivierten Arten haben eine sich in Platten loslösende Korkschicht, bis 20 m hoch, April u. Mai.

Wenn die Blätter *wenig gelappt*, die Stiele *braun*: **abendländische P.**, P. occidentális K., aus Amerika; — wenn dagegen die Blätter *tiefer gelappt*, mit *grünen* Stielen: **morgenländische P.**, P. orientális L., aus Asien.

XXV. Reihe: Myrtenblütige.

83. Fam. Nachtkerzengewächse, Oenotheraceen.

338. Nachtkerzen, Oenothéra biénnis L.
Taf. 53, 2.

Eine zweijährige Pflanze, deren Wurzel im ersten Jahr fleischig, im zweiten trocken und holzig ist, sie bildet im ersten eine Blattrosette (Winterschutz), im zweiten einen hohen Stengel mit Blättern und Blüten. Der Stengel ist weichhaarig, die langgestreckten Blätter stehen wechselständig. Die grossen (Krone ¹/₂ der Röhre), gelben, besonders abends leuchtenden Blüten stehen in langen Aehren und bilden mit ihrem abendlichen Duft und langen Röhre einen ausgesprochenen Lockapparat für langrüsselige Dämmerungsfalter, zumal die Blütenpforte sich dem Aufblühen durch Drehung des Fruchtknotens wagerecht stellt. Die Staubbeutel reifen vor den Narben, wodurch Fremdbestäubung gesichert ist. Die N. ist aus Virginien bei uns eingebürgert, hie und da an Flussufern und Sandplätzen häufig. Die Wurzel ist essbar (Rhapontikawurzel, Rapunzel). Bis 1 m hoch, Juni—Aug. — Seltener ist O. muricáta Persh. mit kurzen Kronenblättern (¹/₃ der Röhre). Auch manche Zierpflanzen gehören hierhin.

339. Weidenröschen, Epilóbium. Taf. 53, 3.

Ausdauernde Kräuter mit schmalen, kleinen, aber zahlreichen Blättern (Lichtgenuss), manche mit starker Behaarung als Schutz gegen zu starke Verdunstung und Tierfrass. Vom Grunde der sitzenden Blätter laufen bei manchen Arten Leisten am Stengel herunter zur Regenableitung. Manche Arten haben grosse, andere kleine Blüten, beide in Trauben gehäuft, bei jenen herrscht die Wirksamkeit des Lockapparats entsprechend Fremdbestäubung, bei diesen

Selbstbestäubung vor. Bei dem schmalblätterigen W. verstärken rote Kelche und Blütenstiele den ansehnlichen Lockapparat. Verglichen mit der Nachtkerze ist die Blütenröhre kurz, weshalb Bienen als Bestäuber in Betracht kommen. Ein Platzwechsel zwischen den zuerst reifenden Staubbeuteln und den später reifenden Narben begünstigt Fremdbestäubung; aber als Notbehelf kann auch Selbstbestäubung eintreten, indem sich bei manchen Arten am Schluss des Blühens die Narben zu den Staubbeuteln hinkrümmen (schmalblätteriges W.) oder die Staubbeutel zur Narbenhöhe emporwachsen (kleinblütiges W.) Die Frucht ist eine Kapsel, die Samen haben einen Haarschopf, mit dem sie fliegen und sich im Keimbett festhalten. Uebrigens entstehen bei manchen Arten neben dieser Vermehrung im Schatten Ausläufer, die dem Licht entgegenwachsen. („Rettung ins Licht".) — Die W. sind recht veränderlich und bilden Bastarde, daher oft schwer zu bestimmen.

A. *Alle* Blätter *wechselständig*: **schmalblätteriges W.**, E. angustifólium L., Taf. 53, 3, die lanzettlichen, aderigen Blätter sind höchstens schwach gezähnt, Fruchtkapsel seidenartig behaart, häufig, an lichten sandigen Waldstellen in N.- und M.-Europa, bis 1¹/₂ m hoch, Juli u. Aug. [E. rosmarinifólium Hänke, in den Gebirgen, selten, hat aderlose Blätter].

B. Die *unteren* Blätter *gegen- oder quirlständig*.
I. Stengel *mit erhabenen* oder *behaarten Leisten*.
1. Blatt *deutlich gestielt*, Fig. 709: **rosenrotes W.**, G. róseum Schreb., Fig. 709, hie und da an sumpfigen Stellen und Gräben, bis 60 cm, Juli u. Aug.
2. Blatt *höchstens kurz gestielt*, Fig. 710.

Fig. 709. Epilobium roseum.   Fig. 710. Epilobium tetragonum.

a) Die mittleren Stengelblätter *herablaufend*, der Stengel geflügelt: **vierkantiges W.**, E. tetragónum L., Fig. 710, kleine rosen-

24

(margin notes left column:) ich am r röhrenmig. te gelb, n ohne schopf.

rot, Sail Haaropf.

rote Blüte, zertreut an Bächen und Sümpfen, bis 1¹⁄₄ m, Juli u. Aug.

b) Blätter *höchstens undeutlich herablaufend,* — wenn dann die Blätter zu *3—4 quirlständig*: **dreikantiges W.**, E. trigónum Schrank, Blatt sitzend, rosenrot, höhere Gebirge, bis 1 m, Juli u. Aug.; — wenn dagegen die Blätter *meist gegenständig*: **dunkelgrünes W.**, E. obscúrum Rchb., Stengel sehr ästig, Blatt sitzend, kleine trübrosenrote Blüten, zerstreut, an Gräben, Quellen, Waldplätzen, bis 1 m, Juni u. Juli. [E. mitans Schmidt, Erzgebirge und Sudeten, hat einfache Stengel. Kurz gestielte Blätter haben E. originifólium Lam. (Blatt eiförmig lanzettlich, unten

Fig. 711. Epilobium hirsutum.   Fig. 712. Epilobium parviflorum.

breit) und E. alpínum L. (Blatt länglich, unten schmal), beide in den höheren Gebirgen.]

II. Stengel stielrund, meist *ringsum gleichmässig behaart*, Fig. 711.

1. Narben *keulig zusammengeneigt*: **Sumpf W.**, E. palústre L., Blatt schmal lanzettlich, sitzend, mit Ausläufern, blassrot, hie und da auf Sumpfwiesen, bis 50 cm, Juli u. Aug.

2. Narben *ausgebreitet*, Fig. 711 u. 712.

a) Kelchblätter *stachelspitzig*, Blüte *gross*: **zottiges W.**, E. hírsútum L., Fig. 711, Blatt stengelumfassend, etwas herablaufend, purpurfarben, häufig, an feuchten Stellen, an Flüssen und Gräben, bis 1¹⁄₂ m, Juni bis Sept.

b) Kelchblätter *nicht stachelspitzig*, Blüte *klein*, — wenn dann der Stengel *weichhaarig*, *zottig*: **kleinblütige W.**, E. parviflórum Schreb., Fig. 712, das Blatt länglich-lanzettlich, fein gezahnt, lila oder weiss, hie und da

auf feuchten Wiesen, an Ufern, bis 60 cm, Juni u. Juli; — wenn dagegen der Stengel *kahl oder anliegend flaumig*: **Berg-W.**, E. montánum L., Fig. 713, Blatt eiförmig, stark gezahnt, fleischrot, fast weiss, häufig, in Wäldern und Gebüschen, Juni—Aug.

A n m. Diesen beiden Gattungen verwandt ist die Zierpflanze Fuchsia mit ihren zahlreichen Abarten.

Fig. 713. Epilobium montanum.

340. Hexenkraut, Circáea. Taf. **53**, 4.

Kraut, das z. T. zur Vermehrung an den Enden unterirdischer Triebe Knollen trägt. Die zarten Blätter kennzeichnen es als Waldschattenpflanze. Das Laub ist zum Schutz gegen Schneckenfrass reich an Kristallen (Raphiden). Der rinnige Blattstiel dient der Regenableitung, die Drüsenhaare an Stengel und Fruchtknoten als Schutz gegen Honigdiebe. Die kleinen zuerst rötlichen, dann weissen Blüten stehen in Trauben. Die Schliessfrucht hat hakige Haare, mit denen sie sich an vorüberstreifende Tiere heftet.

A. Blütenstiel *ohne* Deckblatt: **gemeines H.**, C. lutetiána L., Taf. **53**, 4, Stengel behaart, häufig, in feuchten schattigen Laubwäldern. ♃, bis 50 cm, Juli u. Aug.

B. Blütenstiel *mit* borstlichem Deckblatt, Stengel kahl, — wenn dann die Frucht *kugelig*, die Pflanze ca. *30* cm hoch: **mittleres H.**, C. intermédia Ehrh., hie und da; — wenn dagegen die Frucht *keulenförmig*, Stengel höchstens *15* cm: **Alpen-H.**, C. alpína L., selten, mehr in Gebirgen; beide Juni bis August.

341. Wassernuss, Wasserkastanie, Trapa natans L. Taf. **53**, 5.

Ein schwimmendes kahles Kraut, dessen Blätter eine bemerkenswerte Arbeitsteilung zeigen: zipfelige, untergetauchte und breite, schwimmende Rosettenblätter, deren Unterseite (wie der Stengel) Drüsen mit saurem Inhalt als Schutz gegen Tierfrass besitzen. Der aufgeblasene Stiel der rautenförmigen Blätter erhöht die Schwimmfähigkeit. Die Blüten sind klein und weiss, unscheinbar, die Blütezeit ist kurz, weshalb Selbstbestäubung Regel ist. Die Frucht verwächst mit den zu Widerhaken werdenden Kelchzipfeln, mit denen sich die Frucht im Schlamm verankert. Der mehlige Kern der Nuss ist essbar. Zerstreut, in stehenden und langsam fliessenden Gewässern. ⊙, Juni u. Juli.

Anm. Hierhin gehört auch die **Isnardie**, Isnárdia palústris L., Fig. 714, eine seltene Pflanze in Torfsümpfen und langsam fliessenden Gewässern, die kleine eirunde Blätter, in deren Achseln kleine, grüne Blüten und Kapselfrüchte, hat.

Fig. 714. Isnardia palustris.

84. Fam. Weiderichgewächse, Lythraceen.

Die Familie hat bei uns krautige, in den Tropen auch strauch- und baumartige Vertreter, die Aeste sind vierkantig, die ganzrandigen Blätter gegen- oder quirlständig. Der Kelch ist röhrig, die Blüten sind rot. Von Zierpflanzen gehört hierhin Cuphea. 300 Arten in der heissen und gemässigten Zone.

ngel nieder-
t, Blatt ge-
stielt.

342. Bachburgel, Zipfelkraut, Peplis Pórtula L. Taf. **54**, 3.

Ein kleines Kraut mit niederliegendem Stengel und gegenständigen, verkehrteiförmigen Blättern. Die rosenroten kleinen Blüten stehen einzeln in den Blattachseln. Sehr zerstreut, an sumpfigen Stellen, an Teichen, auf feuchten Aeckern. ⊙, bis 10 cm lang, Juli—Sept.

engel auf-
Blatt sit-
zend.

343. Weiderich, Lythrum. Taf. **54**, 4.

Kräuter mit zahlreichen Blättern, die sich, weil schmal, den Lichtgenuss gegenseitig nicht schmälern. Die rote Blumenkrone ist 4—6 blättrig, 6 oder 12 Staubgefässe, die in den Blüten in 3 verschiedenen Höhenlagen stehen, die Narbe steht dann jedesmal in anderer Höhe, auch der Blütenstaub ist dementsprechend verschieden. Da die Fremdbestäubung dann am erfolgreichsten ist, wenn Blütenstaub und Narbe von gleicher Höhe zusammenkommen, so wird durch diese sog. „Heterostylie" jene gesichert. Die Frucht ist eine vielsamige Kapsel. 3 deutsche Arten, die z. T. ein gutes Viehfutter liefern, der gemeine W. wird auch als Zierpflanze gezogen und liefert einen roten Farbstoff für Zuckerbäcker.

A. Blüten *einzeln*, mit *6* Staubgefässen: **Ysopblättriger W.**, L. hyssopifólia L., Blüten klein, rotlila, selten, auf feuchten Aeckern und Wiesen. ⊙, bis 30 cm, Juni—Sept.

B. Blüten in *Aehren*, mit *12* Staubgefässen: wenn dann Kelchzähne *gleich lang*: rutenförmiger W., L. virgátum L., Blätter lanzettlich mit abgerundetem Grund, selten, an Gräben, ♃, bis 1,30 m, Juli u. Aug., — wenn dagegen Kelchzähne *verschieden lang*:

gemeiner W., Blutkraut, L. salicária L., Taf. **54**, 4, Blatt mit herzförmigem Grund, Blüten gross, purpurrot, in ganz Europa, häufig, an Gräben, Ufern, sumpfigen Stellen. ♃, bis 1,20 m, Juli—Sept.

85. Fam. Halorrhagisgewächse, Halorrhagaceen.

344. Tannenwedel, Hippuris vulgáris L. Fig. 715.

1. Blatt ungestielt,
Blüte zwitterig
(mit 1 Staubge-
fäss und 1 Stem-
pel, Fig. 715 oben
links).

Eine ausdauernde Wasserpflanze mit quirlständigen, einfachen, nadelförmigen Blättern, die untergetauchten sind länger und übernehmen auch Wurzelfunktion. Die sehr kleinen Blüten stehen in den Blattachseln, sie sind nackt, unscheinbar und auf Windbestäubung angewiesen, da die Narbe zuerst reif wird, so ist Fremdbestäubung sicher. Die Frucht

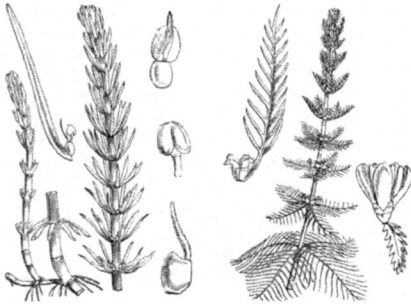

Fig. 715.
Hippuris vulgaris.

Fig. 716.
Myriophyllum verticillatum.

ist eine kleine Nuss. In stehenden Gewässern der ganzen Erde, bei uns zerstreut. ♃, die aufrechten, blühenden Stengel bis 30 cm hoch, die unfruchtbaren flutenden bis 2 m lang, Juni—Aug.

345. Tausendblatt, Myriophýllum L. Fig. 716.

2. Blatt gefiedert,
Blüte einhäusig
(Fig. 716 oben
links).

Diese Pflanzen dauern mit im Schlamm kriechenden Wurzelstock aus und treiben lange untergetauchte Stengel an die Wasseroberfläche. Die quirlig stehenden Blätter sind fein gefiedert. Die Blütenähre erhebt sich etwas über das Wasser, sie trägt oben männliche, unten weibliche Blüten, die wegen ihrer Unscheinbarkeit auf Windbestäubung schliessen lassen. In stehenden Gewässern durch Europa und N.-Asien hindurch, bei uns zerstreut. ♃, bis 2 m lang, Juli u. Aug.

Wenn *alle* Deckblätter *kammförmig fiederspaltig*, Fig. 716 links: **quirlblütiges T.**, M. verticillátum L., Fig. 716, Deckblätter länger als die Blüten, Quirl zumeist 5—6 blättrig; — wenn dagegen *obere* Deckblätter *ungeteilt*: **ährenblütiges T.**, M. spicátum L., Deckblätter kürzer als die Blüten, Quirl meist 4 blättrig.

XXVI. Reihe: Doldenblütige.

85. Fam. Doldengewächse, Umbelliferen.

Diese Familie ist gut gekennzeichnet und biologisch ziemlich einförmig. Meistens sind es Kräuter mit starker Rübenwurzel, die bei manchen Arten durch die Kultur noch verstärkt wird (Möhre, Pastinak, Sellerie u. a.), so dass sie als Gemüse benutzt werden kann. Für die Pflanze ist sie natürlich Vorratsspeicher für die Blütezeit (im 2. Jahre). Der hohle Stengel hat ebenso wie das Laub einen starken Geruch, z. T. auch Gift gegen Tierfrass. Die gegenständigen Blätter sind oft gross, aber fast stets vielfach geteilt und aus feinen Blättchen bestehend, so dass sie sich im Lichtgenuss nicht hindern, oft zeigen sie dabei deutlich Regenableitung zur Wurzel hin (durch rinnigen, schräg nach oben gerichteten Stiel). Die Blätter haben eine stark ausgebildete Scheide, welche die Knospen umschliesst und sie schützt. Die Blüten (mit 5 Kronblättern, Kelch oft kaum sichtbar) sind klein, weiss oder gelb, aber sie stehen in Dolden gehäuft, so dass sie einen weithin sichtbaren Lockapparat bilden, wobei die aussen stehenden nach aussen auch noch oft grössere Kronenblätter besitzen. Da die Blüten dabei in einer Ebene liegen, so entsteht für die Insekten eine vorzügliche Anflugstelle. Unter der Dolde (die oft wieder aus „Döldchen" besteht) finden sich Hochblätter, welche die jungen Blütenknospen als Schutz umhüllen, später sind sie abwärts gerichtet. Bei Regenwetter krümmen sich die Doldenstiele oft abwärts, so dass die Blüten vor dem Regen geschützt sind, der Honig wird in ihnen von einem Polster auf dem unterständigen Fruchtknoten abgesondert und liegt daher offen. Er wird von den zahlreichen sich auf den Blüten umhertreibenden Käfern und Fliegen geholt, wobei diese sich mit Blütenstaub einpudern. Die Blüten sind proterandrisch, d. h. also die 5 Staubgefässe sind zuerst reif, und da sie nun bei vielen Doldengewächsen vor dem Reifen der beiden Narben abfallen, so wird trotz der eben geschilderten Art der Bestäubung doch Fremdbestäubung erreicht. Die Frucht zerfällt in 2 Hälften, sie hat oft charakteristische Rillen und Leisten, oft auch Haken und Borsten zur Verbreitung durch das Fell vorüberstreifender Tiere. Durch ätherisches Oel von starkem Geruch sind sie gegen Tierfrass geschützt. Die Samen haben ein fleischiges, ölhaltiges Sameneiweiss. Die Gestalt der Früchte und die Ausbildung des Querschnitts ist oft sehr charakteristisch. — Die etwa 1300 Arten sind über die ganze Erde verbreitet, besonders aber in der gemässigten Zone, vielfach sind sie für die Vegetation sehr kennzeichnend, wegen ihres ätherischen Oels liefern sie wichtige Gewürz- und Arzneipflanzen, auch Futter- und

Gemüsepflanzen. Ihre Gattungen sind meistens artenarm. — Zur Bestimmung ist eigentlich die reife Form unerlässlich. Wir unterscheiden zunächst 13 Unterfamilien.

A. Blüten in *einfachen* Dolden oder in Köpfchen, — wenn dann *Wasser*pflanzen mit *armblütigen* Dolden, *undeutlichem* Kelch und *seitlich zusammengedrückter* [1]) Frucht, Fig. 717 links: I. H y d r o c o t y l e e n; — wenn dagegen *Land*pflanzen mit *büscheligen, köpfchenartigen* Dolden, *deutlichem* Kelch und *fast stielrunder* Frucht: II. S a n i c u l e e n.

B. Blüten in stets *zusammengesetzten* Dolden.

I. Frucht *von der Seite* zusammengedrückt, aber jedes Teilfrüchtchen rundlich (z. B. Fig. 721 unten links): III. A m m i n e e n.

II. Frucht *vom Rücken her* zusammengedrückt oder stielrund.

a) Das Teilfrüchtchen mit *5* Hauptrippen, *ohne* Nebenrippen (Fig. 733—750).

1. Die Rippen der Früchte *gleich* (z. B. Fig. 734 unten links).

aa. Eiweiss auf der Innenfläche der quer durchschnittenen Frucht *flach* oder *fast flach*: IV. S e s e l i n e e n.

bb. Eiweiss auf der Innenfläche *tief gefurcht*; — wenn dann die Frucht *viel länger* als breit: V. S c a n d i n e e n; — wenn dagegen die Frucht *kaum länger* als breit (kugelig oder eiförmig): VI. S m y r n e e n.

2. Die Rippen der Frucht *ungleich*, nämlich die am Rand breit geflügelt (z. B. Fig. 742 unten links), — wenn dann diese Flügel *auseinander spreizen* (z. B. Fig. 743 unten links): VII. A n g e l i c e e n; — wenn die Flügel sich dagegen zu einem einzigen *zusammenlegen* (z. B. Fig. 744 unten rechts): VIII. P e u c e d a n e e n.

b) Das Teilfrüchtchen ausser den *5* Hauptrippen noch *mit 4* Nebenrippen zwischen jenen (Fig. 752 unten rechts).

1. Eiweiss auf der Innenfläche *tief gefurcht* (Fig. 752 unten rechts): IX. C a u c a l i n e e n.

2. Eiweiss auf der Innenfläche *nicht gefurcht*.
  * Eiweiss auf der Innenfläche *flach*.
    aa. Früchte *ohne* Stacheln; — wenn dann auch *ohne Flügel* und vom Rücken (linsenförmig) *zusammengedrückt*: X. S i l e r i n e e n; — wenn dagegen die vier Nebenrippen *geflügelt* und die Frucht mehr *stielrund*: XI. T h a p s i e e n.

---

[1]) Die Frucht ist s e i t l i c h zusammengedrückt, wenn die beiden Teilfrüchte mit schmaler Fläche zusammenhängen (<|>), dagegen vom Rücken her zusammen ⋀ gedrückt, wenn sie mit breiter Fläche zusammenhängen ⟨⟩. Zur Untersuchung der Frucht mache man stets Quer- ⋁ schnitte.

bb. Frucht *mit* Stacheln: XII. D a u c i n e e n.
** Eiweiss auf der Innenfläche *uhrglasartig hohl* (Fig. 754 unten): XIII. C o r i a n d r e e n.

1. Unterfam. Hydrocotyleen.

346. Wassernabel, Hydrocótyle vulgáris L.
Fig. 717.

Fig. 717.
Hydrocotyle vulgaris.

Ein Sumpfkraut, daher mit kahlen und ungeteilten (schildförmigen) Blättern, der dünne schlaffe Stengel kriecht über den Boden hin oder flutet im Wasser, an den Knoten heftet er sich im ersteren Fall mit Nebenwurzeln fest. Die Blüten sind klein, weiss oder rötlich. An sumpfigen Standorten des gemässigten Europa, aber selten. ♃, Juli u. Aug.

2. Unterfam. Saniculeen.

ter stache-distelartig.

347. Männertreu, Mannstreu, Erýngium.

Meist ausdauernde, harte Kräuter, deren lederartige Blätter distelartig stachelig sind zum Schutz gegen Tierfrass; die oberen sind stengelumfassend; auch das kopfförmige Döldchen ist von dornigen Hüllblättchen umgeben. Dieser Schutz ist um so mehr angebracht, als es Pflanzen trockner Standorte sind. Die Frucht hat keine Riefen, sie ist von dem dornigen Kelch gekrönt. In den gemässigten und wärmeren Teilen der Erde.

A. Wurzelblätter fiederteilig: **Feld-M.,** E. campéstre L., Fig. 718, weisslichgrau, stark verzweigt, untere Blätter gestielt, Blüte weiss oder grünlich, auf dürren Hügeln und Aeckern in M. und S.-Europa, in S.-Deutschland, ♃, bis 50 cm hoch, Juli u. Aug.

B. Wurzelblätter ungeteilt, — wenn dann die Hüllblätter lineal-lanzettlich: **flachblättrige M.,** E. planum L., Blüte und Stengel amethystblau, in Ostdeutschland, selten, ♃, bis 50 cm, Juli—Sept ; — wenn dagegen die Hüllblätter

Fig. 718. Eryngium campestre.

breit-eiförmig: **M e e r s t r a n d - M.,** E. marítimum L., graugrün oder bläulich angelaufen, Blüte blassbläu-

lich, an Meeresküsten Europas, Nord- und Ostsee. ♃, bis 50 cm, Juni—Aug.

348. Europäischer Sanikel, Sanícula europáea L.
Fig. 719.

Ein ausdauerndes Kraut mit meist grundständigen handförmig-5teiligen Blättern, die blassroten Blüten stehen in kopfförmigen Dolden, die am Rande sind männlich. Die Früchte besitzen zur Verbreitung durch Tiere hakige Borsten. In fast ganz Europa, bei uns in schattigen Bergwäldern, zerstreut, bis 50 cm hoch, Mai und Juni.

349. Sterndolde, Meisterwurz, Astrántia major. Taf. 55, 3.

Ausdauernde Kräuter mit handförmig gespaltenen Wurzelblättern, die Blüten sind klein und unscheinbar, dagegen stellen die grossen gefärbten Hüllblätter der Dolde einen Lockapparat dar. Die Früchte haben aufgeblasene, runzelige Rippen. — In Bergwäldern von M.- und S.-Europa, bei uns selten, auch als Zierpflanze gezogen, bis 60 cm hoch, Juli u. Aug.

2. *Blätter nicht stachelig,* a. *Frucht kugelig, mit Stacheln, ohne Rippen.*

Fig. 719. Sanicula europaea.

b. *Frucht länglich mit 5 runzeligen Rippen.*

3. Unterfam. Ammineen.

A. Blätter *ungeteilt.*

350. Hasenohr, Bupleurum. Taf. 55, 4.

Kräuter mit ganzrandigen Blättern, die gelben Blüten (mit undeutlichem Kelch) stehen in zusammengesetzten Dolden, die Früchte sind länglichrund mit schwachen Rippen.

a) Früchte *körnig-rauh:* **feines H.,** B. tenuíssimum L., Blätter lineal-lanzettlich, selten, an Salinen, am Meeresstrand. ⊙, bis 25 cm, Juli u. Aug.
b) Früchte *nicht körnig-rauh.*
  1. Blatt *durchwachsen* (d. h. rings um den Stengel herum): **rundblättriges H.,** B. rotundifólium L., Taf. **55** 4, Blatt eirund, Dolde 5—7strahlig, ohne gemeinsame Hülle, aber mit „Hüllchen" (an den „Döldchen"), weit verbreitetes Getreideunkraut aus dem Mittelmeergebiet. ⊙, bis 50 cm, Juni u. Juli.
  2. Blatt *nicht durchwachsen,* — wenn dann Hüllchen *so lang wie* die Döldchen, obere *Blätter an beiden Enden schmäler*: **sichelblättriges H.,** B. falcátum L., Fig. 720, wenig verzweigt, Dolde 4—8strahlig, mit Hülle und Hüllchen,

M.- und S.-Europa, besonders auf Kalkboden, Gebüsche, Wege, ⵜ, bis 60 cm, Juni—Okt.; — wenn dagegen Hüllchen *länger als* die Döldchen, obere Blätter *herzförmig umfassend*: **langblättriges H.**, B. longifólium L., selten,

Fig. 720. Bupleurum falcatum.   Fig. 721. Cicuta virosa.

auf steinigen und waldigen Hügeln, besonders auf Kalk und Glimmerschiefer. ⵜ, bis 1 m, Juli u. Aug.
B. Blätter *geteilt*.
I. Kelch *deutlich* aus 5 Zähnen gebildet.

1. In der Ver- tiefung zwischen den Hauptrippen der Frucht liegt 1 Striemen.
a. Blatt *3fach fiederteilig*, Frucht *breit*, *rundlich*.

351. **Wasserschierling, Cicúta virósa** L. Fig. 721.
Der dicke, fleischige Wurzelstock ist durch Querwände gekammert, sein gelber Milchsaft ist als Schutz gegen Tierfrass sehr giftig. Der Stengel ist glatt, die Blättchen sind spitz und scharf gesägt. Die Dolde hat meistens keine Hülle, weisse Blüten. In N.- und M.-Europa, an feuchten Stellen, bei uns zerstreut. ⵜ, bis 1,3 m hoch, Juli u. Aug.

b. Blatt *einfach oder 3zählig*, Frucht *länglich*.

352. **Sicheldolde, Falcária Rivíni** Host.
Ausdauerndes Kraut mit sparrigen Aesten und gestreiftem Stengel, Hülle der Dolde vorhanden. Weissblühend. Selten, besonders auf Kalk- und Lehmboden, bis 60 cm, Juli u. Aug.

2. Zwischen den Hauptrippen der Frucht liegen 3 Striemen, Fig. 723 unten rechts.
a. Die Dolde steht scheinbar dem Blatt gegenüber, Frucht *breit*, *rundlich*.

353. **Werle, Bérula angustifólia** M. et K. Fig. 722.
Ausdauernd, mit fiederteiligen Blättern, die Blättchen sind eilanzettlich, gesägt oder gelappt. Die Dolde hat 15—20 Strahlen, die Hülle besteht aus vielen fiederspaltigen Blättchen, Blüte weiss. In M.- und S.-Europa, sowie W.-Asien, an nassen Stellen, in flachen Gewässern, weniger im Gebirge, bis 60 cm, Juli u. Aug.

b. Die Dolde ist endständig. Fig. 723, die Frucht *länglich*.

354. **Merk, Sium.** Fig. 723.
Blätter gefiedert, weisse Blüten. Der knollige Wurzelstock des Zucker-M. wird als Zusatz zum

Brot oder zur Branntweindestillation benutzt, diese Pflanze stammt aus Asien, ⵜ.
Wenn *alle* Blätter *gefiedert*: **breitblättriger M.**, S. latifólium L., Fig. 723, Dolde mit 20—30 Strahlen, Hülle vielblättrig, in Europa, ausser im hohen Nor-

Fig. 722. Berula angustifolia.   Fig. 723. Sium latifolium.

den, in stehenden Gewässern, bei uns zerstreut, bis 1,30 m, Juli u. Aug.; — wenn dagegen die *oberen* Blätter *3teilig*: **Zucker-M.**, S. sisarum L., Hülle 1—5blättrig, kultiviert, bis 60 cm, Juni—Aug.
II. Kelch *undeutlich*.
a) Kronblatt zwar mit eingebogenem Läppchen, aber *nicht ausgerandet*.

355. **Sellerie, Apium gravéolens** L. Fig. 724.
Mit dickem, fleischigem Wurzelstock und sehr ästigem, glattem Stengel, die Blätter sind im Gegen-

1. Hülle u. H¹ chen fehlt, c höchstens 1—3¹ fällige Blättch

Fig. 724.   Fig. 725.
Apium graveolens.   Helosciadium inundatum.

satz zu den meisten anderen Doldengewächsen etwas fleischig, was mit dem feuchten, besonders gern salzhaltigem Standort zusammenhängt. Wurzelstock und Laub haben starken, manche Tiere abschreckenden Geruch und Geschmack. Die Dolden sind vielstrahlig, die Blüten weiss. Strandpflanze M. und S.-Europas, als Gemüse- und Salatpflanze angebaut. ⚇, bis 1 m hoch, Juli—Sept.

igstens
-lichen
autrig.
einfach
, Blu-
stern-
ausge-
det.

356. **Sumpfschirm, Helosciádium.** Fig. 725.

A. *Alle Blätter gleichartig,* — wenn dann *gleichförmig stumpf-gesägt*: **knotenblütiger S.**, H. nodiflórum Koch, in Sumpfgewässern, selten, am Mittelmeer verbreitet, ⚇, bis 1 m, Juli—Sept.; — wenn dagegen Blättchen *ungleich gezahnt oder gelappt*: **kriechender S.**, H. repens Koch, ebenda, selten. ⚇, Aug.—Okt.

B. Die *untergetauchten* Blätter *haarfein geteilt*: **schwimmender S.**, H. inundátum Koch, Fig. 725, in W.- und M.-Europa, in Deutschland selten, fehlt im Süden. ⚇, bis 20 cm, Juni u. Juli.

mehr-
lerspal-
senblatt
ollt.

357. **Petersilie, Petroselínum sativum** Hoff. Taf. **55,** 5.

Ein ästiges Kraut mit dicker, wie das Laub zum Schutz gegen Tierfrass aromatisch riechender Wurzel. Die Blätter sind glänzend grün, ihre Teilblättchen eiförmig-keilig, dreispaltig, gezähnt. Dolde vielstrahlig, mit 6—8blättrigem Hüllchen, Blüten grüngelb. Eine bekannte, aus dem Mittelmeergebiet stammende Gemüse- und Gewürzpflanze. ☉, bis 1 m hoch, Juni u. Juli.

b) Kronblatt mit eingebogenen Läppchen, aber auch *ausgerandet.*

u. Hüll-
hrblätt-
ppchen
enblät
als aus-
slappig.

358. **Ammi, Ammi majus** L.

Kahles Kraut mit gefiederten Blättern, Blättchen mit knorpelig-spitzigen Zähnen. Die Hüllblätter sind geteilt, die Blüten weiss. Stammt aus Istrien, eingeschleppt. ☉, bis 1 m hoch, Juli u. Aug.

1. Hüll-
en, sel-
olättrig,
der
olätter
ait,
en den
ppen
semen
unten).

359. **Giersch, Geissfuss, Aegopódium podagrária** L. Fig. 726.

Kraut mit gefurchtem hohlem Stengel, die grundständigen Blätter sind langgestielt, doppelt dreizählig, die oberen einfach 3zählig, gross und saftig, weil die Pflanze im Schatten an feuchten Standorten wächst, die Dolden sind vielstrahlig, weisse Blüten. In M.- und S.-Europa weit verbreitet, bei uns ein häufiges Unkraut, dessen junge Blätter sich als Gemüse benutzen lassen. ⚇, bis 1 m, Juni—Aug.

en den
t Strie-
a.
1 Strie-
g. 727
).
rippen
ohl.

360. **Kümmel, Carum.** Fig. 727.

Kraut mit schmalen Fiederblättchen. Die Frucht ist eirund, seitlich etwas zusammengedrückt. Diejenige des Wiesen-K. wird als Gewürz und Arznei benützt, weshalb er im grossen angebaut wird.

---

¹) Hierhin gehört auch Carum bulbocástanum, dasselbe hat aber im Gegensatz zu Ammi einfache Hüllblätter.

Wenn Hülle und Hüllchen *fehlen* oder *wenigblättrig* sind, mit *spindelförmiger* Pfahlwurzel: **Wiesen-K.**, C. carvi L., F.g. 727, Dolden 8—10strahlig, Blüte weiss oder rötlich. In N.- und M.-Europa weitverbreitet auf Wiesen und Aeckern, angebaut,

Fig. 726. Aegopodium podagraria.   Fig. 727. Carum carvi.

☉, bis 60 cm, Mai u. Juni; — wenn dagegen Hülle und Hüllchen *mehrblättrig*, Wurzelstock *knollig*: **knolliger K.**, C. bulbocástanum Koch, in Deutschland im Westen, auf Lehm- und Kalkboden. ⚇, Juni u. Juli.

361. **Scherbetkraut, Trínia vulgáris** DC. Fig. 728. *Fruchtrippen hohl.*

Zweijähriges Kraut mit zweihäusigen oder zweigeschlechtigen Blüten, weiss. In Westdeutschland an trocknen steinigen Orten, besonders auf Kalkboden. 30 cm, April—Juni.

Fig. 728. Trinia vulgaris.   Fig. 729. Pimpinella saxifraga.

362. **Bibernelle, Pimpinélla.** Fig. 729. *bb. Zwischen den Fruchtrippen mehrere Striemen.*

1. Frucht behaart: **Anis**, P. anísum L., untere Blätter einfach, herzförmig gesägt, mittlere gefiedert, obere einfach oder 3spaltig, Blüte weiss, Pflanze gewürzhaft riechend, daher angebaut, aus dem Orient. ☉, bis 50 cm, Juli u. Aug.

2. Frucht kahl, — wenn dann der Stengel fein gerieft, oben blattlos: **gemeiner B.**, P. saxifraga L., Fig. 729, Griffel kürzer als der Fruchtknoten, Wurzel stark aromatisch, überall häufig. ♃, bis 60 cm, Juli bis Sept.; — wenn dagegen der Stengel gefurcht und bis oben beblättert: **grosser B.**, P. magna L., mehr im Gebirge. ♃, bis 80 cm, Juli—Sept.

4. Unterfam. Seselineen.
A. Kelch *deutlich* aus 5 Zähnen bestehend.

1. Griffel lang u. aufrecht (Fig. 730 links).

363. Rebendolde, Oenánthe.
1. Blattstiel *aufgeblasen*: **gemeine R.**, O. fistulósa L., Fig. 730, Stengel schwach verzweigt; Blattstiel länger als die Spreite, Dolde mit 3—7 Strahlen, Blüten weiss, Frucht kreiselförmig, im gemässigten Europa an feuchten Stellen, häufig. ♃, bis 1 m, Juni u. Juli.

2. Blattstiel *nicht aufgeblasen*, — wenn dann *kürzer als* die Spreite, Randblüten *grösser* als die andern: **haarstrangblättrige R.**, O. peúcedanifólia Poll., Wurzel büschelig, in Westdeutschland, ♃, Juni

Fig. 730. Oenanthe fistulosa.   Fig. 731. Oenanthe aquatica.

u. Juli; — wenn dagegen der Blattstiel *länger als* die Spreite, Randblüten *nicht grösser*: **Wasserfenchel,** O. aquatica Lam., Fig. 731, Wurzel rübenförmig, im gemässigten Europa an feuchten Stellen, auch im Wasser flutend. ♃, Juli u. Aug.

2.Griffel kurz, zurückgekrümmt (Fig. 732 unten).

364. Sesel, Seseli. Fig. 732.
Wenn Kelch aus kurzen bleibenden Zähnen, ohne Hülle: **starrer S.**, S. colorátum Ehrh., selten, auf trocknen Hügeln und Bergwiesen, ☉ oder ♃, bis 60 cm, oft sehr klein; — wenn dagegen Kelch aus langen abfallenden Zähnen, Hülle mehrblättrig: **Heilwurz,** S. libanótis Koch, Fig. 732, selten, in Gebirgswäldern. ☉, bis 1,30 m, beide weiss oder rötlich blühend, Juli u. Aug.

B. Kelch *undeutlich.*

365. Fenchel, Foeniculum officinále All. Fig. 733.
Kraut mit doppelt gefiederten Blättern und langen Blattscheiden, Dolde 10—20strahlig. Aus S.-Europa,

1. Blüte g a. Hüllen lend.

Fig. 732. Seseli libanotus.   Fig. 733. Foeniculum officinale.

als Küchengewürz angebaut, auch verwildert. ♃, bis 2 m hoch, Juli u. Aug.

366. Silau, Silaus praténsis Bess. Fig. 734.
Kraut mit kantig-gefurchtem Stengel, untere Blätter mehrfach, obere einfach gefiedert, Dolde

b. Hüllen handen.

Fig. 734. Silaus pratensis.   Fig. 735. Meum athamanticum.

6—10strahlig, blass grünlichgelb, in S.- und M.-Deutschland, häufig, Wiesenpflanze. ♃, bis 1 m, Juni—Aug.

367. Bärenwurz, Meum athamánticum Jacq. Fig. 735.
Kraut mit sehr feinen Fiederblättchen, die zipfelständigen Dolden 15—20strahlig, gelblichweiss. Auf Bergwiesen M.- und W.-Europas, in N.-Deutschland, selten. ♃, bis 30 cm, Mai u. Juni.

2. Blüte we a. Blättchen Hüllchens r häutig, Blum blatt nicht gerandet.

368. **Gleisse, Hundspetersilie, Aethúsa cynápium** L.

Fig. 736.

Mit glänzenden fie-
derteiligen Blättern, beim
Reiben von unangeneh-
men Geruch (Schutz!),
Frucht kugelig-eiförmig,
ihre Giftigkeit wird ange-
zweifelt, Hüllchen herab-
hängend, weissblühend,
fast in ganz Europa ein
häufiges Unkraut. ⊙, bis
1 m, Juni bis Okt.

Anm. Das seltene
Cnídium venósum Koch
(auf feuchten Wiesen)
hat aufrechtes Hüllchen,
längliche Frucht und
langscheidige Blätter.

Fig. 736.
Aethusa cynapium.

5. Unterfam. Scandineen.

369. **Kälberkopf, Chaerophýllum.**

A. Krautblatt *gewimpert*: **rauhhaariger K.,** Ch.
hirsútum L., Blatt wiederholt 3teilig, Stengel meist
rauhhaarig, Blüte weiss oder rot, hie und da an Gebirgsbächen. ♃, bis 1 m, Juli u. Aug.

B. Kronblatt *nicht gewimpert*.

a) Stengel an den Knoten *höchstens schwach verdickt*: **goldgelber K.,** Ch. aúreum L., Stengel
kantig, Blatt 2—3fach fiederscheidig, reife Frucht
gelbbraun, weissblühend. ♃, bis 1¼ m, Juni
u. Juli.

b) Stengel an den Knoten *stark verdickt*.
1. Hüllchenblätter *nicht gewimpert*: **knolliger K.,**
Ch. bulbósum L., Blatt 3—4fach fiederteilig,
Stengel steifhaarig, un-
ten knollig verdickt,
weissblühend, häufig,
an Ufern und Gebü-
schen, ⊙, bis 1¾ m,
Juni—Aug.
2. Hüllchenblätter *gewimpert,* — wenn dann der
Stengel *schwach, kurz-
haarig*: **Tauben-K.,** Ch.
témulum L., Fig. 737,
Stengel rot gefleckt,
Blatt mehrfach gefiedert,
weissblühend, giftig, ⊙,
bis 1 m hoch, Mai bis
Juli; — wenn dagegen

Fig. 737.
Chaerophyllum temulum.

der Stengel *kräftig, steif*haarig: **gewürzhafter
K.,** Ch. aromáticum L., Blatt mehrfach 3zählig,
weiss, selten, in höheren Gebirgen. ♃, bis
1 m, Juli u. Aug.

370. **Süssdolde, Myrrhis odoráta** Scop. Fig. 738.

Ausdauerndes behaartes Kraut, Blatt 2—3fach
gefiedert, zottig, duftend, Dolde mit 8—10 Strahlen,
Frucht glänzend braun. Auf Bergwiesen in S.- und
M.-Europa, bei uns sehr selten, bis 1 m, Juni u. Juli.

371. **Nadelkerbel, Scandix pecten Véneris** L
Fig. 739.

Blatt 3fach fiederteilig, die Dolde (mit 1—3
Strahlen) ist blattgegenständig, die Hüllchenblätter

Fig. 738.   Fig. 739.
Myrrhis odorata.   Scandix pecten Veneris.

sind oft gespalten. In S.- u. M.-Europa, zerstreut,
auf Aeckern, besonders Kalkboden. ⊙, bis 30 cm,
Mai—Juli.

372. **Kerbel, Anthríscus.**

A. Frucht *mit hakigen Stacheln*: **gemeiner K.,**
A. vulgáris Pers., Fig. 740, Blatt mehrfach gefiedert,
Dolden mit 3—7 Strahlen, selten, auf Schutt, an
Wegen. ⊙, bis 60 cm,
Mai u. Juni.

Fig. 740. Anthriscus vulgaris.   Fig. 741. Anthriscus silvestris.

B. Frucht *kahl* und *glatt,* — wenn dann der
Schnabel der Frucht *halb so lang* als diese: **Garten-**

25

K., A. cerefólium Hoffm., Taf. **55**, 6, Blatt 3fach gefiedert, Dolden 3—5strahlig, blüht weiss, Frucht schwarz, ganze Pflanze gewürzig; aus S.-Europa, angebaut und verwildert, ⊙, bis 60 cm, Mai u. Juni; — wenn dagegen Schnabel *etwa* ¹/₄ *so lang* wie die Frucht: **Wald-K.**, A. silvéstris Hoffm., Fig. 741, Blatt 2—3fach fiederteilig, glänzend, Dolde 8—10-strahlig, blüht weiss bis gelblich; fast in ganz Europa auf Wiesen, an Waldrändern, Zäunen, Ufern, unser häufigstes Doldengewächs. ♃, bis 1 m, April bis Juni.

6. Unterfam. Smyrneen.

1. Kelch undeut-lich. 373. **Gefleckter Schierling, Cónium maculátum** L. Taf. **56**, 1.

Ein zweijähriges glänzendes, kahles Kraut mit dunkelrot geflecktem Stengel und 3fach gefiederten Blättern. Die Pflanze hat zum Schutz gegen Tierfrass einen mäuseartigen Geruch und starkes Gift. Die Dolde ist 7—20strahlig, Hülle und Hüllchen vorhanden, die Blüte ist weiss. Die grüne eiförmige Frucht hat wellenförmig gekerbte Rippen. In M.-Europa, zerstreut, auch bei uns nirgends häufig, an schattigen feuchten Orten, bis 1¹/₂ m, Juli u. Aug.

2. Kelch deutlich aus 5 Zähnen. 374. **Rippenfruchtdolde, Pleurospérmum austríacum** Hoffm.

Untere Blätter 3teilig, obere oft einfach. Stengel gestreift, kahl und hohl. Eine seltene Pflanze, in Gebirgswäldern. ♃, bis 1¹/₂ m, Juli u. Aug.

7. Unterfam. Angeliceen.

1. Kelch deutlich aus 5 Zähnen. 375. **Engelwurz, Archangélica officinális** Hoffm.

Zweijährige, aber sehr hohe kräftige Pflanze, Blatt doppeltgefiedert, wohlriechend, mit halbkugeligen Dolden, diese mehlig behaart, blüht grünlichgelb; selten, in Gebirgsschluchten, auf feuchten Wiesen, bis 2 m hoch, Juli u. Aug.

2. Kelch undeut-lich. a. Nur die Randrippen der Frucht geflügelt(Fig.742 unten). 376. **Brustwurz, Angélica silvéstris** L. Fig. 742.

Der dicke Stengel ist oben flaumig behaart, die 3fach fiederteiligen grossen Blätter deuten auf feuchten Standort, der Blattstiel hat eine Regenrinne, die Blattscheide ist auffallend gross, die Dolden sind gross und vielstrahlig, Blüte weiss. In ganz Europa an Bächen, auf feuchten Wiesen. ⊙, bis 2 m hoch, Juli u. Aug.

b. Alle Rippen der Frucht geflügelt (Fig. 743 unten links). † Blüte weiss, Kronblatt ausgerandet. 377. **Silge, Selínum carvifólium** L.

Stengel kantig gefurcht, Blatt doppelt fiederteilig, Blättchen lanzettlich, die Hülle fehlt, Dolde mit vielen Strahlen, zerstreut auf Waldwiesen. ♃, bis 1 m, Juli u. Aug.

378. **Liebstöckel, Levísticum officinále** Koch. Fig. 743.

†† Blüte bla gelb, Kronbl nicht ausgerand

Stengel gestreift, hohl, Blatt 1—2fach gefiedert, Blättchen breit, Dolden 6 cm im Durchmesser, beide

Fig. 742. Angelica silvestris.   Fig. 743. Levisticum officinale.

Hüllen aus mehreren Blättern; aus S.-Europa, als Arzneipflanze angebaut. ♃, bis 2 m hoch, Juli u. August.

8. Unterfam. Peucedaneen.

A. Kelch *undeutlich*, beide Hüllen *fehlen* oder sind armblättrig.

379. **Dill, Anéthum graveólens** L. Fig. 744.

1. Blättchen schmal, Rücken rippen der Fruc scharf gekie Frucht gewür (Fig. 744).

Stengel kahl, Blatt 2—3fach fiederteilig, Blättchen in fadenförmige Zipfel geteilt, duftend, vielstrahlige Dolde mit gelben Blüten; stammt aus S.-Europa, bei uns als Gewürz zum Einmachen angebaut. ⊙, bis 1 m hoch, Juni-—Juli.

380. **Pastinak, Pastináca satíva** L. Fig. 745.

2. Blättchen bre Rückenrippe wenig gewöl Frucht nicht a würzig (Fig. 74

Stengel kantig gefurcht, Blatt fiederteilig, unten behaart, Dolden mit 8 bis 12 Strahlen, mit gelben Blüten; in S.- und M.-

Fig. 744. Anethum graveolens.

Europa auf Wiesen, an Wegrändern, auch bei uns häufig. ⊙, bis 1 m hoch, Juli u. August.

B. Kelch *deutlich* 5zähnig, beide Hüllen *meist vorhanden*.

381. Zirmet, Tordýlium maximum L. Fig. 746.

Rauhhaarig, Blatt fiederteilig, blüht weiss, seltene Pflanze auf trocknem Standort. ⊙. bis 60 cm, Juni—Aug.

382. Bärenklau, Heracléum sphondýlium L. Fig. 747.

Ein grosses Doldengewächs mit gefurchtem steifhaarigem Stengel und grossen fiederteiligen Blättern nebst aufgeblasenen Scheiden, die grossen vielstrah-

Fig. 745. Pastinaca sativa.   Fig. 746. Tordylium maximum.

ligen Dolden haben weisse Blüten. In Europa weit verbreitet auf Wiesen und an Wegen, in Deutschland überall, ♃, bis 1½ m hoch, Juni—Okt. — Asiatische Arten sind schöne Blatt-Zierpflanzen.

383. Haarstrang, Peucédanum.

A. Striemen an der Berührungsfläche der Früchte *nicht sichtbar*: **Sumpf-H.**, P. palústre Mnch., Fig. 748, Stengel hohl, gefurcht, die Dolden gross und flach, Hülle vielblättrig, weiss blühend; in N.- und

Fig. 747. Heracleum sphondylium,   Fig. 748. Peucedanum palustre.

M.-Europa auf feuchten Wiesen, an Teichen, bei uns zerstreut. ⊙, bis ⅛ m, Juli u. Aug.

B. Striemen u. s. w. *oberflächlich sichtbar*.
I. Hülle *0—3 blättrig*, — wenn dann das Blatt *mehrfach fingerig, matt*: **gebräuchlicher H.**, P. officinále L., Fig. 749, Blättchen lineal, Doldenstrahlen (20 und mehr) kahl, Blüte blassgelb, in Europa weit verbreitet, in Deutschland zerstreut, ♃, bis 2 m, Juli u. Aug.; — wenn dagegen das Blatt *gefiedert,glänzend*: **kümmelblättriger H.**, P. Chabraei Rchb., Doldenstrahlen innen rauh, gelbweiss, selten, am Rhein und Mosel. ♃, bis 1 m, Juli u. Aug.

Fig. 749.
Peucedanum officinale.

II. Hülle *vielblättrig*.
   1. Stengel *kantig gefurcht*: **Elsässer H**, P. alsáticum L., Hülle abstehend, blassgelb, selten, besonders im Elsass. ♃, bis 1¼ m, Juli u. August.
   2. Stengel *stielrund*, — wenn dann Blatt *glänzend*, Striemen der Berührungsfläche der Frucht *bogig*: **Berg-H.**, P. oreoselinum L.; — wenn dagegen Blatt *blaugrün*, Striemen u. s. w. *gleichlaufend*: **Hirsch-H.**, P. cervária L., beide selten in lichten Bergwäldern. ♃, bis 1 m, Juli u. August.

9. Unterfam. Caucadineen.

384. Borstdolde, Klettenkerbel, Tórilis.

A. Dolden *sitzend*: **knotenfrüchtige B.**, T. nodósa Gärtn, weiss, bei uns selten und unbeständig, ⊙, bis 30 cm, April u. Mai.

B. Dolden *gestielt*, — wenn dann die Hülle *fehlt oder einblättrig*: **schweizerische B.**, T. helvética Gmel., Stacheln der Frucht mit Widerhaken, selten, auf Saatfeldern, ⊙, Juli u. Aug.; — wenn dagegen Hülle *vielblättrig*: **gemeiner B.**,

Fig. 750.
Torilis anthriscus.

1. Früchte *auch zwischen den Rippen* mit Stacheln.

T. anthriscus Huds., Fig. 750, Stacheln ohne Widerhaken, weissrötlich, im ganzen gemässigten Europa, in Gebüschen, an Wegen häufig. ⊖, bis 1 m, Juni u. Juli.

2. Früchte *nur auf den Rippen* mit Stacheln.
a. Hülle *2—5blättrig*, Dolde *endständig*.

385. **Turgenie, Turgénia latifólia** Hoffm. Fig. 751. Einjährige, scharfhaarige Pflanze, Blatt einfach fiederteilig, Dolde 2—5 strahlig, weiss, etwas rötlich, Stacheln der Frucht meist schwarzviolett, selten, unter der Saat, bis 30 cm, Juli u. Aug.

Fig. 751. Turgenia latifolia.

Fig. 752. Caucalis daucoides.

b. Hülle *fehlt oder einblättrig*, Dolde *blattgegenständig*.

386. **Haftdolde, Caucalis.** Fig. 752.

Wenn die Stacheln der Nebenrippen in 3 Reihen, scharf: C. leptophylla L., eingeschleppt, unter Saat; — Stacheln u. s. w. in 1 Reihe, kahl: **möhrenähnliche H.,** C. daucóides L., Fig. 752, hie und da in Getreidefeldern, besonders auf Kalk; beide weiss. ⊙, bis 30 cm, Juni u. Juli.

10. Unterfam. Silerineen.

387. **Rosskümmel, Siler trílobum** Scop.

Stengel glatt und kahl, Blatt 1 bis mehrfach dreiteilig, Blättchen rundlich, Hülle fehlt oder abfallend, seltene Pflanze der Gebirgswälder. ♃, bis 2 m, Juni u. Juli.

Fig. 753. Laserpitium latifolium.

11. Unterfam. Thapsieen.

388. **Laserkraut, Laserpitium.** Fig. 753.

A. Stengel *gefurcht*, meist *rauhhaarig*: **preussisches L.,** L. pruténicum L., Blättchen fiederspaltig, weiss, selten, besonders in Ostdeutschland. ♃, bis 1 m, Juli u. Aug.

B. Stengel *kahl* und *stielrund*, — wenn dann Blättchen *breit herzförmig*: **breitblättriges L.,** L. latifólium L., Fig. 753, weiss oder rötlich, selten, in Gebirgswäldern (Harz), ♃, bis 1½ m, Juli u. Aug.; — wenn dagegen Blättchen *lanzettlich*: **Berg-L.,** L. siler L., weiss, selten, im Gebirge (Süddeutschland). ♃, bis 1⅓ m, Juli u. Aug.

12. Unterfam. Daucineen.

1. Hüllbl[ätter] *ungeteilt*, *häutig*, *linsenför[mig]*

389. **Breitsame, Orláya grandiflóra** Hoffm.

Stengel kahl, gefurcht, Blatt mehrfach fiederteilig mit linealen Zipfeln, weiss; zerstreut, auf Aeckern, besonders auf Kalkboden. ⊙, bis 30 cm, Juli u. Aug.

2. Hüllbl[ätter] *gefiedert*, *randhäu[tig]* Frucht *r*

390. **Möhre, Daucus caróta** L. Taf **56**, 2.

Die Rübenwurzel wird durch Kultur fleischig und als Gemüse geschätzt (gelb und rot), Stengel steifhaarig, Blatt mehrfach gefiedert, Doldenhüllen vielblättrig, weiss, das Mittelblättchen meist violett (biologische Bedeutung unbekannt). Die Fruchtdolden nestartig zusammengeschlossen (zum Schutz), zahlreiche Insekten benutzen sie als Obdach, im reifen Zustand öffnen sie sich zur Verbreitung der Früchte, die mittelst der Stacheln durch das Fell vorüberstreifender Tiere erfolgt. In M.- und S.-Europa, überall bei uns an Wegen, auf Wiesen. ⊖, bis 60 cm, Juni—Sept.

13. Unterfam. Coriandreen.

391. **Koriander, Coriándrum satívum** L. Fig. 754.

Stengel rund, gestreift und kahl, Blätter fiederteilig, obere Blättchen feinzipfelig, Dolde 5—8 strahlig, Hülle fehlt, Blüte weiss oder rötlich, Frucht kugelig, gewürzig schmeckend, daher angebaut, aber auch verwildert, stammt aus M.-Europa. ⊙, bis 60 cm, Juli u. Aug.

Fig. 754. Coriandrum sativum.

87. Fam. Hornstrauchgewächse,

Cornaceen.

Zumeist Holzgewächse mit einfachen gegenständigen Blättern, meist 4gliedriger Blüte und einer Steinfrucht. Zu den 80 der nördlichen gemässigten Zone angehörenden Arten zählt als Zierstrauch auch die bekannte Goldorange (Aucuba) mit lederigen, gelbfleckigen Blättern.

392. Hornstrauch, Hartriegel, Cornus.
Taf. **56**, 3.

Sträucher, deren Stengelglieder sich drehen, um die Blätter in die für den Lichtgenuss beste Lage zu bringen. Die Kornelkirsche hat gelbe kleine, aber in Dolden stehende Blüten vor Entfaltung des Laubes, der Hartriegel etwas grössere und weisse (daher besser sichtbare) Blüten in Trugdolden nach der Laubentfaltung, was natürlich mit Anlockung der Insekten zusammenhängt, beim letztgenannten sind es Fliegen, was man schon aus dem unangenehmen Duft der Blüte entnehmen kann. Darauf deutet es auch, dass der Honig frei auf einem fleischigen Ring liegt. Die Staubfäden krümmen sich übrigens auch wohl, so dass sie den Blütenstaub auf die Narbe der Nachbarblüte bringen. Die Steinfrüchte sind bei der Kornelkirsche scharlachrot im grünen Laub, beim Hartriegel blauschwarz im roten Herbstlaub, welche Kontraste sie Vögel zur Verbreitung der Samen anlocken. Einige Arten dienen als Ziersträucher.

A. Kraut mit *fast sitzenden* Blättern: schwedischer H., C. suécica L., purpurn, auf Torfboden in Norddeutschland. 2, bis 15 cm, Juni u. Juli.

B. Strauch mit *gestielten* Blättern, — wenn dann *gelbe* Blüten in *Dolden mit* 4blättriger Hülle: **Kornelkirsche, Herlitze, Dürlitze**, C. mas L., Taf. **56**, 3, zerstreut, auf trocknen Hügeln M.-Europas, auch Gartenstrauch, Frucht angenehm säuerlich, 2, bis 7 m, März u. April; — wenn dagegen *weisse* Blüten in *Trugdolden ohne* Hülle: **Hartriegel, roter Hornstrauch**, C. sanguínea L., Taf. **73**, 1, Zweige im Herbst blutrot, in Wäldern und Gebüschen M.-Europas, häufig, Zierstrauch. 2, bis 3 m, Juni.

88. Fam. Efeugewächse, Araliaceen.

393. Efeu, Hédera helix L. Taf. **56**, 4.

Eine immergrüne Kletterpflanze, die sich mit zahlreichen kleinen Luftwurzeln an der Unterlage festhält. Die fünflappigen Blätter sind lederig, wodurch die Vegetationszeit durch den Winter hindurch verlängert wird. Die Blätter stellen sich so, dass sie ein „Mosaik" bilden, wozu die äusseren längere Stiele haben, dadurch erhalten alle im Schatten des Waldes gleichmässig Licht. Die oberen Blätter sind mehr rautenförmig. Im höheren Alter entstehen auch fruchtbare Lichttriebe, die viel kräftiger sind, also keine Luftwurzeln nötig haben. Ihre Blätter sind mehr eiförmig und stehen allseitig um den Zweig herum. Sie heben die jetzt entstehenden Blüten zum Licht empor. Diese Blüten sind gelblichgrün und von fauligem Geruch, sie locken daher Fliegen als Bestäuber an. Sie sind 5gliedrig. Die Frucht ist eine schwarze giftige Beere, die aber doch

für manche Vögel geniessbar sind. Diese verbreiten dann die Samen.

2. Unterklasse. Vereintblütige.

Die Blumenkrone der hierhin gehörigen Pflanzen besteht aus zusammenhängenden Blättern, so dass sie sich einzeln nicht ausreissen lassen. Oft bilden sie eine Röhre (vergl. alle folgenden Bilder).

XXXII. Reihe: Heideartige.

89. Fam. Wintergrüngewächse, Pirolaceen.

394. Fichtenspargel, Monótropa hypópytis L. Fig. **755**.

1. *Bleiche Gewächse ohne eigentliche Blätter.*

Ein fleischiges Kraut ohne eigentliche Wurzeln. Der knollenförmige Wurzelstock ist mit Pilzfäden verflochten, mit denen die Pflanze eine Ernährungsgenossenschaft bildet, sie selbst ist ganz unselbständig, lässt sich von dem Pilz ernähren, bietet ihm selbst aber auch wohl Vorteile. Dementsprechend fehlen auch die grünen Blätter. Auch die Blüten sind nicht bunt, sondern gelblich, heben sich dabei aber doch zur Anlockung von Insekten genugsam von dem dunklen Erdboden ab, da ja die ganze Pflanze blass ist. Sie stehen in endständiger Traube an einem dicken weichhaarigen Stengel. Sie sind 4 bis 5gliedrig. Zum Schutz der Innenorgane sind Achse und Blüten nach unten geneigt. Dagegen steht die

Fig. 755.
Monotropa hypopytis.

Fruchtstandachse aufrecht, sie ist dann elastisch und daher werden die kleinen leichten Samen durch die Achse hin und her biegenden Wind leicht herausgefegt und verbreitet. In Europa in schattigen Kiefern- und Eichenwäldern, zwischen modernden Nadeln und Blättern; auch in Deutschland nicht selten. 2, bis 20 cm hoch, Juli u. Aug.

395. Wintergrün, Pirola. Taf. **57**, 1.

2. *Pflanze grün mit Blättern.*

Niedrige Kräuter, mit dünnem, kriechendem Wurzelstock ausdauernd, und mit meist grundständigen Blättern, die rundlich und ein wenig lederig sind. Die glockigen, meist weissen Blüten stehen einzeln oder in kurzen Trauben, sie nicken (Blütenschutz) und sind 5gliedrig, die 5 Blumenblätter sind oft fast getrennt. Honig fehlt, dagegen ist viel trockner Blütenstaub für die Insekten vorhanden. Die orangeroten Staubbeutel stellen eine Streubüchse (Fig. 756

rechts) dar, aus der der Blütenstaub auf die Insekten abgelagert wird. Letztere sind Fliegen und Käfer; denn die Blüte ist meistens weit offen. Unterbleibt der Insektenbesuch, so biegen sich wohl zur Selbstbestäubung die Narbenränder nach den Staubgefässen hin. Die Frucht ist eine mit Spalten aufspringende Kapsel.

    A. Blüte *einzeln:* **einblütiges W.**, P. uniflóra L., Fig. 756, wohlriechend, in N.-Europa und Gebirgen M.-Europas, bei uns selten, in schattigen Wäldern mit Moorboden, bis 10 cm, Mai u. Juni.

    B. Blüten *zu mehreren.*

    I. Blüten in *Dolden:* **doldenblütiges W.**, P. umbelláta L., hellrot, selten, in Nadelwäldern, bis 15 cm, Juni u. Juli.

    II. Blüten in *Trauben.*

    a) Krone *ausgebreitet*, Griffel am Ende *gebogen*, — wenn dann Blattstiel *länger* als die Spreite, Krone *doppelt so lang* wie der Kelchzipfel: **rundblättriges W.**, P. rotundifólia L., Taf. 57, 1,

Fig. 756. Pirola uniflora.   Fig. 757. Pirola media.

weiss, bis 30 cm, zerstreut; — wenn dagegen Blattstiel *so lang* wie die Spreite, Krone *4mal länger* als die Kelchzipfel: **grünblütiges W.**, P. chlorántha Sw., grünlich, weiss, bis 20 cm; beide auf moosigem Waldboden, dieses auf mehr trocknem Sandboden, seltener, Juni u. Juli.

    b) Krone *geschlossen*, Griffel *gerade.*

    1. Blüten *grünlichweiss, einseits*wendig: **einseitswendiges W.**, P. secúnda L., selten, in schattigen Gebirgswäldern, bis 15 cm, Juni u. Juli.

    2. Blüten *weiss* oder *rötlich, allseits*wendig, — wenn dann *locken*blütig, Griffel *länger* als die Krone: **mittleres W.**, P. média Sw. Fig. 757, Blattstiel breitgeflügelt, 20 cm hoch; — wenn dagegen *dicht*blütig, Griffel *wenig länger* als die Krone: **kleines W.**, P. minor L., Blattstiel schmal geflügelt;

beide zerstreut in Wäldern, bis 10 cm hoch, Juni u. Juli.

90. Fam. Heidekrautgewächse, Ericaceen.

Meistens Holzgewächse mit ungeteilten Blättern, 4–5gliedrigen Blüten und Staubbeuteln, die sich an der Spitze in zwei Löchern oder Klappen öffnen. Die Frucht ist eine Kapsel oder Beere, die Samen sind sehr klein. Die 700 Arten sind in der gemässigten und warmen Zone weit verbreitet, besonders zahlreich am Kap.

    A. Fruchtknoten oberständig.

396. **Sumpf-Porst, Ledum palústre** L. Taf. **57**, 2. 1.Krone 5blät

Ein aufrechter immergrüner Strauch, drüsenhaarig, mit narkotischem Geruch (Schutz gegen Tierfrass). Die Blätter zeigen den Moorstandort an: am Rande umgerollt, die Unterseite (auch die Aeste) filzig (rostbraun) behaart, lederig. Die weissen (selten rötlichen) Blüten stehen zum Anlocken der Insekten in einer reichblütigen, endständigen Dolde. In Torfmooren M.-Europas, in Deutschland besonders im NW.-Schwarzwald, bis 1¹/₃ m hoch, Mai u. Juni.

397. **Heidekraut, Callúna vulgáris** Salisb. Taf.**57**,3. 2. Krone *vier-*
senblättrig
Ein Halbstrauch, der durch mancherlei Eigen- a. Mit *8 St*
tümlichkeiten als Trocken- oder Moorpflanze gekenn- *gefässen.*
zeichnet ist; dichte Bestände, lange Wurzeln, zahl- *gleichfarbig,*
reiche trockne, kleine, enganliegende Blättchen (nadel- *tenstiel mit3.*
förmig), die eingerollt sind und die Spaltöffnungen Deckblättch
in der mit Haaren verschlossenen Furche tragen. Im schattigen Wald sind die Blätter übrigens grösser und mehr abstehend. Im Herbst und Winter sind sie mehr bräunlich (Wärmespeicherung?). Die Sprossen liegen z. T. nieder und treiben Wurzeln, wodurch Rasenbildung und vegetative Vermehrung erreicht wird. Die Blüten sind klein, aber purpurrot und in langgestreckter (einseitswendiger) Traube und da die Pflanze obendrein, wie schon gesagt, dichte Bestände bilden, so entsteht ein weithin sichtbarer Lockapparat. Uebrigens ist die Krone kleiner als der rote Kelch. Knötchen am Blütengrund sondern Honig ab. An den Staubbeuteln finden sich Anhängsel, die Staubfäden sind S förmig und daher federnd, sie bilden nämlich ein Streuwerk: wenn die Hummeln oder Bienen an jene Anhängsel stossen, so werden sie aus den Löchern der Staubbeutel mit dem trocknen Blütenstaub bestäubt und da die Narbe später reift als die Staubbeutel, so ist Fremdbestäubung sicher. Die Blütenhülle bleibt nach dem Verblühen noch lange erhalten und schliesst ihren Eingang durch Einwärtskrümmung, so dass in ihrem Schutz die Frucht reifen kann. Die Kapsel enthält viele sehr kleine und daher auch sehr leichte Samen, die der Wind zerstreut. In Europa sehr verbreitet,

besonders auf Sandboden, in Wäldern, bis 60 cm, Juli bis Oktober.

398. Glockenheide, Erica. Taf. 57, 4.

Dem Heidekraut in vieler Hinsicht ähnlich, besonders hinsichtlich der Eigenheiten als Trockenpflanze. Die Blätter und die jungen Triebe sind bei der M o o r - G. zum Schutz gegen Tierfrass und Verdunstung drüsenhaarig. Die krugförmigen Blüten sind zum Schutz gegen Regen abwärts gerichtet, sie sind rot und stehen büschelig.

A. Blätter haarig: **Moor-** oder **Sumpf-G.**, E. tetrálix L , Taf. 57, 4, Staubbeutel in der Krone, unten mit Anhängsel, blüht rosa mit hellerer Mündung, seltener als die Heide, auf torfigen Heiden N.-Deutschlands, bis 50 cm, Juli—Sept.

B. Pflanze kahl, — wenn dann Staubbeutel in der Krone, mit Anhängsel: **graue G.**, E. cinérea L., sehr selten (z. B. bei Bonn und Aachen), bis 60 cm, Juni u. Juli; — wenn dagegen Staubbeutel hervorragend, ohne Anhängsel: **fleischrote G.**, E. cárnea L. in Gebirgswäldern, besonders der Kalkalpen, bis 30 cm, April u. Mai.

399. Wilder Rosmarin, Gränke, Andromede, Andrómeda pólifolia L.

Wiederum eine Trockenpflanze mit immergrünen Rollblättern, die oben glänzend, unten graugrün sind. Die Blüten sind weiss oder blassrot, auch der Kelch ist rot. In N.- und M.-Europa, in Sümpfen und moorigen Heiden, zerstreut. ♃, bis 30 cm. Mai u. Juni.

400. Bärentraube, Arctostáphylos offícinális Wimm. Taf. 58, 1.

Trockenpflanze mit niederliegendem Stengel und lederigen Blättern. Die Blüten sind nach unten gerichtet und haben eine enge Mündung (Schutz gegen Regen). Der auf einem fleischigen Ring am Fruchtknotengrund abgesonderte Honig wird auch durch Haare geschützt, die am Staubfadengrund und an der Kronenwand sitzen. Die grünweissen, rot angelaufenen Blüten stehen in endständigen hängenden Trauben. Die stachelig-rauhen Schwänzchen an den leicht beweglichen Staubbeuteln dienen ähnlich wie bei der Heide der Ausstreuung des Blütenstaubs. Die Steinfrucht ist glatt und scharlachrot, und ihre Samen werden durch Vögel verbreitet (auch die Lappländer sollen sie essen). In M.- und N.-Europa, auf trocknen felsigen Hügeln und Heiden, in Norddeutschland stellenweise. ♃, bis 1 m lang, April u. Mai. Die Blätter sind gerbstoffreich, daher früher offizinell.

B. Fruchtknoten unterständig.

401. Heidelbeere, Vaccínium.

Kleine Sträucher, die als Trockenpflanzen z. T. lederige Blätter haben, sie haben bei der B l a u - b e e r e einen rinnigen Stiel zur Ableitung des Regens. Auch hier wieder :st die Blüte hängend mit enger Oeffnung, sie ist kugelig, glockig oder radförmig und hat einen Horigwulst am Grunde, die Staubbeutel haben ein Schüttelwerk wie beim Heidekraut. Die Frucht ist eine kugelige Beere, welche Vögel anlockt zur Verbreitung der Samen. — Mehrere Arten liefern Kompott.

A. Stengel *kriechend*: **Moosbeere,** V. oxycóccus L., Taf. 58, 2, die immergrünen Blättchen unten weissgrau mit zurückgerollten Rändern, Blüten purpurn, Beeren rot und sauer; in Torfsümpfen Nordeuropas, auch auf höheren Gebirgen M.-Europas, ♃, bis 30 cm lang, Juli u. Aug., die nach Frost geniessbaren Beeren liefern in nordischen Gegenden Kompott.

B. Stengel *aufrecht*.

I. Krone *glockig*, 4spaltig, *immergrüne* Blätter: **Preisselbeere, Kronsbeere,** V. vitis idaéa L., Taf. 58, 3, stark verzweigt, Blatt am Rand zurückgerollt, unten punktiert, Blüte weiss oder rötlich, Beeren zuerst grauweiss, zuletzt scharlachrot, in N.- und M.-Europa, auf Moorboden und Heide, in Gebirgswäldern, Mai u. Juni, zu Kompott benutzt.

II. Krone *kugelig* oder *eiförmig*, krautige, *abfallende* Blätter, — wenn dann Blüten *einzeln*: **Blau-** oder **Bikbeere,** V. myrtíllus L., Taf. 58, 4, mit scharfkantigem Stengel, grüne rot angeflogene Blüten, schwarzb aue bereifte Beeren, in ganz Europa, ♃, bis 30 cm hoch, Mai u. Juni, Beere vielfach verwendet; — wenn dagegen Blüten *zu 2–3*: Rausch-, Sumpf- oder **Morast-G.**, V. uliginósum L., Taf 58, 5, Aeste stielrund, Pflanze graugrün, Blüten klein, weiss oder rötlich, Beeren schwarz, blau bereift, in N.- und M.-Europa, feuchte Gebirgswälder, Moor und Heide, bei uns zerstreut (z. B. im Schwarzwald). ♃, bis 1 m hoch, Mai u. Juni. Beeren auch verwendet.

A n m. Zwei einander ähnliche, auch in den deutschen Alpen vorkommende Gattungen sind **Rhododéndron** und **Azaléa**, jenes mit *10*, diese mit 5 Staubgefässen. Wir nennen:

402. Alpenrose, Rho lodéndron ferrugíneum L. Taf. 57, 5.

Niederliegender oder aufsteigender Strauch mit lederigen eingerollten Blättern, die unten rostrot filzig sind. Die purpurnen Blüten stehen in Dolden, auf den Granit- und Gneisalpen, bis 30 cm hoch, Juli—Sept. — Rh. hirsútum L. hat nicht eingerollte,

(Marginal notes, left column:)
r kleinere grün, nur Deckblätt- hen.

10 Staub- ssen. cht eine zpsel.

cht eine frucht.

aber fein behaarte Blätter, auf den Kalkalpen, Juni bis Sept.

403. Felsenstrauch, Azaléa procumbens L. Taf. **57**, 6.

Strauch mit liegendem Stengel, immergrünen, zurückgerollten, oben glänzenden Blättern, Kelch purpurn, Krone rosenrot, in endständigen Büscheln. Auf Hochgebirgsmooren in N.- und M.-Europa, bis 22 cm lang, Mai u. Juni. — Zahlreiche Arten Chinas, Indiens und Amerikas, werden bei uns als Zierpflanzen geschätzt.

XXVIII. Reihe: Primelblütige.

91. Fam. Primelgewächse, Primulaceen.

Kräuter mit Blättern ohne Nebenblätter, die Blüten haben 4—7 Staubgefässe und einen Stempel mit zentralem Samenträger. Die 250 Arten sind über die ganze Erde verbreitet, besonders in der gemässigten und kalten Zone und im Hochgebirge. A. Eine einfache Blütenhülle.

404. Milchkraut, Glaux marítima L. Fig. 758.

Kleines Kraut mit etwas fleischigen, länglich-lanzettlichen Blättern, die randhäutig sind und dicht stehen. Die kleinen, rosenroten Blüten stehen im Blattwinkel. Salzpflanze an der Nord- und Ostsee, an Salinen. ☉, bis 15 cm

Fig. 758. Glaux maritima.   Fig. 759. Samolus Valerandi.

hoch, Mai—Juli. Zur Sodagewinnung benutzbar, auch gutes Viehfutter.
B. Kelch *und* Krone *vorhanden.*
I. Fruchtknoten *halb oberständig.*

405. Bunge, Sámolus Valerandi L. Fig. 759.

Kräuter mit Blattrosette und wenigen einfachen Stengelblättern, die kleinen weissen Blüten in Trauben, die Frucht ist eine kugelige Kapsel. Fast in allen Erdteilen am Meeresstrand und an salzigen Orten, aber selten. ☉—⚇, bis 30 cm hoch, Juni u. Juli.

II. Fruchtknoten *oberständig.*
a) *Wasser*pflanzen.

406. Wasserfeder, Sumpfprimel, Hottónia palústris L. Fig. 760.

Die Pflanze kriecht mit einem Wurzelstock im Schlamm, der aufsteigende Stengel ist dem Wasserstandort gemäss schwach und mit grossen Lufträumen versehen. Die Blätter sind aus dem gleichen Grunde fein zerteilt, wobei sie z. T. die Arbeit der Wurzeln übernehmen. Es gibt aber auch eine Landform mit kräftigerem Stengel ohne Lufträume und mit derberen Blättern. Der Blütenstengel mit endständiger, quirliger Traube von weissen oder blassrötlichen Blüten erhebt sich aus dem Wasser. Die Blüten zeigen die Heterostylie der Primel (s. d.). Im Spätherbst

Fig. 760. Hottonia palustris.

bilden sich kurze Triebe mit dicht-stehenden Blättern; sie lösen sich als Wanderknospen los und verbreiten dadurch die Pflanze. In Gräben und Sümpfen M.- und N.-Europas, bei uns zerstreut. ⚇ bis 30 cm über dem Wasser emporragend, Mai u. Juni.
b) *Land*pflanzen.

407. Kleinling, Centúnculus mínimus L. Fig. 761.

Zartes einjähriges Zwergpflänzchen mit kriechendem Stengel und eiförmigen, wechselständigen Blättern, die kleinen, weissen oder rötlichen Blüten sitzen einzeln in den Blattachseln, sie sind honiglos, haben aber als Lockmittel am Grunde der Krone silberglänzende Stellen mit Nährgewebe. Später legen sich aber die Staubbeutel den Narben zur Selbstbestäubung an. Bei Regen bleiben die Blüten geschlossen. Zerstreut, auf feuchten sandigen Aeckern, meist nur 2 cm lang, Juni—Sept.

Fig. 761. Centunculus minimus.

1. Blüte 4gliedrig.

408. Troddelblume, Alpenglöckchen, Soldanélla alpína L. Taf. **59**, 1.

Zierliche Alpenkräuter mit rundlichen gestielten Blättern, die Blüten sind nickende violette Glöckchen mit gefranstem Saume; auf grasigen Plätzen

2. Blüte 5 bis gliedrig.
a. Blätter grundständig
+ Krone *gloc*

zwischen Steingeröll in den deutschen Alpen, selten, auch im Schwarzwald und Jura. ♃, bis 8 cm hoch, Juli u. Aug.

Anm. Hierhin auch mit nicht gefransten zurückgeschlagenen Kronblättern:

409. Alpenveilchen, Cyclámen europaéum L. Taf. 59, 6.

Mit knolligem Wurzelstock als Reservestoffbehälter, langgestielten herzförmigen Blättern, die unten purpurn oder violett sind (Umsetzung von Licht in Wärme). Die Krone ist weiss oder rot, wohlriechend. Der Blütenstiel rollt sich nach dem Verblühen spiralig auf und zieht die reifende Frucht nach dem Boden zurück. In Bergwäldern der Alpen. ♃, Juli u. Aug. Beliebte Topfzierpflanze.

ne trichter-
terförmig,
onenröhre
g, oben
iger.

410. Mannsschild, Andrósace.

Zierliche rasenbildende Gebirgspflanzen.

Wenn der Kelch *kürzer* als die Krone: **nördliches M.**, A. septentrionális L., Blatt lanzettlich, milchweiss mit gelbem Schlund, auf sandigen Aeckern, besonders in S.-Deutschland, sonst selten, ⊙, Mai u. Juni; — wenn dagegen der Kelch *länger* als die Krone: **grösstes M.**, A. máxima L., Blatt länglichrund, weiss oder rötlich, mit gegliederten Haaren, unter der Saat, sehr selten, bei Mainz und Kreuznach. ⊙, Mai u. Juni. [A. elongáta L., ähnlich, hat Sternhaare, auf grasigen Hügeln, sehr selten.]

onenröhre
oben wei-
ter.

411. Primel, Himmelsschlüssel, Prímula.

Hierhin gehören Kräuter mit einer Rosette von ungeteilten Blättern, die schräg nach oben gerichtet sind und rinnenförmige Blattstiel haben; sie leiten daher das Regenwasser zu dem schräg in die Erde absteigenden Wurzelstock. Die jungen Blätter sind zum Schutz gegen zu starke Verdunstung und Kältewirkung eingerollt und gerunzelt, bei der bestäubten P. wird dies durch eine mehlige Wachsschicht unterstützt. Ein blasiger Kelch, sowie eine lange Kronenröhre bilden einen Schutz gegen Honigdiebe, wohingegen der obere tellerförmige Teil der Krone den besuchenden Insekten eine willkommene Anflugstelle bieten. Es handelt sich dabei, wie die lange Kronenröhre erkennen lässt, um langrüsselige Hummeln und Falter. Die leuchtend gelben Kronen der in Dolden zusammenstehenden Blüten bilden einen wirksamen Lockapparat. An der Röhre sitzen 5 Staubgefässe und zwar bei manchen Blüten am Eingang, bei andern in der Mitte der Röhre, bei jenen ist der Griffel kurz, so dass die Narbe in der Mitte steht, bei diesen hingegen schiebt den lange Griffel die Narbe gerade an den Blüteneingang. Ausserdem sind in diesen also verschiedenen Blüten der Pollen und die Narbenwarzen verschieden, so

dass die Pollenkörner der kurzgriffeligen Form nicht auf ihrer Narbe, sondern nur auf der Narbe der langgriffeligen Form keimen. Alles dies sichert in höchst bemerkenswerter Weise Fremdbestäubung. Der Kelch wächst später weiter als Schutz der Kapselfrucht, die sich auch nur bei gutem, trocknem Wetter öffnet, bei feuchtem hingegen sich durch Einwärtskrümmen der Zähne schliesst, so dass der Regen die kleinen leichten Samen nicht fortschwemmt. Bei trocknem windigem Wetter aber gestattet der hohe, steif aufrechte, aber elastische Schaft des Fruchtstandes leicht eine günstige Ausstreuung des

Fig. 762. Primula acaulis.

Samens. Dieser selbst hat eine rauhe Schale, mit der er sich im Keimbett verankert und festhält. Zu den Primeln gehören zahlreiche Bewohner der Hochgebirge, sowie auch einige Zierpflanzen.

A. Das Blatt *glatt*.

I. Blatt kahl, *nicht bepudert*: **Aurikel, Gamswurz,** P. aurícula L., Taf. 59, 2, Blatt fleischig und blaugrün, die ganze Pflanze weiss bereift, Blüte gelb, selten rötlich, duftend, an Felsen der süddeutschen Hochalpen. ♃, bis 15 cm, April u. Mai. Zahlreiche Spielarten werden als Zierpflanzen gezogen, besonders rot und violett blühende.

II. Blatt unten *mehlig bepudert*: **mehliger H.**, P. farinósa L., Taf. 59, 3, helllila bis fleischfarben, Schlund gelb, auf feuchten torfigen Wiesen, in den Alpen, sonst selten. ♃, bis 25 cm, Juni bis August.

B. Blatt *runzelig*, unten *behaart.*

I. Schaft mit *einer* Blüte, selten, in *kurzstieliger* Dolde, Blatt in den Stiel *verschmälert*: **schaftloser H.**, P. acáulis Jacq., Fig. 762, schwefelgelb, weiss, rot, in den Alpen, auch Zierpflanze. ♃, März u. April.

II. Schaft lang mit *Dolde*, Blatt unten *abgestutzt* (Taf. 59, 4), — wenn dann die Krone *doppelt so lang* wie der gelbweisse Kelch: **hoher H.**, P. elátior Jacq., Taf. 59, 4, schwefelgelb, gefleckt, fast geruchlos, häufig, auf mehr feuchten Wiesen, in Wäldern, ♃, bis 30 cm, März u. April, Stammpflanze von oben Zier-P.; — wenn dagegen Krone *wenig länger* als der grüne Kelch: **gebräuchlicher H.**, P. officinális Jacq., Taf. 59, 5, dottergelb mit orangefarbigem Schlund, wohl-

26

riechend, häufig, besonders im Hügelland. ♃, bis 20 cm, April u. Mai.

b. *Auch Stengelblätter* vorhanden.
† Kelch u. Krone 7teilig.

412. **Siebenstern, Trientális europaéa** L. Taf. **60**, 1.

Der einfache Stengel trägt 5—7 quirlig stehende Blätter und 1—4 gestielte weisse oder blassrötliche Blüten; selten, in Gebirgswäldern. ♃, bis 20 cm, Mai—Juli.

†† Kelch u. Krone 5teilig.
aa. Blüte *gelb*, Kapsel *mit Zähnen* aufspringend.

413. **Gilbweiderich, Friedlos, Lysimáchia.**

A. Stengel *niederliegend*, wurzelnd, Blüte zu 1 oder 2 in den Blattachseln — wenn dann Kelchzipfel *schmal-lanzettlich*, Blütenstiel meist *länger* als das Blatt: **Hain-G.**, L. némorum L., Fig. 763, Blatt spitzeiförmig, goldgelb, zerstreut in feuchten Laubwäldern der Gebirge, ♃, bis 30 cm lang, Juni u. Juli; — wenn dagegen Kelchzipfel *breit, fast herzförmig*, Blütenstiel meist *kürzer* als das Blatt: **Pfennigkraut**, L. nummulária L., Taf. **60**, 2, Blatt rundlich, zitrongelb, duftend, in ganz Europa, ausser im hohen Norden, auf feuchten Wiesen, an Hecken, in Wäldern, häufig. ♃. bis 30 cm, Juni—Aug.

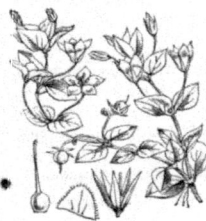

Fig. 763.
Lysimachia nemorum.

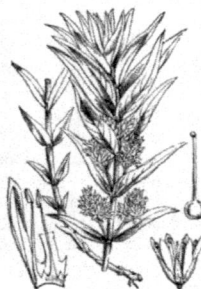

Fig. 764.
Lysimachia thyrsiflora.

B. Stengel *aufrecht*, — wenn dann die Blüten in *achselständigen Trauben*: **straussblütiger G.**, L. thyrsiflóra L., Fig. 764. Blatt lanzettlich, Blüte klein, gelb, an feuchten Standorten N.- und M.-Europas, bei uns selten, ♃, bis 60 cm, Juni u. Juli; — wenn dagegen die Blüten in *endständiger Rispe*: **gemeiner G.**, L. vulgáris L., Taf. **60**, 3, Blätter gewöhnlich zu 3—4, eilänglich, goldgelb, in schattigen, feuchten Wäldern, an Ufern, häufig. ♃, bis 1¼ m, Juni bis August.

bb. Blüte *rot oder blau*, Kapsel *mit Deckel* aufspringend.

414. **Gauchheil, Anagállis arvénsis** L. Taf. **60**, 4.

Der Stengel ist niederliegend, entsprechend dem Standort mit niedrigem Pflanzenwuchs (Aecker u. s. w.), stark verzweigt; die sitzenden Blätter sind gegenständig, eiförmig; die radförmige schön rote Krone ist nachts geschlossen und nickend (Schutz). Sie besitzt keinen Honig, dafür aber an den Staubfäden Safthaare, welche manche kleine Insekten schätzen. Bei schlechtem Wetter bleiben die Blüten überhaupt geschlossen und lassen Selbstbestäubung als Notbehelf eintreten. Die Frucht ist eine Deckelkapsel mit vielen kleinen, leichten Samen. Fast über ganz Europa verbreitet, bei uns auf Feldern und Aeckern, an unbebauten Orten, häufig. ☉, bis 30 cm lang, Juni—Okt.

Anm. Die **blaublühende G.**, A. caerúlea Schreb., mehr aufrecht, ist vielleicht nur eine Abart, auf Kalkboden, zerstreut.

92. Fam. Bleiwurzgewächse, Plumbaginaceen.

1. Stengel [...]zweigt, Blü[...] *Aehre*[...]

415. **Widerstoss, Strandnelke, Statice limónium** L. Fig. 765.

Der Wurzelstock trägt einen Büschel grundständiger, verkehrt eiförmiger Blätter, die durch Ablagerung von kohlensaurem Kalk starr und dadurch gegen zu starke Verdunstung geschützt sind (Standort!). Der oben violette Kelch unterstützt den Lockapparat der kleinen violetten, aber zahlreichen Blüten. Der Kelch wächst auch noch nachträglich. An der Küste W.-Europas und des Mittelmeers, an der Nordsee. ♃, bis 50 cm, Aug. u. Sept.

Fig. 765.
Statice limonium.

2. Stenge[...] *verzweigt*, [...] in *Köpf*[...]

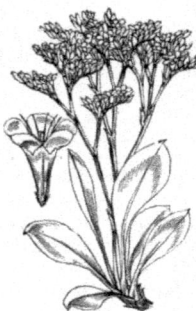

416. **Grasnelke, Arméria vulgáris** Willd. Taf. **61**, 1.

Die tiefgehende Wurzel und die schmalen, grasartigen Blätter deuten den trocknen Standort an; rasenbildend, die roten oder lilafarbigen Blüten sind klein, aber zu einem auf hohem Blütenschaft stehenden, weithin sichtbaren Lockapparat gehäuft. Bei ausbleibendem Insektenbesuch wachsen Griffel und Staubfäden zur Selbstbestäubung schraubig umeinander. Der trichterförmige Kelch wächst zu einem Fallschirm aus, der Schaft des Fruchtstandes ist hoch und elastisch, was alles zur Verbreitung der Früchte dient. Zerstreut, in M.-Europa auf trocknen Grasplätzen und sonnigen Hügeln, bei uns selten. ♃, bis 30 cm, Mai—Sept. Zierpflanze zu Beeteinfassungen.

Die viel niedrigere (10 cm) lilablühende A. marítima Willd. mit stumpfen Blättern (Nordsee), sowie die purpurrote A. purpúrea Koch. u. a. sind wohl nur Abarten.

XXIX. Reihe: Wegerichartige.

93. Fam. Wegerichgewächse, Plantaginaceen.

417. Wegerich, Plantágo.

Entweder eine tiefgehende Pfahlwurzel oder beim grossen W. ein kurzer, vielwurzeliger Wurzelstock lassen auf trocknen Standort schliessen. Die meist grundständigen Blätter sind gross breit oder schmal grasartig, sie leiten den Regen zur Pfahlwurzel und sind z. T. je nach dem Standort kahl oder behaart. Ein hoher Schaft trägt die kleinen, in Aehren oder Köpfchen gehäuften Blüten, die unscheinbar sind, 4gliedrig, mit trockenhäutiger Krone. Die weit hervorragenden Staubgefässe schliessen bei Regen die Beutel wieder zum Schutz des Blütenstaubs. Hoher

Fig. 766.
Plantago major,

Fig. 767.
Plantago lanceolata.

Blütenschaft, die „Zylinderputzernarben", die langen, weit herausragenden, leicht beweglichen Staubfäden, der trockne und leichte Blütenstaub, Honigmangel — das sind alles Merkmale der Windbestäubung; immerhin aber wird die Pflanze auch ihrer Blütenstaubmenge wegen von Insekten besucht, besonders der mittlere W., dessen Staubbeutel violett sind und dessen Blüten zart duften. Die Frucht ist eine Kapsel, aus der die Samen von dem hohen elastischen Schaft aus leicht durch den Wind verstreut werden. Sie werden beim Befeuchten klebrig und halten sich dann leicht im Keimbett fest.

A. *Stengel beblättert*, ästig: **Sand-W.**, P. arenária W. et K., seltene Sandpflanze. ⊙, bis 30 cm, Juli u. August.

B. *Alle* Blätter *grundständig*.

I. Blätter *fiederspaltig*: **schlitzblättriger W.**, P. corónopus L., Strandpflanze an Nord- und Ostsee, sonst kaum vorhanden. ⊙ u. ⧾, bis 30 cm, Juli u. Aug.

I.. Blätter *ungeteilt*.

a) Blätter *breit eirund*, — wenn dann *deutlich geteilt*: **grosser W.**, P. májor L., Fig. 766;

— wenn dagegen Blatt *ungestielt*: **mittlerer W.**, P. média L., Taf. **61**, 2, beide in fast ganz Europa, auf Wiesen, an Wegen und unbebauten Plätzen, häufig. ⧾, bis 30 cm, jener Juli—Okt., dieser Mai u. Juni.

b) Blätter *schmal*.

1. Schaft *gefurcht*: **lanzettblättriger W.**, P. lanceoláta L., Fig. 767, bräunlichweiss mit gelben Staubbeuteln, überall an Wegen und auf Wiesen. ⧾, bis 50 cm, April—Sept.

2. Schaft *stielrund*, — wenn dann das Blatt *lineal*, rinrig, *fleischig*: **Strand-W.**, P. mari-

Fig. 768.
Plantago maritima,

Fig. 769.
Litorella lacustris.

tima L., Fig. 768, Deckblatt kahl, am Meeresstrand und an Salinen, ⧾, bis 30 cm, Juni bis Sept; — wenn dagegen das Blatt *lanzettlich, nicht fleischig*: **Berg-W.**, P. montána Lam., Deckblätter an der Spitze bärtig, auf Triften der Kalkalpen. ⧾, bis 15 cm, Juli u. Aug.

418. **Strandling, Litorélla lacústris** L. Fig. 769.

Der kurze Wurzelstock trägt ein Büschel grundständiger, schmal linealer Blätter, die unten scheidig sind. Die weissen männlichen Blüten stehen einzeln, langgestielt, die weiblichen an deren Grunde zu 2—4, sitzend. Die Pflanze blüht aber wegen des oft überschwemmten Standorts nur selten, in den trockensten Jahren. Sie bildet daher als Ersatz der Früchte zahlreiche Ausläufer. Auf überschwemmtem Sandboden, am Meeresstrand, sonst selten. ⧾, bis 10 cm, Juni u. Juli.

XXX. Reihe: Röhrenblütige.

94. Fam. Verbenengewächse, Verbenaceen.

419. **Eisenkraut, Verbéna officinális** L. Taf. **61**, 3.

Ein Rutengewächs mit tiefgehenden Wurzeln, langen steifen Zweigen und schmalen derben Blättern, die borstig behaart sind. Die Blätter sind 3spaltig, geschlitzt, die oberen lanzettlich. Die kleinen blassblauen Blüten stehen in langen, schlanken Aehren, sie haben am Eingang eine Haarreuse zum Schutz gegen Regen und Honigdiebe, Kelch und Krone sind 5spaltig, 4 Staubgefässe, die Frucht spaltet sich in 4 Nüsschen. In N.- und S.-Europa, in Deutschland an Wegen, Gräben und wüsten Plätzen, häufig. ♃, bis 50 cm, Juli—Sept.

Anm. Die in der warmen Zone reich vertretene Familie enthält viele Zierpflanzen: Verbenen, Lantana u. a.

95. Fam. Lippenblütler, Labiaten.

Ein- oder zweijährige Pflanzen, meist Kräuter mit vierkantigem Stengel und gegenständigen Blättern ohne Nebenblätter. Die meist bunten, ziemlich grossen Blüten stehen quirlig in Trugdolden in den oberen Blattachseln. Die Röhre der Krone bildet am Ende meistens 2 Lippen, die 2 oder 4 Staubgefässe stehen paarweise. Die Frucht ist ein 4teiliges Nüsschen. Die Familie ist über die ganze Erde verbreitet in 2600 Arten der warmen und gemässigten Zone. Viele haben einen starken, aromatischen Geruch, auch die Laubteile, weshalb sie als Gewürze oder Arzneistoffe Verwendung finden, einige sind auch Zierpflanzen. Bezüglich der Biologie der Familie vergl. besonders Bienensaug.

Wir unterscheiden 9 Unterfamilien.

A. Krone *fast regelmässig*: 1. Menthoideen.
B. Krone *deutlich unregelmässig*.
I. Krone scheinbar *einlippig*: IX. Ajugoideen.
II. Krone deutlich *zweilippig*.
  a) *Zwei* fruchtbare Staubgefässe: 2. Monardeen.
  b) *Vier* fruchtbare Staubgefässe:
   1. Staubgefässe *abwärts gebogen*, an der *Unter*lippe: 3. Ocimoideen.
   2. Staubgefässe *aufrecht*, an der *Ober*lippe.
    * Staubgefässe voneinander *entfernt*, die oberen kürzer, — wenn dann der Staubbeutelfächer durch ein breites Mittelband *voneinander getrennt* sind, Fig. 770:

Fig. 770. Staubbeutel   Fig. 771. Staubbeutel
von Saturejeen.   von Mellisseen.

    7. Saturejeen; — wenn sie dagegen *zusammenstossen*, Fig. 771: 5. Mellisseen.
   ** Staubgefässe *dicht beisammen*, gleichlaufend.
    ○ Kelch *zweilippig* (nach dem Blühen *geschlossen*): 8. Scutellarineen.

○○ Kelch fast *gleichmässig 5zähnig* (nach dem Blühen *offen*), — wenn dann die *oberen* Staubfäden länger: 6. Nepeteen; — wenn dagegen die *unteren* Staubfäden länger: 7. Stachydeen.

1. Unterfam. Menthoideen.

420. Polei, Pulégium vulgáre Mill. Fig. 772.
Mit aufsteigendem Stengel und gestielten elliptischen Blättern, die durchscheinend punktiert sind, Die Blütenquirle sind kugelig, dicht, violett. Die

Fig. 772. Pulegium vulgare.   Fig. 773. Lycopus europaeus.

Kelchröhre ist nach der Blütezeit von dichten Wimpern zum Schutz der reifenden Frucht geschlossen. An Flussufern und überschwemmten Stellen, selten ♃, bis 30 cm, Juli u. Aug.

421. Wolfsfuss, Lýcopus europaéus L. Fig. 773.
Die Blätter sind kurzgestielt, länglich-eiförmig, tief gezähnt. Blüte klein, weiss, inwendig mit purpurnen Punkten. An Ufern, Gruben, Wiesengebüschen, zerstreut. ♃, bis 1 m hoch, Juli—Sept.

422. Minze, Mentha.
Ausdauernde, meist flaumhaarige Kräuter mit stark aromatischem Duft. Sie ändern nach dem Standort sehr ab und bilden viele Abarten, was das Bestimmen sehr erschwert.

A. Blütenquirle in *endständigen*, *verlängerten* Aehren.
  I. Blatt *gestielt*, Nüsschen *glatt*: **Pfeffer-M.**, M. piperíta L., Taf. **62** 1, Blatt eilänglich, scharf gesägt, Blüte blassrot, Deckblatt lanzettlich; in S.-Deutschland, zerstreut, an feuchten Stellen, sonst angebaut (findet des aromatischen Oels wegen Verwendung zu Likören, Tabletten usw.), bis 60 cm, Juli—Okt.
  II. Blatt *höchstens ganz kurz* gestielt, Nüsschen *punktiert*, — wenn dann das Blatt *2—3mal so lang* als breit, Deckblätter *pfriemlich*: **Wald-** oder **Ross-M.**, M. silvéstris L., Fig. 774, Blatt gesägt-

Marginal notes (right edge):
1. Kelch *5zähnig* Kronröhre *nach oben erweitert*
2. Kelch *fast gleichmässig* Kronröhre *allmählich weit* a. Nur 2 fruchtbare Staubgefässe
b. Mit 4 Staubgefässen

gezähnt, Blüte blassrot, in M.- u. S.-Europa, bei uns an feuchten Stellen, häufig, bis 75 cm, Juli u. Aug.; — wenn dagegen das Blatt *nicht doppelt so lang* als breit, Deckblätter *lanzettlich*: **rundblättrige M.**, M. rotundifólia L., Blatt eirund, gekerbt-gesägt, unten graufilzig, oben runzelig, sonst wie vorige, in Europa weit verbreitet an feuchten Stellen, bei uns zerstreut, mehr im Westen, bis 60 cm, Juli—Okt.

B. Blütenquirle in *nicht* endständigen verlängerten Aehren.

I. Blütenquirle *am Ende* kopfig: **Wasser-M.**, M. aquática L., Taf. **62**, 2, Blatt gestielt, eiförmig, gesägt, Blüte bläulichrot, fast in ganz Europa,

Fig. 774. Mentha silvestris.

Fig. 775. Mentha arvensis.

an feuchten Stellen, in Deutschland häufig, als „**Krause-M.**" angebaut, bis 1 m, Juli—Okt.

II. Blütenquirle *in den Winkeln* der gewöhnlichen Blätter, — wenn dann Blatt *am Grund verschmälert*, Kronenröhre innen *kahl*: **Wiesen-M.**, M. gentilis L., blassrot, wohlriechend. Fruchtkelch röhrig-glockig, an Ufern, auf Aeckern, zerstreut, bis 1 m, Juli u. Aug.; — wenn dagegen das Blatt *am Grund breit*, abgerundet, Kronenröhre innen *behaart*: **Feld-M.**, M. arvénsis L., Fig. 775, Pflanze oft braunrot, Blüte lila, M.- u. N.-Europa, in Deutschland überall auf feuchten Aeckern, an Gräben usw., bis 50 cm, Juli u. August.

Anm. Nahe verwandt ist Elsholtzia cristáta W., bei der die Antherenfächer auseinandergehen (bei Mentha parallel laufend), mit endständiger, einseitiger Aehre, Deckblatt gewimpert, blassrot, verwildert. ⊙, Juli u. Aug.

2. Unterfam. Monardeen.

423. **Salbei, Salvia.** Taf. **62**, 3 u. 4.

Tiefgehende Wurzel und derbe runzelige Blätter zeigen bei einigen den trocknen Standort an. Das Laub duftet aromatisch wie bei der Minze (Schutz gegen Tierfrass). Kelch und Krone sind als Schutz gegen Honigdiebe klebrig behaart. Der Kelch ist zweilippig, die Krone gross, meist blau oder violett, die Oberlippe ist bogig gekrümmt und geschlossen, in ihr liegen geschützt die beiden Staubgefässe und der Stempel. Jene bilden ein sehr bemerkenswertes schlagbaumartiges Hebelwerk, der kürzere untere Hebelarm ist eine Platte, die den Blüteneingang kleinen Insekten (Honigdieben) verschliesst. Kriecht eine Hummel in die Blüte, wobei ihr die Unterlippe eine Anflugstelle bietet, so stösst sie die Platte vorwärts, dabei schlagen ihr die langen Hebelarme mit den Staubbeuteln auf den Rücken und lagern dort den Blütenstaub ab. In älteren Blüten tritt die zweiteilige Narbe hervor und vor den Blüteneingang, so dass die Hummel sie dann mit dem Rücken streift und den Blütenstaub auf sie bringt. So wird also Fremdbestäubung gesichert. Der bleibende Kelch wird beim Wiesen-S. trocken und sackartig, so dass er als Flugorgan der Frucht dienen kann. Bei dem klebrigen S. ist er drüsigklebrig und heftet sich vorüberstreifenden Tieren an. Der Samen wird auf feuchtem Boden schleimig und haftet ihm dadurch an. Der Garten-S. dient als Gewürz, andere ausländische Arten sind beliebte Zierpflanzen.

A. Krone *schwefelgelb*: **klebriger S.**, S. glutinósa L., klebrigdrüsig, in schattigen Wäldern der Kalkalpen, auch in Schlesien. ♃, bis 1¼ m, Mai bis Sept.

B. Krone *weiss, blau* oder *lila*.

I. Kronenröhre innen *mit* Haar- oder Hautring. Fig. 776 oben rechts, — wenn dann die Pflanze *am Grunde holzig, graufilzig*: **Garten-S.**, S. officinális L., Taf. **62**, 3, Quirle 6—12 blütig, violett, angebaut, ♃, bis 1 m, Juni u. Juli; — wenn dagegen die Pflanze *ganz krautig, rauhhaarig*: **Quirl-S.**, S. verticilláta L., Fig. 776. Quirle mehr als 12 blütig, blau, auf trocknen Hügeln, an Wegen selten, ♃, bis 60 cm, Juni bis August.

Fig. 776. Salvia verticillata.

II. Kronenröhre *ohne* Haarring.

1. Pflanze *weisswollig*: **Mohren-S.**, S. aethiopis L., weissblühend, S.-Europa, am Meissner in Hessen. ⊝, Juni u. Juli.

2. Pflanze *nicht weisswollig*, — wenn dann *klebrig*

behaart: **Wiesen-S.**, S. praténsis L., Taf. **62**, 4. Blatt runzelig, eiförmig, unten weichhaarig, Deckblatt grün, Quirle 6 blütig, tiefblau, selten rot oder weiss, in M.- u. S.-Europa weit verbreitet, bei uns häufig auf trocknen Wiesen an Feldrainen, ⚇, bis 60 cm, Mai bis Juli; — wenn dagegen Pflanze *grau-flaumig, nicht klebrig*: **Wald-S.**, S. silvéstris L. Deckblatt gefärbt, violettblau, selten, an Wegen usw. (Thüringen, Sachsen, Böhmen, am Main). ⚇, Juli u. Aug.

Anm. Hierhin gehört auch der **Rosmarin**, Rosmarínus officinális L., Zierpflanze aus S.-Europa, mit 2 spaltiger Oberlippe (Salbei höchstens schwach ausgerandet), Blatt schmal, unten grau, hellblau. ♄, April u. Mai.

3. Unterfam. Ocimoideen.

424. Lavendel, Lavéndula vera DC. Taf. **62**, 5.

Die ganze Pflanze ist kurz grau behaart, das lineale Blatt am Rand eingerollt, unten drüsig punktiert. Blüte hellveilchenblau, in unterbrochener endständiger Aehre. Oberlippe mit 2, Unterlippe mit 3 Lappen. Aus S.-Europa, kultiviert, ⚇, bis 60 cm, Juli—Sept. Man macht aus dem aromatischen Oel das Lavendel- oder Spicköl.

Anm. Nahe verwandt ist die Zierpflanze Ocimum basilicum L. mit 4 zähniger Unterlippe, weiss, aus Ostindien.

4. Unterfam. Saturejeen.

425. Dost, Origanum.

Wenn der Kelch fast ganzrandig, *etwas 2 lippig*: **Majoran, Meiran,** O. majorána L., rötlichweiss, beliebtes Küchengewürz aus N.-Afrika, ⚇ u. ⊙, u. Aug.; — wenn dagegen die Kelchzähne *gleich und spitz*: **gemeiner D.**, O. vulgáre L., Taf. **62**, 6, Pflanze verzweigt, Blatt eirund, ganzrandig, Blüten blass purpurn, in Ebensträussen, fast in ganz Europa, in Deutschland häufig an sonnigen Rainen und trocknen Waldrändern. ⚇, bis 60 cm, Juli u. Aug.

426. Thymian, Quendel, Thymus serpýllum L. Taf. **62**, 7.

Kleine niederliegende Pflanze mit kleinen derben Blättern, rasenbildend, was alles auf trocknen, freien Standort schliessen lässt, der Stengel ist unten holzig. Das Laub ist stark aromatisch. Die Blüten sind violettrot, in kopfigen Quirlen. Ein stacheliger Haarkranz am Eingang des bleibenden Kelches ist der reifenden Frucht ein Schutz, indem der Kelch zuletzt sackartig und trocken wird, dabei dient er auch als Flugorgan zur Verbreitung der Frucht. Fast in ganz Europa, bei uns an sonnigen Abhängen und Wegen überall.

Anm. Der naheverwandte **Garten-Th.**, Th. vulgáris L., hat aufstrebenden Stengel, am Rand umgerollte Blätter und blassrote Blüten. Er ist eine Gewürzpflanze aus S.-Europa. ♄, Mai u. Juni.

427. Bohnenkraut, Pfefferkraut, Saturéja horténsis L. Fig. 777.

Der stark verästelte Stengel trägt schmale derbe Blätter, entsprechend dem trocknen Standort, das Laub duftet stark aromatisch. Die weisslila Blüten stehen zu 1—5 in den Blattachseln. Aus S.-Europa, als beliebtes Gewürz angebaut und verwildert. ⊙, bis 30 cm hoch, Juli—Okt.

Fig. 777.   Fig. 778.
Satureja hortensis.   Calamintha acinos.

428. Wirbeldost, Clinopódium vulgáre L. Taf. **63**, 1,

Aufrechtes, stark verzweigtes, weichhaariges Kraut mit eiförmigen Blättern und purpurroten Blüten in dichten Quirln. In Europa weit verbreitet, bei uns an Hecken und Waldrändern, häufig. ⚇, bis 60 cm, Juli—Aug.

429. Bergminze, Calamíntha. *L.*

Wenn die 6 Blätter des Quirls *einfach gestielt*: **Feld-B.**, C. ácinos Clairv., Fig. 778, flaumhaarig, Blatt lanzettlich, gestielt, violettblau, Kelch mit Haarring, häufig, an trocknen Abhängen, auf Aeckern, ⚇, bis 30 cm, Mai—Sept.; — wenn dagegen der Quirl mit 2 *gabelig geteilten* Blütenstielen: **gebräuchliche B.**, C. officinális Mch., purpurrot, selten, in Wäldern. ⚇, Juli u. Aug.

5. Unterfam. Melisseen.

430. Melisse, Melissa officinális L. Taf. **63**, 2.

Zitronen-M. Ein aufrechtes, verästeltes Kraut mit eiförmigen Blättern und weissen Blüten in einseitswendigen Quirlen, mit eiförmigen Deckblättern, Kelch bauchig. Aus S.-Europa, wegen der wohl-

riechenden Blätter angepflanzt; verwildert. ♃, bis
60 cm hoch, Juli u. Aug.

431. Ysop, Hýssopus officinális L.
Fig. 779.

Halbstrauch mit krautigen, rutenförmigen Aesten
und kleinen schmalen Blättern, also von trocknem
Standort. Die blauen oder
weissen Blüten stehen
einseitswendig. Arznei-
und Gewürzpflanze aus
S.-Europa, verpflanzt, selten wild (verwildert?), auf
sonnigen Felsen. ♄, bis
30 cm, Juli—Aug.

6. Unterfam.
Nepeteen.

Anm. Die genann-
ten Gattungen haben
fünfzähnigen Kelch, 2lip-
pig ist er bei Dracocé-
phalum Moldávica
L., mit tiefgesägten Blättern und violetten Blüten.
Küchenpflanze. ☉, Juli u. Aug.

Fig. 779. Hyssopus officinalis.

432. Katzenminze, Népeta catária L.
Fig. 780.

Wenig verästeltes Kraut mit ei-herzförmigen,
unten graufilzigen Blättern, Blüten weiss oder rötlich, Unterlippe rot punk-
tiert. An Zäunen und auf
Schutt, zerstreut, auch
wegen des Wohlgeruchs
angebaut. ♃, bis 1 m,
Juli u. Aug.

433. Gundelrebe,
Glechóma hederácea L.
Taf. 63, 3.

Gundermann. Mit
kriechendem Stengel und
gekerbten nieren- bis herzförmigen Blättern, die
gross und zart am schat-

Fig. 780. Nepeta cataria.

tigen, klein und derb am
sonnigen Standort sind. Bemerkenswert ist, wie sie
Blattstiele und Stengelglieder drehen und wenden,
um die Blätter dem Licht zuzuführen. Am Eingang
der Krone stehen Haare als Honigschutz; die Blüte
blau oder hellviolett, in 6blütigen Quirlen. Fast in
ganz Europa, bei uns überall in feuchten Gebüschen,
an Hecken, Waldrändern usw. ♃, bis 30 cm lang,
April—Juni.

7. Unterfam. Stachydeen.
A. Unterlippe mit *sehr kleinen Seitenlippen.*

434. Bienensaug, Taubnessel, Lámium.

Kräuter von dem charakteristischen Aussehen
der Lippenblütler. Manche Arten (z. B. weisser
B.) haben Vermehrung durch unterirdische Ausläufer
und treten daher truppweise auf. Sie verbreiten ihre
Wurzeln weithin im Boden und haben daher zur
Regenableitung nach aussen Blätter mit schräg nach
unten gerichteter Spitze. Die Blätter sind bei manchen Arten je nach Standort gross und zart (Schatten)
oder kleiner, derber, runzelig, weniger leicht welkend (sonniger Standort), bei Arten, die stets solchen
Standort haben, sind sie stets so. Das Laub ist
durch Haare und starken Geruch gegen Tierfrass
geschützt. Die Blüten sind gross, verschiedenfarbig
(weiss und rot), sie haben Saftmalflecken und viel
Honig, der durch einen Haarring in der Kronenröhre geschützt ist. Die seitliche Oeffnung zeigt
die „Hummelblume" an. Die grosse, am Rande ge-
wimperte Oberlippe ist für die darunter liegenden
Staubbeutel ein Regendach, während die grosse
Unterlippe eine bequeme Anflugstelle bildet. Uebrigens zeigen manchmal Löcher am Grunde der Kronenröhre an, dass Diebstahl von Honig durch faule
Hummeln und Bienen stattfand. — Die Staubbeutel
öffnen sich nach aussen, während der untere Narbenast nach unten gerichtet ist, dies begünstigt Fremdbestäubung; ist solche aber ausgeblieben (bei nassem
Wetter), so nimmt der obere Narbenast noch Blütenstaub auf. Bei dem stengelumfassenden B.
bleiben die kleinen Blüten oft ganz geschlossen
(Kleistogamie), so dass dann Selbstbestäubung
Regel ist. Der Kelch mit seinen spitzen Zähnen
wächst nach der Befruchtung weiter zu einer wirksamen Schutzwehr der reifenden Frucht.

A. Die oberen Blätter *stengelumfassend.* Kronen-
röhre innen *ohne* Haarring: **stengelumfassende T.,**
L. amplexicaule L., untere Blätter langgestielt,
Stengel niederliegend, purpurrote Blüten; in ganz
Europa, Ackerunkraut, bei uns sehr häufig. ☉, bis
30 cm lang, März—Okt.

B. Obere Blätter *nicht stengelumfassend,* Kronenröhre innen *mit* Haarring.

I. Kronenröhre *fast gerade, wenig eingeschnürt*: **rote**
T., L. purpúreum L., Taf. 64, 1, Stengel aufsteigend, untere Blätter langgestielt rundlich,
obere Blätter kurzgestielt, nach oben zu-
sammengedrängt, Blüte purpurrot, Europa, auf
Aeckern, in Gärten usw., bei uns überall. ☉,
bis 20 cm, März—Okt.

II. Kronenröhre *stark gekrümmt* und unten *ein-*
geschnürt, — wenn dann Blüte *weiss*: **weisse**
T., L. album L., Taf. 64, 2, Stengel aufsteigend,

Blatt länglich herzförmig, in ganz Europa ausser im hohen Norden, bei uns überall an Wegen, Hecken usw., ♃, bis 60 cm, April—Okt.; — wenn dagegen Blüte *rot*, dunkler gefleckt: **gefleckte T.**, L. maculátum L., Taf. **64**, 3, den vorigen ähnlich, auch in der Verbreitung, doch mehr in lichten Waldungen und feuchten Gebüschen. ♃, April—Okt.

B. Unterlippe *breit* 3 *lappig*.

   I. Die 3 Lappen der Unterlippe *spitz*.

l. Kronenröhre innen *ohne* Haare.
a. Unterlippe am Grunde jederseits *mit hohlem Zahn.*

435. Goldnessel, Galeóbdolon lúteum Huds.
Taf. **64**, 4.

Aufrechtes, wenig verzweigtes Kraut, das sich durch kriechende Ausläufer vermehrt, die gestielten, länglich herzförmigen Blätter haben silberweisse Flecken, was man — die G. ist eine Schattenpflanze — als die Verdunstung befördernd ansieht. Die goldgelben Blüten stehen zu 3—7 in den Quirlen. In feuchten Wäldern und schattigen Gebüschen verbreitet. ♃, bis 50 cm, Mai u. Juni.

   II. Die 3 Lappen der Unterlippe *stumpf* (der Mittellappen am grössten).

436. Hohlzahn, Galeópsis.

Einjährige, meist aufrechte Kräuter mit ausgebreiteten Zweigen, die Blätter im Gegensatz zum Bienensaug kleiner und derber wegen des trockneren Standorts. Die Hohlzähne der Unterlippe zwingen die Hummeln, mit dem Kopf die Staubbeutel zu berühren, diese haben zum Schutz gegen Regen und Diebe deckelförmige Lappen, die beim Vorbeistreifen von den Insekten aufgeklappt werden. Am Ende des Blühens krümmt sich der untere Griffelast zu den Staubbeuteln hin, um Selbstbestäubung als Notbehelf zu erreichen.

A. Stengel *flaumhaarig,* unter den Knoten *nicht verdickt,* — wenn dann Blüte *weissgelb*: **weissgelbe H.**, G. ochroleúca Lam., Fig. 781, Haare seidenartig, Blatt lanzettlich, in W.-Europa, bei uns zerstreut auf unbebautem Land, bis 28 cm, Juni u. Juli; — wenn dagegen die Blüte *rot* (selten weiss): **Acker-H.,** G. ládanum L., Haare kurz, weich, Blatt schmal eirund, über ganz Europa verbreitet, in Deutschland häufig, auf Aeckern und wüsten Plätzen, bis 20 cm, Juni bis Aug.

B. Stengel *steifhaarig,* unter den Knoten *ver-*

Fig. 781.
Galeopsis ochroleuca.

dickt, — wenn dann Blüte *schwefelgelb*, Mittellappen der Unterlippe violett: **bunter H.**, G. versícolor Curt., Taf. **61**, 4, Blatt länglich eiförmig gezähnt, Krone doppelt so lang wie der Kelch, M.-Europa, in Deutschland zerstreut, auf Aeckern, an Zäunen, in feuchten Wäldern, bis 1 m hoch, Juli u. Aug.; — wenn dagegen die Blüte *rot* oder *weiss*: **gemeiner H.**, G. tétrahit L., Blatt länglich eiförmig, grob sägezähnig, Krone nur wenig länger als der Kelch, in ganz Europa, bei uns häufig, in lichten Wäldern, auf Aeckern, an Wegen, bis 60 cm, Juni u. Aug.

437. Immenblatt, Melíttis melissophýllum L.
Taf. **63**, 4.

Aufrechtes Kraut mit gestielten, herzförmigen Blättern, stumpfgesägt, die grossen, weiss und rotgefärbten Blüten stehen zu 1—3 in den Blattachseln, der Kelch ist weitglockig. In Bergwäldern S.- und M.-Deutschlands zerstreut. ♃, bis 50 cm, April u. Mai.

b.Unterlipp
hohle Zä
† Kelch 2

438. Betonie, Betónica officinális L. Taf. **63**, 5.

Ein wollig behaartes Kraut mit länglich eiförmigen, gekerbten, runzeligen Blättern, unten 2 langgestielte, gelappte Blätter. Die purpurnen Blüten bilden eine endständige, unterbrochene Aehre. In Europa weit verbreitet, bei uns auf Wiesen und in Wäldern häufig. ♃, bis 60 cm, Juni—Aug.

††Kelch5a
nicht 2lip
c Nüssche
abgerun
Fig. 78

Fig. 782.
Abgerundete Nüsschen
v. Labiaten.

Fig. 783.
Dreieckig abgestutzte
Nüsschen v. Labiaten.

439. Katzenschwanz, Chaetúrus marrubiástrum Rchb.

oo Nüss
oben 3eck
stutzt. Fig

Etwas filzig, mit steifborstigen Deckblättern, die hellrote Krone wenig länger als der Kelch; sehr selten an Wegen und Schutt. ♃, Juli u. Aug.

440. Andorn, **Marrúbium vulgáre** L.
Fig. 784.

Weissfilziges Kraut mit rundlich-eiförmigen, gestielten runzeligen, gekerbten Blättern, die schmutzig weissen Blüten stehen in fast kugeligen Quirlen, die Kelchzähne sind zurückgeschlagen (Fig. 784 rechts). In M.- und S.-Europa, bei uns zerstreut, an steinigen Orten, Wegen und Mauern. ♃, bis 60 cm, Juli bis Sept.

2. Krone
innen *mi*
ren, und
a. *getrennte*
büsche

Fig. 784.
Marrubium vulgare.

Haarring. *en 3eckig* *t (Fig.* *t Rand.*

441. Löwenschweif, Leonúrus cardíaca L. Fig. 785.

Auch Herzgespann. Stengel aufrecht und schwach behaart, mit gelappten Blättern, die kleinen blassroten Blüten stehen zu 6—15 in Quirlen; häufig, an wüsten Plätzen, Zäunen und Wegen. ♃, bis 1 m, Juli u. Aug.

sschen *bgerundet* *784).* *bfäden* *n Blühen* *gerade.*

442. Gottvergess, Ballóta nigra L. Taf. **64,** 5.

Auch Schwarznessel. Ein zum Schutz gegen Tierfrass unangenehm riechendes Kraut, mit, dem trockneren Standort entsprechend, derberen, eirunden Blättern. Blüte bläulichpurpurn, mit kürzerer Oberlippe, die

Fig. 785.
Leonurus cardiaca.

Staubbeutel sind zur Fremdbestäubung zuerst reif, wenn diese aber ausbleibt, so fällt der Blütenstaub schliesslich auf den Haarbesatz am Rand der Oberlippe, und der untere Griffelast wächst abwärts und nimmt den Blütenstaub auf. Am Eingang des weiter wachsenden Kelches ist ein Haarkranz zum Schutz der reifenden Frucht. Häufig, auf Schutt, an Zäunen usw. ♃, bis 1 m, Juni—Aug.

443. Ziest, Stachys.

aubfäden *n Blühen* *usen ge-* *sht.*

Harte und behaarte Kräuter, bei Arten mit schattigem Standort mit grossen zarten, bei solchen an trocknem Standort mit kleineren, derberen Blättern, diese meist herzförmig. Die Krone hat eine aufrechte, gewölbte Oberlippe, die Unterlippe ist lang und ausgebreitet als Anflugstelle. Wenn Fremdbestäubung ausbleibt, dann krümmen sich zuletzt die beiden Griffeläste zu den Staubbeuteln hin. Der Kelch wächst stachelig weiter zum Schutz der reifenden Frucht.

A. Blüte *blassgelb,* — wenn dann die Quirle *6—12blütig,* Kelchstacheln *kahl:* **Gerader Z.,** St. recta L., Taf. **64,** 6, rauhhaarig, Blatt länglich lanzettlich, die oberen eirund, Schlund der Blüte rot punktiert, in M.-Europa, an trocknen, steinigen Hängen, mehr in S.-Deutschland, ♃, bis 60 cm, Juni bis Aug.; — wenn dagegen die Quirle *4—6blütig,* Kelchstacheln *flaumhaarig:* **einjähriger Z.,** St. ánnua L., fast kahl, Blüte weissfleckig, zerstreut, an wüsten Stellen, auf Aeckern. ☉, bis 30 cm, Juli—Sept.

B. Blüte *rot.*

I. Quirl *12- und mehrblütig,* — wenn dann die Pflanze *wollig behaart:* **Deutscher Z.,** St. germánica L., Taf. **64,** 7, Blüte hellpurpurn, Quirle

in langer schlanker Aehre, M.- und S.-Europa, an sonnigen Anhöhen und steinigen Orten, besonders auf Kalkboden, bei uns zerstreut, ♃, bis 1¼ m, Juli u. Aug.; — wenn dagegen die Pflanze *rauhhaarig,* oben *drüsig:* **Gebirgs-Z.,** St. alpína L., ähnlich, dunkler rot, zerstreut, im deutschen Mittelgebirge in lichten Wäldern. ♃, Juli u. Aug.

II. Quirle meist *6 blütig.*

1. Krone etwa *von Kelchlänge:* **Acker-Z.,** St. arvénsis L., Fig. 786, Blatt herzeiförmig,

Fig. 786. Stachys arvensis.

Fig. 787. Stachys palustris.

häufiges Unkraut auf Aeckern, in Gärten. ☉, bis 30 cm, Juli—Sept.

2. Krone *doppelt so lang* wie der Kelch, — wenn dann das Blatt *kurz gestielt, fast kahl:* **Sumpf-Z.,** St. palústris L., Fig. 787, Blatt schmal lanzettlich, in Deutschland weit verbreitet, an Ufern, auf sumpfigen Wiesen usw., ♃, Juli u. Aug.; — wenn dagegen das Blatt *langgestielt, rauhhaarig:* **Wald-Z.,** St. silvàtica L., Taf. **64,** 8, Blatt breit herzförmig, unangenehm riechend, in ganz Europa, in feuchten Gebüschen, schattigen Wäldern, an Ufern. ♃, bis 1 m, Juni—Aug.

8. Unterfam. Scutellariaceen.

444. Helmkraut, Scutellária.

1. Kelch-Ober- *lippe mit hohler*

A. Blätter *gekerbt:* **gemeines H.,** Sc. gálericuláta L., Taf. **63,** 6, Blatt am Grund herzförmig, länglich lanzettlich, je 2 blaue Blüten im Blattwinkel, in Europa weit verbreitet, bei uns nicht selten, an feuchten Orten. ♃, bis 50 cm, Juli—Sept.

Schuppe (Fig. 788 *oben links), Kro-* *nenröhre innen* *ohne Haarleiste.*

B. Blätter am Grunde *mit 1—2 Zähnen,* fast spiessförmig, — wenn dann der Kelch *drüsig behaart,* Krone am Grunce fast rechtwinklig *gebogen:* **spiessblättriges H.,** Sc. hastifólia L., violett, selten, an feuchten Stellen, ♃, bis 30 cm, Juli u. Aug.; — wenn dagegen der Kelch *drüsenlos behaart,* Krone

27

2. Oberlippe *ohne* Schuppe, Krone *mit* Haarleiste.

Fig. 788.
Scutellaria minor.

nicht gebogen: **kleines H.,** Sc. minor L., Fig. 788, blassviolett, besonders auf Moorboden, selten, mehr im Westen und Süden. ♃, bis 20 cm, Juli—Aug.

445. Brünelle, Braunheil, Prunélla.

A. Blüte *gelbweiss*: w e i s s e P., P. alba Pallas, obere Blätter fiederteilig, selten auf trocknen Wiesen und Hügeln. ♃, Juli u. Aug.

B. Blüte violett, — wenn dann Krone *höchstens 2 mal so lang* als der Kelch, Staubfaden mit *spitzem* Zahn: **gemeine B.,** P. vulgáris L., Taf. 63, 7, kriechend, mit aufsteigenden Blütenästen, Blatt eiförmig, Blütenstand kopfig, später gestreckt, am Grunde zwei grosse Stützblätter, in ganz Europa, bei uns häufig auf Wiesen, an Waldrändern und Wegen, ♃, bis 30 cm lang, Juli—Okt.; — wenn dagegen die Krone 3—4 mal *so lang* wie der Kelch, Staubfaden mit *stumpfem* Zahn: **grossblütige B.,** P. grandiflóra Jacq., auf sonnigen und steinigen Hügeln, besonders Kalkboden, zerstreut. ♃, Juli—Aug.

9. Unterfam. Ajugoideen.

1. Unterlippe *3teilig* (Fig. 789), Krone innen *mit* Haarleiste.

446. Günsel, Ajúga.

Niedere Kräuter, der k r i e c h e n d e G. mit kriechenden Ausläufern für vegetative Vermehrung. Die Blätter sind dem Standort entsprechend ähnlich wie beim Bienensaug beschaffen. Die Oberlippe ist sehr kurz, so dass die Staubgefässe und der Griffel hervorragen, dafür stehen sie aber zum Schutz gegen Regen unter den grossen Deckblättern des ährenförmigen Gesamtblütenstandes. Bei anhaltendem Regen bleiben die Blüten geschlossen (Kleistogamie), indes tritt Selbstbestäubung ein. Die Nüsschen sind rauh und kantig.

A. Blüte *gelb, einzeln in den Blattachseln*: **gelber G.,** A. chamaepítys Schr., Fig. 789, Blatt tief, dreilappig, Lappen lineal, auf

Fig. 789.
Ajuga chamaepitys.

Kalkboden in M.- und S.-Europa, sowie W.-Asien, in M.- und S.-Deutschland selten, auf trocknen Hügeln und Aeckern. ☉, bis 15 cm, Juni—Sept.

B. Blüte meist *blau (selten weiss), endständige Aehren.*

I. *Mit* kriechenden Ausläufern: **kriechender G.,** A. reptans L., Taf. 61, 5, kahl, untere Blätter langgestielt, verkehrt eirund, obere fast sitzend, fast in ganz Europa, bei uns häufig auf Wiesen, in Wäldern. ♃, bis 30 cm hoch, Mai—Juli.

II. *Ohne* Ausläufer, — wenn dann die Deckblätter der Quirle *kürzer* als die Blüten, *meist 3 lappig*: **behaarter G.,** A. genevénsis L., den vorigen ähnlich, ändert oft ab, zerstreut, auf Heiden und Sandfeldern, ♃, Mai—Juli; — wenn dagegen die Deckblätter *doppelt so lang* wie die Quirle, *ungeteilt*: **Pyramiden-G.,** A. pyramidális L., Stengel zottig behaart, untere Blätter gehäuft, gross und kurz gestielt, der Blütenstand zuletzt pyramidal, sehr zerstreut, mehr an den Voralpen, Mai u. Juni.

447. Gamander, Teúcrium.

2. Unter *Slappig* (F links), K innen *ohne* leiste

Kräuter oder Halbsträucher, z. T. wegen des trocknen Standortes mit derben und filzigen Blättern. Die Blüten stehen etwas einseitswendig, die Oberlippe fehlt anscheinend.

A. Kelch *2lippig*: **salbeiblättriger G.,** T. scorodónia L., Fig. 790, Blatt gestielt, herzeiförmig, behaart, Krone grünlichweiss, etwas rötlich, die Staubbeutel purpurn, in M.-Europa, bei uns auf Sandboden stellenweise häufig. ♃, bis 1 m, Juli—Sept.

Fig. 790.
Teucrium scorodonia.

B. Kelch *5 zähnig, nicht lippig.*

I. Blüten in *endständigem Köpfchen*: **Berg-G.,** T. montánum L., niederliegend, Blatt lineal-lanzettlich, unten graufilzig, Ränder umgebogen, selten, auf felsigen Hügeln (Kalk). ♃, bis 20 cm lang, Juni—Aug.

II. Blüten in *blattwinkelständigen Quirlen.*

1. Die Quirle in *endständiger Traube*: **edler G.,** T. chamaédrys L., Taf. 61, 6, Blatt gestielt, gekerbt, purpurrot, Kelch rotbraun, in M.- und S.-Europa, in M.- und S.-Deutschland, besonders auf Kalkboden, sonnige Hügel. ♃, bis 20 cm, Juli—Sept.

2. Die Quirle stehen *voneinander entfernt*, — wenn dann die Blätter *gestielt* und *fiederspaltig*: **Trauben-G.,** T. botrys L., Fig. 791, ohne Ausläufer, rötlich, selten, auf sonnigen

Hügeln (Kalk), ☉, bis 25 cm hoch, Juli bis Okt.; — wenn dagegen die Blätter *sitzend* und *ungeteilt*: **Knoblauch-G.**, T. scórdium L., Fig. 792, mit Ausläufern, Stengel flaumhaarig, Blatt

Fig. 791. Teucrium botrys. Fig. 792. Teucrium scordium.

länglich lanzettlich, gesägt, Blüte blasspurpurn, fast in ganz Europa, bei uns zerstreut, auf nassen Wiesen und sumpfigen Stellen. ♃, bis 20 cm, Juli u. Aug.

96. Fam. Nachtschattengewächse, Solanaceen.

Kräuter oder Holzpflanzen mit wechselständigen Blättern ohne Nebenblätter und meist 3 gliederiger Blüte. Die Frucht ist eine Beere oder Kapsel mit vielen Samen. Eine grosse Familie, deren 1250 Arten über die ganze Erde verbreitet sind, manche sind giftig und daher Arzneipflanzen, andere Nahrungspflanzen.

A. Frucht eine *Kapsel*.

apsel mit aufsprin-Krone nicht faltet. 448. **Bilsenkraut, Hyoscýamus niger.** Taf. 69, 1.

Eine krautige, giftige Pflanze, die zum Schutz gegen Tierfrass einerseits filzig-klebrig behaart ist und andererseits betäubend-widerlich riecht. Die Blätter sind gross, fiederspaltig-buchtig, die unteren gestielt, die oberen halbstengelumfassend. Die schmutziggelben, violettadrigen Blüten stehen fast sitzend in den Blattwinkeln. Sie enthalten Honig und besitzen haarige Saftmale, die zu ihnen führen. Zuerst stehen die Staubgefässe an der Kronenwand, die Narben in der Mitte, später ist es umgekehrt. Dieser Platzwechsel führt Fremdbestäubung herbei. Später wächst die Krone mit den an ihr sitzenden Staubgefässen und schiebt diese in Narbenhöhe, so dass Selbstbestäubung als Notbehelf eintritt. Der krugförmige Kelch wächst zum Schutz der Frucht weiter. Diese, eine Kapsel, sitzt zuletzt auf verholzendem Stengel, und wenn der Deckel abgeworfen ist, so fliegen die kleinen, leichten Samen bei Windstössen

leicht heraus. In M.-Europa, in Deutschland zerstreut, auf Schutt, an wüsten Plätzen, ☉ oder ☉, bis 60 cm, Juni u. Juli. Besonders die Wurzel enthält ein giftiges Alkaloïd, weshalb sie zu Arzneizwecken benutzt wird.

449. **Stechapfel, Datúra stramónium** L. Taf. 69, 2. 2. *Kapsel mit Klappen aufspringend, Krone gefaltet.*

Kräftige Pflanze mit sparrigen Aesten und gestielten buchtig-gezähnten Blättern, die sich mosaikartig zum Licht wenden, ihr übler Geruch und starkes Gift schütz sie vor Tierfrass, die weisse Blüte mit langer trichterförmiger Röhre öffnet sich abends und duftet dann, alles Merkmale, die auf Abendschmetterlinge als Bestäuber weisen, da der Honig sich in enger Röhre befindet, ist er bestens geschützt. Die Stacheln sind ein guter Schutz der 4 klappigen Frucht, ihre Samen sind zahlreich und ziemlich klein und werden durch Windstösse herausgeschleudert. Die Pflanze soll aus Asien stammen, sie kommt in Deutschland zerstreut auf Schutt usw. vor. ☉, bis 60 cm, Juli u. Aug. Als Arzneipflanze gebraucht. *a. Kapsel mit Stacheln, Blatt gezähnt.*

450. **Tabak, Nicotiána.** Taf. 65, 1 u. 2. *b. Kapsel ohne Stacheln, Blatt ganzrandig.*

Einjährige Kräuter mit grossen, ganzrandigen Blättern, die Blüten stehen in endständigen Trauben, sie sind trichterförmig mit 5 Zipfeln. Die Frucht ist 4 klappig. Stammt aus N.-Amerika und wurde in Deutschland angebaut. Wenn die Kronenröhre *oben bauchig* ist, *hellrot*: **gemeiner T.,** N. tabácum L., Taf. 65, 1, Blatt länglich-lanzettlich, am Grund verschmälert herablaufend, Rispe ausgebreitet, bei uns (besonders Rheinpfalz und Baden) viel angebaut, bis 2 m, Juli u. Aug.

Wenn dagegen die Kronenröhre *walzig, gelblichgrün*: **Bauern- oder Veilchen-T.,** N. rústica L., Taf. 65, 2, Blatt eiförmig, etwas klebrig, am Grund geöhrt, herablaufend, bei uns wenig, sonst in der Türkei und S.-Russland angebaut.

Die Blätter enthalten das giftige Nikotin, sie werden zu Rauch-, Schnupf- und Kautabak verarbeitet.

Anm. Nahe verwandt ist die Zierpflanze Petúnia aus S.-Amerika, drüsenhaarig, klebrig, Blatt eiförmig, Blüte trichterig, verschiedenfarbig. ☉, Juli bis Okt.

B. Frucht eine *Beere*.

451. **Teufelszwirn, Lýcium bárbarum** L. *1. Strauch mit schlanken Rutenästen.*

Ein Kletterstrauch mit Ablegern aus unterirdischen Wurzeln, daher sich weit verbreitend, Gift und die oft dornigen Zweige schützen gegen Weidetiere, die kleinen grauen Blätter zeigen den trocknen Standort an. Das Klettern zum Licht empor erfolgt durch „Spreizklimmen", d. h. durch abstehende Seitenäste, die sich zwischen Nachbarpflanzen festhalten. Die hellroten bis lilafarbenen Blüten stehen zu 1—3 in den Blattachseln. Haare am Grunde der Staubgefässe bilden einen Schutz des Honigs gegen Regen und Diebe. Da die Narbe vor den Staubbeuteln reif wird, ist Fremdbestäubung gesichert, bleibt sie aber aus, so kann noch Selbstbestäubung erfolgen, indem die Krone nachträglich wächst und die Staubbeutel zur Nachbarhöhe emporhebt. Die länglichen scharlachroten Beeren platzen leicht und schleudern dabei die Samen an vorbeigehende Tiere, denen sie ankleben und die diese weitertragen. Die Pflanze stammt aus China, wird für Hecken und Lauben angepflanzt und ist vielfach verwildert. ♄, Juni—Sept.

2. *Kräuter.*
a. Fruchtkelch *aufgeblasen, die Frucht unschliessend.*

452. Judenkirsche, Schlutte, Physalis alkekéngi L.
Fig. 793.

Ein ästiges Kraut mit eiförmigen, zu 2 stehenden Blättern. Die grünlichweissen Blüten stehen in den Blattachseln, sie „nicken" zum Schutz gegen Regen, Fremd- und Selbstbestäubung wie beim Teufelszwirn. Der Kelch wächst zur trocknen roten Hülle der Frucht weiter, was einmal zu ihrem Schutz, dann auch zum Herbeilocken der geeigneten Verbreiter dient, die Frucht selbst ist eine saftige Beere, die geniessbar ist. Selten, in Wäldern, auf Hügeln, besonders Weinbergen, auch als Zierpflanze gezogen. ♃, bis 60 cm, Juni u. Juli.

Fig. 793. Physalis alkekengi.

b. Fruchtkelch *nicht aufgeblasen* und die Frucht *nicht umschliessend.*
† Blüte *einzeln,* Krone *walzig-glockig.*

453. Tollkirsche, Atropa Belladónna L. Taf. **65**, 3.

Ein kräftiges ästiges Kraut mit ziemlich zarten grossen Blättern, also Schattenpflanze, um als solche allen Blättern gleichmässig Licht zu verschaffen, sind sie ungleich und die kleinen stehen mosaikartig in den Lücken der grossen. Ihr starkes Gift schützt vor Tierfrass. Die violettbraunen Blüten hängen mehr oder weniger (Schutz gegen Regen), Haare am Grunde der Staubfäden bilden eine Schutzdecke für den Honig, und zur Fremdbestäubung findet Platzwechsel von Narbe und Staubbeuteln wie beim Bilsenkraut statt. Die glänzend schwarzen Beeren sind saftig und süss, aber sehr giftig, Drosseln jedoch fressen sie ohne Schaden und verbreiten sie daher. In M.- und S.-Europa, in Deutschland in Bergwäldern an steinigen und schattigen Plätzen, zerstreut. ♃, bis 1¹⁄₅ m hoch, Juni u. Juli. — Des Giftes wegen als wichtiges Arzneimittel benützt.

454. Nachtschatten, Solánum.

Kräuter oder Holzgewächse, die z. T. ein giftiges (bei der Kartoffel die jungen Triebe), betäubend riechendes Laub haben (Schutz). Die Blüten sind ziemlich klein (Kartoffel gross); aber zahlreich. Die grossen Staubgefässe tragen auch mit dazu bei, die Blüten auffällig zu machen durch Farbenkontraste (violette Krone und gelbe Staubbeutel), sie stehen kegelförmig zusammen und bilden so für die Insekten eine bequeme Anflugstelle. Honig fehlt, dafür bieten die Staubbeutel den Insekten Blütenstaub. Bei der Kartoffel aber findet oft keine Fruchtbildung statt, weshalb sie ausgiebige (in der Kultur noch vermehrte) Knollenbildung an Ausläufern besitzt. Beim schwarzen Nachtschatten ist die reife Beere schwarz, beim Bittersüss rot, jedesmal entsteht an der reifen Frucht ein Farbenkontrast zum Anlocken von Vögeln.

A. Stengel *strauchig,* kletternd: **Bittersüss,** S. Dulcamára L., Taf. **65**, 4, Stengel geschlängelt, Blätter herzrund, am Grunde meist mit kleinen Lappen, dunkelviolett, Beere rot; in Europa, ausser im hohen Norden, in Deutschland häufig in Hecken und Weidengebüschen. ♃, bis 3 m lang, Juni—Aug., giftig.

B. Stengel *krautig,* — wenn dann *mit* Knollen, Blatt *ungleich gefiedert*: **Kartoffel,** S. tuberósum L., Taf. **66**, 1, Blüte weiss oder violett, Beere grün, stammt von den Hochebenen von Chile und Peru, seit dem 16. Jahrh. in Europa als wichtiges Nahrungsmittel kultiviert, ♃, bis 60 cm, Juli u. Aug.; — wenn dagegen *ohne* Knollen, Blatt *eirautenförmig,* buchtig gezahnt oder ganzrandig: **schwarzer N.,** S. nigrum L., Taf. **65**, 5, sparrig verästelt, Blüte weiss, Beere schwarz, fast über die ganze Erde verbreitet, bei uns häufiges Unkraut auf Aeckern, Schutt usw. ☉, bis 1 m, Juli—Okt., giftig.

97. Fam. Würgergewächse, Orobancheen.

Wurzelschmarotzer ohne Blattgrün mit glockigen Blüten in endständiger Aehre, 100 Arten in der gemässigten Zone.

455. Schuppenwurz, Lathraéa squamária L.
Taf. **67**, 1.

Der fleischige Wurzelstock hat kurze Schuppen, die Wurzeln heften sich mit breiten Saugscheiben an die Wurzeln von Laubbäumen und entziehen ihnen Nährstoffe. Die ganze Pflanze als echter Schmarotzer bleich (hellviolett oder weiss) und nur mit Schuppenblättern, die Knospen tragende Sprossspitze ist zum Schutz beim Durchbruch durch die Erde umgebogen. Die Blattschuppen sind hohl, man findet in ihnen Tierreste, weshalb man die Pflanze als tierverdauend angesprochen hat. Die rötlichen lippenförmigen Blüten sind einseitswendig, sie erscheinen bereits im Frühjahr. Die Oberlippe ist helmförmig, die Unterlippe 3lappig. Der Lockapparat ist wenig ausgebildet; aber die ganze Pflanze fällt schon auf dem dunkeln Waldboden im Frühjahr genugsam auf. Es ist eine Hummelblume: zuerst ist die Narbe reif und ragt weit hervor, dann erst werden die Staubbeutel reif; die Staubfäden haben oben weiche, unten aber spitzdornige Haare, welche die Hummeln meiden, sie fahren daher mit dem Rüssel zwischen den Staubbeuteln ein und bepudern dabei Kopf und Rüssel. Später verlängern sich die Staubfäden und schieben dabei die Staubbeutel vor die Blütenöffnung. Dabei kann dann auch noch Windbestäubung als Ersatz ausbleibender Insektenbestäubung eintreten. Die Frucht ist eine Kapsel, die sich mit schraubig gedrehten Klappen öffnet, sie steht auf hohem holzigem Stengel, und Windstösse verbreiten daher die sehr kleinen, sehr leichten und sehr zahlreichen Samen ausgiebig. Sehr gross muss die Zahl der Samen aber zur Arterhaltung vor allem deshalb sein, weil die meisten die zu ihrem Fortkommen nötigen Wurzeln kaum finden werden. Ausser im hohen Norden fast in ganz Europa, bei uns hie und da, in feuchten Wäldern und Gebüschen. ♃, bis 30 cm, März—Mai.

dauern-
ın sich
ın ab-
so dass
ıs stehen
bt.

456. Würger, Sommerwurz, Orobánche.
Taf. **66**, 2.

Ausdauernde bleiche Wurzelschmarotzer wie die vorige. Die bunten, zahlreichen Blüten bilden einen auffallenden Lockapparat. Die Krone ist 2lippig, von den 4 Staubgefässen sind 2 meist länger. Verbreitung der Samen wie bei der vorigen.

A. Neben dem Deckblatt der Blüte *noch 2 kleine Vorblätter* (Phelipaéa), Fig. 794 unten rechts.
  I. Stengel *verzweigt*: **ästiger W., Hanf-W.,** O. ramósa L., Fig. 794, Pflanze bläulich, nach dem Blühen gelb, Blüte klein, röhrig-trichterig, weiss bis hellblau,

Fig. 794. Orobanche ramosa.

Staubbeutel kahl, M.-Europa, selten, wird aber auf Hanf, Tabak und Luzerne schädlich, bis 30 cm, Juni—Sept.
  II. Stengel *unverzweigt,* — wenn dann Krone *oben stark erweitert,* Staubbeutel *lang behaart*: **Sand-W.,** O. arenária Borkh., Blüte gross, bläulich, selten, auf Artemisia campestris, bis 60 cm, Juli u. Aug.; — wenn dagegen Krone *fast gleich*

weit, Staubbeute. kahl: **blauer W.,** O. coerúlea Vill., rotviolett, auf Artemisia camp. und Achillea millefolium, zerstreut, bis 60 cm, Juli—Aug.
  B. Blüte *nur mit Deckblatt* am Grunde.
  I. Krone und Kelch *fast gleich lang*, Staubfäden *kahl* oder *wenig behaart*.
    a) Narbe *gelb*.
      1. Staubfäden *in der Mitte* der Kronenröhre eingefügt: **Bartlings-W.,** O. Bartlingii Grieseb., blassrot, sehr selten, in Gebirgen, auf Libanotis montana, Juli u. Aug.
      2. Staubfäden *unter der Mitte* der Kronenröhre eingefügt, — wenn dann *an der Basis*: **Besenstrauch-W.,** O. rapús Thrill., Kelchzipfel mehrnervig, gelbrot, selten in W.-Deutschland, auf Besenstrauch, Juni u. Juli; — wenn dagegen Staubfäden *über der Basis* der Kronenröhre eingefügt: **kleine W.,** O. minor Gathus, Fig. 795. Kelchzipfel 1—2nervig. bläulich-gelb, sehr selten, wie O. Bartlingii, Juli u. Aug.
    b) Narbe *braun* oder *dunkelrot*, — wenn dann Staubfäden oben *drüsenhaarig*, Blüte *rötlichgelb*: **Quendel-W.,** O. epithymum DC., Pflanze grün, zerstreut, auf Thymian u. a. Lippen-

Fig. 795.
Orobanche minor.

Fig. 796.
Orobanche galii.

blütlern, Juni—Aug.; — wenn dagegen Staubfäden oben *kahl*, Blüte *weiss* oder *lila*: **amethystfarbener W.,** O. amethystea Thrill., Pflanze blau angelaufen, sehr selten, am Rhein, auf Eryngium campestre, Juni u. Juli.
  II. Krone *doppelt so lang* wie der Kelch, Staubfäden wenigstens unten *nicht behaart,* — wenn dann Narbe *dunkelrot*: **Laubkraut-W.,** O. galii Duby, Fig. 796, Krone und Griffel drüsig behaart, zerstreut, besonders auf Galium (auch Asperula), Juni u. Juli; — wenn dagegen Narbe *gelb*: **roter W.,** O. rubens Wallr., Taf. 66 2, Krone und Griffel drüsig, selten, auf Luzern, Mai u. Juni.

98. Fam. Braunwurzgewächse,
Scrophulariaceen.

Kräuter (ausländische Sträucher) ohne Neben-blätter, der Kelch meist 5gliedrig, die Krone meist 2lippig, gewöhnlich mit 4 oder 5 Zipfeln, ein Frucht-knoten (Kapsel) mit einfachem Griffel und meist 2teiliger Narbe. Eine grosse Familie mit 1900 Arten, weit verbreitet, besonders in der gemässigten Zone. Viele ausländische Arten werden als Zierpflanzen gezogen (z. B. Salpiglossis, Calceolaria, Maurandia, Collinsia, Mimulus, Pentstemon u. a.), auch einige Arzneipflanzen. — Wir unterscheiden 3 Unterfamilien.

A. *5* Staubgefässe: I. V e r b a s c e e n.

B. *2 oder 4* Staubgefässe, — wenn dann die Staubbeutel am Grunde *ohne* Spitzchen: II. A n t i r-r h i n e e n; — wenn dagegen *mit 2* Stachelspitzen: III. R h i n a n t h e e n.

I. Unterfam. Verbasceen.

457. Wollkraut, Königskerze, Verbáscum.

Kräftige, steif aufrechte Kräuter. Es sind zwei-jährige Pflanzen, die im ersten Jahr nur eine Blatt-rosette bilden, welche überwintert; zum Schutz gegen Schneedruck sind die Blätter dabei dem Boden eng angedrückt. Die Blätter der meisten Arten gross, aber sehr stark filzhaarig, was als Schutz gegen Verdunstung an trocknem Standort anzusehen ist, das S c h a b e n k r a u t hingegen an feuchterem Stand-ort hat kahle Blätter. Die Pflanzen zeigen pyrami-dalen Aufbau, so dass alle Blätter gleichmässig Licht auffangen. Die Blätter sind schräg nach oben gerichtet und am Stengel herablaufend, sie leiten daher den Regen wirksam zur spindelför-migen Wurzel ab, z. T. haben sie auch „Träufel-spitzen", an denen der Regen zum nächsten Blatt herabträufelt. — Die gel-ben, weissen oder roten Blüten sind 5gliedrig, mit ziemlich grosser Kro-ne, da sie obendrein in langer endständiger Aehre usw. stehen, so entsteht ein wirksamer Lockappa-rat. Oft violett- oder weisshaarige Staubfäden und gefärbte Staubbeutel

Fig. 797.
Verbascum blattaria.

verstärken dies durch Farbenkontrast noch mehr. Die Krone ist rad- oder schwach trichterförmig mit sehr kurzer Röhre. Die Blüte enthält keinen Honig, aber viel Blütenstaub, obendrein sind die saftigen Haare an den Staubfäden den Insekten eine will-

kommene Nahrung. Bleiben sie trotzdem aus, so krümmt sich (bei der echten K.) der Griffel zu den Staubbeuteln hin. Die Frucht ist eine Kapsel auf elastischem Stengel und mit vielen kleinen leichten Samen, die durch Windstösse weit verbreitet werden. — Die Arten bilden vielfach Bastarde, was das Be-stimmen erschwert.

A. Blüten *zu 1—2* in den Deckblattachseln, Blatt *kahl*: **Schabenkraut,** V. blattária, Fig. 797, Blätter grob gezähnt, die unteren gestielt, die oberen sitzend, fast herzförmig, die Blüten gelb oder weiss,

Fig. 798.
Verbascum lychnitis.

Fig. 799.
Verbascum nigrum.

Staubfadenhaare rotviolett, in M.- und S.-Europa, in Deutschland selten, an Flussufern, Gräben, Wegen, bis 1 m, Juni u. Juli, aus N.-Amerika stammend.

B. Blüten *zu 3 und mehr* in den Deckblatt-achseln, Blatt *wenigstens unten behaart.*

I. Blätter *nicht herablaufend* (alle Staubfäden wollig behaart).

a) Staubfädenhaare *weiss*, — wenn dann das Blatt *beiderseits flockig-filzig behaart*; **flockiges W.,** V. floccósum W. K., Stengel rund, gelb, selten, auf sonnigen Hügeln, in W.-Deutsch-land, bis 1 m, Juli u. Aug.; — wenn da-gegen das Blatt *oben fast kahl*: **weisses W.,** V. lychnítis L., Fig. 798, Stengel kantig, blassgelb bis weiss, fast in ganz Europa, in Deutschland zerstreut, auf sonnigen Hügeln, bis 1 ¹/₂ m, Juli u. Aug.

b) Staubfädenhaare *violett*: **schwarzes W.,** V. nigrum L., Fig. 799, Blatt unten feinfilzig, oben kahl, Blüten klein, gelb, in ganz Europa im hohen Norden, bei uns häufig auf Sand-boden, selten auf Kalk, an Wegen, sonnigen Hügeln, bis 1 ¹/₄ m, Juli u. Aug.

II. Blätter *wenigstens etwas herablaufend.*

a) Blätter *kurz oder halb herablaufend:* **wind-blumenähnliches W.,** V. phlomóïdes L., Krone gross, gelb, 3 Staubfäden weisshaarig, zerstreut an wüsten Plätzen und sonnigen Hügeln, Juli u. Aug., die Blüten werden arzneilich verwendet.

b) Blätter bis zu den nächsten *ganz herablaufend*, — wenn dann Krone *kurz trichterig*, bis *2 cm* im Durchmesser: **echtes W.**, V. thapsus L., Taf. 66, 3, ganze Pflanze wollhaarig, gelb, Staubfadenhaare gelblich, in fast ganz Europa, bei uns häufig, an sonnigen Waldstellen, auf unbebauten Plätzen, bis $1^1/_4$ m, Juli u. Aug., Blüten arzneilich gebraucht; — wenn dagegen die Krone *flach*, *3—4 cm* im Durchmesser: **gemeines W.**, V. thapsifórme Schrad., gelb, wohlriechend, häufig, ebenda, bis 2 m, Juli u. Aug., Blüten offizinell.

II. Unterfam. Antirrhineen.

A. Mit 2 fruchtbaren Staubgefässen.

den 2 en *noch chtbare* ässe. 00.

458. Gnadenkraut, Gratíola officinális L.
Taf. **66**, 4.

Sehr giftiges (Schutz) Kraut mit kriechendem Wurzelstock und aufrechtem Stengel, die lanzettlichen Blätter sind sitzend und kreuzgegenständig, die rötlichweissen stehen einzeln langgestielt in den Blattwinkeln. In M.-Europa auf sumpfigen Wiesen, an Ufern, in Deutschland zerstreut, ♃, bis 30 cm, Juli bis Sept. Als Arzneipflanze benützt.

Fig. **800**.
Gratiolo officinalis.
Blüte längs aufgeschnitten.

459. Ehrenpreis, Verónica.

Eine grosse Gattung. Bei uns Kräuter, z. T. mit kriechendem Stengel, bei einigen Arten auf feuchtem Standort mit fleischigen, bei den Arten auf trocknem Standort mit derberen, dünneren Blättern. Der Gamander-E. hat von Blatt zu Blatt 2 Haarreihen, die das Regenwasser wie ein Docht festhalten, manche klimmen mit wagerecht stehenden Blättern empor ("Spreizklimmer"). Die Blüten sind blau oder weisslich, bei manchen Arten zu weithin sichtbarem Lockapparat gehäuft in Aehren oder Trauben. Dunklere Adern bilden einen Wegweiser zum Honig, hingegen eine Haarreuse am Eingang der kurzen Röhre (sonst ist der Saum radförmig) einen Schutz gegen Honigdiebe. Bei Regen klappen die Kronenzipfel (z. B. beim Gamander-E.) zusammen und rollen sich übereinander, so dass die ganze Blüte unscheinbar weisslich aussieht und die Innenteile geschützt sind. Die Staubgefässe und Griffel stehen lang hervor und bilden Anflugstangen, auf welche sich die bestäubenden Insekten (Fliegen) setzen. Sie schlagen dann die leicht drehbaren Staubgefässe an ihre Bauchseite und bepudern sich dabei

frucht-aubge-e.

mit Blütenstaub gerade dort, wo sie in jüngeren Blüten die zuerst reife, an jener Stelle stehende Narbe berühren müssen. Die Frucht ist eine Kapsel mit kleinen, leichten Samen, die bei manchen Arten einen Strahlenkranz als Flugorgan haben, bei anderen hingegen durch Regen verschwemmt werden. — Manche Arten sind schöne Gartenpflanzen.

— — Blüten *einzeln in den Blattwinkeln*, Fig. 801—805. (Anm.: Hier ist sehr zu beachten, dass diese Blätter nach oben oft allmählich kleiner werden, so dass [aber nur scheinbar] eine Traube entsteht). Ausser V. serpyllifólia alle einjährig.

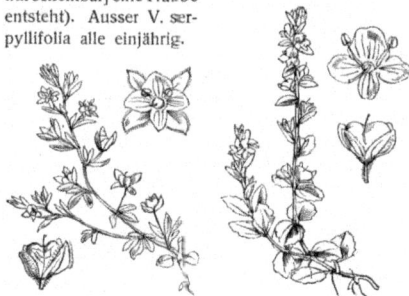

Fig. 801.
Veronica triphyllos.

Fig. 802.
Veronica serpyllifolia.

I. Die Blüten *scheinbar* (wie oben gesagt) *Trauben* bildend.

a) Kapsel *gedunsen*, — wenn dann die *mittleren* Blätter *3—5teilig*: **dreiteiliger E.**, V. triphyllos L., Fig. 801, Blüte tiefblau, Kapsel kürzer als der Kelch, in M.- u. S.-Europa, bei uns auf Aeckern, Mauern, wüsten Plätzen überall; — wenn dagegen *alle* Blätter *ungeteilt*, herzeiförmig, gekerbt: **frühzeitiges E.**, V. praecox All. Blüte dunkelblau, Kapsel länger als der Kelch, selten, auf Aeckern; beide bis 15 cm, März—Mai.

b) Kapsel *flach, zusammengedrückt*[1]).
1. Deckblatt *höchstens so lang* wie die Blütenstiel, — wenn dann letztere *etwa von Kelchlänge*, Pflanze *fast kahl*: **quendelblättriger E.**, V. serpyllifólia L., Fig. 802, kriechend, rasenbildend, Blatt fast sitzend, eiförmig, Blüte blassblau oder weiss, fast in ganz Europa, bei uns auf feuchten Wiesen, in lichten Wäldern, häufig. ♃, bis 20 cm lang, April bis Sept.; — wenn dagegen der Blütenstiel *doppelt so lang* wie der Kelch, Pflanze *feinhaarig*:

---

[1]) Die obengenannten Arten sind reichblütig, armblütig dagegen sind: V. bellidióïdes L. (Schneekoppe) mit grösseren unteren Blättern, während kleinere unten Blätter haben: V. alpina L. (Riesengebirge) mit ausgerandeter Kapsel und kleinen Blüten und V. sáxatilis Jacq. (Vogesen und Schwarzwald) mit kaum ausgerandeter Kapsel und grossen Blüten.

thymianblättriger E., V. acinifólia L., blau, selten, in W.-Deutschland, auf Aeckern, bis 20 cm hoch. April u. Mai.

2. Deckblatt *länger* als der Blütenstiel.

   aa) Die *mittleren* Blätter 3—*7spaltig*: **Frühlings-E.**, V. verna L., Fig. 803, Blüte klein, blau, in M.- und S.-Europa, bei uns häufig auf sandigen Aeckern, bis 10 cm. April u. Mai.

   bb) *Alle* Blätter *höchstens gekerbt oder gezähnt*, — wenn dann Pflanze *kahl*, Blätter keilig *in den Blattstiel verlaufend:* **fremder E.**,

Fig. 803.
Veronica verna.

Fig. 804.
Veronica hederaefolia.

V. peregrína L., blassblau, selten (eingeschleppt?), an angebauten Orten, bis 25 cm, April u. Mai; — wenn dagegen Pflanze *behaart*, Blätter *deutlich gestielt:* **Feld-E.**, V. arvénsis L., Taf. **68**, 1, Stengel niederliegend, Blatt herz-eiförmig, Blüte sehr klein, bläulich oder weiss, fast in ganz Europa als häufiges Ackerunkraut. bis 15 cm. April—Sept.

II. Blüten *deutlich blattwinkelständig.*

a) Obere Blütenstiele *viel länger* als das Blatt: **Buchsbaums-E.**, V. Buxbaumii Ten., niederliegend, sehr ästig, Blüte gross, blau, selten auf Aeckern usw., bis 30 cm lang. April—Juni.

b) Blütenstiel *von Blattlänge.*

   1. Kapsel *kugelig, fast 4lappig*, Kelchzipfel am Grunde *herzförmig:* **efeublättriger E.**, V. hederaefólia L., Fig. 804, Stengel dünn, niederliegend, Blatt 3—5lappig, Blüte hellblau, fast in ganz Europa Ackerunkraut, bei uns überall, bis 30 cm lang. März—Mai.

   2. Kapsel *ausgerandet 2lappig*, Kelchzipfel *nicht herzförmig.*

     aa) Staubgefässe *am Eingang der Kronenröhre* eingefügt: **glanzloser E.**, V. opáca Fr., zottig behaart, Blätter rundlich herzförmig,

Kelchzipfel spatelig, selten, auf Aeckern, bis 25 cm lang. März—Mai, Okt.

     bb) Staubgefässe *am Grunde der Kronenröhre* eingefügt, — wenn dann Kapsel *dichtdrüsenhaarig*, jedes Fach 5—*10samig*: **glänzender E.**, V. polita Fr., starkästig, niederliegend, Blatt lebhaft grün, glänzend, Blüte dunkelblau, selten, auf Aeckern, April, Mai, Okt.; — wenn dagegen Kapsel *nur oben drüsenhaarig*, jedes Fach 4—5-samig: **Acker-E.**, V. agréstis L., Fig. 805, etwas niederliegend, mässig verzweigt, Blatt gelbgrün, Blüte hellblau oder rötlichweiss, in ganz Europa verbreitet, bei uns häufiges Ackerunkraut, bis 20 cm lang. März—Mai, Okt.

B. Blüten *in deutlichen Trauben*, Fig. 806 (Pflanze ausdauernd).

I. Trauben *endständig*, Fig. 806.

Fig. 805.
Veronica agrestis.

Fig. 806.
Veronica spicata.

a) Blütenstiel *wenigstens so lang* wie das Deckblatt, Traube locker: **unechter E.**, V. spúria L., selten (Harz, Thüringen), auch Zierpflanze, bis 1¹/₄ m, Juni u. Juli.

b) Blütenstiel *kürzer* als das Deckblatt, Traube sehr dicht, — wenn dann das Blatt *vorn ganzrandig:* **ährenblütiger E.**, V. spicáta L., Fig. 806, Stengel aufsteigend, selten, auf Bergtriften, besonders auf Kalk, bis 30 cm, Mai—Sept.; — wenn dann das Blatt *bis zur Spitze scharf gesägt:* **langblättriger E.**, V. longifólia L., aufrecht, selten, auf feuchten Wiesen, an Gräben, bis 1¹/₄ m. Mai bis Sept.

II. Trauben *seitlich in den Blattwinkeln.*

a) Kelch *5zipfelig*, — wenn dann Stengel *niederliegend*, Blatt *kurz gestielt:* **gestreckter E.**, V. prostráta L., flaumig behaart, hellblau, zerstreut, auf sonnigen Hügeln, bis 16 cm lang, Mai u. Juni; — wenn dagegen Stengel *aufrecht*, Blatt *sitzend:* **breitblättriger E.**, V. teucrium, Fig. 807, Blüte gross, himmelblau, zerstreut, auf sonnigen

Grashügeln, Juni u. Juli. [V. austríaca L., selten, in M.-Deutschland, hat etwas gestielte Blätter.]

b) Kelch *5teilig.*

1. *Kahle Wasser-* und *Sumpf*pflanzen.

† Kapsel *zusammengedrückt,* Blatt *lineal-lanzettlich:* **schildfrüchtiger E.,** V. scutelláta L., Fig. 808, niederliegend, lila, rötlich, in

Fig. 807.
Veronica teucrium.

Fig. 808.
Veronica scutellata.

N.- und M.-Europa, an nassen Orten, bei uns häufig, bis 15 cm, Mai—Aug.

†† Kapsel *kugelig,* Blatt *breit,* — wenn dann Stengel *rund,* Blatt *kurzgestielt:* **Bachbungen-E.,** V. beccabúnga L., Fig. 809, Stengel aufsteigend, Blatt eiförmig, fleischig, blassblau; — wenn dagegen der Stengel *stumpf 4kantig,* Blatt *sitzend, halbumfassend:* **Wasser-E.,** V. anagállis L., kriechend, Ende aufrecht, fleischig, Blatt

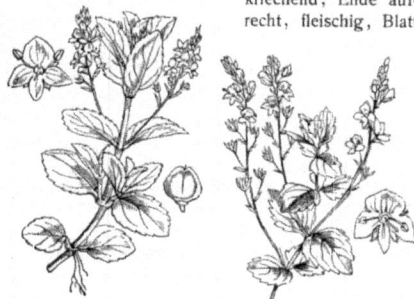

Fig. 809.
Veronica beccabunga.

Fig. 810.
Veronica chamaedrys.

breit-lanzettlich, hellblau bis blassviolett; beide fast in ganz Europa, bei uns häufig an nassen Stellen, bis 50 cm lang, Mai bis Aug.

2. *Behaarte Land*pflanzen.

† Stengelhaare *in 2 Reihen:* **Gamander-E.,** V. chamaédrys L , Fig. 810, am Grunde kriechend, Blatt eiförmig, Blüte gross, himmelblau, selten rötlich, in ganz Europa, bei uns überall auf Wiesen, in lichten Wäldern, bis 30 cm, Juni u. Juli.

†† Stengelhaare *ringsum.*

aa) Blatt *sitzend:* **nesselblättriger E.,** V. urticifó ia Jacq., aufrecht, Gebirgswälder S.-Deutschlands, bis 70 cm, Mai bis Juli.

bb) Blatt *gestielt,* — wenn dann *kurz* gestielt, Fruchtstiel *kürzer* als die Kapsel:

Fig. 811.
Veronica montana.

Fig. 812.
Limosella aquatica.

gebräuchlicher E., V. officinális L., Taf. **68,** 2, kriechend, rauhhaarig, Blatt verkehrt-eiförmig, Blüte blassblau in reichblütiger Traube, fast in ganz Europa, bei uns in Wäldern und auf Triften, häufig, bis 30 cm lang, Juni bis Aug.; — wenn dagegen Blatt *langgestielt,* Fruchtstiel *wenigstens so lang* wie die Kapsel: **Berg-E.,** V. montána L., Fig. 811, weisslich, Traube 4—5-blütig, zerstreut, in Bergwäldern, bis 25 cm, Mai u. Juni.

B. *Mit 4 fruchtbaren* Staubgefässen.

AA. Kapsel *nur am Grunde* 2fächerig.

460. Schlammling, Limosélla aquática L.
Fig. 812.

1. Blätter in *grundständiger Rosette,* Kelch *5zähnig* (Fig. 812 unten).

Kahles Zwergpflänzchen, das sich durch Ausläufer vermehrt, mit langgestielten, lanzettlichen Blättern und kleinen grünen, rotgesäumten Blüten. Wenn die Pflanze von Wasser überflutet wird, so bleiben die Blüten ganz geschlossen, und es tritt Selbstbestäubung ein, die kleinen Früchte bleiben leicht am Gefieder von Wasservögeln haften, wodurch sie dann verbreitet werden. Zerstreut, an schlammigen Ufern von Teichen, ⊙, bis 5 cm hoch, Juli—Sept.

28

2. Stengel beblättert, Kelch 5teilig.

461. Büchsenkraut, Lindérnia pyxidária L.

Niederliegendes Zwergpflänzchen mit sitzenden Blättern, die kleinen rötlichweissen Blüten sind langgestielt. Sehr selten, an feuchten Ufern (Schlesien, Hessen, Baden, Elsass), ⊙, bis 8 cm lang, Aug. u. Sept.

BB. Kapsel *bis oben* 2 fächrig.

1. Kroneneingang geschlossen.
a. Krone ohne Sporn (und mit Höcker), Kapsel mit 3 Löchern aufspringend.

462. Löwenmaul, Antirrhínum.

Kräuter, beim Feld-L. sind die Blätter dem Standort gemäss derb und klein. Die Krone hat 2 Lippen, sie ist geschlossen und wird durch Herabdrücken der Unterlippe geöffnet, das ist ein sehr wirksamer Schutz gegen Regen und Honigdiebe; auch erkennt man daraus, dass die Pflanze von kräftigen Hummeln besucht wird. Ihnen bietet die wulstige Unterlippe mit gelben Höckern eine gute Anflugstelle. Die Staubgefässe liegen unter der Oberlippe, durch Drehung der Fäden werden die Staubbeutel vor den Eingang geschoben, so dass der Blütenstaub auf den Rücken der Hummel abgelagert wird. Die Kapsel springt mit 3 Löchern auf und sitzt auf hohem elastischem Stengel, Windstösse jagen die vielen kleinen und leichten Samen weithin aus der Kapsel heraus.

Wenn die lanzettlichen Kelchlappen *länger* als die Krone: **Feld-L.**, A. oróntium L., Fig. 813, Blatt lanzettlich, Blüten klein, blassrot, angeblich aus S.-Europa eingeschleppt, jetzt als Ackerunkraut über den grössten Teil Europas verbreitet, ⊙, bis 40 cm, Juli bis Okt.; — wenn dagegen die stumpfen Kelchlappen *viel kürzer* als die Krone sind: **grosses L.**, A. majus L., Taf. 68 3, Blatt lanzettlich, Blüte gross, purpurrot, 2 cm lang; aus S.-Europa, Gartenzierpflanze in zahlreichen Spielarten; verwildert an Mauern. ♃, bis 60 cm hoch, Juni—Aug.

Fig. 813.
Antirrhinum orontium.

b Krone mit Sporn, Kapsel mit 3 Löchern aufspringend.

463. Leimkraut, Linária.

Kräuter, die bei manchen Arten horizontale Wurzeln mit Knospen als Ableger zur vegetativen Vermehrung treiben. Die Blüten sind bunt, oft leuchtend, beim gemeinen L. in grosser Traube gehäuft, ausserdem wird der Lockapparat bei manchen durch ein kontrastreich gefärbtes Saftmal verstärkt. Das gemeine L. hat auf der Innenseite der Unterlippe zwei orangefarbige Wülste als Wegweiser

zum Honig, zu dem eine dazwischen liegende Rinne führt. Die Krone ist ähnlich wie beim Löwenmaul für Hummeln eingerichtet, der Honig sammelt sich reichlich im Sporn; oft beobachtet man aber in ihm Löcher, durch die der Honig gestohlen ist. Die Narbe wird zuerst reif. Beim Zimbelkraut ist Kleistogamie (geschlossene Blüten) beobachtet worden. Bei ihm wird die reifende Frucht durch den langen Stiel zum Schutz in Mauer- und Felsenritzen geschoben, ist sie reif, so schwemmt der Regen die kleinen leichten Samen aus ihr heraus. Bei den anderen Arten hingegen enthält die auf hohem, holzigem Stengel stehende Kapsel viele kleine Samen mit Hautrand, die bei Windstössen

Fig. 814.
Linaria minor.

herausfliegen. Bei den meisten Arten schliesst sich die Kapsel bei feuchtem Wetter, so dass die Samen bei günstigem Wetter ausgestreut werden können.

A. Blatt *schmal, sitzend* (Stengel aufrecht).

I. Blüten *einzeln in den Blattachseln*: **kleines L.**, L. minor Desf., Fig. 814, ästig, drüsig behaart, Blatt stumpf, Blüte klein, blassviolett mit gelblichweissen Lippen. M.- u. S.-Europa, in Deutschland stellenweise häufig, auf Aeckern, in Steinbrüchen, besonders auf Kalkboden. ⊙, bis 50 cm, Juli—Okt.

II. Blüten in *Trauben*, — wenn dann die unteren Blätter *je 4quirlig*: **Feld-L.**, L. arvénsis Desf., hellblau, selten, auf Aeckern, besonders am Rhein, ⊙, bis 30 cm, Juli—Aug.; — wenn dagegen alle Blätter *wechselständig*: **gemeines L.**, L. vulgáris Mill., Taf. 68. 4, viele kleine, lineale, graugrüne Blätter, Blüte gross, schwefelgelb mit orangegelbem Gaumen, in Europa weit verbreitet, bei uns an Wegen und auf sandigen Feldern, häufig. ♃, bis 1 m, Juli—Sept.

[Ganz-kahl ist L. striáta mit flügellosen Samen, sehr selten.]

B. Blätter *breit, gestielt*.

I. Pflanze *kahl*, Blatt *5lappig*: **Zimbelkraut, Mauer-L.**, L. cymbalária Mill., Taf. 68, 5, Stengel fadenförmig, liegend, Blatt rundlich-nierenförmig, Blüte klein, blasslila mit gelben Flecken am Gaumen, M.- und S.-Europa, in Deutschland verbreitet, an Felsen und alten Mauern. ⊙, bis 60 cm lang, Mai—Aug.

II. Pflanze *behaart*, Blatt *nicht 5lappig*, — wenn dann der Blütenstiel *kahl*, das Blatt *spiessförmig*:

spiessblättriges L., L. elátine Mill., Fig. 815, weisslich, Oberlippe violett, Unterlippe gelblich; — wenn dagegen der Blütenstiel *zottig*, das Blatt *rundlich:* **einblättriges** L., L. spúria Mill., Blüte wie bei vorigem; beide selten, auf Saatfeldern, an wüsten Orten. ⊙, bis 30 cm lang, Juli bis Sept.

Fig. 815.
Linaria elatine.

464. Fingerhut, Digitális. Taf. 66, 5.

Kräuter mit kräftigem Stengel und wechselständigen Blättern, das Laub ist zum Schutz gegen Weidetieren giftig. Beim roten F. bildet sich im ersten Jahr eine Blattrosette (Schutz gegen Schnee beim Ueberwintern), im zweiten Jahr ein aufrechter blühender Stengel. Die grosse bunte Krone steht in einseitswendigen Trauben. Weiss geränderte Tüpfel zeigen beim roten F. den Weg zum Honig, der reichlich vorhanden ist. Die Blütenform weist auf Hummeln als Bestäuber hin. Dieselben halten sich an Borsten fest, die an der inneren Kronenwand sitzen und die gleichzeitig Honigdiebe abhalten. Die weit offene Krone ist gesenkt, so dass sie vor Regen geschützt ist, dagegen steht sowohl die Knospe, als auch die reife Kapsel aufrecht. Die Staubgefässe werden zuerst reif, sie haben lange Träger und liegen nach oben, zuletzt auch die reife Narbe, obendrein sichert lange Blütezeit der einzelnen Blüten die Fremdbestäubung. Man will aber auch beobachtet haben, dass die Krone beim Abfallen den Blütenstaub abstreift und ihn dann leicht auf die eigene Narbe bringt. Die kleinen Samen werden durch Windstösse aus der Kapsel getrieben.

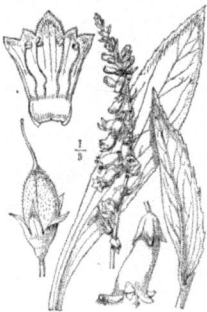

Fig. 816. Digitalis lutea.

A. Krone *rot*: **roter F.,** D. purpúrea L., Taf. 66, 5, Stengel filzig, Blatt eilanzettlich, unten filzig, W.- und M.-Europa, in Deutschland hie und da an steinigen, trocknen Waldabhängen, als Zierpflanze angebaut. ⊙, bis 1¼ m, Juni—Aug.

B. Krone *gelb*, — wenn dann das Blatt *weichbehaart:* **blassgelber F.,** D. ambígua Murr., Blatt länglich-lanzettlich, Blüten trübgelb, in Gebirgswäldern, zerstreut; — wenn dagegen Blatt *kahl:* **gelber**

F., D. lútea L., Fig. 816, Blüte schwefelgelb, an steinigen Abhängen höherer Gebirge zerstreut; beide 24, bis 1 m, Juni J. Juli.

465. Braunwurz, Scrophulária.

b. Krone *bauchig*, mit 5 *kurzen Zipfeln.*

Aufrechte Kräuter mit kantigem Stengel und gegenständigen Blättern, die bei manchen in feuchten Gebüschen wachsenden Arten gross und zart sind. Die Blüte ist etwas lippenförmig; da der Honig offen liegt, wird sie von kurzrüsseligen Insekten besucht und die trübe, braungelbe Farbe lässt auf Wespen schliessen. Ein fünftes Staubgefäss ist zu einer Schuppe verkümmert, welche die Insekten zwingt, den zur Bestäubung nötigen Weg zu nehmen. Da die Narbe zuerst reif ist und am Eingang liegt, später erst die lang als Flugstangen vorstehenden Staubgefässe, so ist Fremdbestäubung gesichert.

Fig. 817.
Scrophularia aquatica.

A. Blüten *je 2 in den Blattwinkeln:* **Frühlirgs-B.,** S. vernális L., Stengel und Blattstiel zottig, Blatt doppelt gesägt, gelb blühend, selten, an Mauern, in M.- und S.-Deutschland. ⊙, bis 60 cm, Mai u. Juni.

B. Blüten in *endständigen Rispen.*

I. Blatt *gefiedert:* **Hunds-B.,** S. canína L., violett, Elsass und Baden. 24, Juni u. Juli.

II. Blatt *ungeteilt.*

a) Blatt *weichhaarig:* **Skopolis B.,** S. Scopólii Hoppe, braungrüne Blüte, Bergwälder Schlesiens. ⊙, Juni—Aug.

b) Blatt *kahl.*

1. Stengel *ungeflügelt*, nur scharfkantig: **gemeine B.,** S. nodósa L., Taf. 68, 6, Blatt länglich-herzförmig, Blüte olivengrün und braun, fast in ganz Europa, in Deutschland häufig in feuchten Gebüschen, an Gräben und Waldrändern. 24, bis 1¼ m, Juni—Aug.

2. Stengel auch *geflügelt*, — wenn dann das Blatt *scharf gesägt*: **Ehrharts B.,** S. Ehrhárti Stev., hellgrün, Blüte grünlich-braun, zerstreut, an Ufern und Gräben, 24, Juni bis Aug.; — wenn dagegen das Blatt *stumpf gekerbt*: **Wasser-B.,** S. aquática L., Fig. 817, Blatt länglich-herzeiförmig. Blüte purpurbraun. 24, bis 1½ m, Juli—Okt.

oneneine *offen.* ne *glockig dapaltigem num.*

3. Unterfam. Rinantheen.

1. Kelch 5zähnig oder 3lappig.

466. Läusekraut, Pediculáris.

Kräuter mit wenig Wurzeln, die auf den Wurzeln anderer Pflanzen Saugwarzen bilden und, da sie grün sind, als Halbschmarotzer anzusehen sind.

Fig. 818.
Pedicularis silvatica.

Die Blätter sind geteilt, der Kelch ist glockig und später aufgeblasen, er umgibt dann auch noch die Frucht als Schutz. Die Krone hat eine lange Röhre und einen lippenförmigen Saum, die röhrigeOberlippe umschliesst als Schutz Narbe und Staubbeutel. Jene wird zuerst reif, diese besitzen ein Streuwerk und lassen den Blütenstaub auf den

Kopf des Insekts fallen. Bei ausbleibendem Insektenbesuch krümmt sich bei einigen Arten die Oberlippe winkelig, so dass der Blütenstaub auf die eigene Narbe fällt.

A. Krone *schwefelgelb*, — wenn dann Kelch zottig: P. foliósa L. in den Vogesen (Geröllabhänge); — wenn dagegen kahl: P. sceptrumcarolínum L. in Mecklenburg und Pommern (Torfwiesen), beide Juli bis Aug.

B. Krone *rot*.

I. Stengel *einfach:* P. sudética Wildl., Riesengebirge (nasse Triften), Juni u. Juli.

II. Stengel *ästig,* — wenn dann der Kelch 5zähnig: **Wald-L.,** P. silvática L., Fig. 818, Nebenstengel niederliegend, grün, Blätter fiederspaltig, Blüte rosenrot, selten weiss, in N.- und M.-Europa, in Deutschland zerstreut, auf moorigen Waldblössen und feuchten Heiden, bis 15 cm; — wenn dagegen der Kelch 2*lappig*, mit krausen Lappen: **Sumpf-L.,** P. palústris L., Taf. 67, 2, Stengel hohl, Blatt gefiedert, Blüten purpurrot, ebenda, mehr auf nassen Wiesen, in Sümpfen, bis 60 cm; beide ⊙, Mai—Juli.

2. Kelch 4zähnig oder 4spaltig.
a. Kelch aufgeblasen.

467. Klappertopf, Hahnenkamm, Rhinánthus.

Wie die vorigen einjährige Halbschmarotzer auf Wurzeln, mit gegenständigen Blättern und gelben Blüten. Die Krone lippig, über den Staubbeutein zum Schutz geschlossen. Die Staubfäden haben spitze Dörnchen, so dass die Insekten gezwungen sind, einen bestimmten Weg zwischen den Staubbeutein zu nehmen, wobei sie sich mit dem Blütenstaub bepudern. Durch Emporwachsen der Staubbeutel oder Krümmung der Narbe kann zuletzt auch Selbstbestäubung eintreten. Die Frucht ist eine Kapsel.

Der bauchige, bleibende Kelch kann als Windfang zur Verbreitung der Samen beitragen, diese selbst haben als Flugorgan einen Hautrand.

Sehr veränderliche Arten.

A. Zähne der Deckblätter *in langer Spitze* endigend: **Alpen-K.,** Rh. alpinus Baumg., Stengel blauschwarz gestrichelt, Schlund offen, Zähne der Oberlippe blau, Gebirgswiesen der Alpen, des Unterharzes, bis 60 cm, Juli u. Aug.

B. Zähne der Deckblätter höchstens *nur wenig* zugespitzt, — wenn dann die Krone *höchstens halb* aus dem Kelche ragend: **kleiner K.,** Rh. minor Ehrh., Pflanze gleichfarbig grün, Blüte meist ganz gelb, in ganz Europa auf nassen Wiesen häufig, bis 30 cm, Mai u. Juni; — wenn dagegen die Krone *wenigstens halb* aus dem Kelche ragt: **grosser K.,** Rh. major Ehrh., Taf. **67,** 3, Deckblätter blaugrün, Blüte mit blauen Oberlippenzähnen, ebenda häufig, bis 50 cm, Juni u. Juli.

468. Wachtelweizen, Melampýrum.

Wiederum einjährige Halbschmarotzer, der Hain-W. hat als Schattenpflanze zartere Blätter, andere sind derber. Bemerkenswert ist, wie bei manchen Arten die gefärbten Hochblätter den Lockapparat der Blüten verstärken. Die Krone ist auch 2lippig, die Bestäubungsverhältnisse u. s. w. sind ähnlich wie beim Klappertopf. Die Samen besitzen eine saftige Nabelschwiele, weshalb sie von Ameisen verschleppt werden.

b. Kelch aufgebl.
† Kapsel samig, K. zähnig.

A. Blatt sitzend, Blüten in *allseitiger Aehre,* — wenn dann letztere *dicht,* 4kantig, Krone *doppelt so*

Fig. 819.
Melampyrum cristatum.

Fig. 820.
Melampyrum nemorosum.

lang als der Kelch: **kammähriger W.,** M. cristátum L., Fig. 819, Deckblätter zusammengefaltet, kammartig gezähnt und rot, Krone rötlich weiss mit gelber Unterlippe, über den grössten Teil Europas verbreitet, in trocknen lichten Laubwäldern, auf Waldwiesen, bei uns zerstreut; — wenn dagegen Aehre *locker,* Krone *so lang* wie der Kelch: **Acker-W.**, M. arvénse L., Taf. 67, 4, sparrig ästig, Deckblätter aufrecht abstehend, flach, borstig gezahnt, rot, Blüte rot mit gelbem Fleck, häufig als Getreideunkraut; beide 30 cm, Juni—Sept.

B. Blatt etwas gestielt, Blüte in *einseitigen* lockeren *Trauben.*

I. *Obere* Deckblätter *herzförmig, blau* oder *weiss,* Kelch *behaart:* **Hain-W.**, M. nemorósum L., Fig. 820, Krone goldgelb, Röhre rostbraun, in lichten Wäldern, zerstreut, in N.- und S.-Deutschland selten, bis 50 cm, Juli u. Aug.

II. *Alle* Deckblätter *lanzettlich, grün,* Kelch *kahl,* — wenn dann Deckblätter *höchstens mit kurzen Zähnen,* Schlund der Krone *offen:* **Wald-W.**, M. silváticum L., Krone tiefgelb, zerstreut, in lichten Wäldern, bis 35 cm, Juni u. Juli; — wenn dagegen die Deckblätter mit *2—4 pfriemlichen Zähnen,* Schlund der Krone *geschlossen:* **Wiesen-W.**, M. praténse L., Taf. 67, 5, blassgelb, ebenda häufig, überall, bis 30 cm, Juni—Aug.

psel viel-Kelch 4-altig.

469. Augentrost, Euphrásia.

Wiederum einjährige Halbschmarotzer mit gegenständigen Blättern. Die kleinen Blüten stehen in endständigen, beblätterten Aehren. Die Krone ist 2 lippig und zeigt hinsichtlich der Bestäubung u. s. w. ähnliche Verhältnisse wie die beiden vorigen Gattungen. Die Kapsel enthält zahlreiche kleine ungeflügelte Samen.

A. Zipfel der Unterlippe *tief* ausgerandet: **arzneilicher A.**, E. officinális L., Taf. 67, 6, verzweigt, Blatt sitzend, eiförmig, tiefgezähnt, Blüte weiss und

Fig. 821.
Euphrasia odontites.

Fig. 822.
Euphrasia lutea.

lila, gelbfleckig und violettgestreift (Wegweiser zum Honig), in fast ganz Europa, auf Wiesen und Heiden häufig, bis 15 cm, Juli–Sept.

B. Zipfel der Unterlippe *höchstens* schwach ausgerandet, — wenn dann Blätter *gezähnt,* Krone *rot:* **Zahn-**

trost, E. odontites L., Fig. 821, häufig auf Aeckern und Triften, bis 30 cm, Juni—Sept.; — wenn dagegen Blätter *ganzrandig,* Krone *goldgelb:* **gelber A.**, E. lútea L., Fig. 822, selten, auf trocknen Kalkbergen, bis 30 cm, Juli u. Aug.

99. Fam. Rauhblätter, Boragineen.

Kräuter, die zum Schutz gegen Tierfrass gemeinhin sehr rauh behaart sind, die Blätter sind wechselständig, einfach und meist ganzrandig. Die Blüten sind 5 gliedrig und stehen in Wirteln, ihr Schlund ist oft zum Honigschutz durch Hohlschuppen u. s. w. geschlosser. Der Fruchtknoten ist gewöhnlich tief 4 teilig und zerfällt in 4 Nüsschen, die unter dem Schutz des bleibenden Kelches reifen. Eine artenreiche Familie der nördlichen Erdhälfte, 1200 Arten, manche liefern Heilmittel.

A. Schlund der Krone *offen.*

Anm. Die folgenden Gattungen sind alle rauhbehaart, kahl dagegen ist die **Wachsblume,** Cerínthe minor L., Blatt oft weissfleckig, Blüte gelb, braungefleckt, sehr selten, auf Grasplätzen und Aeckern, in Südostdeutschland. ♃, bis 30 cm, Mai—Juli.

470. Sonnenwende, Heliotrópium europaéum L. Fig. 823.

Filzigrauhes Kraut mit gestielten, eiförmigen Blättern und kleinen weissen oder bläulichen Blüten, als Unkraut eingeschleppt und unbeständig, auf Feldern und Schutthaufen. ⊙, Juli—Aug.

471. Natterkopf, Echium vulgáre L. Taf. 70, 1.

Die sehr tiefgehende Wurzel und die starke Behaarung zeigen den trocknen Standort an. Die Blüten sind ziemlich gross und stehen in langem Blütenstand, sie sind in der Knospe rot, offen dagegen blau, auch Staubgefässe und Griffel sind bunt, alles auf Verstärkung des Lockapparats berechnet. Die Griffel und Staubgefässe ragen abwärts geneigt als Anflugstangen für die Bienen (besonders Mauerbienen) weit hervor. Die Blüten sind an Honig reich. Die Staubbeutel reifen zuerst, so dass Fremdbestäubung gesichert ist. Durch das ganze gemässigte M.-Europa verbreitet, bei uns überall an steinigen, unebauten Orten, ⊙, bis 1 m, Juni—Sept.

Fig. 823.
Heliotropium europaeum.

1. Fruchtknoten in der Blüte noch *ungeteilt.*

2. Fruchtknoten schon in der Blüte *geteilt.*
a. Krone *ungleich* 5lappig.

b. Kronensaum
regelmässig.
† Kelch 5teilig,
Schlund mit be-
haarten Längs-
falten.

472. Steinsame, Lithospérmum.

Kräuter mit kleinen, derben, rauhhaarigen Blättern, also von trocknem Standort. Die 5 Staubgefässe sind in der Röhre verborgen, sie werden zuerst reif. Später sind aber zur Selbstbestäubung die Narben und die ihnen anliegenden Staubbeutel noch zur gleichen Zeit offen.

A. Krone *rot*, zuletzt blau: **purpurblauer St.**, L. purpúreo-coerúleum L., Fig. 824, nichtblühende Zweige rankenartig, Blatt lanzettlich, Nüsschen weiss,

Fig. 824.
Lithosp. purpureo-coeruleum.

Fig. 825.
Lithospermum arvense.

glatt, glänzend, in Gebirgswäldern S.- und M.-Europas, bei uns selten, auf Kalkboden. ♃, bis 40 cm, Mai u. Juni.

B. Krone *weiss* oder *gelblich*, — wenn dann Nüsschen *glatt, weisslich*: **gebräuchlicher St.**, L. officinále L., Taf. **70**, 2, Stengel sehr ästig, Mai bis Juli; — wenn dagegen Nüsschen *runzlich-rauh, schwarz:* **Feld-St.**, L. arvénse L., Fig. 825, Stengel oben ästig, April—Juni; beide ⊙, in ganz Europa, ausser im hohen Norden, bei uns auf Aeckern und wüsten Plätzen, dieses überall, jenes seltener.

†† Kelch 5teilig,
Schlund   ohne
Falten.

473. Lungenkraut. Pulmonária. Taf. 70, 3.

Ausdauernde Kräuter mit grossen und zarteren Blättern, die auch nicht so rauhhaarig wie die der anderen Gattungen sind, weil es Schattenpflanzen sind; die Blätter sind weissfleckig, was als Beförderungsmittel der Verdunstung angesehen wird. Die Kronenröhre hat eine Haarreihe gegen Honigdiebe. Die jungen Blüten sind rosa und werden dann von einer gewissen Bienenart besucht, später blau und dann von Hummeln und Mauerbienen besucht. Sie zeigen eine ähnliche „Heterostylie" wie die Primel (s. d.).

A. Pflanze *weichhaarig*, Blätter *drüsig-klebrig*: **Berg-L.**, P. montána Lej., violett, selten, in W.- und S.-Deutschland an schattigen, felsigen Orten, April.

B. Pflanze *rauhborstig*, Blätter *nicht drüsig*, — wenn dann grundständige Blätter *lanzettlich, allmählich* in den Blattstiel verschmälert, dieser *breit* geflügelt: **schmalblättriges L.**, P. angustifólia L.; — wenn dagegen die grundständigen Blätter *herz- oder eiförmig* mit *plötzlich* abgesetztem Stiel, dieser *schmal* geflügelt: **gebräuchliches L.**, P. officinális L., Taf. **70**, 3, beide zerstreut in lichten Wäldern, das letztere häufiger, März u. April.

B. Schlund der Krone durch Hohlschuppen *geschlossen*.

  I. Fruchtkelch *platt zusammengedrückt* (Fig. 826 oben, Mitte).

474. Scharfkraut, Schlangenäuglein, Asperúgo procúmbens L. Fig. 826.

Schwaches niederliegendes Kraut mit lanzettlichen Blättern; buchtig gezähntem Kelch und kleinen rötlichblauen Blüten, in M.-Europa, bei uns an Mauern, auf Schutt, selten. ⊙, bis 60 cm lang, Mai u. Juni.

  II. Fruchtkelch *nicht platt*, sondern *rund*.

    a) Krone *walzig glockig*.

Fig. 826.
Asperugo procumbens.

475. Beinwell, Schwarzwurzel, Sýmphytum. Taf. 69, 3.

Starke Kräuter mit tiefgehender Spindelwurzel und starken Nebenwurzeln. Die schräg nach oben gerichteten Blätter laufen am Stengel etwas herab (zur Regenableitung). Die rauhen Haare haben harte, stechende Spitzen, ein wirksamer Schutz gegen Schnecken. Die Blüten sind ziemlich gross und farbig und haben viel Honig. Langes Blühen sichert die Fremdbestäubung. Die Staubbeutelkegel lagern den Blütenstaub nach innen ab, und da die Blüte geneigt ist, so fällt er leicht auf das Insekt. Die Hohlschuppen an der Kronenwand mit ihren harten Spitzen jedoch veranlassen das Insekt gerade an der Spitze des Staubbeutelkegels mit dem Rüssel einzudringen. Manchen ist dies aber doch zu lästig: Löcher am Grunde der Kronenröhre zeigen die Honigdiebe. Der Kelch wächst weiter und bleibt zum Schutz der reifenden Frucht geschlossen, erst bei der Fruchtreife öffnet er sich. Die Teilfrüchte haben einen fleischigen Anhang, weshalb sie wohl von Ameisen verschleppt werden. Die Wurzel ist essbar (aber nicht mit Schwarzwurz zu verwechseln).

Wenn das Blatt sehr *weit* herabläuft, der Stengel

ästig, das Blatt *eilanzettlich*: **gebräuchlicher B.**, S. officinále L., Taf. **69, 3**, Blüte weiss oder purpurviolett, häufig auf feuchten Wiesen, an Ufern, ⟂, bis 1 m, Mai—Sept.; — wenn dagegen das Blatt nur *kurz* herabläuft, der Stengel *fast einfach*, das Blatt *oval* ist: **knolliger B.**, S. tuberósum L., Fig. 827, Blüte gelblichweiss, selten, in Wäldern und Gebüschen. ⟂, April u. Mai.

b) Krone *nicht walzig glockig.*

Fig. 827. Symphytum tuberosum.

476. Boretsch, Borágo officinális L. Taf. **69, 4.**

Starke Wurzel und starkhaarige Blätter zeigen den trocknen Standort an, die Haare sind wie Stechborsten zum Schutz gegen Tierfrass (Schnecken). In der Blüte bilden der schwarzblaue Staubbeutelkegel (der auch den Honig schützt) und die hellblaue Krone einen auffallenden Kontrast und daher einen weithin sichtbaren Lockapparat. An den Staubfäden sitzt ein zahnartiger Fortsatz, den die Insekten (Bienen und Hummeln) herabziehen, wobei der Blütenstaub aus dem Streukegeln der Staubbeutel auf das Tier fällt. Da die Staubbeutel zuerst reifen, ist Fremdbestäubung gesichert. Stammt aus dem Mittelmeergebiet, aber als Küchengewürz angebaut und verwildert. ⟂, bis 50 cm, Juni und Juli.

one trich-
der teller-
rmig,
schen mit
riffel am
e verwach-
en.
chen äkan-
828 unten
nks).

477. Igelsame, Echinospérmum Láppula Lehm. Fig. 828.

Kraut mit lanzettlichen Blättern, Blüte klein und blau, Nüsschen am Rande mit 2 Reihen widerhakiger Stacheln, mit denen sie sich an vorüberstreifenden Tieren festhalten (zur Verbreitung). In M.-Europa, in Deutschland zerstreut, an Mauern, Weinbergen, auf Dächern und Schutthaufen. ⟂, bis 40 cm, Juni u. Juli.

Fig. 828.
Echinospermum Lappula.

478. Hundzunge, Cynoglóssum officinále L. Taf. **69, 4.**

Kräuter mit sehr tiefgehender Wurzel und haarigen Blättern (trockner Standort), ein mäuseartiger Geruch ist ein Schutz

gegen Tierfrass. Krone aussen rot, selten weiss, Narben werden zuerst reif (Fremdbestäubung). Die Nüsschen haben ankerartige Stacheln, mit denen sie sich an vorübergehenden Säugetieren befestigen. Zerstreut an unbebauten Orten. ⊙, bis 60 cm, Mai u. Juni.

[C. germánicum Jacq. hat fast kahle glänzende Blätter, Blüte rotviolett, in Gebirgswäldern in Südwestdeutschland.]

Anm. Nahe verwandt ist **Gedenke mein**, Omphalódes, dessen Nüsschen einen becherartigen häutigen Rand haben, O. verna Mönch. fast kahl, aufrecht, blau mit weissen Schlundschuppen, Zierpflanze, verwildert, ⟂; O. scorpiórdes Schrnk., behaart, aufrecht, Schlundschuppen gelb. ⊙ u. ⊖, Ostdeutschland selten.

479. Ochsenzunge, Anchúsa. Taf. **70, 4.**

Auch hier wieder treffen wir auf Kräuter mit tiefgehender Wurzel und stark behaarten Blättern an trocknem Standort. Je nach demselben kann sich die Beschaffenheit etwas ändern. Die Blüten sind ziemlich ansehnlich und bunt.

Wenn die Kronenröhre *gebogen*, Fig. 829 oben: **Acker-O., Krummhals**, A. arvénsis MB., Fig. 829, Blatt am Rande welig, Krone hellblau mit weissem Schlund, weit verbreitet durch Europa und N.-Asien, bei uns häufiges Ackerunkraut, ⊙, bis 60 cm, Juni u. Juli; — wenn dagegen die Kronenröhre *gerade*: **arzneiliche O.**, A. officinális L., Taf. **70, 4**, grundständige Blätter lang gestielt, die oberen lanzettlich, Krone anfangs rotviolett, später blau, in Europa ausser im hohen Norden, in Deutschland zerstreut auf sandigen Plätzen. ⊖—⟂, bis 60 cm, Mai bis Sept.

b. Nüsschen vom
Griffel *frei.*
† Nüsschen *mit*
vorspringendem
Rand. Schlund-
höcker *behaart.*

Fig. 829.
Anchusa arvensis.

480. Vergissmeinnicht, Mauseohr, Myosótis.

Kräuter, je nach dem Standort mit grösseren, zarten, weniger behaarten oder mit kleineren, derben, rauhhaarigen Blättern. Die Blüten sind klein, zeigen aber oft allerhand Farbenkontraste: die junge Blüte ist rosa, die ältere blau mit gelben Hohlschuppen. Letztere schliessen den Schlund fast ganz und schützen den Honig. Das Sumpf-V. wird als Zierpflanze gehalten.

A. Kelch mit *anliegenden* Haaren: **Sumpf-V.**, M. palústris Rth., Taf. **69, 6**, Wurzelstock etwas kriechend, Stengel kantig, Blatt lanzettlich, Krone himmelblau, Schlund gelb; überall auf feuchten Wiesen und Ufern. ♃, bis 50 cm, Mai—Sept.; ändert ab.

    B. Kelch mit *abstehenden* Haaren.

    I. Kelch der Frucht *offen*, — wenn dann der Fruchtstiel *wagrecht absteht* und *so lang wie* der

Fig. 830.
Myosotis silvatica.

    Kelch ist: **steifhaariges V.**, M. híspida Schldl., Stengel dünn und schlaff, häufig, auf sonnigen Hügeln und sandigen Aekkern; — wenn dagegen der Fruchtstiel *nach unten gekrümmt* und *länger* als der Kelch ist: **zerstreutblütiges V.**, M. sparsiflóra Mikan, Traube wenigblütig, selten, in feuchten Wäldern und Gebüschen. ⊙, Mai u. Juni.

    II. Kelch der Frucht *geschlossen.*

    a) Kelch *so lang oder kürzer* als der Stiel der Frucht, — wenn dann Krone *deutlich länger* als der Kelch, *flach:* **Wald-V.**, M. silvática Hoffm., Fig. 830, grundständige Blätter rosettenartig, die oberen länglich lanzettlich, Blüten zuerst rot, in N.- und M.-Europa, zerstreut in Gebirgswäldern, ♃, bis 30 cm, Mai—Juli; — wenn dagegen die Krone *wenig länger* als der Kelch, *hohl:* **Acker-V.**, M. intermédia Lk., Taf. **70**, 5, graugrün, Blütenstiel doppelt so lang wie der Kelch, auf Aeckern und in Wäldern, häufig. ☉, bis 60 cm, Juni—Aug.

    b) Fruchtkelch *länger* als der Fruchtstiel, — wenn dann Kronröhre *später* aus dem Kelch *weit hervorragend:* **buntes V.**, M. versícolor Sm., Griffel fast von Kelchlänge, Blüte gelb, dann rot, dann blau, häufig, auf sandigen Aeckern, ⊙, bis 30 cm, Mai u. Juni; — wenn dagegen Kronenröhre vom Kelch *eingeschlossen:* **steifstengeliges V.**, M. stricta Lk., Griffel höchstens von ⅓ der Kelchlänge, himmelblau, häufig auf Sandplätzen u. s. w., ⊙, bis 15 cm, April—Juni.

100. Fam. Windengewächse, Convolvulaceen.

    Windende oder kriechende Kräuter (soweit bei uns) mit wechselständigen Blättern ohne Nebenblätter. Einige sind blattlose, bleiche Schmarotzer. Die Blüten sind gross und dann einzeln stehend oder klein in Blütenständen. Die Krone ist trichterig oder glockig, in der Knospe gedreht, Frucht

meist eine Kapsel. Etwa 800 Arten in der warmen und gemässigten Zone, einige als Zierpflanzen gezogen.

    481. Winde, Convólvulus.   1. Pflanzen *mit grünen Blättern.*

    Pflanzen mit schwachem Stengel, daher oft um eine Stütze sich windend, wenn die Acker-W. an offnem Standort wächst, so kriecht sie über den Boden hin. Die Blätter drehen sich in dichtem Pflanzenwuchs auch je nach der Belichtung. Bei der Acker-W. bilden unterirdische Sprosse Ableger zur vegetativen Vermehrung. Die Blüten schliessen sich abends und bei Regen zum Schutz, sind z. T. aber auch sehr kurzblühend. Die Acker-W. hat kleinere rosafarbige, am Tage offene Blüten, daher von Taginsekten besucht, dahingegen besitzt die Zaun-W. grosse weisse, mehr gegen Abend offene und duftende Blüten mit tiefer Krone, daher wird sie von Dämmerungsfaltern besucht. Ihr Griffel ragt als Anflugstange weit vor. Die Staubfäden haben steife, am Rande gezähnte Verbreiterungen, die nur 5 Spalten als Durchgang zum Honig lassen. Die Falten der Krone schieben sich am Schluss des Blühens vor und nehmen Blütenstaub auf, indem sich dann die Narbenäste zu ihnen herabkrümmen, wird Selbstbestäubung als Notbehelf erreicht.

    Wenn *kleine vom Kelch entfernte* Deckblätter: **Acker-W.**, C. arvénsis L., Taf. **70**, 6, Blatt pfeilförmig, in Europa sehr verbreitet, Blüte rosa, ein häufiges, schwer auszurottendes Unkraut in Gärten und auf Feldern, ♃, bis 60 cm lang, Juni—Sept.; — wenn dagegen *grosse* herzförmige Deckblätter *unmittelbar unter dem Kelch:* **Zaun-W.**, C. sépium L., Taf. **71**, 1, Blatt pfeilförmig, Blüte weiss, fast in ganz Europa, ausser im hohen Norden, in Deutschland überall häufig, ♃, bis 3 m lang, Juni—Sept. [Die Zierpflanze C. tricolor L. aus S.-Europa hat aufrechten Stengel und blau und weisse (unten gelbe) Blüten. Die windende C. purpúreus L. aus Amerika hat eine kopfförmige Narbe, die anderen nicht, violett, rot, weiss, blau.]

    482. Seide, Flachsseide, Cuscúta.   2. Bleiche Pflanzen *ohne Blätter.*

    Teufelszwirn. Wurzellose echte einjährige Schmarotzer, die sich um ihre Wirtspflanze winden und mit Saugwarzen festhalten. Die kleinen, fast kugeligen Blüten stehen in Knäueln oder Büscheln, Kelch und Krone sind gleichfarbig, rötlich. Oft bleiben die Blüten geschlossen oder die Staubgefässe krümmen sich zur Narbe hin, was beides Selbstbestäubung bedingt.

    A. Mit *1* Griffel: **einweibige S.**, C. monógyna Vahl., Narbe knopfförmig, Blüten in Trauben, selten, im Osten, auf Weiden, Pappeln, Ahorn, Juni u. Juli.

    B. Mit *2* Griffeln.

I. Blüten *gestielt* in, *Trauben*: **traubige S.**, C. racemósa Mart., Blüte weiss, Narbe kopfig, eingeschleppt auf Hopfen, Aug. u. Sept.

II. Blüten *sitzend*, in *Knäueln*.

a) Blühende Krone *kugelig*, *Röhre doppelt so
lang* wie der Saum: **Flachsseide, Lein-
würger**, C. epilínum
Weihe, Stengel meist
einfach, gelblichgrün,
häufig auf Lein, Juni
u. Juli.

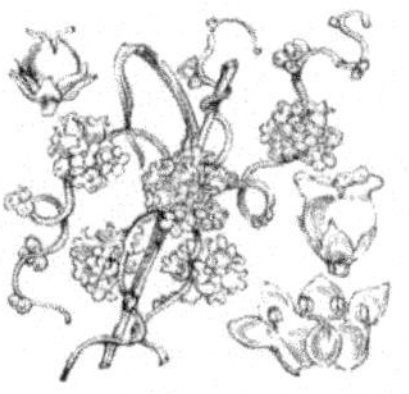

b) Blühende Krone *walzig*,
Röhre *etwa so lang* wie
der Saum, — wenn dann
die Schuppen der Kro-
ne *klein, angedrückt*, den
Schlund *freilassend*:
grosse S., C. europaéa

Fig. 831.
Cuscuta europaea.

L., Fig. 831, häufig auf Brennesseln, Hopfen
und besonders Hülsenfrüchtlern, bis 1½ m hoch
kletternd, Juli u. Aug.; — wenn dagegen
die Schuppen *gross* und *zusammengeneigt*, den
Schlund *verschliessend:* **Quendel-S.**, C. epi-
thýmum L., Taf. **70**, 7, gefürchtetes Unkraut
auf Quendel, Heide, Ginster. Juli u. Aug.

101. Fam. Himmelsleitergewächse, Polemoniaceen.

**483. Himmelsleiter, Sperrkraut, Polemónium
coerúleum** L. Taf. **71**, 2.

Jakobsleiter. Kraut mit gefiederten Blättern,
die zumeist grundständig sind, mit 11—21 Fiederblättchen. Die Blüten gross und blau in endständiger Rispe, die zum Honigschutz drüsig behaart
ist. Dem gleichen Zweck dienen Haare am Grund
der Staubfäden. Bei schlechtem Wetter dreht der
Blütenstiel der Blüte nach unten, dies geschieht
auch am Ende des Blühens, wobei wohl Blütenstaub
auf die Narbe fällt. Frucht eine Kapsel mit mehreren
Samen. In N.-Europa, Asien und Amerika verbreitet,
in Deutschland selten, an Flussufern, auf feuchten
Wiesen, sonst Zierpflanze. auch verwildert. ♃, bis
60 cm hoch, Juni u. Juli.

Anm. Nahe verwandt ist die Kollomie, Col-
lómia grandiflóra Dougl., aus N.-Amerika, gelb und
rot blühend, hie und da verwildert, — sowie die
bekannte Zierpflanze Flammenblume, Phlox, mit
vielen Arten und Abarten.

102. Fam. Wasserschlauchgewächse, Utriculariaceen.

Sumpf- oder Wasserpflanzen mit unregelmässigen
Blüten, die Krone ist 2lippig und gespornt, mit

2 Staubgefässen. Die Frucht ist eine einfächerige
Kapsel.

484. Fettkraut, Pinguícula vulgaris L. Fig. 832, 1. *Sumpfpflanze
mit ungeteilten
Blättern.*

Ein Kraut mit geringem Wurzelwerk (Standort)
und Blattrosette. Die ganzrandigen fleischigen Blätter
haben Drüsen, die ihnen einen Fettglanz verleihen,
dadurch angelockte Insekten werden festgehalten,
und die Blattränder rollen
sich um sie herum. Die
Tiere werden dann verdaut,
als Ersatz für die dem
Standort fehlende stick-
stoffhaltige Nahrung. Die
einzeln stehende Blüte hat
einen langen Stiel, der sie
emporhebt, sie ist ansehnlich, violettblau, oft mit
weissen Malen. Die sporn-
förmige Aussackung der
Krone ist ein Honigbehäl-
ter. Die Narbe liegt vor

Fig. 832.
Pinguicula vulgaris.

den Staubbeuteln, rollt sich aber zuletzt um, so dass
sie auf diesen liegt, und etwa noch nötige Selbstbestäubung bewirkt. Die Kapsel öffnet sich mit
2 Klappen und schliesst sich wieder bei Regen.
Auf torfigen, moorigen Bergwiesen M.- und S.-Euro-
pas, in Deutschland selten. ♃, bis 10 cm hoch,
Mai u. Juni.

485. Wasserschlauch, Utriculária. 2. *Wasserpflanze
mit fein zerteilten
Blättern.*

Wasserpflanzen ohne Wurzeln, also im stehenden
Wasser flutend, mit dünnen Zweigen, feinzerschlitz-
ten Blättern, deren haarförmige Zipfel die Wurzel-
arbeit leisten. Ausserdem aber haben sie noch eine
zweite Art zu Blasen umgewandelter Blätter mit nur
einseitig zu öffnender Klappe, auf der Innenseite mit
Drüsen. Diese Blasen ähneln gewissen kleinen
Krebsen, sie locken kleine Tierchen an, die hineinkriechen, aber dann nicht wieder heraus können.
Man glaubt, dass sie dann verdaut werden. Die
ansehnlichen gelben Blüten stehen zu mehreren auf
hohem, aus dem Wasser ragendem Schaft, sie haben
auch einen Honigsporn wie das Fettkraut und ähnliche Bestäubungsverhältnisse, dabei macht die Narbe
Reizbewegungen wie die Maskenblume (s. d.). Uebrigens tritt oft auch keine Fruchtbildung ein, und für
diesen Fall hat sich die Pflanze durch Sprossableger
gesichert, diese Ableger sind schleimig und heften
sich leicht an Wasservögel an, die sie dann verschleppen.

A. Blätter *in 2 Zeilen*, Schläuche *an besonderen
Zweigen* ohne Blätter (Fig. 833 unten rechts): **mittlerer W.**, U. intermédia Hayne, Fig. 833, Blatt mit

29

dornspitzigen Zähnen, Traube 2—3blütig, blassgelb, rot gestreift, sehr selten. ♃, Juli u. Aug.

B. Blätter *zerstreut*, Schläuche *zwischen ihnen*.

I. Sporn *lang*: **gemeiner W.**, U. vulgáris L., Fig. 834, Blatt mit feinen Zähnchen, Traube 3—7-blütig, dottergelb, braunrot gestreift, in ganz

Fig. 833.
Utricularia intermedia.

Fig. 834.
Utricularia vulgaris.

Europa, Asien und Amerika verbreitet, in Deutschland zerstreut. ♃, bis 30 cm lang, Juni—Aug.

II. Sporn *sehr kurz*, — wenn dann Unterlippe *eiförmig*, am Rand *zurückgeschlagen:* **kleiner W.**, U. minor L.; — wenn dagegen *kreisrund, flach:* U. Bremii Heer, beide mit ungezahntem Blatt, blassgelb und sehr selten. ♃, Juni—Aug.

103. Fam. Kugelblumengewächse, Globulariaceen.

486. Kugelblume, Globulária vulgaris L.

Kleines Kraut, dessen untere Blätter spatelförmig und langgestielt sind, während die oberen lanzettlich und sitzend sind. Die blauen Blüten stehen in endständigen Köpfchen von 1 cm Durchmesser, sie sind 5gliedrig, die Krone etwas 2lippig. Der Kelch umgibt später noch die schlauchförmige Schliessfrucht. In S.-Deutschland auf trocknen Hügeln, hie und da, besonders auf Kalkboden, in N.-Deutschland fehlend. ♃, bis 15 cm hoch, Mai u. Juni.

XXXI. Reihe: Drehblütige.
104. Fam. Enziangewächse, Gentianaceen.

Meist kahle Kräuter mit Bitterstoffen als Schutz gegen Weidetiere. Die Blätter sind ganzrandig, ohne Nebenblätter. Die Blüten stehen meist in endständigen Trauben oder Rispen, die in der Knospe gedrehte Krone ist röhrig oder glockig mit 4—8zipfeligem Saum und ebensoviel Staubgefässen. Die Frucht ist eine vielsamige Kapsel, die sich meist mit 2 Klappen öffnet. Die 500 Aten sind über die ganze Erde verteilt, besonders in der gemässigten

Zone und in den Gebirgen, in denen sie bis zum Schnee emporsteigen. Manche sind Arzneipflanzen.

A. Sumpf- und Wasserpflanzen mit wechselständigen Blättern.

487. Fieberklee, Menyánthes trifoliáta L. Taf. 71, 3.
1. Krone *tri*förmig, S₁
innen bär

Zottenblume. Die Pflanze hat einen im Schlamm kriechenden Wurzelstock und grundständige Blätter, die langgestielt und 3zählig sind (wie der Klee). Die in ziemlich dichten Trauben stehenden Blüten sind weiss, aussen fleischrot, der Bart am Saum ist ein Schutz gegen Honigdiebe. Die Blüte zeigt ähnliche „Heterostylie" wie die Primel (s. d.), die Narbe wird vor den Staubbeuteln reif, so dass Fremdbestäubung eintreten kann, doch bleiben die Blüten bei schlechtem Wetter geschlossen, so dass dann Selbstbestäubung nötig ist. In ganz Europa an Sümpfen, auf moorigen Wiesen, in Deutschland, zerstreut. ♃, bis 30 cm hoch, April u. Mai.

488. Seekanne, Limnánthemum nymphaeoïdes Link. Fig. 835.
2. Krone
förmig, Sc
bärtig

Sumpfrose. Wasserpflanze mit langem, kriechendem Stengel, der bis zur Oberfläche steigt und hier einen Büschel von rundlich-herzförmigen schwimmenden Blättern trägt (denen der Seerose ähnlich, doch viel kleiner). Der Blütenstiel trägt eine ansehnliche gelbe Blüte. In ganz Europa, ausser im hohen Norden, in stehenden oder langsam fliessenden Gewässern, in Deutschland sehr selten. ♃, Juli u. Aug.

B. Landpflanzen mit gegenständigen Blättern.

Anm. Alle haben 4 Staubgefässe, 8 dagegen der Bitterling, Chlora perfoliáta L., mit am Grunde verwachsenen Blättern und gelben Blüten.

Fig. 835.
Lymnanthemum nymphaeoides.

489. Tausendgüldenkraut, Erythraéa. Taf. 72, 1.
1. Krone

Aufrechtes, verzweigtes Kraut mit eiförmigen Blättern, von denen die unteren oft eine Rosette bilden. Die Blüten sind (im Gegensatz zu den Enzian-Arten) klein, stehen aber in Ebensträussen zu einem Lockapparat zusammen. Bei Nacht und Regen schliessen sie sich zum Schutz der inneren Teile. Die Kronenblätter besitzen ein Saftgewebe für die Insekten. Die Kronenröhre wächst am Schluss des Blühens mit den Staubgefässen zur Narbenhöhe empor, um zur Not noch Selbstbestäubung zu erreichen.

Wenn der Stengel *von unten an gabelästig,* die Blüten in den Gabelästen *gestielt*: **niedliches T.**, E. pulchélla Fries, zerstreut auf feuchten Wiesen, ⊙, bis 15 cm hoch, Juli—Sept.; — wenn dagegen der Stengel *oben trugdoldig* verzweigt, die Blüten in den Gabelästen *fast sitzend*: **gemeines T.**, E. centaúrium Pers., Taf. 72, 1, im gemässigten Europa, in Deutschland auf Waldblössen, Wiesen, an sandigen Plätzen, häufig. ⊙, bis 30 cm, Juli u. Aug.

gelb,
violett.
deutlich
mig.

490. Bitterblatt,
Cicéndia filifórmis
Delarb. Fig. 836.

Zwergpflänzchen, Krone 4gliedrig, die Blüte steht einzeln am Ende des Stengels oder der Zweige. Auf feuchten, sandigen Triften, sehr selten, im NW. vom Rhein bis Mecklenburg. ⊙, bis 4 cm hoch, Juli u. Aug.

fehlt **491. Sumpf-Enzian, Sweértia perénnis** L. Fig. 837.
urs.
der
am
mit 2
erten
aben.

Kraut mit aufrechtem, vierkantigem Stengel, die unteren Blätter gestielt, die oberen sitzend, lanzettlich. Die Blüten stehen in den Blattachseln in rispigen Trauben, sie sind stahlblau, selten schwefelgelb. In M.-Europa, auf Torf- und Moorwiesen, mehr in den Alpen, in Deutschland zerstreut. 2↓, bis 30 cm, Juli u. Aug.

der
ohne
aben.

492. Enzian, Gentiána.

Sehr bittre Kräuter. Bei manchen Arten mit wenig Wurzeln und einer Blattrosette bilden die Blätter mit ihren gegeneinander geneigten Hälf-

Fig. 837. Sweertia perennis.

ten eine Art Rinne zur Wasserableitung nach den Wurzeln hin. Die Blüten sind gross und stehen dann meist einzeln oder zu wenigen zusammen, sie sind lebhaft blau. Grüne Streifen auf der Krone bilden ein Saftmal. Nachts sind die Blüten bei manchen Arten geschlossen, man will beobachtet haben, dass sie dann für die bestäubenden Insekten ein Obdach bilden. Bei Kälte und Regen schliessen sie sich zum Schutz der inneren Teile, sie sehen dann unansehnlich aus. Im Grunde der langen Kronenröhre

wird der Honig abgesondert, die scheibenförmige Narbe versperrt bei einigen Arten den Eingang zu ihm. Durch Platzwechsel von Staubbeuteln und Narbe wird Fremdbestäubung erreicht, doch werden bei manchen Arten d e Staubbeutel am Schluss des Blühens von der weiterwachsenden Krone zu den sich nun abwärts krümmenden Narben gehoben, auch hat man bei nasskaltem Wetter beobachtet, dass die Blütenstaub in die Rillen der hängenden Krone fällt, und dass dann der in die Länge wachsende Griffel die Narben zu den Rillen hinschiebt. Durch alles dies wird also Selbstbestäubung bewirkt. Die Kapsel hat viele sehr kleine und oft auch randhäutige Samen, die also leicht durch den Wind verbreitet werden können. Viele Arten, auch im Hochgebirge.

A. Zipfel der Krone am Rande *gefranst* (Fig. 838 rechts): **gefranster E.**, G. ciliáta L., Fig. 838, Blüte einzeln, himmelblau, Samen 4spaltig, in M.-

Fig. 838.   Fig. 839.
Gentiana ciliata.   Gentiana campestris.

Europa, an Berghängen und in Gebüschen, in Deutschland zerstreut, besonders auf Kalk. 2↓, bis 30 cm hoch, Aug.—Okt.

B. Zipfel der Krone am Rande *nicht gefranst* (Fig. 840 links oben).

I. Schlund der Krone *bärtig* (Fig. 839 links unten).

a) Krone 4spaltig: **Feld-E.**, G. campéstris L., Fig. 839, vom Grund an ästig, Krone blauviolett, Röhre weisslich, Kelch mit ungleichen Zähnen, in N.- und M.-Europa, auf hohen Matten und Wiesen, besonders auf Kalk, in Deutschland zerstreut. ⊙, bis 25 cm, Juli bis Sept.

b) Krone (meist) 5spaltig, — wenn dann die Krone *gross, doppelt so lang* wie der Kelch: **deutscher E.**, G. germánica Willd., Fig. 840, Kronenröhre weisslich, Saum violett, Kapsel undeutlich gestielt, fast in ganz Europa auf trocknen Abhängen (Kalk), in Deutschland

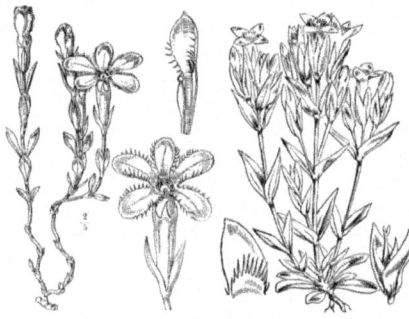

häufig, ⊙, bis 30 cm, Aug.—Okt.; — wenn dagegen die Krone *klein, wenig länger* als der Kelch: **bitterer E.**, G. amarélla L., Krone ebenso, Kapsel gestielt, selten auf feuchten Wiesen. ⊙, Juli—Okt.

II. Schlund der Krone *kahl.*

a) Blüten *in Quirlen.*

1. Kelch an der Seite *aufgeschlitzt*, Krone *radförmig*: **gelber E.**, G. lútea L., Taf. 71, 4, mit dicker, walziger Wurzel, Blatt

Fig. 840.
Gentiana germanica.

Fig. 841.
Gentiana utriculosa.

breit, Alpen M.-Europas, in Deutschland selten (Schwäbische Alb, Schwarzwald, Wasgenwald), ♃, bis 1 m, Juli—Sept. Der Bitterstoff der Wurzeln wird zu Likören gebraucht.

2. Kelch *nicht aufgeschlitzt*, wie die Krone *glockig*, — wenn dann Krone *6*spaltig, *gelb*: **punktierter E.**, G. punctáta L., Krone schwarz punktiert, sonnige Alpenwiesen, auch in Oberbayern; — wenn dagegen Krone *4*spaltig, *himmelblau*: **Kreuz-E.**, G. cruciáta L., auf trocknen Hügeln (Kalk) zerstreut; beide ♃, bis ½ m, Juli bis Sept.

b) Blüten *einzeln.*

1. Krone *walzig*, — wenn dann *mehrere Stengel* aus der Wurzel kommen (rasenbildend), Kelch *schwach* geflügelt, *nicht aufgeblasen*: **Frühlings-E.**, G. verna L., Taf. 71, 5, dunkelblau, auf feuchten Matten der süddeutschen Alpen, in N.-Deutschland sehr selten, ♃, bis 8 cm, April bis Mai; — wenn dagegen *einstengelig*, Kelch *stark* geflügelt (Fig. 841 rechts unten) *aufgeblasen*: **blasiger E.**, G. utriculósa L., Fig. 841, auf feuchten Alpenwiesen, schwä-

bische Alb, oberrheinische Tiefebene. ⊙, bis 15 cm, Mai—Aug.

2. Krone *keulig-glockig.*

† *Mit* Wurzelblattrosette: **stengelloser E.**, G. acaúlis Koch, Taf. 72, 2, einblütig, Krone gross, azurblau, auf Bergwiesen der Alpen. ♃, bis 8 cm, Juli und Aug.

†† *Ohne* Wurzelblattrosette, — wenn dann Blätter *spitz, breit und lanzettlich*: **schwalbenwurzartiger E.**, G. asclepiadéa L., Fig. 842, Blüte dunkelblau mit dunkleren Punkten, auf Waldwiesen und an feuchten Hängen der Alpen, Wasgenwald, Schwäbische Alb, Sudeten, ♃, bis 60 cm, Aug. u. Sept.; — wenn dagegen die Blätter *stumpf, schmal*: **Lungen-E.**, G. pneumonánthe L., Taf. 71, 6, untere Blätter schuppenförmig, Blüte dunkelblau mit 5 grün punktierten Streifen, in lockerer Traube, auf feuchten Wiesen stellenweise häufig. ♃, bis 30 cm, Juni bis Aug.

Fig. 842.
Gentiana asclepiadea.

105. Fam. Hundstodgewächse, Apocynaceen.

493. Immergrün, Vinca.

Kräuter mit gegenständigen ganzrandigen und ledrigen, also überwinternden Blättern, die daher schon früh im Jahr blühen können, der Stengel kriecht und vermehrt sich durch Ausläufer, die Wurzel schlagen. Die Blüten stehen einzeln auf langen Stielen, sind aber gross und bunt (blau, heben sich daher vom dürren Laub des Waldbodens im Frühjahr gut ab). Die Blüte ist 5gliedrig, die Krone hat eine walzige Röhre und einen flachen Saum mit 5 Lappen. Die beiden Fruchtknoten sind frei, aber die Griffel zu einem verwachsen, mit eingeschnürter Narbe. Die Frucht besteht aus 2 Kapseln mit zahlreichen Samen. Als Zierpflanzen benützt.

Wenn *alle* Blätter *lanzettlich-länglichrund*, Kelchzipfel *kahl*: **kleines I.**, Sinngrün, V. minor L., Taf. 72, 3, in M.-Europa, bei uns häufig in schattigen Laubwäldern an steinigen Stellen und in Hecken; — wenn dagegen die *unteren* Blätter *herzeiförmig*, die Kelchzipfel *gewimpert*: **grosses I.**, V. major L., Zierpflanze, verwildert; beide ♃, bis 60 cm lang, April u. Mai.

106. Fam. Seidenpflanzen, Asclepiadeen.

494. **Schwalbenwurz, Cynánchum vincetóxicum** R.Br. Taf. **72**, 4.

Hundswürger. Aufrechte, nach oben hin oft windende Staude mit ausdauerndem giftigem Wurzelstock, die gegenständigen Blätter sind herz- bis eiförmig, kurz gestielt. Die kleinen gelblichweissen Blüten stehen in Trugdolden, sie riechen unangenehm betäubend und werden von Fliegen besucht. Blüte 5gliedrig. Die Staubgefässe sind unten zu einem 5lappigen Körper verwachsen, der Blütenstaub ist zu wachsartigen Massen mit Klebdrüsen verklebt, die am Rüssel der Fliegen haften bleiben und in andere Blüten verschleppt werden. Honig ist vorhanden. Die Frucht ist eine Balgkapsel mit vielen Samen, diese haben einen Haarschopf, mit dem sie durch die Luft fliegen. In M.-Europa auf trocknen steinigen Hügeln, bei uns zerstreut. ♃, bis 50 cm, Mai—Juli.

107. Fam. Oelbaumgewächse, Oleaceen.

Holzgewächse mit meist gegenständigen Blättern, die Blüten stehen gewöhnlich in Trauben oder Büscheln, sie sind 4—5gliedrig, mit 2 Staubgefässen. 140 Arten der warmen und nördlichen gemässigten Zone.

...elch und ...e (meist) ...nd, eine ...elfrucht.

495. **Esche, Fráxinus excélsior** L. Taf. **60**, 5.

Baum mit gefiederten Blättern, die eine Rinne im Stiel mit haar- oder schildförmigen Zellen zur Regenableitung und Wasseraufnahme besitzen. Die sehr einfachen Blüten, ohne Hülle und Honig, erscheinen vor dem Laub, sie bestehen z. T. nur aus 2 Staubgefässen, z. T. aus 1 Stempel und 2 Staubgefässen. Es sind also Windblütler. Die Frucht hat zur Verbreitung einen Flügel. In Wäldern und an Flussufern N.- und M.-Europas sehr verbreitet, bis 30 m hoch, April u. Mai. Das zähe, elastische, leicht spaltbare Holz ist für Tischler und Wagnerarbeiten sehr gut.

Die Esche bildet manche Spielarten: **Trauer-E.** mit hängenden Zweigen, **Gold-E.** mit goldgelber Zweigrinde u. s. w.

Anm. Die **Manna-E.**, Fr. ornus L., hat viergliedrigen Kelch und Krone, wohlriechend, in Bergwäldern S.-Europas, bis 7 m hoch, Mai u. Juni.

...ch und ...vorhanden, Flügel...ucht. ...cht eine ...psel.

496. **Syringe, Syringa vulgáris** L. Taf. **60**, 6.

Spanischer Flieder. Strauch mit herz-eiförmigen ganzrandigen Blättern. Blüten klein, lila, bläulich oder weiss, in dichten, pyramidalen Sträussen, mit starkem Duft, also ein sehr wirksamer Lockapparat, zumal auch viel Honig vorhanden ist. Dieser ist bestens geschützt: eine lange Kronenröhre mit enger Oeffnung, die durch die beiden Staubbeutel geschlossen ist, daher sind zur Bestäubung langrüsselige Insekten nötig, fehlen sie, so fällt der Blütenstaub auf die tiefer stehende Narbe. Die Frucht ist eine Kapsel mit vielen sehr kleinen Samen, die einen Flügelrand haben, also durch Wind verbreitet werden. Bekannter Zierstrauch. ♄, bis 7 m hoch, Mai u. Juni.

497. **Ligúster, Ligústrum vulgáre** L. Taf. **72**, 5. 1. Frucht *fleischig*. a. Frucht eine *Beere*.

Rainweide. Sträucher mit einfachen lederigen, z. T. ausdauernden Blättern, zahlreiche Schösslinge bewirken vegetative Vermehrung. Die Blüten sind weiss und klein (4gliedrig), aber wohlriechend und sie stehen in dichten Trauben. Die Früchte sind schwarze Beeren, die durch Vögel verbreitet werden. Fast über ganz Europa verbreitet, bei uns häufig, an Waldrändern, in Gebüschen und Hecken. ♃, bis 3 m, Juni u. Juli. Das Holz wird seiner Härte wegen zu Drechslerarbeiten verwendet.

498. **Oelbaum, Olea europaéa** L. Taf. **72**, 6. b. Frucht eine *Steinfrucht*.

Ein Baum oder Strauch von weideähnlichem Aussehen mit immergrünen, unten filzigen lanzettlichen Blättern. Die kleinen gelblichweissen, wohlriechenden Blüten stehen in achselständigen Trauben. Die Steinfrüchte sind eiförmig oder kugelig, 3—4 cm lang, hellgrün bis schwarz, mit grünlichweissem Fleisch. Der Oelbaum stammt aus Vorderasien, wird aber seit Jahrhunderten in S.-Europa kultiviert. Man isst die unreif eingemachten Früchte und bereitet aus den reifen das Oliven- oder Baumöl (das beste in Südfrankreich und in Italien). ♄, bis 10 m hoch, Juni u. Juli.

XXXII. Reihe: Krappartige.

108. Fam. Geissblattgewächse, Caprifoliaceen.

Kräuter oder Holzgewächse mit gegenständigen Blättern, meist ohne Nebenblätter. Die Früchte sind Beeren oder Steinfrüchte.

499. **Holunder, Sambucus.** 1. Krone *radförmig*, 3—5 Griffel. a. Blatt *fiederteilig*, die Steinbeere mit 3—5 Kernen.

Holzgewächse, die zahlreiche Wurzelschösslinge zur vegetativen Vermehrung bilden. Laub und Rinde haben einen unangenehmen Geruch als Schutz gegen Tierfrass. Honigwarzen am Blattstiel locken Ameisen als Schutzgarde gegen andere Insekten an. Die Blüten sind klein, bilden aber, sehr zahlreich zu Rispen und Trugdolden vereinigt, einen wirksamen Lockapparat, der eigenartige Duft und die flache, offene Blumenkrone deuten auf Fliegen und Käfer als Bestäuber. Die Tiere finden zwar keinen Honig, wohl aber viel Blütenstaub; da Staubbeutel und Narben gleichzeitig reifen, ist Selbstbestäubung Regel. Die rote oder schwarze fleischige Frucht in grünem

Laub lockt durch Kontrastwirkung der Farben Vögel an zur Verbreitung der Samen.

A. *Holzig*, Nebenblätter *warzig-drüsenartig*, — wenn dann der Blütenstand eine *eiförmige Rispe:* **Trauben-H.**, S. racemósa L., Taf. **73**, 2, Blüten gelblichweiss, Beeren rot, in Bergwäldern M.-Europas, in S.-Deutschland häufig, bis 3 m, April u. Mai; — wenn dagegen der Blütenstand eine *schirmförmige Trugdolde:* **schwarzer H., Flieder**, S. nigra L., Fig. 843, Blüten gelblichweiss, stark riechend, Beeren schwarz, in M.- und S.-Europa häufig, an

Fig. 843.
Sambucus nigra.

Fig. 844.
Sambucus ebulus.

Hecken und Zäunen, bis 10 m hoch, Juni u. Juli. Der aus den Blüten bereitete „Fliedertee" ist ein schweisstreibendes Volksmittel. Die Früchte lieben unsere Singvögel.

B. *Krautig*, Nebenblätter *blattartig*, gesägt: **Attich, Eppich, Zwerg-H.**, S. Ébulus L., Fig. 844, Blüten weiss oder rötlichweiss, süssduftend, Beeren schwarz, in M.- und S.-Europa, Vorderasien und N.-Afrika, an steinigen Hängen, besonders auf Kalk, mehr im Süden, auch angepflanzt und verwildert. ♃, bis 1 m hoch, Juli u. Aug.

b. Blatt *höchstens gelappt*. Steinfrucht mit *1*Kern.

500. Schneeball. Vibúrnum.

Sträucher. Der gemeine Sch. hat seinem feuchteren Standort entsprechend kahle, der wollige Sch. auf trockenerem Boden filzig-haarige Blätter, dies besonders in der schutzbedürftigeren Jugend. Die jungen Blätter sind auch gegen zu starke Verdunstung und Sonne strahligfächerig zusammengelegt. Auch hier finden sich an den Blattstielen Honigwarzen, welche Ameisen anlocken. Die weissen Blüten sind klein, stehen aber in grossen Trugdolden. Dabei ist eine bemerkenswerte Arbeitsteilung eingetreten: die äusseren Blüten der Trugdolde (Taf. **73**, 3) sind unfruchtbar und gross (dienen also nur noch dem Anlocken von Insekten), die inneren dagegen sind klein und fruchtbar. Die flei-

schige Frucht ist zuerst grün, im reifen Zustand dagegen hochrot, bezw. schwarz in grünem Laub. Dieser also erst bei der Fruchtreife sich einstellende Farbenkontrast lockt die Vögel als Verbreiter der Samen an.

Wenn das Blatt *handförmig gelappt* und *kahl:* **gemeiner Sch.**, V. ópulus L., Taf. **73**, 3, Beeren rot, über ganz Europa verbreitet, in Deutschland häufig in Wäldern, Hecken, an Flussufern, ♄, bis 4 m, Mai u. Juni; die in Gärten gezogene Form hat kugelrunde Trugdolden aus lauter unfruchtbaren Blüten (daher der Name); — wenn dagegen das Blatt *ungeteilt, eirund* und *weissfilzig:* **wolliger Sch.**, V. lantána L., Fig. 845, Beeren grün, dann rot, dann

Fig. 845.
Viburnum lantana.

Fig 846.
Linnaea borealis.

schwarz, essbar, in M.- und S.-Europa zerstreut, in M.- und S.-Deutschland häufig, sonst selten, in Bergwäldern und Hecken, besonders auf Kalk, bis 2½ m, Mai.

501. Moosglocke, Linnäe, Linnáea boreális L.
Fig. 846.

2. Krone oder *röh*Griffe
a. Kraut Staubgefä

Zierliches immergrünes Kräutchen, das weithin Rasen bildet, mit kriechenden Stämmchen und rundlichen Blättern. Die zu 2 zusammenstehenden Blütenglöckchen hängen zum Schutz gegen Regen. Die Innenwand der Krone nach abwärts gerichtete Haare als Schutz gegen Honigdiebe, dem dient auch die klebrigdrüsige Beschaffenheit von Blütenstielen, Deckblättern und Kelchen. Die Krone ist gross, wohlriechend und weiss mit purpurnen Längsstreifen und orangerotem Saftmal als Wegweiser zum Honig. Die offene, trichterige Krone deutet auf kurzrüsselige Insekten (besonders Fliegen) als Bestäuber. Die Narben liegen vor den Staubbeuteln, werden also zuerst gestreift (Fremdbestäubung). Die klebrigdrüsigen Deckblätter sitzen auch noch an der Frucht, scheinen also der Verbreitung durch Ankleben an vorüberstreifende Tiere zu dienen. In moosigen

Heidewäldern N.-Europas und der bayrischen Alpen, sonst selten. ⚇, Mai—Juli.

cher mit efässen.

502. Geissblatt, Heckenkirsche, Lonicéra.

Sträucher, die bei manchen Arten schlingen, um sich den nötigen Lichtgenuss zu verschaffen, mit gegenständigen und ganzrandigen Blättern; diese besitzen beim echten G. eine starke Wachsschicht als Schutz gegen zu starke Verdunstung. Die Krone mit mehr oder weniger langer Röhre hat oft einen 2lippigen Saum, die Innenwand besitzt abwärts gerichtete Haare zum Schutz gegen Honigdiebe. Bei den langröhrigen Arten ist sie auf Nachtfalter eingerichtet, sie ist in diesem Fall weissgelb, öffnet sich abends und duftet dann sehr stark. Bei diesen ist am ersten Abend der Griffel abwärts, am zweiten aufwärts gebogen, die Staubbeutel dann zurückgekrümmt. Die letzteren sind zuerst reif, die Blüte ist am ersten Abend am leuchtendsten, am zweiten dagegen unscheinbarer, so dass die Falter zuerst die Blüten mit reifem Blütenstaub besuchen. Bei der Heckenkirsche hat man beobachtet, dass sich der Griffel zuletzt zu den Staubbeuteln hinkrümmt, um, wenn nötig, eigenen Pollen aufzunehmen. Auch hier werden die schwarzen oder roten fleischigen Früchte durch Vögel verbreitet.

A. Stengel *windend*, Blüten *zahlreich* im Blütenstand, — wenn dann die oberen Blattpaare *amGrunde verwachsen* sind: **echtes G., Jelängerjelieber,** L. caprifólium L., Taf. **73,** 4, Blüte weissgelblich, Frucht rot, soll aus S.-Europa stammen; allgemein als Zierpflanze angebaut und dann verwildert, ♄, bis 3 m,

Fig. 847.
Lonicera periclymenum.

Fig. 848.
Lonicera xylosteum.

Mai u. Juni; — wenn dagegen alle Blätter *frei* sind: **deutsches G.,** L. periclymenum L., Fig. 847, Blüte gelblich oder rötlichweiss, wohlriechend, Beeren rot, an Waldrändern und in Hecken und Gebüschen W.- und M.-Europas, auch Zierstrauch, ♄, bis 3 m, Juni bis Aug.

B. Stengel *nicht windend*, Blüten *paarweise*.
I. Fruchtknoten der beiden Blüten *getrennt*: ta-

tarisches G., L. tatárica L., Blatt kahl, herzeiförmig, Beer rot, Zierstrauch aus Sibirien, verwildert, ♄, April u. Mai.
II. Fruchtknoten der beiden Blüten *aneinandergewachsen*, — wenn dann Blatt und Blütenstiel *kahl*, letztere *länger* als die Blüten: **schwarzes G., Hundebeere,** L. nigra L., Beere schwarz, in höheren Gebirgswäldern, selten, ♄, bis 1¹/₃ m, April u. Mai; — wenn dagegen Blatt und Blütenstiel *zottig*, letzterer *so lang* wie die Blüten: **Heckenkirsche,** L. xylósteum L., Fig. 848, Blüte gelblichweiss, geruchlos, Beere rot, in ganz Europa, in Laubwäldern, Hecken, an Bächen, sogar auf alten Bäumen, ♄, bis 2¹/₂ m, Mai u. Juni, das sehr harte Holz (Beinholz) wird zu Besen, Peitschenstöcken, Pfeifenrohren u. s. w. verarbeitet.

Anm. L. coerúlea L. (Jura und bayrischer Wald) hat *kürzeren* Blütenstiel und längliche, *blaubereifte* Früchte; L. alpígena L. (Jura und schwäbische Alb) mit Blütenstiel, der *viel länger* ist als die schmutzig-purpurne Blüte, Fruchtknoten völlig verwachsen, rote Beere.

Anm. Hierhin gehört auch die als Zierstrauch allbekannte **Schneebeere,** Symphoricárpus racemósus L., mit rosa Blüte und weisser Beere, die bis in den Winter hinein am Strauch bleibt.

109. Fam. Moschuskräuter, Adoxaceen.

503. Moschuskraut. Adóxa moschatellina L.
Fig. 849.

Ein Kräutchen mit schuppigem Wurzelstock, die zarten Blätter kennzeichnen es als Schattenpflanze, sie sind (die grundständigen) langgestielt und gefiedert, die Blättchen 3lappig. Das Laub und die Blüten haben schwachen Moschusduft, die Blüten sind grün und stehen in kugeligen Köpfchen, sie sind aber wenig sichtbar. Der Honig liegt frei zugänglich, und daher sind kurzrüsselige Insekten die Bestäuber. Als Notbehelf wachsen zuletzt die Staubfäden zur Narbenhöhe herauf. Die Frucht ist eine fleischige grüne Beere, die erdbeerartig riecht. In

Fig. 849.
Adoxa moschatellina.

N.- und M.-Europa zerstreut, bei uns hie und da in schattigen, feuchten Wäldern, besonders gern unter Erlengebüsch. ⚇, bis 10 cm hoch, März u. April.

110. Fam. Krappgewächse, Rubiaceen.

Auch Stellaten. Kräuter mit kantigem Stengel und quirlig stehenden ganzrandigen Blättern (2 als Blätter, die anderen als Nebenblätter betrachtet). Die kleinen Blüten stehen in Rispen oder Köpfchen. Blüte 4—5gliedrig. Frucht gewöhnlich eine trockne Teilfrucht. Die 4100 Arten gehören zumeist der warmen Zone an, von Kulturgewächsen der Kaffeebaum (Cofféa arábica L.), die Brechwurzel (Cephaélis ipecacuánha Rich.), der Fieberrindenbaum (Cinchóna) u. a. m.

1. der bleibende Kelch 4—6 zähnig. (Fig. 850 unten).

504. Ackersherardie, Sherárdia arvénsis L.

Fig. 850.

Kraut mit 4—6 schmal-lanzettlichen Blättern im Quirl, die oben und am Rand rauh sind. Blüte lilarot mit trichteriger Krone, in endständigen Köpfchen, von 8blättriger Hülle umgeben. Im gemässigten Europa, in Deutschland überall als Unkraut auf bebautem Land. ⊙, bis 20 cm, Juni—Sept.

2. der Kelch undeutlich und hinfällig.
a. Krone trichterförmig.
† Kronenröhre sehr kurz, Frucht eine Beere.

Fig. 850.
Sherardia arvensis.

505. Krapp, Färberröte, Rúbia tinctórum L.

Taf. 74, 1.

Sparriges Kraut, Blätter länglich-eirund zu 4—6 im Quirl, am Rand stachelig-rauh. Mit Ausläufern sich vermehrend. Die Blüten gelbgrün, klein, in lockeren blattwinkelständigen Trauben. In W.- u. S.-Europa heimisch, bei uns verwildert. ♃, bis 1 m, Juli u. Aug. Die Pflanze wurde früher wegen eines roten Farbstoffs in den Wurzeln angebaut.

†† Kronenröhre mit deutlicher Röhre, Frucht trocken.

506. Meister, Maier, Aspérula.

Kräuter, diejenigen, welche im Schatten des Waldes wachsen, mit grösseren zarteren Blättern, die auf trocknem Standort mit kleineren derberen Blättern. Diese haben Kristallraphiden in den Zellen als Schutz gegen Tierfrass, dem dient auch der starke Duft des Waldmeisters, manche sind „flechtend", indem sie sich durch wagerecht wachsende Aeste festhalten und zum Licht emporheben. Die Staubbeutel werden zur Fremdbestäubung zuerst reif, sie verlängern und krümmen sich zuletzt zur Nachbarblüte hin. Die Früchte des Wald-M. haben hakige Borsten, mit denen sie sich am Fell vorüberstreifender Säugetiere festhalten. Der Wald-M. wird seines Kumaringehalts wegen als Würze zu Bowlen verwendet.

A. Frucht *mit* Borsten: **Wald-M.**, A. odoráta L., Taf. 74, 2, Wurzelstock kriechend, Blatt lanzettlich,

6—8 im Quirl, wohlriechend, die weissen Blüten in endständigen Rispen, in schattigen Wäldern Europas verbreitet, bei uns häufig. ♃, bis 25 cm, Mai u. Juni.

B. Frucht *ohne* Borsten.

  I. Deckblätter der Blüten *borstig-gewimpert*: **Feld-M.**, A. arvénsis L., Blätter zu 6—8, Blüten blau, buschelig-endständig, Unkraut auf Kalk- und Lehmäckern, zerstreut. ⊙, bis 30 cm, Juni u. Juli.

  II. Deckblätter *nicht gewimpert*.

    a) Frucht *körnig-rauh*, wenn dann Blätter meist *zu 8*, Krone *weiss*: rauher M., A. aparíne MB., in feuchten Gebüschen Schlesiens und Preussens. ♃, bis 1¼ m, Juli u. Aug.; — wenn dagegen Blätter *zu 4*, Krone *rötlichweiss*: **Hügel-M.**, A. cynánchica L., Fig. 851, auf sonnigen Hügeln, hie und da häufig. ♃, bis 30 cm, Juni bis Sept.

    b) Frucht *glatt*, — wenn dann der Stengel *rund*: **labkrautartiger M.**, A. galióídes M. B., Blätter unten blaugrün, Krone glockig, unter Gebüsch an felsigen Orten in M.- und S.-

Fig. 851.
Asperula cynanchica.

Deutschland; — wenn dagegen der Stengel *4kantig*: **Färber-M.**, A. tinctória L., Blätter beiderseits grün, Krone trichterig, meist 3spaltig, auf trocknem Boden in Gebirgswäldern; beide selten. ♃, bis 50 cm, Juni u. Juli.

507. Labkraut, Gálium.

b. Krone förmig

Kräuter, die den vorigen sehr ähnlich sind und sich insonderheit bezüglich des Stengels und Laubes biologisch ebenso verhalten. Das kletternde L. hat ausser den „flechtenden" Aesten auch nach rückwärts gerichtete Klimmborsten, mit denen es sich festhält. Auch hier sind die Blüten klein, aber zahlreich. Die Staubbeutel und Narben werden gleichzeitig reif, aber man will beobachtet haben, dass der Blütenstaub auf die Narben tieferstehender Blüten fällt; andersseits krümmen sich auch die Staubfäden einwärts, so dass also Fremd- und Selbstbestäubung nebeneinander vorkommen. Die Frucht hat bei vielen hakige Borsten zum Anheften an Säugetiere.

A. Pflanze *höchstens weichhaarig, nicht rückwärts borstig.*

I. Blüte *gelb*, — wenn dann Blätter *zu 4*, Blüten in *achselständigen Trugdolden:* **Kreuz-L.**, G. cruciátum L., Fig. 852, abstehend behaart, Blätter breit, Blütenbüschel kurz, Frucht kahl, in M.- und S.-Europa verbreitet, in Deutschland, ausser im N., häufig in Hecken und Gebüschen, 2|, bis 30 cm, April—Juni; — wenn dagegen Blätter *zu 6—12*, die Blüten in *endständigen grossen Rispen*: **Wahres L.**, **Unserer Liebfrauen Bettstroh**, G. verum L., Taf. 74, 3, stark verzweigt, Blätter schmal, klein, stachelspitzig, Blüte honigduftend, Früchte kahl, in ganz Europa, ausser im hohen Norden, häufig an Berghängen, Rainen, Wegen. 2|, bis 60 cm, Juni—Sept.

Fig. 852.
Galium cruciatum.

Anm. Grünlichgelb blühen: G. vernum Scop. in S.-Deutschland, dessen Blütenstiele keine Deckblätter hat, und G. parisiense L., selten, auf Aeckern, mit stachelig-rauhem Stengel.

II. Blüte *weiss*.
  a) Die *3nervigen* Blätter *zu 4*, — wenn dann der Stengel *aufrecht*, das Blatt *lanzettlich*, *ohne Stachelspitze:* **nordisches L.**, G. boreále L., Fig. 853, Frucht hakig-borstig, selten, auf Waldwiesen und Heiden, 2|, bis 50 cm, Juli u. Aug.; — wenn dagegen der Stengel *schlaff*,

Fig. 853.
Galium boreale.

Fig. 854.
Galium mollugo.

Blatt *eirund, stachelspitzig:* **rundblättriges L.**, G. rotundifólium L., selten, in schattigen Gebirgswäldern. 2|, bis 30 cm, Juli u. Aug.
  b) Die *einnervigen* Blätter *zu 6—8*.
  1. Kronenzipfel *haarspitzig* (Fig. 854 oben

Hoffmann-Dennert, Botan. Bilder-Atlas. 3. Aufl.

rechts): **gemeines L.**, G. mollúgo L., Fig. 854, kahl, Blatt am Rande rauh, grosse lockere Rispen, Frucht fast glatt, fast in ganz Europa, bei uns überall auf Wiesen, in Hecken und Gebüschen. 2|, bis 60 cm, Mai—Aug.
  2. Kronzipfel *nur spitz* (etwa wie Fig. 855 oben rechts).
  aa) Stengel *fast rund, aufrecht:* **Wald-L.**, G. silváticum L., Blatt scharfrandig,

Fig. 855.
Galium saxatile.

Fig. 856.
Galium palustre.

unten graugrün, Rispe ausgebreitet, Frucht kahl (bei dem ähnlichen Waldmeister borstig), in Wäldern häufig. 2|, bis 1 m, Juni u. Juli.
  bb) Stengel *4kantig* (Fig. 856 links in der Mitte), *schlaff*, — wenn die Blätter (meist) *zu 6*, Frucht mit *vielen spitzen Höckern* (Fig. 855 unten links): **Felsen-L.**, G. saxátile L., Fig. 855, zerstreut, auf sonnigen Waldlichtungen, Heiden, Mooren in W.-Europa, 2|, bis 30 cm, meist viel kleiner, Juli u. Aug.; — wenn dagegen die Blätter (meist) *zu 8*, Frucht mit *wenigen stumpfen Höckern*: **Heide-L.**, G. silvéstre Poll., in trocknen Wäldern, auf sonnigen Abhängen, mehr in S.- und M.-Deutschland. 2|, bis 25 cm, Mai bis Aug.
B. Pflanze *stachelig-rauh*.
I. Blätter (meist) *zu 4, nicht stachel-spitzig*: **Sumpf-L.**, G. palústre L., Fig. 856, dünnstengelig, wenige gespreizte Aeste, Blatt einnervig, am Rand rauh, Frucht fast kahl, fast in ganz Europa, bei uns überall an feuchten Stellen. 2|, bis 30 cm, Mai bis Juli.
II. Blätter *zu 6—8, stachelspitzig*.
  a) Blütenstiel mit *5 und mehr Blüten*, nach dem Blühen *gerade*, — wenn dann der Blattmittelnerv unten *glatt*: **Morast-L.**, G. uliginósum L.,

30

Fig. 857, die Frucht feinkörnig, häufig, auf sumpfigen Wiesen, an Gräben, ♃, bis 30 cm, Juli u. Aug.; — wenn dagegen der Blattmittelnerv *unten rauh*: **kletterndes L.**, G. aparíne L., Stengel schlaff und dünn, Frucht mit hakigen Borsten, in ganz Europa, bei uns überall ein lästiges Unkraut. ☉, bis 1¹/₄ m, Juni—Okt.

b) Blütenstiele mit *3 Blüten*, nach dem Verblühen *zurückgekrümmt* (Fig. 858 rechts), — wenn dann die Blätter *zu 6*, Blütenstiel *kürzer*

Fig. 857.
Galium uliginosum.

Fig. 858.
Galium tricorne.

als die Frucht: **überzuckertes L.**, G. saccharátum All., Frucht dichtwarzig wie überzuckert, selten, unter der Saat (Braunschweig, Hannover), ☉, bis 20 cm, Juni u. Juli; — wenn dagegen die Blätter *zu 8*, Blütenstiel *länger* als die Frucht: **dreihörniges L.**, G. tricórne With., Fig. 858, zerstreut auf Aeckern, besonders Kalkboden. ☉, bis 30 cm, Juli bis Sept.

111. Fam. Baldriangewächse, Valerianaceen.

Kräuter mit gegenständigen Blättern ohne Nebenblätter, kleine Blüten, zahlreich in gipfelständigen Trauben oder Schirmtrauben, Kelch mit dem Fruchtknoten verwachsen, Krone röhrig mit 5zipfeligem Saum. Frucht trocken. 300 Arten, besonders in der nördlichen gemässigten Zone.

508. Feldsalat, Rapünzchen, Valerianélla.

Kleine Kräuter, gabelästig, mit schmalen Blättern. Blüte klein, die Narben sind meistens zuerst reif und am Blüteneingang, dann krümmt sich der Griffel zur Seite und die Staubbeutel treten an den Eingang, so dass Fremdbestäubung eintritt, bleibt sie doch aus, so gehen die Narben zuletzt wieder zu den Staubbeuteln hin.

A. Kelchsaum an der Frucht *undeutlich*, — wenn

dann die Frucht *eirund, seitlich zusammengedrückt:* **gemeiner F.**, V. olitória Mnch., Taf. **75**, 1, Blätter bilden am Grunde eine Rosette, die kleinen bläulichweissen Blüten in kleinen dichten Schirmtrauben, in ganz Europa als Unkraut auf Feldern, als Salatpflanze angebaut, ☉, bis 20 cm, April u. Mai; — wenn dagegen die Frucht *länglich, fast 4-kantig*: **schmalfrüchtiger F.**, V. carináta Lois., überall auf Aeckern, besonders am Rhein. ☉, bis 15 cm, April bis Mai.

B. Kelchsaum *mit*

Fig. 859.
Valerianella dentata.

3 oder 5 deutlichen Zähnen.

I. Kelchsaum *von Fruchtbreite*: **scharffrüchtiger F.**, V. eriocárpa Desv., Frucht eiförmig mit drei Leisten, selten (Rheinprovinz), auf Aeckern. ☉, bis 20 cm, Mai u. Juni.

II. Kelchsaum *schmäler* als die Frucht, — wenn dann *3zähnig*: **gezähnter F.**, V. dentáta Poll., Fig. 859, Frucht ei-kegelförmig, häufig in der Saat, ☉, bis 30 cm, Juni—Aug.; — wenn dagegen Kelchsaum *5zähnig*: **geöhrter F.**, V. aurícula DC., Frucht kugelig-eiförmig, selten, auf Aeckern. ☉, bis 30 cm, Juni u. Juli.

509. Spornblume, Centránthus ruber DC. Taf. 74, 4.

Dem Baldrian ähnliches Kraut mit roten Blüten, die zu Trugdolden gehäuft sind. Die Krone ist der Länge nach durch eine Wand in zwei Röhren geteilt, die eine enthält den Griffel, die andere (mit dem Sporn) den Honig, sie ist zum Schutz dicht mit Haaren besetzt. Die lange Röhre lässt auf Dämmerungsfalter schliessen. Zuerst stehen die Staubbeutel am Eingang, die Narbe verdeckend, indem das Staubgefäss dann zurücktritt, wird die reife Narbe nunmehr frei. Der federige Kelch ist ein Flugorgan der Frucht. Stammt vom Mittelmeer, als Zierpflanze gezogen. ♃, bis 50 cm, Juni—Sept.

510. Baldrian, Valeriána. Taf. 74, 5.

Kräuter mit unangenehm riechendem Wurzelstock, der Ausläufer zur vegetativen Vermehrung bildet, die oft fiederteiligen Blätter sind je nach Standort gross und kahl oder klein und derber. Die Blüten sind klein aber zahlreich, gehäuft und duftend, die Krone ist kurzröhrig, der Honig nur in einem Höcker, so dass Insekten mit kürzerem Rüssel als Schmetterlinge an ihn gelangen können. Bei dem kleinen B. werden die Staubbeutelblüten, weil sie grösser sind, zuerst besucht, beim dreiblättrigen B. blühen die scheinzwittrigen Stempelblüten zuerst und beim gebräuchlichen B. fallen die zuerst reifen Staubbeutel ab, ehe die Narben reif sind, endlich beobachtete man auch, dass die Narben zu den Staubbeuteln der Nachbarblüten hinwachsen, — alles Einrichtungen für Fremdbestäubung. Der Fruchtkelch ist ein wirksames Flugorgan.

A. Blüten auf *allen* Pflanzen *gleich gross:* **gebräuchlicher B.**, V. officinális L., Taf. **74**, 5, Stengel leicht gefurcht, alle Blätter gefiedert, 4—11paarig, Blüten rötlichweiss, holunderartig duftend, in ganz Europa verbreitet, häufig in lichten Wäldern, an Ufern. 2|, bis 1½ m, Juni u. Juli. Die Wurzel ist als krampfstillend und nervenberuhigend gebräuchlich, ihr Geruch wird von den Katzen sehr geliebt.

B. Blüten auf *verschiedenen* Pflanzen *verschieden gross.*

I. Stengelblätter *fiederartig* (Fig. 860): **kleiner B.**, V. dióïca L., Fig. 860, Wurzelblätter ungeteilt, Blüten zweihäusig, weiss oder blassrot, über den grössten Teil Europas verbreitet, bei uns häufig, auf nassen Wiesen und Waldstellen. 2|, bis 30 cm, Mai u. Juni.

II. Stengelblätter *nicht fiederteilig*, — wenn dann *3zählig* (Fig. 861): **dreiblättriger B.**, V. tríp-

Fig. 860.
Valeriana dioica.

Fig. 861.
Valeriana tripteris.

teris L., Fig. 861, Blüte fleischrot, zweihäusig und gemischtährig, in Gebirgswäldern (Schwarzwald, Schwäbische Alb, Vogesen, Sudeten), 2|, Mai u. Juni; — wenn dagegen Blätter *ungeteilt:* **Berg-B.**, V. montána L., Blüte weiss bis rosenrot, zweihäusig, auf felsigen Abhängen im Schwarzwald. 2|, bis 50 cm, Mai—Aug.

112. Fam. Kardengewächse, Dipsaceen.

Kräuter oder Stauden mit gegenständigen Blättern ohne Nebenblätter. Die 4—5gliedrigen Blüten

stehen in endständigen Köpfchen mit gemeinsamer Hülle. Ein Kelch der einzelnen Blüte ist vorhanden, aber er ist mit dem Fruchtknoten verwachsen; er krönt die kleine trockne, nicht aufspringende Frucht. 120 Arten, meistens in der nördlichen gemässigten Zone.

511. Karde, Dipsacus. Taf. 75, 2.

1. Stengel *stachelig* oder *steifborstig*.

Zweijährige Pflanzen, die dementsprechend im ersten Jahr eine Rosette von den dem Boden anliegenden Blättern b lden, die, vom Schnee wenig gedrückt, gut überwintern kann. Die Stacheln an Stengeln und Blättern bilden einen vorzüglichen Schutz gegen Weidetiere. Sehr bemerkenswert sind die bei einigen Arten am Grunde zu einem Trichter zusammengewachsenen Blätter; in demselben sammelt sich Regenwasser an, so dass in ihm von unten her ankriechende Honigdiebe ertrinken. Die Blüten sind klein, aber zu einem hohen dichten Körbchen, das weithin sichtbar ist, angehäuft. Sowohl die Hülle als auch die Deckblättchen der einzelnen Blüten sind stachelspitzig und überragen die Blüten und Früchte, so dass derer Stand einer stacheligen Kugel gleicht, die kein Tier anzugreifen wagt. Die einzelne Blüte ist langröhrig, duftend, honigreich mit hervorragenden Griffeln und Narben. Hummeln und Bienen bestäuben die Blüten, indem sie, der Stacheln wegen, im Fluge den Honig aufsaugen. Die Staubbeutel, welche im Gegensatz zu den nahe verwandten Korbblütlern nicht verwachsen sind, werden zuerst reif. Die Früchte stehen auf hohem, elastischem Stengel und werden durch Windstösse verbreitet.

A. Blätter am Grunde *verwachsen*, — wenn dann die Deckblättchen der Blüte *länger* sind als diese, mit *gerader* Spitze: **Wald-K.**, D. silvéstris Huds., Taf. **75**, 2, Blatt gekerbt-gesägt, Blüte blasslila, Köpfchen zuletzt walzig-gestreckt, in S.- und M.-Europa, Vorderasien und N.-Afrika, in Deutschland zerstreut auf wüsten Plätzen, an Wald- und Wiesenrändern, bis 2 m, Juli u. Aug.; — wenn dagegen die Deckblättchen *so lang* wie die Blüte und *zurückgekrümmt* sind . **Weber-K.**, D fullónum Mil., lila, aus Süd-Europa, kultiviert, bis 2 m. Juli u. Aug., die reifen Fruchtköpfe werden zum „Aufkratzen" gewalkter Wollstoffe verwendet.

B. Blätter am Grunde *frei*, gestielt: **behaarte K.**, D. pilósus L., Fig. 862, Deckblättchen der Blüte,

Fig. 862.
Dipsacus pilosus.

mit gerader Spitze, weiss, Staubbeutel dunkel, zerstreut, in Gebüschen und feuchten Wäldern, Juli u. Aug.

Anm. D. laciniátus L. (selten, Schlesien, Rheingebiet) hat im Gegensatz zu allen anderen fiederspaltige (obere) Blätter.

2. Stengel *nicht* *stachelig.*
a. Zwischen den Blüten nur Borsten, *keine Deckblättchen.*

512. Knautie, Knautia. Taf. 75, 3.

Wenn die *mittleren* Blätter *meist fiederspaltig* sind, Stengel *kurzhaarig*: **Feld-K.**, K. arvénsis Coult., Taf. 75, 3, Randblüten meist grösser, blassblau bis rötlich, selten weiss, Krone 4lappig, in ganz Europa auf Wiesen, an Feldrändern, in lichten Wäldern, bei uns überall, 4, bis 1 m, Juni—Aug.; — wenn dagegen alle Blätter *un-geteilt*, Stengel *lang*haarig: **Wald-K.**, K. silvática Dub., Fig. 863, Randblüten nicht grösser, bläulichrot, selten, in süddeutschen Gebirgswäldern häufiger. 4, Juli—Sept.

b. Zwischen den Blüten *Deckblättchen.*
† Krone 4spaltig.

Fig. 863.
Knautia silvatica.

513. Teufelsabbiss, Succisa praténsis

Mönch. Taf. 75, 4.

Mit kurzem, dickem Wurzelstock, wie abgebissen. Die Blätter sind meist grundständig, eilänglich bis lanzettlich. Die blauen Blüten stehen in zuletzt kugeligen Köpfchen. Die Krone ist kurz, die Randblüten nicht grösser, der Kelchsaum besteht aus 5 Borsten; fast über ganz Europa verbreitet, bei uns auf feuchten Wiesen, in Gebüschen, häufig. 4, bis 80 cm, Juli—Sept.

†† Krone 5-spaltig.

514. Skabiose, Scabiósa. Taf. 75, 5.

Kräuter (wie bei den anderen) mit vielen kleinen Blüten, zu Köpfchen vereinigt, auf hohem Schaft, die äusseren sind zur Verstärkung des Lockapparats grösser. Die jungen Köpfchen nicken, die älteren tun dies abends und bei Regen (zum Schutz). Die Kronenröhre ist kurz und enthält viel Honig, sie wird daher auch von kurzrüsseligen Insekten besucht, und da die Staubbeutel früher und lange andauernd reif sind, wird leicht Fremdbestäubung erreicht. Die Früchtchen werden durch den Druck der Deckblättchen zwischen ihnen emporgehoben. Der häutige Kelchsaum der Frucht dient ihnen bei der Verbreitung durch den Wind als Fallschirm.

A. Die Kelchborsten *strohgelb*: **wohlriechende S.**, S. suavéolens Desf., obere Stengelblätter fiederspaltig, untere ungeteilt, hellblau, wohlriechend, selten, auf sonnigen, steinigen Hügeln und Heiden, im NW. Deutschlands fehlend. 4, bis 60 cm, Juli—Nov.

B. Die Kelchborsten *schwarzbraun*, — wenn dann Krone purpurn: **glattblättrige S.**, S. lúcida Vill., Kelchborsten innen mit Kielnerv, selten (Riesengebirge), ⊙, bis 30 cm, Juli u. Aug.; — wenn dagegen mehr *blaurot*: **Tauben-S.**, S. columbária L., Taf. 75, 5, Kelchborsten innen ohne Nerv, in S.- und M.-Europa, bei uns überall häufig auf Wiesen, in Gebüsch, ⊙ oder 4, bis 60 cm, Juni—Sept.

Anm. Selten ist die gelbblühende Abart S. ochroleuca.

XXXIII. Reihe: Glockenblumenartige.

113. Kürbisgewächse, Cucurbitaceen.

Saftreiche Kräuter mit schwachem, daher oft mittels Ranken kletterndem Stengel. Die Blätter stehen abwechselnd. Die Blüten sind ein- oder zweihäusig. Die Staubgefässe haben wellige Beutel und oft verwachsene Fäden. Der Fruchtknoten ist unterständig und wird zu einer fleischigen, saftigen, beerenartigen Frucht, die bei ausländischen Arten oft explosionsartig aufspringt und die Samen durch Herumspritzen verbreitet. Einige sind wichtige Gemüsepflanzen. 500 Arten, meist in den wärmeren Zonen.

515. Zaunrübe, Bryónia. Taf. 54, 5.

Die Pflanze überwintert mit dicker, holziger Wurzel, die zum Schutz gegen Tierfrass giftig ist. Die Blätter sind 5—7lappig; die Blüten sind unscheinbar und duftlos, werden aber trotzdem von Insekten viel besucht, man glaubt daher, dass sie auf das Insektenauge wirkende ultraviolette Strahlen aussenden. Die schwarzen oder roten Beeren haben klebende Samen und werden von Vögeln verbreitet.

Wenn *einhäusig*, Narbe *kahl*, Beere *schwarz*: **schwarzbeerige Z.**, B. alba L., Fig. 864, Kelch und Krone der weiblichen Blüten gleich lang, in O.- und M.-Deutschland, im Rheingebiet fehlend, in Hecken und Gebüschen, zerstreut; — wenn dagegen *zweihäusig*, Narbe *behaart*, Beere *rot*: **rotbeerige Z.**, B. diórca Jacq., Taf. 54, 5, Kelch der weiblichen Blüten halb so lang wie die Krone, in W.- und S.-Deutschland häufig, in Hecken, Dickichten, an Zäunen, beide bis 3 m hoch, Juni u. Juli.

1. Beeren als die K

Fig. 864. Bryonia alba.

en grösser
Krone.
ubbeutel
hre ver-
die kür-
ile Staub-
n ist.

516. Kürbis, Cucúrbita pepo L. Fig. 865.

Grosse einjährige Pflanzen, deren Stengel und Blätter zum Schutz gegen Tierfrass stachelig sind. Der Stengel hält sich mit reizbaren Ranken fest und aufrecht. Diese Ranken rollen sich korkzieherartig auf, so dass sie bei Windstössen federnd wirken. Die grossen Blätter beschatten den Boden, halten ihn dadurch feucht und gestatten ausgiebige Ernährung bei sehr schnellem Wachstum. Die Blüten stehen einzeln und sind sehr gross; die Krone ist tief 5teilig, die Staubfäden bilden eine Säule, eine bequeme Anflugstelle, zwischen ihnen liegt der Weg zum Honig. Die Blüten sind einhäusig, zuerst blühen die Staubgefässblüten, sie sind auch grösser und stehen auf längerem Stiel. Aus allen diesen Gründen werden sie zuerst besucht, so dass Fremdbestäubung sicher ist. Die fleischige, kugelige

Fig. 865. Cucurbita pepo.

Frucht hat vielen Samen, die wegen der klebrigen Masse des Fruchtfleisches leicht ankleben, sich dadurch verbreiten, wie auch im Keimblatt festhalten. Die Pflanze stammt aus Asien und wird der Früchte wegen überall in mancherlei Spielarten angebaut. ☉, Juli u. Aug. Einige sind auch der verschiedenartigen Früchte wegen Zierpflanzen (z.B. Flaschen-K.).

aubbeutel
zusammen-
länger
e Staub-
den.

517. Gurke, Cúcumis satívus L.
Taf. 54, 6.

Zeigt sich in allem dem Kürbis ähnlich, doch kleiner, Stengel mit steifen, kurzen Haaren, Blüte einhäusig. Frucht länglich, höckrig. Aus Asien stammend, der Frucht wegen sehr geschätzt und in vielen Abarten kultiviert. ☉, Mai—Aug.

114. Fam. Glockenblumengewächse,
Campanulaceen.

Kräuter, die z. T. Milchsaft besitzen, die Blätter sind einfach, wechselständig und ohne Nebenblätter. Die 5gliedrigen Blüten sind meist blau oder weiss. Die Frucht ist eine Kapsel. Die 500 Arten gehören besonders den gemässigten Zonen an.

e bis zum
te in 5
Zipfel
nicht
pig.

518. Rapunzel, Teufelskralle, Phyteúma.

Eine Rübenwurzel dient als Ueberwinterungs- und Speicherorgan. Die kleinen Blüten stehen in gedrängten Aehren. Die Verbreitungen der Staub-

fäden schützen den Honig. Die Staubbeutel werden zuerst (schon in der Knospe) reif und lagern den Blütenstaub auf den Fegehaaren des Griffels ab. Indem sich dann die Kronenröhre verkürzt und der Griffel verlängert, wird der Blütenstaub nach aussen getragen, wo ihn nun die Insekten holen. Zuletzt stehen dann die reifen Narben an derselben Stelle, so dass Fremdbestäubung eintreten kann. Zuletzt rollen sich übrigens die Narbenäste auch nach den Fegehaaren hin, um Blütenstaub aufzunehmen.

a. Staubfäden
unten rerbreitert,
Staubbeutel frei.

A. Köpfchen *kugelig, dunkelblau*: **rundköpfige R.**, Ph. orbiculáre L, Taf. 77, 1, einfacher Stengel, unterste Blätter langgestielt, länglich-herzförmig, die oberen lineal, M.-Europa, in M.- und S.-Deutschland auf Wiesen und Waldblössen, zerstreut. ⚇, bis 50 cm, Mai u. Juni.

B. Köpfchen *wazzig-länglich, weisslich* oder *violett*, — wenn dann *gelblichweiss*: **ährige R.**, Ph. spicátum L., Fig. 866, Blätter doppelt gekerbt-gesägt, in M.- und S.-Europa, bei uns häufig in lichten Wäldern, auf Bergwiesen, ⚇, bis 1 m, Mai u. Juni, Rübenwurzel essbar; — wenn dagegen

Fig. 866.
Phyteuma spicatum.

Blüten *dunkelviolett*: **schwarze R.**, Ph. nigrum Schmidt, Blatt einfach gekerbt-gesägt (vielleicht nur Spielart der vorigen), zerstreut ebenda. ⚇, Mai u. Juni.

519. Bergjasione, Jasióne montána L. Taf. 77, 2.

b. Staubfäden
unten nicht ver-
breitert, Staub-
beutel zusammen-
hängend.

Zweijähriges Kraut mit einfacher Wurzel ohne Ausläufer und, dem Standort entsprechend, kleinen, derben Blättern. Die Blüten sind klein, in langgestielten Köpfchen gehäuft, hellblau, selten weiss oder rötlich. Die Bestäubung erfolgt ähnlich wie bei der Rapunzel. In M.-Europa, in Deutschland häufig auf sonnigen Hügeln, an sandigen Rainen, bis 60 cm, Juni—Sept.

Fig. 867. Jasione perennis.

Anm. Die perennierende J. perénnis, Fig. 867, mit Ausläufern, kommt in SW.-Deutschland vor.

2. Krone mit *breiten kürzeren* Zipfeln.
a. Krone *lippig.*

520. Wasser-Lobelie, Lobélia Dortmánna L.

Fig. 868.

Wasserpflanze mit fast blattlosem, aufrechtem Stengel, die linealen, innen 2röhrigen Blätter stehen am Grunde büschelig. Die zum Schutz nickenden Blüten bilden eine lockere, gipfelständige Traube,

Fig. 868.
Lobelia Dortmanna.

Fig. 869.
Specularia hybridum.

sie sind weiss, die Röhre bläulich. N -Europa, in Seen N.-Deutschlands, zerstreut. ♃, bis 50 cm, Juli u. Aug. — Tropische Lobelien sind beliebte Zierpflanzen.

b. Krone *nicht lippig.*
† Krone *radförmig, flach.*

521. Venus- oder Frauenspiegel, Speculária.

Taf. 76, 1.

Einjährige Kräuter. Die violetten, aussen unscheinbar weisslichen Blüten schliessen sich abends und bei feuchtem Wetter durch Zusammenfalten und Drehen. Die Staubbeutel sind zuerst reif und lagern den Blütenstaub auf die Sammelhaare des Griffels ab, der von den Insekten als Anflugstange benutzt wird. Beim abendlichen Zusammenfalten wird der Blütenstaub auch von der Krone aufgenommen. Später sind die Narben reif und stehen an derselben Stelle; wenn nunmehr wieder die Krone sich faltet, wird der Blütenstaub auch wohl zur Selbstbestäubung an die Narben gedrückt. Später bilden sich auch kleistogame (geschlossen bleibende) Blüten. Wenn die Pflanze *ästig*, die Kelchzipfel *von Kronenlänge*: **echte V.**, S. spéculum A. DC., Taf. 76, 1, Blatt verkehrt eiförmig, Blüte einzeln, violett, z. T. weiss, zerstreut als Getreideunkraut, ⊙, bis 25 cm, Juli—Sept.; — wenn dagegen die Pflanze *meist einfach*, die Kelchzipfel *länger* als die Krone: **unechter V.**, S. hybridum A. DC., Fig. 869, Krone purpurn (vielleicht nur Spielart der vorigen), selten, in W.-Deutschland als Getreideunkraut. ⊙, Juni u. Juli.

†† Krone *glockig.* **522. Glockenblume, Campánula.** Taf. 76 u. 77.

Kräuter, z. T. mit Milchsaft, der ebenso wie die rauhhaarige Beschaffenheit der nesselblättrigen

G. ein Schutz gegen Weidetiere ist. Manche Arten haben grosse Einzelblüten, andere kleinere gehäufte Blüten (in Köpfchen). Die Haare auf der Innenwand der Krone zwingen die Insekten den richtigen Weg zum Honig zu nehmen, der unter einer Verbreiterung der Staubfäden geschützt liegt. Die Blüten hängen oft und sind dann auf Hummeln und Bienen als Bestäuber angewiesen. Sehr bemerkenswert ist, dass sich die aufrechten Blüten mancher Arten nachts und bei Regen schliessen, während sie bei anderen nicken und dann offen bleiben, endlich gibt es auch manche mit zuerst aufrechten Knospen, die später dauernd nicken, ohne sich nachts zu schliessen. Die Staubbeutel werden zuerst, schon in der Knospe, reif und setzen den Blütenstaub auf die Sammelhaare des Griffels unter den Narben ab, von wo ihn Hummeln und Bienen mitnehmen, dann sind aber die Staubbeutel schon lange welk, und die Narben stehen offen und sind reif. Bleibt der Insektenbesuch aus, so rollen sich die Narben zuletzt um und nehmen etwa noch an den Sammelhaaren haftenden Blütenstaub auf. Bei manchen entstehen zuletzt im Jahr auch kleine unscheinbare kleistogame (geschlossene) Blüten. Die Frucht ist eine Kapsel, die sich mit „Fensterchen" (Klappen) öffnet, bei den Arten mit aufrechter Kapsel (ausgebreitete G.) liegen dieselben oben, bei denen mit hängender Kapsel (rundblättriger G.) dagegen unten. Der Samen ist sehr klein und daher sehr leicht, der Fruchtstiel hoch und elastisch; alles dies hängt mit der Samenverbreitung durch den Wind zusammen. Bei feuchtem Wetter schliessen sich jene Fensterchen wieder, um den Samen zu schützen und günstigere Aussaatzeit abzuwarten.

A. Blüten *sitzend*, in *Köpfchen*, — wenn dann die Wurzelblätter sich in *den Stiel verschmälern*, Kelchzipfel *eiförmig, stumpf*: **natterkopfblättrige G.**, C. cervicária L., hellblau, selten in lichten Wäldern, ♃, bis 1 m, Juni u. Juli; — wenn dagegen die Wurzelblätter *am Grunde abgerundet* oder *herzförmig*, Kelchzipfel *lanzettlich, spitz*: **geknäuelte G.**, C. glomeráta L., Taf. 77, 3, dunkelblau, zerstreut, an Waldrändern, auf Wiesen, besonders auf Kalkboden. ♃, bis 30 cm, Juni—Sept. (Aendert vielfach ab.)

B. Blüten *gestielt*, in *Trauben* oder *Rispen*.
I. Stengelblätter *schmal, lineal*.
a) Kapsel *hängend, unten* aufspringend: **rundblättrige G.**, C. rotundifólia L., Taf. 76, 2, mit dünnem kriechendem Wurzelstock, die grundständigen Blätter langgestielt, rundlichherzförmig, Blüte hellviolett, in S.- und M.-Europa, bei uns häufig in offenen Wäldern, Gebüschen, an Hecken, auf Feldern überall. ♃, bis 60 cm, Juli—Sept.
b) Kapsel *aufrecht, über der Mitte* aufspringend.

1. Kelchzipfel *lanzettlich*, Krone *über 2 cm* breit: **pfirsichblättrige G.**, C. persicifólia L., Taf. **76**, 3, untere Blätter lanzettlich oder verkehrt eiförmig, obere lineal, entfernt gesägt, Blüte gross, weitglockig, blau, selten weiss, in 2—6blütiger Traube, M.-Europa, in Deutschland häufig auf Bergwiesen, in Wäldern. ♃, bis 1 m, Mai bis Juli.

2. Kelchzipfel *pfriemlich*, Krone *weniger als 2 cm* breit, — wenn dann Rispe *ausgebreitet*, armblütige Aeste *erst oberwärts* geteilt: **ausgebreitete G.**, C. pátula L., Taf. **76**, 4, zierlich, ästig, Blätter gekerbt, ähnlich wie bei der vorigen, Blüte rötlichviolett, weit offen, bis zur Mitte geteilt, fast in ganz Europa, ausser im hohen Norden, bei uns überall in Gebüschen, auf Wiesen sehr häufig, ⊙, bis 50 cm, Mai—Aug.; — wenn dagegen Rispe *lang, fast traubig*, Aeste *schon am Grund* geteilt: **Rapunzel-G.**, C. rapúnculus L., Fig. 870, Stengel etwas rauh, weisshaarig, obere Blätter meist ganzrandig, Blüte blauviolett, bis zur Mitte geteilt, in M.- und S.-Europa, W.-Asien, bei uns zerstreut auf Hügeln, trocknen Wiesen. ⊙, bis 1 m, Mai—Aug.

Fig. 870.
Campanula rapunculus.

Fig. 871.
Campanula sibirica.

II. Stengelblätter, *breit, eiförmig bis eilanzettlich*.
a) Kelchbuchten *mit* Anhängseln, Fig 871 rechts.
1. Mit 5 Narben: **Garten-G.**, C. médium L., Zierpflanze.
2. Mit 3 Narben, — wenn dann Blüte in *einfacher* Traube: **bärtige G.**, C. barbáta L., im Riesengebirge; — wenn dagegen *einzeln* oder in *zusammengesetzter* Traube: **sibirische G.**, C. sibirica L., Fig 871, in O.-Deutschland, beide ♃, bis 30 cm, Juni u. Juli.

b) Kelchbuchten *ohne* Anhängsel.
1. Stengel *stielrund*: **Bologneser-G.**, C. bononiénsis L., Traube sehr dichtblütig, Blatt unten graufilzig, selten, auf trocknen Wiesen, Weinbergen, ♃, bis 60 cm, Juli u. Aug.
2. Stengel *kantig*.
aa) Blatt *ungleich gesägt*, Traube *einseitswendig*: **wuchernde** oder **rapunzelartige G.**, C. rapunculóïdes L., Taf. **76**, 5, mit kriechendem Wurzelstock, Blüten hängend, rotviolett mit gewimperten Zipfeln, M.- und S.-Europa, bei uns häufig in offenen Wäldern, in Gebüschen, auf Feldern. ♃, bis 60 cm, Juli—Sept.
bb) Blatt *doppelt gesägt*, Traube *allseitswendig*, — wenn dann Stengel *stumpfkantig* Blätter *weichhaarig*, untere *kurzgestielt*: **breitblättrige G.**, C. latifólia L., Fig. 872, Blütenstiele 1 blütig, blau,

Fig. 872.
Campanula latifolia.

Fig. 873.
Campanula trachelium.

selten in Gebirgswäldern, ♃, bis 1 m, Juni—Aug.; — wenn dagegen Stengel *scharfkantig*, nebst Blättern *steif*haarig, unten *lang* gestielt: **nesselblättrige G.**, C. trachelium L., Fig. 873, Blütenstiele 1—3blütig, violett, in Wäldern, Gebüschen, Hecken häufig. ♃, bis 1 m, Juli—Sept.

115. Fam. Korbblütler, Kompositen.

Diese sehr umfangreiche Familie enthält zumeist Kräuter mit wechsel- oder gegenständigen Blättern ohne Nebenblätter. Die an sich kleinen Blüten stehen zur Verstärkung des Lockapparats zahlreich in Köpfchen vereinigt auf einem verbreiterten Blütenboden. Das Köpfchen ist zum Schutz der Knospen

von einem besonderen, aus kleinen Blättchen gebildeten Hüllkelch umgeben. Diese sog. „Körbchen"
stehen obendrein noch oft in Blütenständen. In
ihnen zeigt sich sehr oft auch eine besondere Arbeitsteilung, indem die aussenstehenden einen „Strahl"
bilden und besonders dem Anlocken von Insekten
dienen. Es kann dann auch vorkommen, dass sie
unfruchtbar sind, also lediglich jener Funktion dienen,
während dann die kleineren inneren Blüten die Fortpflanzung besorgen. — Die einzelne Blüte ist zungen-
oder röhrenförmig, oft so im Körbchen verteilt, dass
die zungenförmigen nach aussen stehen (Randblüten), die röhrenförmigen nach innen (Scheibenblüten), wie es z. B. beim allbekannten Gänseblümchen ist. Jedenfalls ist die Krone verwachsenblättrig.
Der Kelch ist verkümmert, oft aber wächst er während der Fruchtentwicklung zu einem federigen Gebilde, dem Pappus, aus, welcher der reifen Frucht
als Flugorgan und Fallschirm dient. Die 5 Staubgefässe haben zu einer Röhre verwachsene Staubbeutel, die den Pollen nach innen entlassen, der
Griffel trägt 2 Narben und darunter eine Bürste von
Haaren. Die Staubbeutel sind zuerst reif und entlassen den Pollen, nun erst wächst der Griffel mit
zusammengeneigten Narben empor und fegt mit
seiner Bürste den Pollen heraus. Danach entfalten
sich die Narben. So ist Fremdbestäubung sicher.
Bei manchen Arten (Flockenblume, Esels- und Kugeldistel) sind die Staubfäden reizbar: bei Berührung
ziehen sie die Staubfadenröhre nach unten, so dass
dadurch der Pollen aus ihr
herausgepresst wird. —

Fig. 874.
Xanthium strumarium.

Fig. 875.
Chondrilla juncea.

Im einzelnen werden wir noch besondere Einrichtungen zur Fremdbestäubung kennen lernen. Die
Frucht ist eine einsamige Schliessfrucht, die bei ungünstigem, feuchtem Wetter bei manchen Arten noch
von dem sich schliessenden Hüllkelch des Körbchens
geschützt wird. Der Samen hat kein Eiweiss, ist
aber oft ölhaltig. — Die Familie hat 10 000 Arten,

d. h. $^1/_{10}$ aller Samenpflanzen, und ist über die ganze
Erde verbreitet. Sie enthält viele Arznei-, Nahrungs-,
Futter-, Oel-, Gewürz- und Zierpflanzen, hat also
für die Menschheit eine grosse Bedeutung.

A. Köpfchen *einhäusig*, die einen mit Staub-
gefäss-, die andern mit Stempelblüten: Xánthium
strumárium L., **Spitzklette**, Fig. 874, Blatt herzförmig, Köpfchen grün, Hülle der Stempel-
blütenköpfchen mit widerhakigen Stacheln, sehr
selten, an wüsten Plätzen, ☉, 7—10.

B. Köpfchen *zwitterig*.

I. *Alle* Blüten *zungenförmig* (Ligulifloren), etwa
so wie Fig. 875 rechts oben.

A. Blüten *ohne* Haarkrone (Fig. 959 links oben).

1. Blüten *blau*: 561. Cichórium.

2. Blüten *gelb*, — wenn dann Stengel *blattlos*:
575. Arnóseris (Fig. 959), — wenn dagegen
die Stengel *beblättert*: 562. Lampsána (Fig.
930).

B. Blüten *mit* Haarkrone (Fig. 875 rechts oben).

1. Haarkrone aus *einfachen* Haaren (wenigstens
bei den inneren Blüten), (Fig. 931 links
oben).

I. Haare der Haarkrone *reinweiss* und *biegsam*.

a) Stengel *blattlos* (nur Blattrosette), —
wenn dann Frucht *lang* geschnäbelt (etwa
wie Fig. 935 links): 557. Taráxacum;
— wenn dagegen Frucht *höchstens kurz*
geschnäbelt (Fig. 931 links oben): 563.
Crepis.

b) Stengel *auch oben mit mehreren Blättern*.
* Hülle des Körbchens aus *mehreren*
Reihen von Blättern, — wenn dann
Hüllkelch unten *krugförmig*, innen *mit
mehr als 8* Hüllblättern: 570. Sonchus;
— wenn dagegen Hüllkelch *nicht krugförmig*, innen *mit etwa 5* Blättern:
568. Lactúca.
** Hülle aus *einer* Reihe von Blättern,
nur am Grunde noch einige kurze
Blättchen.
aa. Hülle innen *mit 5* Blättern, wenn
dann Blüte *rot*: 569. Prenánthes;
— wenn dagegen *gelb*: 568. Lactúca (muralis).
bb. Hülle innen *mit 8 und mehr* Blättern; wenn dann die Frucht *langgeschnäbelt* (Fig. 875 links): Chon-
drílla júncea L., **Krümling**,
Fig. 875, rutenförmig verästelt,
gelbblühend, Hülle graufilzig, selten, auf trocknen Hügeln, 1 m, ♃,
7 u. 8; — wenn dagegen höchstens
kurz geschnäbelt (Fig. 931 links):
563. Crepis.

II. Haarkrone *schmutzig-weiss oder gelblich, zerbrechlich.*

a) Blüte *blau*: Mulgedium alpinum Cass., **Alpen-Milchlattich**, Blatt mit breitdreieckigem Endzipfel, Traube drüsig. 1 m, an feuchten Felsen höherer Gebirgen, ♃, 7 u. 8.

b) Blüte *gelb*, wenn dann die Hülle am Grunde *ohne* Blättchen: 564. Hierácium; — wenn dagegen *mit* Blättchen (Fig. 932): 563. Crepis (paludósa).

2. Haarkrone aus *federförmigen* Haaren (etwa wie Fig. 950 links).

I. Blütenboden zwischen den Blüten *mit* Spreublätter: 565. Hypochóeris.

II. *Ohne* Spreublätter.

a) Hülle des Köpfchens aus *einer* Reihe von Blättern, wenn dann am Grunde

Fig. 876.
Podospermum laciniatum.

Fig. 877.
Helminthia echioides.

der Hülle *ohne* Schuppen: 571. Tragópogon; — wenn dagegen *mit sehr kleinen* Schuppen (Fig. 958): 573. Thríncia.

b) Hülle des Köpfchens aus *mehreren* Reihen von Blättern.

* Haare der Haarkrone *spinnewebenartig verbunden*, wenn dann die Blätter *fiederteilig* (Fig. 876): Podospérmum laciniátum DC., **Stielsame**, Fig. 876, auf Kalkboden sehr zerstreut. ☉, Mai—Juli; — wenn dagegen *ungeteilt* (Fig. 957 links): 572. Scorzonéra.
** Haare der Haarkrone *frei* (Fig. 949).
aa. Stengel fast *blattlos.* 566. Leóntodon.
bb. Stengel beblättert, wenn dann die Frucht *lang geschnäbelt* (Fig. 877

Hoffmann-Dennert, Botan. Bilder-Atlas. 3. Aufl.

unten rechts): Helmínthia echióïdes Gärt., **Wurmsalat**, Fig. 877, Blätter sehr rauh, gelb, durch fremde Samen in Deutschland eingeführt, sehr selten, ☉, Juli bis Aug.; — wenn dagegen *fast ungeschnäbelt*: 574. Picris.

II. Die *Randb*lüten *zungenförmig*, die Scheibenblüten röhrig (etwa wie Fig. 878 links).

A Haarkrone *vorhanden*[1]).

1. Hülle aus *gleichlangen* Blättchen, fast in *einer* Reihe.

I. Randblüten *weiss*: Stenáctis annua Nees, **Feinstrahl**, Hülle borstig, verwilderte Zierpflanze, 60 cm, ☉—♃, 6—9.

II. Randblüten *gelb*.

a) Blütenschaft *vor* den Blättern erscheinend: 545. Tussilágo.

Fig. 878.
Doronicum pardalianches.

Fig. 879.
Buphthalmum salicifolium.

b) Blüten *nach* den Blättern erscheinend.

* Blühender Stengel mit *nur wenigen gegen*ständigen Blättern: 547. Arnica.
** Blühender Stengel mit *zahlreichen wech*selständigen Blättern.

aa. Hüllblätter *mit schwarzer Spitze*: 549. Senécio.

bb. Hüllblätter *ganz grün.*

† Die Körbchen in *Trugdolden* (Fig. 908): 548. Cinerária.

†† Körbchen *einzeln* an den Aesten. wenn dann das Blatt *lineal, am Grunde verschmälert* (Fig. 891 bis 893): 535. Inula (hirta); — wenn dagegen *herzförmig* (Fig. 878): Dorónicum pardaliánches L., **Gemswurz**, Fig.

[1]) Hierhin auch das dem Gänseblümchen sehr ähnliche Bellediástrum der höheren Gebirge, siehe Bellis.

878, in Wäldern, besonders der Bergregion, sonst selten, auch angepflanzt, 60 cm, 5 u. 6.

2. Hülle deutlich aus *mehreren* Reihen von oft *nach aussen kleineren* Blättchen.

I. Randblüten *gelb*.

  a) Körbchen in verlängerter *Traube* (Taf. 79, 1): 525. Solidágo.

  b) Körbchen *einzeln* oder in *Trugdolden* (z. B. Fig. 894), wenn dann die Haarkrone *gleichmässig aus Haaren* (Fig. 892): 535 Inula; — wenn dagegen Haarkrone *aussen mit gezähntem Krönchen* (Fig. 894 links unten): 536. Pulicária.

II. Randblüten *nicht gelb*, wenn dann der Strahl der *kurzen* Randblüten *undeutlich:* 528. Erígeron; — wenn dagegen der Strahl *deutlich* aus *längeren* Blüten: 527. Aster.

B. Haarkrone *fehlt*.

1. An Stelle der Haarkrone *2—4 Borsten* (Fig. 896 links oben): 538. Bidens.

  Anm. Hierhin gehört auch die Zierpflanze Zinnia.

2. An Stelle der Haarkrone höchstens ein *kurzes Krönchen oder Anhängsel* (wie z. B. Fig. 903 links unten).

I. *Keine Spreublättchen* zwischen den Blüten.

  a) Stengel *ohne Blätter* (nur Wurzelblätter): 526. Bellis.

  b) Stengel *auch oben mit Blättern*.

   * Blätter *fast ganzrandig*: 550. Caléndula.

   ** Blätter *gezähnt* oder *gefiedert*, wenn dann der Boden des Körbchens *flach* oder *wenig gewölbt, nicht hohl*: 542. Chrysánthemum; — wenn dagegen *stark gewölbt* und · *hohl*: 541. Matricária.

   Anm. Hierhin auch die Zierpflanze Tagétes (übelriechend, blassorange).

II. Zwischen den Blüten *mit Spreublättchen*.

  a) Randblüten *gelb*.

   * Blätter *geteilt*: 539. Anthemis (tinctoria).

   ** Blätter *ungeteilt*.

   aa. Wenigstens untere Blätter *herzförmig*: 537. Heliánthus.

   bb. Blätter *nicht herzförmig*, wenn dann *klebrig* behaart: Mádia, hie und da als Oelpflanze angebaut, ⊙, 6—8; — wenn dagegen nicht *klebrig*: Buphthálmum salicifolium DC., **Rindsauge**, Fig. 879, trockne Stellen höherer Gebirge, 50 cm, ᚒ, 8 u. 9.

b. Randblüten *nicht gelb* [1]).

  * Blätter *gegen*ständig: Galinsóga, Zierpflanze, z. T. verwildert, mit weissem Rand und gelben Scheibenblüten.

  ** Blätter *wechsel*ständig, wenn dann die Zungenblüten mit *eiförmiger* Zunge (Fig. 900 rechts oben), Blüten in reichem *Ebenstrauss*: 540. Achilléa; — wenn dagegen die Zunge *länglich* (Fig. 897 rechts unten), Blüten *nicht* in Ebensträussen: 539. Anthemis.

III. *Alle* Blüten *röhrenförmig*, auch die etwa vorhandenen grösseren Randblüten.

A. Köpfchen *einblütig* (Fig. 915 links oben), aber zahlreiche Köpfchen zu einer Kugel (Fig. 915) vereinigt: 551. Echinops.

B. Köpfchen *mit zahlreichen Blüten*.

1. *Mit* Haarkrone.

I. An Stelle der Haarkrone ein *häutiger Rand*, wenn dann der letztere *sehr klein*, Körbchen *gelblich weiss* oder *rot*: 543. Artemísia; — wenn dagegen der häutige Rand *von der Breite der Frucht*, Körbchen *schön gelb*: 544. Tanacétum.

II. Auch der *häutige Rand* der Frucht *fehlt*.

  a) Boden des Körbchens *mit* Spreublättern, wenn dann die Früchtchen *4 seitig*, Blüten *gelb*: 560. Cárthamus; — wenn dagegen die Früchtchen *zusammengedrückt*, Blüten *nicht gelb*: 558. Centauréa.

  b) Boden des Körbchens *ohne* Spreublätter: Cótula, **Laugenblume**, niederliegend oder aufsteigend, Blätter fleischig fiederspaltig, goldgelb. Nordseeküste, ⊙, 7 u. 8.

2. *Mit* Haarkrone.

I. Boden des Körbchens *mit* wabigen Vertiefungen: 557. Onopórdon.

II. *Ohne* solche Vertiefungen.

  a) Boden des Körbchens *mit* Spreublättern [2]).

   * Innere Hüllblätter *gefärbt*, trockenhäutig und *strahlend*: 552. Carlína.

   ** Innere Hüllblätter *nicht so*.

   aa. Hüllblätter *mit* hakiger Spitze: 553. Lappa.

   bb. Hüllblätter *ohne* hakige Spitze (aber vielfach mit geraden Dornen [3]).

   ○ Haarkrone am Grunde *mit Ring oder Knopf*.

---

[1]) Hierhin gehört auch die bekannte Zierpflanze: Georgine (Dáhlia).

[2]) Dreizähnige Spreublättchen hat die graufilzige Zierpflanze: Spreublume (Xeránthemum).

[3]) Steht der Dorn in einer Ausrandung: Artischoke (Cynára Scólymus).

1. Haarkrone *auf einem Ring.*
   † Haare der Haarkrone *federförmig* (Fig. 919 links unten):
   556. Círsium.
   †† Haare *einfach,* wenn dann Hüllblättchen *mit stacheligem Anhängsel:* Silybium mariánum Gaertn., **Mariendistel** verwilderte Zierpflanze, purpurn, Blatt weissfleckig, stachelig gezähnt, ⚹, 7 u. 8; — wenn *ohne solches:* 555. Cárduus.

2. Haarkrone *auf einem Knopf:* Jurínea cyanóides Rchb., weissfilzig, purpurnblühend, sehr selten auf Sandfeldern, ♃, 7 u. 8.

OO Haarkrone am Grunde *ohne Ring oder Knopf.*

1. Hüllblätter *mit* Stacheln oder Anhängsel (etwa wie Fig. 927 unten Mitte oder 928 links unten), wenn dann die Haarkrone *gleichmässig aus Haaren:* 558. Centauréa; — wenn dagegen Haarkrone *aussen mit schüsselförmigem* Gebilde (Fig. 917 rechts): 554. Cnicus.

2. Hüllblätter *ohne* Stacheln oder Anhängsel: 559. Serrátula (ohne Jurínea).
   b) Boden des Körbchens *ohne* Spreublätter.
      * Hüllblätter in *einer* Reihe *gleichlang* (am Grunde zuweilen kleine Schuppen).
      aa. Körbchen *auf beblättertem Stengel:* 524. Adenóstyles.
      bb. Körbchen *auf schuppigem Schaft,* wenn dann in *Trauben, vor* den Blättern erscheinend: 546. Petasítes; — wenn dagegen *einzeln, gleichzeitig* mit den Blättern: Homogyne alpína Cass., **Alpenlattich,** Fig. 880, Blätter grundständig, langgestielt, herznierenförmig, Hülle purpurn, Blüte gelblich, höhere Gebirge, feuchte Orte, bis 30 cm, ♃, 6 u. 7.

Fig. 880.
Homogyne alpína.

** Hüllblätter in *mehreren* Reihen, *nach aussen kürzer.*
   aa. Hüllblätter, *grün, krautig.*
      O Staubbeutel am Grunde *mit* schwanzförmigem Anhängsel: 529. Conýza.
      OC Staubbeutel *ohne* Anhängsel, wenn dann Blätter *ungeteilt:* 531. Linósyris; — wenn dagegen *geteilt:* 523. Eupatórium.
   bb. Hüllblätter *gefärbt, trockenhäutig* oder *filzig.*
      O Aeussere Hüllblätter *aussen filzig:* 531. Filágo.
      OO Alle Hüllblätter *ganz trockenhäutig.*
         † Hüllblätter *goldgelb:* 534. Helichrysum.
         †† Hüllblätter *nicht goldgelb,* wenn dann die Fruchtböden *gewölbt* und *grubig,* Körbchen *eingeschlechtig* (nur männlich oder nur weiblich): 532. Antennária; — wenn dagegen *flach* und *kahl,* Körbchen *zweigeschlechtig:* 533. Gnaphàlium.

A. Röhrenblütige (Tubifloren): *alle* oder *wenigstens die Scheibenblüten* sind *röhrenförmig.*

1. Unterfam. Eúpatorieen.

523. **Wasserdost, Eupatórium cannabínum** L., Taf. 78, 1.

Kunigundenkraut. Stattliches, steifaufrechtes Kraut (bis 2 m hoch) mit ausdauerndem Wurzelstock, die grossen, daher auf feuchten Standort deutenden Blätter sind kurz gestielt, schwach flaumig, 3—5teilig mit lanzettlichen, gesägten Zipfeln. Die blasspurpurroten Blütenköpfchen sind zwar klein und armblütig, aber da sie in reichen gipfelständigen Schirmtrauben vereinigt sind, bilden sie doch einen wirksamen Lockapparat. Die Griffeläste benachbarter Blüten kreuzen sich oft wie Schwertklingen und bewirken so die Fremdbestäubung. Die Pflanze wächst auf feuchten Wiesen, in Gebüschen, fast in ganz Europa, bei uns häufig, ♃, 7 u. 8.

524. **Alpendost, Adenóstyles albifróns** Rchb. Taf. 78, 2.

Eine hohe (1 m) Pflanze mit breit-herzförmigen, grob und ungleich doppeltgezähnten Blättern, unten filzig. Die Köpfchen sind nur 3—6blütig, stehen aber in dichten, reicher Schirmtrauben, daher weit sichtbar, sie sind hellrot, seltener weiss. Die Pflanze kommt auf feuchten, steinigen, schattigen Waldplätzchen der höheren Gebirge (Sudeten, Vogesen, Schwarzwald) vor, ⚇, 7 u. 8.

Anm. A. alpina Bl. et Fug. hat gleichmässig gezähnte kahle Blätter, besonders auf Kalk, Jura, 50 cm, ⚇, 7 u. 8.

2. Unterfam. Astereen.

525. Goldrute, Solidágo virga aúrea L. Taf. 79, 1.

Aufrechte, oben verästelte Pflanzen, die sich mit weithin kriechendem Wurzelstock, sowie Stocksprossen reichlich vermehren und verbreiten. Die grundständigen Blätter sind verkehrt-eirund, gesägt, gestielt, die mittleren langrund, schwach gezähnt, in den geflügelten Stiel herablaufend. Die kleinen, aber goldgelben Blüten stehen in reichen Traubenrispen und haben meist 8 grössere Randblüten, daher weithin sichtbar. Die Scheibenblüten sind zwitterig, die Randblüten echte Stempelblüten. Ist Fremdbestäubung ausgeblieben, so verschränken und kreuzen sich die Griffeläste zu den Feghaaren unter sich und holen von ihnen den Blütenstaub. Ueberall in Wäldern Europas, Mittel- und N.-Asiens, sowie N.-Amerikas, bis zum Polarkreis, ändert ziemlich stark ab (Höhe des Stengels, Grösse der Blätter und Köpfchen), bis 60 cm, ⚇, 7 u. 8.

Anm. Einige europäische Arten werden als Zierpflanzen benutzt, z. B. S. canadénsis.

526. Gänseblümchen, Bellis perénnis L. Taf. 79, 2.

Masslieben, Tausendschönchen. Kleine Pflänzchen mit kriechendem Wurzelstock, daher rasenbildend, die grundständigen Blätter bilden eine Rosette, daher wächst die Pflanze an offenem Standort (Rasenplätze, Wiesen); sie sind verkehrt-eiförmig, schwach gezähnelt. Die blattlosen Stiele der einzeln stehenden Körbchen sind auch grundständig und hoch (bis 15 cm), um die Blüten emporzuheben. Die Randblüten sind weiss, oft rot angelaufen, strahlend, die Scheibenblüten gelb (Lockapparat). Die Körbchen nicken abends und bei Regen und schliessen sich durch Einwärtskrümmung der Randblüten (Schutz). Wird in mehreren Spielarten (mit einerlei Blüten) gezogen. In fast ganz Europa, überall, ⚇, fast das ganze Jahr blühend.

Fig. 881.
Bellidiastrum Michelii.

Anm. Nahe verwandt ist das **Alpenmasslieb**, Bellidiástrum Michélii Cass., Fig. 881, dem Gänse-

blümchen sehr ähnlich, doch grösser, auf feuchtem Steingeröll und Grashängen, Jura, Schwarzwald, Schwäbische Alb, bis 25 cm, ⚇, 5−7.

527. Aster, Sternblume, Aster. Taf. 78, 3.

Aufrechte beblätterte Kräuter mit kleinen Blättern (auf trocknem Standort), A. Tripólium mit kahlen dicken Blättern, ist eine Salzpflanze. Die grossen Blüten stehen in Schirmtrauben, die roten oder weissen, zungenförmigen Randblüten sind fruchtbar. Am Schluss des Blühens kann Selbstbestäubung wie bei der Goldrute stattfinden.

Fig. 882.
Aster tripolium.

A. Hüllblättchen *spitzlanzettlich*: **weidenblättrige A.**, A. salígnus Willd., kahl, selten, an Ufern: Rhein, Mosel, Elbe, Schlesien u. a., wohl eingewandert, bis 1,3 m, ⚇, 7−9.

B. Hüllblättchen *stumpf, länglich.*
I. Hüllblättchen *anliegend*, Pflanze *kahl*: **Strand-A.**, A. tripólium L., Fig. 882, Blatt lineal, ganzrandig, fleischig, Strahl violett, manchmal fehlend, Europa, am Meeresstrand, an Salinen, ⊙, 7−9.
II. Hüllblättchen *abstehend*, Pflanze *rauhhaarig*, — wenn dann die Haare des Fruchtkelchs *in zwei Reihen*, die *äusseren sehr kurz*: **chinesische A.**, A. chinénsis L., Köpfchen an den Aesten einzeln, Zierpflanzen in vielen Farbenabarten, ⊙, 7−9; — wenn dagegen die Haare des Fruchtkelchs *in mehreren* Reihen, *gleich lang*: **Berg-A.**, A. améllus L., Taf. 78, 3, untere Blätter verkehrt-eiförmig, schwach gekerbt, obere länglichlanzettlich, ganzrandig, Strahl violett-blau, M.-Europa, auf sonnigen, steinigen Hügeln, auch in M.- und S.-Deutschland. ⚇, 8−15.

528. Berufskraut, Dürrwurz, Erígeron. Taf. 79, 3.

Kräuter mit kleinen lineallanzettlichen Blättchen, die auf trocknem Standort schliessen lassen. Die Körbchen sind klein, aber (besonders bei dem unscheinbaren kanadischen B.) zu einem Lockapparat gehäuft, immerhin ist noch Selbstbestäubung durch Verschränkung der Griffeläste zum Blütenstaub hin am Ende des Blühens möglich.

Wenn die Körbchen *blassrot, zu 1—5:* **gemeines B.**, E. acer L., Taf. 79, 3, kurz-rauhhaarig, alle Blüten röhrig, an sandigen, dürren Orten, fast in ganz Europa, N.-Asien und N.-Amerika, bis 30 cm, ⊙−⚇, 7 u. 8; — wenn dagegen Körbchen *schmutzig-*

weiss, zahlreich: **kanadisches B.**, E. canadénsis L., Fig. 883, wenig und langhaarig, an steinigen Ufern,

Fig. 883.
Erigeron canadensis.

Fig. 884.
Conyza squarrosa.

Schutthaufen, aus Kanada eingeschleppt, bis 60 cm, ⊙, 7 u. 8.

Anm. Das **Alpen-B.**, E. alpínus L., hat grössere zungenförmige Randblüten, auf höheren Gebirge (Jura), bis 15 cm, ♃, 7 u. 8.

529. Dürrwurz, Conýza squarrósa L. Fig. 884.

Kraut mit hartem aufrechtem Stengel, dünnfilzig, die Blätter sind eilanzettlich, haarig, die kleinen Körbchen (rötlichgelb) bilden eine reiche Rispe. In Gebüschen, an Wegen in M.- und S.-Europa, z. T. häufig, bis 1 m, ⊙, 7 u. 8.

Fig. 885.
Linosyris vulgaris.

530. Goldhaar, Linósyris vulgáris Cass. Fig. 885.

Dem Berufskraut ähnlich, aber Blüten alle röhrig, schön gelb, tief 5-spaltig. Aufrechtes Kraut mit kleinen schmallinealen Blättchen (trockner Standort). Die Körbchen bilden eine ansehnliche Schirmtraube. Auf sandigem und steinigem Standort, an Flussufern, in M.- und S.-Europa, bei uns auch, aber sehr selten, bis 30 cm, ♃, 7 u. 8.

3. Unterfam. Inuleen.

531. Filzkraut, Filago. Fig. 886 u. 887.

Schimmelkraut. Kräuter, die durch ihre dichtfilzige Beschaffenheit den trocknen Standort ver-

raten, die Blätter sind dementsprechend auch klein. Die Hüllblättchen der kleinen Körbchen sind grannenartig oder trockenhäutig (am Grunde krautig) oder wollig.

A. Der Stengel *traubig* oder *rispig verzweigt:* **Feld-F.**, F. arvénsis Fr., Fig. 886, Köpfchen bis zu 6, rundlich, auf sandigen Feldern und Triften, häufig, ⊙, 7 u. 8.

B. Der Stengel *gabelig verzweigt,* — wenn dann Körbchen zu *1—6* und *scharf-5 kantig:* **kleinstes F.**,

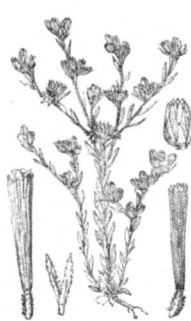

Fig. 886.
Filago arvensis.

Fig. 887.
Filago germanica.

F. mínima Fr., ebenda, häufig, ⊙, 7 u. 8; — wenn dagegen Körbchen *zu 12 und mehr, nicht deutlich kantig:* **Deutsches F.**, F. germánica L., Fig. 887, auf trocknen Weiden. häufig, bis 20 cm, ⊙, 7 u. 8.

Anm. Das französ. F. F. gállica Huds. ist dem Feld-F. sehr ähnlich, doch stärker ästig, seidenhaarig, die die Körbchen umgebenden Blätter länger als die Körbchen, selten, in W.-Deutschland.

532. Katzenpfötchen, Antennária dioíca Gärtn.

Taf. 80, 1.

Himmelfahrtsblümchen. Wie das vorige ein weissfilziges Trockenkraut, das sich mit kriechenden Ausläufern verbreitet. Wurzelblätter spatelig, die anderen lineal. Die weissen oder purpurroten Körbchen stehen endständig in gedrungenem Ebenstrauss. Die Pflanze ist zweihäusig: scheinzwitterige Staubbeutel- und Stempelblüten auf verschiedenen Stöcken. Ueber ganz Europa verbreitet, bei uns häufig auf Bergwiesen, besonders auf Sand- und Heideboden, bis 20 cm, ♃, 5 u. 6.

533. Ruhrkraut, Gnaphálium. Taf. 80, 2 u. 3.

Wiederum filzige Trockenpflanzen wie die beiden vorigen.

A. Blühende Stengel *stark verzweigt:* **Sumpf-R.**, G. uliginósum L., Fig. 888, Körbchen in Knäueln, von längeren Blättern umgeben, in Europa, N.-Asien und N.-Amerika, bei uns meist häufig auf Feldern, wüsten Plätzen, besonders auf Sandboden, bis 15 cm, ☉, 7—10.

B. Blühende Stengel *einfach.*

I. Stengel *kriechend*, rasenbildend: **niederes R.**, G. supínum L., höhere Gebirge, 4 cm, ♃, 7 u. 8.

II. Stengel *aufrecht.*

1. Körbchen in *Knäueln*: **gelblichweisses R.**, G. lúteo-álbum L., Fig. 889, der Körbchenstand ist blattlos, weitverbreitet in den ge-

Fig. 888.
Gnaphalium uliginosum.

Fig. 889.
Gnaphalium luteo-album.

mässigten und wärmeren Ländern der Erde, bei uns hie und da, bis 30 cm, ☉—☉, 7 u. 8.

2. Körbchen in *Aehren*, die Blättchen nach oben allmählich kleiner: **Wald-R.**, G. silváticum L., Fig. 890, gelblichweiss, N. und M.-Europa, N.-Asien, in Deutschland häufig, in lichten Wäldern und Heiden, besonders auf Sandboden, bis 40 cm, ♃, 7 u. 8.

Anm. G. norvégicum hat längere mittlere Stengelblätter, Erzgebirge und Sudeten.

Hierhin auch das **Edelweiss**, G. leontopódium Scop., Taf. **80**, 3, ganz besonders dicht-weissfilzig, die Körbchen stehen zu einer dichten Schirmdolde vereinigt, von grossen, sternartig ausgebreiteten Blättern umgeben. Eine der beliebtesten Alpenpflanzen, auf Geröll der höheren Gebiete, stellenweise, bis 20 cm, ♃, 7—9.

534. Strohblume, Helichrýsum arenárium DC. Taf. 80, 2.

Immortelle, Sandruhrkraut. Eine Trockenpflanze mit weissem filzigem Haarkleid. Die einzelne Blüte ist unscheinbar, allein dadurch, dass der Hüllkelch grossblättrig und goldgelb ist, entsteht ein weithin sichtbarer Lockapparat. Körbchen in Ebensträussen. Die Scheibenblüten sind zwitterig, die

Randblüten dagegen Stempelblüten. In M.-Europa, zerstreut auf trocknen, sandigen Hügeln und an Waldrändern, bis 30 cm, ♃, 7—9.

535. Alant, Inula. Taf. 79, 4.

Meist aufrechte Kräuter mit gelben Blüten in ansehnlichen Körbchen, daher auch (weil schon an

Fig. 890.
Gnaphalium silvaticum.

Fig. 891.
Inula helenium.

sich weit sichtbar) in geringerer Zahl (Schirmtrauben und Trauben), die Randblüten zungenförmig und strahlend. Federkrone vorhanden zur Verbreitung der Früchte durch den Wind.

A. *Aussen* Hüllblättchen *breit*, Frucht *kantig*: **echter A.**, I. helénium L., Fig. 891, Blatt unten filzig, die oberen stengelumfassend, ungleich gezähnt, auf feuchten Gebirgswiesen M.- und S.-Europas, in Deutschland zerstreut, auch wohl als Arzneipflanze angebaut und verwildert, bis 1¹∕₂ m, ♃, 7 u. 8.

B. *Alle* Hüllblätter *schmal*, Frucht *stielrund.*

Fig. 892.
Inula salicina.

I. Frucht *behaart*: **Wiesen-A.**, I. británnica L., hie und da auf feuchten Wiesen, bis 50 cm, ♃, 7 u. 8.

II. Frucht *kahl.*

1. Blätter *beiderseits fast kahl*: **weidenblättriger A.**, I. salicina L., Fig. 892, Blätter lanzettlich, obere stengelumfassend, an sonnigen Hängen, zerstreut, bis 60 cm, ♃, 7—9.

2. Blätter *wenigstens unten behaart*, wenn dann die Stengelblätter *umfassend, am Grunde herzförmig*: **deutscher A.**, I. germánica L., Taf. **79**, 4, Blatt unten wollig, die zahlreichen

Körbchen in geknäuelter Schirmtraube, an steinigen Berghängen und Weinbergen M.-Europas, bei uns selten, bis 60 cm, ♃, 7 u. 8; — wenn dagegen die Blätter *am Grunde schmäler, nicht herzförmig umfassend*: **Steifhaariger A.**, I. hirta L., Fig. 893, auf sonnigen und felsigen Hügeln, sehr selten, bis 30 cm, ♃, 5 u. 6.

Fig. 893. Inula hirta.

536. Flohkraut, Pulicária. Taf. **79**, 5.

Dem vorigen ähnlich; aber mit doppelter Fiederkrone, die äussere kurz, kronenförmig, die innere aus 10—12 längeren Borsten. Wenn die Randblüten *wenig länger* als die Scheibenblüten: **gemeines F.**, P. vulgáris Gärtn., Fig. 894, übelriechend, graufilzig, Blätter länglichlanzettlich, sitzend, am Grunde abgerundet, schmutziggelb, auf feuchten Triften, an Wegen und Gräben, häufig, bis 30 cm, ☉, 7 u. 8; — wenn dagegen

Fig. 894. Pulicaria vulgaris.

Fig. 895. Helianthus tuberosus.

die Randblüten *viel länger*: **Ruhr-F.**, P. dysentérica Gärtn., Taf. **79**, 5, zottig behaart, Blätter am Grund tiefherzförmig, wellig, Körbchen gross, in M.- und S.-Europa an Gräben auf feuchten Wiesen, goldgelb, in S.-Deutschland, zerstreut, bis 40 cm, ♃, 7 u. 8.

4. Unterfam. Heliantheen.

537. **Sonnenblume, Sommerrose, Heliánthus** L. Fig. 895.

Hohe Pflanze, die einjährige S. hat wegen ihres trocknen Standortes eine tiefgehende Haupt-

und starke, reichverzweigte Nebenwurzeln, dagegen besitzt die knollige S. einen Wurzelstock mit stärkereichen Knollen. Die Blätter sind herz-eiförmig und gross, bei der knolligen S. die oberen lanzettlich. Besonders bei der erstgenannten Art sind die Körbchen sehr gross (bis 30 cm im Durchmesser), dabei ist bemerkenswert, dass die Scheibenblüten von aussen nach innen verblühen, während die strahlenden Randblüten die ganze Zeit hindurch blühen und den Lockapparat bilden. Am Schluss des Blühens rollen sich die Griffeläste um und bringen dadurch zur Selbstbestäubung die Narben zu den Feghaaren mit Blütenstaub hin. Die Früchte sind ölhaltig, wodurch in der jungen keimenden Pflanze ein Nahrungsstoff aufgespeichert ist. Wenn *alle* Blätter *herzförmig*: **einjährige S.**, H. ánuus L., Zierpflanze aus Amerika, die Samen zur Oelgewinnung benutzt, bis 2½ m, ☉, 7—9; — wenn dagegen die *oberen* Blätter *lanzettlich oder länglich-eiförmig*: **knollige S., Erdapfel, Erdbirne, Topinambur**, tuberósus L., Fig. 895, aus M.-Amerika, wegen der nahrhaften kartofelähnlichen Knollen angepflanzt, besonders als Viehfutter, bis 3 m, ♃, 9 u. 10.

538. **Zweizahn, Bidens.** Taf. **82**, 1.

Kahle Kräuter, dem entsprechend an feuchtem Standort. Die Blätter sind gegenständig und grob gesägt. Die Blüten sind gelb und bilden keinen Strahl. Der Kelch wird zu Stacheln mit Widerhaken, ebenso die Frucht mit rückwärts gerichteten Borsten, wodurch sie sich vorüberstreifenden Tieren ans Fell heftet (Verbreitung) und auch beim Keimen in der Erde festhält.

Wenn das Blatt *geteilt*: **dreiteiliger Z.**, B. tripartitus L., Taf. **82**, 1, Blatt 3—7teilig, in N.- u. M.-Europa, in Deutschland an nassen Stellen häufig, bis 1 m, ☉, 7—9; — wenn dagegen das Blatt *ungeteilt*: **nickender Z.**, B. cérnuus L., Fig. 896, ebenda, bis 60 cm, ☉, 8 u. 9.

Fig. 896. Bidens cernuus.

5. Unterfam. Anthemideen.

539. **Hundskamille, Rindsauge, Anthemis.** Taf. **81**, 1.

Kräuter mit mehrfach zerteilten und z. T. des trocknen Standorts wegen wolligen Blättern. Die stinkende H. hat als Schutz gegen Weidetiere einen unangenehmen Geruch. Die Körbchen sind gross und weithin sichtbar; denn die grossen zungenförmigen Randblüten bilden einen schönen Strahl, bei den meisten Arten weiss, die Scheibenblüten sind gelb. Der Körbchenboden (mit Spreublättern) wächst z. T. kegelförmig empor und hebt dadurch die inneren Scheibenblüten mit empor, man hat beobachtet, dass dann die Staubbeutel über den nun reifen Narben der äusseren Blüten stehen und diese bestäuben.

    A. Spreublätter des Körbchenbodens *trockenrandig*: **römische H.**, A. nóbilis L., Taf. 81, 1, Stengel niederliegend oder kriechend, S.-Europa auf sandigen Wiesen, am Meeresstrand, sonst auch wohl zu Arzneizwecken angepflanzt und verwildert, bis 30 cm lang, ♃, 7 u. 8.

    B. Spreublätter *nicht trockenhäutig*.

    I. Spreublätter *linealborstlich, spitz*: **stinkende H.**, A. cótula L., Fig. 897, Stengel aufrecht, kahl, der

Fig. 897.
Anthemis cotula.

Fig. 898.
Anthemis tinctoria.

Körbchenboden innen markig, Europa, auf bebauten und Brach-Aeckern, an Flussufern u. s. w. überall im Unkraut, bis 50 cm, ☉, 6—9.

    II. Spreublätter *lanzettlich mit starrer Stachelspitze*, — wenn dann der Strahl *gelb*: **Färber-H.**, A. tinctória L., Fig. 898, flaumig, die Fiederblättchen kammförmig gesägt, hie und da auf trocknen sonnigen Hügeln, bis 60 cm, ☉—♃, 7 u. 8; — wenn dagegen der Strahl *weiss*: **Feld-H.**, A arvénsis L., Fig. 899, etwas weichhaarig, Fiederzipfel stachelspitzig, weit verbreitet über S.- und M.-Europa, bei uns häufig, ☉ u. ☉, 5 u. 10.

    `540. **Schafgarbe, Achilléa.** Taf. 80, 4 u. 81, 2.

    Mit weitkriechenden Wurzelstöcken ausdauernde und mit Stocksprossen sich vermehrende Kräuter. Die tiefgehenden Wurzeln, die derben Stengel und die bei einigen Arten fein zerteilten Blätter deuten auf trocknen Standort. Die kleinen Körbchen sind

zahlreich zu einer Trugdolde vereinigt, die weithin sichtbar ist und den bestäubenden Insekten zur Anflugstelle dienen. Es ist bemerkenswert, dass die Bertrams-Sch. mit etwas grösseren Körbchen auch weniger zahlreiche hat. Mehrere ausländische Arten dienen als Zierpflanzen.

    A. Blatt *einfach gesägt*: **Bertrams-Sch.**, A. ptármica L., Taf. 80, 4, Blatt lineal-lanzettlich, Körbchen

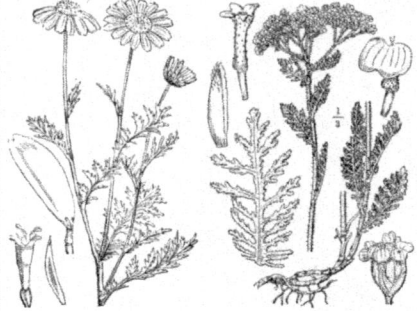

Fig. 899.
Anthemis arvensis.

Fig. 900.
Achillea nobilis.

nicht sehr zahlreich, jedes mit 8—10 Randblüten, N.- und M.-Europa, bei uns in Wäldern und auf feuchten Wiesen, verbreitet, bis 60 cm, ♃, 7 u. 8.

    B. Blatt *doppelt-fiederspaltig*, — wenn dann die Blattspindel von der Mitte an *gezahnt*, Randblüten *gelblichweiss*: **edle Sch.**, A. nóbilis L., Fig. 900, selten an sonnigen Hügeln und Mauern, bis 30 cm, ♃, 7 u. 8; — wenn dagegen die Blattspindel *ungezähnt* und Randblüten *weiss* oder *rötlich*: **gemeine Sch.**, A. millefólium L., Taf. 81, 2, etwas zottig behaart, Körbchen mit 4—5 Randblüten, auf Wiesen, an Feld- und Waldrändern sehr häufig, bis 50 cm, ♃, 6—10.

    541. **Echte Kamille, Matricária chamomílla** L. Taf. 81, 3.

    Ein aufrechtes Sommergewächs, dessen feinzerteilte Blätter (2—3fach fiederteilig) auf trocknen Standort schliessen lassen. Das starkriechende Laub ist gegen Tierfrass geschützt. Sie ist der Falschen Kamille ähnlich, aber hier tritt die hohe Kegelform des Körbchenbodens und die dort gekennzeichnete Art der Bestäubung noch stärker hervor. Der Körbchenboden ist obendrein hohl (wie auch die Stiele der Körbchen). Die Samenschale verschleimt beim Feuchtwerden und hält sich dadurch im Keimblatt fest. Ueber einen grossen Teil Europas verbreitet, in Deutschland auf Aeckern, z. T. häufig, als Arzneipflanze angebaut, bis 30 cm, ☉, 5—8.

542. **Wucherblume, Chrysánthemum.**
Taf. **79**, 6 u. **81**, 4.

Auch Massliebchen. Einjährige oder ausdauernde Kräuter mit grossen und daher wenigen

zahlreichen Körbchen, deren grosse weisse oder gelbe Randblüten einen Strahl bilden, die Scheibenblüten gelb, auf flacher Scheibe. Blüten höchstens mit Hautrand, ohne Federkrone.

A. Strahl *gelb*, — wenn dann das Blatt länglich-lanzettlich, gezähnt: **Saat-W.**, Chr. ségetum L., Fig. 901, Körbchen einzeln, ansehnlich, Getreideunkraut, das wohl aus dem Mittelmeergebiet stammt, stellenweise

Fig. 901.
Chrysanthemum segetum.

häufig, anderwärts fehlend, bis 60 cm, ⊙, 7 u. 8; — wenn dagegen das Blatt doppelt-fiederspaltig: Chr. coronárium L., Zierpflanze, hie und da verwildert, ⊙, 8—10.

B. Strahl *weiss*.

I. Blatt *einfach, gekerbt-gesägt*: **gemeine W.**, **Käseblume, Johannisblume, Marguerite**, Chr. leucánthemum L., Taf. **79**, 6, untere Blätter lang-

Fig. 902.
Chrysanthemum parthenium.

Fig. 903.
Chrysanthemum corymbosum.

gestielt, spatelig, obere sitzend, Körbchen einzeln und gross, in ganz Europa, bei uns sehr häufig auf Wiesen, in Wäldern, an Wegrändern, bis 60 cm, ♃, 6—8.

II. Blatt *fiederteilig*.

a. Körbchen an den Stielen *einzeln*, Frucht *3 bis 4 kantig*: **falsche K.**, Chr. inódorum L., Taf. **81**, 4, Blattzipfel sehr fein. Strahlenblüten zurückgeschlagen, der echten Kamille ähnlich,

aber Körbchenboden halbkugelig, markig, in ganz Europa, bei uns ziemlich häufig auf Feldern, auf Schutt, an Wegrändern, bis 60 cm, ⊙, 5—10.

b) Körbchen in *Trugdolden*, Frucht *rund*, mit *5—10 Riefen*. — wenn dann das Blatt *harzigpunktiert*, der Fruchtkranz *sehr kurz* (Fig. 902): **Mutterkraut-W.**, Ch. parthénium Pers., Fig. 902, flaumhaarig, die Körbchen zahlreich in flacher Trugdolde, aus S.-Europa, verwildert auf Schutt und an Wegrändern, gefüllt als Zierpflanze, bis 60 cm; — wenn dagegen das Blatt *nicht punktiert*, der Fruchtkranz *deutlich* (Fig. 903): **doldentraubige W.**, Chr. corymbósum L., Fig. 903, in trocknen Bergwäldern, zerstreut, besonders auf Kalk, bis 1 m; beide ♃, 6 u. 7.

543. **Beifuss, Artemisia.** Taf. **80**, 5.

Kräuter oder Halbsträucher mit schmalen, unten oft weissfilzigen Blättern und sparrigem Bau, daher auf trocknem Standort. Aromatische und bittere Stoffe schützen gegen Tierfrass, gestatten aber auch die Verwendung mancher Arten als Gewürz- und Arzneipflanzen. Die Blütenkörbchen sind klein und unscheinbar und daher auf Windbestäubung angewiesen.

A. Rand- und Scheibenblüten *zweigeschlechtig*: **Meerstrand-B.**, A. marítima L., Körbchen in gipfelständiger Rispe, jedes mit 10—12 Blüten, an Nord- und Ostsee, bis 1 m, ♃, 9 u. 10.

B. *Randblüten ohne Staubgefässe.*

I. Körbchenboden behaart: **Wermut**, A. absinthium L., Fig. 904, unten holzig, seidenartig weiss-

Fig. 904.
Artemisia absinthium.

Fig. 905.
Artemisia campestris.

grau behaart, Blatt 2—3 fach gefiedert, Blattstiel ohne Oehrchen, die kugeligen Körbchen gelblich, überhängend, Europa und Asien, besonders

32

in S.-Deutschland auf trocknen Bergen, steinigen Hügeln, hie und da angebaut, bis 1¼ m, ⚇, 7—9.

Anm. Hierhin gehören einige seltene B.-Arten, z. T. Alpenpflanzen: **Edelraute**, A. mutellína Vill., untere Blätter gabelig geteilt, obere *fingerig*, seidenhaarig, Oberbayern, bis 15 cm, ⚇, 7 u. 8. — A. rupéstris L., Blätter kahl, obere *kammförmig-fiederspaltig*, in Norddeutschland, sehr selten, ⚇, 9. — A. camphoráta Vill., Blätter graufilzig oder kahl, aber im Umriss eirund, kampferartig riechend, im Elsass, selten, bis 1 m, ⚇, 9 u. 10.

II. Körbchenboden *kahl.*

a) Blatt am Grunde *geöhrt.*

1. Körbchen *kahl:* **Feld-B.**, A. campéstris L., Fig. 905, blühende Stengel aufrecht, die andern rasenartig, Blatt kahl oder seidenhaarig, Körbchen braunrot, auf trocknen, felsigen Hügeln, zerstreut, bis 60 cm, ⚇, 7 u. 8. Anm. Hierhin auch A. scopária W. u. K. mit **einem** Stengel, in O.-Preussen, Schlesien, ⊙, 7—9.

2. Körbchen *behaart,* — wenn dann das Blatt *2—3fach* gefiedert, Köpfchen *kugelig, graubehaart:* **römischer B.**, A. póntica L., hie und da angepflanzt und verwildert, auf sonnigen Hügeln, besonders Kalk, bis 1 m, ⚇, 7 u. 8; — wenn dagegen das Blatt *einfach* gefiedert mit gesägten Abschnitten, Körbchen *eiförmig-filzig:* **gemeiner B.**, A. vulgáris L., Taf. **80**, 5, Blatt unten weissfilzig, Körbchen in langer endständiger Rispe, in ganz Europa und M.-Asien verbreitet, bei uns häufig an Schuttplätzen, Zäunen, unbebauten Stellen, bis 1½ m, ⚇, 8 u. 9.

b) Blatt am Grunde *nicht geöhrt:* **Eberreis**, A. abrótanum L., wohlriechend, Blatt doppelt fiederteilig oder dreiteilig, Köpfchen grau, rundlich, Zierpflanze, ⚇, 8 u. 9.

Anm. **Esdragon, Dragon**, A. dracúnculus L., hat einfache (obere) Blätter, kahl, Küchenpflanze, ⚇, 8 u. 9.

544. **Rainfarn, Tanaeétum vulgáre** L. Taf. **81**, 5.

Kräuter mit tiefgehendem Wurzelstock und feinzerteilten derben Blättern, daher auf trocknerem Standort, das aromatisch duftende Laub ist eben dadurch vor Tierfrass geschützt. Die Körbchen haben nur gelbe Scheibenblüten, aber sie sind zu flachen Trugdolden vereinigt, daher weithin sichtbar. Körbchenboden nackt. Von Europa bis N.-Asien, vom Mittelmeer bis zum Polarkreis, bei uns an Feld-

und Wegrändern häufig, früher als Arzneimittel benützt, bis 1 m, ⚇, 7 u. 8.

Anm. Eine Zierpflanze ist die **Frauenminze**, T. balsamita L., mit einfachem Blatt, ⚇, 8 u. 9.

6. Unterfam. Senecioneen.

545. **Huflattich, Tussilágo fárfara** L. Taf. **78**, 4.

Kraut mit weithin kriechendem Wurzelstock und Stocksprossen, daher sich weit verbreitend, die eckig gezähnten Blätter sind gross, aber unten filzig behaart (s. Figur), daher dem sandig-lehmigen Standort angepasst. Die purpur-violette Färbung der Unterseite junger Blätter wird mit der Umsetzung der Lichtstrahlen in Wärme in Zusammenhang gebracht. Die Frühjahrssprosse sind blattlos und tragen nur Blüten, die Sommersprosse nur Blätter. Die Blüten erscheinen also sehr früh vor der Belaubung, daher trotz ihrer nicht bedeutenden Grösse weithin sichtbar, sie sind gelb ohne Strahl, abends sind die Körbchen zum Schutz (in der noch kühlen Jahreszeit) geschlossen und nickend. Die Körbchen haben in der Mitte scheinzwitterige Staubgefässblüten, am Rande reine Stempelblüten. Der Fruchtstandstiel streckt sich stark zur Aussäung der Früchte durch den Wind. Ueber ganz Europa verbreitet, bei uns überall, bis 15 cm, ⚇, 3 u. 4.

546. **Pestwurz, Petasítes officinális** Mnch. Fig. 906.

Dem vorigen ähnlich, aber wesentlich grösser in allen Teilen, die Blätter werden 35 cm breit. Die Blütenkörbchen sind trübrot und stehen zahlreich in Trauben zusammen. In M.- und S.-Europa, bei uns auf feuchten Wiesen und an Ufern zerstreut, bis 90 cm, ⚇, 3 u. 4.

Fig. 906.
Petasites officinalis.

Anm. Die **weisse P.**, P. albus Gärtn., mit gelblichweissen Blüten ist sehr selten, sonst ähnlich.

547. **Wohlverleih, Arnica montána** L. Taf. **82**, 2.

Ausdauerndes Kraut, dessen aromatische Wurzel gegen Tierfrass gesichert ist, der Stengel ist drüsigflaumig behaart, die Blätter sind länglich verkehrt-eiförmig, die mittleren gegenständig. Die Körbchen stehen einzeln, allein mit ihrer orangegelben Farbe und den grossen strahlenden Randblüten bilden sie einen wirksamen Lockapparat. Die Scheibenblüten sind echt zwitterig, die Randblüten haben nur Stempel. Die Griffeläste rollen sich am Ende des Blühens mit den Narben um und holen als Notbehelf den Blütenstaub der eigenen Blüte. Auf Bergwiesen in S.- und M.-Deutschland, stellenweise häufig, auch hie und da als Arzneipflanze angebaut, bis 60 cm, ⚘, 6 u. 7.

548. Zinerarie, Cinerária.

Unterscheidet sich von dem nahe verwandten Kreuzkraut durch den Mangel einer Aussenhülle. Seltenere Pflanzen.

A. Schliessfrüchtchen *kurz steifhaarig:* **Feld-Z.,** C. campéstris Retz, Fig. 907, Blatt etwas spinn-

Fig. 907.
Cineraria campestris.

Fig. 908.
Cinerária palustris.

webig, Blüten hellgelb, auf Kalkbergen und Wiesen, selten, bis 60 cm, ⚘, 5 u. 6.

B. Schliessfrüchtchen *kahl,* wenn dann Blätter *lanzettlich:* **Sumpf-Z.,** C. palústris L., Fig. 908, an nassen, sumpfigen Stellen in N.-Deutschland, zerstreut, bis 60 cm, ☉—☉, 6 u. 7; — wenn dagegen untere Blätter *herz-eiförmig,* oft wellig kraus: **Krause Z.,** C. crispáta Koch, auf feuchten Waldwiesen, selten, bis 1¹⁄₃ m, ⚘, 5 u. 6.

549. Kreuzkraut, Senécio. Taf. 80, 6 u. 82, 3.

Kräuter oder Stauden, das Fluss-K. u. a. mit kriechendem Wurzelstock und Stocksprossen. Das gemeine K. zeigt ein je nach dem Standort sehr verschiedenartiges Laub. Das klebrige K. ist zum Schutz gegen Tierfrass stark klebrig drüsig. Die Blütenkörbchen sind gelb, oft klein, bei manchen Arten aber mit Strahl und zu Blütenständen vereinigt. Aber der Strahl ist bei einigen Arten nur bei Sonnenschein, also bei zu erwartendem Insektenbesuch ausgebreitet. Bei mangelndem Insektenbesuch krümmen sich die Griffeläste zu den Feghaaren zurück und erreichen Selbstbestäubung. Die Frucht hat eine Federkrone, die zur Verbreitung durch den Wind dient, bei dem gemeinen K. sondert die

Frucht Schleim ab, um sich im Keimbett festzuhalten.

A. Blatt *ungeteilt.*

I. Körbchen mit *13 undeutliche* Strahlblüten: **Sumpf-K.,** S. paludósus L., Fig. 909, Blatt sitzend, scharf gesägt, Frucht feinhaarig, in M.-Europa, bei uns stellenweise an sumpfigen Orten, bis 2 m, ⚘, 7 u. 8.

II. Körbchen *mit höchstens 8* Strahlblüten.

a) Frucht *flaumig behaart:* **dickblättriges K.,** S. Dória L., Stützblätter des Blütenstands fast mit

Fig. 909.
Senecio paludosus.

Fig. 910.
Senecio fluviatilis.

herzförmigem Grund, sehr selten in feuchten Gebirgswäldern, bis 2 m, ⚘, 7 u. 8.

b) Frucht *kahl,* wenn dann das Blatt *steif lederartig,* seine Sägezähne nach der Blattspitze *gekrümmt:* **Fluss-K.,** S. fluviátilis Wallr., Fig. 910, zerstreut in Wäldern, an Flussufern, ⚘,

Fig. 911.
Senecio viscosus

Fig. 912.
Senecio silvaticus.

7 u. 8; — wenn dagegen das Blatt *weich,* seine Sägezähne *gerade abstehend:* **Hain-K.,** S. nemorénsis L.. Blätter lanzettlich bis eirund,

Strahlblüten, abstehend, hie und da in Gebirgswäldern, bis 1½ m, ♃, 7 u. 8.

B. Blatt *geteilt oder gespalten.*

I. Strahlblüten *fehlen oder zurückgerollt.*

a) Pflanze *klebrig* behaart: **klebriges K.**, S. viscósus L., Fig. 911, in einem grossen Teil von Europa und N.-Asien, auch bei uns auf trocknen Waldblössen verbreitet, bis 50 cm, ⊙, 6—10.

b) Pflanze *nicht klebrig*, wenn dann meist *ohne Strahl,* Pflanze *schlaff aufrecht*: **gemeines K.**, S. vulgáris L., Taf. 80, 6, Blätter fast kahl oder spinnwebig-wollig, die Aussenschuppen der Körbchen an der Spitze schwarz, in ganz Europa ein lästiges Unkraut der Felder und Gärten, bis 30 cm, ⊙, 3—10; — wenn dagegen der *Strahl vorhanden,* die Pflanze *steif aufrecht*: **Wald-K.**, S. silváticus L., Fig. 912, dem vorigen ähnlich, doch grösser und stärker, schwach behaart, in M.- und S.-Europa, bei uns häufig in Wäldern mit sandigem Boden, bis 50 cm, ⊙, 7 u. 8.

II. Strahlblüten *gerade abstehend.*

a) *Meist nur 2 äussere* kurze Hüllblätter am Körbchen.

1. Fiederabschnitte *wieder fast fiederspaltig*: **Jakobs-K.**, S. jacobaéa L., Fig. 913, die

Fig. 913.
Senecio jacobaea.

Fig. 914.
Senecio aquaticus.

unteren Blätter am Grunde leierförmig, die oberen mit vielteiligen Aehrchen stengelumfassend, fast in ganz Europa, bei uns häufig, in Wäldern, an wüsten Plätzen und Wegen, bis 1 m, ⊙, 7 u. 8.

2. Fiederabschnitte *nur gezähnt,* wenn dann von der Blattmitte *schief ausgehend*: **Wasser-K.**, S. aquáticus Huds., Fig. 914, dem vorigen sehr ähnlich, in M.- und W.-Europa, häufig auf feuchten Wiesen, bis

60 cm, ⊙, 7 u. 8; — wenn dagegen die Fiederabschnitte von der Blattmitte *gerade abstehend*: S. erráticus Bertol., Fiederabschnitte mehr länglich-eiförmig, auf feuchten Wiesen in O.- und NO.-Deutschland, zerstreut, bis 30 cm, ⊙, 7 u. 8.

b) *Aussen am Körbchen mehrere* Hüllblätter, wenn diese dann *halb so lang* wie die inneren Hüllblätter: **raukenblättriges K.**, S. erucifolius L., Taf. 82, 3, Blüten blassgelb, Schliessfrüchtchen kurzhaarig, M.-Europa, in Deutschland in feuchten Gebüschen, an Waldrändern, in S.-Deutschland häufiger, bis 1½ m, ♃, 7—9; — wenn dagegen die äusseren Hüllblätter *nur ¼ so lang* sind wie die inneren: **Frühlings-K.**, S. vernális W. u. K., besonders unten wollig, Schliessfrüchtchen grau-flaumig, in N.-Deutschland im O. ein sehr lästiges Unkraut, das sich immer mehr nach W. ausbreitet, bis 30 cm, ⊙, 5 u. 6, 9—11.

7. Unterfam. Calenduleen.

550. **Ringelblume, Caléndula officinális** L. Taf. 82, 4.

Auch **Totenblume**. Kräuter mit ungeteilten Blättern. Ein unangenehmer Geruch schützt es vor Tierfrass. Untere Blätter verkehrt-eiförmig, weichhaarig. Die grossen schönen Blütenkörbchen stehen einzeln, bilden aber mit ihrem grossen orangegelben Strahl einen wirksamen Lockapparat. Bei feuchtem Wetter und nachts wölben sich die Hüllblätter und die Strahlblüten über die jüngeren inneren Blüten, um sie zu schützen. Die Früchte sind kahnförmig und geflügelt, was ihrer Verbreitung dient. Aus S.-Europa stammend, oft als Zierpflanze angepflanzt und dann verwildert, bis ⊙, 50 cm, 6—9.

Anm. Die **Feld-R.**, C. arvénsis L., hat hellgelbe Blüten, sehr selten, in Weinbergen, auf Schutthaufen, in W.-Deutschland, bis 20 cm, ⊙, 7—10.

8. Unterfam. Cynareen.

551. **Kugeldistel, Echinops sphaerocéphalus** L. Fig. 915.

Hohes distelartiges Kraut, dessen haarige, unten filzige Blätter den trocknen Standort anzeigen, wegen ihrer dornigen Zähne werden sie von Weidetieren gemieden. Die nur einblütigen Körbchen

Fig. 915.
Echinops sphaerocephalus.

stehen in einem kugeligen Kopf zusammen, die äusseren Hüllblätter sind borstig-flaumig und schützen so die Blüten. Die Blüten sind weiss, die Staubbeutel blau, was einen sichtbaren Farbenkontrast in dem Lockapparat ergibt. Die Staubfäden sind wie bei der Flockenblume reizbar (Bestäubung). Eine Federkrone ist vorhanden, ihre Haare sind aber fast bis zur Spitze verwachsen. Aus S.-Europa, früher als Zierpflanze gezogen, daher wohl bei uns verwildert. an alten Burgen u. s. w., bis 1½ m, ⚁, 7 u. 8.

552. Eberwurz, Carlína. Taf. 83, 1.

Niedere Kräuter, deren Blätter durch stark stachelige Zähnung gegen Tierfrass geschützt sind, bei der stachellosen E., bilden die Blätter eine Rosette, die dem Boden dicht aufliegt und unter sich Wasser zurückhält (trockner Standort). Auch an den Körbchen sind die äusseren Hüllblätter stachelig gespreizt, sowie spinnwebig, wodurch die Blüte vor Honigdieben geschützt wird. Die äusseren strahlenden Blüten des Körbchens werden beim Anlocken der Insekten auch von den gelben oder silberweissen inneren Hüllblättern unterstützt. Bei feuchtem Wetter neigen sich die letzteren über die Blüten und schützen sie sehr wirksam. Die Schliessfrüchtchen sind seidenhaarig und haben eine gefiederte Haarkrone.

Wenn der Stengel *sehr kurz* ist und nur *ein* Körbchen trägt: **stengellose E.**, C. acaúlis L., Taf. 83, 1, die Blätter tief fiederspaltig, gelblich-weiss-rötliche Blüten, M.-Europa, in S.- und M.-Deutschland. stellenweise, auf trocknen Kalkhügeln, ⚁, 7 u. 8; — wenn dagegen ein *verlängerter* Stengel mit *mehreren* Körbchen: **gemeine E.**, C. vulgáris L., Fig. 916, Europa, bei uns stellenweise, häufig, auf trocknen Hügeln, an unbebauten Plätzen, bis 50 cm ⨀ oder ⚁, 7 u. 8.

Fig. 916.
Carlina vulgaris.

553. Klette, Lappa. Taf. 82, 5.

Kräuter mit dornenlosen und grossen Blättern, da sie aber unten weissfilzig sind, so verraten sie dadurch den trocknen Standort. Die alle gleichartigen Blüten sind rot, die Körbchen haben zum Schutz Hüllblätter mit langer, oft hakenförmig gebogener Spitze. Die Früchtchen haben eine kurze Federkrone von steifen Haaren. Die Arten sind nur wenig voneinander verschieden.

A. Die inneren Hüllblätter mit *gerader* Spitze, Hülle *stark spinnwebig:* **filzige K.**, L. tomentósa Lam., häufig auf Schutt, an Hecken, bis 1 m, ⊙, 7 u. 8.

B. Alle Hüllblätter mit *hakiger* Spitze, Hülle *kahl* oder *spinnwebig: ebensträussig:* **grosse K.**, L. major Gärtn., Taf. 82, 5, überall an Wegen, in Gebüschen u. s. w.; — wenn dagegen die Körbchen in *Trauben:* **kleine K.**, L. minor DC., ebenda beide bis 1½ m, ⊙, 7 u. 8.

554. Benediktendistel, Cnicus benedictus L. Fig. 917.

Ein sparrig verästeltes Kraut mit ungeteilten, stachelspitzig gezähnten Blättern (Schutz gegen Tierfrass). Die Hüllblätter haben zum Schutz der Blüten gegen Honigdiebe starke Dornen, die bei den inneren gefiedert sind (Fig. 917 oben rechts), obendrein sind sie spinnewebig-wollig. Die Blüten sind gelb mit dunklen Streifen. Aus S.-Europa stammend, bei uns hie und da zu arzneilichen Zwecken angebaut, bis 30 cm, ⊙, 6 u. 7.

Fig. 917.
Cnicus benedictus.

555. Distel, Cárduus. Taf. 84, 1.

Kräuter mit hartem Stengel und stacheligen Blättern, weshalb sie von Weidetieren gemieden werden. Bei der nickenden D. bilden die Blätter im ersten Jahre eine dem Boden aufliegende Rosette zur Ueberwinterung (Schutz gegen die Schneelast). Die Blätter sind oft geteilt, sie sind schräg nach oben gerichtet und bei manchen Arten am Stengel herablaufend (Taf. 84, 1), so dass sie das Regenwasser nach den Wurzeln hinleiten, was bei dem oft dürren Standort sehr wichtig ist. Die Blütenkörbchen sind gross und die Blüten rot, so dass sie weithin sichtbar werden, sie sind durch stachelige Hüllblätter, die bei manchen Arten zurückgekrümmt sind, gegen ankriechende Honigdiebe geschützt.

Bei der nickenden D. schützt das Nicken des ganzen Körbchens die Blüten vor Regen u. s. w. Der Körbchenboden trägt zwischen den Blüten Borsten, die glatten Früchtchen haben einen aus langen einfachen Haaren bestehenden Federkelch. der als Fallschirm dient und von dem sich die Früchte loslösen, wenn sie irgendwo anstossen. Die Arten sind recht veränderlich und zeigen viele Mischformen. Von der Gattung Kratzdistel unterscheiden sich diese echten Disteln vor allem durch die einfachen Haare der Haarkrone (bei jener sind sie gefiedert).

A. Körbchen meist *einzeln* auf hohem *blattlosem* Stiel: **Berg-D.**, C. deflorátus L., Fig. 918, Blatt lanzettlich, auf felsigen Kalkhügeln, in lichten Wäldern, selten, bis 60 cm, ⚄, 7 u. 8.

  B. Stengel *verzweigt, bis oben beblättert.*

  I. Körbchen *eiförmig,* meistens zu *mehreren:* **krause D.**, C. crispus L., Körbchenstiele bis oben geflügelt, Blatt buchtig fiederspaltig, unten weissfilzig, Körbchen gross, selten weiss, durch M.- und N.-Europa, sowie N.-Asien, bei uns zerstreut an Flussufern, Wegrändern u. s. w., bis 1½ m, ⚄, 7 u. 8.

    Anm. C. personáta Jacq. der höheren Gebirge hat unten spinnewebigwollige Blätter, obere ungeteilt.

  II. Körbchen *rundlichkugelig,* meistens *einzeln,* wenn dann Köpfchen *nickend,* sein Stiel *oben ungeflügelt:* **nickende D.**, C. nutans L., Taf. **84**, 1, Blatt tief fiederspaltig, Körbchenstiel filzig, fast in ganz Europa, ausgenommen den hohen Norden, bei uns an Wegen und wüsten Plätzen, häufig — wenn dagegen Körbchen *aufrecht* und sein Stiel *bis obenhin geflügelt:* **Stachel-D.**, C. acanthóïdes L, Fig. 919, fast in ganz Europa, bei uns hie und da an Hecken und Wegen, beide bis 1 m, ⚄, 7 u. 8.

Fig. 918. Carduus defloratus.

Fig. 919.
Carduus acanthoides.

556. Kratzdistel, Círsium. Taf. **83**, 2 u. 84, **3.**

Diese Gattung ist der vorigen sehr ähnlich, sie unterscheidet sich von ihr durch die **gefiederten** Haare der Federkrone.

  A. Körbchen *zu mehreren* an den Aesten.

  I. Blüten *gelblich:* **kohlartige D.**, C. oleráceum Scop., Taf. **84**, 2, Blatt kahl, ungleich dornig, stengelumfassend, aber nicht herablaufend, die oberen ungeteilt, die Körbchen von grossen gelblichen Deckblättern umgeben, in ganz Europa,

bei uns häufig, auf feuchten Wiesen, in Gräben, bis 1½ m, ⚄, 7 u. 8.

  II. Blüten *rot,* wenn dann die Körbchen *sitzend* (Fig. 920), Blätter *ganz herablaufend:* **Sumpf-K.**, C. palústre Scop., Fig. 920, untere Blätter schmal, fiederteilig mit krausen Lappen, spärlich behaart, Blüten purpurn, fast in ganz Europa, auch in Deutschland häufig an Ufern, auf feuchten Wiesen, bis 2 m hoch, ⚄, 7 u. 8; — wenn dagegen die Körbchen *gestielt,* Blätter *nur teil-*

Fig. 920.
Cirsium palustre.

Fig. 921.
Cirsium eriophorum.

weise herablaufend: **Acker-K.**, C. arvénse Scop., Taf. **83**, 2, mit kriechendem Wurzelstock, Blatt buchtig, Blüten blassrot, von Europa aus nach den meisten Kulturländern verschleppt, bei uns auf wüsten Plätzen und als Getreideunkraut überall, bis 1¼ m, ⚄, 7 u. 8.

  B. Körbchen *einzeln oder zu 2.*

  I. Blatt oberseits *mit kurzen dornartigen Haaren,* wenn dann die Blätter *am Stengel herablaufen:* **lanzettblättrige K.**, C. lanceolátum Scop., Taf. **84**, 3, Blatt fiederspaltig mit kurzen, zweispaltigen dornigen Lappen, unten dünn spinnewebig behaart (die Form C. nemorále Rchb. dagegen weisswollig), fast in ganz Europa, in Deutschland häufig an unbebauten Orten und Wegen, auf Feldern, in Wäldern, bis 1⅓ m, ⚄, 6—9; — wenn dagegen die Blätter *nicht am Stengel herablaufen:* **wollköpfige K.**, C. eríophorum Scop., Fig. 921, Blatt unten weissfilzig, mit schmalen, in einem scharfen Dorn endigenden Lappen, Hülle der Körbchen spinnewebig-wollig, M.- und S.-Europa, in Deutschland zerstreut, besonders im südlichen und mittleren Teil, an Ackerrändern, auf wüsten Plätzen, an Bächen, bis 1½ m, ⚄, 7—9.

  II. Blatt oben *nicht mit* dornigen Haaren.

    1. *Untere* Blätter *etwas herablaufend:* **graue K.**,

C. canum Mnch., Blätter buchtig, gezahnt, zerstreut in Schlesien und Sachsen auf feuchten Wiesen, an Ufern, bis 1 m, ⚇, 7 u. 8.

2. Blätter *alle nicht herablaufend.*

a) Stengel *fehlt oder sehr kurz* (Fig. 922): **stengellose K.**, C. acaule All., Fig. 922, im gemässigten Europa, in Deutschland stellenweise häufig, auf trocknen Wiesen, an Waldrändern, ⚇, 7—9.

Fig. 922.
Cirsium acaule.

b) Stengel *deutlich gestreckt.*

* Blatt unten *weisswollig:* **verschiedenblättrige K.**, C. heterophyllum All., Fig. 923, Blatt lanzettlich, ungeteilt, in höheren Gebirgen, bis 1 m, ⚇, 6 u. 7.

** Blatt unten *spinnewebig-wollig:* **knollentragende K.**, C. bulbósum DC., Fig. 924, Wurzelstock mit knollig-verdickten Wurzeln, Blatt tief fiederspaltig (bei C. ánglicum Lobel höchstens buchtig ausge-

Fig 923.
Cirsium heterophyllum.

Fig. 924.
Cirsium bulbosum.

schweift, sehr selten, Krefeld, Ostfriesland, Oldenburg), W.- und S.-Europa, in Deutschland selten, vereinzelt auf feuchten Wiesen, in offenen Wäldern bis 60 cm, ⚇, 8. u. 9; — wenn dagegen Blatt unten nicht *spinnewebigwollig:* **Bach-K.**, C. riviláre Link, Blatt eirund-fiederspaltig, zerstreut, weichhaarig, die unteren mit geflügeltem Stiel, sehr zerstreut, auf feuchten Wiesen, an Bachufern, zwischen Weidengebüsch, bis 1 m, ⚇, 6 u. 7.

557. Eselsdistel, Onopórdon acánthium L. Taf. **83**, 3.

Auch K r e b s d i s t e l. Grosse Stauden, die durch sehr stachelige, sowie spinnewebig-wollige Blätter und stachelige Stengelleisten bestens gegen Tierfrass geschützt sind. Diese Leisten dienen auch der Ableitung des Regenwassers zu den Wurzeln hin. Die Blätter sind buchtig-gezähnt bis fiederteilig, wollig, die grossen kugeligen Körbchen mit ihren purpurroten Blüten sind weithin sichtbar und durch die dornigen abstehenden Hüllblätter bestens geschützt. Der Körbchenboden ist feist-wabig. Die Staubfäden zeigen dieselbe Reizbarkeit wie bei der Flockenblume. Die Schliessfrüchte sind zusammengedrückt, vierkantig. In M.- und S.-Europa, bei uns fast überall, an Wegen und unbebauten Orten, bis 1½ m, ⊙, 7 u. 8.

558. Flockenblume, Centauréa. Taf. **83** u. **85.**

Kräuter mit ganzrandigen oder fiederteiligen Blättern, die je nach Standort kleiner und behaart oder grösser und kahl sind. Die Körbchen sind kugelig oder eiförmig, ihre Hüllblätter haben einen oft schwärzlichen Anhang, der bei manchen Arten gefranst, gezähnt oder dornig ist, bei trocknem Wetter abstehend: Schutz gegen Honigdiebe. Der Körbchenboden hat Spreublätter zwischen den Blüten. Diese sind alle röhrig, allein die äusseren sind doch oft grösser und etwas anders gestaltet, schief nach aussen gerichtet und einen weithin sichtbaren Lockapparat bildend. Darin ist auch gewöhnlich eine Arbeitsteilung eingetreten: diese äusseren Blüten sind geschlechtslos und dienen nur noch zum Anlocken der Insekten. Die Bestäubung folgt hier nach dem zweiten, oben bereits gekennzeichneten Typus: die Staubfäden sind reizbar und ziehen sich also bei Berührung durch den Insektenrüssel zusammen, wodurch der Blütenstaub aus der Staubbeutelröhre herausgepresst wird. Am Schluss des Blühens rollen sich die Griffeläste mit den Narben spiralig um, zu den Feghaaren hin und holen von ihnen den Blütenstaub zur Selbstbestäubung. Bei feuchtem Wetter schliessen sich die Hüllblätter zusammen, auch bilden die verwelkenden Blüten oben eine Art Pfropfen, so dass die reifenden Früchte geschützt sind. Diese haben bei einigen Arten eine als Fallschirm dienende Federkrone.

A. Hüllblätter am Ende *mit Dornen,* wenn dann die Hüllblätter *kahl:* **distelartige Fl.**, C. calcítrapa L., Fig. 925, Blätter fiederteilig, Körbchen in den oberen Blattachseln sitzend, in M.- und S.-Europa, bei uns wohl eingeschleppt, selten, besonders in der Meeresnähe, bis 50 cm, ⊙, 7 u. 8; — wenn dagegen die Hüllblätter *wollig:* **Sonnenwende-Fl.**, C. solstitiális L., Fig. 926, obere Blätter lineal, herablaufend, Körbchen einzeln, in S.-Europa und W.-

Asien, durch Kultur weitverbreitet, selten und unbeständig, bis 60 cm, ☉, 7 u. 8.

B. Hüllblätter am Ende *trockenhäutig*.

I. Endteil der Hüllblätter *deutlich abgesetzt* und den krautigen Teil der nächstoberen Hüllblätter *ganz bedeckend*.

   a) Endteil der Hüllblätter *höchstens unregelmässig zerschlitzt, hellbraun, ohne* Haarkrone: **gemeine**

Fig. 925.
Centaurea calcitrapa.

Fig. 923.
Centaurea solstitialis.

Fl., C. jácea L., Fig. 927, Blätter lanzettlich, ungeteilt, Blüten rot, bei uns sehr häufig, auf Wiesen und Weiden, an Wegrändern, bis 1 m, ♃, 6—10; sehr veränderlich.

   b) Endteil der Hüllblätter *kammartig gefranst, dunkelbraun bis schwarz, mit* Haarkrone, wenn dann die Endlappen *aufrecht*, Körbchen *kugelig*: **schwarze Fl.,** C.

Fig. 927.
Centaurea jacea.

nigra L., Taf. **85**, 1, Blüte purpurrot, meist nicht mit geschlechtslosen grösseren Randblüten, in Gebirgen, besonders in S.- und W.- Deutschland, bis 60 cm; — wenn dagegen die Endlappen *zurückgebogen*, Körbchen *eiförmig*: **Fransen-Fl.,** C. phrýgia L.,Blüte hellpurpurn, mit geschlechtslosen grösseren Randblüten; ebenda, auf

Wiesen, in Gebüschen, bis 1 m, beide ♃, 7 u. 8.

II. Endteil der Hüllblätter *nicht deutlich abgesetzt*, den krautigen Teil der nächstoberen Hüllblätter *nicht bedeckend*, am Rand gewimpert.

   a) Blätter *zumeist ungeteilt*(wenigstens die oberen), *Rand*blüten *blau*, wenn dann alle Blätter *ungeteilt herablaufend:* **Berg-Fl.,** C. montána L., Fig. 928, die Pflanze ist spinnewebig, mit einem Körbchen, besonders in S.-Deutschland in Gebirgswäldern, bis 50 cm, ♃, 6 u. 7; — wenn dagegen die Blätter *nicht herablaufend*, die unteren *fiederspaltig:* **Kornblume,** C. cyanus L., Taf. **85**, 2, verzweigt, grau behaart, in ganz Europa in Getreidefeldern häufig, auch in verschiedenen gefärbten Abarten gezogen, bis 60 cm, ☉ oder ☉, 6 u. 7.

Fig. 928.
Centaurea montana.

   b) Blätter *zumeist geteilt*, alle Blüten *rot*, wenn dann die Blätter *breitlappig, einzelne kugelige* Körbchen: **Skabiosen-Fl.,** C. scabiósa L., Taf. **83**, 4, Fruchtkranz so lang wie die Frucht, M.-Europa, bei uns zerstreut, auf trocknen Hügeln, auf Wiesen, bis 1¹/₄ m, ♃, 7 u. 8; — wenn dagegen die Blätter *lineal-zipfelig*, die *eiförmigen* Körbchen in *Rispen:* **gefleckte Fl.,** C. maculósa Lam., Fruchtkranz halb so lang wie die Frucht, in M.- und O.-Deutschland, auf sonnigen, felsigen Hügeln, an Feldrändern, bis 1 m, ☉, 7 u. 8.

559. Färber-Scharte, Serrátula tinctória. Taf. **84**, 4.

Kraut, dessen obere Blätter ungeteilt und scharf gesägt sind, während die unteren mehr oder weniger fiederteilig bis leierförmig sind. Die Körbchen mit purpurroten, selten weissen Blüten stehen in Schirmtrauben. Die Hüllblättchen sind an der Spitze rot. Die Blätter dienten früher zum Gelbfärben. Fast in ganz Europa, bei uns in Gebirgen, in Wäldern, auf Wiesen, bis 1 m, ♃, 7 u. 8.

560. Färbesaflor, Carthámus tinctórius L. Fig. 929.

Kahles Kraut mit ungeteilten, aber dornig gezähnten Blättern, die Blütenkörbchen sind von Deck-

Fig. 929.
Carthamus tinctorius.

blättern umgeben, die Blüten sind orangegelb, später rot. Die mittleren Hüllblätter haben einen eiförmigen, dornigen Anhang (Fig. 929, unten links). Die Pflanze soll aus Aegypten stammen, bei uns als Gartenzierpflanze, in Thüringen als Färbepflanze angebaut, bis 60 cm, ⊙, 7 u. 8.

B. Zungenblütige (Ligulifloren): *alle* Blüten *zungenförmig.*

9. Unterfam. Zichorieen.

561. **Zichorie, Wegwarte, Cichórium Intybus** L. Taf. 77, 4.

Ausdauerndes Kraut mit tiefgehender Pfahlwurzel, sparrig-ästigem Wuchs (sog. Rutengewächs) und kleinen Blättern, was alles auf trocknen Standort deutet. Die grundständigen Blätter bilden eine Rosette und sind wie die stengelständigen je nach Standort mehr oder weniger tief eingeschnitten, schrotsägeförmig, die oberen mehr ungeteilt. Die Blütenkörbchen stehen zu je 2—3 in gedrängten, sitzenden Büscheln. Die Blüten sind gross, himmelblau, die äussern grösser und strahlend; nur bei hellem Wetter sind die Körbchen offen, sonst schliessen sie sich durch Ueberneigen der Aussenblüten. Die geröstete Wurzel dient als Kaffee-Ersatz, daher wird die Pflanze angebaut, sonst bei uns auf trocknen Wiesen und an Wegen überall häufig, bis 1 m, 2|, 7 u. 8. Anm. Nahe verwandt ist die Endivie, C. endivia L., deren obere Stengelblätter breit-eiförmig nur mit herzförmigem Grunde umfassend sind. Sie wird als Salatpflanze gezogen.

562. **Rainkohl, Lampsána commúnis** L. Fig. 930. Auch Milche. Ein zartes, ästiges Kraut, nach oben kahl, mit dünnhäutigen, eckig-gezähnten Blättern, die unteren leierförmig mit grossem Endzipfel, die oberen kleiner, schmal und ganzrandig. Die Blütenkörbchen sind klein und wenigblütig, die Blüten gelb, sie stehen aber zu einem Lockapparat zahlreich in lockeren Rispen oder Schirmtrauben zusammen. Die äusseren Blüten biegen sich schon früh am Tage und bei feuchtem Wetter über die inneren Blüten hin. Wenn die Insekten ausbleiben, krümmen sich die Griffeläste mit den Narben zu den Feghaaren hin und nehmen den eigenen Blütenstaub auf. Ein

Fig. 930. Lampsana communis.

Hoffmann-Dennert, Botan. Bilder-Atlas. 3. Aufl.

bei uns sehr häufiges, weitverbreitetes Unkraut auf bebautem wie wüstem Lande, in Gebüschen, an Mauern und Zäunen, bis 1 m, ⊙, 7—9.

563. **Pipau, Crepis.**

Auch Grundfeste. Meist 1—2jährige, höchstens wenig behaarte Kräuter, deren Standort derber als auf feuchtem. Die Körbchen sind klein, gelblich oder rötlich, sie bilden eine lockere Traube; bei manchen Arten sind sie aussen am Hüllkelch mit klebrigen Haaren besetzt zum Schutz gegen ankriechende Honigdiebe. Die Körbchen öffnen und schliessen sich periodisch (am Tag bezw. nachts) durch Zusammenlegen der äusseren Blüten, dabei kommt es auch vor, dass die dann reifen Narben der äusseren Blüten zur Bestäubung an die nun erst reifen Staubbeutel der inneren Blüten gedrückt werden. Die Frucht hat einen Haarkranz, mit dem sie weithin fliegen kann und auch am Fell vorüberstreifender Tiere haften bleibt (Verbreitung).

Eine sehr artenreiche Gattung, welche dem Habichtskraut sehr nahe verwandt ist, von ihm aber schon durch die ganze Tracht geschieden ist, vor allem aber durch die Beschaffenheit der Früchte: beim Pipau sind die Federhaare reinweiss und biegsam (ausgenommen Cr. paludosa), ausserdem stehen am Grunde des Hüllkelchs noch kleinere Blättchen; dagegen sind die Haare der Federkrone beim Habichtskraut schmutzig-weiss und spröde, der Hüllkelch hat bei ihm am Grunde keine besonderen kleinen Blättchen.

A. *Nur grundständige* Blätter.
I. Wurzelstock wie abgebissen: **abgebissener P.,** C. praemórsa Tausch., flaumhaarig, Wurzelstock wie abgebissen, Blätter ganzrandig bis geschweift-gezähnt, Blüte gelb, besonders in S.- und M.-Deutschland, auf trocknen Wiesen, in offnen Wäldern, namentlich auf Kalk, bis 50 cm, 2|, 5 u. 6.
II. Wurzelstock nicht abgebissen: **goldgelber P.,** C. aurea Cass., Fig. 931, hat kahle Blätter und orangerote Blüten, Gebirgswiesen der Alpen und des Jura, bis 20 cm, 2|, 7 u. 8; — wenn
B. *Auch mit stengelständigen* Blättern.
I. Haarkrone mehr *schmutzigweiss, spröde:* **Sumpf-P.,** C. paludósa Moench., Fig. 932, fast kahl, Blätter unten bläulich, die stengelständigen am Grunde herzförmig den Stengel umfassend, Körbchen gross, Hülle mit Drüsenhaaren, in M.- und S.-Europa, bei uns zerstreut, auf feuchten schattigen Standorten, bis 60 cm, 2|, 7 u. 8.
II. Haarkrone *rein weiss* und *biegsam.*
a) Blatt *lanzettlich am Grunde nicht pfeil- oder herzförmig:* **abbiessblättriger P.,** C. succisifólia Tausch., Fig. 933, wenig verzweigt, Blatt

33

höchstens kleinzähnig, Blüten goldgelb, Frucht mit etwa 20 Rippen, besonders in Gebirgsgegenden, auf Waldwiesen, selten, bis 60 cm, ♃, 7 u. 8.

b) Obere Blätter *am Grunde pfeil- oder herzförmig.*

1. Früchte (wenigstens die inneren) *oben mit langem Schnabel.*

aa. Hüllblätter *mit steifen Borsten:* **borstiger P.**, C. setósa Hall., selten (ein-

Fig. 931. Crepis aurea.   Fig. 932. Crepis paludosa.

geschleppt?), auf trocknen Wiesen und Hügeln, bis 50 cm, ⊙—☉, 6—9.

bb. Hüllblätter nur *mit dünnen Haaren:* **stinkender P.**, C. foétida L., Fig. 934, rauhharig, ästig, Blätter fiederspaltig,

Fig. 933. Crepis succisifolia.   Fig. 934. Crepis foetida.

die oberen weniger, wenige Blütenkörbchen, gelb, die Randblüten unten rot, Hüllblätter mit einfachen und drüsentragenden Haaren, M.- und S.-Europa, in Deutschland, zerstreut, auf trocknen

Wiesen, Hügeln und wüsten Plätzen, besonders auf Kalk, bis 30 cm, ⊙, 6—8. Anm. C. taraxacifólia Thuill., Fig. 935, hat eine schwachbehaarte Körbchenhülle, Fruchtschnabel aller Früchte *lang* (bei dem vorigen diejenigen der

Fig. 935.   Fig. 936.
Crepis taraxacifolia.   Crepis tectorum.

äusseren Früchte *sehr kurz*), in Süddeutschland, Rheinprovinz, Westfalen, selten, bis 60 cm, ☉, 5 u. 6.

2. Früchte alle *ohne langen Schnabel.*

aa. Hülle *ganz kahl:* **schöner P.**, C. pulchra L., Stengel hohl, Körbchen klein, gleichhoch in einer Schirmtraube stehend, selten. im Rheingebiet, auf Hügeln, in Weinbergen, bis 60 cm, ⊙, 6 u. 7.

bb. Hülle *behaart.*

Fig. 937. Crepis virens.   Fig. 938. Crepis biennis.

* Schliessfrüchtchen mit *20 Rippen.* Hierhin C. blattarióïdes Vill. und C. grandiflóra Tausch., beide auf hohen Gebirgswiesen, letztere drüsig-haarig, klebrig, jene nicht, ♃, 7 u. 8.

** Schliessfrüchtchen mit *10—13 Rippen.*
O Mittlere Blätter am Rande *umgerollt:* **Dach-P.**, C. tectórum L.,
Fig. 936, Pflanze nur wenig behaart, die äusseren Hüllblätter etwas
abstehend, häufig, auf sandigen
Aeckern und Mauern, bis 60 cm,
⊙, 5—9.
OO Blätter *nicht ungerollt.*
! Hüllblätter innen *behaart:* **grüner**
P., C. virens Vill., Fig. 937, kahl
oder fast kahl, verzweigt, kleine
gelbe Körbchen in lockerer Traube, in ganz Europa, in Deutschland auf Wiesen, an Wegen, auf
wüsten Plätzen, häufig, bis 30 cm,
⊙ oder ⊖, 7—10.
!! Hüllblätter innen *kahl,* wenn dann
die äusseren Hüllblätter *abstehend:*
nizzaischer P., C. nicaeénsis
Balb., in S.-Europa auf bebautem Land, als Ackerunkraut verschleppt, selten, ⊖, 5 u. 6; —
wenn dagegen die äusseren Hüllblätter *anliegend:* **zweijähriger**
P., C. biénnis L., Fig. 938, starkes, verzweigtes Kraut, Blätter
mehr oder weniger rauhhaarig,
fast in ganz Europa, bei uns
häufig auf Wiesen, an Gräben
bis 1¹|₄ m, ⊙, 6—10.

Anm. Zwei Arten der höheren Gebirge und
der Alpen haben nicht haarfeine Strahlen der Federkrone, sondern pfriemliche, unten dickere, nämlich:
C. hyoseridifólia Tausch. und C. montána Tausch.,
bei jener sind die Blätter fast kahl, bei dieser ist
die ganze Pflanze weich-weisshaarig, jene in Bayern,
bis 10 cm, diese im Jura, bis 50 cm, beide ⅔,
7 u. 8.

564. Habichtskraut, Hieráeium. Taf. **77**, 5.
Dem vorigen sehr ähnlich, aber alle mit ausdauerndem Wurzelstock und mit gelblichweisser sprö-
der Haarkrone. — Manche Arten haben ein zottig
behaartes Laub (auch gegen Tierfrass), was auf
trocknen Standort deutet. Beim g e m e i n e n H.
sind die Blätter der Rosette unten weissfilzig, bei
Trockenheit und starker Sonne schlagen sie sich
schirmartig nach oben um, was offenbar ein Schutzmittel gegen zu starke Verdunstung ist. Die rot-
violette Blattunterseite mancher Arten soll mit der
Umsetzung von Licht- in Wärmestrahlen zusammenhängen. Das g e m e i n e H. hat viele Ausläufer zur
Verbreitung und vegetativen Vermehrung. Die Blütenkörbchen sind ziemlich gross und gelb, die Rand-

blüten oft strahlend, bei Nacht und Regen schlagen
sie sich nach oben über die inneren jüngeren Blüten
zusammen. Dabei werden auch die nun reifen Narben der äusseren an die reifen Staubbeutel der
inneren Blüten gedrückt und bestäubt. Beim Schluss
des Blühens aber wenden sich zur etwaigen Selbstbestäubung die Griffeläste durch schraubige Drehung
und Verschränkung zu den eignen unter ihnen liegenden Feghaaren hin. Die Frucht wird mit dem
Haarkelch durch Wind oder vorüberstreifende Tiere
verbreitet. Die Arten ändern z. T. vielfach ab, dazu
bilden viele Bastarde. Dadurch wird diese Gattung
zu einer der formenreichsten und schwierigsten des
ganzen Pflanzenreichs. Hier können wir natürlich
nur einige der wichtigsten Arten behandeln.
A. Zur Blütezeit *am Grunde eine Blattrosette,*
sonst fast blattlos.
I. Haarkrone mit nur *einer* Reihe von fast *gleich*
langen Haaren.
a) *Graureiss behaart,* daher grauweiss, nur *ein*
Köpfchen: **gemeines H.**, H. pilosélla L., Fig.
939, Blätter klein, langrund, ganzrandig, Blüte
zitronengelb, Randblüten aussen oft rötlich,

Fig. 939.   Fig. 940.
Hieracium pilosella.   Hieracium auricula.

Europa, bei uns sehr häufig auf trocknen
Hügeln, an Wegen, bis 30 cm, 5—10, ändert vielfach ab, z. B. H. stoloniflorum W. K.
mit 2 Körbchen oder gabelig geteiltem Schaft.
b) Pflanzen *grün* oder *graugrün, 2 bis viele Körb-*
chen.
1. Blätter *graugrün.*
aa. Schaft an der Spitze *mit 3—5 Körb-*
chen: **Mausöhrchen-H.**, H. auricula L.,
Fig. 940, mit Rand gewimpert, Blätter fast
kahl, am Rand gewimpert, Blüte zitronengelb, häufig, auf Wiesen; an lichten
Waldstellen, bis 30 cm, 5—10.
bb. Schaft an der Spitze mit *mit mehr als*

5 Körbchen: **Hoher H.**, H. praeáltum Vill., Blätter lanzettlich, spitz, Körbchen sehr klein, Blüte reingelb, zerstreut, auf Wiesen und sonnigen Hügeln, bis 1 m, 5—7; variiert sehr.

Anm. H. floribúndum Wimm. hat zungenförmige Blätter, stumpf oder an der Spitze gefaltet, viel grössere Blüten, goldgelb, Wiesen und Grasplätze, selten, N.-Deutschland, 5—7.

2. Blätter *grasgrün*.

aa. Blüten *dunkelorangerot*: **rotes H.**, H. aurantíacum L., Fig. 941, mit Aus-

dieses unten meist einblätterig und mit schwärzlicher Hülle.

2. Stengel oben *behaart*.

aa. Haare der Blätter *mit* Drüsen.

  * Stengel *lang, weiss-zottig:* **Alpen-H.**, H. alpínum L., Fig. 942, Blätter meist grundständig, ohne Ausläufer, Gebirge über 1000 m, bis 15 cm, 7 u. 8.

  ** Stengel *schwächer behaart*: Hierhin aus dem Riesengebirge H. sudéticum Sternb. und H. bohémicum Fr., Blätter bei jenem mit *eiförmigem* Grunde sitzend, bis 30 cm, bei diesem *ab-*

Fig. 941.
Hieracium aurantiacum.

Fig. 942.
Hieracium alpinum.

Fig. 943.
Hieracium villosum.

Fig. 944.
Hieracium murorum.

läufern borstig - rauhhaarig, oben mit schwarzen Drüsenhaaren, Gebirgswiesen der höheren Gebirge, auch Zierpflanze und verwildert, bis 50 cm, 6—8.

bb. Blüten *gelb*, wenn dann Blätter *auf beiden Seiten* mit flaumigen Sternhaaren: **Nestlers-H.**, H. Nestléri Vill., ohne Ausläufer, rauhhaarig, ohne Drüsenhaare, Blüten gelb, zerstreut, auf Waldwiesen und Hügeln, im NW. fehlend, bis 1 m, 6 u. 7, variiert sehr; — wenn dagegen Blätter *nur unten* spärlich mit flaumigen Sternhaaren: **Wiesen-H.**, H. praténse Tausch., mit Ausläufern, weichhaarig, Blüten goldgelb, zerstreut, auf Wiesen und Torfmooren, an Waldrändern, bis 1 m, 5 − 7.

II. Haarkrone *aussen mit einer zweiten* Reihe *kurzer* Borsten oder Schuppen.

a) Blumenkrone *gewimpert* [Arten aus höheren Gebirgen].

  1. Stengel oben *kahl*: Hierhin C. bupleuróídes Gmel. (süddeutsche höhere Gebirge) und C. Wimméri Uechtr. (Riesengebirge), jenes unten blattreich und mit hellhaariger Hülle,

gerundet-halbstengelumfassend, bis 60 cm, 7.

bb. Haare der Blätter *ohne* Drüsen.

  * Blätter *blaugrün*, wenn dann Blütenstiele und Hüllen durch Sternhaare filzig: **Schmidts-H.**, H. Schmidtii Tausch., in höheren Gebirgen M.- und N.-Deutschlands, bis 30 cm, 6 u. 7; — wenn dagegen Blütenstiele und Körbchenhülle nur mit langen Wollhaaren: **zottiges H.**, H. villósum L., Fig. 943, Jura, bis 20 cm, 6 u. 7.

  Anm. H. vogesíacum Moug. der Vogesen hat an Blütenstielen und Hülle schwarze Drüsenhaare.

  ** Blätter *grün*, höchstens blass: Hierhin im Riesengebirge H. nigrescens W. und H. pallidifólium Kf., bei jenem Hülle zottig, bei diesem schwach behaart.

b) Blumenkronen *nicht gewimpert*.

  1. Hülle mit *einfachen* grauen Haaren: **eingeschnittenes H.**, H. incisum Koch, Blätter

blaugrün, höhere deutsche Gebirge, bis 30 cm, 6—8. Anm. H. atrátum Fr. im Riesengebirge hat schwarze Haare an der Hülle, 7 u. 8.

2. Hülle mit grauen *Sternhaaren*, wenn dann Blütenstiele *drüsenlos:* **bläuliches H.**, H. caésium Fr., Blätter bläulichgrün, Kalkfelsen der Gebirge, bis 60 cm, 6 u. 7; — — wenn dagegen Blütenstiele *drüsenhaarig:* **Mauer-H.**, H. murórum L., Fig. 944, Stengel unten meist mit 1—2 Blättern, Blätter gross, eirund, ganzrandig oder kurz gezähnt, eine Rosette bildend, ansehnliche gelbe Körbchen zu 3—4 zusammen, bei uns in Gebüschen und Wäldern, an Mauern und Felsen, häufig, bis 60 cm, 6 u. 7.

B. Stengel zur Blütezeit *bis oben beblättert.*

I. Zur Blütezeit am Grunde *mit bleibender Rosette.*

a) Hülle *mit* Sternhaaren: **Wald-H.**, H. silváticum Sm., mit schwarzen Drüsenhaaren an

Fig. 945.
Hieracium prenanthoides.

Fig. 946.
Hieracium sabaudum.

Blütenstiel und Hülle, hie und da in Wäldern und Gebüschen, bis 1 m, 6 u. 7.

b) Hülle *ohne* Sternhaare, wenn dann Stengel und Hülle mit *Drüsen*haaren: **Jacquins-H.**, H. Jacquini Vill., an Felsen in S.-Deutschland, bis 25 cm, 6 u. 7; — wenn dagegen Stengel und Hülle mit *einfachen* Haaren: **ästiges H.**, H. ramósum W. K., Blatt grasgrün, in M.- und N.-Deutschland in Bergwäldern, zerstreut, bis 1 m, 6.

Anm. H. saxífragum Fr. im Hunsrück, bei Neuwied und Andernach an Felsen hat gelbliche Borstenhaare auf den Blättern, bis 60 cm, 6 u. 7.

II. Zur Blütezeit am Grunde *ohne Rosette* (verwelkt).

a) Blütenstiel und Hülle *mit* Drüsenhaaren: H.

prenanthóides Vill., Fig. 945, Blatt herzförmig, stengelumfassend, gezähnelt, Blüten dunkelgelb, Gebirgswiesen in Vogesen und Riesengebirge, bis 60 cm, 7 u. 8.

b) Blütenstiel und Hülle *ohne* Drüsenhaare.

1. Obere Blätter *sitzend* und *mehr oder weniger stengelumfassend:* **Savoyer-H.**, H. sabaúdum L., Fig. 946, rauhhaarig oder fast kahl, Hülle graugrün, selten, in Gebüschen und Wäldern, bis 1¼ m, 7 u. 8.

Anm. H. crocátum Fr. im Riesengebirge mit schwärzlicher Hülle, nur bis 50 cm, 7 u. 8.

2. Obere Blätter *gestielt* oder wenn sitzend *nicht stengelumfassend.*

aa. Hüllblätter *am Rande weiss:* **starres H.**, H. rigidum Hartm., hie und da in Wäldern und Gebüschen, bis 1¹/₅ m, 6 u. 7.

bb. Hüllblätter *ganz grün*, wenn dann *anliegend:* **Nordisches H.**, H. boreale Fr., in Gebüschen, an Waldrändern, häufig, bis 1½ m, 8—10; — wenn dagegen Hüllblätter locker, *zurückgebogen:* **doldenblütiges H.**, H. umbellátum L., Taf. **77**, 5, Blätter schmal, kurz gezähnt oder ganzrandig, fast in ganz Europa, bei uns häufig auf Wiesen und steinigen Hügeln, in lichten Wäldern, bis 1¹/₃ m, 7 u. 8.

565. **Ferkelkraut, Hypochoéris.** Taf. 86, 1.

Kräuter von der Tracht des Löwenzahns, aber der Körbchenboden mit abfallenden Spreublättern.

A. Stengel *mit mehreren Aesten*, aber *nur mit Wurzelblättern*, wenn dann die Blüten *so lang wie*

Fig. 947.
Hypochoeris glabra.

Fig. 948.
Hypochoeris maculata.

die Hüllblätter: **kahles F.**, H. glabra L., Fig. 947, Blätter buchtig gezähnt, höchstens am Rand gewimpert, zwei Blütenstiele mit je 1 kleinem Körbchen, gelb, M.- und S.-Europa, in Deutschland nicht selten auf Sandfeldern und trocknen grasigen Abhängen, bis 30 cm, ⊙, 7 u. 8; wenn dagegen die Blüten *länger* als die Hüllblätter: **gemeines F.**, H. radiáta L., Taf. 86, 1, Stengel kahl, Blätter buchtig gezähnt, rauhhaarig, 2—3 Blütenstiele mit je 1 grösserem Körbchen, gelb, ganz Europa, ausser im hohen Norden, in Deutschland auf Wiesen und wüsten Plätzen, häufig, bis 60 cm, ⚄, 7 u. 8.

B. Stengel *einfach* mit *1 bis mehr Blättern ausser der Rosette*, wenn dann die Hüllblätter am Rand *verfranst:* **einblütiges F.**, H. uniflóra Vill., im Riesengebirge, ⚄, 7 u. 8; — wenn dagegen die Hüllblätter *ganzrandig:* **geflecktes F.**, H. maculáta L., Fig. 948, Blätter meist ganzrandig, behaart, dunkelfleckig, Körbchen gross, goldgelb, besonders in Gebirgsgegenden auf Wiesen und Grassplätzen, bis 60 cm, ⚄, 7 u. 8.

566. Löwenzahn, Leóntodon.

Kräuter mit ausdauerndem Wurzelstock und Rosettenblättern, der Blütenstengel ist gewöhnlich blattlos. Die jungen Blütenkörbchen sind zum Schutz nickend; der Körbchenboden ohne Spreublätter. Die äusseren, strahlenden Blüten neigen sich abends über die inneren, um sie zu schützen, wobei ähnlich wie beim Habichtskraut Bestäubung bewirkt werden kann, auch kann am Ende des Blühens durch Drehungen der Griffeläste Selbstbestäubung

Fig 949.
Leontodon hastilis.

Fig. 950.
Leontodon autumnalis.

eintreten. Der Frucht dient eine gefiederte Federkrone als Fallschirm bei der Verbreitung durch den Wind.

Wenn die *äusseren* Haare der Federkrone *kürzer und rauh* sind: **spiessförmiger L.**, L. hastilis L., Fig. 949, einköpfig, Blätter länglich-lanzettlich, gezähnt oder fiederspaltig, kahl oder gabelhaarig, Blüten gelb, fast in ganz Europa, ausser im hohen Norden,

in Deutschland überall auf Wiesen und Waldblössen, bis 30 cm, ⚄, 6—10; — wenn dagegen *alle* Haare der Federkrone *gleich lang* und *gefiedert:* **Herbst-L.**, L. autumnális L., Fig. 950, Blätter lang, schmal, fiederspaltig, Blütenstiele beschuppt, allmählich verdickt, auf Wiesen, an Rainen, wüsten Plätzen überall, bis 60 cm, ⚄, 7—10.

567. Kuhblume, Taráxacum officinále Web. Taf. 86, 2.

Auch Löwenzahn. Kraut mit ausdauerndem Wurzelstock und nur grundständigen Blättern, sie bilden eine Rosette, die auf trocknem Standort dem Boden anliegt, auf feuchtem und in Umgebung höherer Pflanzen (z. B. auf der Wiese) emporstrebt. Dort sind die Blätter auch kleiner, derber und tiefer eingeschnitten, hier saftiger und grösser. Das Blatt ist demnach ziemlich verschieden gestaltet, von lanzettlich und fast ganzrandig bis tief fiederspaltig, schrotsägeförmig. Alle Teile enthalten zum Schutz gegen Weidetiere (besonders auch Schnecken) einen bitteren weissen Milchsaft. Der hohle Blütenschaft trägt nur e i n Körbchen, aber dieses ist gross und schön gelb, also weithin sichtbar, zudem ist der Schaft je nach der Umgebung kurz oder lang, hebt also die Blüten hoch genug empor. Die Hüllkelchblätter sind lineal, lang und abstehend, so dass sie die Blüten vor ankriechenden Insekten schützen. Abends und bei feuchtem Wetter krümmen sie sich ebenso wie die äusseren strahlenden Blüten über die jüngeren inneren Blüten, sie vor Kälte schützend. Dabei kann wieder wie beim Habichtskraut Bestäubung eintreten. Die Frucht besitzt eine langgestielte grosse Federkrone, die einen vorzüglichen Flugapparat und Fallschirm zur Verbreitung durch den Wind darstellt. Da sie ebenso wie der Hüllkelch hygroskopisch ist und sich bei feuchter Luft zusammenlegt, so ist die Verbreitung der Früchte zu günstiger Zeit gesichert. Durch rückwärts gerichtete Zähnchen kann sich die Frucht in ihrem Keimbett verankern. In Europa, N.-Asien und N.-Amerika bis in die Polarländer hinein, auch durch die Kultur in die meisten Länder der Erde verschleppt, also ein Kosmopolit, überall bei uns, auf Wiesen und Grasplätzen, bebautem und unbebautem Land, bis 20 cm, 5—10.

568. Lattich, Lactúca. Taf. 86, 3.

Kahle oder wenig behaarte Kräuter mit Milchsaft, der sie gegen Tierfrass schützt. Der Gift-L. ist obendrein giftig und unangenehm riechend. Besonders die zarten Zellen der Blütenregion sind damit prall gefüllt; da sie nun leicht von den Insektenkrallen verletzt werden, so fliesst der Milchsaft aus und trocknet klebrig ein. Man hat beobachtet, dass er dann die ankriechenden Insekten sehr am Weiterkriechen hindert, also die Honigdiebe von den Blüten abhält. Der Stengel ist beblättert, aufrecht und verzweigt. Beim w i l d e n L. stehen die Blätter auf feuchtem Standort nach allen Richtungen vorgestreckt, auf trocknem hingegen mehr oder weniger in einer Fläche, und zwar in Süd-Nordrichtung („Kompasspflanze"). Dies ist ein bemerkenswertes Schutzmittel gegen zu starke Verdunstung, bewirkt durch die heissen mittäglichen Sonnenstrahlen. Die Blattunterseite ist manchmal rotviolett zur Umsetzung von Licht- in Wärmestrahlen. Die gelben oder blauen Blütenkörbchen sind klein, stehen aber in reichen Blütenständen. Die äusseren, etwas strahlenden Blüten krümmen sich auch hier wieder abends schützend über die inneren jüngeren hin. Die Griffeläste der einen Blüte neigen sich wohl manchmal zu den Feghaaren der Nachbarblüten hin und bewirken so Bestäubung. Die Federkrone der Frucht sitzt auf dünnem Schnabel und bewirkt Verbreitung derselben durch den Wind oder das Fell vorüberstreifender Säugetiere. Eine Kulturform des w i l d e n L., der S a l a t oder Kopfsalat wird in Kopfform gezogen und ist eine der wichtigsten Salatpflanzen, zahlreiche Spielarten.

A. Hülle aus *5 gleich langen Blättern*, aussen noch einige kürzere Schuppen: **Mauer-L.**, L. murális

Fig. 951.
Lactuca muralis.

Fig. 952.
Lactuca perennis.

Lss., Fig. 951, untere Blätter gestielt, leierförmigfiederspaltig mit eckigen Zipfeln, mit ästiger lockerer Blütentraube, auf jedem Ast 4—5 gelbe Körbchen, fast in ganz Europa, bei uns häufig, in Wäldern und Gebüschen, auf Schutt und Mauern, bis 1 m, ⊙ u. ⊖, 7 u. 8.

B. Hülle *aus mehreren Reihen* dachziegelartig gestellter Blätter.

I. Blüten *blau*: **ausdauernder L.**, L. perénnis L., Fig. 952, Blätter fiederspaltig, in M.- und S.-

Deutschland an steinigen Hügeln und Felsen, in Weinbergen, sehr zerstreut, bis 60 cm, ♃, 5 u. 6.

II. Blüten *gelb*.
a) Obere Stengelblätter *lineal* und *ganzrandig*: **weidenblättriger L.**, L. salígna L., Fig. 953, Traube fast ährenähnlich, Schliessfrucht braun mit weissem Schnabel, Länder des Mittelmeers, in Deutschland sehr selten (Rhein, Thüringen, Sachsen), auf wüsten Plätzen, in Weinbergen, bis 60 cm, ⊙—⊖, 7 u. 8.

Fig. 953.
Lactuca saligna.

Fig. 954.
Lactuca scariola.

A n m. L. viminea Presl. hat am Stengel *herablaufende* Blätter und *schwarzen* Schnabel der Früchte, im Elbgebiet.

b) Obere Stengelblätter *breit-lanzettlich, gezähnelt bis fiederspaltig.*
1. Frucht *schwarz* an der Spitze *kahl*: **Gift-L.**, L. virósa L., Taf. **86**, 3, unangenehm riechend, Stengelblätter wagerecht, länglich-eiförmig, ihre Mittelrippe stachelig, untere sehr gross, ungeteilt, mittlere fiederlappig, die gelben Körbchen in lockerer pyramidaler Rispe, Fruchtschnabel weiss, so lang wie die Frucht, M.-Europa, bei uns zerstreut, auf lichten Waldplätzen, an Gräben und felsigen Hügeln, Rheinprovinz und Thüringen häufiger, auch als Arzneipflanze angebaut, bis $1^1/_2$ m, ⊖, 7 u. 8.

A n m. L. quercína L. hat *schwarzen* Fruchtschnabel, *halb so lang* wie die Frucht, selten, Thüringen, Harz, Sachsen, ⊙—⊖, 6—8.

2. Frucht heller *graubraun*, an der Spitze *kurzborstig*: **wilder L.**, L. scariola L., Fig. 954. Blätter mehr oder weniger senkrecht stehend, untere schwach fiederteilig, leierförmig, obere ungeteilt, Blütenkörbchen blassgelb,

W.- und S.-Europa, in Deutschland nicht selten, an trocknen, steinigen Orten, bis $^1/_4$ m, ☉, 7 u. 8. Hierhin auch der **Garten-L.**, L. satíva L. als mutmassliche Abart.

569. Hasenlattich, Prenánthes pupúrea L. Taf. 86, 4.

Hohes Kraut, dessen kahles zartes Laub den schattigen Standort verrät, die Blätter sind blaugrün, mit herzförmigem Grunde stengelumfassend, die unteren am Rande gezähnt oder buchtig. Die Blütenkörbchen sind purpurrot mit 3—8 Blüten, sie stehen in ausgebreiteter Rispe. Die Griffeläste krümmen sich wohl zu den Feghaaren der Nachbarblüten und bewirken so die Bestäubung. In schattigen Gebirgswäldern von M.- und S.-Deutschland, häufig, bis $1^1/_2$ m, ♃, 7 u. 8.

570. Gänsedistel, Sonchus. Taf. 86, 5.

Auch S a u d i s t e l. Aufrechte, beblätterte Kräuter, die Blätter gewöhnlich fiederspaltig oder gezähnt, je nach dem Standort klein und derb, oder grösser und saftig. Hülle und Stiel der Körbchen oft drüsenhaarig als Schutz gegen Honigdiebe. Die Körbchen haben zahlreiche gelbe Blüten und stehen in gipfelständigen traubigen Blütenständen. Die Körbchen nicken bei feuchtem Wetter, sowie abends, und ihre äusseren etwas strahlenden Blüten krümmen sich über die inneren zum Schutz gegen Kälte. Die Frucht hat eine Haarkrone zur Verbreitung durch Wind oder vorüberstreifende Tiere.

A. Stiel und Hülle der Körbchen *mit Drüsenhaaren,* wenn dann die Drüsen *gelb* und die *hellbraune*

Fig. 955.
Sonchus arvensis.

Fig. 956.
Sonchus palustris.

Frucht mit *Querrunzeln:* **Acker-G.**, S. arvénsis L., Fig. 955, Stengel einfach, glatt, mittlere Stengelblätter schrotsägeförmig, die ziemlich grossen gold-

gelben Körbchen in lockerer Schirmtraube, sehr häufiges Ackerunkraut, bis $1^1/_5$ m, ♃, 7 u. 8; — wenn dagegen die Drüsen *schwarz* und die *schwarze* Frucht *ohne Runzeln:* **Sumpf-G.**, L. palústris L., Fig. 956, Stengel flügel-streifig, die mittleren Stengelblätter lanzettlich, ungeteilt, goldgelbe Blüten, in M.- und N.-Deutschland zerstreut (Rhein und Main, Westfalen bis Ostpreussen), in Sümpfen, an nassen Stellen, bis 2 m. ♃, 7 u. 8.

B. Stiel und Hülle der Körbchen *kahl* oder *mit drüsenlosen* Borsten, wenn dann die Frucht *mit* Querrunzeln: **kohlartige G.**, S. oleráceus L., Taf. 86, 5, Stengel hohl, ästig, Blüten schwefelgelb in kleiner gipfelständiger Schirmtraube, häufiges Unkraut auf Aeckern, Schutt, wüsten Plätzen, an Wegen, bis 1 m; — wenn dagegen die Frucht *ohne* Runzeln: **rauhe G.**, S. asper All., Blatt steifer, stacheliger und weniger geteilt als bei der vorigen, vielleicht nur eine Abart von ihr. ebenda häufig, beide ☉, 6—10.

571. Bocksbart, Tragopógon. Taf. 85, 3.

Ein Kraut mit tiefgehender Pfahlwurzel, die den trockneren Standort anzeigt, im ersten Jahr entsteht eine Rosette von dem Boden anliegenden Blättern, was beim Ueberwintern die Schneelast zu tragen erleichtert. Die Blätter sind schmal, ganzrandig, grasartig, am Grunde scheidig. Die Zahl der Körbchen ist klein, dafür ist das einzelne recht ansehnlich und mit seinen leuchtend gelben Blüten weithin sichtbar. Die Körbchen schliessen sich zum Schutz frühzeitig, wobei Bestäubung, wie beim Habichtskraut beschrieben, eintreten kann. Die Frucht hat eine Federkrone, deren Strahlen durch Widerhäkchen verbunden sind, dadurch entsteht ein sehr wirksamer Fallschirm.

A. Körbchenstiel nach oben *keulenförmig angeschwollen:* **grosser B.**, T. major Jacq., Körbchen oben vertieft, zerstreut auf sonnigen, trocknen Hügeln, besonders auf Kalk, ☉, 6 u. 7.

A n m. Die Gemüsepflanze T. porrifólius L. hat oben flache Körbchen.

B. Körbchenstiel nach oben *nicht dicker.*

I. Frucht mit *langem* Schnabel, wenn dann die Blüten *höchstens so lang* wie die Hülle: **Wiesen-B.**, T. praténsis L., Taf. **85,** 3, Stengel wenig verzweigt, Pflanze graugrün, goldgelbe Blüten, fast in ganz Europa, häufig auf Wiesen, bis 60 cm, ☉, 5—8; — wenn dagegen die Blüten *länger* als die Hülle: **orientalischer B.**, T. orientális L., auf trocknen Hügeln und Wiesen, ☉, 5—8.

II. Frucht mit *sehr kurzem* Schnabel: **flockiger B.**, T. floccósus W. et K., sonst dem Wiesen-B. ähnlich. aber in der Jugend dicht weisswollig.

an der Ostsee, in Ostpreussen, auf rasigen Plätzen, ⊖, 6 u. 7.

572. Schwarzwurzel, Scorzonéra. Taf. 85, 4.

Ausdauernde Kräuter mit Milchsaft, eine dicke fleischige Wurzel dient als Reservestoffbehälter beim Ueberwintern. Die glatten Blätter deuten auf feuchteren Standort, sie bilden ein grundständiges Büschel, die stengelständigen sind halbumfassend. Der Blütenboden hat keine Spreublätter. Die Körbchen schliessen sich sehr früh am Tage und bewirken dabei (wie beim Habichtskraut) Bestäubung. Die Federkrone ist ähnlich wie beim Bocksbart, dem diese Pflanzen überhaupt ähnlich sind. Die spanische Schw. wird ihrer schmackhaften Wurzel wegen als Gemüsepflanze vielfach angebaut.

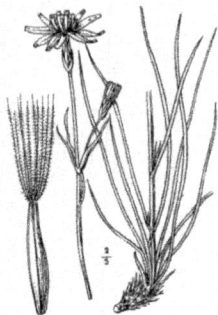

Fig. 957.
Scorzonera purpurea.

A. Blüten *rosenrot:* **rote Sch.**, S. purpúrea L., Fig. 957, sehr selten, an Waldrändern, auf Rasenhügeln, besonders auf Kalkboden, bis 50 cm, 4 u. 6. B. Blüten *gelb*, wenn dann am Stengel oben *nur wenige kleine* Blättchen: **niedere Sch.**, S. húmilis L., Schliessfrüchtchen glatt, auf feuchten Wiesen, selten, 5 u. 6; — wenn dagegen der Stengel *auch mit ausgebildeten* Blättern: **spanische Sch.**, S. hispánica L., Taf. 85, 4, Blätter kahl oder etwas spinnewebig, selten gezähnt, äussere Schliessfrüchtchen fein weichstachelig, M.-Europa, sehr zerstreut, auf fetten Wiesen, an Hügeln, in Gebüschen, bis 1¹/₃ m, ⊖, 6 u. 7.

573. Hundslattich, Thríncia hirta Roth. Fig. 958.

Auch Zinnensaat Kleines, dem Löwenzahn ähnliches Kraut, mit einfachem, ein endständiges Körbchen tragendem Stengel. Die grundständigen Blätter lanzettlich, etwas rauhhaarig. Das Körbchen

ohne Spreublätter. Die Blüten sind gelb, unten mit blaugrünen Streifen. Die inneren Schliessfrüchtchen

Fig. 958.
Thrincia hirta.

Fig. 959.
Arnoseris minima.

mit deutlichem Schnabel. Zerstreut, auf feuchtem, besonders salzhaltigem Sandboden, bis 12 cm, 4, 7—9.

574. Bitterkraut, Pieris hieracioïdes L. Taf. 85, 5.

Kraut durch borstige, widerhakige Haare gegen Tierfrass geschützt. Die Blätter sind lanzettlich, am Rande wellig, die oberen stengelumfassend. Die gelben Blütenkörbchen sind zu einer lockeren Schirmtraube vereinigt. Die schmutzigweisse Haarkrone ist gefiedert und dient zur Verbreitung durch den Wind. Fast in ganz Europa, den höheren Norden ausgenommen, bei uns zerstreut, auf Wiesen, wüsten Plätzen, an Wegen, bis 1 m, ⊖ oder 4, 6—8.

575. Lämmersalat, Arnóseris mínima Lk. Fig. 959.

Kleines kahles Kräutlein. Die Blätter sind alle grundständig, verkehrt-eiförmig, gezähnt. Der Körbchenstengel ist oben stark keulig angeschwollen und hohl, blattlos, schwach verzweigt, an den Aesten je mit einem kleinen gelben Körbchen. Die Frucht ohne Haarkrone, mit 10 Riefen. In N.- und M.-Europa, nach Süden verschwindend, bei uns zerstreut, auf trocknen, sandigen Feldern bis 20 cm, ⊙, 7 u. 8.

Register der Pflanzennamen.